Altium Designer 20

电路设计完全实战一本通

云智造技术联盟 编著

化学工业出版社

·北京·

内 容 简 介

本书通过大量的工程实例和容量超大的同步视频，系统地介绍了 Altium Designer 20 的新功能、入门必备基础知识、各种常用功能的使用方法以及应用 Altium Designer 20 进行电路设计的思路、实施步骤和操作技巧。

全书共分为 12 章，主要内容包括 Altium Designer 20 入门、原理图绘制、原理图编辑、原理图高级编辑、高级原理图绘制、原理图库设计、印制电路板绘制、印制电路板编辑、电路仿真、电路信号分析、封装库设计和大功率开关电源电路设计综合实例。

本书内容实用性强，操作实例丰富；双色图解超直观，视频学习效率高；讲解细致透彻，语言简洁易懂；同时为了便于读者对照实践，举一反三，还提供全部实例源文件。本书非常适合 Altium Designer 初学者、电路设计技术人员自学使用，也可作为高等院校及培训机构相关专业的教材及参考书。

图书在版编目（CIP）数据

Altium Designer 20电路设计完全实战一本通 / 云智造技术联盟编著. —北京：化学工业出版社，2021.2

ISBN 978-7-122-37913-9

Ⅰ. ① A… Ⅱ. ①云… Ⅲ. ①印刷电路 - 计算机辅助设计 - 应用软件 Ⅳ. ① TN410.2

中国版本图书馆 CIP 数据核字（2020）第 198779 号

责任编辑：要利娜　　文字编辑：林　丹　师明远

责任校对：王佳伟　　装帧设计：王晓宇

出版发行：化学工业出版社（北京市东城区青年湖南街 13 号　邮政编码 100011）

印　　装：大厂聚鑫印刷有限责任公司

787mm×1092mm　1/16　印张 27　字数 719 千字　2021 年 1 月北京第 1 版第 1 次印刷

购书咨询：010-64518888　　售后服务：010-64518899

网　　址：http://www.cip.com.cn

凡购买本书，如有缺损质量问题，本社销售中心负责调换。

定　　价：99.00 元

前 言

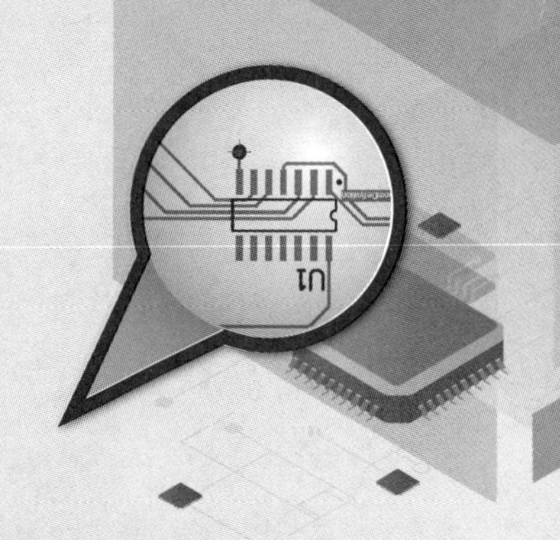

自 20 世纪 80 年代中期以来，计算机已进入各个领域并发挥着越来越大的作用。在这种背景下，美国 ACCEL Technologies Inc. 公司推出了第一款应用于电子电路设计的软件包 TANGO。这个软件包开创了电子设计自动化（EDA）的先河。该软件包现在看来比较简陋，但在当时给电子电路设计带来了设计方法和方式的革命。人们开始用计算机来设计电子电路，直到今天，国内许多科研单位还在使用这款软件包。在电子工业飞速发展的时代，TANGO 逐渐显示出其不适应时代发展需要的弱点。为了适应科学技术的发展，Protel Technology 公司以其强大的研发能力推出了 DOS 版 Protel，从此，Protel 这个名字在业内日益响亮。

Protel 系列产品是最早进入我国的电子设计自动化软件，因易学易用而深受广大电子设计者的喜爱。自 2006 年初，Altium 公司推出 Protel 系列的 Altium Designer 6 开始，Protel 系列更名为 Altium 系列，目前已更新到 Altium Designer 20 版本。

Altium Designer 20 整合了过去一年中所发布的一系列更新，包括新的 PCB 特性以及核心 PCB 和原理图工具更新。作为新一代的板卡级设计软件，其独一无二的 DXP 技术集成平台为设计系统提供了所有工具和编辑器的兼容环境。Altium Designer 20 是一套完整的板卡级设计系统，它真正实现了在单个应用程序中的集成。Altium Designer 20 PCB 图设计系统充分利用了 Windows 平台的优势，具有更好的稳定性、增强的图形功能和超强的用户界面，设计者可以选择最适当的设计途径以最优化的方式工作。

本书以 Altium Designer 20 为平台，介绍了电路设计的方法和技巧，主要特色如下。

① 内容全面实用，知识体系完善。本书循序渐进地介绍了 Altium Designer 20 的常用功能、新功能以及利用 Altium Designer 进行电路设计的方法和技巧。

② 精选丰富的实战案例。通过实例演练，引导读者在学习的过程中快速了解 Altium Designer 20 的用法，并加深对知识点的掌握。

③ 软件版本新，适用范围广。本书基于目前新版 Altium Designer 20 编写而成，同样适合 Altium Designer 19、Altium Designer 18 等低版本软件的读者操作学习。

④ 微视频学习便捷高效。为了方便读者学习，本书中的重要知识点和案例都配有相应的讲解视频，扫书中二维码，边学边看，大大提高学习效率。

⑤ 配套学习资源轻松获取。除同步讲解视频外，本书还赠送全部实例源文件，方便读者对照学习，并在实践中应用。

⑥ 提供优质在线学习服务。本书的作者团队成员都是行业内认证的专家，免费为读者提供答疑解惑服务，读者在学习过程中若遇到技术问题，可以通过 QQ714491436 等方式随时随地与作者在线交流。

总的来说，本书内容编排由浅入深，实例具有代表性。在讲解的过程中，编者根据自己多年的经验及教学心得，适当给出总结和相关提示，以帮助读者快速地掌握所学知识。另外，为了方便读者对照学习，本书电路图采用的电子元件符号及标号与软件保持一致，部分与国标有出入，请读者自行查阅。

本书由云智造技术联盟编著。云智造技术联盟是一个集 CAD/CAM/CAE/EDA 技术研讨、工程开发、培训咨询和图书创作于一体的工程技术人员协作联盟，包含 20 多位专职和众多兼职 CAD/CAM/CAE/EDA 工程技术专家，主要成员有赵志超、张辉、赵黎黎、朱玉莲、徐声杰、卢园、杨雪静、孟培、闫聪聪、李兵、甘勤涛、孙立明、李亚莉、王敏、张亭、井晓翠、解江坤、胡仁喜、刘昌丽、康士廷、毛瑢、王玮、王艳池、王培合、王义发、王玉秋、张俊生等。成员精通各种 CAD/CAM/CAE/EDA 软件，编写了许多相关专业领域的经典图书。

由于编者的水平有限，加之时间仓促，书中疏漏之处在所难免，恳请广大专家、读者不吝赐教。如有任何问题，欢迎大家联系 714491436@qq.com，及时向我们反馈。

编著者

扫码下载源文件

目录

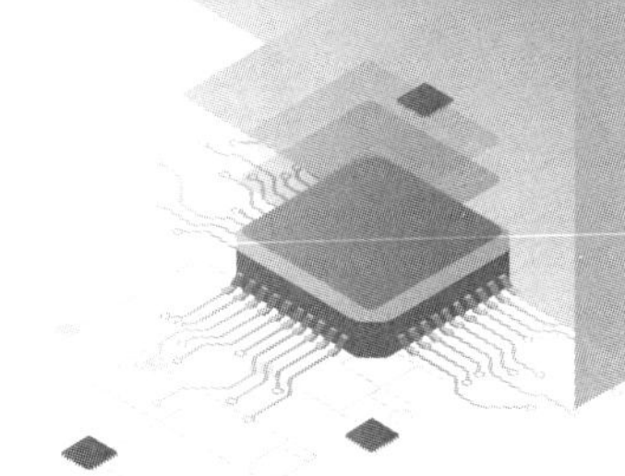

第 4 章　原理图高级编辑　/ 098

第 5 章　高级原理图绘制　/ 134

第1章 Altium Designer 20 入门

本章导读

Altium 系列软件是 EDA 软件的突出代表，Altium Designer 20 作为最新版板卡级设计软件，以 Windows 的界面风格为主。同时，Altium 独一无二的功能特点也能为电路设计者提供最优质的服务。

1.1 操作界面

为了让用户对电路设计软件有整体的认识，下面介绍 Altium Designer 20 的集成开发环境。

1.1.1 Altium Designer 20 的集成开发环境概述

Altium Designer 20 的所有电路设计工作都是在集成开发环境中进行的，同时，集成开发环境也是 Altium Designer 20 启动后的主工作界面。集成开发环境具有友好的人机界面，而且设计功能强大、使用方便、易于上手。图 1-1 所示为 Altium Designer 20 集成开发环境窗口。Altium Designer 20 的集成开发环境窗口类似于 Windows 的资源管理器窗口，设有主菜单、

工具栏，左边为“Projects”面板（文件工作面板），中间对应的是主工作面板，右边对应的是“Components（元件）”面板，可分别在两侧加载其余面板，以方便操作，最下面是状态条。

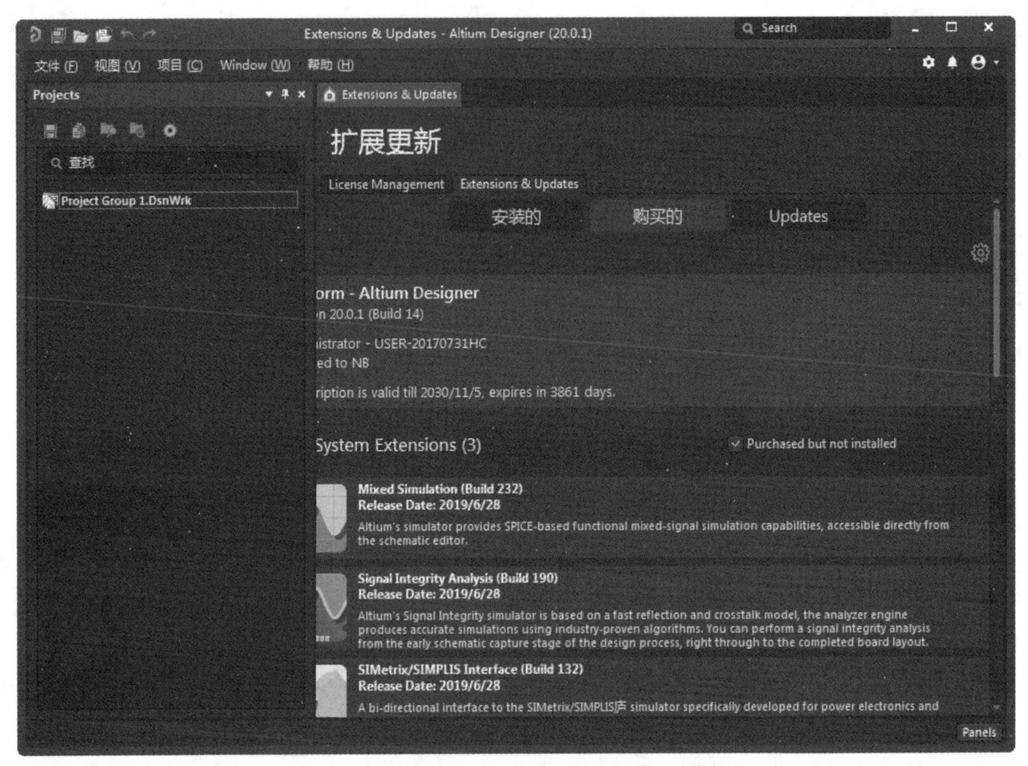

图 1-1 Altium Designer 20 集成开发环境窗口

下面简单介绍 Altium Designer 20 的集成开发环境。

在工作区域中，Altium Designer 20 提供了多种操作命令。

界面的右上角，单击“当前用户信息”按钮，弹出如图 1-2 所示的下拉列表，其中部分栏目的内容如下。

（1）“Sign in（标记Altium信息）”命令

用于设置 Altium 基本信息，包括服务地址、用户名 / 密码，如图 1-3 所示，弹出“登录”对话框。

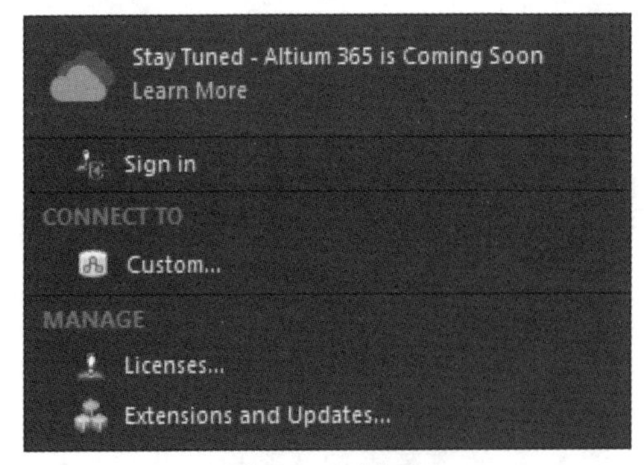

图 1-2 下拉列表

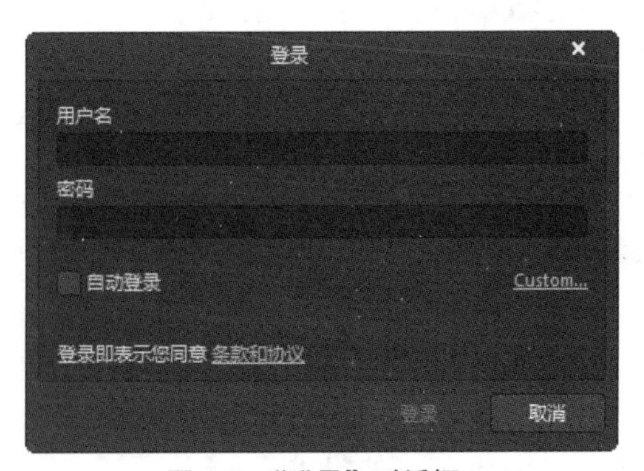

图 1-3 “登录”对话框

（2）“Licenses（许可证管理器）”命令

选择该命令，在主窗口右侧弹出“License 管理（许可证管理器）”选项卡，显示 Altium 基本信息。

（3）“Extensions and Updates（插件与更新）”命令

用于检查软件更新，单击该命令，在主窗口右侧弹出“Exensions&Updates（插件与更新）”选项卡。

搜索功能位于右上角，如图 1-4 所示。

和很多基于 Windows 操作系统的软件相同，Altium Designer 20 也有菜单栏。Altium Designer 20 的菜单栏包括“文件”“视图”“项目”“Window（窗口）”“帮助”5 个菜单，如图 1-5 所示。

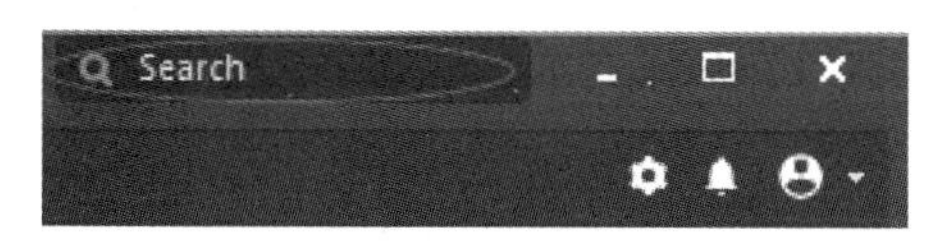

图 1-4 搜索功能

图 1-5 菜单栏

在 Altium Designer 20 的集成开发环境窗口中可以同时打开多个设计文件。各个窗口会叠加在一起，根据设计的需要，单击设计文件顶部的文件提示项，即可在设计文件之间切换。图 1-6 所示为同时打开多个设计文件的集成开发环境窗口。

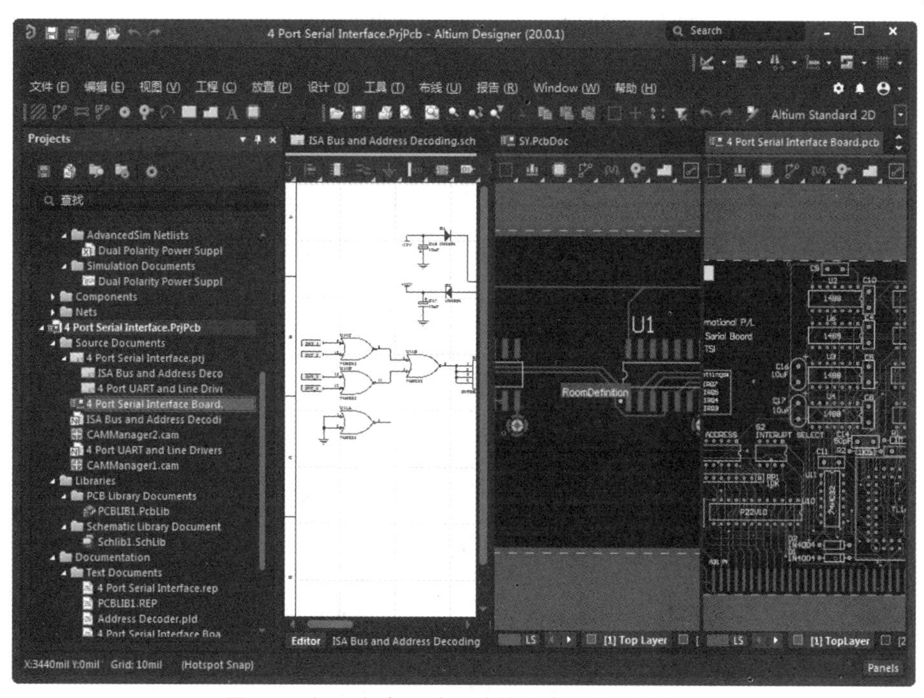

图 1-6 打开多个设计文件的集成开发环境窗口

1.1.2 Altium Designer 20 的开发环境

下面来简单了解一下 Altium Designer 20 几种具体的开发环境。

图 1-7 所示为 Altium Designer 20 的原理图开发环境。

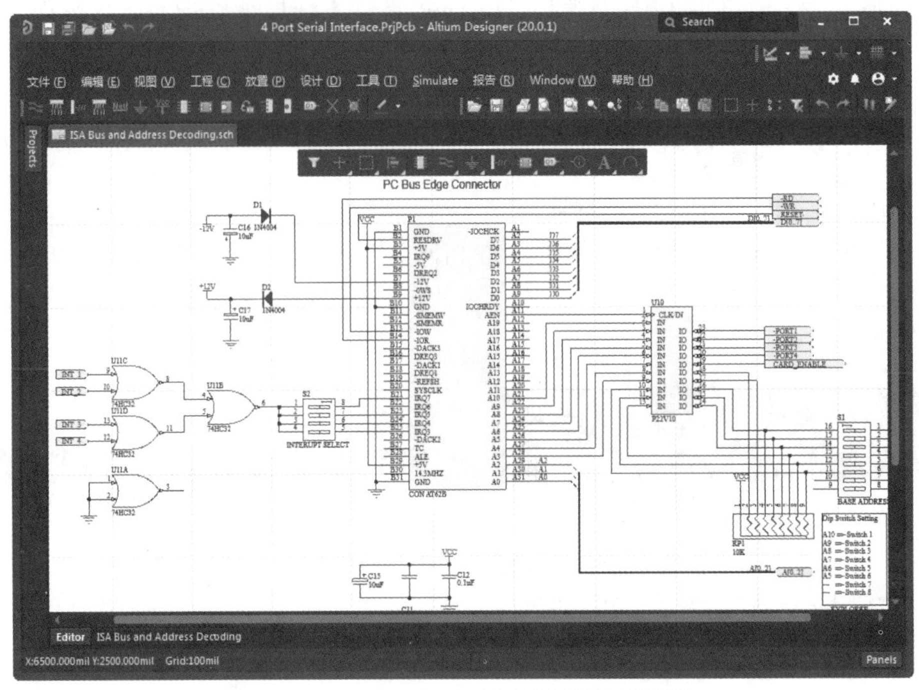

图 1-7 Altium Designer 20 的原理图开发环境

图 1-8 所示为 Altium Designer 20 的印制板电路的开发环境。

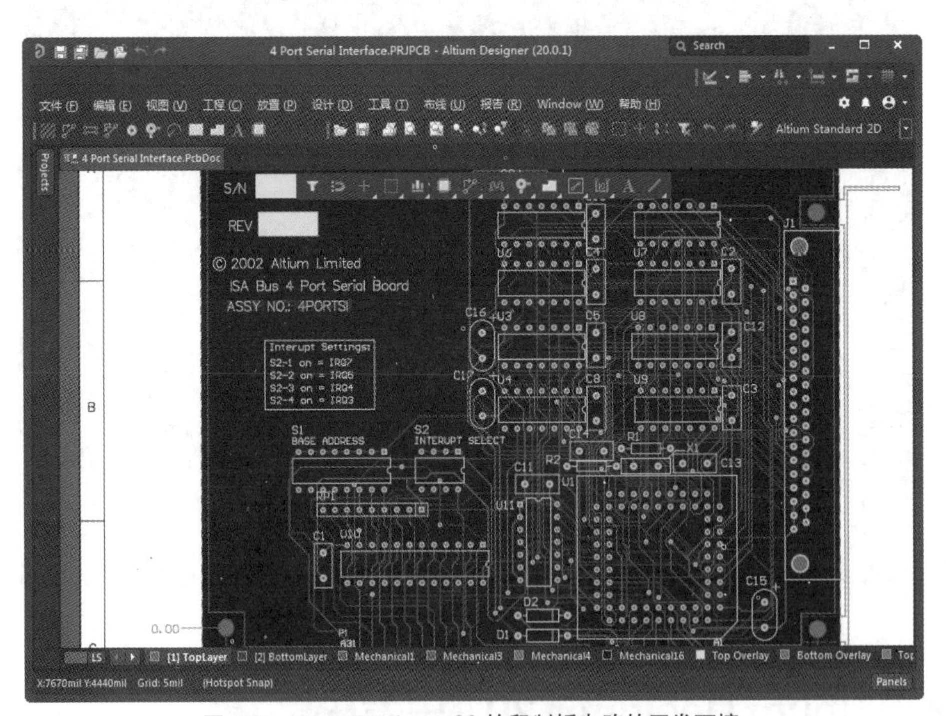

图 1-8 Altium Designer 20 的印制板电路的开发环境

图 1-9 所示为 Altium Designer 20 仿真编辑环境。

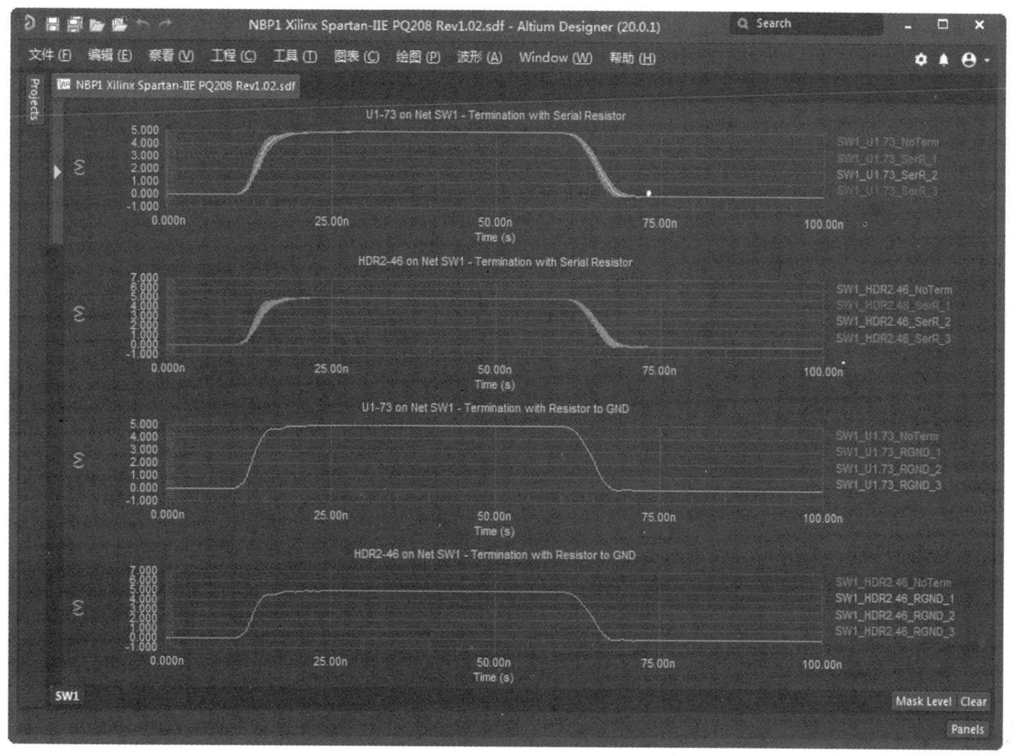

图 1-9　Altium Designer 20 仿真编辑环境

图 1-10 所示为 Altium Designer 20 多板装配编辑环境。

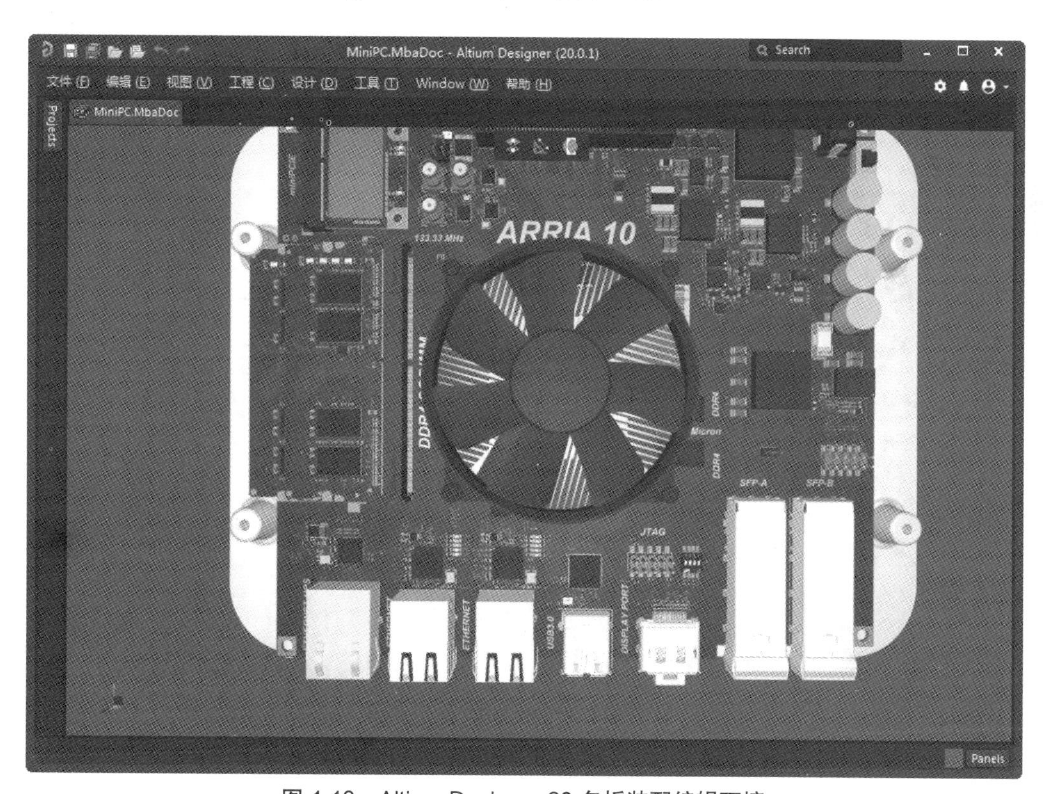

图 1-10　Altium Designer 20 多板装配编辑环境

1.2 启动软件 

启动 Altium Designer 20 的方法很简单。在 Windows 操作系统的桌面上选择“开始”→“所有程序”→“Altium Designer”命令，即可启动 Altium Designer 20。启动 Altium Designer 20 后，系统会出现如图 1-11 所示的启动画面，稍等一会儿，即可进入 Altium Designer 20 的集成开发环境。

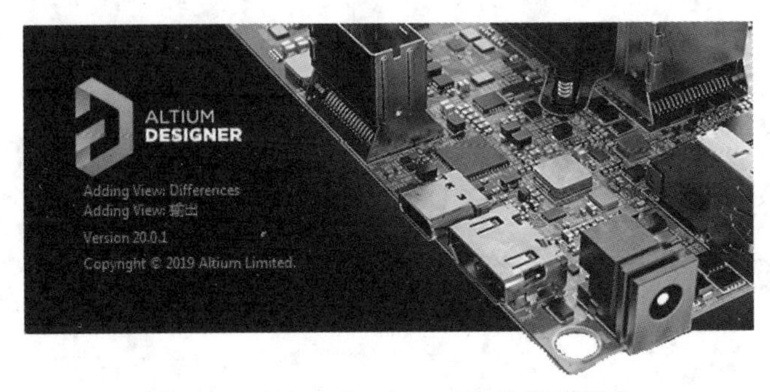

图 1-11　Altium Designer 20 的启动画面

1.2.1 创建新的工程文件

在进行工程设计时，通常要先创建一个工程文件，这样有利于对文件的管理。创建工程文件有两种方法。

① 菜单创建　选择“文件”→“新的”→“项目”命令，在弹出的菜单中创建工程，如图 1-12 所示。

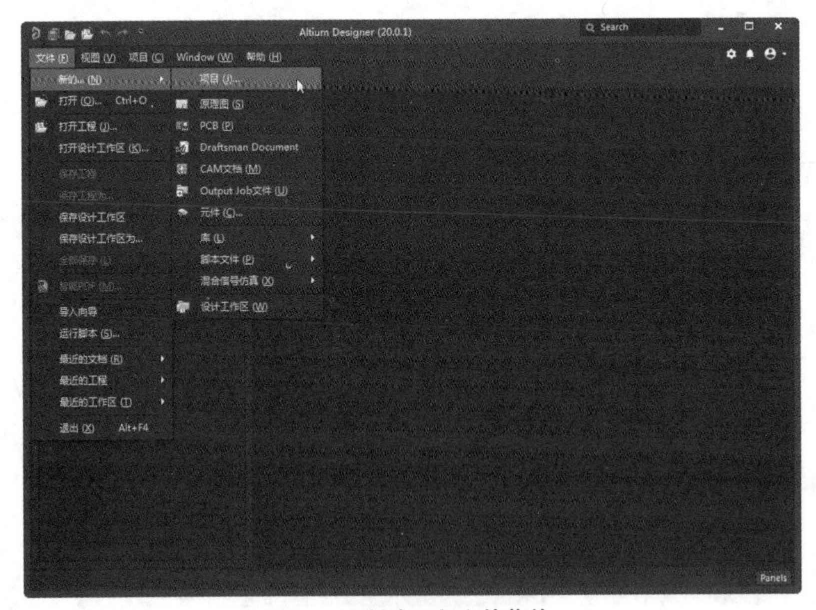

图 1-12　创建工程文件菜单

② “Projects（工程）”面板创建　打开“Projects（工程）”面板，在“Project Group 1. DsnWrk”文件上单击右键弹出如图 1-13 所示的快捷菜单，选择“Add New Project（添加新的到工程）”命令，即可创建工程文件。

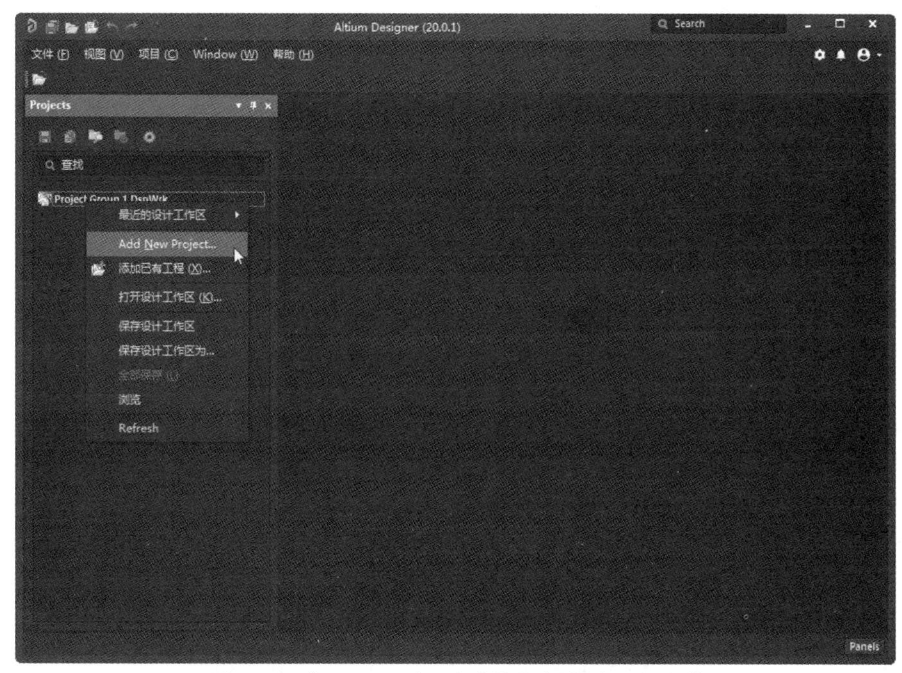

图 1-13　“Projects（工程）”面板创建工程文件

（1）工程文件的创建步骤

① 选择菜单栏中的“文件”→“新的”→“项目”命令，弹出“Create Project（新建工程）”对话框，如图 1-14 所示。

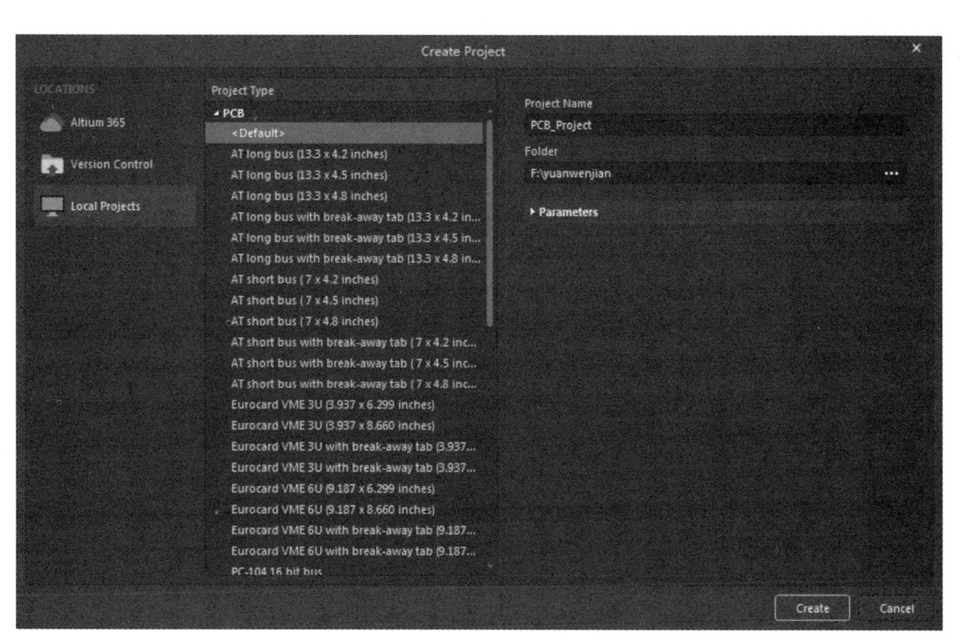

图 1-14　“Create Project（新建工程）”对话框

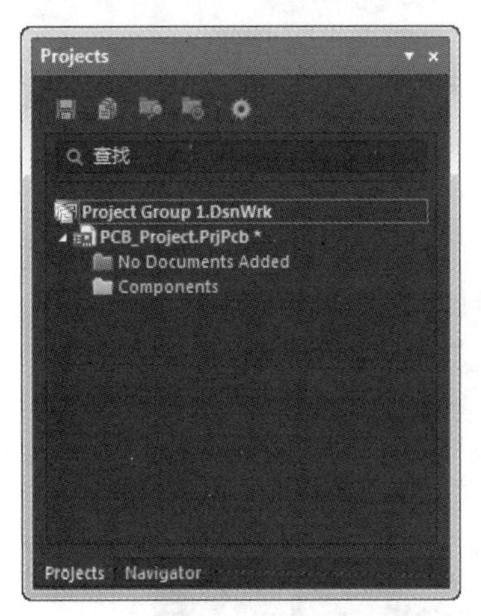

图 1-15　新建工程文件

② 默认选择“Local Projects”选项及“Default（默认）”选项，在“Project Name（工程名称）”文本框中输入文件名，在“Folder（路径）”文本框中设置文件路径。完成设置后，单击 Create 按钮，关闭该对话框。打开“Projects”面板，可以看到其中出现了新建的工程文件，系统提供的默认文件名为“PCB_Project.PrjPcb”，如图 1-15 所示。

（2）工程文件的保存

用户要新建一个自己的工程，必须将默认的工程另存为其他的名称，如“MyProject”。执行工程命令菜单中的“保存工程为”，则弹出“Save [PCB_Project1.PrjPCB] As（工程保存）”对话框。选择保存路径并输入工程名，单击“保存”按钮后，即可建立自己的 PCB 工程“MyProject.PrjPcb”。

1.2.2 原理图编辑器的启动

新建一个原理图文件即可同时打开原理图编辑器，具体操作步骤如下。

（1）菜单创建

选择“文件”→“新的”→“原理图”命令，“Projects（工程）”面板中将出现一个新的原理图文件，如图 1-16 所示。新建文件的默认名字为“Sheet1.SchDoc”，系统自动将其保存在已打开的工程文件中，同时整个窗口添加了许多菜单项和工具项。

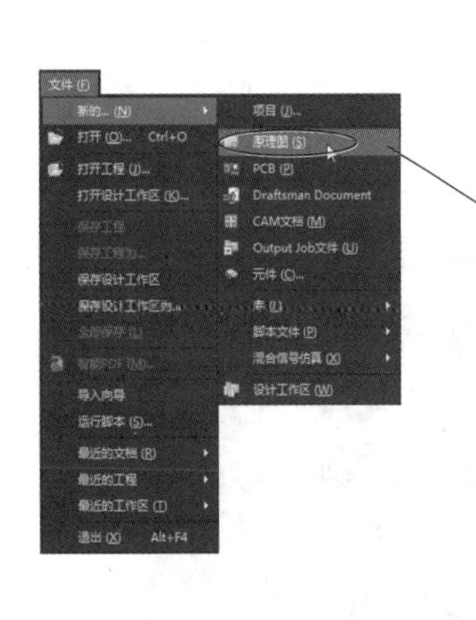

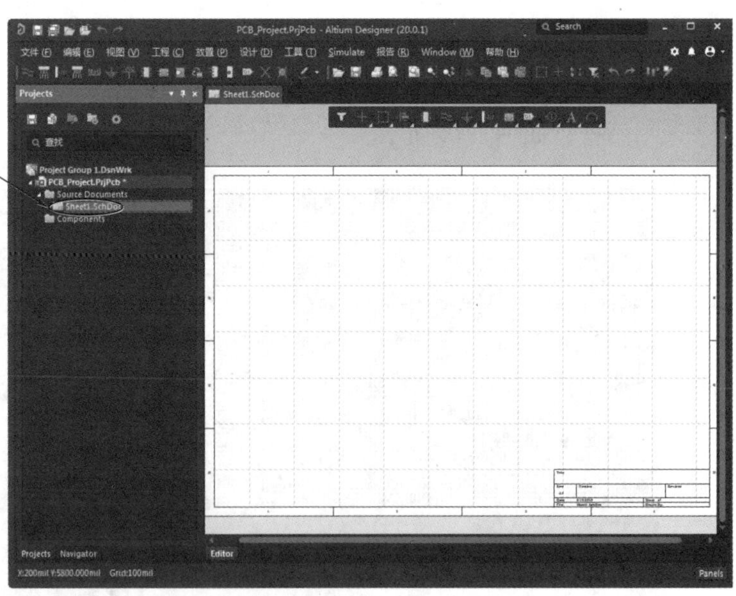

图 1-16　新建原理图文件

（2）“Project（工程）”面板创建

打开“Project（工程）”面板，在工程文件“*.PrjPcb”文件上单击右键弹出如图 1-17 所示的快捷菜单，选择“添加新的…到工程”命令，子菜单栏中列出了各种空白工程，选择“Schematic（原理图）”选项即可创建原理图文件。

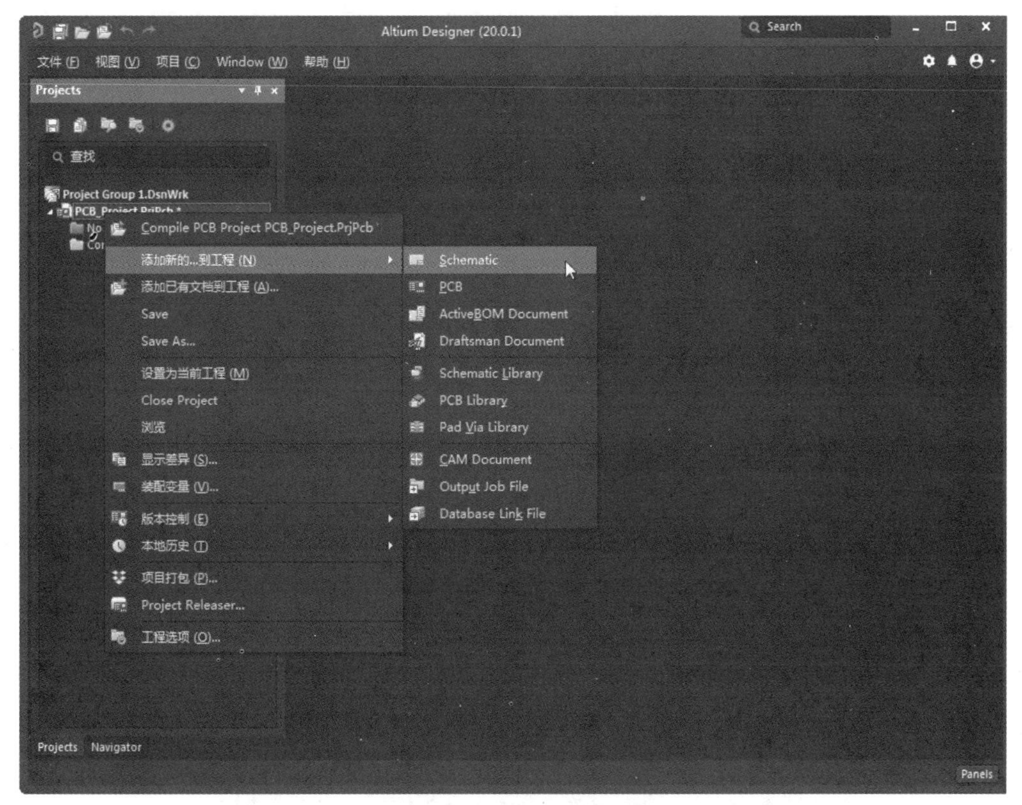

图 1-17　新建原理图文件

右击新建的原理图文件，在弹出的右键快捷菜单中选择“Save As（另存为）”命令，然后在系统弹出的“Save [Sheet1.SchDoc] As（保存）”对话框中输入原理图文件的文件名，例如“MySchematic”，即可保存新创建的原理图文件。

1.2.3 PCB 编辑器的启动

新建一个 PCB 文件即可同时打开 PCB 编辑器，具体操作步骤如下。

（1）菜单创建

选择菜单栏中的“文件”→“新的”→“PCB（印制电路板）”命令，在“Projects（工程）”面板中将出现一个新的 PCB 文件，如图 1-18 所示。“PCB1.PcbDoc”为新建 PCB 文件的默认名字，系统自动将其保存在已打开的工程文件中，同时整个窗口新添加了许多菜单项和工具项。

（2）“Projects（工程）”面板创建

打开“Projects（工程）”面板，在工程文件“*.PrjPcb”文件上单击右键弹出如图 1-19 所示的快捷菜单，选择“添加新的…到工程”命令，子菜单栏中列出了各种空白工程，选择“PCB（印制电路板）”命令即可创建 PCB 文件。

右击新建的 PCB 文件，在弹出的右键快捷菜单中选择“Save As（另存为）”命令，然后在系统弹出的“Save [PCB_Project_1.SchDoc] As（保存）”对话框中输入 PCB 文件的文件名，例如“MyPCB”，即可保存新创建的 PCB 文件。

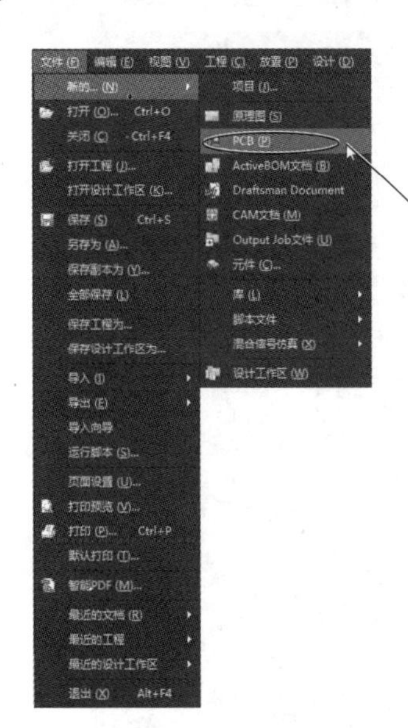

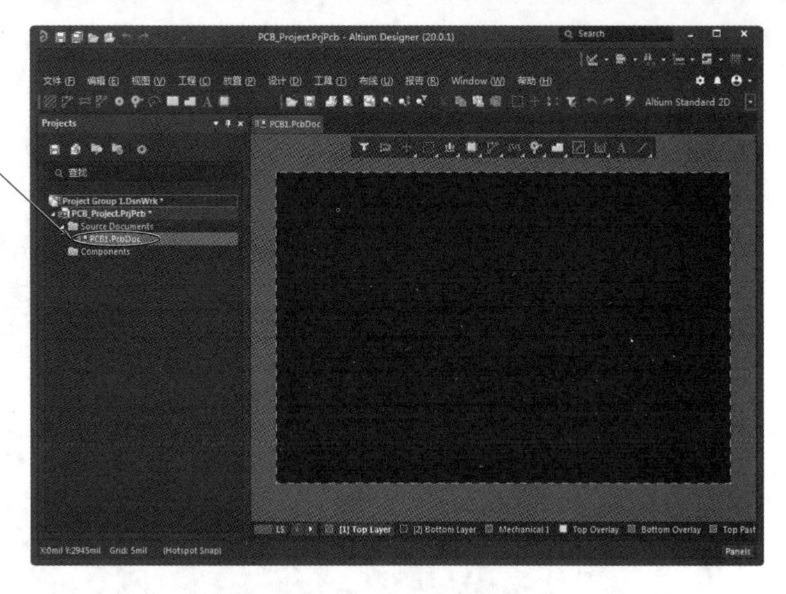

图 1-18 新建 PCB 文件

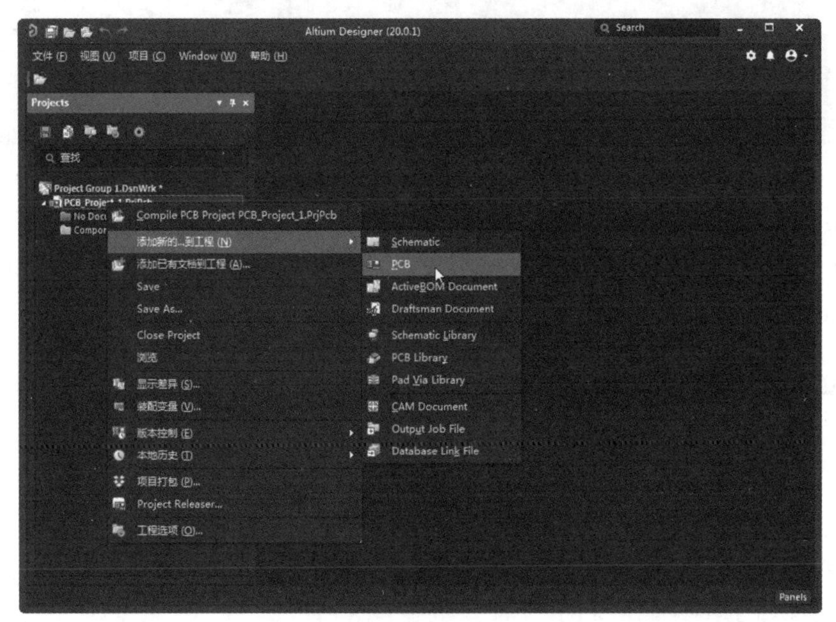

图 1-19 右键创建 PCB 文件

扫一扫 看视频

 1.2.4 操作实例——创建集成频率合成器电路文件

启动 Altium Designer 20，进入操作界面。

① 在 Altium Designer 20 主界面中，选择菜单栏中的“文件”→“新的”→“项目”命令，然后右击并在弹出的快捷菜单中选择“Save As（保存为）”命令将新建的工程文件保存为“集成频率合成器电路 .PrjPcb”。

② 选择菜单栏中的“文件”→“新的”→“原理图”命令，然后单击鼠标右键并在弹

出的快捷菜单中选择“Save As（另存为）”命令将新建的原理图文件保存为“集成频率合成器电路 .SchDoc”。

1.3 主窗口

Altium Designer 20 启动后便进入主窗口，如图 1-20 所示。用户可以在该窗口中进行工程文件的操作，如创建新工程文件、打开文件等。

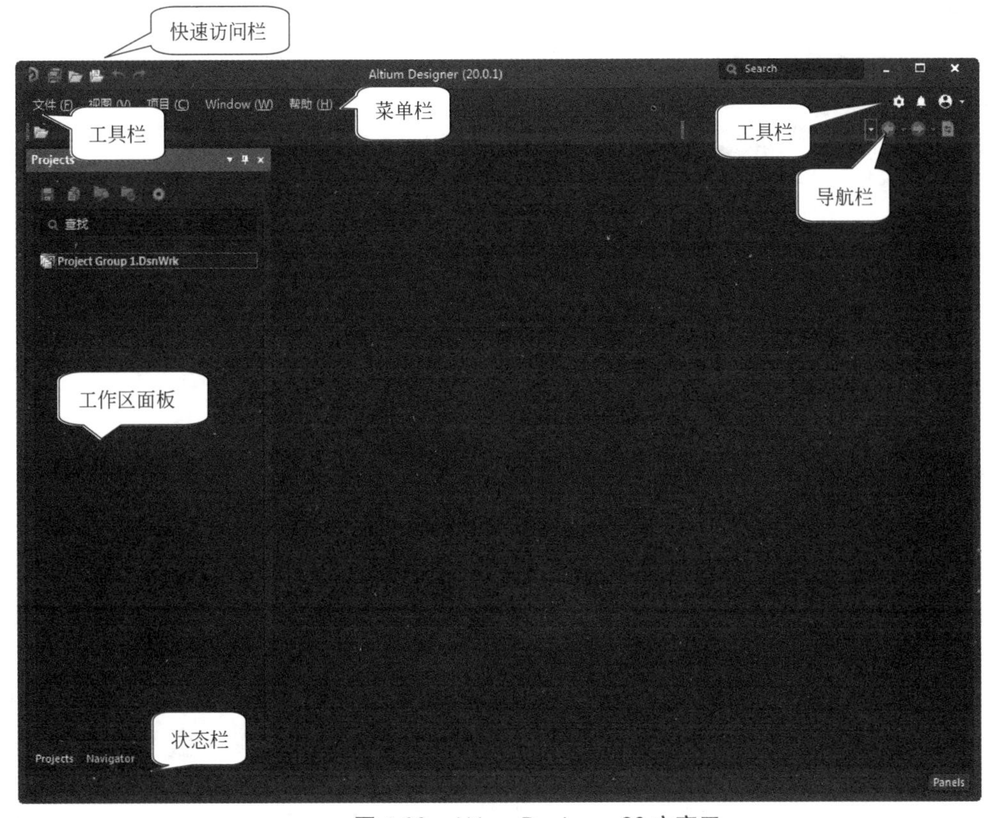

图 1-20　Altium Designer 20 主窗口

Altium Designer 20 主窗口类似于 Windows 的界面，主要包括菜单栏、工具栏、快速访问栏、工作区面板、状态栏及导航栏 6 个部分。

快速访问栏位于工作区的左上角，允许快速访问常用的命令，包括保存当前的活动文档，使用适当的按钮打开现有的文档，以及撤销和重做功能，还可以单击“保存”按钮来一键保存所有文档。

1.3.1 菜单栏

菜单栏中包括“文件”“视图”“项目”“Window（窗口）”“帮助”5 个菜单。

（1）“文件”菜单

“文件”菜单主要用于文件的新建、打开和保存等，如图 1-21 所示。下面详细介绍“文

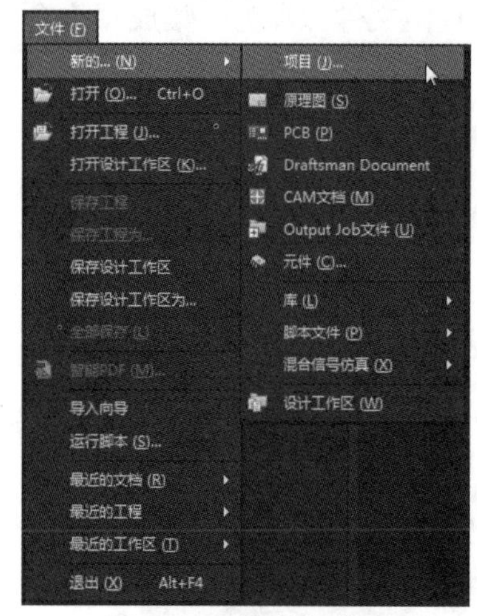

图 1-21 “文件”菜单

件”菜单中的各命令及其功能。

▲ “新的”命令：用于新建一个文件，其子菜单命令如图 1-21 所示。

▲ “打开”命令：用于打开已有的 Altium Designer 20 可以识别的各种文件。

▲ “打开工程”命令：用于打开各种工程文件。

▲ “打开设计工作区”命令：用于打开设计工作区。

▲ “保存工程”命令：用于保存当前的工程文件。

▲ “保存工程为”命令：用于另存当前的工程文件。

▲ “保存设计工作区”命令：用于保存当前的设计工作区。

▲ “保存设计工作区为”命令：用于另存当前的设计工作区。

▲ “全部保存”命令：用于保存所有文件。

▲ “智能 PDF”命令：生成 PDF 格式设计文件的向导。

▲ “导入向导”命令：用于将其他 EDA 软件的设计文档及库文件导入 Altium Designer 的向导，如 Protel 99SE、CADSTAR、OrCAD、P-CAD 等设计软件生成的设计文件。

▲ “运行脚本”命令：用于运行各种脚本文件，如用 Delphi、VB、Java 等语言编写的脚本文件。

▲ “最近的文档”命令：用于列出最近打开过的文件。

▲ “最近的工程”命令：用于列出最近打开过的工程文件。

▲ “最近的工作区”命令：用于列出最近打开过的设计工作区。

▲ “退出”命令：用于退出 Altium Designer 20。

（2）“视图”菜单

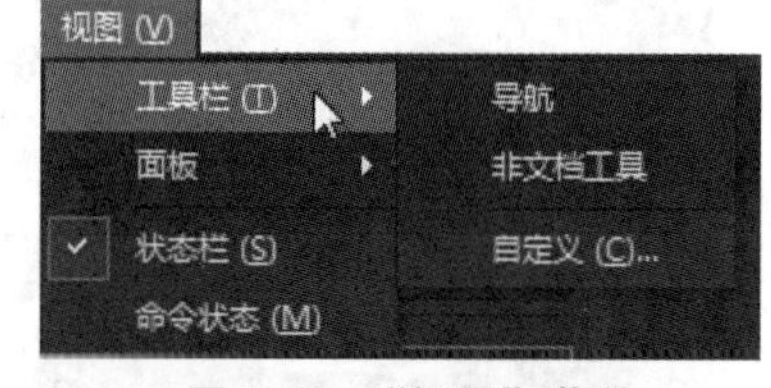

图 1-22 “视图”菜单

“视图”菜单主要用于工具栏、工作区面板、命令行及状态栏的显示和隐藏，如图 1-22 所示。

▲ “工具栏”命令：用于控制工具栏的显示和隐藏等，其子菜单命令如图 1-22 所示。

▲ “面板”命令：用于控制工作区面板的打开与关闭等，其子菜单命令如图 1-23 所示。

▲ “状态栏”命令：用于控制工作窗口下方状态栏上标签的显示与隐藏。

▲ “命令状态”命令：用于控制命令行的显示与隐藏。

（3）“项目”菜单

图 1-23 “面板”子菜单命令

“项目”菜单主要用于工程文件的管理，包括工程文件的编译、添加、删除、显示差异和版本控制等，如图 1-24 所示。这里主要介绍“显示差异”和“版本控制”两个命令。

▲ “显示差异”命令：单击该命令，将弹出如图 1-25 所示的“选择比较文档”对话框。勾选“高级模式”复选框，可以进行文件之间、文件与工程之间、工程之间的比较。

▲ “版本控制”命令：单击该命令，可以查看版本信息，

可以将文件添加到“版本控制”数据库中，并对数据库中的各种文件进行管理。

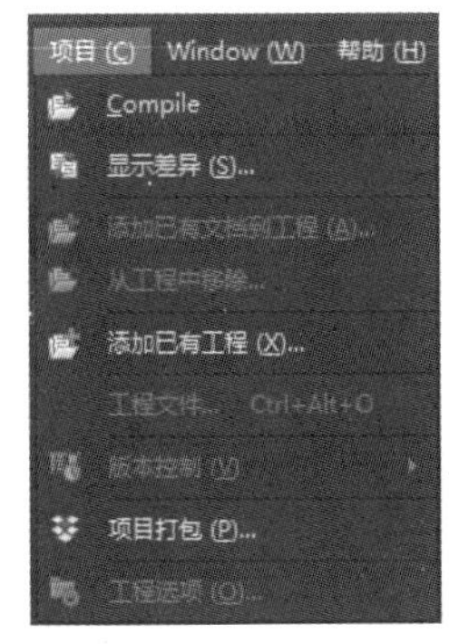

图 1-24 “项目”菜单

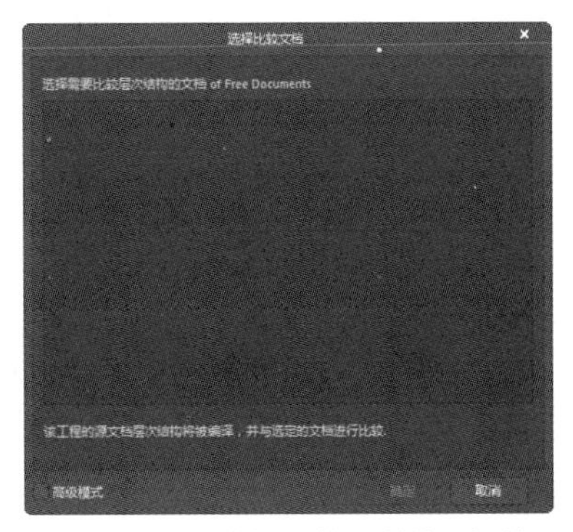

图 1-25 “选择比较文档”对话框

（4）“Window（窗口）”菜单

“Window（窗口）”菜单用于对窗口进行纵向排列、横向排列、打开、隐藏及关闭等操作。

（5）“帮助”菜单

“帮助”菜单用于打开各种帮助信息。

1.3.2 工具栏

工具栏是系统默认的用于工作环境基本设置的一系列按钮的组合，包括不可移动与关闭的固定工具栏和灵活工具栏。

右上角固定工具栏中只有 3 个按钮，用于配置用户选项。

① “设置系统参数”按钮 选择该按钮，弹出“优选项”对话框，如图 1-26 所示，用于设置 Altium Designer 的工作状态。

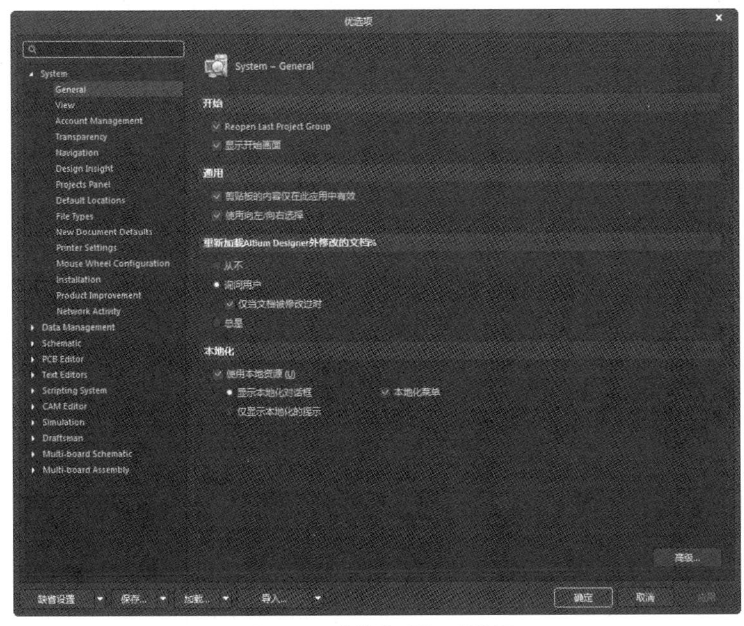

图 1-26 “优选项”对话框

② “通知”按钮 访问 Altium Designer 系统通知。有通知时，该图标将显示一个数字。

③ “当前用户信息”按钮 帮助用户自定义界面。

1.3.3 工作区面板

在 Altium Designer 20 中，可以使用系统型面板和编辑器面板两种类型的面板。系统型面板在任何时候都可以使用，而编辑器面板只有在相应的文件被打开时才可以使用。

使用工作区面板是为了便于设计过程中的快捷操作。启动 Altium Designer 20 后，系统将自动激活“Projects（工程）”面板和“Navigator（导航）”面板，可以单击面板底部的标签，在不同的面板之间切换。

工作区面板有自动隐藏显示、浮动显示和锁定显示 3 种显示方式。每个面板的右上角都有 3 个按钮，按钮用于在各种面板之间进行切换操作，按钮用于改变面板的显示方式，按钮用于关闭当前面板。

1.4 文件管理系统

评价一款软件的好坏，文件管理系统是很重要的一个方面。Altium Designer 20 的“Projects（工程）”面板提供了两种文件——工程文件和设计时生成的自由文件。设计时生成的文件可以放在工程文件中，也可以放在自由文件中。自由文件在存盘时是以单个文件的形式存入，而不是以工程文件的形式整体存盘，所以也被称为存盘文件。下面简单介绍这 3 种文件类型。

1.4.1 工程文件

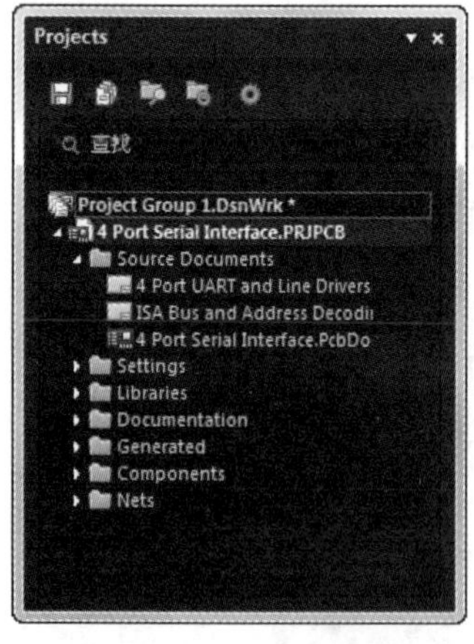

图 1-27　工程文件

Altium Designer 20 支持工程级别的文件管理，在一个工程文件里包括设计中生成的一切文件。例如，要设计一个收音机电路板，可以将收音机的电路图文件、PCB 图文件、设计中生成的各种报表文件及元件的集成库文件等放在一个工程文件中，这样便于文件管理。一个工程文件类似于 Windows 系统中的“文件夹”，在工程文件中可以执行对文件的各种操作，如新建、打开、关闭、复制与删除等。但需要注意的是，工程文件只负责管理，在保存文件时，工程中各个文件是以单个文件的形式保存的。

如图 1-27 所示为任意打开的一个“.PrjPcb”工程文件。从图中可以看出，该工程文件包含了与整个设计相关的所有文件。

1.4.2 自由文件

自由文件是指独立于工程文件之外的文件，Altium Designer 20 通常将这些文件存放在唯一的“Free Document（空白文件）”文件夹中。自由文件有以下两个来源。

① 当将某个文件从工程文件夹中删除时，该文件并没有从“Projects（工程）”面板中消失，而是出现在“Free Document（空白文件）”文件夹中，成为自由文件。

② 打开 Altium Designer 20 的存盘文件（非工程文件）时，该文件将出现在“Free Document（空白文件）”文件夹中而成为自由文件。

自由文件的存在方便了设计的进行，将文件从自由文档文件夹中删除时，文件将会彻底被删除。

1.4.3 存盘文件

存盘文件是在工程文件存盘时生成的文件。Altium Designer 20 保存文件时并不是将整个工程文件保存，而是单个保存，工程文件只起到管理的作用。这样的保存方法有利于实施大规模电路的设计。

第2章 原理图绘制

本章导读

本章详细介绍原理图设计的一般流程，具体包括原理图设计必不可少的加载元件库、放置元件的具体操作和绘制工具的应用。只有设计出符合需求和规则的电路原理图，才能对其进行信号分析与仿真分析，最终变为可以用于生产的PCB文件。

2.1 加载元件库

在绘制电路原理图的过程中，首先要在图纸上放置需要的元件符号。Altium Designer 20作为一款专业的电子电路计算机辅助设计软件，一般常用的电子元件符号都可以在它的元件库中找到，用户只需在Altium Designer 20元件库中查找所需的元件符号，并将其放置在图纸中适当的位置即可。

2.1.1 元件库的分类

Altium Designer 20元件库中的元件数量庞大，分类明确。Altium Designer 20元件库采用下面两级分类方法。

▲ 一级分类：以元件制造厂家的名称分类。

▲ 二级分类：在厂家分类下面又以元件的种类（如模拟电路、逻辑电路、微控制器、AD 转换芯片等）进行分类。

对于特定的设计项目，用户可以只调用几家元件厂商的二级分类库，这样可以减轻系统运行的负担，提高运行效率。用户若要在 Altium Designer 20 的元件库中调用一个元件，首先应该知道该元件的制造厂家和分类，以便在调用该元件前把包含该元件的元件库载入系统。

2.1.2 打开“Components（元件）”面板

执行方式

▲ 工具栏：单击工作窗口右侧的“Components（元件）”标签。

绘制步骤

执行上述命令，此时会自动弹出“Components（元件）”面板，如图 2-1 所示。

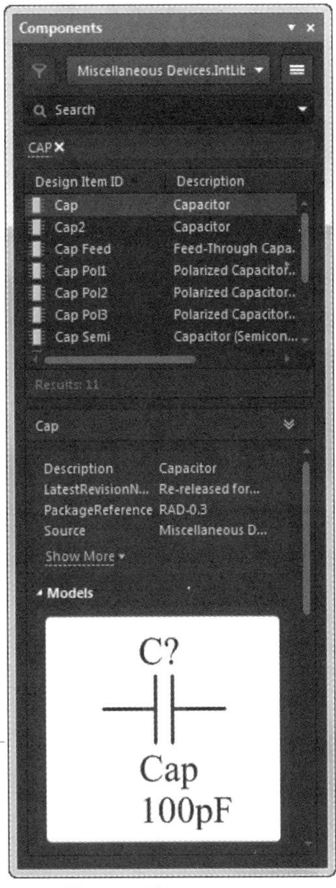

图 2-1 “Components（元件）”面板

选项说明

如果在工作窗口右侧没有“Components（元件）”标签，只要单击底部面板控制栏中的“Panels/Libraries（面板 / 元件库）”按钮，在工作窗口右侧就会出现“Components（元件）”标签，并自动弹出“Components（元件）”面板。可以看到，在“Components（元件）”面板中，Altium Designer 20 系统已经默认加载了两个元件库，即通用元件库（Miscellaneous Devices.IntLib）和通用接插件库（Miscellaneous Connectors. IntLib）。

2.1.3 加载和卸载元件库

执行方式

▲ 工具栏：在“Components（元件）”面板右上角中单击 ≡ 按钮，在弹出的快捷菜单中选择“File-based Libraries Preferences（库文件参数）”命令。

绘制步骤

执行上述命令，系统将弹出如图 2-2 所示的“Available File-based Libraries（可用库文件）”对话框。可以看到，此时系统已经安装的元件库包括通用元件库（Miscellaneous Devices.IntLib）和通用接插件库（Miscellaneous Connectors. IntLib）等。

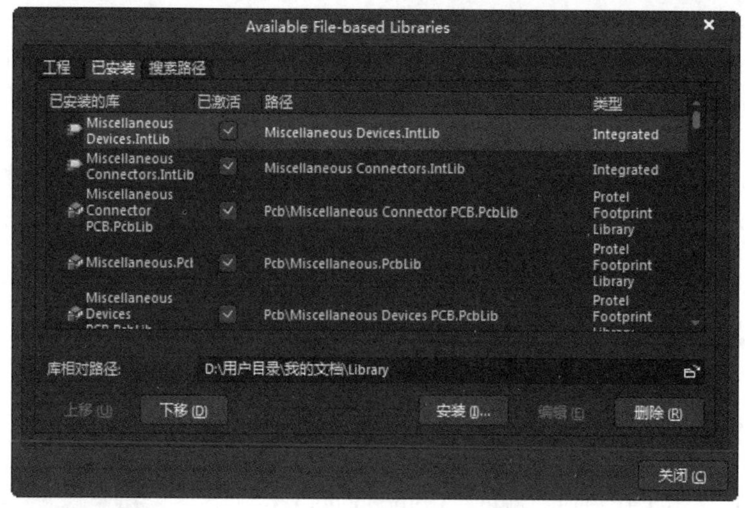

图 2-2 “Available File-based Libraries（可用库文件）”对话框

选项说明

在“Available File-based Libraries（可用库文件）”对话框中，上移(U)和下移(D)按钮是用来改变元件库排列顺序的。“Available File-based Libraries（可用库文件）”对话框中有 3 个选项卡，“工程”选项卡列出的是用户为当前工程自行创建的库文件，“已安装”选项卡列出的是系统中可用的库文件。

编辑属性

（1）加载绘图所需的元件库

在“已安装”选项卡中，单击安装(I)...按钮，系统将弹出如图 2-3 所示的“打开”对话框。在该对话框中选择特定的库文件夹，然后选择相应的库文件，单击“打开”按钮，所选中的库文件就会出现在“Available File-based Libraries（可用库文件）”对话框中。

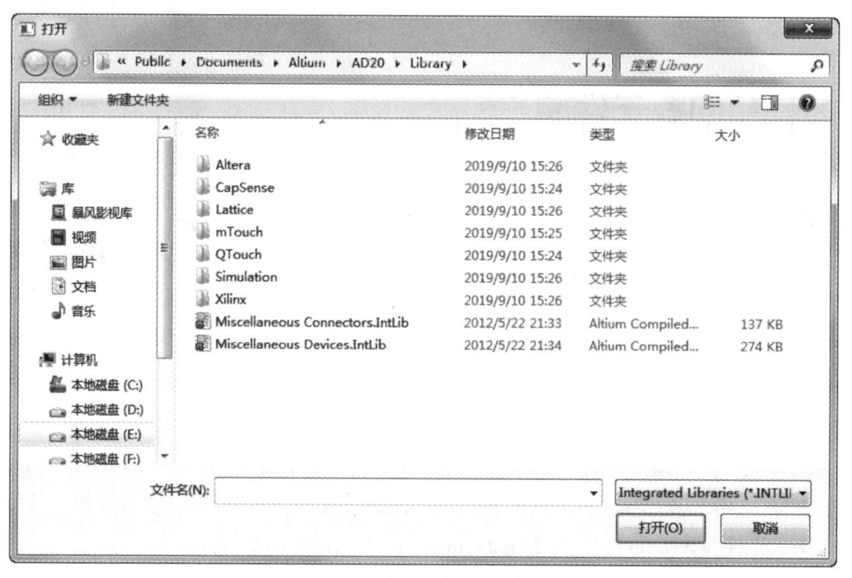

图 2-3 “打开”对话框

重复上述操作就可以把所需要的各种库文件添加到系统中，作为当前可用的库文件。

加载完毕后，单击“关闭”按钮，关闭“Available File-based Libraries（可用库文件）”对话框。这时所有加载的元件库都显示在“Components（元件）”面板中，用户可以选择使用。

（2）删除元件库

在“Available File-based Libraries（可用库文件）”对话框中选中一个库文件，单击“删除”按钮，即可将该元件库卸载。

由于 Altium Designer 10 后面版本的软件中元件库的数量大量减少，不足以满足本书中原理图绘制所需的元件，因此在附带的光盘或网盘中自带大量元件库，用于原理图中元件的放置与查找。可以利用 安装(I)... 按钮，在查找文件夹对话框中选择自带元件库中所需元件库的路径，完成加载后使用。

2.1.4 操作实例——加载集成频率合成器电路元件库

扫一扫 看视频

① 单击 Panels 按钮，在弹出的快捷菜单中选择“Components（元件）”命令，打开“Components（元件）”面板，在“Components（元件）”面板右上角单击 ≡ 按钮，在弹出的快捷菜单中选择“File-based Libraries Preferences（库文件参数）”命令，弹出“Available File-based Libraries（可用库文件）”对话框，如图 2-4 所示。

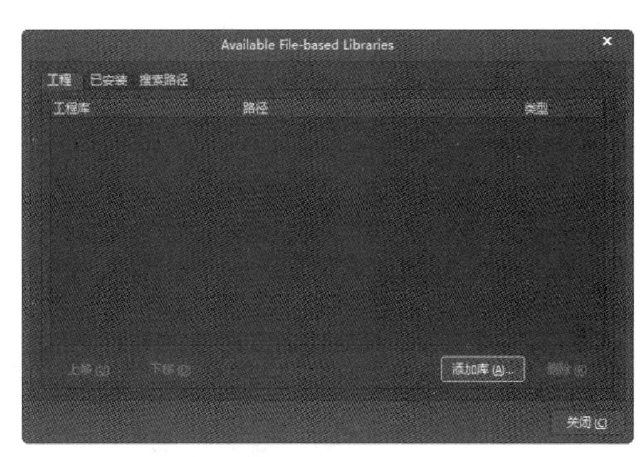

图 2-4 “Available File-based Libraries（可用库文件）”对话框

② 打开“工程”选项卡，单击“添加库”按钮，弹出“打开”对话框，如图 2-5 所示，在系统库目录下选择要添加的库文件“Miscellaneous Devices.IntLib”，在“Available File-based Libraries（可用库文件）”对话框中显示加载结果，如图 2-6 所示。单击“关闭”按钮，关闭“Available File-based Libraries（可用库文件）”对话框。

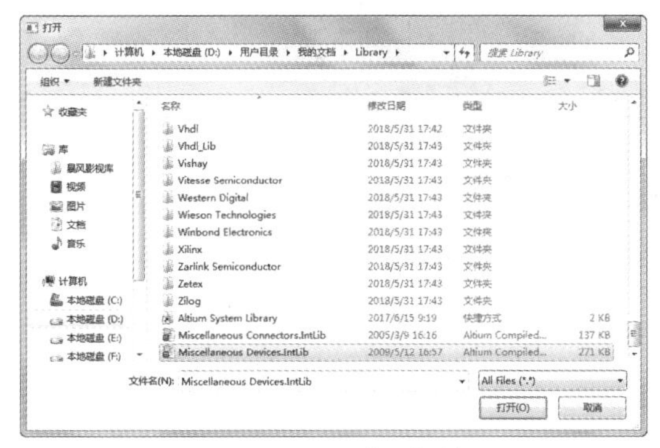

图 2-5 “打开”对话框

图 2-6 加载元件库

2.2 放置元件

原理图有两个基本要素，即元件符号和线路连接。绘制原理图的主要操作就是将元件符号放置在原理图图纸上，然后将元件符号中的引脚连接起来，建立正确的电气连接。在放置元件符号前，需要知道元件符号在哪一个元件库中，并载入该元件库。

2.2.1 搜索元件

在 2.1.3 节中叙述的加载元件库的操作有一个前提，就是用户已经知道需要的元件符号在哪个元件库中，而实际情况可能并非如此。此外，当用户面对的是一个庞大的元件库时，在列表中逐个寻找自己想要的元件，会是一件非常麻烦的事情，而且工作效率会很低。Altium Designer 20 提供了强大的元件搜索功能，可以帮助用户轻松地在元件库中定位元件。

（1）查找元件

执行方式

▲ 工具栏：在"Components（元件）"面板右上角中单击按钮，在弹出的快捷菜单中选择"File-based Libraries Search（库文件搜索）"命令。

绘制步骤

执行上述命令，系统弹出如图 2-7 所示的"File-based Libraries Search（库文件搜索）"对话框，在该对话框中，用户可以搜索需要的元件。

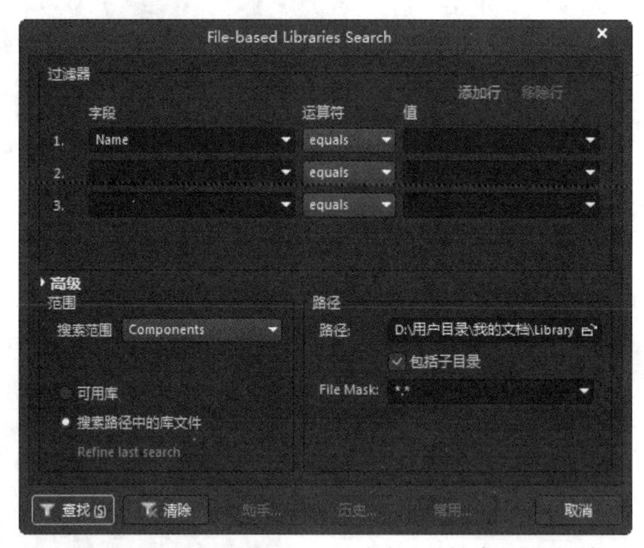

图 2-7 "File-based Libraries Search（库文件搜索）"对话框（1）

选项说明

搜索元件需要设置的参数如下。

①"过滤器"选项组：用于过滤显示的内容。

▲ “字段”选项：输入搜索内容的类别。

▲ “运算符”选项：用于设置搜索条件的关系。

▲ “值”选项：输入搜索内容的名称。

② “范围”选项组：用于设置搜索的范围。

▲ “搜索范围”下拉列表框：用于选择查找类型，包括“Components（元件）”“Footprints（PCB 封装）”“3D Models（3D 模型）”和“Database Components（数据库元件）”4 种查找类型。

▲ “可用库”单选按钮：单击该单选按钮，系统会在已经加载的元件库中查找。

▲ “搜索路径中的库文件”单选按钮：单击该单选按钮，系统会按照设置的路径进行查找。

▲ “Refine last search（精确搜索）”按钮：单击该按钮，系统会在上次查询结果中进行查找。

③ “路径”选项组：用于设置查找元器件的路径。主要由“路径”和“File Mask（文件面具）”选项组成，单击“路径”文本框右侧的按钮，系统将弹出“浏览文件夹”对话框，可以选中相应的搜索路径。若勾选“包括子目录”复选框，则包含在指定目录中的子目录也会被搜索。“File Mask（文件面具）”文本框用于设置查找元件的文件匹配符，“*”表示匹配任意字符串。

④ “高级”选项：用于进行高级查询，单击该按钮后“File-based Libraries Search（库文件搜索）”对话框，如图 2-8 所示。在该选项的文本框中，可以输入一些与查询内容有关的过滤语句表达式，有助于系统进行更快捷、更准确的查找。如在文本框中输入“PNP”，单击查找按钮后，系统开始搜索。

（2）显示找到的元件及其所属元件库

执行上述操作，查找到元件“PNP”后的“Components（元件）”面板如图 2-9 所示。可以看到，符合搜索条件的元件名、描述、所属库文件及封装形式一一被列出，供用户浏览参考。

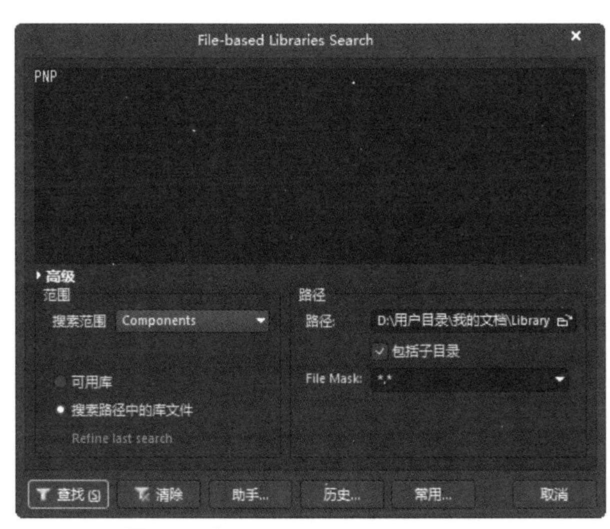

图 2-8 “File-based Libraries Search（库文件搜索）”对话框（2）

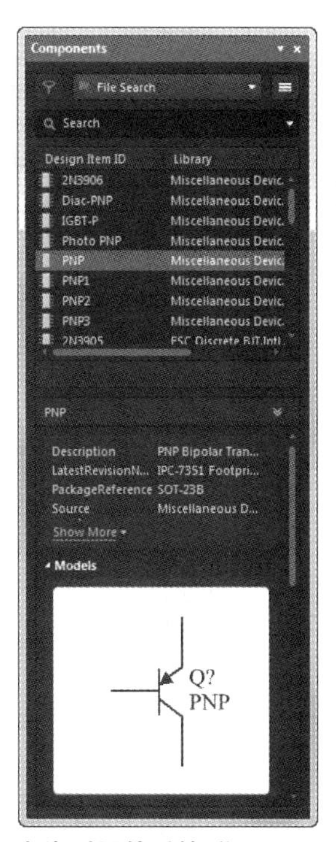

图 2-9 查找到元件后的“Components（元件）”面板

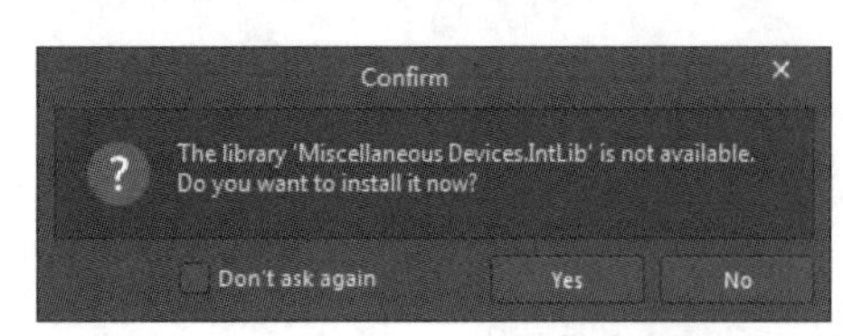

图 2-10 加载库文件确认对话框

（3）加载找到元件的所属元件库

选中需要的元件（不在系统当前可用的库文件中）后右击，在弹出的快捷菜单中选择“Place PNP（放置元件）”命令，或者直接双击“PNP”元件，系统会弹出如图 2-10 所示的加载库文件确认对话框。

单击“Yes（是）”按钮，则元件所在的库文件被加载。单击“No（否）”按钮，则只使用该元件而不加载其元件库。

扫一扫 看视频

2.2.2 操作实例——搜索集成芯片元件

① 在“Components（元件）”面板右上角中单击☰按钮，在弹出的快捷菜单中选择“File-based Libraries Search（库文件搜索）”命令，弹出“File-based Libraries Search（库文件搜索）”对话框。

② 在文本框中输入关键字符“MC145151”，如图 2-11 所示，单击“Search”（查找）按钮，在“Components（元件）”面板中显示搜索结果，如图 2-12 所示。

③ 选中“MC145151P2”，直接拖到原理图中，在原理图中放置集成芯片元件 MC145151P2，如图 2-13 所示。

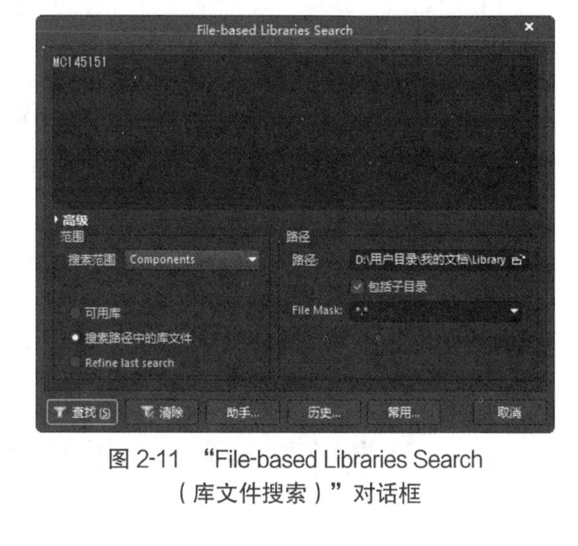

图 2-11 “File-based Libraries Search（库文件搜索）”对话框

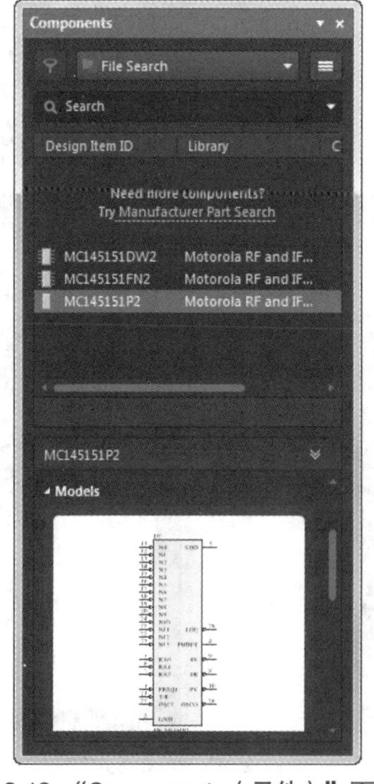

图 2-12 “Components（元件）”面板

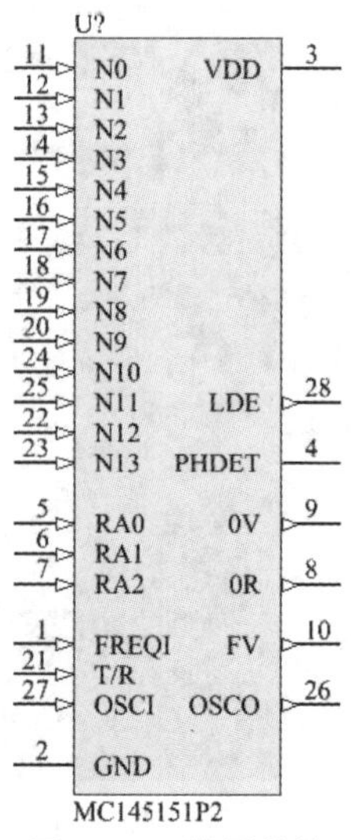

图 2-13 放置芯片

2.2.3 放置元件

在元件库中找到元件，加载该元件后，就可以在原理图中放置该元件了。在这里，原理图中共需要放置4个电阻、2个电容、2个晶体管和1个连接器。其中，电阻、电容和晶体管用于产生多谐振荡，在通用元件库（Miscellaneous Devices.IntLib）中可以找到；连接器用于给整个电路供电，在通用接插件库（Miscellaneous Connectors. IntLib）中可以找到。

Altium Designer 20中有两种元件放置方法，分别是通过“Components（元件）”面板放置和通过菜单放置。在放置元件之前，应该先选择所需元件，并且确认所需元件所在的库文件已经被装载。若没有装载库文件，则先按照前面介绍的方法进行装载，否则系统会提示所需要的元件不存在。

（1）通过“Components（元件）”面板放置元件

绘制步骤

① 打开“Components（元件）”面板，载入所要放置元件所属的库文件。在这里，需要的元件全部在通用元件库（Miscellaneous Devices.IntLib）和通用接插件库（Miscellaneous Connectors. IntLib）中，加载这两个元件库。

② 选择想要放置元件所在的元件库。所要放置的PNP型晶体管在通用元件库（Miscellaneous Devices.IntLib）中，在下拉列表框中选择该文件，该元件库出现在文本框中，这时可以放置其中含有的元件。在后面的浏览器中将显示库中所有的元件。

③ 在浏览器中选中所要放置的元件，该元件将以高亮显示，此时可以放置该元件的符号。通用元件库（Miscellaneous Devices.IntLib）中的元件很多，为了快速定位元件，可以在上面的文本框中输入所要放置元件的名称或元件名称的一部分，包含输入内容的元件会以列表的形式出现在浏览器中。由于这里所要放置的元件为PNP型晶体管，因此输入“*PNP*”字样。在通用元件库（Miscellaneous Devices.IntLib）中只有元件“PNP”包含输入字样，它将出现在浏览器中，单击选中该元件。

④ 选中元件后，在“Components（元件）”面板中将显示元件符号和元件模型的预览。确定该元件是所要放置的元件后，单击该面板上方的按钮，光标将变成十字形状并附带着元件PNP的符号出现在工作窗口中，如图2-14所示。

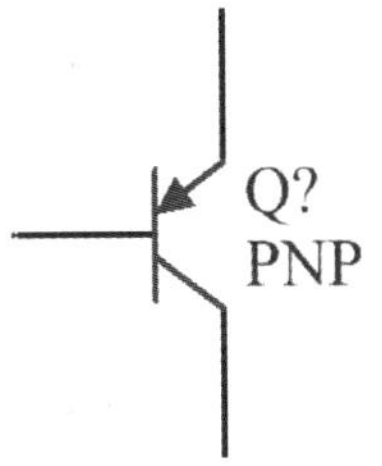

图2-14 放置元件

⑤ 移动光标到合适的位置后单击，元件将被放置在光标停留的位置。此时系统仍处于放置元件的状态，可以继续放置该元件。在完成选中元件的放置后，右击或者按〈Esc〉键退出元件放置的状态，结束元件的放置。

⑥ 完成多个元件的放置后，可以对元件的位置进行调整，设置这些元件的属性。重复上述步骤，可以放置其他元件。

（2）通过菜单命令放置元件

执行方式

▲ 菜单栏：选择“放置”→“器件”命令。

绘制步骤

执行上述命令，系统将弹出“Components（元件）”面板。在该面板中，可以设置放置元件的有关属性。

后面的步骤和通过“Components（元件）”面板放置元件的步骤完全相同，这里不再赘述。

编辑属性

删除多余的元件有以下两种方法。

▲ 选中元件，按〈Delete〉键即可删除该元件。

▲ 选择“编辑”→“删除”命令，或者按〈E+D〉键进入删除操作状态，光标上会悬浮一个十字叉，将光标移至要删除元件的中心单击，即可删除该元件。

扫一扫　看视频

2.2.4 操作实例——放置集成频率合成器电路元件

① 打开“Components（元件）”面板，在当前元件库下拉列表框中选择“Miscellaneous Devices.IntLib”，在过滤条件组合框中输入关键字符“res2”，如图 2-15 所示，选中 Res2 元件，直接拖到原理图中，完成放置后右击，结束操作。

② 用同样的方法，继续在库文件“Miscellaneous Devices.IntLib”中查找并放置晶振 XTAL、发光二极管 LED0、电容 Cap 元件，放置结果如图 2-16 所示。

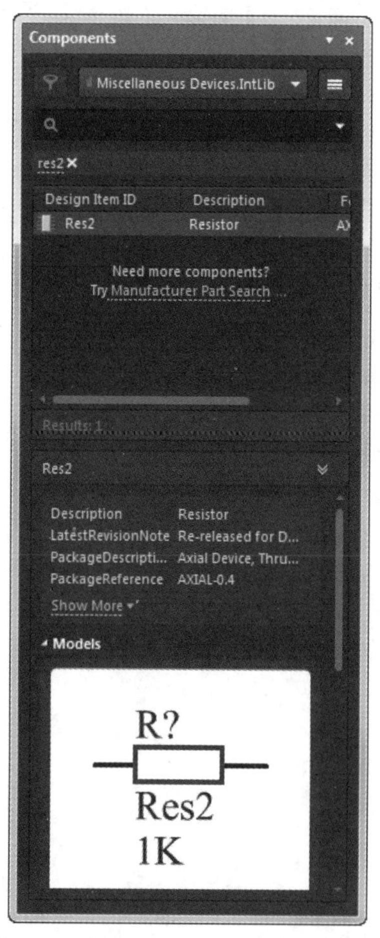

图 2-15 “Components（元件）”面板

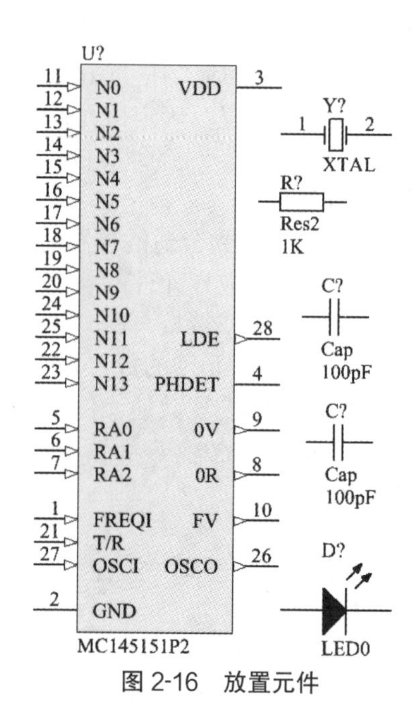

图 2-16 放置元件

知识链接——放置元件命令

在“Components（元件）”面板中选中元件后，直接在“元件名称”栏中双击元件，即可在原理图中显示浮动的元件符号，单击完成放置。

2.2.5 调整元件位置

每个元件被放置时，其初始位置并不是很准确。在进行连线前，需要根据原理图的整体布局对元件的位置进行调整。这样不仅便于布线，也会使所绘制的电路原理图清晰、美观。

元件位置的调整实际上就是利用各种命令将元件移动到图纸中指定的位置，并将元件旋转至指定的方向。

（1）元件的移动

在 Altium Designer 20 中，元件的移动有两种情况：一种是在同一平面内移动，称为“平移”；另一种是当一个元件把另一个元件遮住时，需要移动位置来调整它们之间的上下关系，这种元件间的上下移动称为“层移”。

执行方式

▲ 菜单栏：选择“编辑”→“移动”命令。

绘制步骤

执行上述命令，“移动”子菜单如图 2-17 所示。

除了使用菜单命令移动元件外，在实际原理图的绘制过程中，最常用的方法是直接使用鼠标来实现元件的移动。

① 使用鼠标移动未选中的单个元件。将光标指向需要移动的元件（不需要选中），按住鼠标左键不放，此时光标会自动滑到元件的电气节点上。拖动鼠标，元件会随之一起移动。到达合适的位置后，释放鼠标左键，元件即被移动到当前光标的位置。

② 使用鼠标移动已选中的单个元件。如果需要移动的元件已经处于选中状态，则将光标指向该元件，同时按住鼠标左键不放，拖动元件到指定位置后释放鼠标左键，元件即被移动到当前光标的位置。

③ 使用鼠标移动多个元件。需要同时移动多个元件时，首先应将要移动的元件全部选中，然后在其中任意一个元件上按住鼠标左键并拖动，到达合适的位置后释放鼠标左键，则所有选中的元件都移动到了当前光标所在的位置。

④ 使用“移动选中对象”按钮╋移动元件。对于单个或多个已经选中的元件，单击“原理图标准”工具栏中的“移动选中对象”按钮╋后，光标变成十字形，移动光标至已经选中的元件附近并单击，所有已经选中的元件将随光标一起移动，到达合适的位置后，再次单击，完成移动。

⑤ 使用键盘移动元件。元件在被选中的状态下，可以使用键盘来移动元件。

▲〈Ctrl+Left〉键：每按一次，元件左移 1 个网格单元。
▲〈Ctrl+Right〉键：每按一次，元件右移 1 个网格单元。
▲〈Ctrl+Up〉键：每按一次，元件上移 1 个网格单元。
▲〈Ctrl+Down〉键：每按一次，元件下移 1 个网格单元。
▲〈Shift+Ctrl+Left〉键：每按一次，元件左移 10 个网格单元。
▲〈Shift+Ctrl+Right〉键：每按一次，元件右移 10 个网格单元。
▲〈Shift+Ctrl+Up〉键：每按一次，元件上移 10 个网格单元。
▲〈Shift+Ctrl+Down〉键：每按一次，元件下移 10 个网格单元。

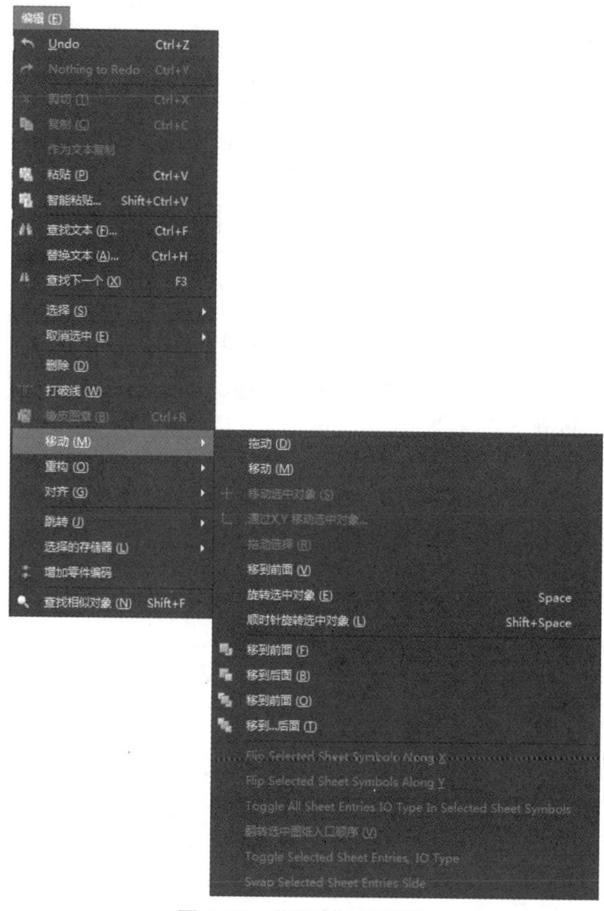

图 2-17 “移动”子菜单

(2) 元件的旋转

① 单个元件的旋转　单击要旋转的元件并按住鼠标左键不放，将出现十字光标，此时按下面的功能键，即可实现旋转。旋转至合适的位置后放开鼠标左键，即完成元件的旋转。

▲〈Space〉键：每按一次，被选中的元件逆时针旋转 90°。
▲〈Shift+Space〉键：每按一次，被选中的元件顺时针旋转 90°。
▲〈X〉键：被选中的元件左右对调。
▲〈Y〉键：被选中的元件上下对调。

② 多个元件的旋转　在 Altium Designer 20 中，还可以将多个元件同时旋转，其方法是：先选定要旋转的元件，然后单击其中任何一个元件并按住鼠标左键不放，再按功能键，即可将选定的元件旋转，放开鼠标左键完成操作。

技巧与提示——翻转元件

按一次〈Space〉键，旋转一次，若由于操作问题，多旋转一次，导致元件放置方向不合理，可继续按 3 次〈Space〉键，即按〈Space〉键 4 次，元件旋转一周。

2.2.6 元件的对齐与排列

在布置元件时，为使电路图美观以及连线方便，应将元件摆放整齐、清晰，这就需要使用 Altium Designer 20 中的排列与对齐功能。

（1）元件的对齐

执行方式

▲ 菜单栏：选择“编辑”→“对齐”命令。

绘制步骤

执行上述命令，弹出“对齐”子菜单如图 2-18 所示。

选项说明

“对齐”子菜单中各命令的说明如下。

▲ “左对齐”命令：将选定的元件向左边的元件对齐。

▲ “右对齐”命令：将选定的元件向右边的元件对齐。

▲ “水平中心对齐”命令：将选定的元件向最左边元件和最右边元件的中间位置对齐。

▲ “水平分布”命令：将选定的元件在最左边元件和最右边元件之间等间距对齐。

▲ “顶对齐”命令：将选定的元件向最上面的元件对齐。

▲ “底对齐”命令：将选定的元件向最下面的元件对齐。

▲ “垂直中心对齐”命令：将选定的元件向最上面元件和最下面元件的中间位置对齐。

▲ “垂直分布”命令：将选定的元件在最上面元件和最下面元件之间等间距对齐。

▲ “对齐到栅格上”命令：将选中的元件对齐在网格点上，以便电路连接。

（2）元件的排列

选择“编辑”→“对齐”→“对齐”命令，系统将弹出如图 2-19 所示的“排列对象”对话框。

“排列对象”对话框中各选项的说明如下。

① “水平排列”选项组

▲ “不变”单选按钮：单击该单选按钮，则元件保持不变。

▲ “左侧”单选按钮：作用同“左对齐”命令。

▲ “居中”单选按钮：作用同“水平中心对齐”命令。

▲ “右侧”单选按钮：作用同“右对齐”命令。

▲ “平均分布”单选钮：作用同“水平分布”命令。

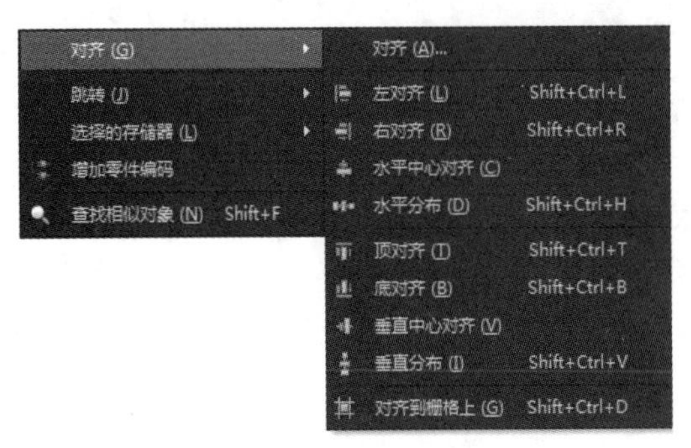

图 2-18 “对齐”子菜单

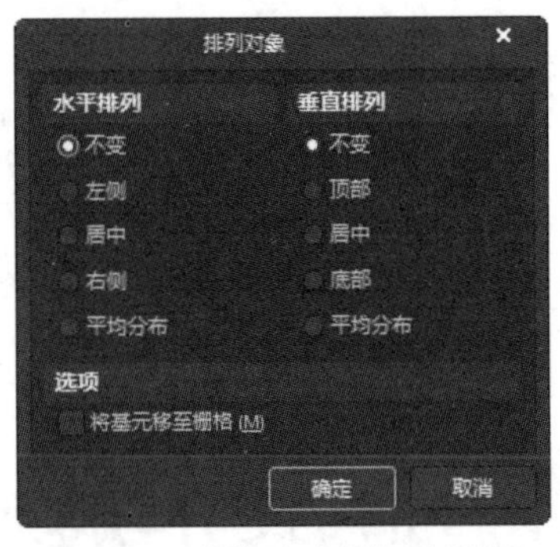

图 2-19 “排列对象”对话框

② “垂直排列”选项组

▲ “不变”单选按钮：单击该单选按钮，则元件保持不变。

▲ “顶部”单选按钮：作用同“顶对齐”命令。

▲ “居中”单选按钮：作用同“垂直中心对齐”命令。

▲ “底部”单选按钮：作用同“底对齐”命令。

▲ “平均分布”单选按钮：作用同“垂直分布”命令。

③ “将基元移至栅格”复选框

勾选该复选框，对齐后，元件将被放到网格点上。

扫一扫 看视频

2.2.7 操作实例——集成频率合成器电路元件布局

① 单击选中“MC145151P2”，显示浮动的元件，按〈Space〉键两次，放置元件，结果如图 2-20 所示。

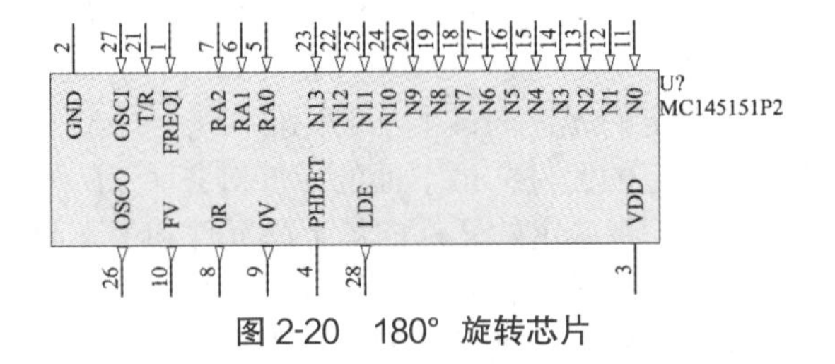

图 2-20 180° 旋转芯片

技巧与提示——选择元件位置

在进行元件布局过程中，不需要考虑元件的真实排列，因此只需要在满足电路要求的基础上，保持美观、大方。同时，尽量将元件排列紧凑，以便节省后期的布线操作工作量。因此在本例布局过程中，尽量将元件放置在芯片对应接口端附近。

② 选中晶振元件“XTAL”并将其放置到芯片左侧，同时按〈Space〉键旋转元件，放置结果如图 2-21 所示。

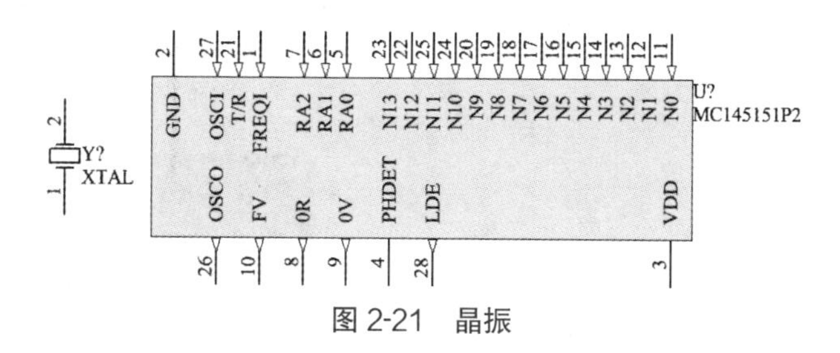

图 2-21　晶振

③ 用同样的方法对电阻元件、电容元件、发光二极管器件进行旋转布局，结果如图 2-22 所示。

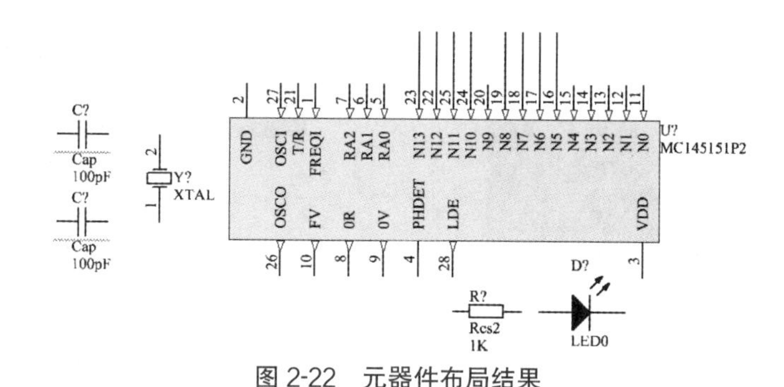

图 2-22　元器件布局结果

2.3 绘制工具

原理图绘制过程中，除了绘制元件外，还需要用多种绘制工具进行电气连接、电气注释等，绘制工具是电路原理图中最重要也是用得最多的工具。

2.3.1 绘制原理图的工具

绘制电路原理图主要通过电路图绘制工具来完成，因此，必须熟练使用电路图绘制工具。

执行方式

▲ 菜单栏：选择“视图”→“工具栏”→“布线”命令。

▲ 工具栏：“布线”工具栏如图 2-23 所示（选择“视图”→“工具栏”→“布线”命令，如图 2-24 所示，打开工具栏）。

▲ 快捷工具栏：快捷工具栏如图 2-25 所示，位于工作窗口顶部。

▲ 右键命令：右击并在弹出的快捷菜单中选择“放置”命令。

绘制步骤

执行以上命令，即可打开如图 2-26 所示的“放置”子菜单。这些菜单命令与“布线”

工具栏的各个按钮相互对应，功能完全相同。具体功能将在后面章节讲述。

图 2-23 “布线”工具栏

图 2-25 快捷工具栏

图 2-24 启动布线工具栏的菜单命令

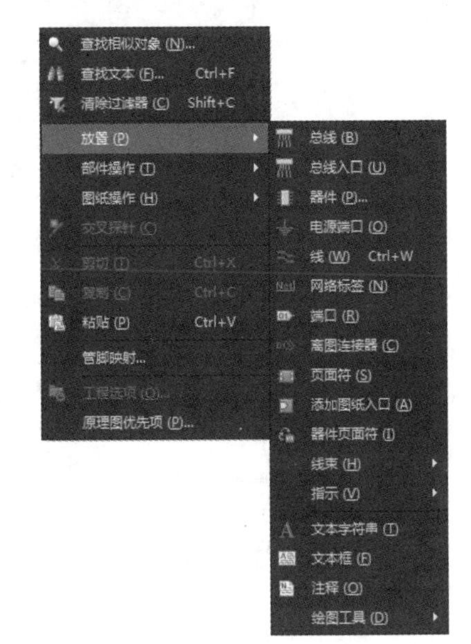

图 2-26 “放置”菜单命令

2.3.2 绘制导线

导线是电路原理图中最基本的电气组件之一，原理图中的导线具有电气连接意义。下面介绍绘制导线的具体步骤和导线的属性设置。

执行方式

▲ 菜单栏：选择“放置”→“线”命令。

▲ 工具栏：“布线”工具栏中的“放置线”按钮。

▲ 快捷工具栏：工具栏中的“线”按钮。

▲ 右键命令：单击鼠标右键并在弹出的快捷菜单中选择“放置”→“线”命令。

▲ 快捷键：〈P+W〉键。

绘制步骤

① 执行菜单命令，进入绘制导线状态。光标变成十字形，系统处于绘制导线状态。

② 将光标移到要绘制导线的起点，若导线的起点是元件的引脚，当光标靠近元件引脚时，会自动移动到元件的引脚上，同时出现一个红色的“×”表示电气连接的意义，单击确定导线起点。

③ 移动光标到导线折点或终点，在导线折点处或终点处单击确定导线的位置，每转折一次都要单击一次。导线转折时，可以通过按〈Shift+Space〉键来切换导线转折的模式。共有 3 种模式，分别是直角、45° 角和任意角，如图 2-27 所示。

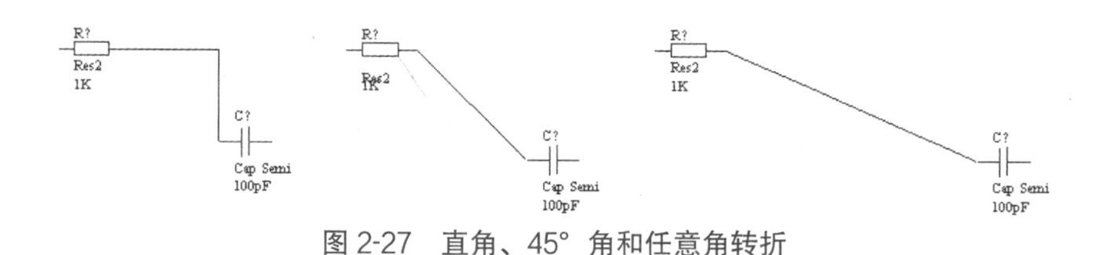

图 2-27 直角、45° 角和任意角转折

④ 绘制完第一条导线后，右击退出绘制第一条导线。此时系统仍处于绘制导线状态，将鼠标移动到新的导线的起点，按照上面的方法继续绘制其他导线。

⑤ 绘制完所有的导线后，右击退出绘制导线状态，光标由十字形变成箭头状。

拓展

选择菜单栏中的"编辑"→"打破线"命令，则切割绘制的完整导线，将一条导线打断分为两条，并添加间隔，过程如图 2-28 所示。

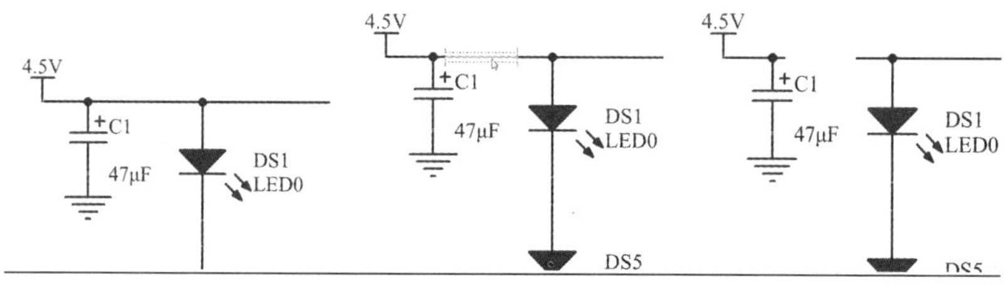

图 2-28 打破前、执行打破和打破后

编辑属性

在绘制导线状态下，按〈Tab〉键，弹出"Properties（属性）"面板，如图 2-29 所示；或者在导线绘制完成后双击导线，同样会弹出"Properties（属性）"面板。

选项说明

① 在"Properties（属性）"面板中，主要对导线的颜色和宽度进行设置。单击"Width（线宽）"右边的颜色框■，弹出下拉对话框，如图 2-30 所示。选中合适的颜色作为导线的颜色即可。

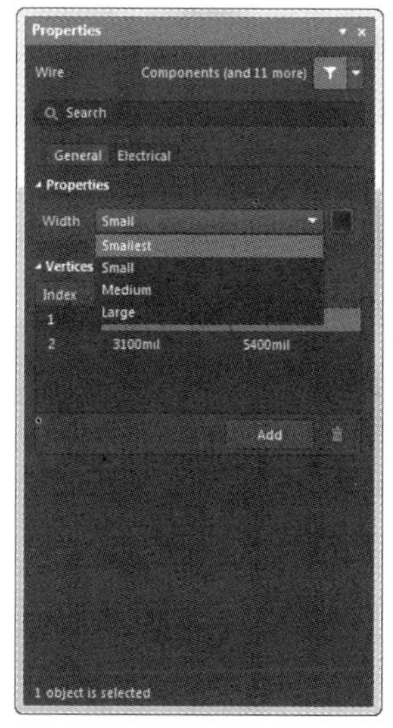

图 2-29 "Properties（属性）"面板

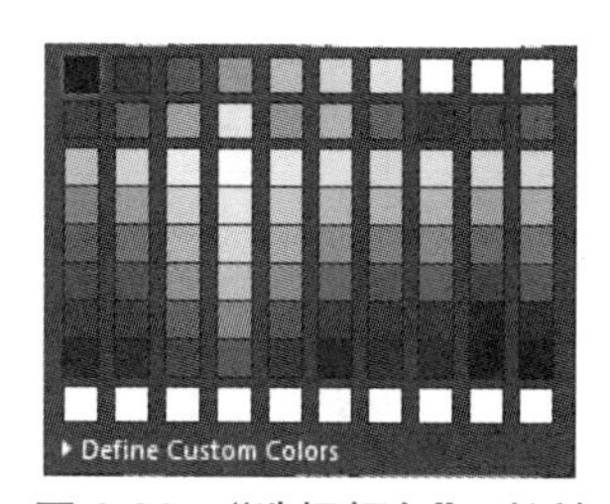

图 2-30 "选择颜色"对话框

② 导线的宽度设置是通过“Width（线宽）”右边的下拉按钮来实现的。有4种选择：“Smallest（最细）”“Small（细）”“Medium（中等）”和“Large（粗）”。一般不需要设置导线属性，采用默认设置即可。

扫一扫　看视频

2.3.3 操作实例——集成频率合成器电路导线连接

电路指南——导线布置

在集成频率合成器电路原理图中，主要绘制两部分导线。分别为第26、27引脚与电容、晶振及电源地等的连接以及第28引脚LDE与电阻、发光二极管及电源地的连接。其他地址总线和数据总线可以连接一小段导线，以便后面网络标号的放置。

单击“布线”工具栏中的“放置线”按钮，光标变成十字形。将光标移动到MC145151的第28引脚LDE处，在LDE引脚上出现一个红色的×，单击确定起点。拖动鼠标到下方电阻引脚端再次单击，第一条导线绘制完成，如图2-31所示。此时光标仍为十字形，采用同样的方法绘制其他导线连接元件，结果如图2-32所示。

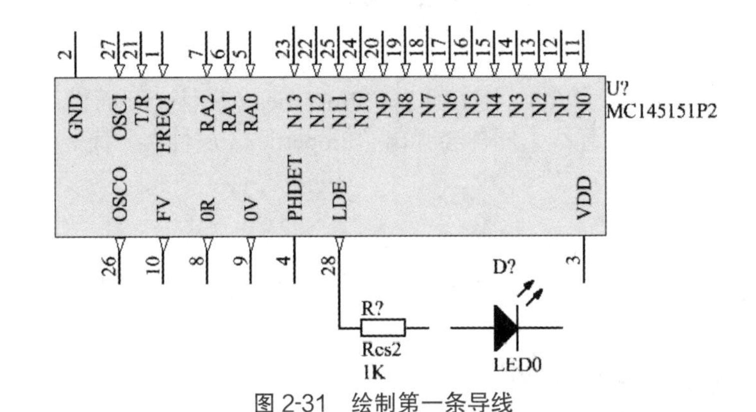

图2-31　绘制第一条导线

图2-32　导线连接元件

技巧与提示——导线绘制

只要光标为十字形状，就表明处于绘制导线命令状态下。若想退出绘制导线状态，右击即可。光标变成箭头状后，才表示退出该命令状态。

导线除了完成元件连接外，还有其他功能。为了便于后面网络标签的放置，在芯片对应引脚上绘制适当长度的导线。导线绘制完成后的集成频率合成器电路原理图如图 2-33 所示。

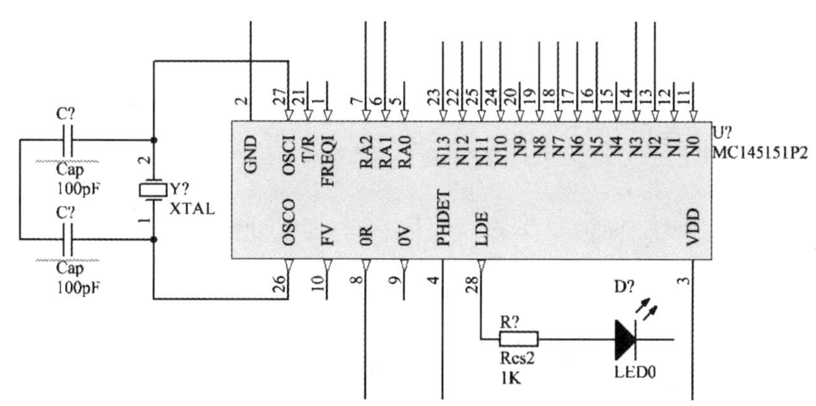

图 2-33　绘制的集成频率合成器电路原理图

提示

在 Altium Designer 20 中，默认情况下，系统会在导线的 T 形交叉点处自动放置电气节点（Manual Junction），表示所画线路在电气意义上是连接的。但在其他情况下，如十字交叉点处，由于系统无法判断导线是否连接，因此不会自动放置电气节点。如果导线确实是相互连接的，就需要将十字交叉点按 T 形交叉点处理。Altium Designer 20 删除放置电气节点功能，无法手动来放置。

2.3.4 绘制总线

总线就是用一条线来表达数条并行的导线，如常说的数据总线、地址总线等。总线本身没有实际的电气连接意义，必须由总线接出的各条单一导线上的网络名称来完成电气意义上的连接。采用总线主要是为了简化原理图，便于读图。由总线接出的各单一导线上必须放置网络名称，具有相同网络名称的导线表示实际电气意义上的连接。

执行方式

▲ 菜单栏：选择“放置”→“总线”命令。

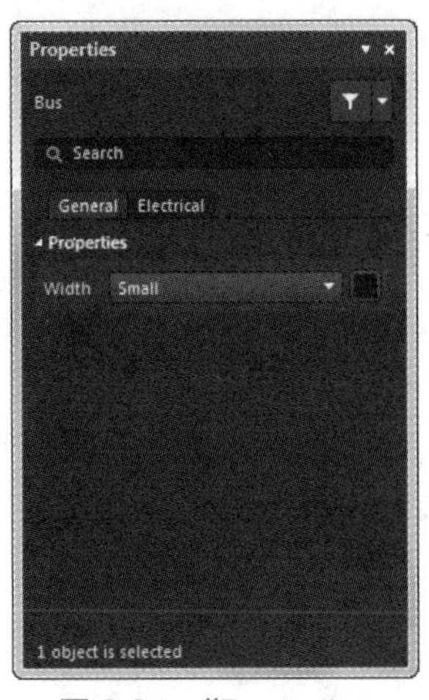

图 2-34 “Properties（属性）”面板

▲ 工具栏：单击“布线”工具栏中的“放置总线”按钮。

▲ 右键命令：单击鼠标右键并在弹出的快捷菜单中选择“放置”→“总线”命令。

▲ 快捷键：〈P+B〉键。

绘制步骤

启动绘制总线命令后，光标变成十字形，在合适的位置单击确定总线的起点，然后拖动鼠标，在转折处单击或在总线的末端单击确定，绘制总线的方法与绘制导线的方法基本相同。

编辑属性

在绘制总线状态下，按〈Tab〉键，弹出“Properties（属性）”面板，如图 2-34 所示。在总线绘制完成后，如果想要修改总线属性，双击总线，同样弹出“Properties（属性）”面板。

选项说明

“Properties（属性）”面板“总线”属性设置与导线设置相同，都是对颜色和宽度的设置，在此不再重复讲述。一般情况下采用默认设置即可。

2.3.5 操作实例——集成频率合成器电路总线连接

扫一扫 看视频

① 单击“布线”工具栏中的“总线”按钮，光标变成十字形，进入绘制总线状态后，在恰当的位置（N13 处即 23 引脚处）空一格的空间（空的位置是为了绘制总线分支），单击确认总线的起点，最后在总线的末端再次单击，完成第一条总线的绘制，结果如图 2-35 所示。

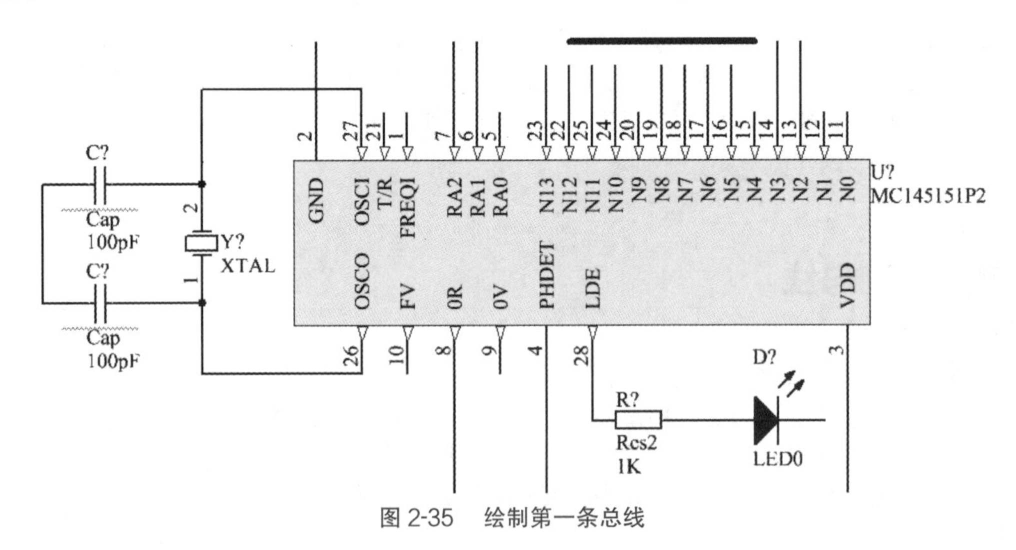

图 2-35 绘制第一条总线

② 采用同样的方法绘制剩余的总线。然后在总线转折处单击，绘制总线后的原理图如图 2-36 所示。

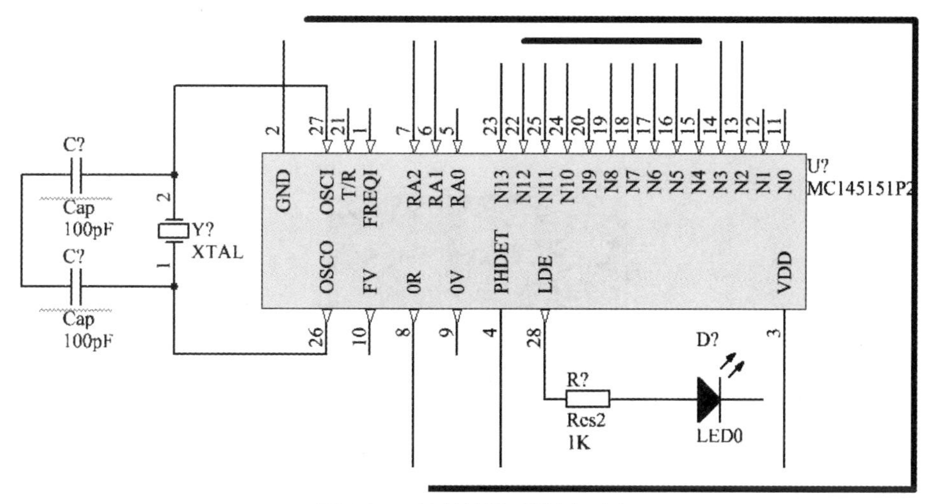

图 2-36 绘制总线后的原理图

知识链接——总线命令

绘制总线的方法与绘制导线基本相同。由于中间有总线分支需要连接，因此在绘制过程中总线与要连接的对应引脚不对齐，需向总线绘制方向错开一格。以此类推，结束端向后多绘制一格。

2.3.6 绘制总线分支

总线分支是单一导线进出总线的端点。导线与总线连接时必须使用总线分支，总线和总线分支没有任何电气连接意义，只是让电路图看上去更专业，因此电气连接功能要由网络标号来完成。

执行方式

▲ 菜单栏：选择“放置”→“总线入口”命令。

▲ 工具栏：单击“布线”工具栏中的“放置总线入口”按钮。

▲ 右键命令：单击鼠标右键并在弹出的快捷菜单中选择“放置”→“总线入口”命令。

▲ 快捷键：〈P+U〉键。

绘制步骤

① 执行绘制总线分支命令后，光标变成十字形，并有分支线“/”悬浮在游标上。如果需要改变分支线的方向，按〈Space〉键即可。

② 移动光标到所要放置总线分支的位置，光标上出现两个红色的十字叉，单击即完成第一个总线分支的放置。可以依次放置所有的总线分支。

③ 绘制完所有的总线分支后，右击或按〈Esc〉键退出绘制总线分支状态，光标由十字形变成箭头状。

编辑属性

在绘制总线分支状态下，按〈Tab〉键，弹出“Properties（属性）”面板，如图2-37所示；或者在退出绘制总线分支状态后双击总线分支，同样弹出“Properties（属性）”面板。

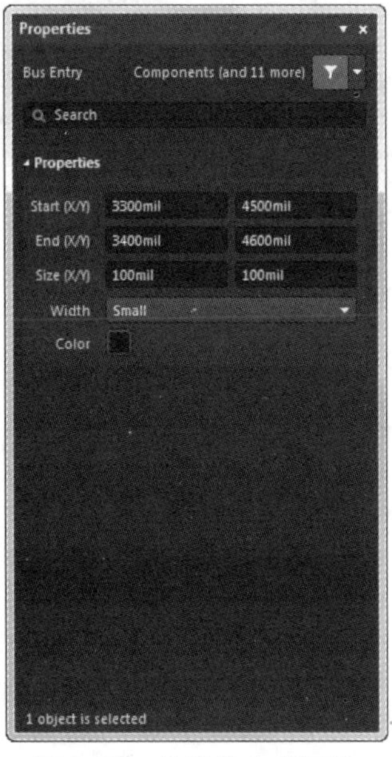

图2-37　总线分支线属性

选项说明

扫一扫　看视频

在“Properties（属性）”面板中，可以设置总线分支的颜色和线宽。“Size（X/Y）”一般不需要设置，采用默认设置即可。

2.3.7 操作实例——集成频率合成器电路总线分支连接

① 单击“布线”工具栏中的“总线入口”按钮，十字光标上出现分支线╱或╲。由于在MC145151P2原理图中采用╱分支线，所以通过按〈Space〉键调整分支线的方向。绘制分支线的方法很简单，只需要将十字光标上的分支线移动到合适的位置单击鼠标就可以了。

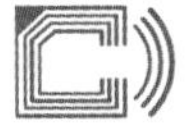

知识链接——总线分支命令

完成了总线分支的绘制后，右击退出总线分支绘制状态。这一点与绘制导线和总线不同，当绘制导线和总线时，双击鼠标右键退出导线和总线绘制状态。

② 在当前导线或总线绘制完成后右击，开始下一段导线或总线的绘制。绘制完总线分支后的原理图如图2-38所示。

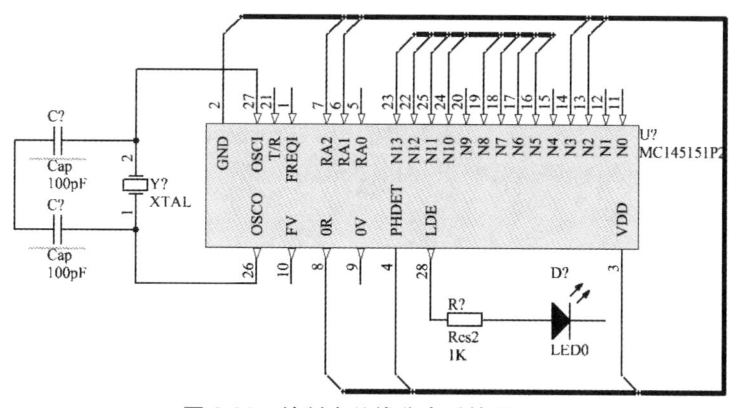

图 2-38　绘制完总线分支后的原理图

提示

在放置总线分支的时候，总线分支的朝向有时是不一样的，左边的总线分支向右倾斜，而右边的总线分支向左倾斜。在放置的时候，只需要按〈Space〉键就可以改变总线分支的朝向。

2.3.8 设置网络标签

在原理图绘制过程中，元件之间的电气连接除了使用导线外，还可以通过设置网络标签来实现。网络标签实际上是一个电气连接点，具有相同网络标签的电气连接表明是连在一起的。网络标签主要用于层次原理图电路和多重式电路中的各个模块之间的连接。也就是说，定义网络标签的用途是将两个或两个以上没有相互连接的网络命名相同的网络标签，使它们在电气含义上属于同一网络，这在印制电路板布线时是非常重要。在连接线路比较远或线路走线复杂时，使用网络标签代替实际走线会使电路图简化。

执行方式

▲ 菜单栏：选择“放置”→“网络标签”命令。

▲ 工具栏：单击“布线”工具栏中的“放置网络标签”按钮Net。

▲ 右键命令：单击鼠标右键并在弹出的快捷菜单中选择“放置”→“网络标签”命令。

▲ 快捷键：〈P+N〉键。

绘制步骤

① 启动放置网络标签命令后，光标将变成十字形，并出现一个虚线方框悬浮在光标上。此方框的大小、长度和内容由上一次使用的网络标签决定。

② 将光标移动到放置网络名称的位置（导线或总线），光标上出现红色的 ×，单击鼠标就可以放置一个网络标签了。但是一般情况下，为了避免以后修改网络标签的麻烦，在放置网络标签前，按〈Tab〉键设置网络标签的属性。

③ 移动鼠标到其他位置继续放置网络标签（放置完第一个网路标签后不右击）。如果在放置网络标签的过程中网络标签的末尾为数字，那么这些数字会自动增加。

④ 右击或按〈Esc〉键退出放置网络标签状态。

编辑属性

启动放置网络名称命令后，按〈Tab〉键打开“Properties（属性）”面板；或者在放置网络标签完成后，双击网络标签也会打开“Properties（属性）”面板，如图 2-39 所示。

选项说明

▲ Net Name（网络名称）：定义网络标签。可以在文本框中直接输入想要放置的网络标签，也可以单击后面的下拉按钮选取使用过的网络标签。

▲ 颜色块：单击颜色块■，弹出选择颜色下拉列表，用户可以选择自己喜欢的颜色。

▲（X/Y）（位置）：选项中的 X、Y 表明网络标签在电路原理图上的水平和垂直坐标。

▲ Rotation（定位）：用来设置网络标签在原理图中的放置方向。单击该选项中“0 Degrees”可以选择网络标签的方向。也可以用〈Space〉键实现方向的调整，每按一次〈Space〉键旋转 90°。

▲ Font（字体）：单击字体名称，弹出“字体”下拉列表，如图 2-40 所示。用户可以选择自己喜欢的字体。

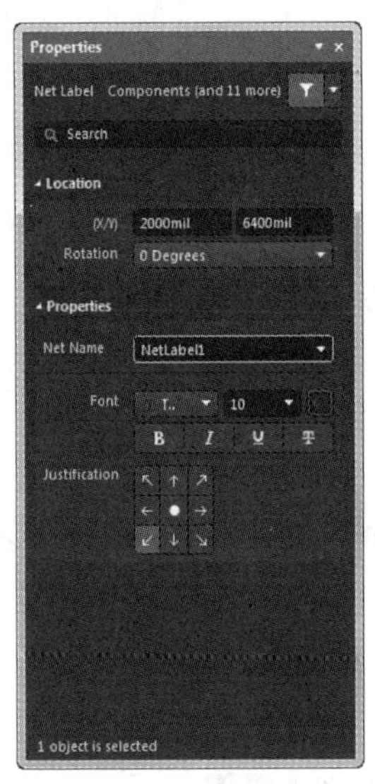

图 2-39 “Properties（属性）”面板

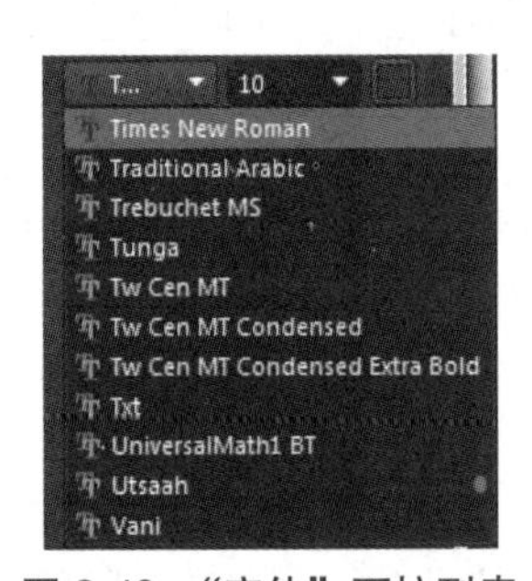

图 2-40 “字体”下拉列表

扫一扫 看视频

2.3.9 操作实例——集成频率合成器电路放置网络标签

知识链接——网络标签命令

对于难以用导线连接的元件，应该采用设置网络标签的方法，这样可以使原理图结构清晰，易读易修改。

① 选择“放置”→“网络标签”命令，或单击“布线”工具栏中的“网络标签”按钮 Net ，这时鼠标变成十字形状，并带有一个初始标号“Net Label1”。按〈Tab〉键将弹出“Properties（属性）”面板，在“Net Name（网络名称）”文本框中输入“D0”，其他采用默认设置即可，如图 2-41 所示。

② 移动鼠标到 MC145151P2 芯片的 N13 引脚，游标出现红色的 × 符号后单击，网络标签 D0 设置完成。依次移动鼠标到 D1 ~ D7，会发现网络标签的末位数字自动增加。

③ 单击完成 D0 ~ D7 的网络标签的放置。用同样的方法完成其他网络标签的放置，右击退出放置网络标签状态。完成网络标签设置后的原理图如图 2-42 所示。

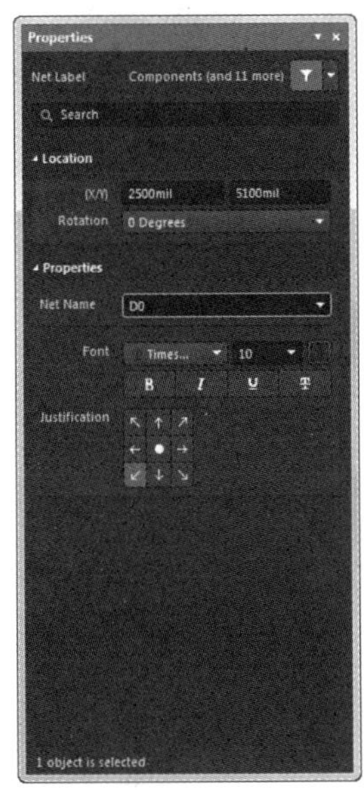

图 2-41 “Properties（属性）”面板

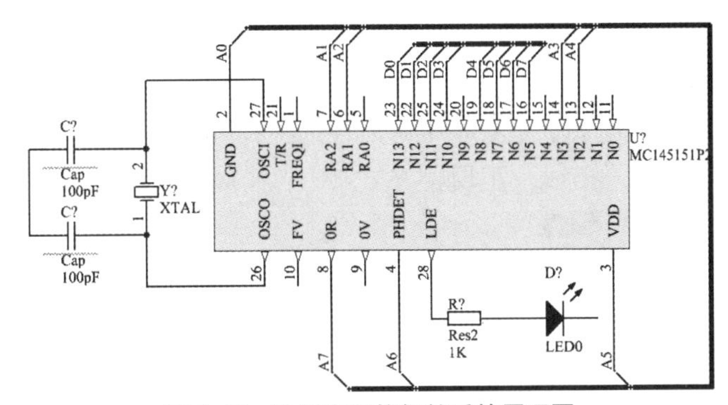

图 2-42 绘制完网络标签后的原理图

电路指南——网络标签放置

在原理图中，主要放置数据总线（D0 ~ D7）和地址总线（A0 ~ A7）的网络标签。

2.3.10 放置电源和接地符号

放置电源和接地符号，除了采用“布线”工具栏中的放置电源和接地菜单命令，还可以利用电源和接地符号工具栏完成。下面首先介绍“电源”工具栏，然后介绍“布线”工具栏中的电源和接地菜单命令。

（1）“电源”工具栏方式

执行方式

▲ 菜单栏：选择“视图”→“工具栏”命令。

▲ 工具栏：打开“应用工具”工具栏，如图 2-43 所示。

绘制步骤

执行以上命令，弹出“电源”工具栏，如图 2-44 所示。

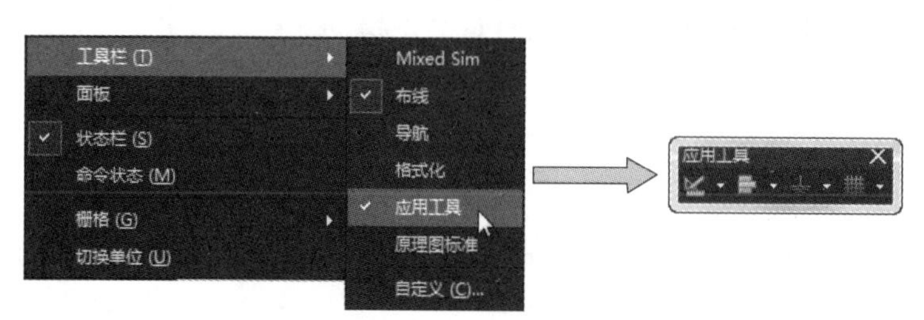

图 2-43　打开“应用工具”工具栏

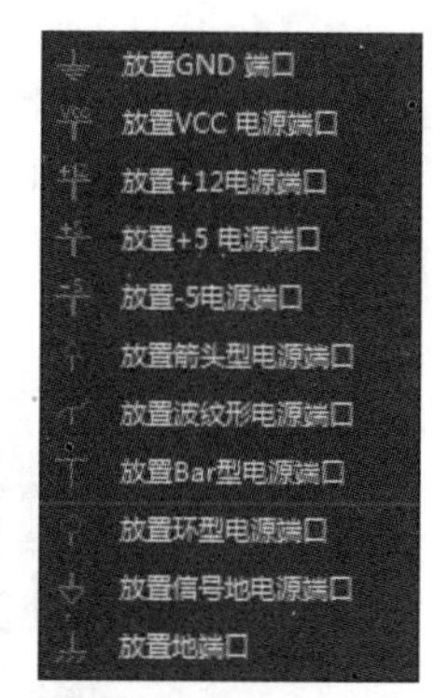

图 2-44　“电源”工具栏

选项说明

在“电源”工具栏中单击各选项，可以得到相应的电源和接地符号，方便易用。

（2）“布线”工具栏方式

执行方式

▲ 菜单栏：选择“放置”→“电源端口”命令。

▲ 工具栏：单击“布线”工具栏中的“GND 端口”或“VCC 电源端口”按钮。

▲ 右键命令：单击鼠标右键并在弹出的快捷菜单中选择“放置”→“电源端口”命令。

▲ 快捷键：〈P+O〉键。

绘制步骤

① 启动放置电源和接地符号命令后，光标变成十字形，同时，一个电源或接地符号悬浮在光标上。

② 在适合的位置单击或按〈Enter〉键，即可放置电源和接地符号。

③ 右击或按〈Esc〉键退出电源和接地符号放置状态。

编辑属性

启动放置电源和接地符号命令后按〈Tab〉键，弹出“Properties（属性）”面板；或者完成电源和接地符号的放置后双击需要设置的电源符号或接地符号，也可以打开“Properties（属性）”面板，如图 2-45 所示。

选项说明

▲ Rotation（旋转）：用于设置端口放置的角度，有 0 Degrees、90 Degrees、180 Degrees、270 Degrees 4 种选择。

▲ Name（电源名称）：用于设置电源与接地端口的名称。

▲ Style（风格）：用于设置端口的电气类型，包括 11 种类型，如图 2-46 所示。

▲ Font（字体）：用于设置端口名称的字体类型、字体大小、字体颜色，同时设置字体

加粗、斜体、下划线、横线等效果。

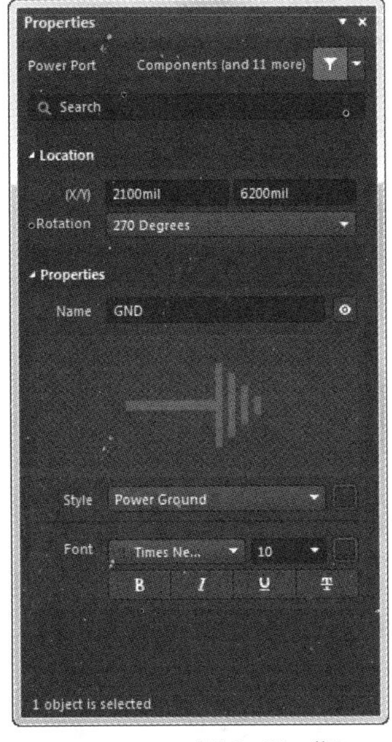

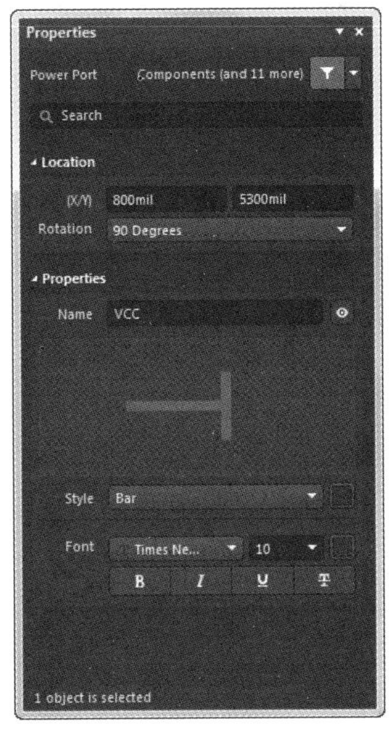

图 2-45 “Properties（属性）”面板

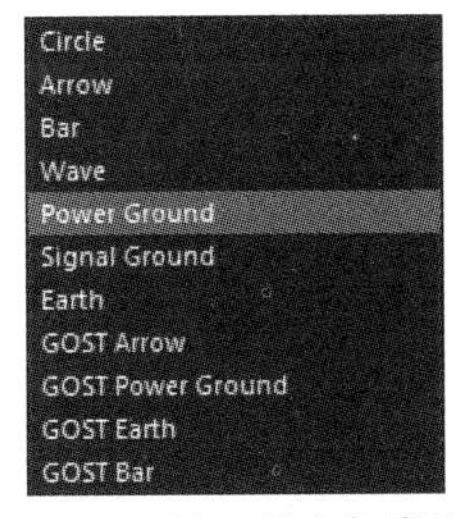

图 2-46 端口的电气类型

扫一扫 看视频

2.3.11 操作实例——集成频率合成器电路放置原理图符号

电路指南——导线布置

在集成频率合成器电路原理图中，主要有电容与电源地的连接和电阻与电源 VCC 的连接。利用“布线”工具栏和“应用工具”工具栏中放置电源和接地符号的命令分别完成电源和接地符号的放置，并比较两者优劣。

（1）利用“布线”工具栏绘制电源和接地符号

① 单击“布线”工具栏的“GND”按钮，光标变成十字形，同时，有 GND 按钮悬浮在光标上，设置符号属性，移动光标到合适的位置后单击，完成 GND 按钮的放置。如图 2-47 所示。

② 单击“布线”工具栏的“VCC”按钮，光标变成十字形，同时，有 VCC 按钮悬浮在光标上，按〈Tab〉键，弹出“Properties（属性）”面板，单击“Name（名称）”后面取消显示按钮，如图 2-48 所示，其余选项保持默认设置，移动光标到合适的位置后单击，完成 VCC 按钮的放置。

（2）利用“应用工具”工具栏的放置电源和接地符号菜单

单击“应用工具”工具栏的“电源”按钮右侧的下拉按钮，在下拉菜单中选择“放置电源 VCC 端口”和“放置 GND 接地”符号按钮，光标变成十字形，同时，一个电源按钮悬

浮在光标上，效果与第一种方式的执行结果相同，这里不再赘述。

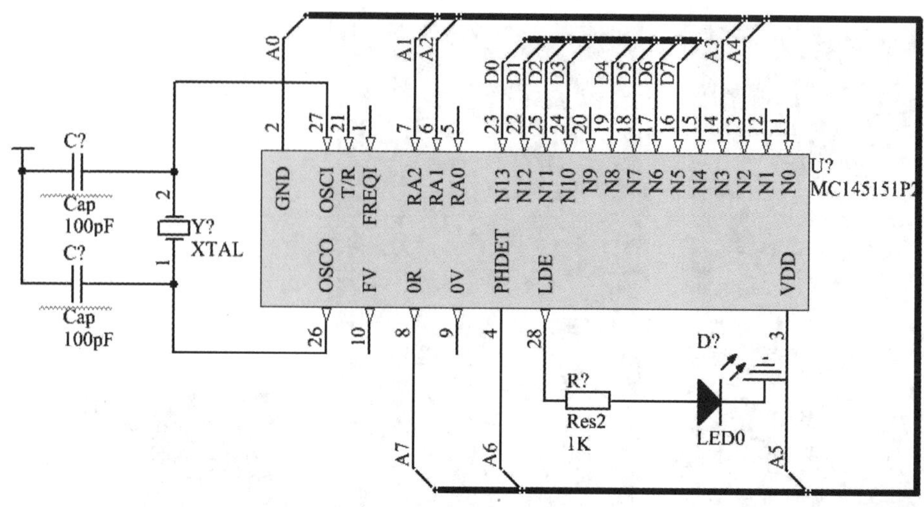

图 2-47　放置原理图符号

2.3.12 放置输入 / 输出端口

在设计电路原理图时，两个电路网络之间的电气连接有 3 种形式：直接通过导线连接；通过设置相同的网络标签来实现两个网络之间的电气连接；通过设置相同网络标签的输入 / 输出端口。输入 / 输出端口是层次原理图设计中不可缺少的组件。

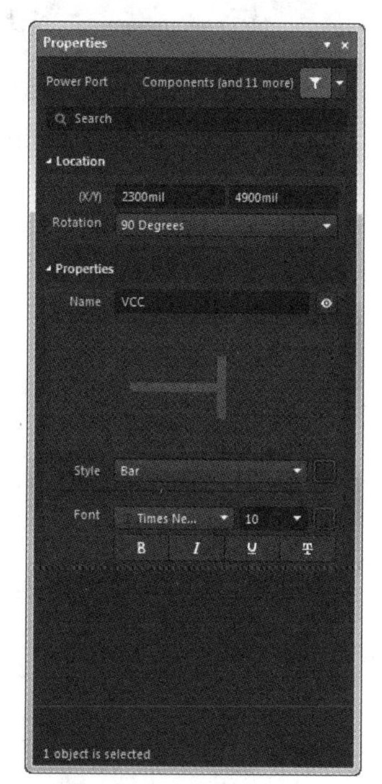

图 2-48　“Properties（属性）”面板

执行方式

▲ 菜单栏：选择“放置”→“端口”命令。

▲ 工具栏：单击“布线”工具栏中的“端口”按钮。

▲ 快捷工具栏：单击快捷工具栏中的“端口”按钮

▲ 右键命令：单击鼠标右键并在弹出的快捷菜单中选择“放置”→“端口”命令。

▲ 快捷键：〈P+R〉键。

绘制步骤

① 启动放置输入 / 输出端口命令后，光标变成十字形，同时，一个输入 / 输出端口按钮悬浮在光标上。

② 移动光标到原理图中合适的位置，在光标与导线相交处会出现红色的 × 符号，这表明实现了电气连接。单击即可定位输入 / 输出端口的一端，移动鼠标使输入 / 输出端口大小合适，单击完成一个输入 / 输出端口的放置。

③ 右击即可退出放置输入 / 输出端口状态。

编辑属性

在放置输入 / 输出端口状态下，按〈Tab〉键，或者在退出放置输入 / 输出端口状态后，

双击放置的输入 / 输出端口符号，弹出“Properties（属性）”面板，如图 2-49 所示。

选项说明

▲ Name（名称）：用于设置端口名称。这是端口最重要的属性之一，具有相同名称的端口在电气上是连通的。

▲ I/O Type（输入 / 输出端口的类型）：用于设置端口的电气特性，对后面的电气规则检查提供一定的依据。有 Unspecified（未指明或不确定）、Output（输出）、Input（输入）和 Bidirectional（双向型）4 种类型。

▲ Harness Type（线束类型）：设置线束的类型。

▲ Font（字体）：用于设置端口名称的字体类型、字体大小、字体颜色，同时设置字体加粗、斜体、下划线、横线等效果。

▲ Border（边界）：用于设置端口边界的线宽、颜色。

▲ Fill（填充颜色）：用于设置端口内填充颜色。

扫一扫 看视频

2.3.13 操作实例——集成频率合成器电路放置输入 / 输出端口

① 选择“放置”→“端口”命令，或单击“布线”工具栏中的“端口”按钮，光标变成十字形，同时，输入 / 输出端口按钮悬浮在光标上。移动光标到 MC145151P2 芯片的总线的终点，按〈Tab〉键，弹出“Properties（属性）”面板。在“Name（名称）”下拉列表框中输入“D0-D7”，其他选项采用默认设置即可，如图 2-50 所示。

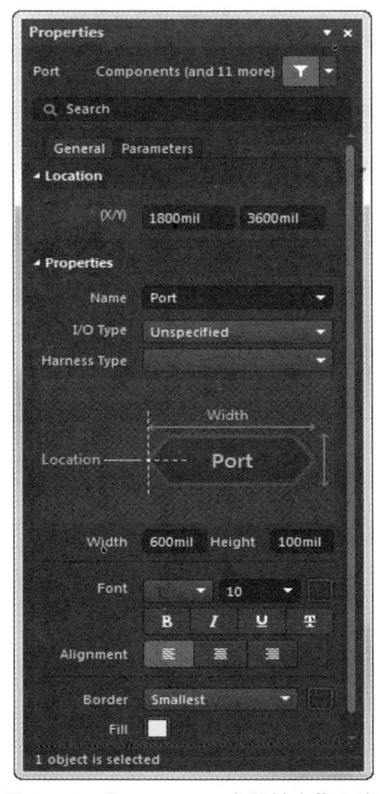

图 2-49 “Properties（属性）”面板

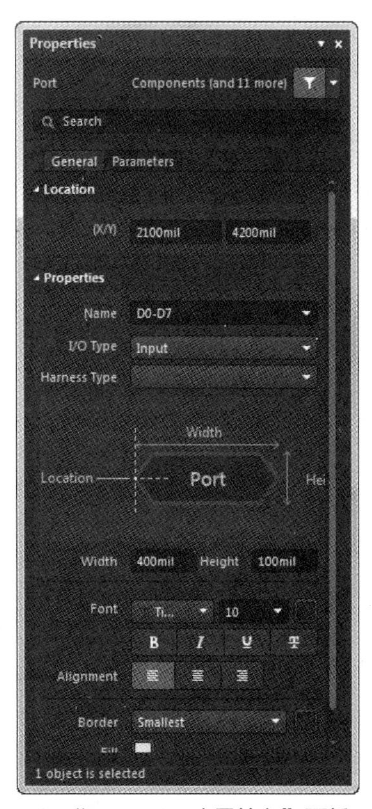

图 2-50 “Properties（属性）”面板

② 单击确定输入 / 输出端口的一端，移动光标到输入 / 输出端口大小合适的位置再次单击确认，右击退出放置输入 / 输出端口状态。放置输入 / 输出端口后的原理图如图 2-51 所示。

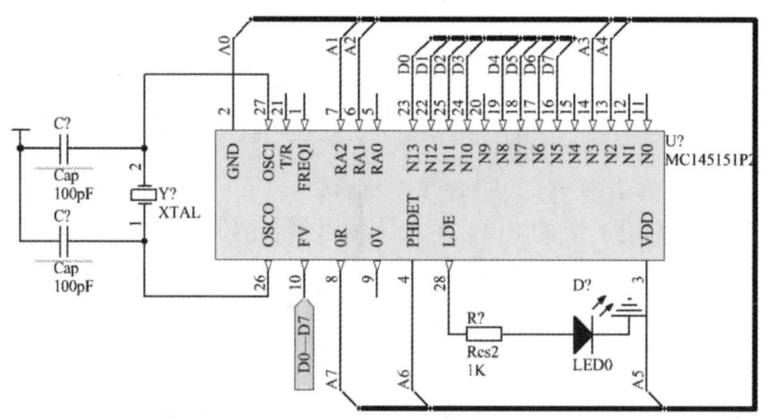

图 2-51　放置输入 / 输出端口后的原理图

2.3.14 放置通用 No ERC 测试点

放置通用 No ERC 测试点的主要目的是让系统在进行电气规则检查（ERC）时，忽略对某些节点的检查。例如，系统默认输入型引脚必须连接，但实际上某些输入型引脚不连接也是常事，如果不放置通用 No ERC 测试点，那么系统在编译时就会生成错误信息，并在引脚上放置错误标记。

执行方式

▲ 菜单栏：选择“放置”→“指示”→“通用 No ERC 标号”命令。

▲ 工具栏：单击“布线”工具栏中的“通用 No ERC 标号”按钮。

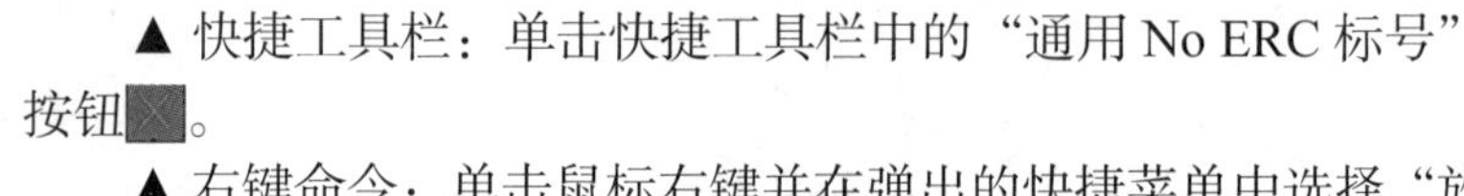

▲ 快捷工具栏：单击快捷工具栏中的“通用 No ERC 标号”按钮。

▲ 右键命令：单击鼠标右键并在弹出的快捷菜单中选择“放置”→“指示”→“通用 No ERC 标号”命令。

▲ 快捷键：〈P+I+N〉键。

绘制步骤

启动放置通用 No ERC 测试点命令后，光标变成十字形，并且在光标上悬浮一个红色 ×，将光标移动到需要放置 No ERC 测试点的节点上，单击完成一个通用 No ERC 测试点的放置。右击或按〈Esc〉键退出放置通用 No ERC 测试点状态。

编辑属性

在放置通用 No ERC 测试点状态下按〈Tab〉键，或在通用 No ERC 测试点完成后，双击需要设置属性的 No ERC 测试点符号，弹出“Properties（属性）”面板，如图 2-52 所示。

Properties
No ERC
Search
Location
Rotation 90 Degrees
Properties
Color
Symbol Thin Cross
Active
Suppressed Violations
All Violations　Specific Violations
1 object is selected

图 2-52　“Properties（属性）”面板

选项说明

该面板主要用来设置 No ERC 测试点的颜色和坐标位置，采用默认设置即可。

2.3.15 设置 PCB 布线标志

Altium Designer 20 允许用户在原理图设计阶段规划指定网络的铜膜宽度、过孔直径、布线策略、布线优先权和布线板层属性。如果用户在原理图中对某些特殊要求的网络设置 PCB 布线指示，在创建 PCB 的过程中就会自动在 PCB 中引入这些设计规则。

执行方式

▲ 菜单栏：选择“放置”→“指示”→“参数设置”命令。

▲ 右键命令：单击鼠标右键并在弹出的快捷菜单中选择“放置”→“指示”→“参数设置”命令。

绘制步骤

启动放置 PCB 布线参数设置命令后，光标变成十字形，“Parameter Set”图标悬浮在光标上，将光标移动到放置 PCB 布线标志的位置后单击，即完成 PCB 布线标志的放置。右击退出 PCB 布线标志状态。

编辑属性

在放置 PCB 布线标志状态下按〈Tab〉键，或者在已放置的 PCB 布线标志上双击，弹出“Properties（属性）”面板，如图 2-53 所示。

选项说明

▲ “（X/Y）（位置 *X* 轴、*Y* 轴）”文本框：用于设定 PCB 布线指示符号在原理图上的 *X* 轴和 *Y* 轴坐标。

▲ “Rotation（旋转）”文本框：用于设定 PCB 布线指示符号在原理图上的放置方向。有“0 Degrees”（0°）、“90 Degrees”（90°）、“180 Degrees”（180°）、“270 Degrees”（270°）4 个选项。

▲ “Label（名称）”文本框：用于输入 PCB 布线指示符号的名称。

▲ “Style（类型）”文本框：用于设定 PCB 布线指示符号在原理图上的类型，包括“Large（大的）”“Tiny（极小的）”。

▲ Rules（规则）、Classes（级别）：表中列出了选中 PCB 布线标志所定义的相关参数，包括名称、数值及类型等。单击“Add（添加）”按钮，弹出“选择设计规则类型”对话框，如图 2-54 所示。该对话框中列出了 PCB 布线时用到的所有规则类型。

选择某一参数，单击“编辑”按钮，则弹出相应的导线宽度设置对话框，如图 2-55 所示。该对话框分为两部分，上面是图形显示部分，下面是列表显示部分，均可用于设置导线的宽度。

属性设置完毕后，单击“确定”按钮即可关闭该对话框。

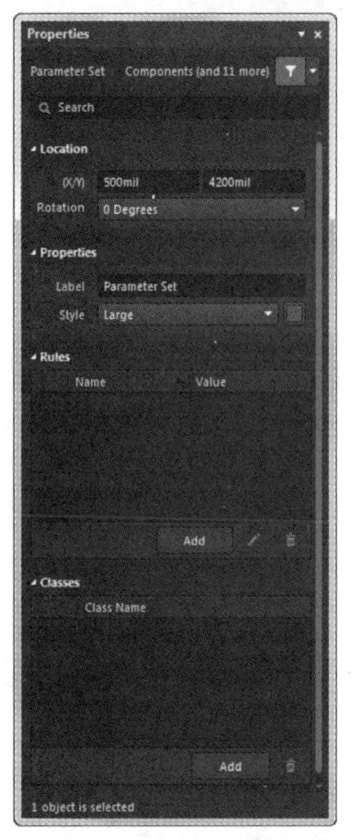

图 2-53　“Properties（属性）”面板

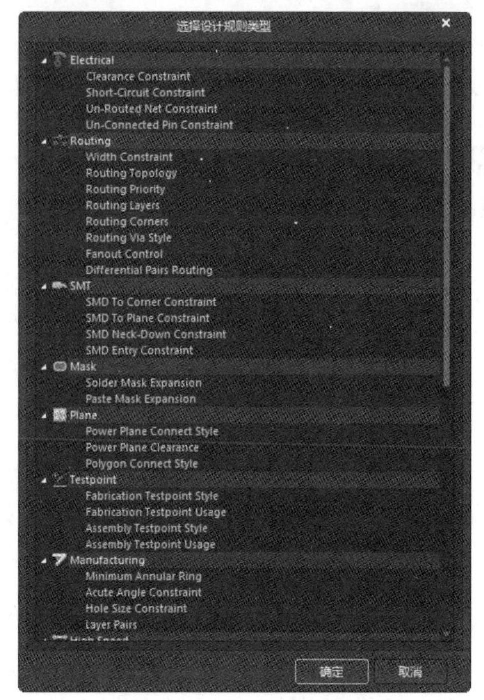

图 2-54　“选择设计规则类型”对话框

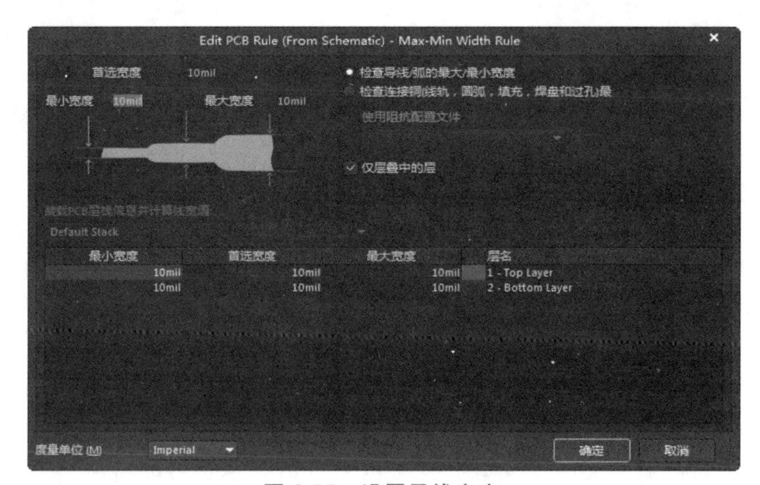

图 2-55　设置导线宽度

2.3.16 放置离图连接器

在原理图编辑环境下，离图连接器的作用其实和网络标签是一样的，不同的是，网络标签用在了同一张原理图中，而离图连接器用在同一工程文件下不同的原理图中。

执行方式

▲ 菜单栏：选择“放置”→“离图连接器”。

▲ 右键命令：单击鼠标右键并在弹出的快捷菜单中选择“放置”→“离图连接器”命令。

▲ 快捷键：〈P+C〉键。

绘制步骤

① 启动放置离图连接器命令后，光标变成十字形，并且在光标上悬浮一个连接符，此时光标变成十字形状，并带有一个离页连接符符号。

② 移动光标到需要放置离图连接器的元件引脚末端或导线上，当出现红色交叉标志时，单击确定离页连接符的位置，即可完成离图连接器的一次放置。此时光标仍处于放置离图连接器的状态，如图 2-56 所示，重复操作即可放置其他的离图连接器。

编辑属性

在放置离图连接器的过程中，用户可以对离图连接器的属性进行设置。双击离图连接器或者在光标处于放置状态时按 Tab 键，弹出如图 2-57 所示的“Properties（属性）”面板 。

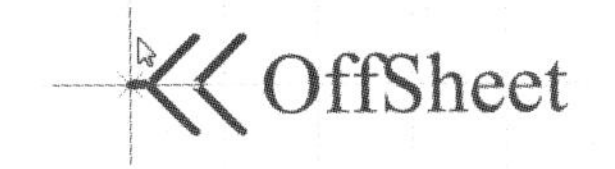

图 2-56　离图连接器符号

图 2-57　离图连接器设置

选项说明

▲ Rotation（旋转）：用于设置离图连接器放置的角度，有 0 Degrees、90 Degrees、180 Degrees、270 Degrees 4 种选择。

▲ Net Name（网络名称）：用于设置离图连接器的名称。这是离图连接器最重要的属性之一，具有相同名称的网络在电气上是连通的。

▲ 颜色：用于设置离图连接器颜色。

▲ Style（类型）：用于设置外观风格，包括 Left（左）、Right（右）这两种选择。

2.3.17 线束连接器

线束连接器是端子的一种，连接器又称插接器，由插头和插座组成。连接器是电路中线束的中继站。线束与线束、线束与电器部件之间的连接一般采用连接器。线束连接器是连接各个电器与电子设备的重要部件，为了防止连接器脱开，所有的连接器均采用了闭锁装置。

执行方式

▲ 菜单栏：选择“放置”→“线束”→“线束连接器”命令。

▲ 工具栏：单击“布线”工具栏中的“线束连接器”按钮。

▲ 快捷工具栏：单击快捷工具栏中的“线束连接器”按钮。

▲ 右键命令：单击鼠标右键并在弹出的快捷菜单中选择“放置”→“线束”→“线束连接器”命令。

▲ 快捷键：〈P+H+C〉键。

绘制步骤

① 启动线束连接器命令后，此时光标变成十字形状，并带有一个线束连接器符号。

② 将光标移动到想要放置线束连接器的起点位置，单击确定线束连接器的起点，然后拖动光标，单击确定终点，如图 2-58 所示。此时系统仍处于绘制线束连接器状态，用同样的方法绘制另一个线束连接器。绘制完成后，单击鼠标右键退出绘制状态。

编辑属性

双击线束连接器或在光标处于放置线束连接器的状态时按〈Tab〉键，弹出如图 2-59 所示的“Properties（属性）”面板，在该面板中可以对线束连接器的属性进行设置。

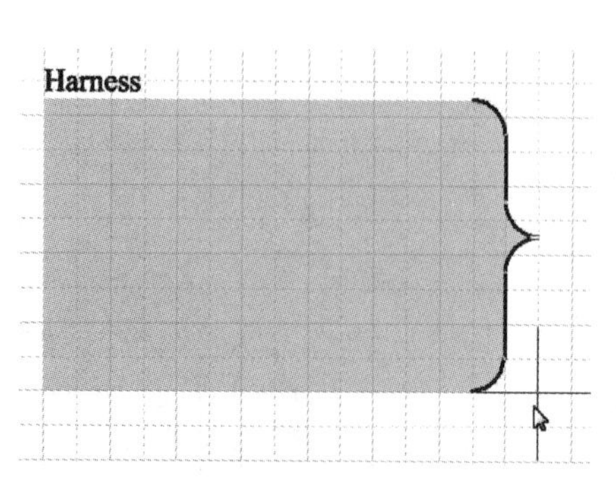

图 2-58　放置线束连接器

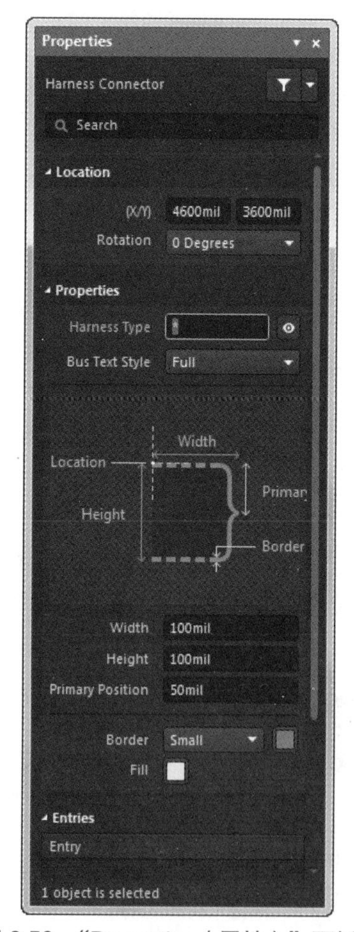

图 2-59　“Properties（属性）”面板

该面板包括 3 个选项组：

① Location（位置）选项组

▲（X/Y）：用于表示线束连接器左上角顶点的位置坐标，用户可以输入设置。

▲ Rotation（旋转）：用于表示线束连接器在原理图上的放置方向，有“0 Degrees”（0°）、“90 Degrees”（90°）、“180 Degrees”（180°）、“270 Degrees”（270°）4 个选项。

② Properties（属性）选项组

▲ Harness Type（线束类型）：用于设置线束连接器中线束的类型。

▲ Bus Text Style（总线文本类型）：用于设置线束连接器中文本显示类型。单击后面的下三角按钮，有 2 个选项供选择：Full（全程）、Prefix（前缀）。

▲ Width（宽度）、Height（高度）：用于设置线束连接器的宽度和高度。

▲ Primary Position（主要位置）：用于设置线束连接器的宽度。

▲ Border（边框）：用于设置边框线宽、颜色。单击后面的颜色块，可以在弹出的对话框中设置颜色。

▲ Fill（填充色）：用于设置线束连接器内部的填充颜色。单击后面的颜色块，可以在弹出的对话框中设置颜色。

③ Entries（线束入口）选项组　如图 2-60 所示，在该选项组中可以为连接器添加、删除和编辑与其余元件连接的入口。单击“Add（添加）”按钮，在该面板中自动添加线束入口，如图 2-61 所示。

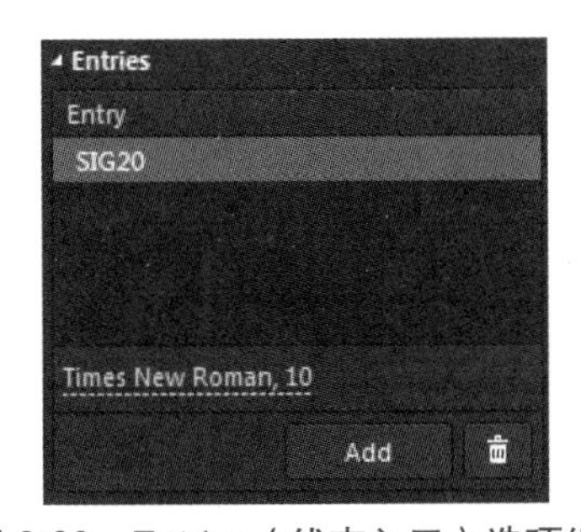

图 2-60　Entries（线束入口）选项组

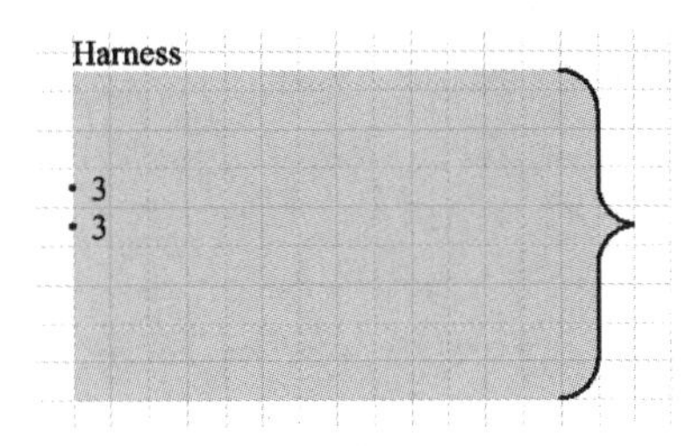

图 2-61　添加入口

2.3.18 预定义的线束连接器

执行方式

▲ 菜单栏：选择“放置”→“线束”→“预定义的线束连接器”命令。

▲ 右键命令：单击鼠标右键并在弹出的快捷菜单中选择“放置”→“线束”→“预定义的线束连接器”命令。

▲ 快捷键：〈P+H+P〉键。

绘制步骤

启动放置预定义的线束连接器命令后，弹出如图 2-62 所示的“放置预定义的线束连接器”对话框。

在该对话框中可精确定义线束连接器的名称、端口、线束入口等。

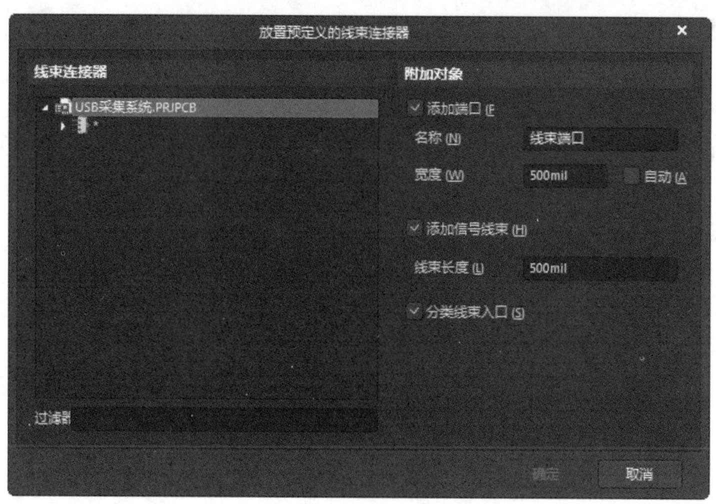

图 2-62 “放置预定义的线束连接器”对话框

2.3.19 线束入口

线束通过“线束入口”的名称来识别每个网络或总线。Altium Designer 正是使用这些名称而非线束入口顺序来建立整个设计中的连接。除非命名的是线束连接器，网络命名一般不使用线束入口的名称。

执行方式

▲ 菜单栏：选择“放置”→“线束”→“线束入口”命令。

▲ 工具栏：单击“布线”工具栏中的“线束入口”按钮。

▲ 右键命令：单击鼠标右键并在弹出的快捷菜单中选择“放置”→“线束”→“线束入口”命令。

▲ 快捷键：〈P+H+E〉键。

绘制步骤

① 启动放置线束入口命令后，此时光标变成十字形状，出现一个线束入口随鼠标移动而移动。

② 移动鼠标到线束连接器内部，单击鼠标左键选择要放置的位置，只能在线束连接器左侧的边框上移动，如图 2-63 所示。

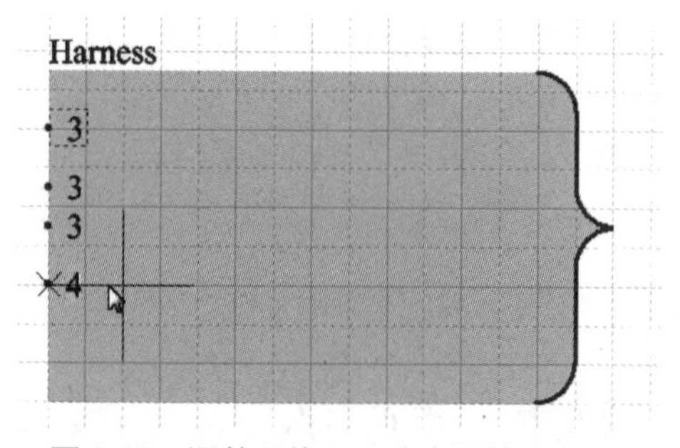

图 2-63 调整总线入口分支线的方向

编辑属性

在放置线束入口的过程中，用户可以对线束入口的属性进行设置。双击线束入口或在光标处于放置线束入口的状态时按〈Tab〉键，弹出如图 2-64 所示的“Properties（属性）”面板，在面板中可以对线束入口的属性进行设置。

▲ 文本颜色：用于设置图纸入口名称文字的颜色。单击颜色块，在弹出的下拉颜色框中设置颜色。

▲ Harness Name（名称）：用于设置线束入口的名称。

▲ Font（文本字体）：用于设置线束入口的文本字体。单击右侧的按钮，弹出如图 2-65 所示的下拉列表。

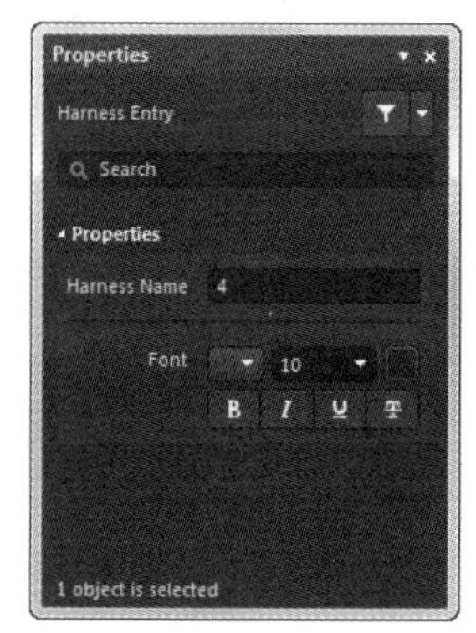

图 2-64 “Properties（属性）”面板

图 2-65 下拉列表

2.3.20 信号线束

信号线束是一组具有相同性质的并行信号线的组合，通过信号线束线路连接到同一电路图上另一个线束接头，或连接到电路图入口或端口，以使信号连接到另一张原理图。

执行方式

▲ 菜单栏：选择“放置”→“线束”→“信号线束”命令。

▲ 工具栏：单击“布线”工具栏中的“信号线束”按钮。

▲ 右键命令：单击鼠标右键并在弹出的快捷菜单中选择“放置”→“线束”→“信号线束”命令。

▲ 快捷键：〈P+H〉键。

绘制步骤

启动放置信号线束命令后，此时光标变成十字形状，将光标移动到想要完成电气连接的元件的引脚上，单击放置信号线束的起点，出现红色的符号表示电气连接成功。移动光标，多次单击可以确定多个固定点，最后放置信号线束的终点。如图 2-66 所示，此时光标仍处于放置信号线束的状态，重复上述操作可以继续放置其他的信号线束。

编辑属性

在放置信号线束的过程中，用户可以对信号线束的属性进行设置。双击信号线束或在光标处于放置信号线束的状态时按〈Tab〉键，弹出如图 2-67 所示的“Properties（属性）”面板，在该面板中可以对信号线束的属性进行设置。

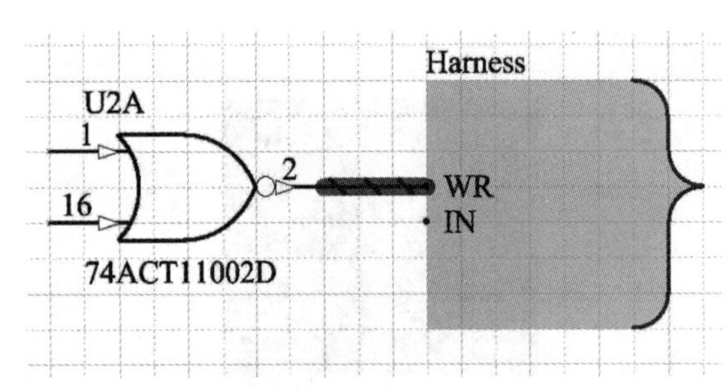

图 2-66　放置信号线束

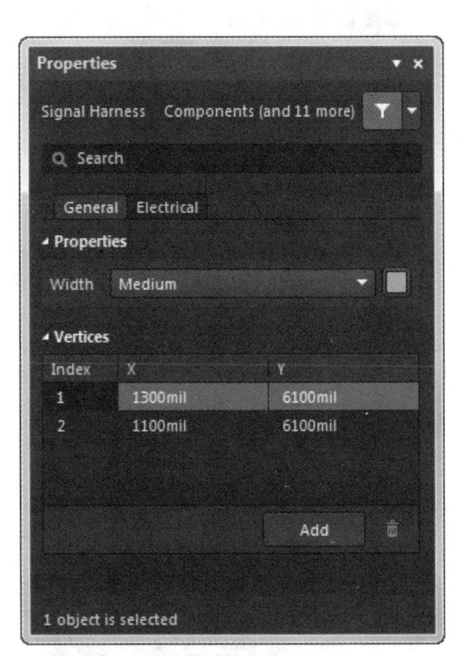

图 2-67　“Properties（属性）”面板

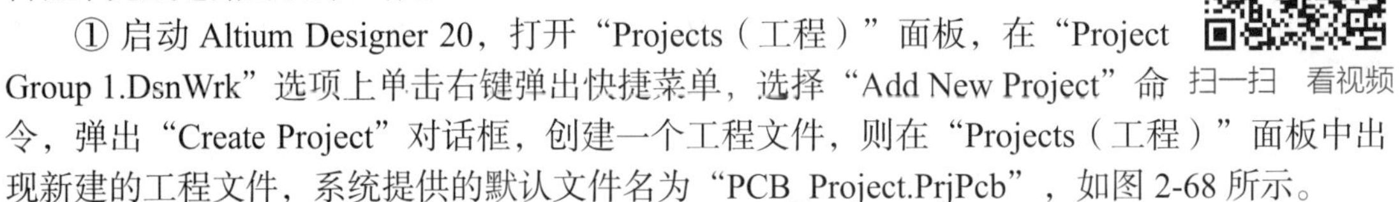

2.4　综合演练——主机电路

本节通过一个具体的实例来完整、全面地向读者展示如何使用原理图编辑器来完成电路的设计工作。

扫一扫　看视频

① 启动 Altium Designer 20，打开“Projects（工程）”面板，在“Project Group 1.DsnWrk”选项上单击右键弹出快捷菜单，选择“Add New Project”命令，弹出“Create Project”对话框，创建一个工程文件，则在“Projects（工程）”面板中出现新建的工程文件，系统提供的默认文件名为“PCB_Project.PrjPcb”，如图 2-68 所示。

② 在工程文件“PCB_Project.PrjPcb”上右击，在弹出的快捷菜单中选择“Save As”命令，在弹出的保存为文件对话框中输入文件名“CPU.PrjPcb”，并保存在指定的文件夹中。此时，在“Projects（工程）”面板中，工程文件名变为“CPU.PrjPcb”。该工程中没有任何内容，可以根据设计的需要添加各种设计文档。

③ 在工程文件“CPU.PrjPcb”上右击，在弹出的快捷菜单中选择“添加新的…到工程”→“Schematic（原理图）”命令。在该工程文件中新建一个电路原理图文件，系统默认文件名为“Sheet1.SchDoc”。在该文件上右击，在弹出的快捷菜单中选择“Save As”命令，在弹出的保存文件对话框中输入文件名“CPU.SchDoc”。此时，在“Projects（工程）”面板中，工程文件名变为“CPU.SchDoc”，如图 2-69 所示。在创建原理图文件的同时，也就进入了原理图设计系统环境。

④ 打开“Properties（属性）”面板，如图 2-70 所示，对图纸参数进行设置。将“Sheet Size（图纸的尺寸及标准风格）”设置为“A4”，“Orientation（放置方向）”设置为“Landscape”

（水平），“Title Block（标题块）”设置为“Standard（标准）”，“Font”设置为“Arial”，大小设置为“10”，其他选项均采用系统默认设置。

⑤ 在“Components（元件）”面板右上角单击≡按钮，在弹出的快捷菜单中选择“File-based Libraries Preferences（库文件参数）”命令，系统将弹出如图 2-71 所示的“Available File-based Libraries（可用库文件）”对话框。

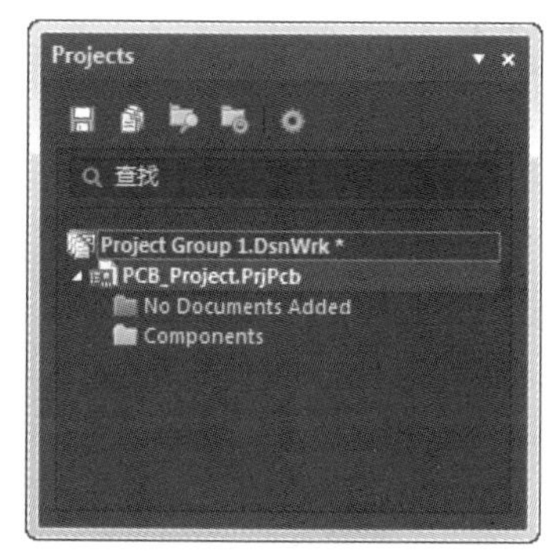

图 2-68 新建工程文件

图 2-69 创建新原理图文件

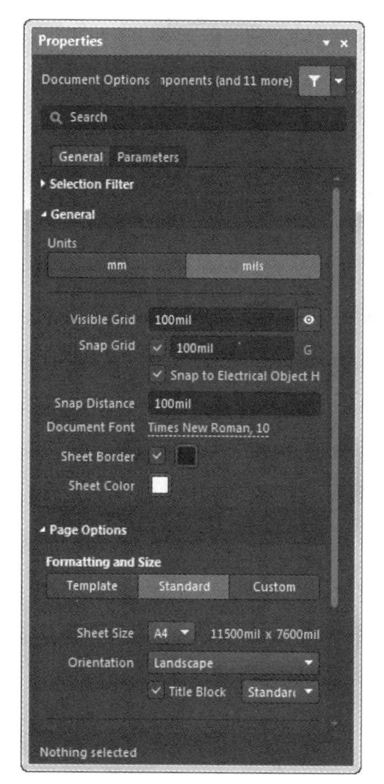

图 2-70 “Properties（属性）”面板

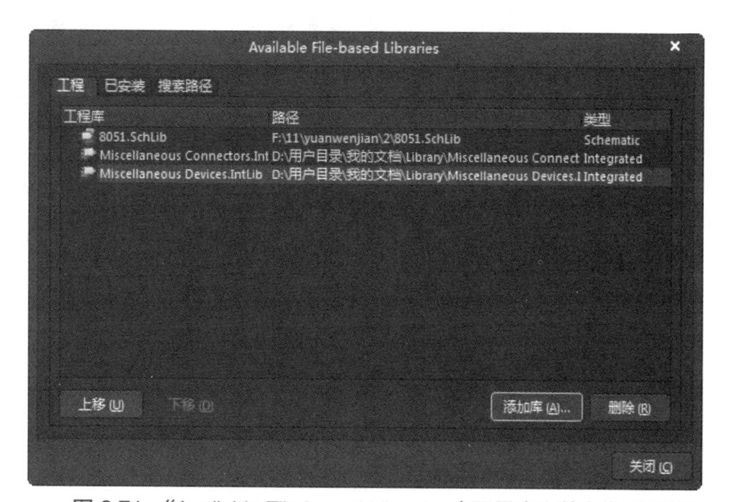

图 2-71 “Available File-based Libraries（可用库文件）”对话框

在该对话框中单击 添加库(A)... 按钮，打开相应的选择库文件对话框。在该对话框中选择确定的库文件夹自带元件库“8051.SchLib”及系统库文件“Miscellaneous Devices.IntLib”“Miscellaneous Connectors.IntLib”，单击 关闭(C) 按钮，关闭该对话框。

提示

在绘制原理图的过程中，放置元件的基本原则是根据信号的流向放置，从左到右，或从上到下。首先应该放置电路中的关键元件，然后放置电阻、电容等外围元件。

在本例中，图纸上信号的流向是从左到右，关键元件包括单片机芯片、地址锁存芯片、扩展数据存储器。

⑥ 放置单片机芯片。打开“Available File-based Libraries（可用库文件）”对话框，在当前元件库下拉列表框中选择“8051.SchLib”，在过滤条件组合框中输入“8051”，如图 2-72 所示。双击“8051”器件，将选择的单片机芯片放置在原理图中。

⑦ 放置扬声器。这里使用的扬声器所在的库文件为“Miscellaneous Devices.IntLib”，打开“Available File-based Libraries（可用库文件）”对话框，在当前元件库下拉列表框中选择“Miscellaneous Devices.IntLib”，在元件列表中选择“Speaker”，如图 2-73 所示。双击“Speaker”器件，将选择的扬声器芯片放置在原理图中。

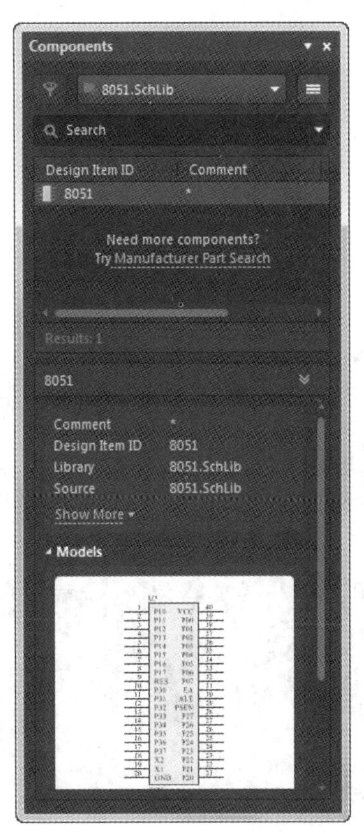

图 2-72　选择单片机芯片

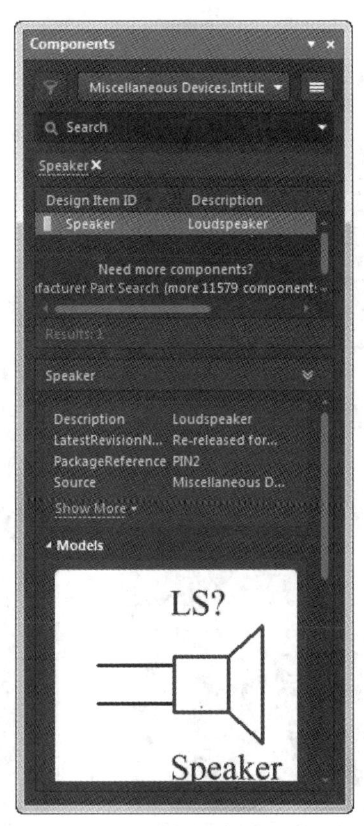

图 2-73　选择扬声器芯片

⑧ 放置晶体管。这里使用的晶体管所在的库文件为“Miscellaneous Devices.IntLib”，在当前元件列表中选择“2N3904”，如图 2-74 所示。双击“2N3904”器件，将选择的晶体管芯片放置在原理图中。

⑨ 放置排针芯片。这里使用的排针是 1 排 9 针，该芯片所在的库文件为“Miscellaneous

Connectors.IntLib”。打开“Available File-based Libraries（可用库文件）”对话框，在当前元件库下拉列表框中选择“Miscellaneous Connectors.IntLib”，在元件列表中选择“Header 9”，如图 2-75 所示。双击“Header 9”器件，将选择的排针芯片放置在原理图中。

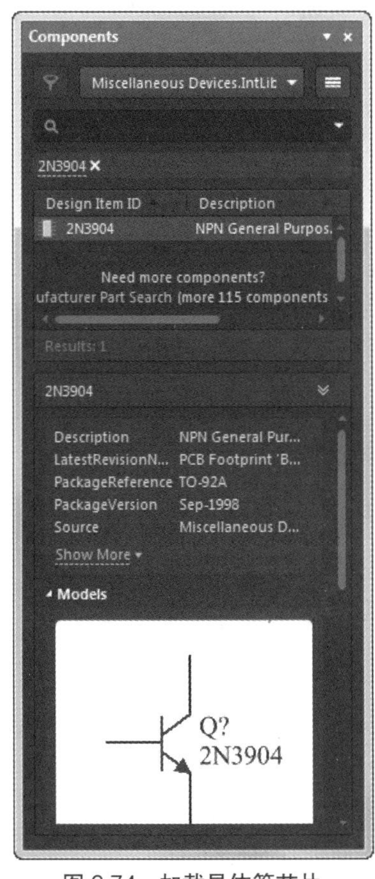

图 2-74　加载晶体管芯片

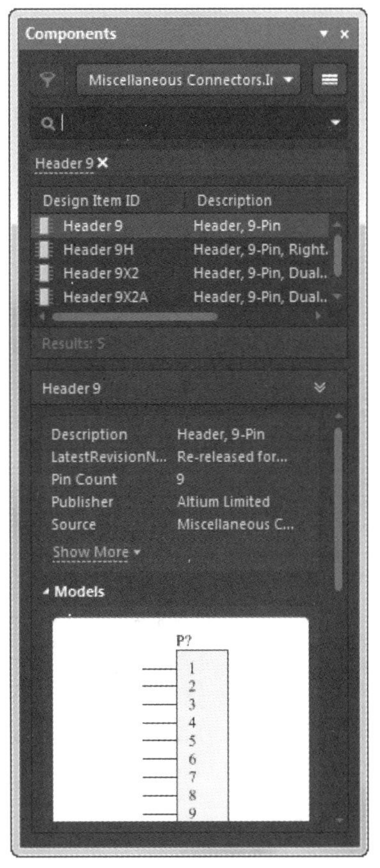

图 2-75　加载排针芯片

提示

在放置过程中按〈Space〉键可旋转芯片，按〈X〉或〈Y〉键可使芯片分别关于 *X*、*Y* 轴对称翻转。

按照上面的方法加载 1 排 3 针的排针符号“Header 3”。

⑩ 放置外围元件。在本例中，采用一个晶振元件、两个匹配电容、一个电阻和极性电容构成局部电路，这些元件都在库文件“Miscellaneous Devices.IntLib”中。打开“Libraries（库）”面板，在当前元件库下拉列表框中选择“Miscellaneous Devices.IntLib”，在元件列表中选择电容“Cap”、电阻“Res2”、极性电容“Cap Pol2”、晶振“XTAL”，并一一放置，如图 2-76 所示。

⑪ 元件布局。在图样上放置元件之后，再对各个元件进行布局。按住并拖动选中的元件，元件上显示十字光标，表示选中元件，拖动鼠标至对应位置放开，完成元件定位。用同样的方法调整其余元件的位置，完成布局后的原理图如图 2-77 所示。

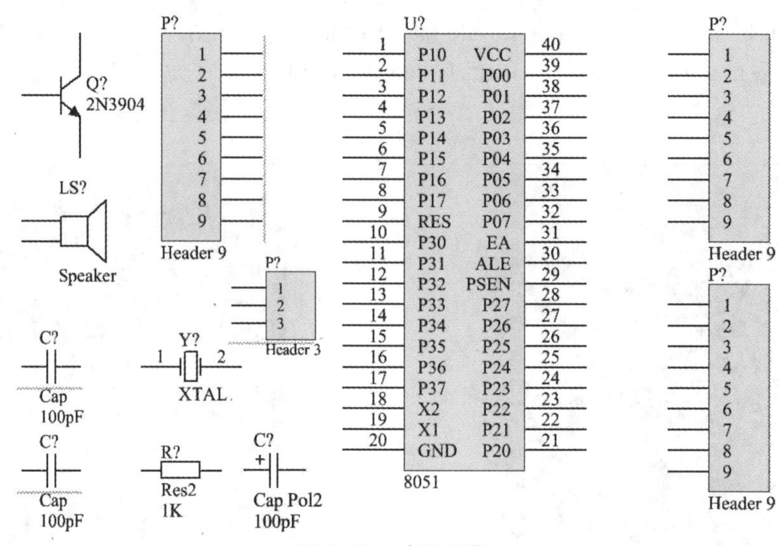

图 2-76　放置元件

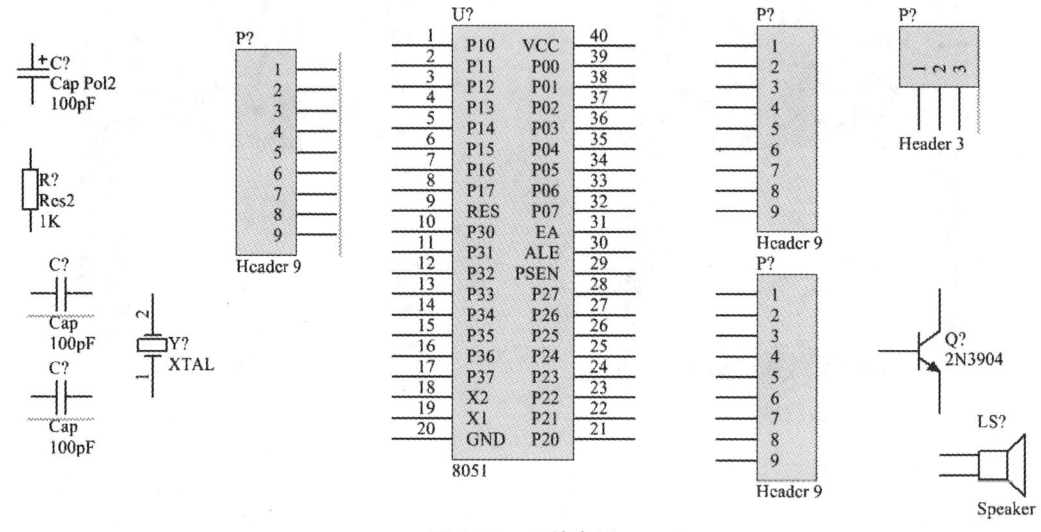

图 2-77　元件布局

知识链接——编辑元件属性命令

如何编辑元件属性命令在后面的章节中会详细讲述。

⑫ 设置元件属性。双击元件打开元件属性设置面板，如图 2-78 所示为 8051 芯片的属性设置面板。其他元件的属性设置采用同样的方法，这里不再赘述。设置元件属性后的原理图如图 2-79 所示。

⑬ 放置电源和接地符号。单击“布线”工具栏中的“VCC 电源端口”按钮和“GND 接地端口”按钮，放置原理图符号，结果如图 2-80 所示。

图 2-78 设置芯片属性

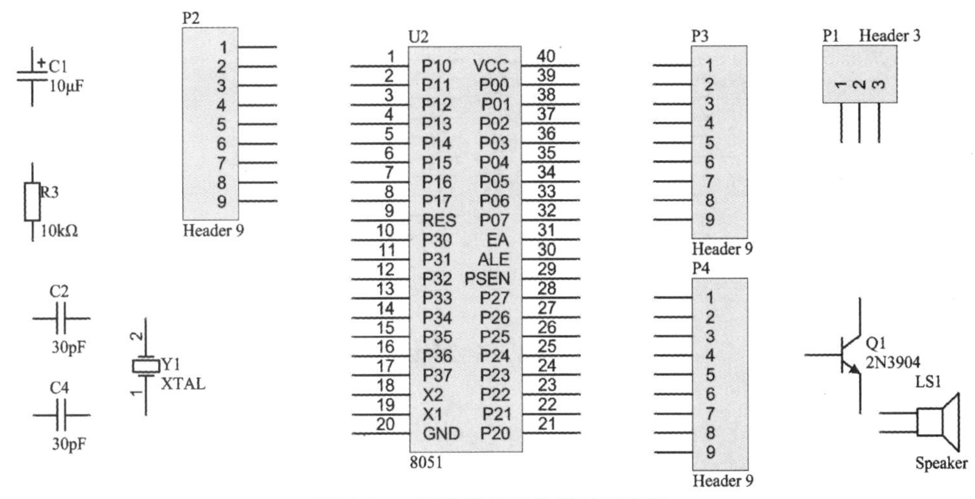

图 2-79 设置元件属性后的原理图

⑭ 连接导线。单击“布线”工具栏中的“线”按钮，根据电路设计的要求把各个元件连接起来，如图 2-81 所示。

⑮ 放置网络标签。在本例中，单片机芯片与局部电路的连接采用了设置网络标签的方法。选择“放置”→“网络标签”命令，或单击“布线”工具栏中的“网络标签”按钮，如图 2-82 所示。

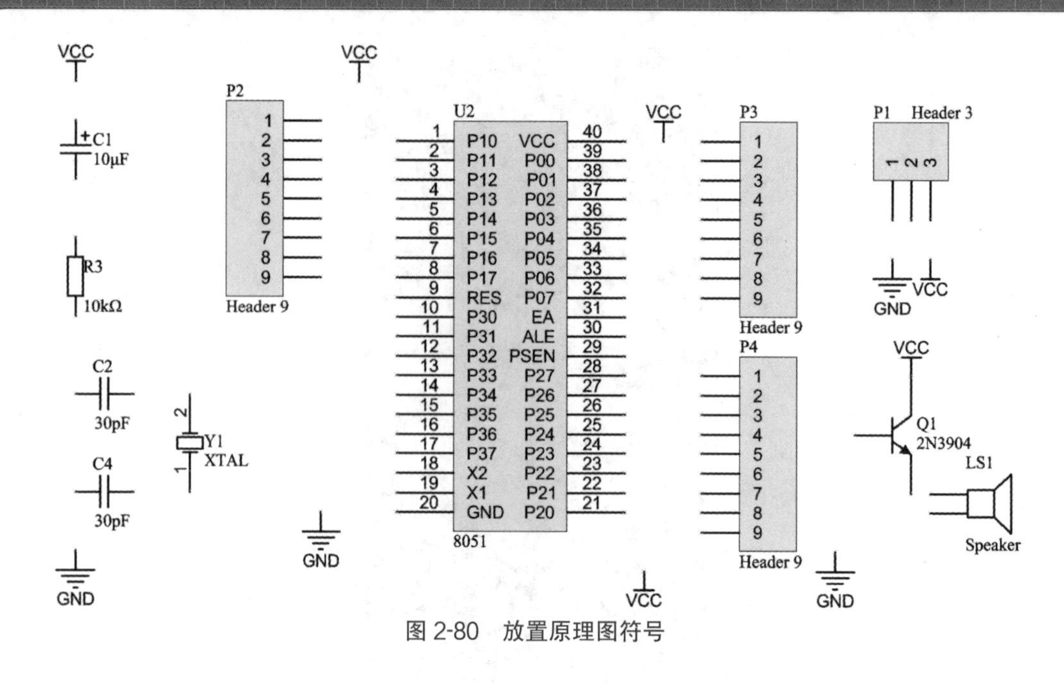

图 2-80　放置原理图符号

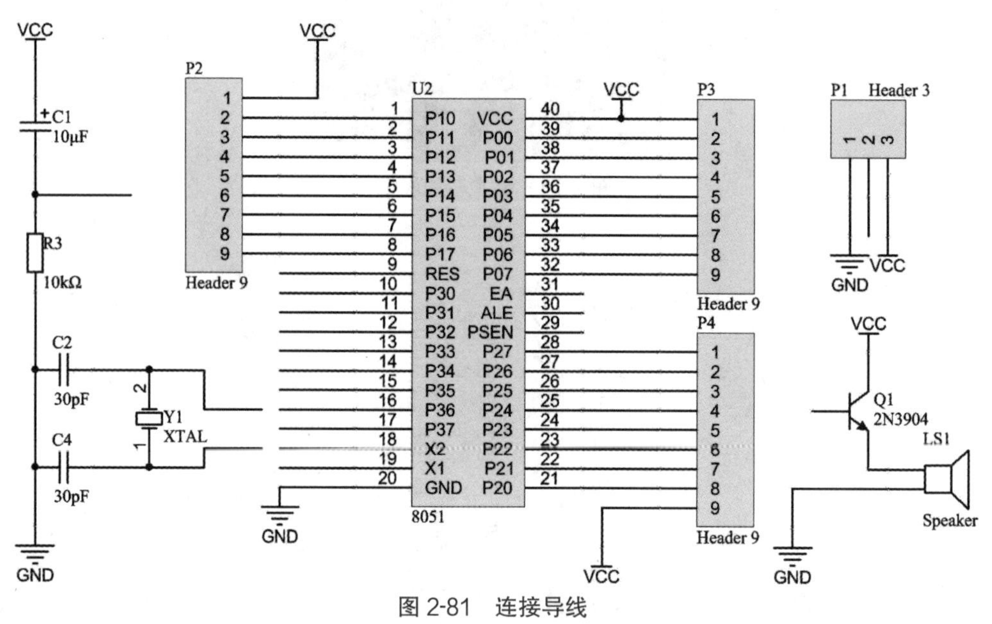

图 2-81　连接导线

提示

对于难以用导线连接的元件，应该采用设置网络标签的方法，这样可以使原理图结构清晰，易读易修改。

⑯ 放置 No ERC 测试点。选择“放置”→“指示”→“通用 No ERC 标号”命令，或单击“布线”工具栏中的“通用 No ERC 标号”按钮。放置后的原理图如图 2-83 所示。

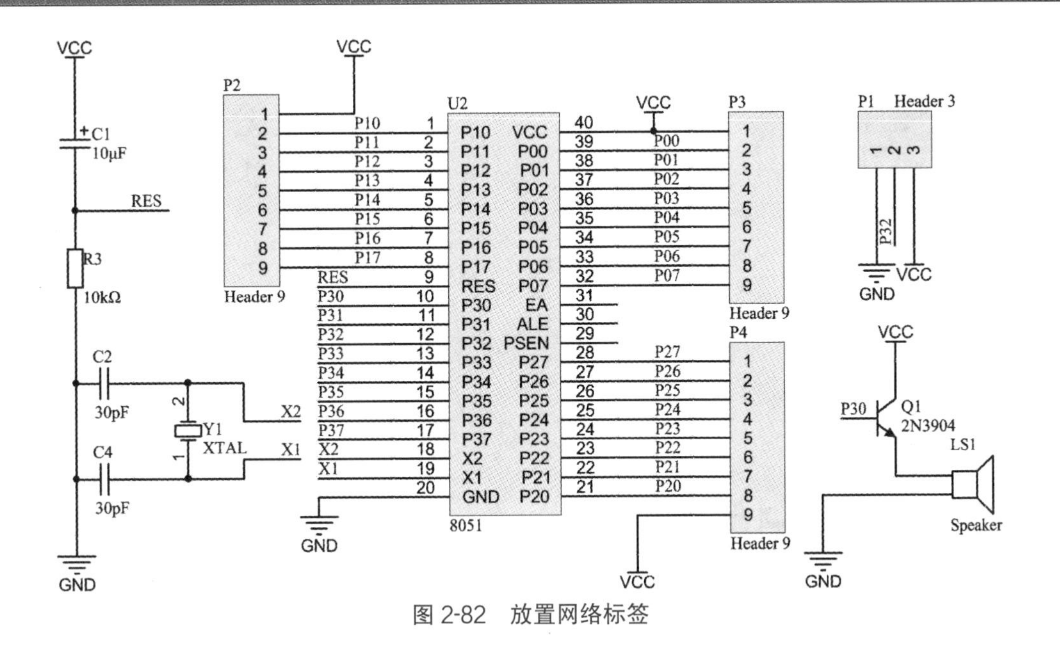

图 2-82　放置网络标签

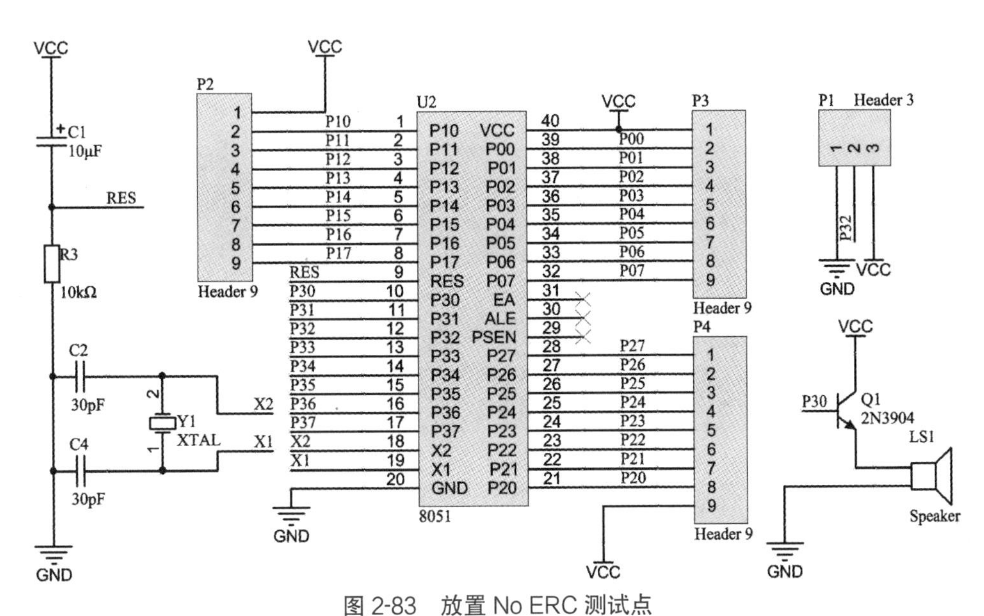

图 2-83　放置 No ERC 测试点

提示

对于用不到的、悬空的引脚，可以放置 No ERC 测试点，让系统忽略对此处的 ERC 检查，从而不会产生错误报告。

至此，原理图的设计工作暂时告一段落。如果需要进行 PCB 的设计制作，还需要对设计好的电路进行电气规则检查和对原理图进行编译，这将在后面的章节中通过实例进行详细介绍。

第 3 章 原理图编辑

本章导读

原理图的绘制在原理图设计中占有主导地位，但原理图编辑器的界面认识、原理图环境设置等也不容小觑。本章帮助读者加深对软件的熟悉程度，让读者知其然，并知其所以然。

3.1 原理图的组成

原理图即电路板工作原理的逻辑表示，主要由一系列具有电气特性的符号构成。如图 3-1

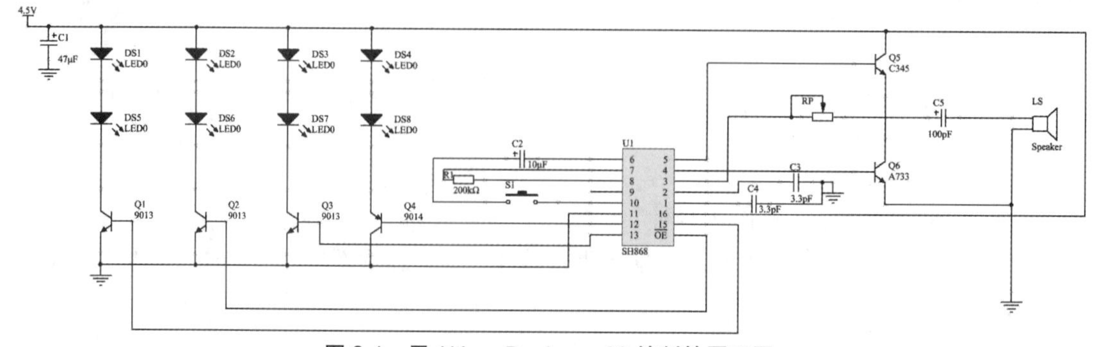

图 3-1　用 Altium Designer 20 绘制的原理图

所示是一张用 Altium Designer 20 绘制的原理图，在原理图上用符号表示了 PCB 的所有组成部分。PCB 各个组成部分与原理图中电气符号的对应关系如下。

（1）元件

在原理图设计中，元件以元件符号的形式出现。元件符号主要由元件引脚和边框组成，其中元件引脚需要和实际元件一一对应。

如图 3-2 所示为图 3-1 中采用的一个元件符号。该符号在 PCB 上对应的是一个扬声器。

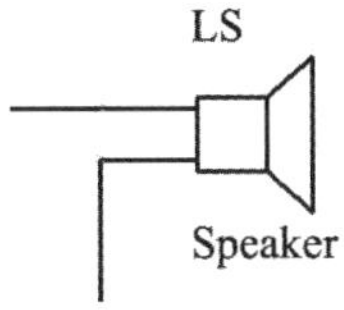

LS

Speaker

图 3-2 元件符号

（2）铜箔

在原理图设计中，铜箔有以下几种表示。

▲ 导线：原理图设计中的导线也有自己的符号，它以线段的形式出现。Altium Designer 20 中还提供了总线，用于表示一组信号，它在 PCB 上对应的是一组由铜箔组成的有时序关系的导线。

▲ 焊盘：元件的引脚对应 PCB 上的焊盘。

▲ 过孔：原理图上不涉及 PCB 的布线，因此没有过孔。

▲ 铺铜：原理图上不涉及 PCB 的铺铜，因此没有铺铜的对应符号。

（3）丝印层

丝印层是 PCB 上元件的说明文字，对应于原理图上元件的说明文字。

（4）端口

在原理图编辑器中引入的端口不是指硬件端口，而是为了建立跨原理图电气连接而引入的具有电气特性的符号。原理图中采用了一个端口，该端口就可以和其他原理图中同名的端口建立一个跨原理图的电气连接。

（5）网络标签

网络标签和端口类似，通过网络标签也可以建立电气连接。原理图中的网络标签必须附加在导线、总线或元件引脚上。

（6）电源符号

这里的电源符号只用于标注原理图上的电源网络，并非实际的供电器件。

总之，绘制的原理图由各种元件组成，它们通过导线建立电气连接。在原理图上，除了元件之外还有一系列其他组成部分辅助建立正确的电气连接，使整个原理图能够和实际的 PCB 对应起来。

3.2 原理图编辑器界面简介

在打开一个原理图设计文件或创建一个新原理图文件时，Altium Designer 20 的原理图编辑器将被启动。原理图的编辑环境如图 3-3 所示。

下面简单介绍该编辑环境的主要组成部分。

3.2.1 菜单栏

在 Altium Designer 20 设计系统中对不同类型的文件进行操作时，菜单栏中的内容会发生相应的改变。在原理图的编辑环境中，菜单栏如图 3-4 所示。在设计过程中，对原理图的各种编辑操作都可以通过菜单栏中的相应命令来完成。

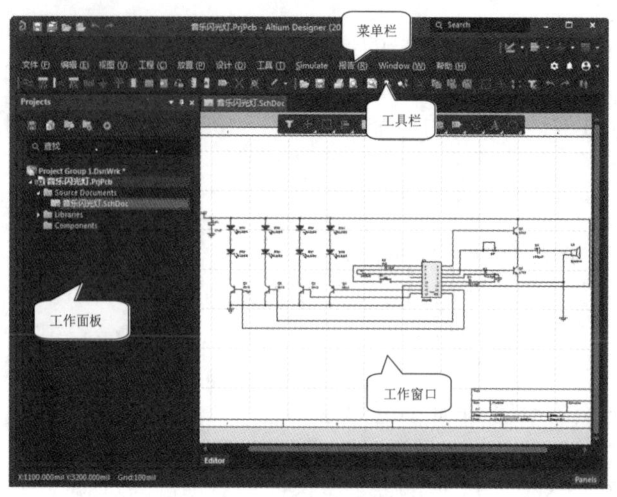

图 3-3　原理图的编辑环境

文件 (F)　编辑 (E)　视图 (V)　工程 (C)　放置 (P)　设计 (D)　工具 (T)　Simulate　报告 (R)　Window (W)　帮助 (H)

图 3-4　原理图编辑环境中的菜单栏

▲ “文件”菜单：用于执行文件的新建、打开、关闭、保存和打印等操作。

▲ “编辑”菜单：用于执行对象的选取、复制、粘贴、删除和查找等操作。

▲ “视图”菜单：用于执行视图的管理操作，如工作窗口的放大与缩小，各种工具、面板、状态栏及节点的显示与隐藏等。

▲ “工程”菜单：用于执行与工程有关的各种操作，如工程文件的建立、打开、保存与关闭，以及工程的编译和比较等。

▲ “放置”菜单：用于放置原理图的各种组成部分。

▲ “设计”菜单：用于对元件库进行操作、生成网络报表等。

▲ “工具”菜单：用于为原理图设计提供各种操作工具，如元件快速定位等。

▲ “Simulate（仿真器）”菜单：用于创建各种测试平台。

▲ “报告”菜单：用于执行生成原理图各种报表的操作。

▲ “Window（窗口）”菜单：用于对窗口进行各种操作。

▲ “帮助”菜单：用于打开帮助菜单。

3.2.2 工具栏

执行方式

菜单栏：选择“视图”→“工具栏”→“自定义”命令。

绘制步骤

执行此命令，系统将弹出如图 3-5 所示的“Customizing Sch Editor(定制原理图编辑器)”

对话框。在该对话框中可以对工具栏中的功能按钮进行设置，以便用户创建自己的个性工具栏。

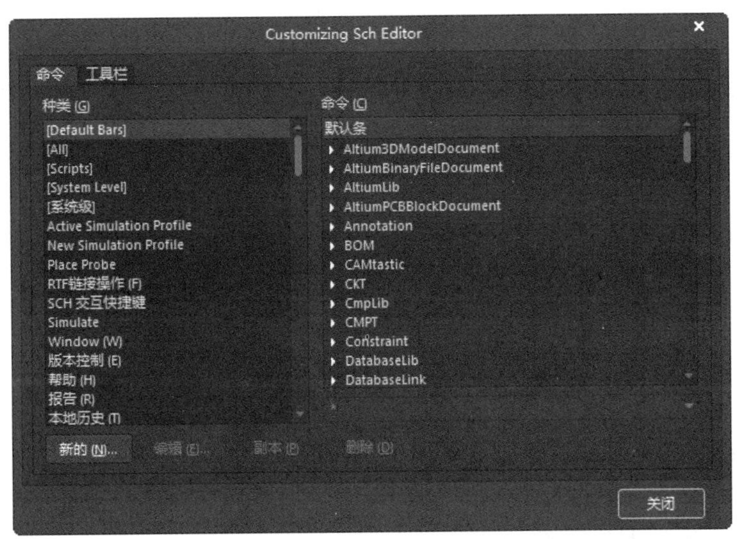

图 3-5 “Customizing Sch Editor”（定制原理图编辑器）对话框

选项说明

在原理图的设计界面中，Altium Designer 20 提供了丰富的工具栏，其中绘制原理图常用的工具栏如下。

（1）“原理图标准”工具栏

“原理图标准”工具栏中为用户提供了一些常用的文件操作快捷方式，如打印、缩放、复制、粘贴等，以按钮图标的形式表示出来，如图 3-6 所示。如果将光标悬停在某个按钮图标上，则该按钮所要完成的功能就会在图标下方显示出来，便于用户操作。

图 3-6 原理图编辑环境中的“原理图标准”工具栏

（2）“布线”工具栏

“布线”工具栏主要用于放置原理图中的元件、电源、接地、端口、图纸符号、未用引脚标志等，同时完成连线操作，如图 3-7 所示。

图 3-7 原理图编辑环境中的“布线”工具栏

（3）“应用工具”工具栏

“应用工具”工具栏用于在原理图中绘制所需要的标注信息，不代表电气连接，如图 3-8 所示。

用户可以尝试操作其他的工具栏。总之，在“视图”菜单下的“工具栏”子菜单中列出了所有原理图设计中的工具栏。在工具栏名称左侧的“√”标记表示该工具栏已经打开了，否则该工具栏是关闭的，如图 3-9 所示。

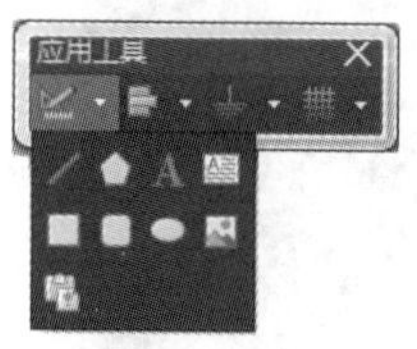

图 3-8　原理图编辑环境中的“应用工具”工具栏

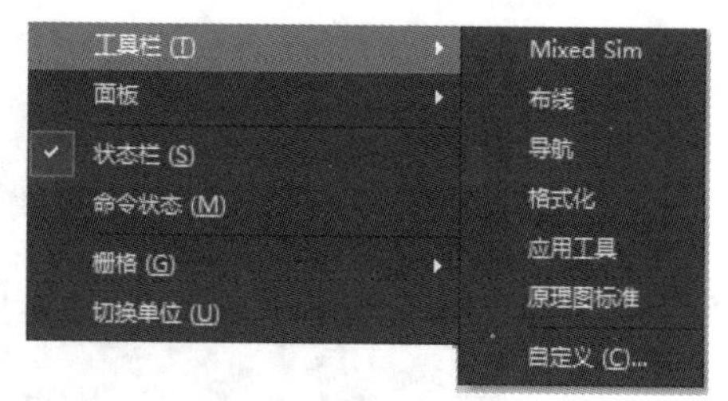

图 3-9 “工具栏”子菜单

3.2.3 工作窗口和工作面板

工作窗口是进行电路原理图设计的工作平台。在该窗口中，用户可以绘制一个新原理图，也可以对现有的原理图进行编辑和修改。

在原理图设计中经常用到的工作面板有“Projects（工程）”面板、“Components（元件）”面板及“Navigator（导航）”面板。

（1）“Projects（工程）”面板

“Projects（工程）”面板如图 3-10 所示，其中列出了当前打开工程的文件列表及所有的临时文件，提供了所有关于工程的操作功能，如打开、关闭和新建各种文件，以及在工程中导入文件、比较工程中的文件等。

“Projects（工程）”面板包含了许多“Navigator（导航）”面板中的功能，在“Projects（工程）”面板的左上方的按钮用于进行基本操作，如图 3-10 所示。

▲ 按钮：保存当前文档。只有在对当前文档进行更改时，才可以使用此选项。

▲ 按钮：编译当前文档。

▲ 按钮：打开“Project Options（工程选项）”对话框。

▲ 按钮：访问下拉列表，如图 3-11 所示，可以在图中配置面板设置。

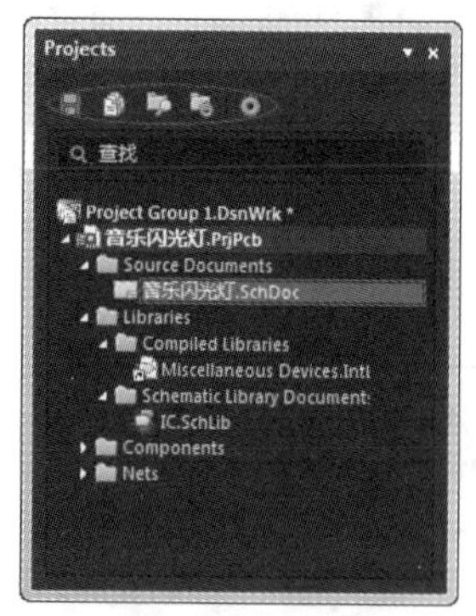

图 3-10 “Projects（工程）”面板

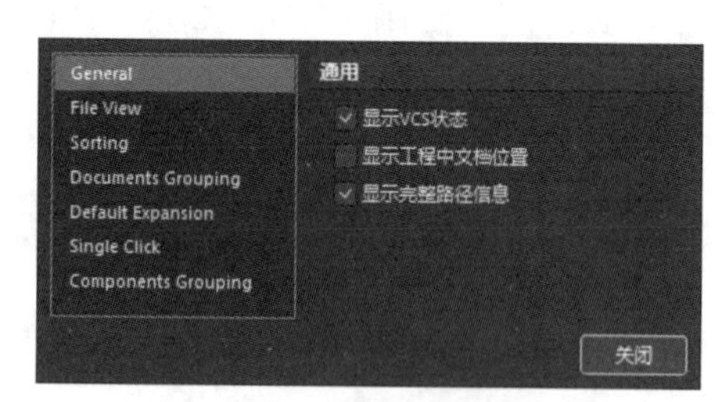

图 3-11　面板设置

▲ “查找”功能：在面板中搜索特定的文档。在“查找”文本框中输入内容时，该功能起到过滤器的作用，如图 3-12 所示。

（2）“Components（元件）”面板

“Components（元件）”面板如图 3-13 所示。这是一个浮动面板，当光标移动到其标签上时，就会显示该面板，也可以通过单击标签在几个浮动面板间进行切换。在该面板中可以浏览当前加载的所有元件库，也可以在原理图中放置元件，还可以对元件的封装、3D 模型、SPICE 模型和 SI 模型进行预览，同时还能够查看元件供应商、单价、生产厂商等信息。

（3）“Navigator（导航）”面板

“Navigator（导航）”面板能够在分析和编译原理图后提供关于原理图的所有信息，通常用于检查原理图，如图 3-14 所示。

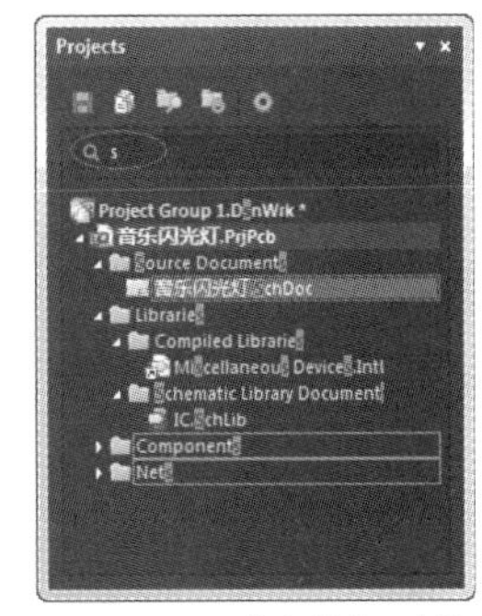

图 3-12　“查找”功能

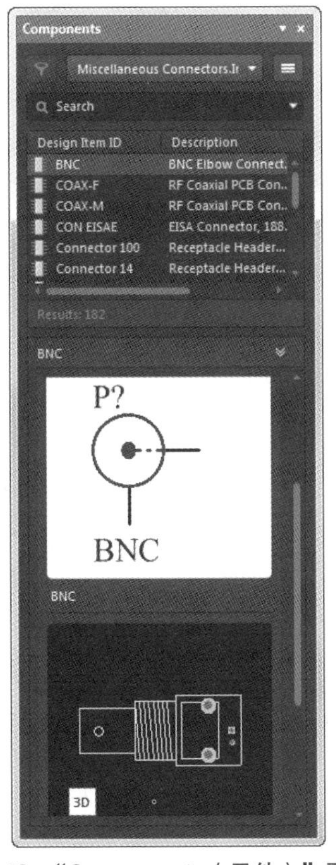

图 3-13　“Components（元件）”面板

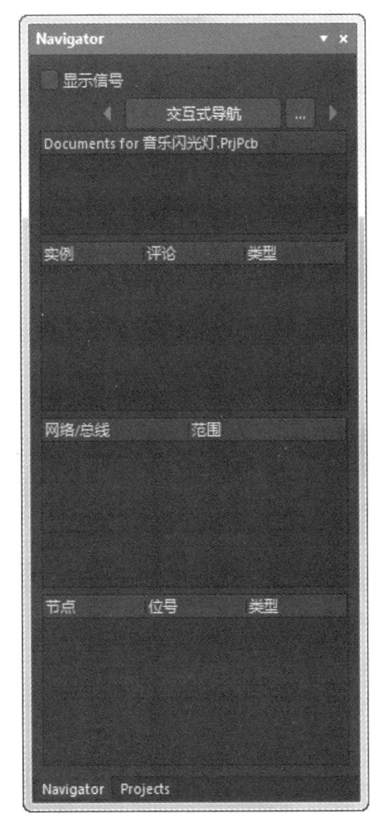

图 3-14　“Navigator（导航）”面板

3.3　原理图图纸设置

原理图设计是电路设计的第一步，是制板、仿真等后续步骤的基础。因此，一幅原理图正确与否，直接关系到整个设计的成败。另外，为了方便自己和他人读图，原理图的美观、清晰和规范也是十分重要的。

Altium Designer 20 的原理图设计大致可分为 9 个步骤，如图 3-15 所示。

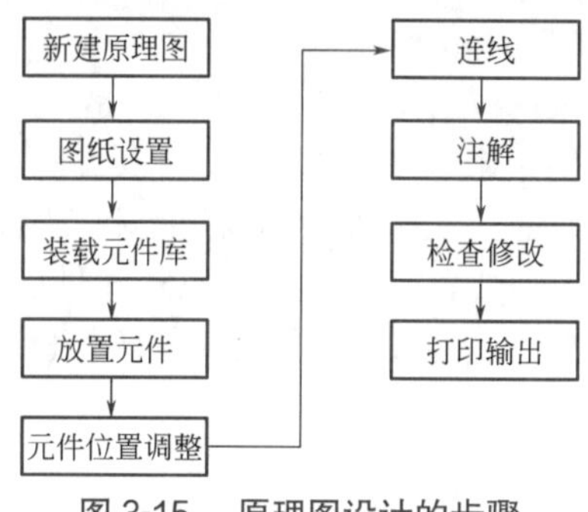

图 3-15 原理图设计的步骤

3.3.1 原理图文档设置

在原理图的绘制过程中，可以根据所要设计的电路图的复杂程度，先对图纸进行设置。虽然在进入电路原理图的编辑环境时，Altium Designer 20 系统会自动给出相关的图纸默认参数，但是在大多数情况下，这些默认参数不一定适合用户的需求，尤其是图纸尺寸。用户可以根据设计对象的复杂程度来对图纸的尺寸及其他相关参数进行重新定义。

执行方式

▲ 菜单栏：选择“视图”→“面板”→“Properties（属性）”命令。

▲ 快捷命令：（在编辑窗口右下角）单击 Panels 按钮，弹出快捷菜单，选择“Properties（属性）”命令。

绘制步骤

执行以上命令，弹出“Properties（属性）”面板，并自动固定在右侧边界上，如图 3-16 所示。

选项说明

在该对话框中，有“General（通用）”和“Parameters（参数）”2 个选项卡，利用其中的选项可进行如下设置。

（1）搜索对象

在“Search（搜索）”文本框 Search 中允许在面板中搜索所需的条目。

（2）设置过滤对象

① 在“Document Options（文档选项）”选项组单击▼中的下拉按钮，弹出如图 3-17 所示的对象选择过滤器。单击“All objects”，表示在原理图中选择对象时，选中所有类别的对象。其中包括 Components、Wires、Buses、Sheet Symbols、Sheet Entries、Net Labels、Parameters、Ports、Power Ports、Texts、Drawing objects、Other，可单独选择其中的选项，也可全部选中。

② 在“Selection Filter（选择过滤器）”选项组中显示同样的选项。

（3）设置图纸尺寸

单击“General（通用）”选项卡，在“Page Options（图页选项）”选项组“Formating and Size（格式与尺寸）”选项为图纸尺寸的设置区域。Altium Designer 20 给出了 3 种图纸尺寸的设置方式，一种是“Template（模板）”，一种是标准风格，另一种是自定义风格，用户可以根据设计需要进行选择，默认的方式为标准风格。

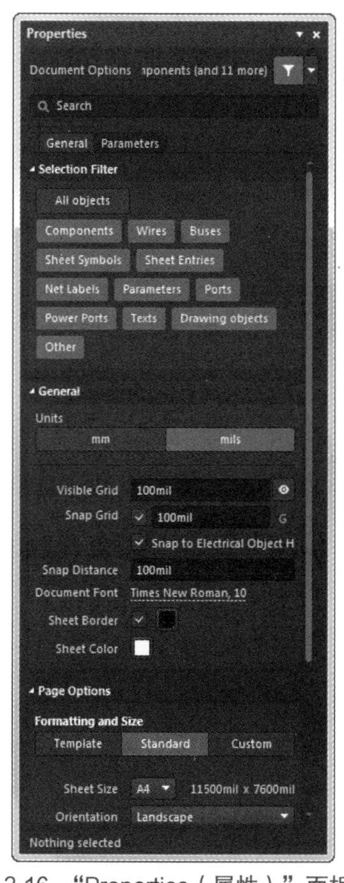

图 3-16 “Properties（属性）”面板

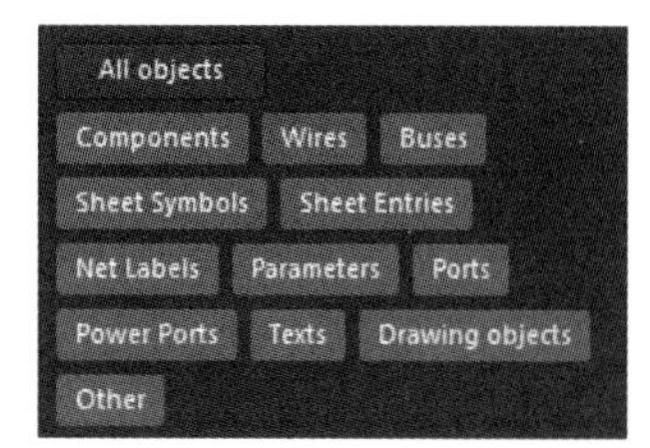

图 3-17 对象选择过滤器

① 使用模板风格　单击“Template（模板）”下拉按钮，在下拉列表框中可以选择已定义好的图纸标准尺寸，包括模型图纸尺寸（A0_portrait ~ A4_portrait）、公制图纸尺寸（A0 ~ A4）、英制图纸尺寸、CAD 标准尺寸、OrCAD 标准尺寸（Orcad_a ~ Orcad_e）及其他格式（Letter、Legal、Tabloid 等）的尺寸。

当一个模板设置为默认模板后，每次创建新文件时，系统会自动套用该模板，适用于固定使用某个模板的情况。若不需要模板文件，则“Template（模板）”文本框中显示空白。

在如图 3-18 所示的“Template（模板）”选项组的下拉菜单中选择 A、A0 等模板，单击按钮，弹出如图 3-19 所示的提示对话框，提示是否更新模板文件。

② 使用标准风格方式设置图纸　可以在“Standard（标准风格）”选项下单击“Sheet Size（图纸尺寸）”右侧的按钮，在下拉列表框中选择已定义的图纸标准尺寸，公制图纸尺寸（A0 ~ A4）、英制图纸尺寸（A ~ E）、CAD 标准尺寸（A ~ E）、OrCAD 标准尺寸（Orcad_a ~ Orcad_e）及其他格式（Letter、Legal、Tabloid 等）的尺寸，对目前编辑窗口中的图纸尺寸进行更新。

③ 使用自定义风格方式设置图纸　选择“Custum（自定义风格）”选项，则自定义功能被激活，在“Width（定制宽度）”“Height（定制高度）”2 个文本框中可以分别输入自定义的图纸尺寸。

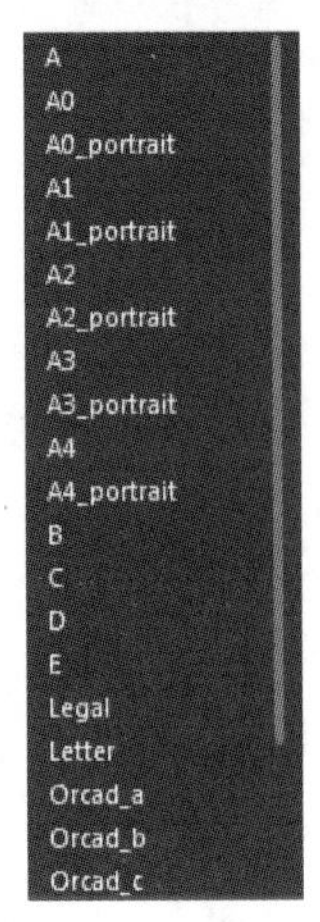

图 3-18 “Template”下拉按钮

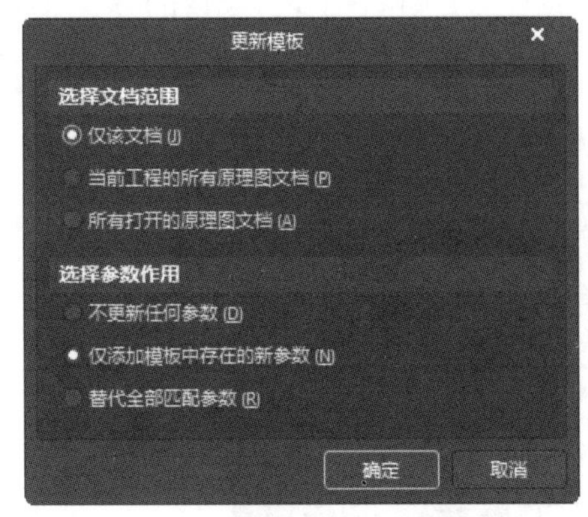

图 3-19 “更新模板”对话框

在设计过程中，除了对图纸的尺寸进行设置外，往往还需要对图纸的其他选项进行设置，如图纸的方向、标题栏样式和图纸的颜色等。

（4）设置图纸方向

图纸方向可通过“Orientation（定位）”下拉列表框设置，可以设置为水平方向（Landscape），即横向，也可以设置为垂直方向（Portrait），即纵向。一般在绘制和显示时设为横向，在打印输出时可根据需要设为横向或纵向。

（5）设置图纸标题栏

图纸标题栏是对设计图纸的附加说明，可以在该标题栏中对图纸进行简单的描述，也可以作为以后图纸标准化时的信息。Altium Designer 20 中提供了两种预定义的标题块，即 Standard（标准格式）和 ANSI（美国国家标准格式）。勾选“Title Block（标题块）”复选框，即可进行格式设计，相应的图纸编号功能被激活，可以对图纸进行编号。

（6）设置图纸参考说明区域

在“Margin and Zones（边界和区域）”选项组中，通过“Show Zones（显示区域）”复选框可以设置是否显示参考说明区域。勾选该复选框表示显示参考说明区域，否则不显示参考说明区域。一般情况下应该选择显示参考说明区域。

（7）设置图纸边界区域

在“Margin and Zones（边界和区域）”选项组中，显示图纸边界尺寸，如图 3-20 所示。在“Vertial（垂直）”“Horizontal（水平）”两个方向上设置边框与边界的间距。在“Origin（原点）”下拉列表中选择原点位置是“Upper Left（左上）”还是“Bottom Right（右下）”。在“Margin Width（边界宽度）”文本框中设置输入边界的宽度值。

（8）设置图纸边框

在“Units（单位）”选项组中，通过“Sheet Border（显示边界）”复选框可以设置是否显示边框。勾选该复选框表示显示边框，否则不显示边框。

（9）设置边框颜色

在“Units（单位）”选项组中，单击“Sheet Border（显示边界）”颜色显示框，然后在弹出的对话框中选择边框的颜色，如图 3-21 所示。

（10）设置图纸颜色

在“Units（单位）”选项组中，单击“Sheet Color（图纸的颜色）”显示框，然后在弹出的对话框中选择图纸的颜色。

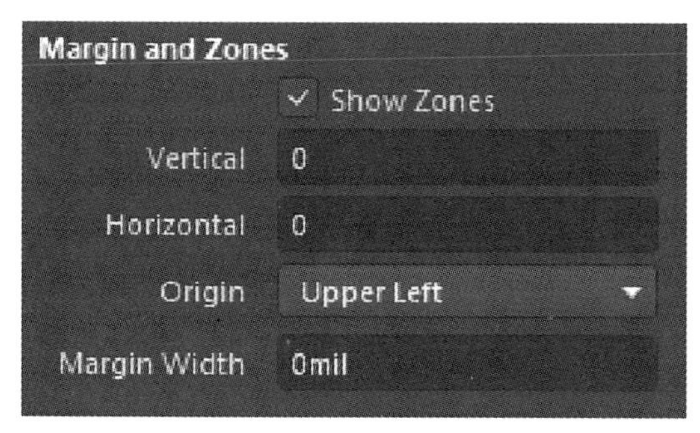

图 3-20 显示边界与区域

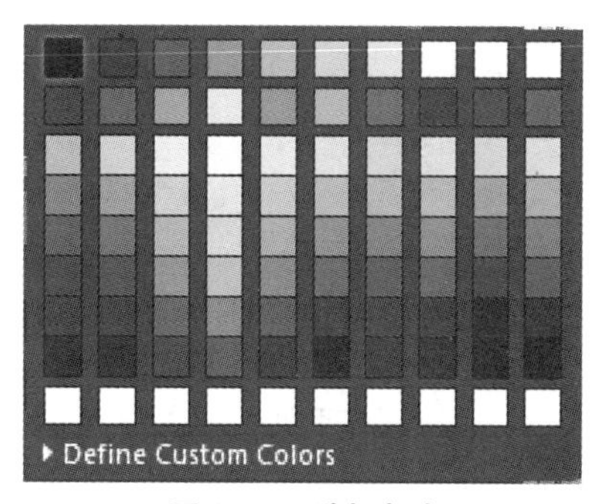

图 3-21 选择颜色

（11）设置图纸栅格点

进入原理图编辑环境后，编辑窗口的背景是栅格型的，这种网格是可视栅格，是可以改变的。栅格为元件的放置和线路的连接带来了极大的方便，使用户可以轻松地排列元件、整齐地走线。Altium Designer 20 提供了“Snap Grid（捕获栅格）”“Visible Grid（可视栅格）”和“Electric Grid（电气栅格）”3 种栅格，对栅格进行具体设置，如图 3-22 所示。

▲“Snap Grid（捕获栅格）”复选框：用于控制是否启用捕获栅格。所谓捕获栅格，就是光标每次移动的距离大小。勾选该复选框后，光标移动时，以右侧文本框的设置值为基本单位，系统默认值为 10 个像素点，用户可根据设计的要求输入新的数值来改变光标每次移动的最小间隔距离。

▲ “Visible Grid（可视栅格）”文本框：用于控制是否启用可视栅格，即在图纸上是否可以看到的栅格。勾选该复选框后，可以对图纸上栅格间的距离进行设置，系统默认值为 100 个像素点。若不勾选该复选框，则表示在图纸上将不显示栅格。

▲ “Snap to Electrical Object（捕获电气栅格）”复选框：如果勾选了该复选框，则在绘制连线时，系统会以光标所在位置为中心，以“Snap Distance（栅格范围）”文本框中的设置值为半径，向四周搜索电气节点。如果在搜索半径内有电气节点，则光标将自动移到该节点上并在该节点上显示一个圆亮点，搜索半径的数值可以自行设定。如果不勾选该复选框，则取消了系统自动寻找电气节点的功能。

单击菜单栏中的“视图”→“ 栅格”命令，其子菜单中有用于切换 3 种栅格启用状态的命令，如图 3-23 所示。单击其中的“设置捕捉栅格”命令，系统将弹出如图 3-24 所示的“Choose a snap grid size（选择捕获栅格尺寸）”对话框。在该对话框中可以输入捕获栅格的参数值。

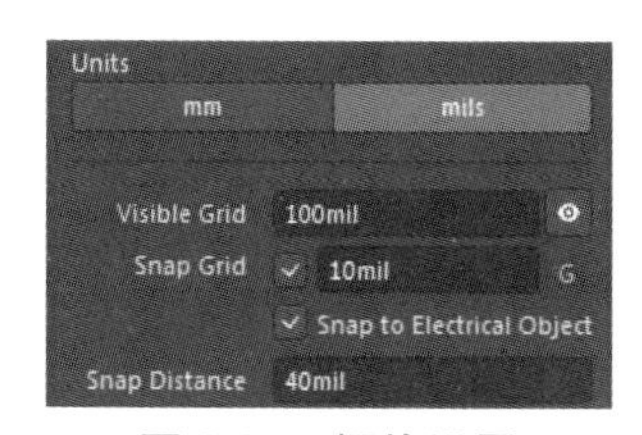

图 3-22 栅格设置

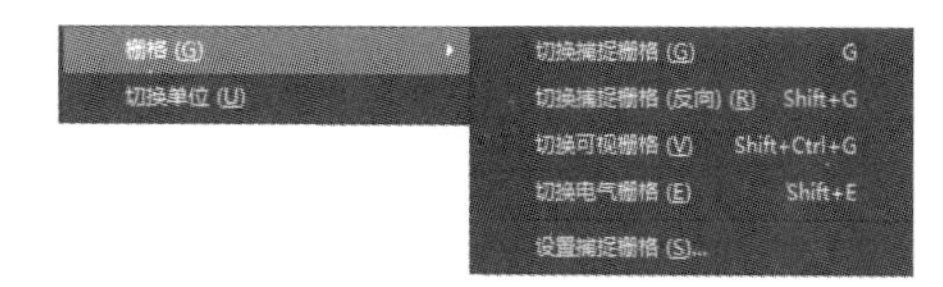

图 3-23 “栅格”命令子菜单

（12）设置图纸所用字体

在“Units（单位）”选项卡中，单击“Document Font（文档字体）”选项组下的

Times New Roman, 10按钮，系统将弹出如图 3-25 所示的下拉对话框。在该对话框中对字体进行设置，将会改变整个原理图中的所有文字，包括原理图中的元件引脚文字和原理图的注释文字等。通常字体采用默认设置即可。

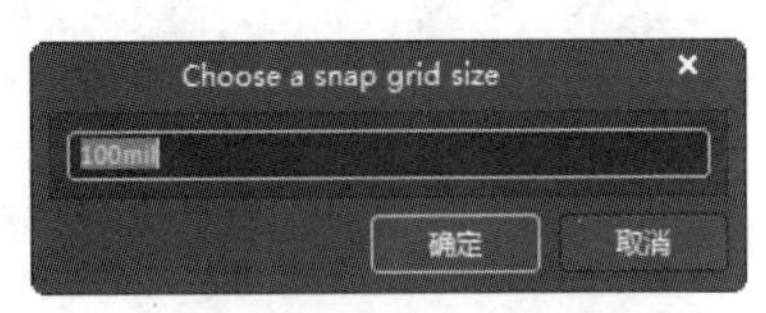

图 3-24 “Choose a snap grid size（选择捕获栅格尺寸）”对话框

图 3-25 “字体”对话框

（13）设置图纸参数信息

图纸的参数信息记录了电路原理图的参数信息和更新记录。这项功能可以使用户更系统、更有效地对自己设计的图纸进行管理。

建议用户对此项进行设置。当设计项目中包含很多的图纸时，图纸参数信息就显得非常有用了。

在“Properties（属性）”面板中，单击“Parameter（参数）”选项卡，即可对图纸参数信息进行设置，如图 3-26 所示。

在要填写或修改的参数上双击或选中要修改的参数后，在文本框中修改各个设定值。单击“Add（添加）”按钮，系统添加相应的参数属性。用户可以在如图 3-27 所示的面板中，在“ModifiedDate（修改日期）”栏，“Value（值）”选项组下填入日期，完成该参数的设置。

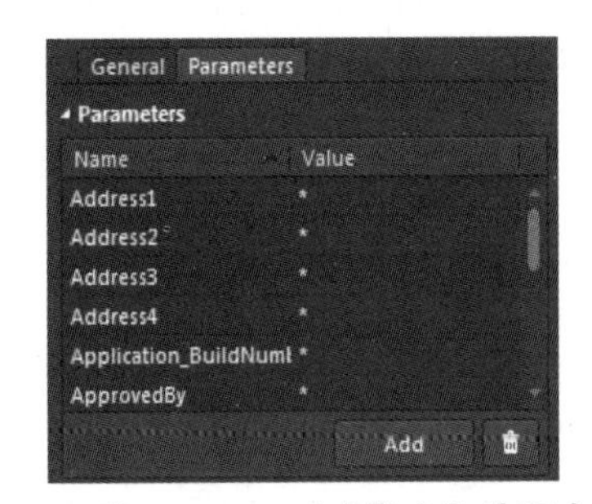

图 3-26 “Parameter（参数）”选项卡

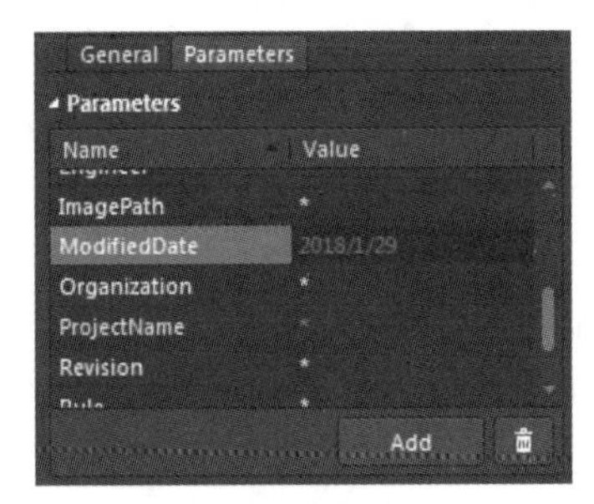

图 3-27 日期设置

完成图纸设置后，单击“Enter（确定）”键应用设置，进入原理图绘制的流程。

扫一扫 看视频

3.3.2 操作实例——集成频率合成器电路文档属性

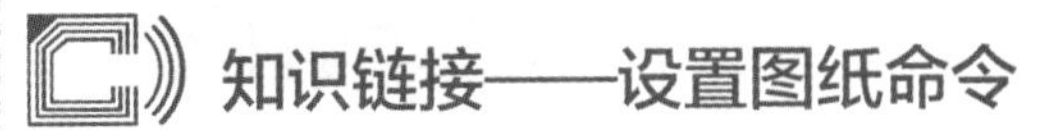

知识链接——设置图纸命令

在原理图编辑窗口中右击，在弹出的快捷菜单中选择“选项”→“文档选项”或“文件参数”或“图纸”命令。

① 在工作界面右下角单击Panels按钮，弹出快捷菜单，选择“Properties（属性）”命令，打开“Properties（属性）”面板，如图3-28所示。

② 在面板中将图纸的尺寸及标准风格设置为“A4”，“Orientation（定位）”设置为“Landscape”（水平），“Title Block（标题块）”设置为“Standard（标准）”。在设置的字体上单击，系统将弹出“字体”下拉对话框，如图3-29所示。

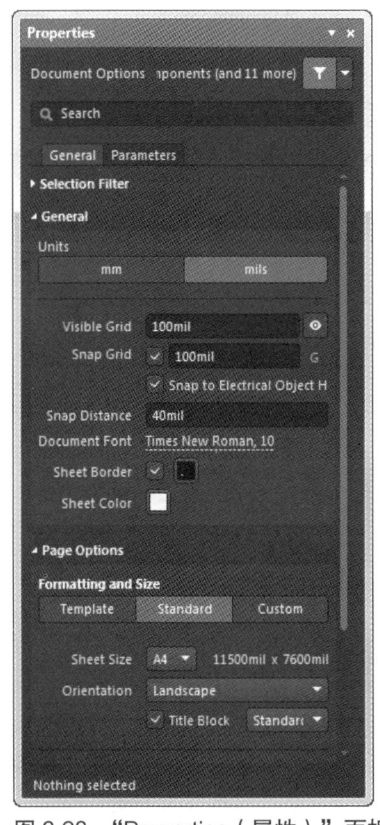

图3-28 “Properties（属性）”面板

图3-29 “字体”下拉对话框

③ 在该下拉对话框中，设置字体为“Arial”，大小设置为“10”，其他选项均采用系统默认设置。

④ 完成图纸设置后的集成频率合成器电路原理图如图3-30所示。

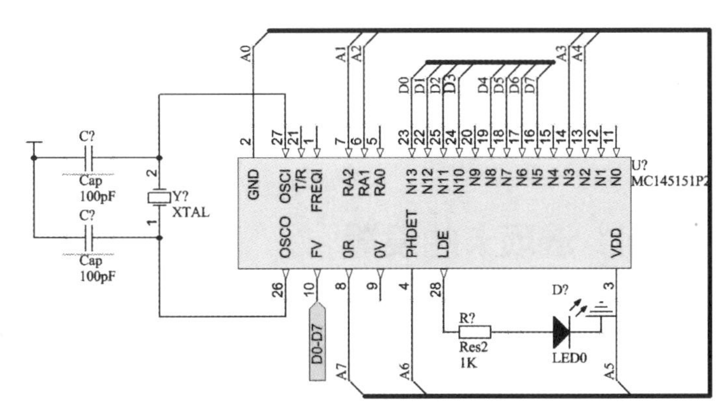

图3-30 完成设置的原理图

3.4 原理图工作环境设置

在电路原理图的绘制过程中，绘制的效率和所绘原理图的正确性往往与原理图工作环境的设置有着十分密切的联系。本节将详细介绍原理图工作环境的设置，帮助读者熟悉这些设置，为后面原理图的绘制打下良好的基础。

执行“工具”→“原理图优选项”命令或在原理图图纸上右击，在弹出的快捷菜单中选择“原理图优选项”命令，打开“优选项”对话框，如图 3-31 所示。

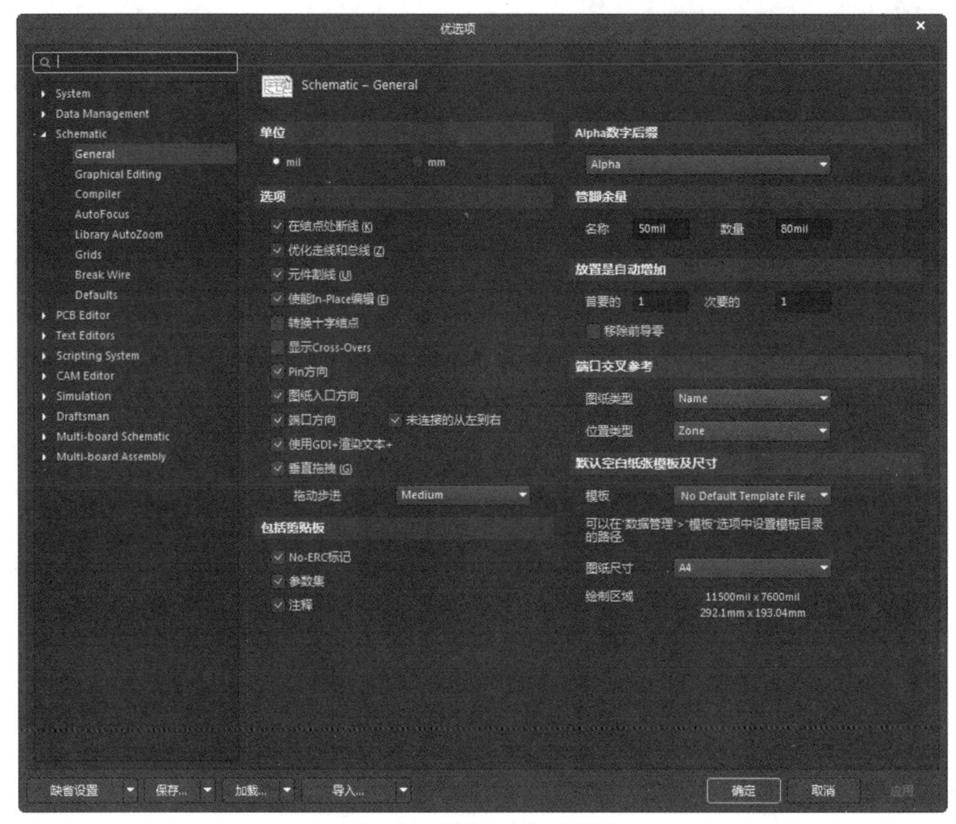

图 3-31 “优选项”对话框

在该对话框中的 Schematic 组中有 8 个标签页，即 General（常规设置）、Graphical Editing（图形编辑）、Compiler（编译器）、AutoFocus（自动聚焦）、Library AutoZoom（库扩充方式）、Grids（栅格）、Break Wire（打破线）和 Defaults（默认）。下面将对这些选项卡进行具体的介绍。

 3.4.1 “General”选项卡的设置

在“优选项”对话框中，单击“General（常规设置）”标签，打开“General（常规设置）”选项卡，如图 3-31 所示。“General（常规设置）”选项卡主要用来设置电路原理图的常规环境参数。

（1）“单位”选项组

图纸单位可通过“单位”选项组设置，可以设置为公制“mm”（milimeters），也可以设置为英制“mil”（mils）。一般在绘制和显示时设为“mil”。

（2）“选项”选项组

▲ “在结点处断线”复选框：勾选该复选框后，在两条交叉线处自动添加节点后，节点两侧的导线将被分割成两段。

▲ “优化走线和总线”复选框：勾选该复选框后，在进行导线和总线的连接时，系统将自动选择最优路径，并且可以避免各种电气连线和非电气连线的相互重叠。此时，下面的“元件割线”复选框也呈现可选状态。若不勾选该复选框，则用户可以自己选择连线路径。

▲ “元件割线”复选框：勾选该复选框后，会启动元件分割导线的功能。即当放置一个元件时，若元件的两个引脚同时落在一根导线上，则该导线将被分割成两段，两个端点分别自动与元件的两个引脚相连。

▲ “使能 In-Place 编辑”复选框：勾选该复选框后，在选中原理图中的文本对象时，如元件的序号、标注等，双击后可以直接进行编辑、修改，而不必打开相应的对话框。

▲ “转换十字结点”复选框：勾选该复选框后，用户在绘制导线时，在相交的导线处自动连接并产生节点，同时终止本次操作。若没有勾选该复选框，则用户可以任意覆盖已经存在的连线，并可以继续进行绘制导线的操作。

▲ “显示 Cross-Overs”复选框：勾选该复选框后，非电气连线的交叉点会以半圆弧显示，表示交叉跨越状态。

▲ “Pin 方向”复选框：勾选该复选框后，单击元件某一引脚时，会自动显示该引脚的编号及输入输出特性等。

▲ “图纸入口方向”复选框：图纸输入端口方向。

▲ “端口方向”复选框：选中该复选框后，端口的形式会根据用户设置的端口属性显示是输出端口、输入端口或其他性质的端口。

▲ “使用 GDI+ 渲染文本 +”复选框：勾选该复选框后，可使用 GDI 字体渲染功能，精细到字体的粗细、大小等功能。

▲ “垂直拖拽”复选框：勾选该复选框后，在原理图中拖动元件时，与元件相连接的导线只能保持直角。若设勾选该复选框，则与元件相连接的导线可以呈现任意的角度。

（3）“包括剪贴板”选项组

▲ “No-ERC 标记”复选框：勾选该复选框后，在复制、剪切到剪贴板或打印时，均包含图纸的 No-ERC 检查标记。

▲ “参数集”复选框：勾选该复选框后，使用剪贴板进行复制操作或打印时，包含元件的参数信息。

▲ “注释”复选框：勾选该复选框后，使用剪贴板进行复制操作或打印时，包含注释说明信息。

（4）“Alpha 数字后缀（字母和数字后缀）”选项组

该选项组用于设置某些元件中包含多个相同子部件的标识后缀，每个子部件都具有独立的物理功能。在放置这种复合元件时，其内部的多个子部件通常采用“元件标识：后缀”的形式来区别。

▲ “Alpha（字母）”选项：点选该选项，子部件的后缀以字母表示，如 U：A、U：B 等。

▲ “Numeric，separated by a dot " . "（数字，点间隔）”选项：点选该选项，子部件

的后缀以数字表示，如 U.1、U.2 等。

▲ “Numeric，separated by a colon "；"（数字，冒号间隔）”选项：点选该选项，子部件的后缀以数字表示，如 U：1：U：2 等。

（5）“引脚余量”选项组

▲ “名称”文本框：用于设置元件的引脚名称与元件符号边缘之间的距离，系统默认值为 50mil。

▲ “数量”文本框：用于设置元件的引脚编号与元件符号边缘之间的距离，系统默认值为 80mil。

（6）“放置是自动增加”选项组

该选项组用于设置元件标识序号及引脚号的自动增量数。

▲ “首要的”文本框：用于设定在原理图中连续放置同一种元件时，元件标识序号的自动增量数，系统默认值为 1。

▲ “次要的”文本框：用于设定创建原理图符号时，引脚号的自动增量数，系统默认值为 1。

▲ “移除前导零”复选框：勾选该复选框，元件标识序号及引脚号去掉前导零。

（7）“端口交叉参考”选项组

▲ “图纸类型”文本框：用于设置图纸中端口类型，包括“Name（名称）”“Number（数字）”。

▲ “位置类型”文本框：用于设置图纸中端口放置位置的依据，系统设置包括“Zone（区域）”“Location X，Y（坐标）”。

（8）“默认空白纸张模板及尺寸”选项组

该选项组用于设置默认的模板文件。可以单击“模板”下拉列表中选择模板文件，选择后，模板文件名称将出现在“模板”文本框中。每次创建新文件时，系统将自动套用该模板。如果不需要模板文件，则“模板”列表框中显示“No Default Template File（没有默认的模板文件）”。

单击“图纸尺寸”下拉列表中选择样板文件，选择后，模板文件名称将出现在“图纸尺寸”文本框中，在文本框下显示具体的尺寸大小。

3.4.2 “Graphical Editing”选项卡的设置

在“优选项”对话框中，单击“Graphical Editing（图形编辑）”标签，打开“Graphical Editing”选项卡，如图 3-32 所示。“Graphical Editing（图形编辑）”选项卡主要用来设置与绘图有关的一些参数。

（1）“选项”选项组

▲ “剪贴板参考”复选框：勾选该复选框后，在复制或剪切选中的对象时，系统将提示确定一个参考点。建议用户勾选该复选框。

▲ “添加模板到剪切板”复选框：勾选该复选框后，用户在执行复制或剪切操作时，系统将把当前文档所使用的模板一起添加到剪贴板中，所复制的原理图包含整个图纸。建议用户不勾选该复选框。

▲ “显示没有定义值的特殊字符串的名称”复选框：用于设置将特殊字符串转换成相应的内容。若选中此复选框，则在电路原理图中使用特殊字符串时，显示时会转换成实际字

符；否则将保持原样。

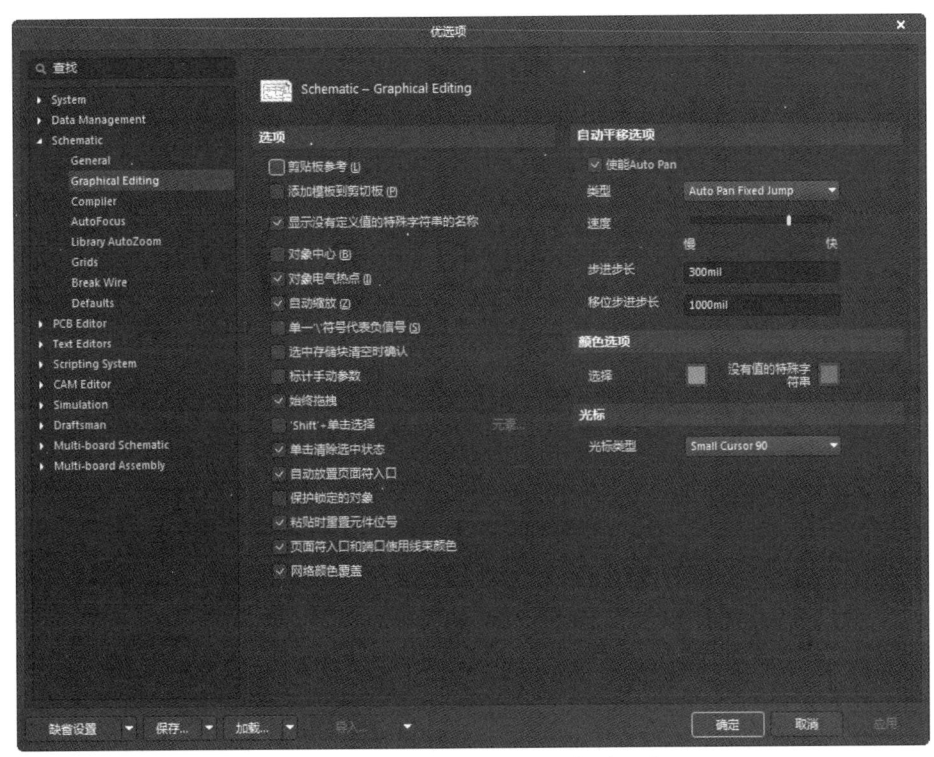

图 3-32 “Graphical Editing”选项卡

▲ “对象中心”复选框：勾选该复选框后，在移动元件时，光标将自动跳到元件的参考点上（元件具有参考点时）或对象的中心处（对象不具有参考点时）。若不勾选该复选框，则移动对象时光标将自动滑到元件的电气节点上。

▲ “对象电气热点”复选框：勾选该复选框后，当用户移动或拖动某一对象时，光标自动滑动到离对象最近的电气节点（如元件的引脚末端）处。建议用户勾选该复选框。如果想实现勾选“对象中心”复选框的功能，则应取消对“对象电气热点”复选框的勾选，否则移动元件时，光标仍然会自动滑到元件的电气节点处。

▲ “自动缩放”复选框：勾选该复选框后，在插入元件时，电路原理图可以自动地实现缩放，调整出最佳的视图比例。建议用户勾选该复选框。

▲ “单一 '\' 符号代表负信号”复选框：一般在电路设计中，我们习惯在引脚的说明文字顶部加一条横线表示该引脚低电平有效，在网络标签上也采用此种标识方法。Altium Designer 20 允许用户使用“\”为文字顶部加一条横线。例如，RESET 低电平有效，可以采用“\R\E\S\E\T”的方式为该字符串顶部加一条横线。勾选该复选框后，只要在网络标签名称的第一个字符前加一个“\”，则该网络标签名将全部被加上横线。

▲ “选中存储块清空时确认”复选框：勾选该复选框后，在清除选定的存储器时，将出现一个确认对话框。通过这项功能的设定可以防止由于疏忽而清除选定的存储器。建议用户勾选该复选框。

▲ “标计手动参数”复选框：用于设置是否显示参数自动定位被取消的标记点。勾选该复选框后，如果对象的某个参数已取消了自动定位属性，那么在该参数的旁边会出现一个点状标记，提示用户该参数不能自动定位，需手动定位，即应该与该参数所属的对象一起移

动或旋转。

▲ “始终拖拽”复选框：勾选该复选框后，移动某一选中的图元时，与其相连的导线也随之被拖动，以保持连接关系。若不勾选该复选框，则移动图元时，与其相连的导线不会被拖动。

▲ “'Shift'+ 单击选择”复选框：勾选该复选框后，只有在按下 <Shift> 键时，单击才能选中图元。此时，右侧的按钮被激活。单击“元素”按钮，弹出如图 3-33 所示的“必须按住 Shift 选择”对话框，可以设置哪些图元只有在按下 <Shift> 键时，单击才能选择。使用这项功能会使原理图的编辑很不方便，建议用户不勾选该复选框，直接单击选择图元即可。

▲ “单击清除选中状态”复选框：勾选该复选框后，通过单击原理图编辑窗口中的任意位置，就可以解除对某一对象的选中状态，不需要再使用菜单命令或者“原理图标准”工具栏中的按钮（取消选择所有打开的当前文件）按钮。建议用户勾选该复选框。

▲ “自动放置页面符入口”复选框：勾选该复选框后，系统会自动放置图纸入口。

▲ “保护锁定的对象”复选框：勾选该复选框后，系统会对锁定的图元进行保护。若不勾选该复选框，则锁定对象不会被保护。

▲ “粘贴时重置元件位号”：勾选该复选框后，将复制粘贴后的元件标号进行重置。

▲ “页面符入口和端口使用线束颜色”复选框：勾选该复选框后，将原理图中的图纸入口与电路按端口颜色设置为线束颜色。

▲ “网络颜色覆盖”：选中该复选框后，原理图中的网络显示对应的颜色。

（2）“自动平移选项”选项组

该选项组主要用于设置系统的自动摇镜功能，即当光标在原理图中移动时，系统会自动移动原理图，以保证光标指向的位置进入可视区域。

▲ “类型”下拉列表框：用于设置系统自动摇镜的模式。有 2 个选项可以供用户选择，即“Auto Pan Fixed Jump（按照固定步长自动移动原理图）”“Auto Pan Recenter（移动原理图时，以光标最近位置作为显示中心）”。系统默认为“Auto Pan Fixed Jump（按照固定步长自动移动原理图）”。

▲ “速度”滑块：通过拖动滑块，可以设定原理图移动的速度。滑块越向右，速度越快。

▲ “步进步长”文本框：用于设置原理图每次移动时的步长。系统默认值为 30mil，即每次移动 30 个像素点。数值越大，图纸移动越快。

▲ “移位步进步长”文本框：用于设置在按住 <Shift> 键的情况下，原理图自动移动的步长。该文本框的值一般要大于“步进步长”文本框中的值，这样在按住 <Shift> 键时可以加快图纸的移动速度。系统默认值为 100mil。

（3）“颜色选项”选项组

该选项组用于设置所选中对象的颜色。单击“选择”颜色显示框，系统将弹出如图 3-34 所示的“选择颜色”对话框，在该对话框中可以设置选中对象的颜色。

（4）“光标”选项组

该选项组主要用于设置光标的类型。在“光标类型”下拉列表框中，包含“Large Cursor 90（长十字形光标）”“Small Cursor 90（短十字形光标）”“Small Cursor 45（短 45° 交叉光标）”“Tiny Cursor 45（小 45° 交叉光标）”4 种光标类型。系统默认为“Small Cursor 90（短十字形光标）”类型。

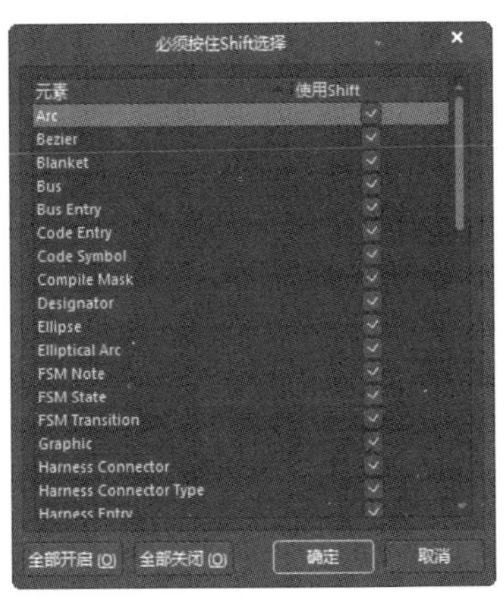

图 3-33 “必须按住 Shift 选择”对话框

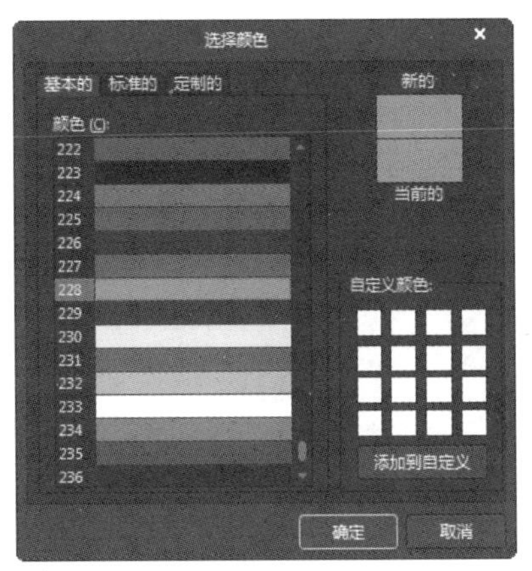

图 3-34 “选择颜色”对话框

3.4.3 “Complier”选项卡的设置

在“优选项”对话框中，单击“Complier（编译器）”标签，打开“Complier（编译器）”选项卡，如图 3-35 所示。“Complier（编译器）”选项卡主要用来设置在电路原理图进行电气检查时，对检查出的错误生成各种报表和统计信息。

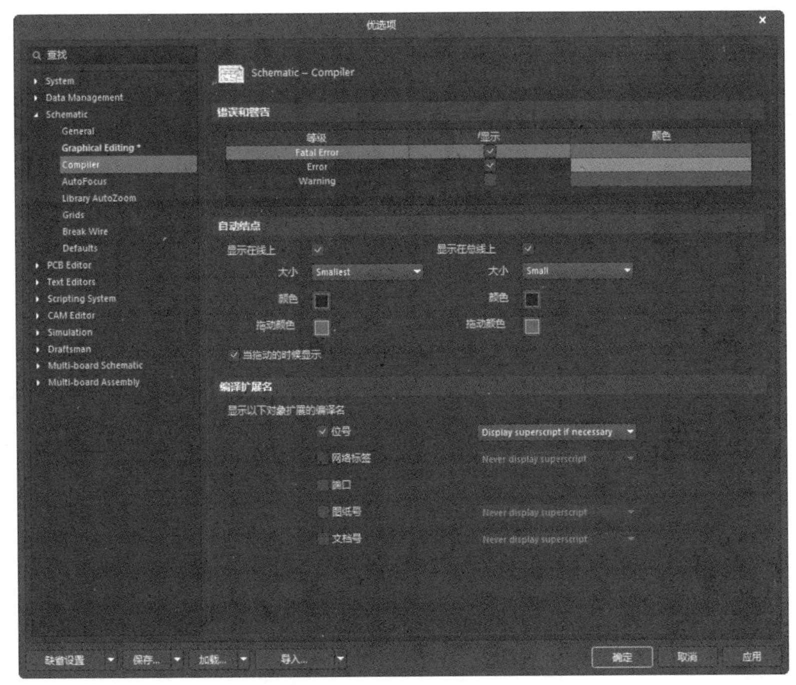

图 3-35 “Complier”选项卡

（1）“错误和警告”选项组

该选项组用来设置编译过程中出现的错误是否显示出来，并可以选择颜色加以标记。系统错误有 3 种，分别是 Fatal Error（致命错误）、Error（错误）和 Warning（警告）。此选项组采用系统默认设置即可。

（2）“自动结点”选项组

该选项组主要用来设置在电路原理图连线时，在导线的T形连接处，系统自动添加电气节点的显示方式，有2个复选框供选择。

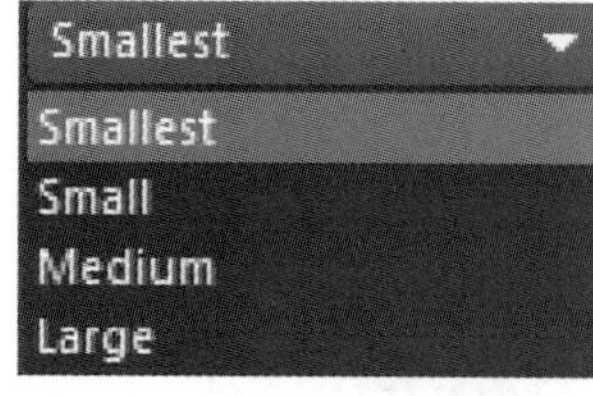

图 3-36　电气节点大小设置

▲“显示在线上”复选框：若勾选此复选框，则导线上的T形连接处会显示电气节点。电气节点的大小通过用“大小”下拉列表框设置，有4种选择，如图3-36所示。在“颜色”中可以设置电气节点的颜色。

▲“显示在总线上”复选框：若勾选此复选框，则总线上的T形连接处会显示电气节点。电气节点的大小和颜色设置操作与前面的相同。

（3）“编译扩展名”选项组

该选项组主要用来设置要显示对象的扩展名。若勾选“标识”复选框，则在电路原理图上会显示标志的扩展名。其他对象的设置操作同上。

3.4.4 “AutoFocus”选项卡的设置

在“优选项”对话框中，单击“AutoFocus（自动聚焦）”标签，打开“AutoFocus（自动聚焦）”选项卡，如图3-37所示。

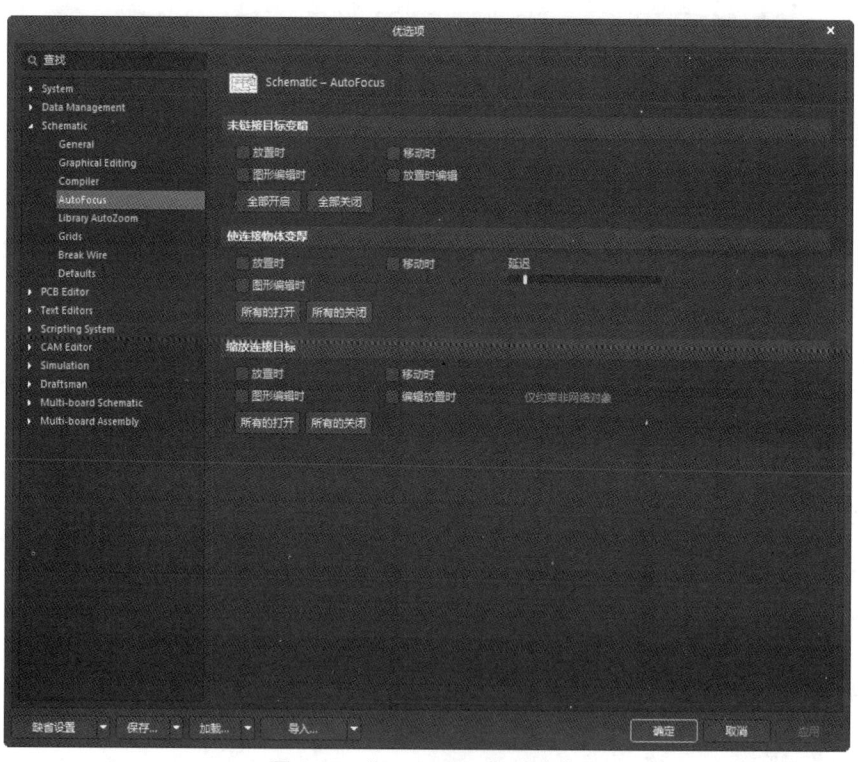

图 3-37　“AutoFocus”选项卡

“AutoFocus（自动聚焦）”选项卡主要用来设置系统的自动聚焦功能。此功能能根据电路原理图中的元件或对象所处的状态进行显示。

（1）“未连接目标变暗”选项组

该选项组用来设置对未连接的对象的淡化显示。有4个复选框供选择，分别是“放置时”“移动时”“图形编辑时”“放置时编辑”。单击 全部开启 按钮可以全部选中，单击 全部关闭 按钮可以全部取消选择。

（2）“使连接物体变厚”选项组

该选项组用来设置对连接对象的加强显示。有3个复选框供选择，分别是“放置时”“移动时”“图形编辑时”。其他的设置同上。显示的程度可以由右面的滑块来调节。

（3）“缩放连接目标”选项组

该选项组用来设置对连接对象的缩放。有5个复选框供选择，分别是“放置时”“移动时”“图形编辑时”“编辑放置时”“仅约束非网络对象”。第5个复选框在选中“编辑放置时”复选框后才能进行选择。其他设置同上。

3.4.5 “Library AutoZoom”选项卡设置

在“优选项”对话框中，单击“Library AutoZoom（元件自动缩放）”标签，打开“Library AutoZoom（元件自动缩放）”选项卡，可以设置元件的自动缩放形式，如图3-38所示。

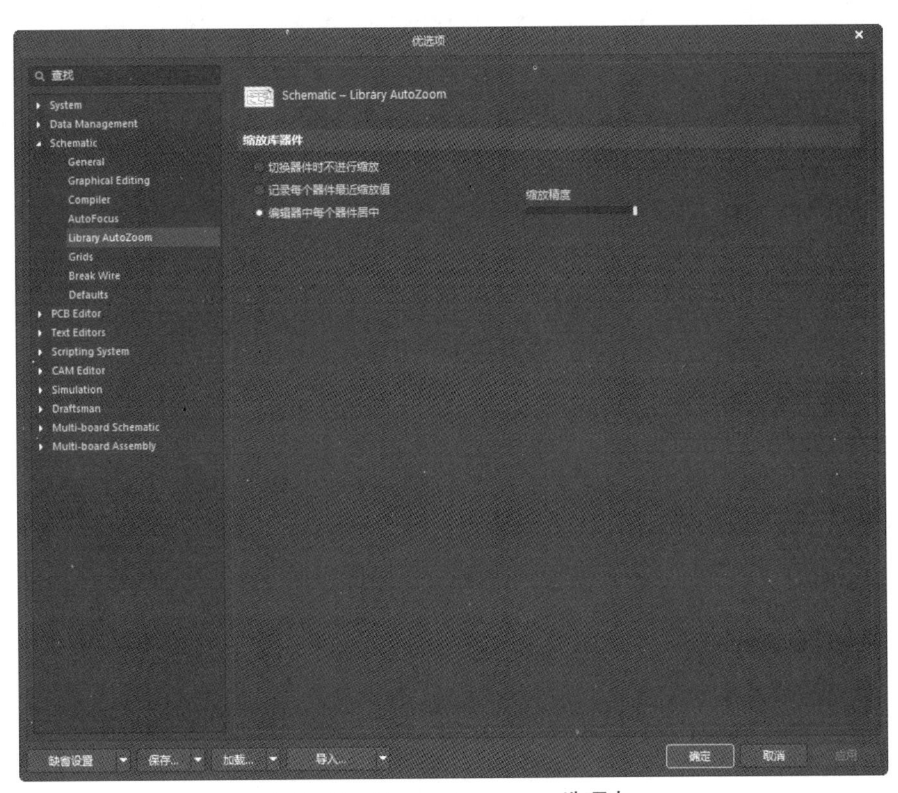

图 3-38　Library AutoZoom 选项卡

该标签设置有3个单选按钮供用户选择：“切换器件时不进行缩放”“记录每个器件最近缩放值”“编辑器中每个器件居中”。用户根据自己的实际情况选择即可，系统默认选中“编辑器中每个器件居中”单选按钮。

3.4.6 “Grids”选项卡的设置

在“优选项”对话框中，单击“Grids（栅格）”标签，打开“Grids（栅格）”选项卡，如图 3-39 所示。“Grids（栅格）”选项卡用来设置电路原理图图样上的栅格。

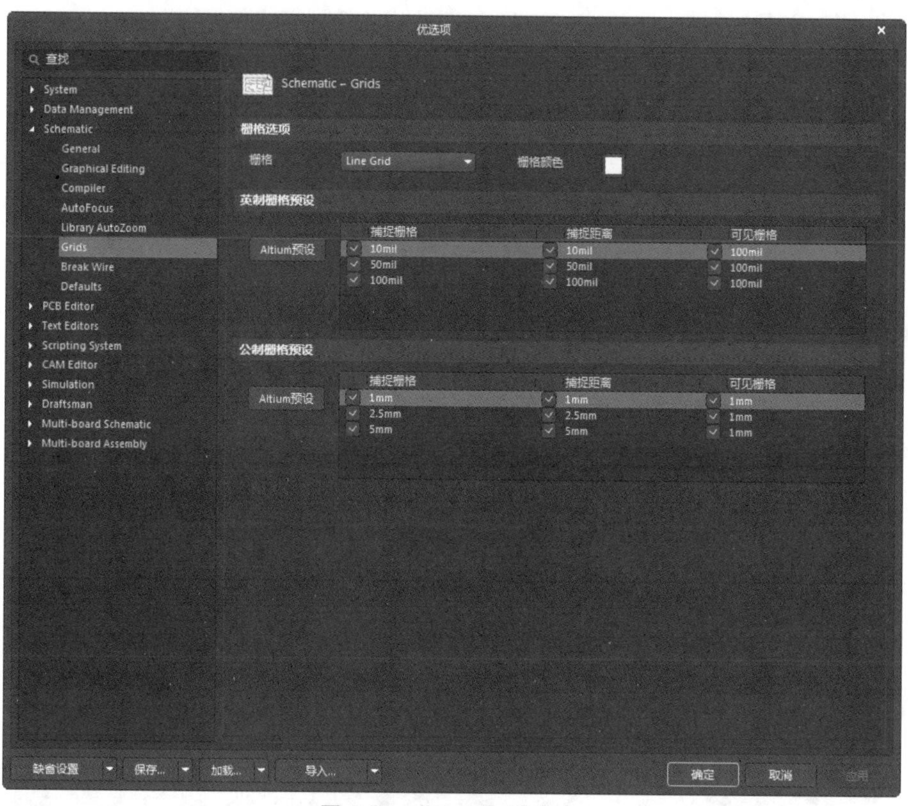

图 3-39 “Grids”选项卡

在前一节中对网格的设置已经做过介绍，在此只针对没讲过的部分做简单介绍。

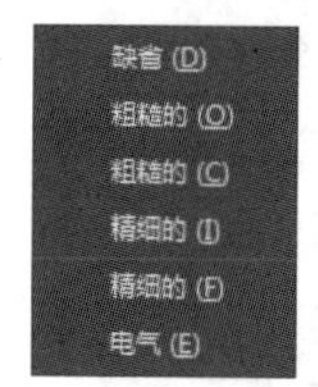

图 3-40 “推荐设置”菜单

（1）“英制栅格预设”选项组

该选项组用来将网格形式设置为英制网格形式。单击 Altium预设 按钮，弹出如图 3-40 所示的菜单。

选择某一种形式后，在旁边显示出系统提供的“捕捉栅格”“捕捉距离”和“可见栅格”的默认值。用户也可以自己设置。

（2）“公制栅格预设”选项组

该选项组用来将网格形式设置为公制网格形式，设置方法同上。

3.4.7 “Break Wire”选项卡的设置

在“优选项”对话框中，单击“Break Wire（打破线）”标签，打开“Break Wire”选项卡，如图 3-41 所示。“Break Wire（打破线）”选项卡用来设置与“编辑”→“打破线”命令有关的参数。

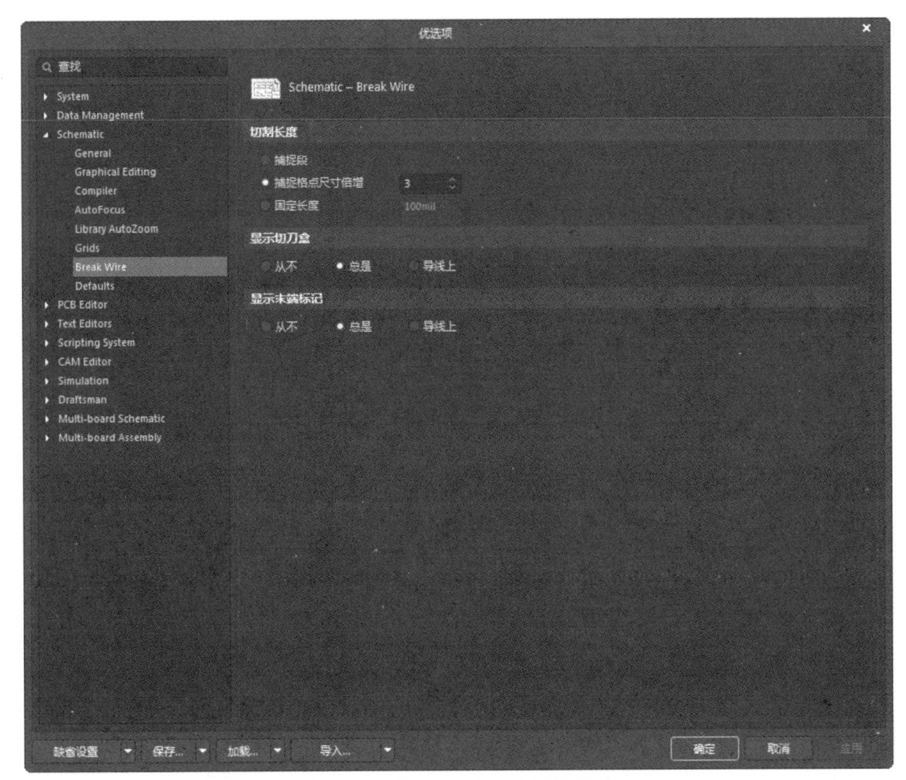

图 3-41 “Break Wire”选项卡

（1）“切割长度”选项组

该选项组用来设置当执行“打破线”命令时，切割导线的长度，有 3 个单选按钮供选择。

▲ “捕捉段”单选按钮：选择该单选按钮后，当执行“打破线”命令时，光标所在的导线被整段切除。

▲ “捕捉格点尺寸倍增”单选按钮：选择该单选按钮后，当执行“打破线”命令时，每次切割导线的长度都是栅格的整数倍。用户可以在右边的微调框中设置倍数，倍数的大小为 2 ～ 10。

▲ “固定长度”单选按钮：选择该单选按钮后，当执行“打破线”命令时，每次切割导线的长度是固定的。用户可以在右边的文本框中设置每次切割导线的固定长度值。

（2）“显示切刀盒”选项组

该选项组用来设置当执行“打破线”命令时，是否显示切割框。有 3 个单选按钮供选择，分别是“从不”“总是”“导线上”。

（3）“显示末端标记”选项组

该选项组用来设置当执行“打破线”命令时，是否显示导线的末端标记。有 3 个单选按钮供选择，分别是“从不”“总是”“导线上”。

3.4.8 “Defaults”选项卡的设置

在“优选项”对话框中，单击“Defaults（默认）”标签，打开“Defaults”选项卡，如图 3-42 所示。“Defaults（默认）”选项卡用来设定原理图编辑时常用图元的原始默认值，

在执行各种操作时，如图形绘制、元器件插入等，就会以所设置的原始默认值为基准，简化了编辑过程。

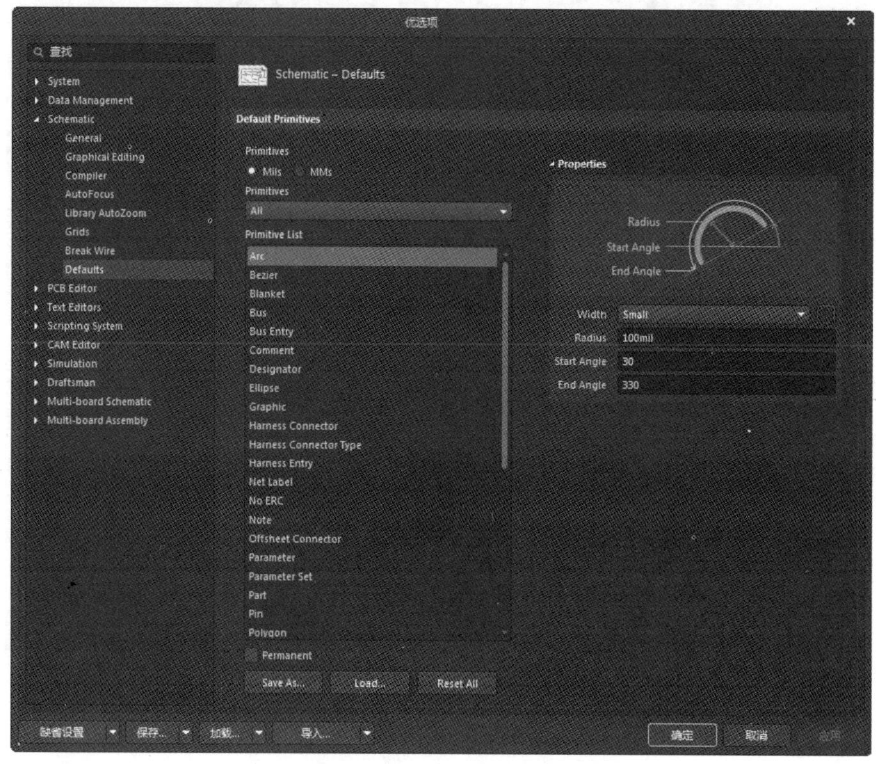

图 3-42 “Defaults”选项卡

（1）“Primitives（原始）”选项组

在原理图绘制中，使用的单位系统可以是英制单位系统（Mils），也可以是公制单位系统（MMs）。

（2）“Primitives（元件列表）”下拉列表框

在“Primitives（元件列表）”下拉列表框中，单击其下拉按钮，弹出下拉列表。选择下拉列表的某一选项，该类型所包括的对象将在“Primitive List（元器件）”列表框中显示。

▲ All：全部对象。选择该选项后，在下面的“元器件”列表框中将列出所有的对象。

▲ Drawing Tools：指绘制非电气原理图工具栏所放置的全部对象。

▲ Other：指上述类别所没有包括的对象。

▲ Wiring Objects：指绘制电路原理图工具栏所放置的全部对象。

▲ Harness Objects：指绘制电路原理图工具栏所放置的线束对象。

▲ Library Parts：指与元件库有关的对象。

▲ Sheet Symbol Objects：指绘制层次图时与子图有关的对象。

（3）“Primitive List（元器件）”列表框

可以选择“Primitive List（元器件）”列表框中显示的对象，并对所选的对象进行属性设置或复位到初始状态。在“Primitive List（元器件）”列表框中选定某个对象，例如选中“Pin（引脚）”，在右侧显示基本信息，可以修改相应的参数设置。如果在此处修改相关的参数，那么在原理图上绘制引脚时默认的引脚属性就是修改过的引脚属性。

（4）功能按钮

▲ Save As（保存为）：保存默认的原始设置。当所有需要设置的对象全部设置完毕，单击Save As...按钮，弹出文件保存对话框，保存默认的原始设置。默认的文件扩展名为 *.dft，以后可以重新进行加载。

▲ Lood（装载）：加载默认的原始设置。要使用以前曾经保存过的原始设置，单击Load...按钮，弹出打开文件对话框，选择一个默认的原始设置文档就可以加载默认的原始设置。

▲ (复位所有)：恢复默认的原始设置。单击Reset All按钮，所有对象的属性都回到初始状态。

3.5 原理图中的常用操作

在原理图绘制过程中，有很多技巧可以消除烦琐、易错的步骤。下面详细讲述这些常用的操作技巧。

3.5.1 元件的属性编辑

在原理图中放置的所有元件都具有自身的特定属性，在放置好每一个元件后，应该对其属性进行正确的编辑和设置，以免给后面的网络表生成及 PCB 制作带来错误。

元件属性设置具体包含 5 个方面的内容：元件的基本属性设置、元件的外观属性设置、元件的扩展属性设置、元件的模型设置和元件引脚的编辑。

执行方式

▲ 工具栏：双击原理图中的元件。

绘制步骤

执行此命令，在原理图编辑窗口内，光标变成十字形，将光标移到需要编辑属性的元件上并单击，系统会弹出相应的“Properties（属性）”面板，图 3-43 所示是电阻元件 Res2 的属性编辑面板。

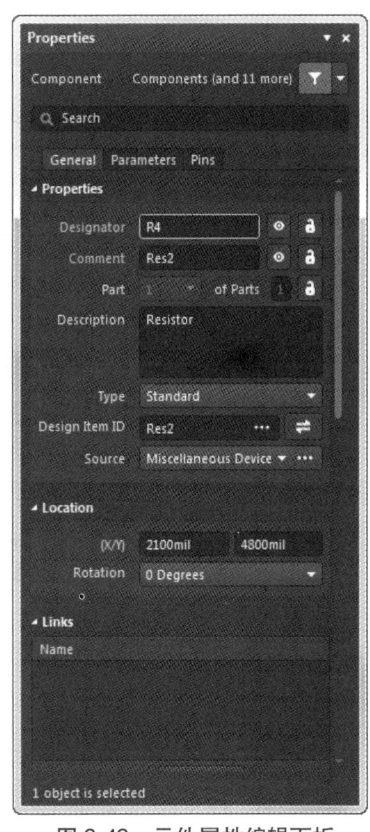

图 3-43 元件属性编辑面板

用户可以根据自己的实际情况设置图 3-43 所示的对话框，完成设置后，单击〈Enter〉键确认。

技巧与提示——简单编号

在电路原理图比较复杂、有很多元件的情况下，如果用手动方式逐个编辑元件的标识，不仅效率低，而且容易出现标识遗漏、跳号等现象。此时，可以使用 Altium Designer 20 系统提供的自动标识功能轻松完成对元件的编辑。

3.5.2 元件编号管理

对于元件较多的原理图，当设计完成后，往往会发现元件的编号很混乱或者有些元件还没有编号。用户可以逐个手动更改这些编号，但是这样比较烦琐，而且容易出现错误。Altium Designer 20 提供了元件编号管理的功能。

执行方式

▲ 菜单栏：选择“工具”→“标注”→“原理图标注”命令。

绘制步骤

执行此命令，系统将弹出如图 3-44 所示的“标注”对话框。在该对话框中，可以对元件进行重新编号。

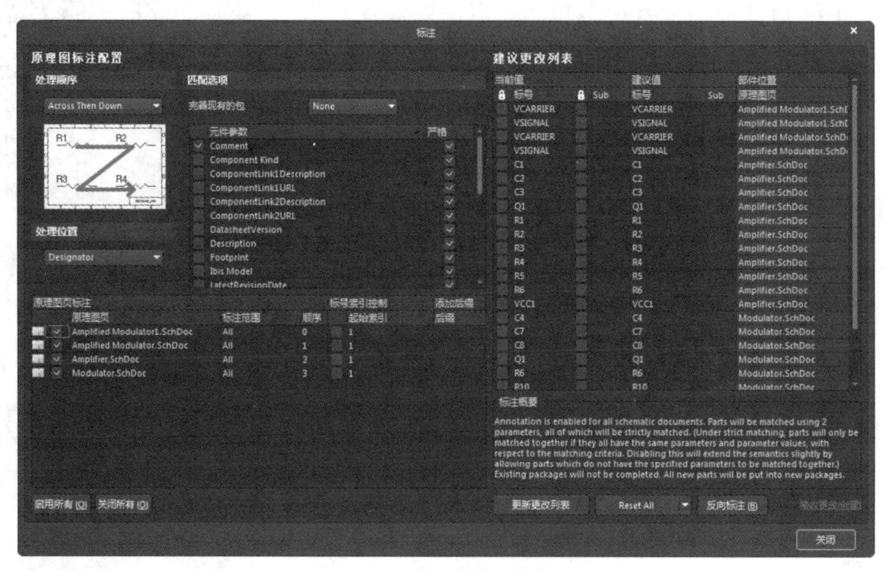

图 3-44 “标注”对话框

选项说明

“标注”对话框分为两部分：左侧是“原理图标注配置”，右侧是“建议更改列表”。

① 在左侧的“原理图页标注”栏中列出了当前工程中所有的原理图文件。通过文件名前面的复选框，可以选择对哪些原理图进行重新编号。

② 在对话框左上角的“处理顺序”选项组中的下拉列表框中列出了 4 种编号顺序，即 Up Then Across（先向上后左右）、Down Then Across（先向下后左右）、Across Then Up（先左右后向上）和 Across Then Down（先左右后向下）。

③ 在“匹配选项”选项组中列出了元件的参数名称。通过勾选参数名前面的复选框，用户可以选择是否根据这些参数进行编号。

④ 在右侧列表中的“当前值”列中列出了当前的元件编号，在“建议值”列中列出了新的编号。

⑤ 单击“Reset All（全部重新编号）”按钮，对编号进行重置，系统将弹出“Information（信息）”对话框，提示用户编号发生了哪些变化。单击“OK（确定）”按钮，重置后，

所有的元件编号将被消除。

⑥ 单击“更新更改列表”按钮，重新编号，系统将弹出如图 3-45 所示的“Information（信息）”对话框，提示用户相对前一次状态和相对初始状态发生的改变。

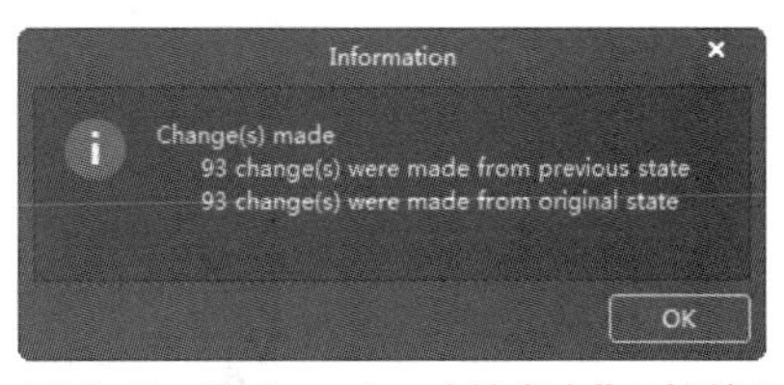

图 3-45 “Information（信息）”对话框

⑦ 在“建议更改列表”栏中可以查看编号的变化情况。如果对这种编号满意，则单击“接受更改（创建 ECO）”按钮，在弹出的“工程变更指令”对话框中更新修改，如图 3-46 所示。

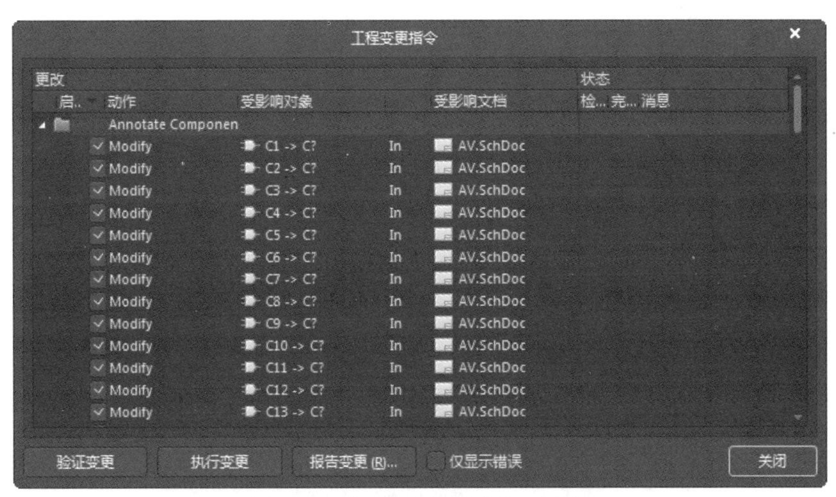

图 3-46 “工程变更指令”对话框

⑧ 在“工程变更指令”对话框中，单击“验证变更”按钮，可以验证修改的可行性，如图 3-47 所示。

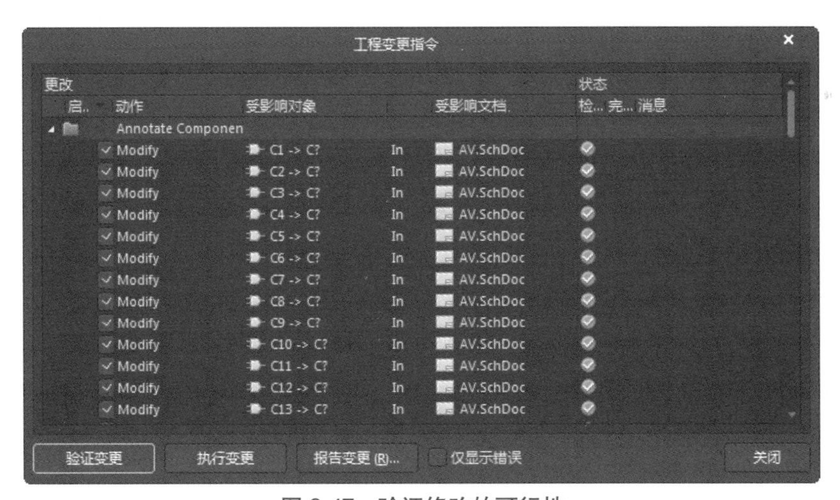

图 3-47 验证修改的可行性

⑨ 单击“报告变更”按钮，系统将弹出如图 3-48 所示的“报告预览”对话框，在其中可以将修改后的报表输出。单击“导出”按钮，可以将该报表进行保存，默认文件名为“AV.PrjPCB And AV.xls”，是一个 Excel 文件；单击“打开报告”按钮，可以将该报表打开；单击“打印”按钮，可以将该报表打印输出。

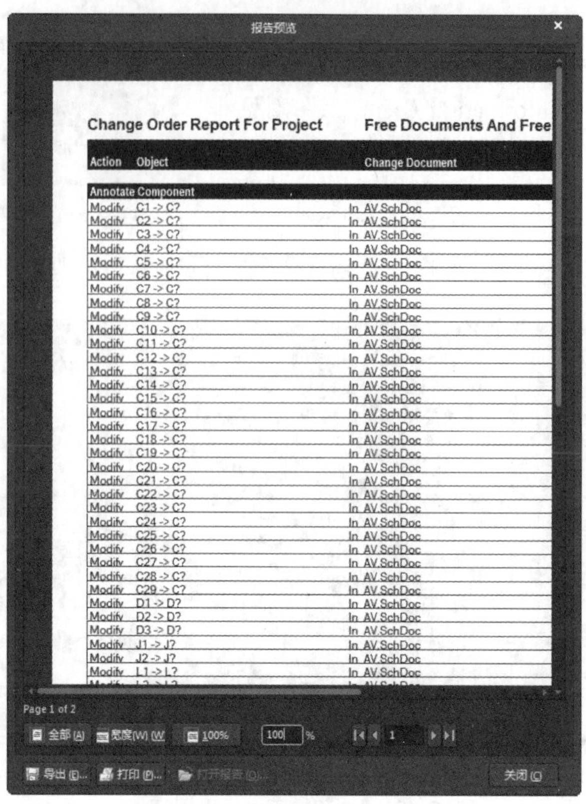

图 3-48 “报告预览”对话框

⑩ 单击“工程变更指令”对话框中的“执行变更”按钮，即可执行修改，如图 3-49 所示，对元件的重新编号便完成了。

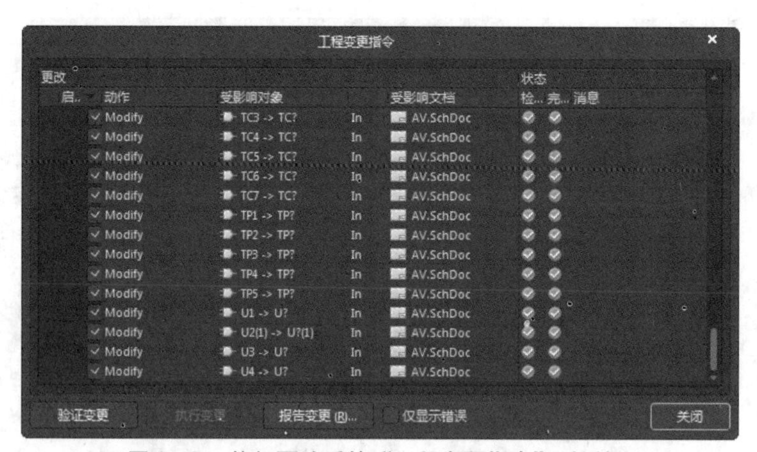

图 3-49 执行更改后的“工程变更指令”对话框

 3.5.3 操作实例——集成频率合成器电路元件属性编辑

扫一扫 看视频

（1）编辑元件编号

① 选择“工具”→“标注”→“原理图标注”命令，系统将弹出如图 3-50 所示“标注”

对话框。

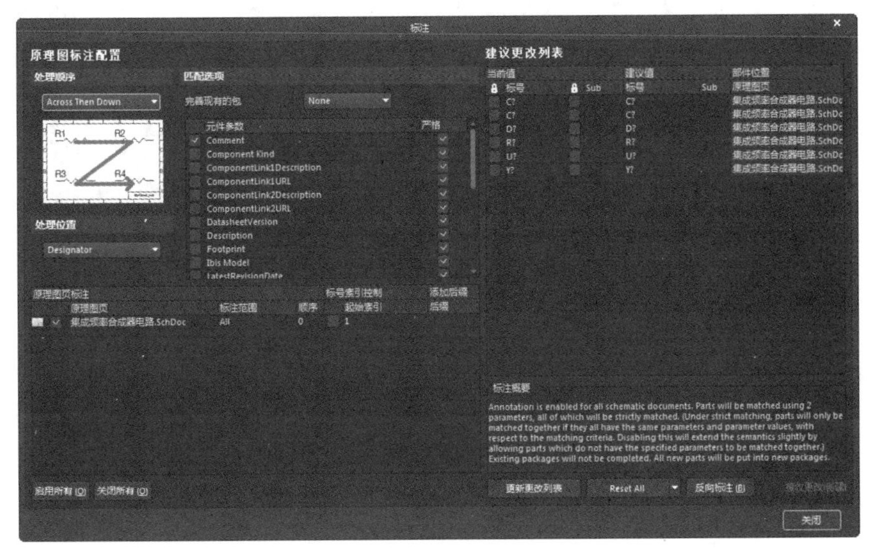

图 3-50 “标注”对话框

② 在“标注”对话框中，单击“更新更改列表”按钮重新编号，系统将弹出如图 3-51 所示的“Information（信息）”对话框，提示用户相对前一次状态和相对初始状态发生的改变。

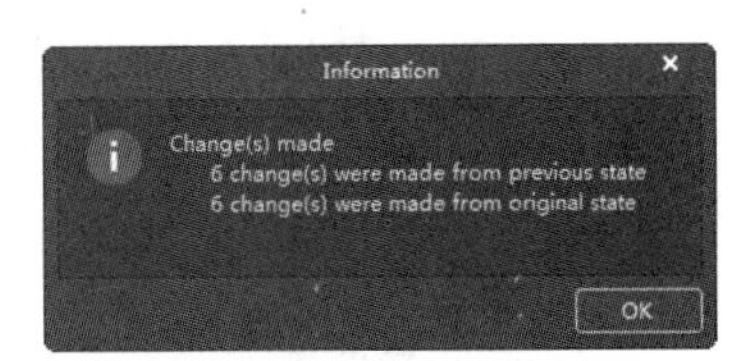

图 3-51 “Information（信息）”对话框

③ 单击“OK”按钮，在“建议更改列表”栏中可以查看编号的变化情况，如图 3-52 所示。

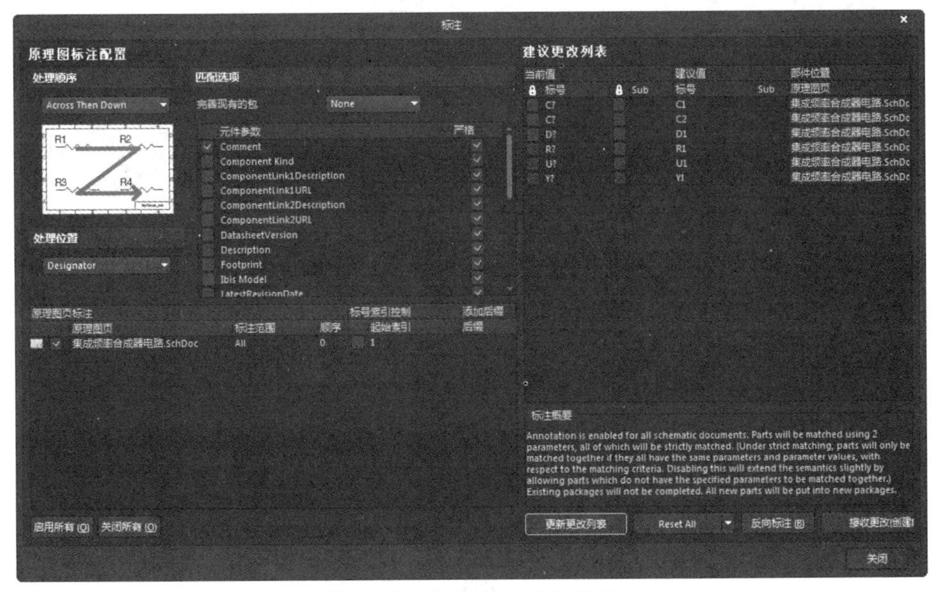

图 3-52 重置后的元件编号

④ 如果对这种编号满意，则单击“接收更改（创建 ECO）”按钮，在弹出的“工程变更指令”对话框中更新修改，如图 3-53 所示。

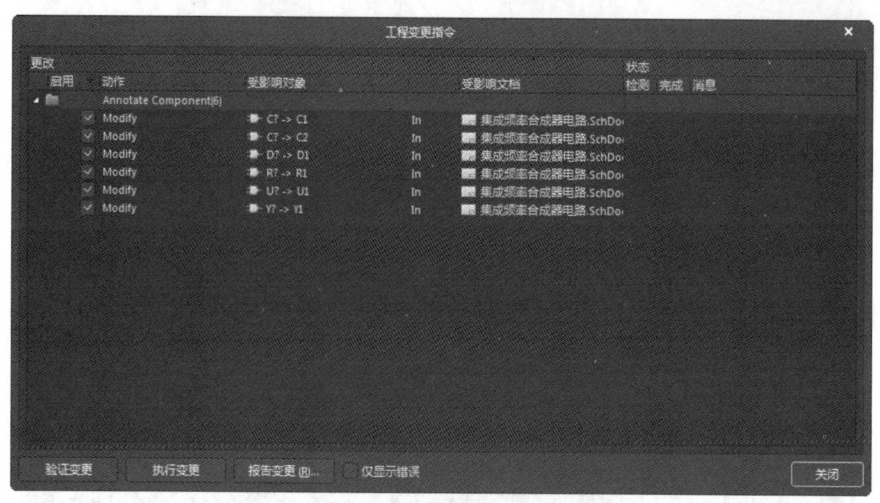

图 3-53 “工程变更指令”对话框

⑤ 在“工程变更指令”对话框中，单击“验证变更”按钮，可以接受修改的结果，如图 3-54 所示。

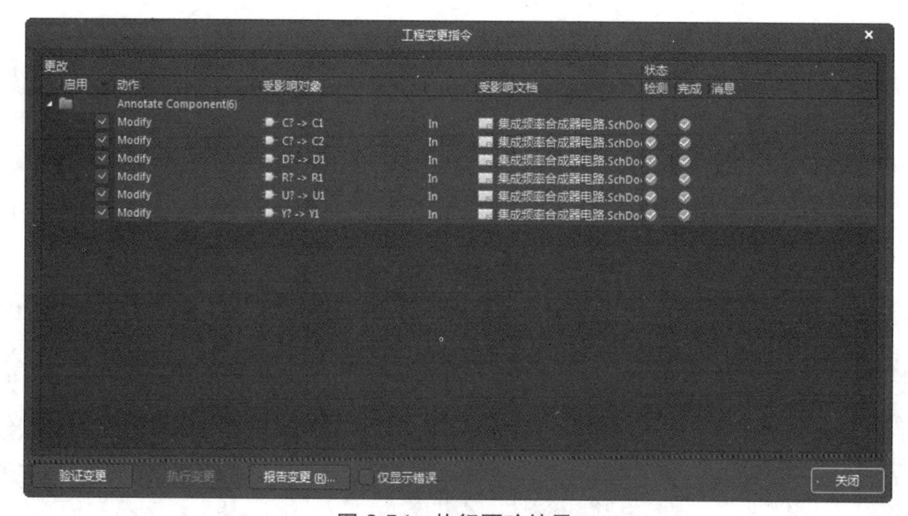

图 3-54 执行更改结果

⑥ 单击“关闭”按钮，完成设置，退出对话框。原理图元件编号结果如图 3-55 所示。

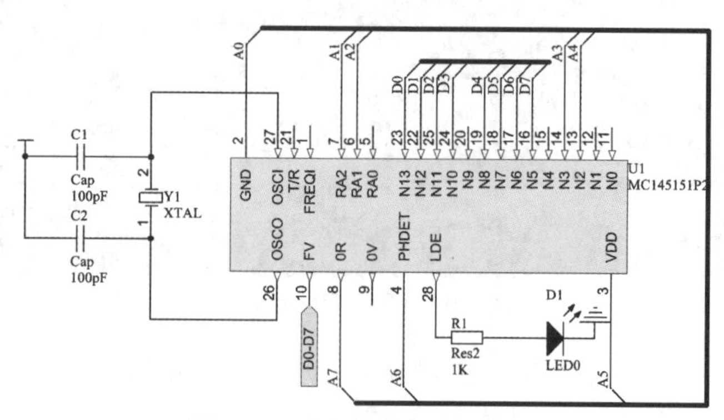

图 3-55 原理图编号编辑结果

技巧与提示——编辑元件属性

“Annotate（标注）”命令只能快速编辑元件编号，无法对元件其余属性进行设置。因此在只需设置元件属性的情况下，直接利用此命令即可。但如果还需要设置其余命令，则利用不同的方法打开元件属性编辑面板，设置元件其余参数。在放置过程中按〈Tab〉键，或在放置后双击元件，均可打开元件属性编辑面板。

（2）编辑元件属性

① 双击电阻 Res2 元件，弹出元件属性编辑面板，对各个元件的属性进行设置。

② 激活“Comment（注释）”文本框左侧的“不可见”按钮，取消注释文字的显示，设置电阻值为 680W，如图 3-56 所示。

③ 单击〈Enter（确定）〉键，完成设置，退出面板设置。

用同样的方法设置其余元件属性，原理图最终结果如图 3-57 所示。

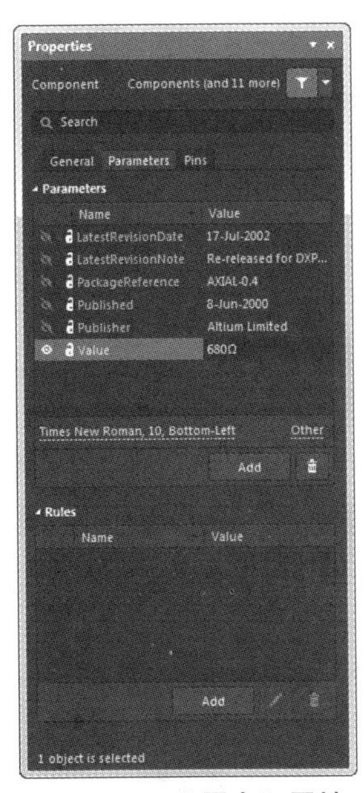

图 3-56 设置电阻属性

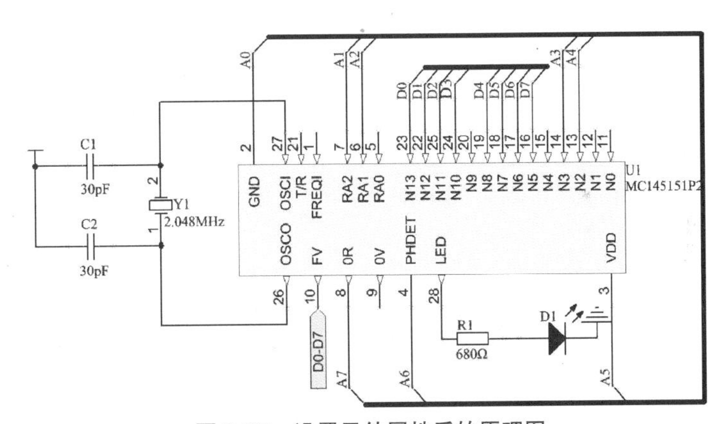

图 3-57 设置元件属性后的原理图

3.5.4 回溯更新原理图元件标号

“反向标注原理图”命令用于从印制电路回溯更新原理图元件标号。在设计印制电路时，有时可能需要对元件重新编号，为了保证原理图与 PCB 图之间的一致性，可以使用该命令基于 PCB 图来更新原理图中的元件标号。

执行方式

▲ 菜单栏：选择“工具”→“标注”→“反向标注原理图”命令。

绘制步骤

执行此命令，系统将弹出选择文件对话框，如图 3-58 所示，要求选择 WAS-IS 文件，用于从 PCB 文件更新原理图文件的元件标号。

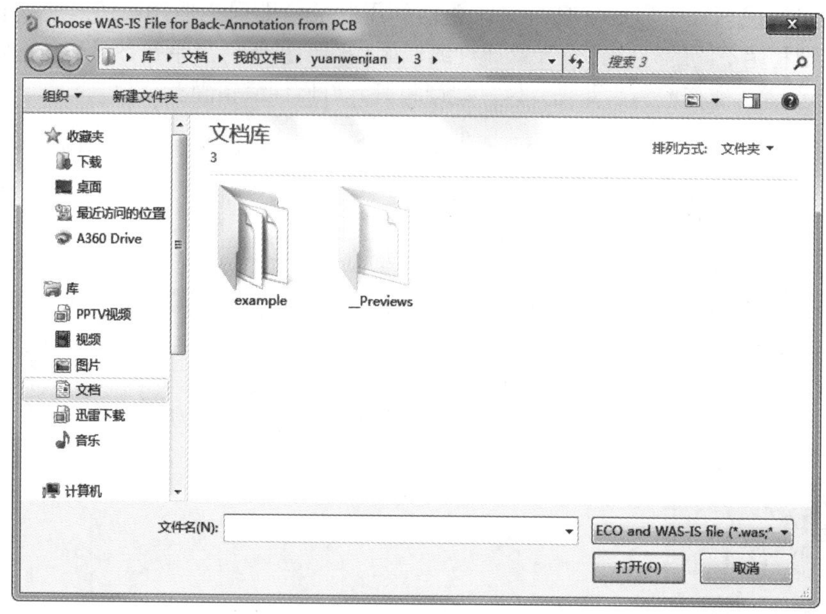

图 3-58　选择文件对话框

选项说明

WAS-IS 文件是在 PCB 文件中执行“反向标注原理图”命令后生成的文件。当选择 WAS-IS 文件后，系统将弹出一个消息框，报告所有将被重新命名的元件。当然，这时原理图中的元件名称并没有真正被更新。单击“Yes（确定）”按钮，弹出“标注”对话框，如图 3-59 所示。在该对话框中可以预览系统推荐的重命名，然后决定是否执行更新命令，创建新的 ECO 文件。

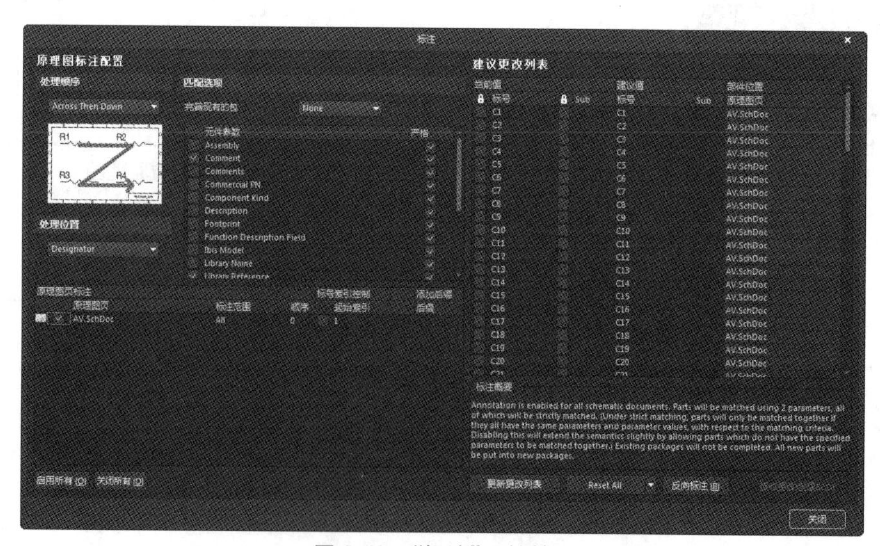

图 3-59　“标注”对话框

3.5.5 工作窗口的缩放

在原理图编辑器中，提供了电路原理图的缩放功能，以便用户进行观察。选择菜单栏中的“视图”命令，其菜单如图 3-60 所示。在该菜单中列出了对原理图画面进行缩放的多种命令。

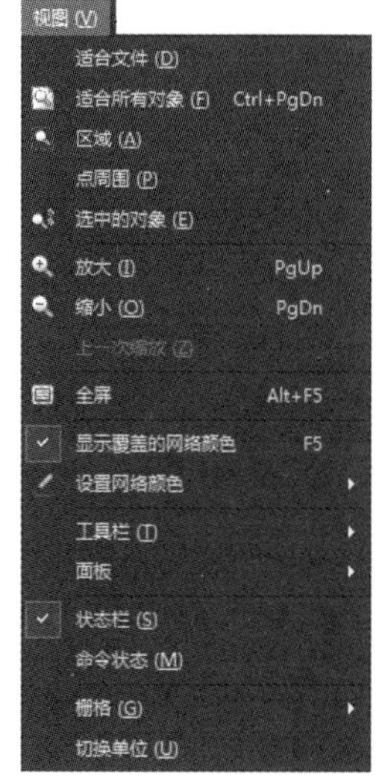

图 3-60 “视图”菜单

菜单中有关窗口缩放的操作可分为以下几种类型。

（1）在工作窗口中显示选择的内容

该类操作包括在工作窗口中显示整张原理图、显示所有元件、显示选定区域、显示选定元件和选中的坐标附近区域。

▲ 适合文件：用于观察并调整整张原理图的布局。单击该命令后，在编辑窗口中将以最大的比例显示整张原理图的内容，包括图纸边框、标题栏等。

▲ 适合所有对象：用于观察整张原理图的组成概况。单击该命令后，在编辑窗口中将以最大比例显示电路原理图中的所有元件。

▲ 区域：在工作窗口中选中一个区域，放大选中的区域。具体的操作方法是：单击该命令，光标以十字形状出现在工作窗口中，单击确定区域的一个顶点，移动光标确定区域的对角顶点后单击，在工作窗口中将只显示刚才选择的区域。

▲ 点周围：在工作窗口中显示一个坐标点附近的区域。同样是用于放大选中的区域，但区域的选择与上一条命令不同。具体的操作方法是：单击该命令，光标以十字形状出现在工作窗口中，移动光标至想显示的点，单击后移动光标，在工作窗口中将出现一个以该点为中心的虚线框，确定虚线框的范围后单击，将会显示虚线框所包含的范围。

▲ 选中的对象：用于放大显示选中的对象。单击该命令后，选中的多个对象将以适当的尺寸放大显示。

（2）显示比例的缩放

该类操作包括确定原理图的显示比例、原理图的放大和缩小显示，以及按原比例显示原理图上坐标点附近的区域。

▲ 放大：以光标为中心放大画面。

▲ 缩小：以光标为中心缩小画面。

▲ 上一次缩放：在工作窗口中按原比例显示以光标所在位置为中心的区域内的内容。

▲ 其具体操作为：移动光标确定想要显示的范围，单击该命令，在工作窗口中将显示以该点为中心的内容。该操作提供了快速显示内容切换功能，与“点周围”命令的操作不同，这里的显示比例没有发生改变。

（3）使用快捷键和工具栏按钮执行视图显示操作

Altium Designer 20 为大部分视图操作提供了快捷键，具体如下。

▲〈Page Up〉：放大显示。

▲〈Page Down〉：缩小显示。

▲〈Home〉：按原比例显示以光标所在位置为中心的附近区域。

同时，为常用视图操作提供了工具栏按钮，具体如下。

▲ “适合所有对象”按钮：在工作窗口中显示所有对象。

▲ “缩放区域”按钮：在工作窗口中缩放显示选定区域。

▲ “缩放选中对象”按钮：在工作窗口中缩放显示选定元件。

（4）使用鼠标滚轮平移和缩放

使用鼠标滚轮平移和缩放图样的操作方法如下。

▲ 平移：向上滚动鼠标滚轮则向上平移图样，向下滚动则向下平移图样；按住〈Shift〉键的同时向下滚动鼠标滚轮会向右平移图样；按住〈Shift〉键的同时向上滚动鼠标滚轮会向左平移图样。

▲ 放大：按住〈Ctrl〉键的同时向上滚动鼠标滚轮会放大显示图样。

▲ 缩小：按住〈Ctrl〉键的同时向下滚动鼠标滚轮会缩小显示图样。

3.5.6 刷新原理图

绘制原理图时，在完成滚动画面、移动元件等操作后，有时会出现画面显示残留的斑点、线段或图形变形等问题。虽然这些内容不会影响电路的正确性，但是影响了原理图的美观。

执行方式

▲ 工具栏中：单击“导航”工具栏中的“刷新当前页”按钮。

▲ 快捷键：按〈End〉键。

绘制步骤

执行以上命令，则刷新原理图。

3.5.7 智能粘贴

在原理图中，某些同类型的元件可能有很多个，如电阻、电容等，它们具有大致相同的属性。如果一个个地放置并设置属性，工作量大而且烦琐。Altium Designer 20 提供了智能粘贴功能，大大方便了粘贴操作。

执行方式

▲ 菜单栏：选择“编辑”→“智能粘贴”命令。

▲ 快捷键：〈Shift+Ctrl+V〉键。

绘制步骤

执行以上命令，系统将弹出如图 3-61 所示的“智能粘贴”对话框。

知识链接—智能粘贴命令

在执行“智能粘贴”命令前，必须复制或剪切某个对象，使 Windows 的剪贴板中有内容，否则菜单栏中命令为灰色，无法执行此命令。

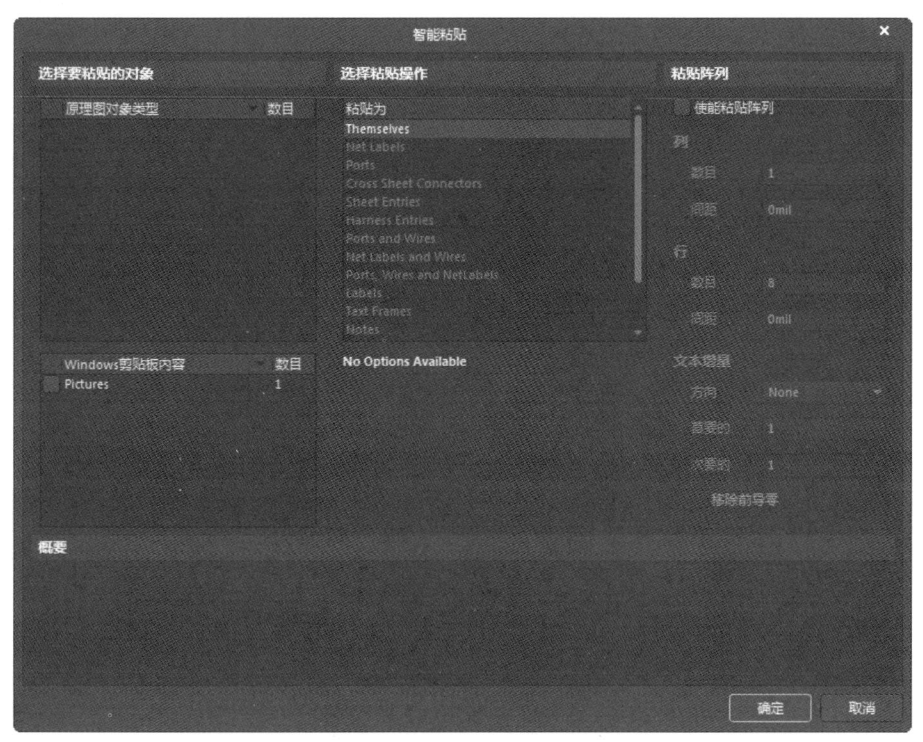

图 3-61 “智能粘贴”对话框

选项说明

在“智能粘贴”对话框中可以对要粘贴的内容进行适当设置，然后再执行粘贴操作。其中各选项组的功能如下。

▲ “选择要粘贴的对象”选项组：用于选择要粘贴的对象。

▲ “选择粘贴操作”选项组：用于设置要粘贴对象的属性。

▲ “粘贴阵列”选项组：用于设置阵列粘贴。“使能粘贴阵列”复选框用于控制阵列粘贴的功能。阵列粘贴是一种特殊的粘贴方式，能够一次性地按照指定间距将同一个元件或元件组重复地粘贴到原理图中。当原理图中需要放置多个相同对象时，该操作会很有用。勾选“使能粘贴阵列”复选框，阵列粘贴的设置如图 3-62 所示，结果如图 3-63 所示。

图 3-62 设置阵列粘贴

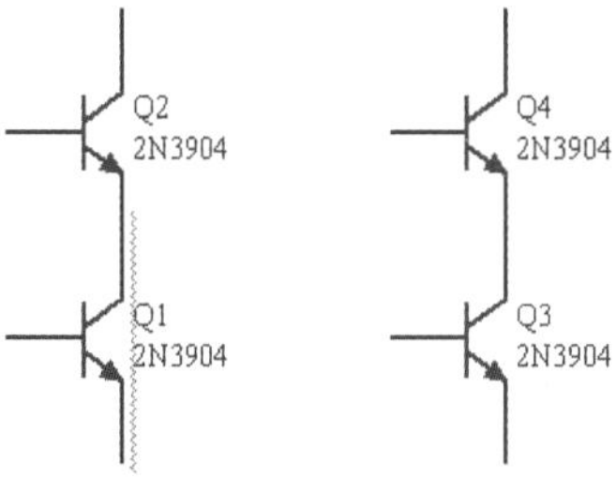

Q2 2N3904
Q4 2N3904
Q1 2N3904
Q3 2N3904

图 3-63 阵列粘贴效果

需要设置的粘贴阵列参数如下。

"列"选项组：用于设置水平方向阵列粘贴的数量和间距。

➢ "数目"文本框：用于设置水平方向阵列粘贴的列数。

➢ "间距"文本框：用于设置水平方向阵列粘贴的间距。若设置为正数，则元件由左向右排列；若设置为负数，则元件由右向左排列。

"行"选项组：用于设置竖直方向阵列粘贴的数量和间距。

➢ "数目"文本框：用于设置竖直方向阵列粘贴的行数。

➢ "间距"文本框：用于设置竖直方向阵列粘贴的间距。若设置为正数，则元件由下到上排列；若设置为负数，则元件由上到下排列。

"文本增量"选项组：用于设置阵列粘贴中元件标号的增量。

➢ "方向"下拉列表框：用于确定元件编号递增的方向，有"None（无）""Horizontal First（先水平）"和"Vertical First（先竖直）"3种选择。"None（无）"表示不改变元件编号；"Horizontal First（先水平）"表示元件编号递增的方向是先按水平方向从左向右递增，再按竖直方向由下往上递增；"Vertical First（先竖直）"表示先按竖直方向由下往上递增，再按水平方向从左向右递增。

➢ "首要的"文本框：用于指定相邻两次粘贴之间元件标识的编号增量，系统的默认设置为1。

➢ "次要的"文本框：用于指定相邻两次粘贴之间元件引脚编号的数字增量，系统的默认设置为1。

3.5.8 查找文本

该命令用于在电路图中查找指定的文本，通过此命令可以迅速找到包含某一文字标识的图元。

执行方式

▲ 菜单栏：选择"编辑"→"查找文本"命令。

▲ 快捷键：〈Ctrl+F〉键。

绘制步骤

执行以上命令，系统将弹出如图3-64所示的"查找文本"对话框。

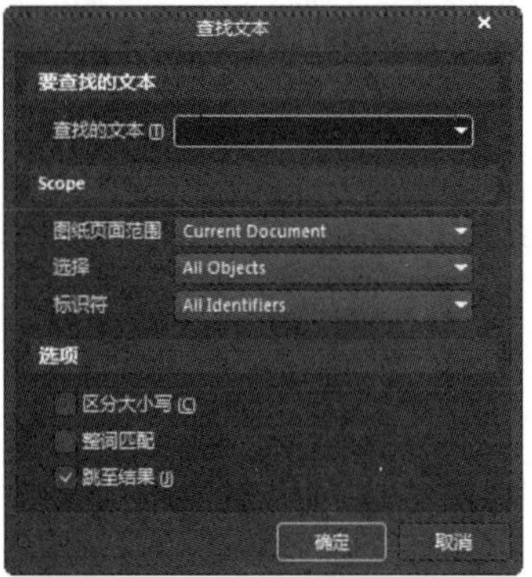

图3-64 "查找文本"对话框

选项说明

该对话框中各选项的功能如下。

▲ "查找的文本"文本框：用于输入需要查找的文本。

▲ "Scope（范围）"选项组：包含"图纸页面范围""选择"和"标识符"3个下拉列表框。"图纸页面范围"下拉列表框用于设置所要查找的电路图范围，其下拉列表中包含"Current Document（当前文档）""Project Document（项目文档）""Open Document（已打开的文档）"和"Project Physical Documents（项目实物文件）"4个选项。"选择"下拉列表框用于设置需要查找的文本对象的范围，包含"All Objects（所有对象）""Selected Objects（选择的对象）"

和“Deselected Objects（未选择的对象）”3个选项。其中，“All Objects（所以对象）”表示对所有的文本对象进行查找，“Selected Objects（选择的对象）”表示对选中的文本对象进行查找，“Deselected Objects（未选择的对象）”表示对没有选中的文本对象进行查找。“标识符”下拉列表框用于设置查找的电路图标识符范围，包含“All Identifiers（所有ID）”“Net Identifiers Only（仅网络ID）”和“Designators Only（仅标号）”3个选项。

▲“选项”选项组：用于匹配查找对象所具有的特殊属性，包含“区分大小写”“整词匹配”和“跳至结果”3个复选框。勾选“区分大小写”复选框表示查找时要注意大小写的区别；勾选“整词匹配”复选框表示只查找具有整个单词匹配的文本，要查找的网络标识包含的内容有网络标号、电源端口、I/O端口、方块电路I/O口；勾选“跳至结果”复选框表示查找后跳到结果处。

用户按照自己的实际情况设置完对话框的内容后，单击“确定”按钮开始查找。

3.5.9 文本替换

该命令用于将电路图中指定文本用新的文本替换掉。该操作在需要将多处相同文本修改成另一文本时非常有用。

执行方式

▲ 菜单栏：选择“编辑”→“替换文本”命令。

▲ 快捷键：〈Ctrl+H〉键。

绘制步骤

执行以上命令，系统将弹出如图3-65所示的“查找并替换文本”对话框。

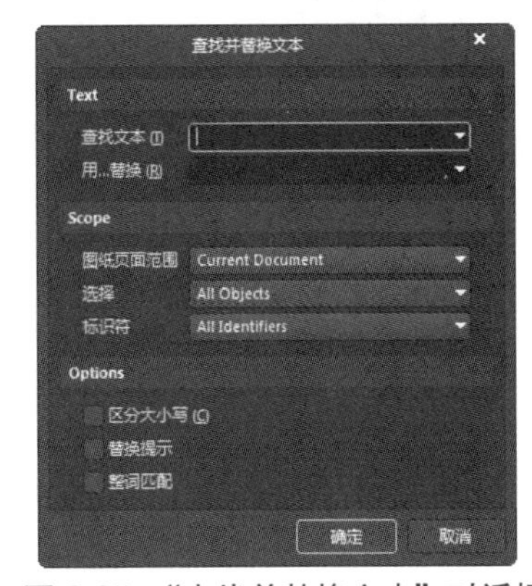

图3-65 “查找并替换文本”对话框

选项说明

可以看出图3-64和图3-65所示的两个对话框非常相似。对于相同的部分，这里不再赘述，读者可以参看“查找文本”命令，下面只对前面未提到的一些选项进行解释。

▲ “用…替换”文本框：用于输入替换原文本的新文本。

▲ “替换提示”复选框：用于设置是否显示确认替换提示对话框。如果勾选该复选框，则在进行替换之前，显示确认替换提示对话框，反之不显示。

3.5.10 发现下一个

该命令用于查找“查找下一个”对话框中指定的文本。

执行方式

▲ 菜单栏：选择“编辑”→“查找下一个”命令。

▲ 快捷键：〈F3〉键 。

3.5.11 查找相似对象

在原理图编辑器中提供了查找相似对象的功能。

执行方式

▲ 菜单栏：选择“编辑”→“查找相似对象”命令。

绘制步骤

执行此命令，光标将变成十字形状出现在工作窗口中，移动光标到某个对象上并单击，系统将弹出如图 3-66 所示的“查找相似对象”对话框。

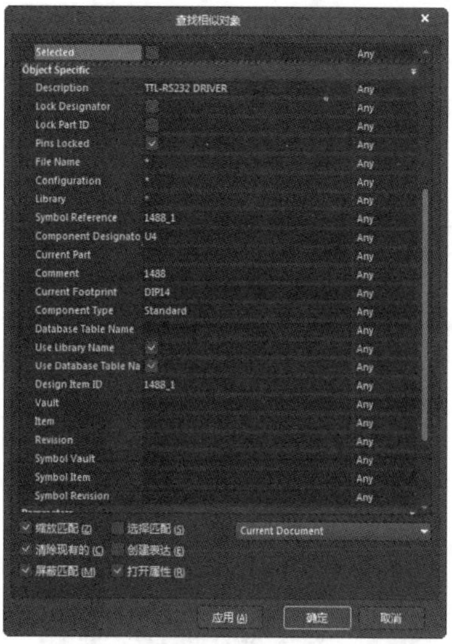

图 3-66 “查找相似对象”对话框

选项说明

在该对话框中列出了该对象的一系列属性。通过对各项属性进行匹配程度的设置，可决定搜索的结果。该对话框中给出的对象属性如下：

▲ “Kind（种类）”组：显示对象类型。

▲ “Design（设计）”组：显示对象所在的文档。

▲ “Graphical（图形）”组：显示对象图形属性。

➢ X1：X1 坐标值。

➢ Y1：Y1 坐标值。

➢ Orientation（方向）：放置方向。

➢ Locked（锁定）：确定是否锁定。

➢ Mirrored（镜像）：确定是否镜像显示。

➢ Display Model（显示模式）：确定是否显示模型。

➢ Show Hidden Pins（显示隐藏引脚）：确定是否显示隐藏引脚。

➢ Show Designator（显示标号）：确定是否显示标号。

➢ Selected（选择）：确定选择的内容。

▲ “Object Specific”（对象特性）组：显示对象特性。

➢ Description（描述）：对象的基本描述。

➢ Lock Designator（锁定标号）：确定是否锁定标号。

➢ Lock Part ID（锁定元件 ID）：确定是否锁定元件 ID。

➢ Pins Locked（引脚锁定）：锁定的引脚。

➢ File Name（文件名称）：文件名称。

➢ Configuration（配置）：文件配置。

➢ Library（元件库）：库文件。

➢ Symbol Reference（符号参考）：符号参考说明。

➢ Component Desighate（元件标号）：对象所在的元件标号。

➢ Current Part（当前元件）：对象当前包含的元件。

➢ Comment（元件注释）：关于元件的说明。

➢ Current Footprint（当前封装）：当前元件封装。

➢ Component Type（元件类型）：组成类型。

➢ Database Table Name（数据库表的名称）：数据库中表的名称。

➢ Use Library Name（所用元件库的名称）：所用元件库名称。

➢ Use Database Table Name（所用数据库表名称）：当前对象所用数据库表的名称。

➢ Design Item ID（设计项目 ID）：元件设计 ID。

在每一个属性后都有两列，在第 2 列单击将弹出下拉列表，从中可以选择搜索时对象和被选择的对象在该项属性上的匹配程度，包含以下 3 个选项。

▲ Same（相同）：被查找对象的该项属性必须与当前对象相同。

▲ Different（不同）：被查找对象的该项属性必须与当前对象不同。

▲ Any（忽略）：查找时忽略该项属性。

例如，这里对晶体管搜索类似对象，搜索的目的是找到所有和晶体管有相同取值和相同封装的元件，设置匹配程度时将“Comment”（元件注释）和“Current Footprint”（当前封装）属性均设置为“Same”（相同），其余保持默认设置即可。

单击“应用”按钮，在工作窗口中将屏蔽所有不符合搜索条件的对象，并跳转到最近的一个符合要求的对象上。此时可以逐个查看这些相似的对象。

第4章
原理图高级编辑

本章导读

学习了原理图绘制的方法和技巧后，还需要对原理图进行必要的查错和编译以及打印报表输出等后续操作，这样才是一个完整的电路设计过程。通过本章及前几章的学习，读者系统地学习了基本电路的绘制流程，对后面高级电路的绘制学习也有很大帮助。

4.1 快速浏览

（1）“Navigator（导航）”面板

“Navigator（导航）”面板的作用是快速浏览原理图中的元件、网络及违反设计规则的内容等。“Navigator（导航）”面板是 Altium Designer 20 强大集成功能的体现之一。

在对原理图文档编译以后，单击“Navigator（导航）”面板中的“交互式导航”按钮，就会在下面的“Net/Bus（网络/总线）”列表框中显示出原理图中的所有网络。单击其中的一个网络，即在下面的列表框中显示出与该网络相连的所有节点，同时工作窗口中会将该网络的所有元件高亮显示出来，并置于选中状态，如图 4-1 所示。

（2）“SCH Filter（SCH过滤）”面板

“SCH Filter（SCH 过滤）”面板的作用是根据设置的过滤器快速浏览原理图中的元件、

网络及违反设计规则的内容等，如图 4-2 所示。下面简要介绍“SCH Filter（SCH 过滤）”面板中各选项的功能。

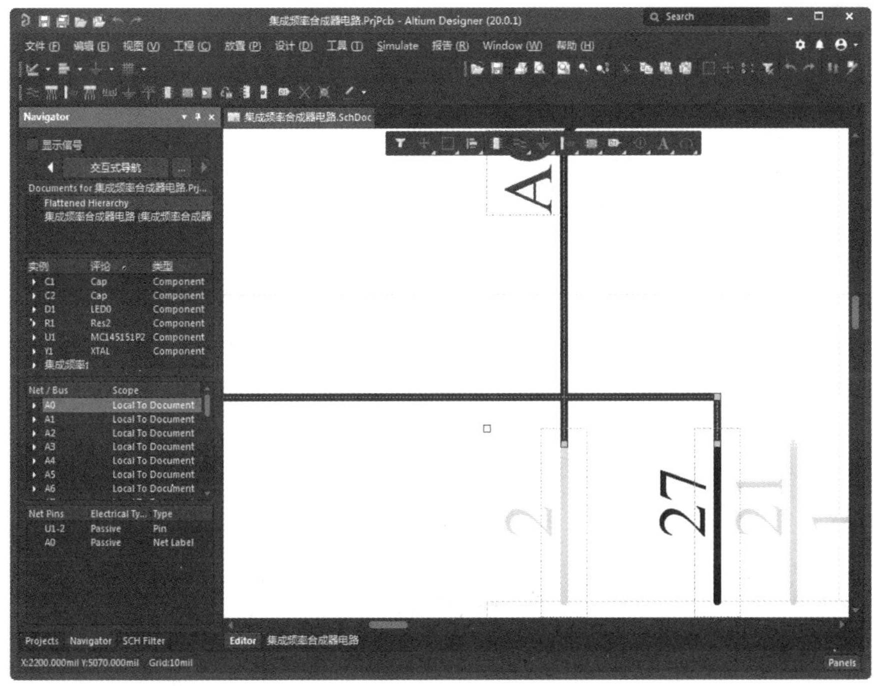

图 4-1　在“Navigator（导航）”面板中选中一个网络

▲ “考虑对象”下拉列表框：用于设置查找范围，包括“Current Document（当前文档）”“Open Document（打开文档）”和“Project Document（工程文档）”3 个选项。

▲ “Find items matching these criteria（设置过滤器过滤条件）”文本框：用于设置过滤器，即输入查找条件。如果用户不熟悉输入语法，可以单击下面的“Helper（帮助）”按钮，在弹出的“Query Helper（查询帮助）”对话框中输入过滤器查询条件语句，如图 4-3 所示。

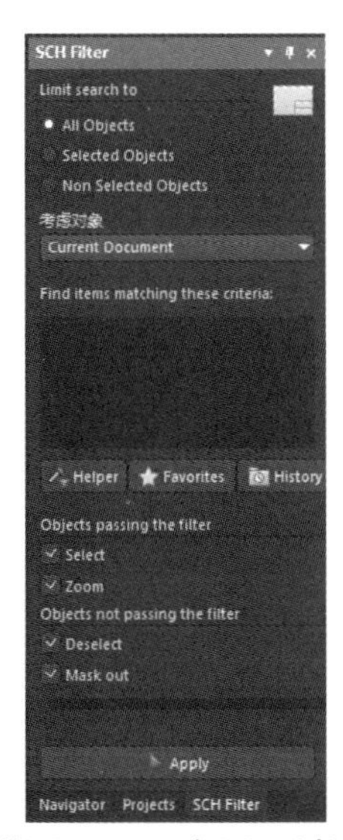

图 4-2　“SCH Filter（SCH 过滤）”面板

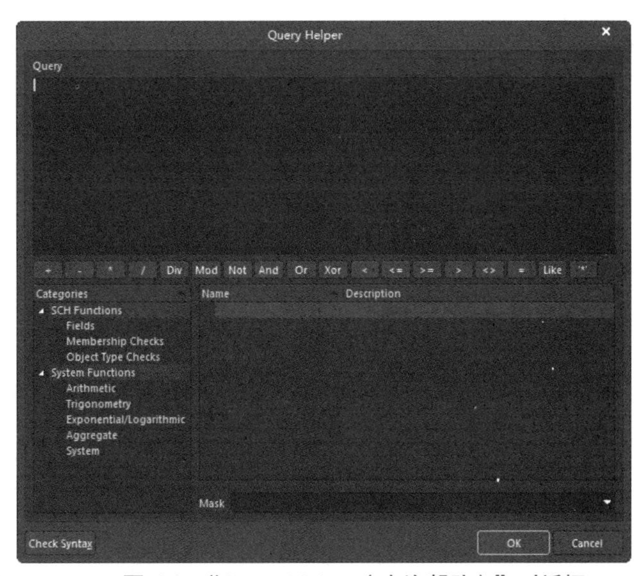

图 4-3　“Query Helper（查询帮助）”对话框

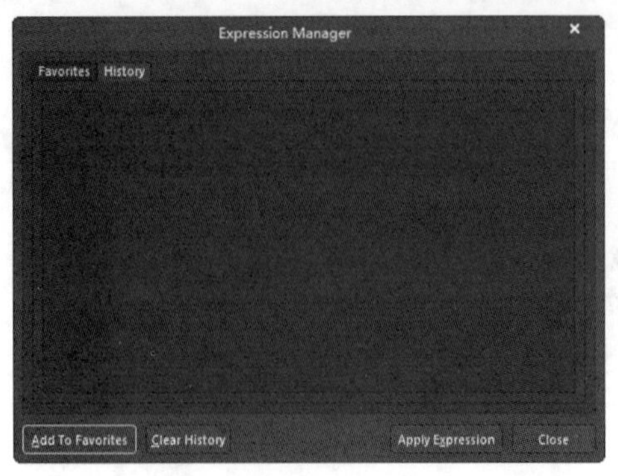

图 4-4 “Expression Manager”对话框

▲ “Favorites（收藏）”按钮：用于显示并载入收藏的过滤器。单击该按钮，系统将弹出收藏过滤器记录窗口。

▲ “History（历史）”按钮：用于显示并载入曾经设置过的过滤器，可以大大提高搜索效率。单击该按钮，系统将弹出如图 4-4 所示的“Expression Manager”对话框。选中其中一条记录后，单击“Add To Favorites（添加到收藏）”按钮可以将历史记录过滤器添加到收藏夹。

▲ “Select（选择）”复选框：用于设置是否将符合匹配条件的元件置于选中状态。

▲ “Zoom（缩放）”复选框：用于设置是否将符合匹配条件的元件进行缩放显示。

▲ “Deselect（取消选定）”复选框：用于设置是否将不符合匹配条件的元件置于取消选中状态。

▲ “Mask out（屏蔽）”复选框：用于设置是否将不符合匹配条件的元件屏蔽。

▲ “Apply（应用）”按钮：用于启动过滤查找功能。

4.2 原理图的电气检测及编译

Altium Designer 20 和其他 Protel 家族软件一样提供了电气检查规则，可以对原理图的电气连接特性进行自动检查，检查后的错误信息将在“Messages（信息）”面板中列出，同时也在原理图中标注出来。用户可以对检查规则进行设置，然后根据面板中所列出的错误信息对原理图进行修改。有一点需要注意，原理图的自动检测机制只是按照用户所绘制原理图中的连接进行检测，系统并不知道原理图的最终效果，所以如果检测后的“Messages（信息）”面板中并无错误信息出现，并不表示该原理图的设计完全正确。用户还需要将网络表中的内容与所要求的设计反复对照和修改，直到完全正确为止。

4.2.1 原理图的自动检测设置

执行方式

▲ 菜单栏：选择“工程”→“工程选项”命令。

▲ 右键命令：（在工作窗口中）右击并在弹出的快捷菜单中选择“工程选项”命令。

绘制步骤

执行以上命令，系统将弹出如图 4-5 所示的“Options for PCB Project...（PCB 工程选项）”对话框。所有与工程有关的选项都可以在该对话框中进行设置。

选项说明

该对话框中包含以下 12 个选项卡。

▲ “Error Reporting（错误报告）”选项卡：用于设置原理图的电气检查规则。当进行

文件的编译时，系统将根据该选项卡中的设置进行电气规则的检测。

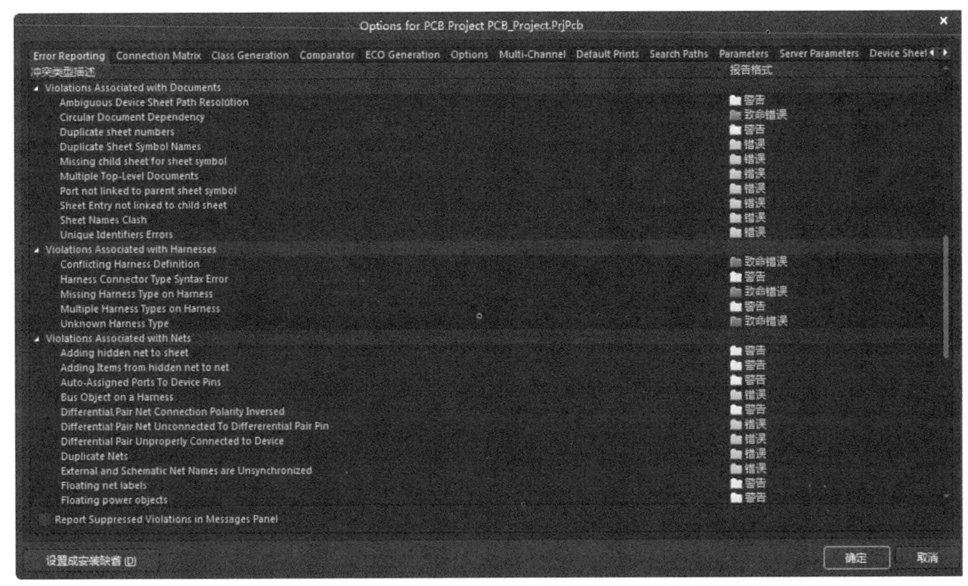

图 4-5 “Options for PCB Project...”（PCB 工程选项）对话框

▲ “Connection Matrix（电路连接检测矩阵）”选项卡：用于设置电路连接方面的检测规则。当对文件进行编译时，通过该选项卡的设置可以对原理图中的电路连接进行检测。

▲ “Class Generation（自动生成分类）”选项卡：用于设置自动生成分类。

▲ “Comparator（比较器）”选项卡：当对两个文档进行比较时，系统将根据此选项卡中的设置进行检查。

▲ “ECO Generation（工程变更顺序）”选项卡：依据比较器发现的不同，对该选项卡进行设置来决定是否导入改变后的信息，大多用于原理图与 PCB 间的同步更新。

▲ “Options（工程选项）”选项卡：在该选项卡中可以对文件输出、网络表和网络标号等相关选项进行设置。

▲ “Multi-Channel（多通道）”选项卡：用于设置多通道设计。

▲ “Default Prints（默认打印输出）”选项卡：用于设置默认的打印输出对象（如网络表、仿真文件、原理图文件以及各种报表文件等）。

▲ “Search Paths（搜索路径）”选项卡：用于设置搜索路径。

▲ “Parameters（参数设置）”选项卡：用于设置工程文件参数。

▲ “Device Sheets（硬件设备列表）”选项卡：用于设置硬件设备列表。

▲ “Managed Output Job（管理输出工作）”选项卡：用于管理输出工作列表。

在该对话框的各选项卡中，与原理图检测有关的主要有“Error Reporting（错误报告）”选项卡、“Connection Matrix（电路连接检测矩阵）”选项卡和“Comparator（比较器）”选项卡。当对工程进行编译操作时，系统会根据该对话框中的设置进行原理图的检测，系统检测出的错误信息将在“Messages（信息）”面板中列出。

（1）“Error Reporting（错误报告）”选项卡的设置

在“Error Reporting（错误报告）”选项卡中可以对各种电气连接错误的等级进行设置。电气错误类型检查主要分为 7 类，各类中又包括不同的选项，各分类和主要选项的含义如下。

① “Violations Associated with Buses（与总线相关的违例）”组：设置包含总线的原理图或元件的选项。

▲ Bus indices out of range（超出定义范围的总线编号索引）：总线和总线分支线共同完成电气连接，如果定义总线的网络标号为 D [0…7]，则当存在 D8 及 D8 以上的总线分支线时将违反该规则。

▲ Bus range syntax errors（总线命名的语法错误）：用户可以通过放置网络标号的方式对总线进行命名。当总线命名存在语法错误时将违反该规则。例如，定义总线的网络标号为 D[0…] 时将违反该规则。

▲ Illegal bus definition（总线定义违规）：连接到总线的元件类型不正确。

▲ Illegal bus range values（总线范围值违规）：与总线相关的网络标号索引出现负值。

▲ Mismatched bus label ordering（总线网络标号不匹配）：同一总线的分支线属于不同网络时，这些网络对总线分支线的编号顺序不正确，即没有按同一方向递增或递减。

▲ Mismatched bus widths（总线编号范围不匹配）：总线编号范围超出界定。

▲ Mismatched bus-section index ordering（总线分组索引的排序方式错误）：没有按同一方向递增或递减。

▲ Mismatched bus/sire object in wire/bus（总线种类不匹配）：总线上放置了与总线不匹配的对象。

▲ Mismatched electrical types on bus（总线上电气类型错误）：总线上不能定义电气类型，否则将违反该规则。

▲ Mismatched generics on bus（First Index）（总线范围值的首位错误）：总线首位应与总线分支线的首位对应，否则将违反该规则。

▲ Mismatched generics on bus（Second Index）（总线范围值的末位错误）：总线末位应与总线分支线的末位对应，否则将违反该规则。

▲ Mixed generic and numeric bus labeling（与同一总线相连的不同网络标识符类型错误）：有的网络采用数字编号，有的网络采用了字符编号。

② “Violations Associated with Components（与元件相关的违例）”组：设置原理图中元件及元件属性，如元件名称、引脚属性、放置位置。

▲ Component implementations with duplicate pins usage（原理图中元件的引脚被重复使用）：原理图中元件的引脚被重复使用的情况经常出现。

▲ Component implementations with invalid pin mappings（元件引脚与对应封装的引脚标识符不一致）：元件引脚应与引脚的封装一一对应，不匹配时将违反该规则。

▲ Component implementations with missing pins in sequence（元件丢失引脚）：按序列放置的多个元件引脚中丢失了某些引脚。

▲ Component revision has inapplicable state（元件版本处于不适用状态）：元件版本有不适用的状态。

▲ Component revision has out of date（元件版本已过期）：使用过期版本中的元件。

▲ Components containing duplicate sub-parts（嵌套元件）：元件中包含了重复的子元件。

▲ Components with duplicate implementations（重复元件）：重复实现同一个元件。

▲ Components with duplicate pins（重复引脚）：元件中出现了重复引脚。

▲ Duplicate component models（重复元件模型）：重复定义元件模型。

▲ Duplicate part designators（重复组件标识符）：元件中存在重复的组件标号。

▲ Errors in component model parameters（元件模型参数错误）：在元件属性中设置。

▲ Extra pin found in component display mode（元件显示模式有多余引脚）：元件显示模式中出现多余的引脚。

▲ Mismatched hidden pin connections（隐藏的引脚不匹配）：隐藏引脚的电气连接存在错误。

▲ Mismatched pin visibility（引脚可视性不匹配）：引脚的可视性与用户的设置不匹配。

▲ Missing component model parameters（元件模型参数丢失）：取消元件模型参数的显示。

▲ Missing component models（元件模型丢失）：无法显示元件模型。

▲ Missing component models in model files（模型文件丢失元件模型）：元件模型在所属库文件中找不到。

▲ Missing pin found in component display mode（元件显示模型丢失引脚）：元件的显示模式中缺少某一引脚。

▲ Models found in different model locations（模型对应不同路径）：元件模型在另一路径（非指定路径）中找到。

▲ Sheet symbol with duplicate entries（原理图符号中出现了重复的端口）：为避免违反该规则，建议用户在进行层次原理图的设计时，在单张原理图上采用网络标号的形式建立电气连接，而不同的原理图间采用端口建立电气连接。

▲ Un-Designated parts requiring annotation（未指定的部件需要标注）：未被标号的元件需要分开标号。

▲ Unused sub-part in component（集成元件的某一部分在原理图中未被使用）：通常对未被使用的部分采用引脚为空的方法，即不进行任何的电气连接。

③ "Violations Associated with Documents（与文档关联的违例）"组：原理图文档相关设置。

▲ Ambiguous device sheet path resolution（设备图纸路径分辨率不明确）：设备图纸路径分辨率设置引起歧义。

▲ Circular document dependency（循环文档相关性）：文档创建过程中产生相关的循环文档。

▲ Duplicate sheet numbers（重复原理图编号）：电路原理图编号重复。

▲ Duplicate sheet symbol names（重复原理图符号名称）：原理图符号命名重复。

▲ Missing child sheet for sheet symbol（子原理图丢失原理图符号）：工程中缺少与原理图符号相对应的子原理图文件。

▲ Multiple top-level documents（顶层文件多样化）：定义了多个顶层文件。

▲ Port not linked to parent sheet symbol（原始原理图符号不与部件连接）：子原理图电路与主原理图电路中端口之间的电气连接错误。

▲ Sheet entry not linked child sheet（子原理图不与原理图端口连接）：电路端口与子原理图间存在电气连接错误。

▲ Sheet name clash（图纸名称冲突）：图纸名称命名出错，与相关设置发生冲突。

▲ Unique identifiers errors（唯一标识符错误）：元件对应的唯一的标识符命名或显示发生错误。

④ "Violations Associated with Harnesses（与线束关联的违例）"栏。

▲ Conflicting harness definition：线束冲突定义。

▲ Harness connector type syntax error：线束连接器类型语法错误。

▲ Missing harness type on harness：线束上丢失线束类型。

▲ Multiple harness types on harness：线束上有多个线束类型。

▲ Unknown harness types：未知线束类型。

⑤ “Violations Associated with Nets（与网络关联的违例）”组：原理图网络设置中的不合理现象。

▲ Adding hidden net to sheet（添加隐藏网络）：原理图中出现隐藏的网络。

▲ Adding Items from hidden net to net（隐藏网络添加子项）：从隐藏网络添加子项到已有网络中。

▲ Auto-Assigned ports to device pins（器件引脚自动端口）：自动分配端口到器件引脚。

▲ Bus object on a harness：线束上的总线对象。

▲ Differential pair net connection polarity inversed：差动对网络连接极性反转。

▲ Differential pair net unconnected to differential pair pin：差动对网络与差动对引脚不连接。

▲ Differential pair unproperly connected to device：差动对与设备连接不正确。

▲ Duplicate nets（重复网络）：原理图中出现了重复的网络。

▲ Floating net labels（浮动网络标签）：原理图中出现了不固定的网络标号。

▲ Floating power objects（浮动电源符号）：原理图中出现了不固定的电源符号。

▲ Global power-object scope changes（更改全局电源对象）：与端口元件相连的全局电源对象已不能连接到全局电源网络，只能更改为局部电源网络。

▲ Harness object on a bus：总线上的线束对象。

▲ Harness object on a wire：连线上的线束对象。

▲ Missing negative net in differential pair：差分对中缺失负网。

▲ Missing positive net in differential pair：差分对中缺失正网。

▲ Net parameters with no name（无名网络参数）：存在未命名的网络参数。

▲ Net parameters with no value（无值网络参数）：网络参数没有赋值。

▲ Nets containing floating input pins（浮动输入网络引脚）：网络中包含悬空的输入引脚。

▲ Nets containing multiple similar objects（多样相似网络对象）：网络中包含多个相似对象。

▲ Nets with multiple names（命名多样化网络）：网络中存在多重命名。

▲ Nets with no driving source（缺少驱动源的网络）：网络中没有驱动源。

▲ Nets with only one pin（单个引脚网络）：存在只包含单个引脚的网络。

▲ Nets with possible connection problems（网络中可能存在连接问题）：文档中常见的网络问题。

▲ Same nets used in multiple differential pair：多个差分对中使用相同的网络。

▲ Sheets containing duplicate ports（多重原理图端口）：原理图中包含重复端口。

▲ Signals with multiple drivers（多驱动源信号）：信号存在多个驱动源。

▲ Signals with no driver（无驱动信号）：原理图中信号没有驱动。

▲ Signals with no load（无负载信号）：原理图中存在无负载的信号。

▲ Unconnected objects in net（网络断开对象）：原理图中网络中存在未连接的对象。

▲ Unconnected wires（断开线）：原理图中存在未连接的导线。

⑥ “Violations Associated with Others（其他相关违例）”组：原理图中其他不合理现象。

▲ Fail to add alternate item：未能添加替代项。

▲ Incorrect link in project variant：项目变体中的链接不正确。

▲ Object not completely within sheet boundaries（对象超出了原理图的边界）：可以通过改变图纸尺寸来解决。

▲ Off-grid object（对象偏离栅格点位置将违反该规则）：使元件处在栅格点位置有利

于元件电气连接特性的完成。

⑦ “Violations Associated with Parameters（与参数相关的违例）”组：原理图中参数设置不匹配。

▲ Same parameter containing different types（参数相同而类型不同）：原理图中元件参数设置常见问题。

▲ Same parameter containing different values（参数相同而值不同）：原理图中元件参数设置常见问题。

“Error Reporting（错误报告）”选项卡的设置一般采用系统的默认设置，但针对一些特殊的设计，用户则须对以上各项的含义有一个清楚的了解。如果想改变系统的设置，则应单击每栏右侧的“Report Mode（报告格式）”选项进行设置，包括“No Report（不报告错误）”“Warning（警告）”“Error（错误）”和“Fatal Error（致命错误）”4种选择。系统出现错误时是不能导入网络表的，用户可以在这里设置忽略一些设计规则的检测。

（2）“Connection Matrix（电路连接检测矩阵）”选项卡

在“Connection Matrix（电路连接检测矩阵）”选项卡中，用户可以定义一切与违反电气连接特性有关报告的错误等级，特别是元件引脚、端口和原理图符号上端口的连接特性。当对原理图进行编译时，错误信息将在原理图中显示出来。

要想改变错误等级的设置，单击选项卡中的颜色块即可，每单击一次改变一次。与“Error Reporting（错误报告）”选项卡一样，也包括4种错误等级，即“No Report（不报告错误）”“Warning（警告）”“Error（错误）”和“Fatal Error（致命错误）”。在该选项卡的任何空白区域右击，在弹出的快捷菜单中可以设置各种特殊形式，如图4-6所示。当对工程进行编译时，该选项卡的设置与“Error Reporting”（错误报告）选项卡中的设置将共同对原理图进行电气特性的检测。所有违反规则的连接将以不同的错误等级在“Messages（信息）”面板中显示出来。

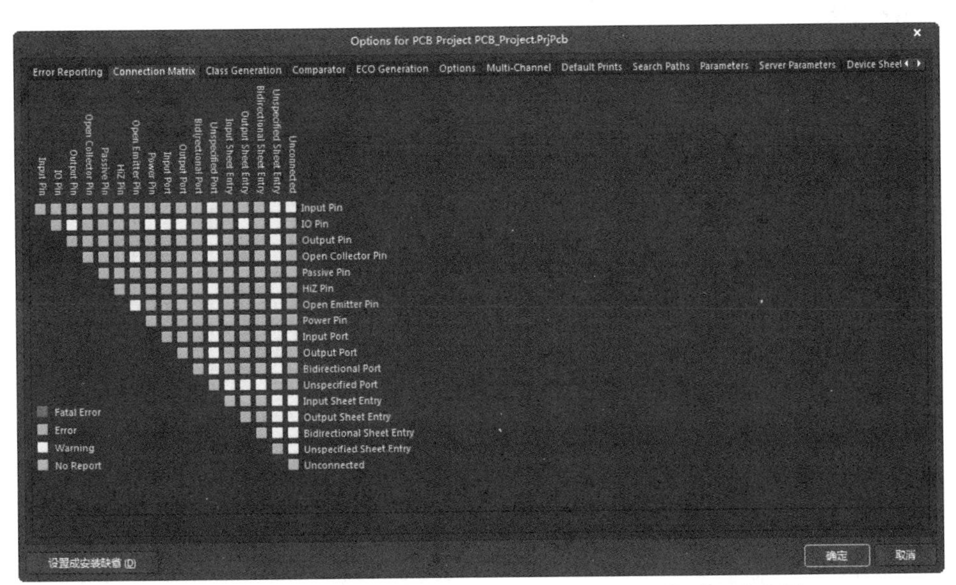

图4-6 “Connection Matrix（电路连接检测矩阵）”选项卡设置

单击 设置成安装缺省(D) 按钮，可恢复系统的默认设置。对于大多数的原理图设计保持默认的设置即可，但对于特殊原理图的设计，则需要用户进行一定的改动。

4.2.2 原理图的编译

对原理图的各种电气错误等级设置完毕后，用户便可以对原理图进行编译操作，随即进入原理图的调试阶段。

执行方式

▲ 菜单栏：选择“工程”→“Compile Project（文件编译）”命令。

绘制步骤

执行此命令，即可进行文件的编译。文件编译完成后，系统自动检测的结果将出现在“Messages（信息）”面板中。

4.2.3 原理图的修正

当原理图绘制无误时，“Messages（信息）”面板中将为空。当出现错误的等级为“Error（错误）”或“Fatal Error（致命错误）”时，“Messages（信息）”面板将自动弹出。错误等级为“Warning（警告）”时，需要用户自己打开“Messages（信息）”面板对错误进行修改。

执行方式

▲ 菜单栏：选择“视图”→“面板”→“Messages（信息）”命令，如图 4-7 所示。

▲ 标签操作：单击工作窗口右下角的“Panels（工作面板）”标签，在弹出的菜单中单击“Messages（信息）”命令，如图 4-8 所示。

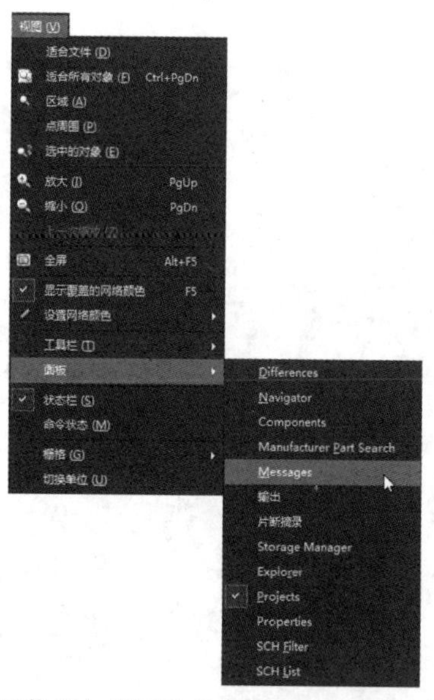

图 4-7　以菜单方式打开“Messages（信息）”面板

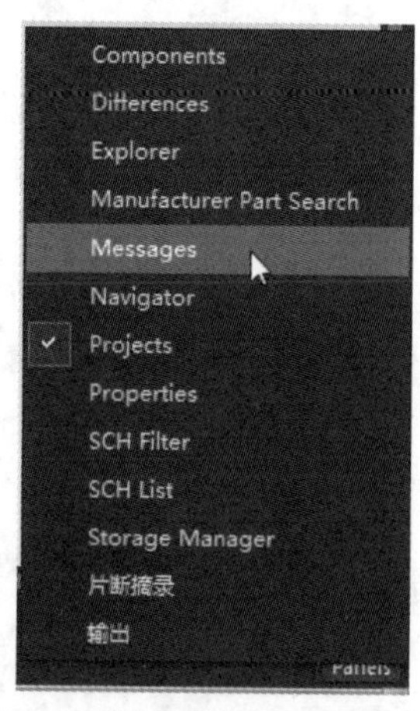

图 4-8　以标签方式打开“Messages（信息）”面板

绘制步骤

执行以上命令，“Message（信息）”面板将出现在工作窗口的下方，如图 4-9 所示。

在“Message（信息）”面板中双击错误选项，系统将在“Details（细节）”选项组下列出该项错误的详细信息，如图 4-9 所示。

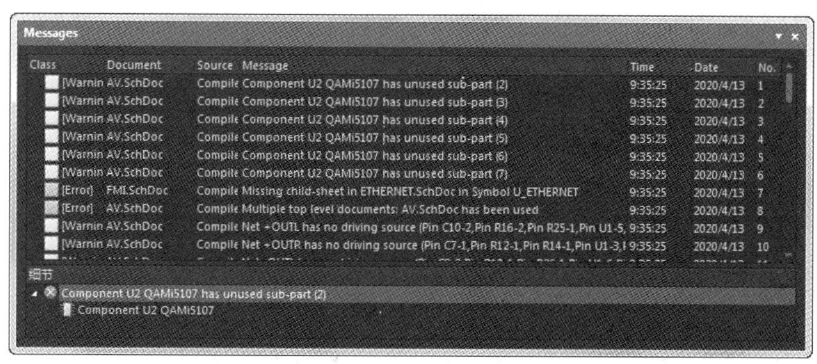

图 4-9 编译后的“Messages（信息）”面板

根据说明检查、修改错误后，重新对原理图进行编译，检查是否还有其他错误。

选项说明

“Details（细节）”选项组中列出了该项错误的详细信息。同时，工作窗口将跳到该对象上。除了该对象外，其他所有对象均处于被遮挡状态，跳转后只有该对象可以进行编辑。

知识链接——修正错误

对于原理图中因引脚不相连导致的错误，需要进行参数设置。

选择“工程”→“工程选项”命令，弹出工程选项对话框。在该对话框中的“Connection Matrix（电路连接检测矩阵）”选项卡中，将纵向的“Unconnected（不相连的）”和横向的“Passive Pins（被动引脚）”相交颜色块设置为绿色的“No Report（不报告）”，如图 4-10 所示。单击“确定”按钮，关闭该对话框。

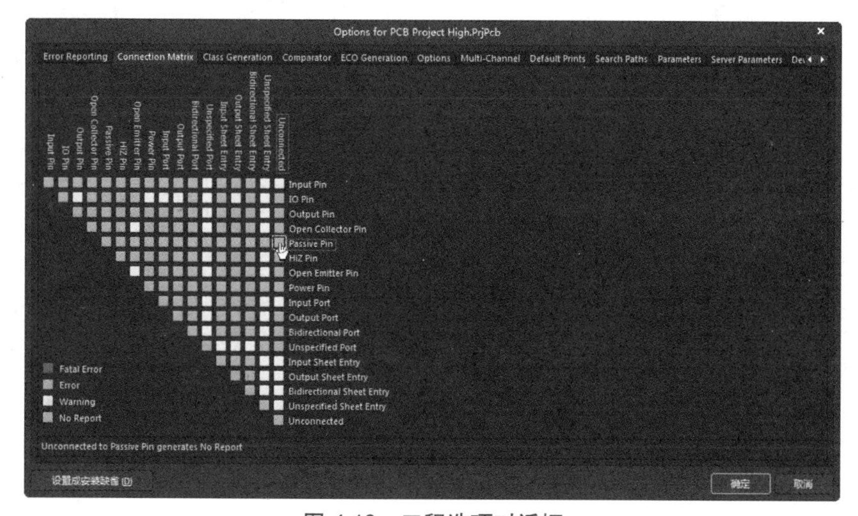

图 4-10 工程选项对话框

再次进行编译时，因为不相连导致的错误将消失。

4.2.4 操作实例——编译集成频率合成器电路

扫一扫 看视频

① 双击芯片 MC145151P2，弹出属性编辑面板，单击“Pins（引脚）”选项卡，单击“编辑”按钮，弹出“元件管脚编辑器”对话框，修改所有引脚类型为“Passive”，如图 4-11 所示。单击“确定”按钮，退出对话框。

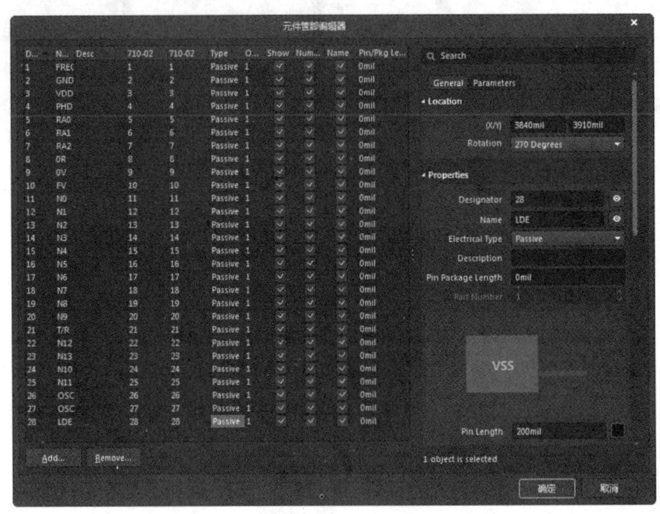

图 4-11 “元件管脚编辑器”对话框

② 选择“工程”→“工程选项”命令，系统将弹出如图 4-14 所示的“Options for PCB Project...（PCB 工程选项）”对话框，在“Violations Associated with Nets（与网络关联的违例）”组中选择“Unconnected wires”（断开线）选项，在右侧“报告格式”列中选择“不报告”，如图 4-12 所示，完成设置后，单击“确定”按钮，退出对话框。

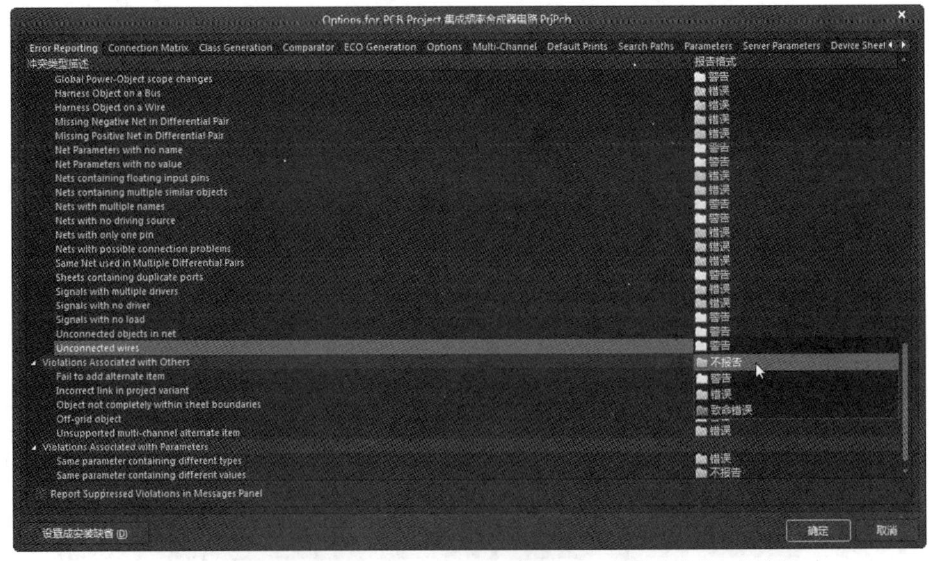

图 4-12 “Options for PCB Project...（PCB 工程选项）”对话框

③ 选择“工程”→“Compile PCB Project（PCB 工程编译）”命令，即可进行工程文件的编译。

④ 文件编译完成后，系统自动检测的结果将出现在“Messages（信息）”面板中，如图 4-13 所示。

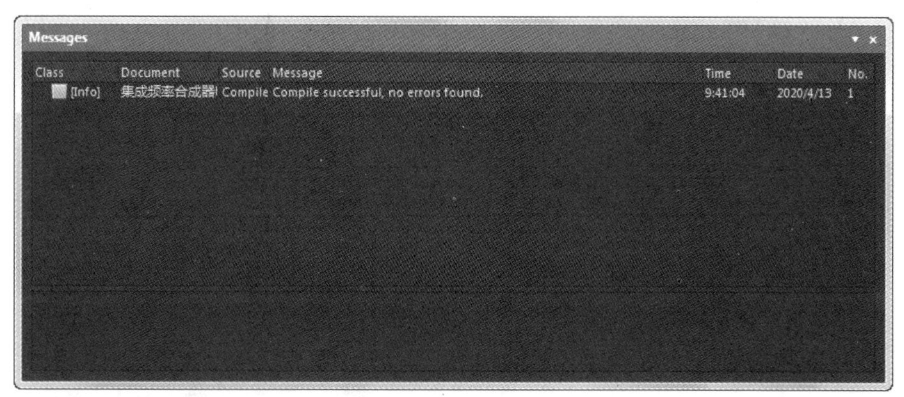

图 4-13 编译结果

4.3 报表的输出

Altium Designer 20 具有丰富的报表功能，用户可以方便地生成各种类型的报表。

4.3.1 网络报表

对于电路设计而言，网络报表是电路原理图的精髓，是原理图和 PCB 连接的桥梁。所谓网络报表，指的是彼此连接在一起的一组元件引脚，一个电路实际上就是由若干个网络组成的，它是电路板自动布线的灵魂，也是电路原理图设计软件与印刷电路板设计软件之间的接口，没有网络报表，就没有电路板的自动布线。网络报表包含两部分信息：元件信息和网络连接信息。

Altium Designer 20 中的 Protel 网络报表有两种：一种是对单个原理图文件的网络报表；另一种是对整个项目的网络报表。

（1）设置网络报表选项

电路指南——导线布置

在生成网络报表之前，用户首先要设置网络报表选项。

执行方式

▲ 菜单栏：选择“工程”→“工程选项”命令。

绘制步骤

执行菜单命令，打开工程选项对话框。

选项说明

单击“Options（选项）”标签，打开“Options（选项）”选项卡，如图 4-14 所示。在该选项卡中可以对网络报表的有关选项进行设置。

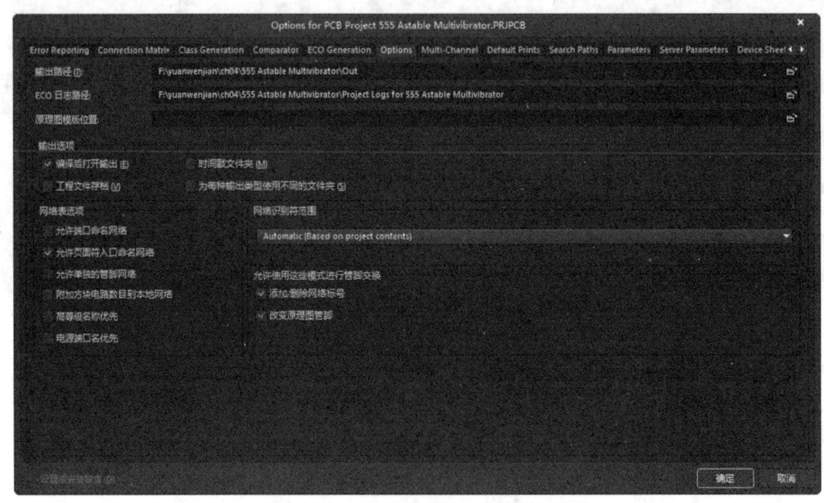

图 4-14　“Options”选项卡

▲ “输出路径”：用于设置各种报表的输出路径。系统默认的路径是系统在当前项目文档所在文件夹内创建的（本书中所有使用的源文件均放置在下载的资源包中）。单击右边的按钮，用户可以自己设置路径。

▲ “ECO 日志路径”：用于设置 ECO 文件的输出路径。单击右边的按钮，用户可以设置路径。

▲ “原理图模板位置”：用于设置项目的原理图模板文件的源目录。

▲ “输出选项”选项组：包括 4 个复选框，即“编译后打开输出”“时间戳文件夹”“工程文件存档”以及“为每种输出类型使用不同文件夹”。

▲ “网络表选项”选项组：用来设置生成网络报表的条件。

➢ “允许端口命名网络”复选框：该复选框用于设置是否允许用系统产生的网络名代替与电路输入 / 输出端口相关联的网络名。若设计的项目只是简单的电路原理图文件，不包含层次关系，可勾选此复选框。

➢ “允许页面符入口命名网络”复选框：该复选框用于设置是否允许用系统产生的网络名代替与子原理图入口相关联的网络名。系统默认勾选此复选框。

➢ “允许单独的管脚网络”复选框：用于设置生成网络表时，是否允许系统自动将引脚号添加到各个网络名称中。

➢ “附加方块电路数目到本地网络”复选框：该复选框用于设置产生网络报表时，是否允许系统自动把图纸号添加到各个网络名称中，以识别该网络的位置。当一个工程中包含多个原理图文件时，可勾选此复选框。

➢ “高等级名称优先”复选框：该复选框用于设置产生网络时，以什么样的优先权排序。选中该复选框后，系统以命令的等级决定优先权。

➢ “电源端口名称优先”复选框：勾选该复选框后，系统对电源端口给予更高的优先权。

▲ “网络识别符范围”选项组：用来设置网络标识的认定范围。单击右边的下三角按钮可以选择网络标识的认定范围，有 5 个选项供选择，如图 4-15 所示。

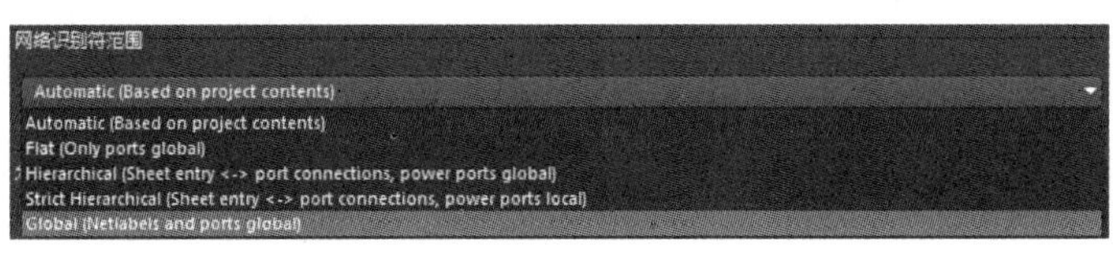

图 4-15 “网络识别符范围”下拉列表

➢ Automatic（Based on project contents）：用于设置系统自动在当前项目内认定网络标识。一般情况下采用该默认选项。

➢ Flat（Only ports global）：用于设置使工程中的各个图样之间直接用全局输入 / 输出端口来建立连接关系。

➢ Hierarchical（Sheet entry < - > port connections，power ports global）：用于设置在层次原理图中，通过方块电路符号内的输入 / 输出端口与子原理图中的全局输入 / 输出端口来建立连接关系。

➢ Strict Hierarchical（Sheet entry < - > port connections，power ports local）：用于设置在层次原理图中，通过方块电路符号内的输入 / 输出端口与子原理图中的局部输入 / 输出端口来建立严格的分层结构。

➢ Global（Netlabels and ports global）：用于设置工程中各个文档之间用全局网络标号与全局输入 / 输出来建立连接关系。

（2）生成原理图的网络报表

执行方式

▲ 菜单栏：选择“设计”→“文件的网络表”命令。

绘制步骤

执行此命令后，系统弹出“文件的网络表”子菜单，如图 4-16 所示。

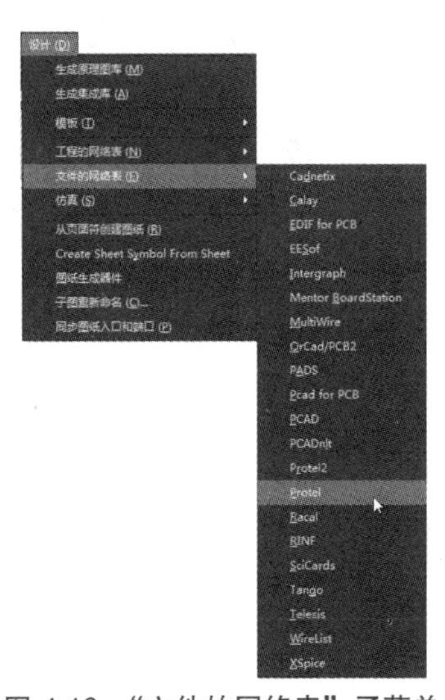

图 4-16 “文件的网络表”子菜单

知识链接——网络报表文件

在 Altium Designer 20 中，针对不同的设计项目，可以创建多种网络报表格式。这些网络报表文件不但可以在 Altium Designer 20 系统中使用，而且可以被其他 EDA 设计软件调用。

选项说明

在“文件的网络表”子菜单中，选择“Protel（生成原理图网络表）”命令，系统自动生成当前原理图文件的网络报表文件，并存放在当前“Projects（项目）”面板中的 Generated 文件夹中，单击 Generated 文件夹前面的“+”，双击打开网络报表文件，如图 4-17 所示，分别生成两个原理图的网络报表“AV.NET”和“FMI.NET”。

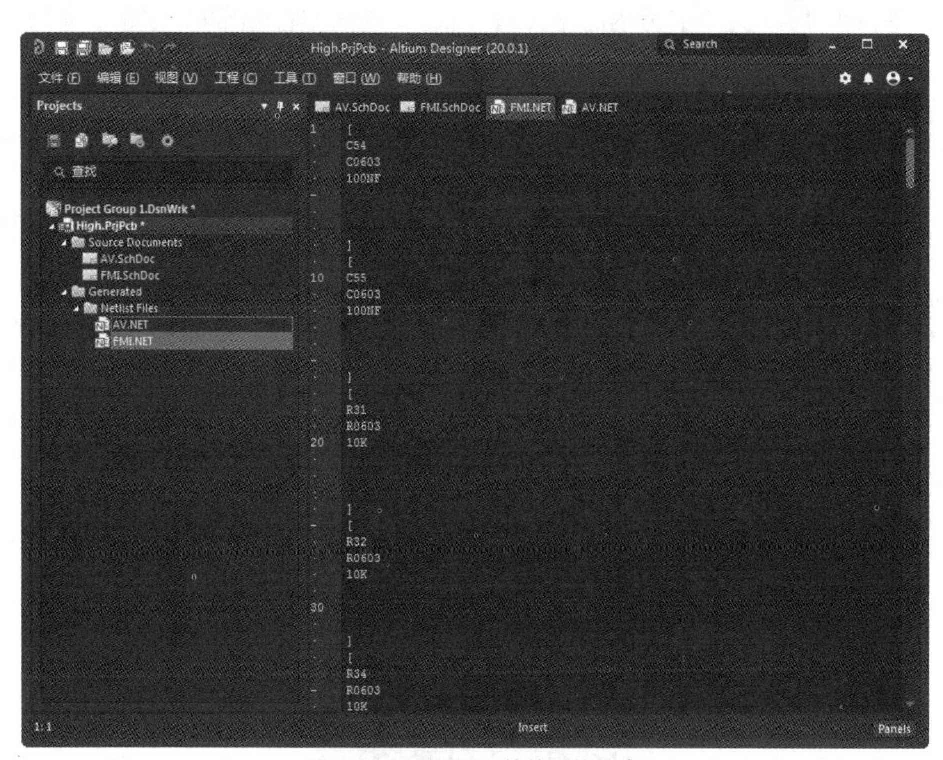

图 4-17　原理图文件的网络报表

电路指南——文件的网络报表

两个网络报表中包含的信息分别为同名原理图中的元件属性信息。

该网络报表是一个简单的 ASCII 码文本文件，包含两大部分，一部分是元件信息，另一部分是网络连接信息。

元件信息由若干小段组成，每一个元件的信息为一小段，用方括号隔开，空行由系统自动生成，如图 4-18 所示。

网络连接信息同样由若干小段组成，每一个网络的信息为一小段，用圆括号隔开，如图 4-19 所示。

```
[
C1
C0603
100PF
```

图 4-18　一个元件的信息

```
(
+5V
C23-1
L2-1
Q1-3
TC6-1
)
```

图 4-19　一个网络的信息

从网络报表中可以看出元件是否重名，是否缺少封装信息等问题。

（3）生成项目的网络报表

执行方式

▲ 菜单栏：选择“设计”→“工程的网络表”命令。

绘制步骤

执行此命令，系统弹出“工程的网络表”子菜单，如图 4-20 所示。

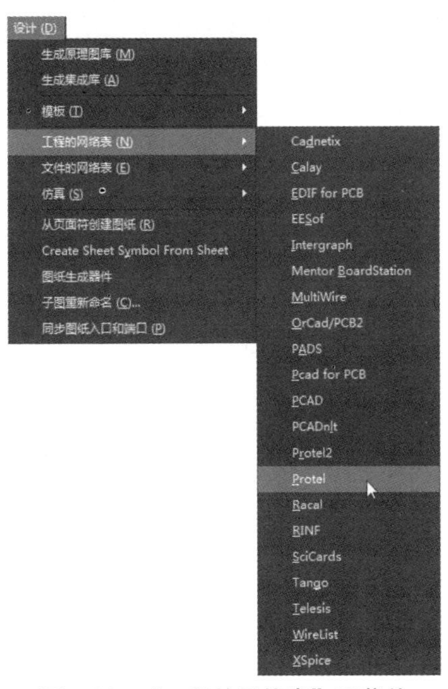

图 4-20　“工程的网络表”子菜单

选项说明

选择执行“Protel（生成原理图网络表）”命令，系统自动生成当前项目的网络报表文件，并存放在当前“Projects”面板中的 Generated 文件夹中，单击 Generated 文件夹前面的 +，双击打开网络报表文件，如图 4-21 所示。

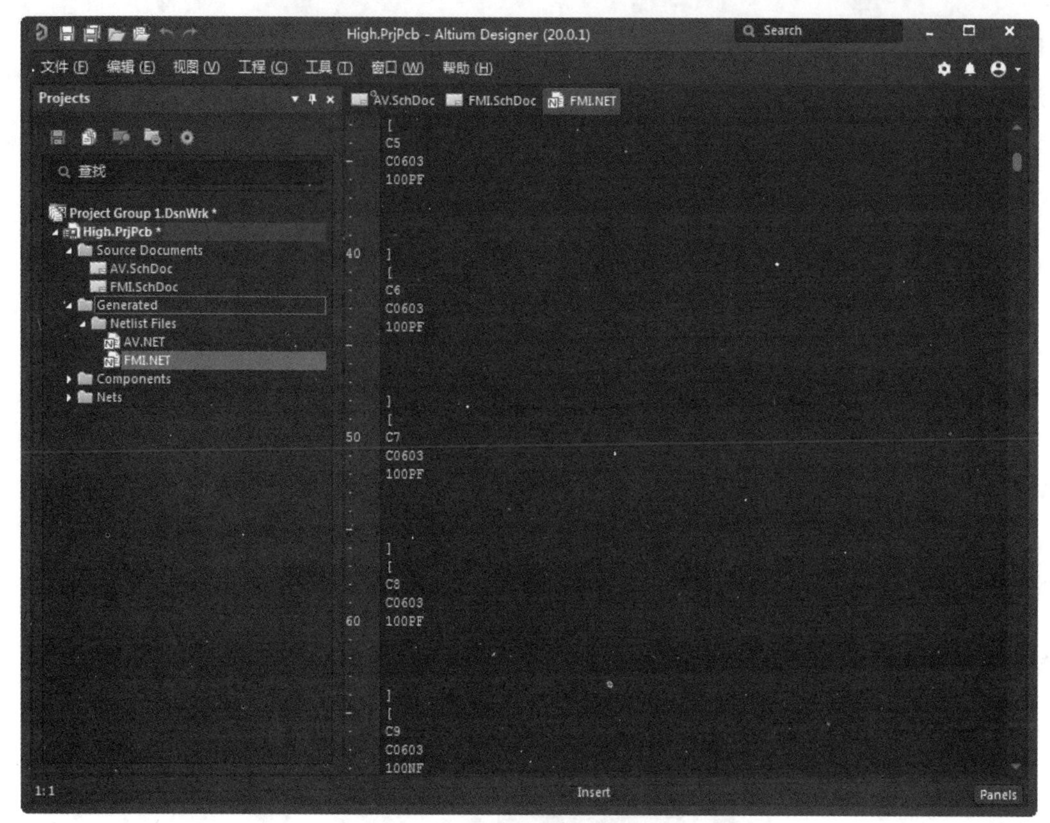

图 4-21　整个项目的网络报表

电路指南——工程的网络报表

图 4-21 在“FML.SchDoc”环境下执行生成项目的网络报表命令，生成同名的网络报表文件“FML.NET”，但网络报表里包含整个项目，即两个原理图的元件信息与图 4-17 中的名称相同，但内容不同，是“AV.NET”和“FMI.NET”两个文件的总和。

4.3.2 操作实例——生成集成频率合成器电路网络报表

扫一扫　看视频

① 打开原理图文件“集成频率合成器电路 .SchDoc”，选择“工程”→“工程选项”命令，打开工程选项对话框。

② 单击“Options（选项）”标签，打开“Options（选项）”选项卡，如图 4-22 所示。单击右边的按钮，用户可以设置各种报表的输出路径。

③ 选择“设计”→“工程的网络表”→“Protel”命令，系统自动生成当前原理图文件的网络报表文件，并存放在当前“Projects（项目）”面板中的 Generated 文件夹中。单击 Generated 文件夹前面的“+”，双击打开网络报表文件，如图 4-23 所示。

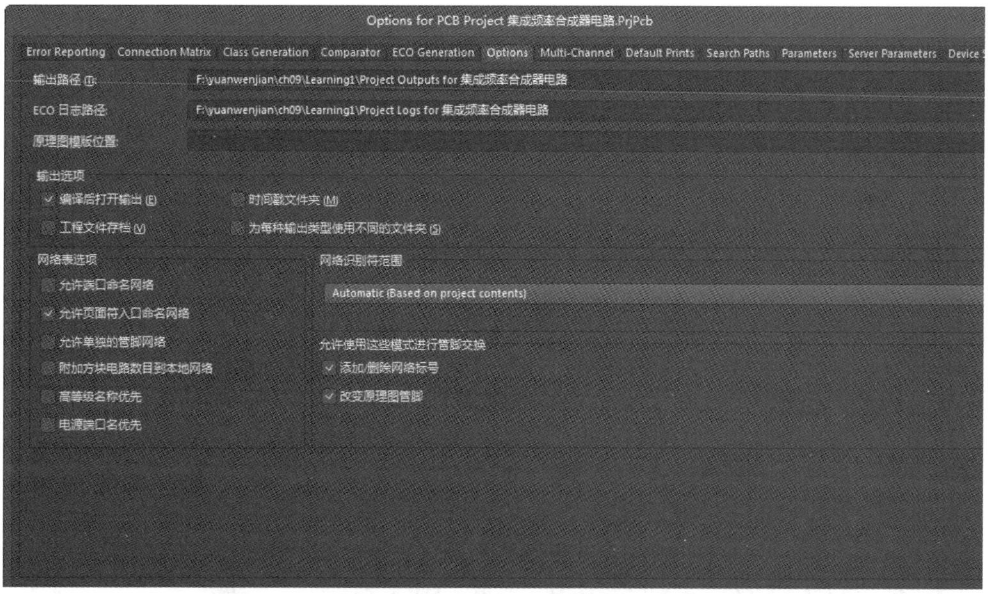

图 4-22 “Options”选项卡

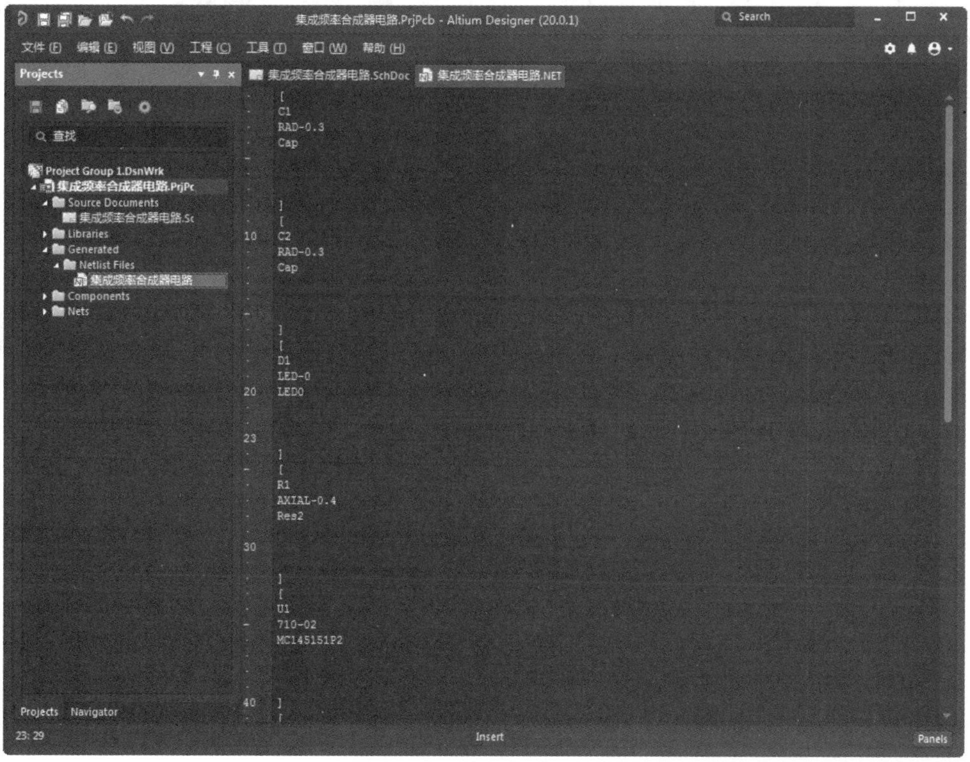

图 4-23 网络报表

4.3.3 元件报表

元件报表主要用来列出当前项目中用到的所有元件的信息，相当于一份元件采购清单。

用户可以从这份清单中查看项目中用到的元件的详细信息，还可以在制作电路板时将其作为元件采购的参考。

（1）设置元件报表选项

执行方式

▲ 菜单栏：选择“报告”→“Bill of Materials（材料清单）”命令。

绘制方法：

执行此命令，系统弹出“Bill of Materials（By PartType）For Project…（元件报表）”对话框，如图 4-24 所示。

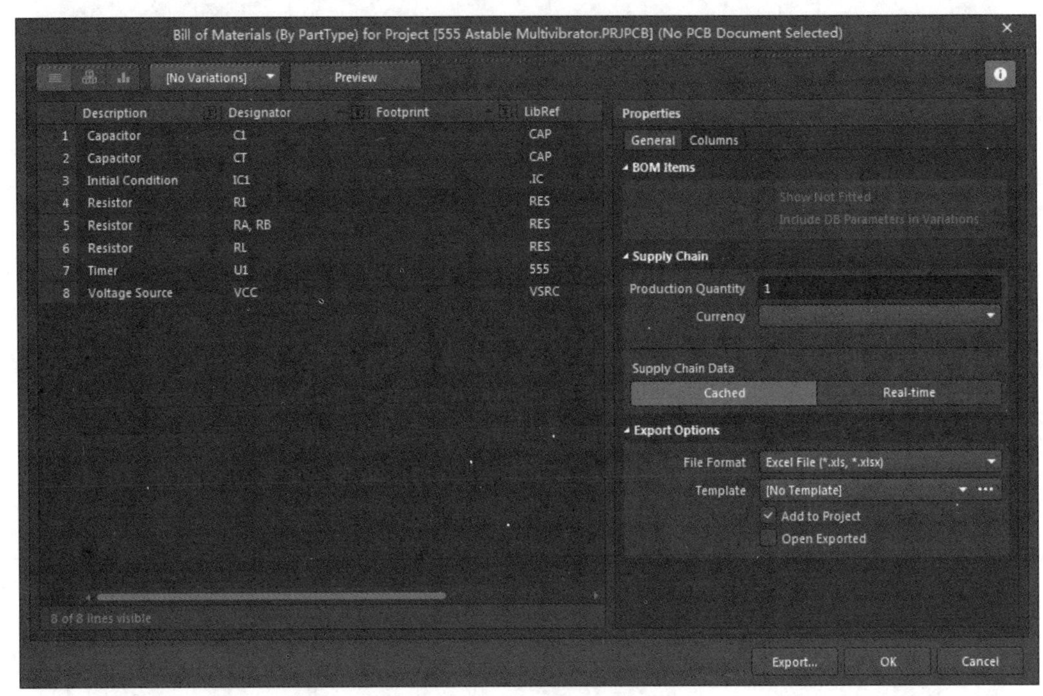

图 4-24 “Bill of Materials（By PartType）For Project…（元件报表）”对话框

选项说明

在该对话框中，可以对要创建的元件报表进行选项设置。右侧有两个选项卡，它们的含义不同。

① “General（通用）”选项卡：一般用于设置常用参数。部分选项功能如下：

▲ “File Format（文件格式）”下拉列表框：用于为元件报表设置文件输出格式。单击右侧的下拉按钮▾，可以选择不同的文件输出格式，如 CVS 格式、Excel 格式、PDF 格式、Html 格式、文本格式、XML 格式等。

▲ “Add to Project（添加到项目）”复选框：若勾选该复选框，则系统在创建了元件报表之后，会将报表直接添加到项目里面。

▲ “Open Exported（打开输出报表）”复选框：若勾选该复选框，则系统在创建了元件报表以后，会自动以相应的格式打开。

▲ “Template（模板）”下拉列表框：用于为元件报表设置显示模板。单击右侧的下拉

按钮，可以使用曾经用过的模板文件，也可以单击按钮重新选择。选择时，如果模板文件与元件报表在同一目录下，则可以勾选下面的“Relative Path to Template File（模板文件的相对路径）”复选框，使用相对路径搜索，否则应该使用绝对路径搜索。

② “Columns（纵队）”选项卡：用于列出系统提供的所有元件属性信息，如Description（元件描述信息）、Component Kind（元件种类）等。部分选项功能如下：

▲ “Drag a column to group（将列拖到组中）”列表框：用于设置元件的归类标准。如果将“Columns（纵队）”列表框中的某一属性信息拖到该列表框中，则系统将以该属性信息为标准，对元件进行归类，显示在元件报表中。

▲ “Columns（纵队）”列表框：单击按钮，将其进行显示，即在元件报表中显示出来需要查看的有用信息。在图4-25中，使用了系统的默认设置，即只勾选了“Comment（注释）”“Description（描述）”“Designator（指示符）”“Footprint（封装）”“LibRef（库编号）”和“Quantity（数量）”6个复选框。

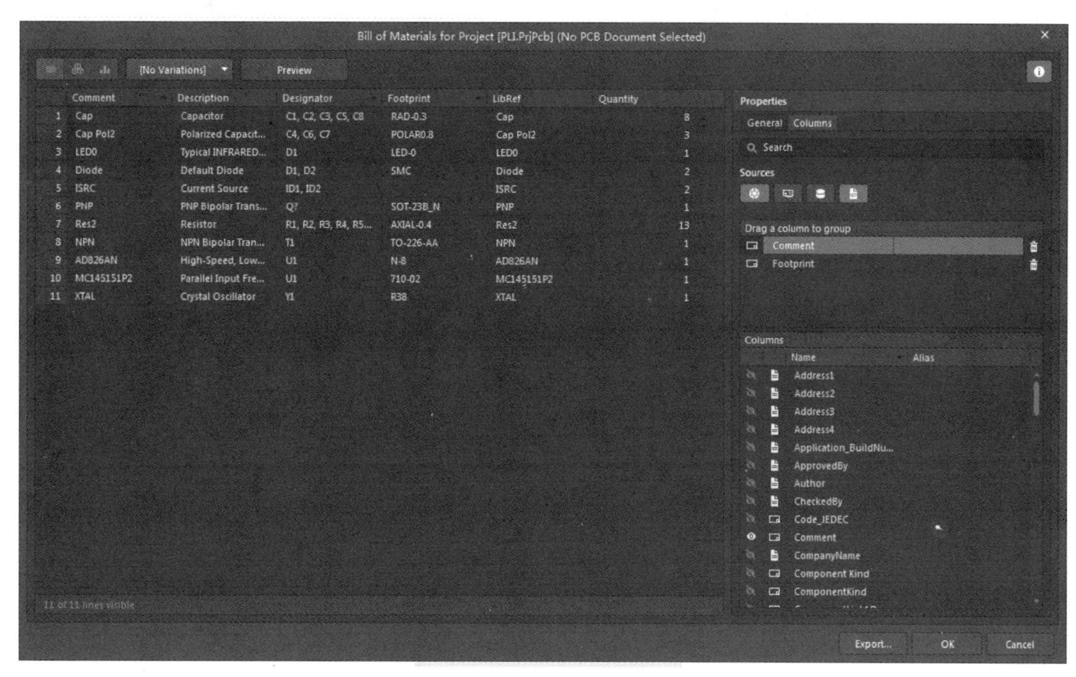

图4-25　元件的归类显示

例如，勾选了“Columns（纵队）”列表框中的“Description（描述）”复选框，将该选项拖到“Drag a column to group（将列拖到组中）”列表框中。此时，所有描述信息相同的元件被归为一类，显示在右侧的元件列表中。

另外，在右边元件列表的各栏中都有一个下拉按钮，单击该按钮，同样可以设置元件列表的显示内容。

例如，单击元件列表中“Description（描述）”栏的下拉按钮，则会弹出如图4-26所示的下拉列表。

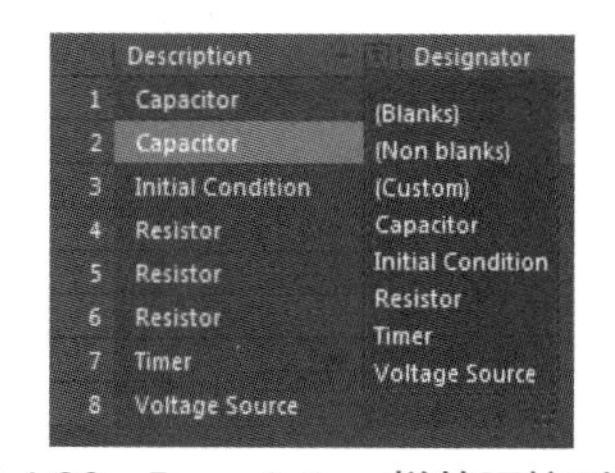

图4-26　Description栏的下拉列表

在该下拉列表中，可以选择“Custom（定制方式显示）”选项，还可以只显示具有某一具体描述信息的元件。例如，这里选择“Default Diode（二极管）”选项，则相应的元件列表如图4-27所示。

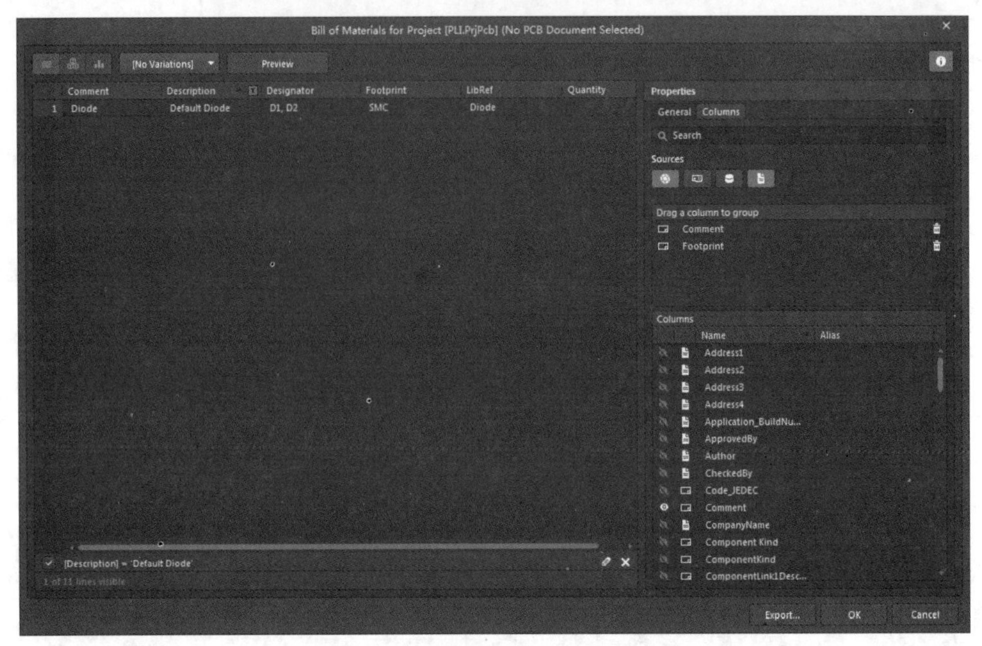

图 4-27　只显示描述信息为 Diode 的元件

设置好元件报表的相应选项后，就可以进行元件报表的创建、显示及输出。元件报表可以以多种格式输出，但一般选择 Excel 格式。

（2）生成元件报表

① 单击“Export（输出）”按钮，可以将该报表进行保存，默认文件名为“PLI.xlsx”，是一个 Excel 文件，如图 4-28 所示，单击“保存”按钮 保存(S) 进行保存。

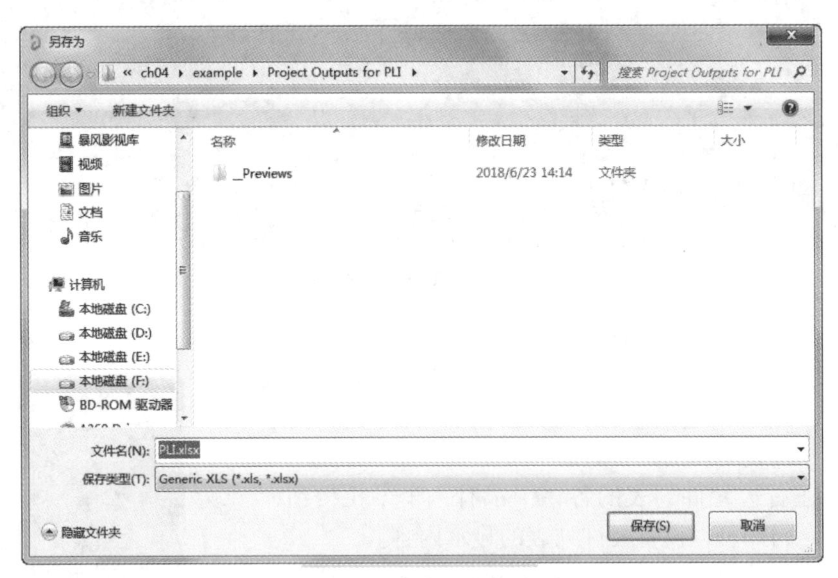

图 4-28　保存元件报表

② 在元件报表对话框中，单击“Template（模板）”文本框右侧的“…”按钮，在“Template”目录下，选择系统自带的元件报表模板文件“BOM Default Template.XLT”，如图 4-29 所示。

③ 单击 打开(O) 按钮后，返回元件报表对话框。单击 OK 按钮，退出对话框。

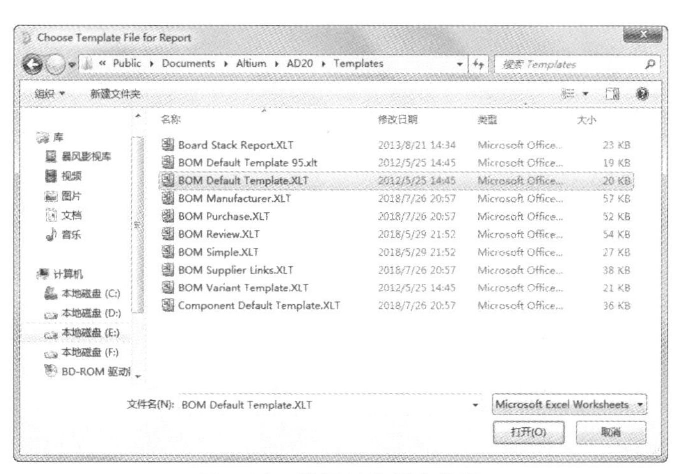

图 4-29 选择元件报表模板

用户还可以根据自己的需要生成其他文件格式的元件报表，只需在元件报表对话框中设置一下即可，在此不再赘述。

4.3.4 元件交叉引用报表

元件交叉引用报表用于生成整个工程中各原理图的元件报表，相当于一份元件清单报表。

执行方式

▲ 菜单栏：选择“报告”→“Component Cross Reference（元件交叉引用报表）”命令。

绘制步骤

执行此命令，系统弹出“Component Cross Reference Report For Project…（元件交叉引用报表）”对话框，如图 4-30 所示。它把整个项目中的元件按照所属的不同电路原理图分组显示出来。

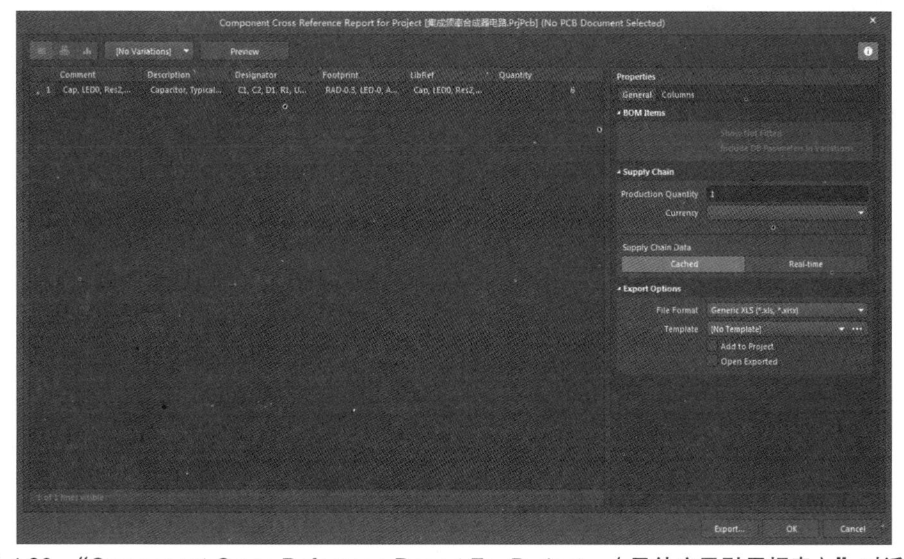

图 4-30 “Component Cross Reference Report For Project…（元件交叉引用报表）”对话框

选项说明

其实，元件交叉引用报表就是一张元件清单报表。该对话框与如图 4-26 所示的元件报表对话框基本相同，这里不再赘述。

4.3.5 简易元件清单报表

Altium Designer 20 为用户提供了推荐的元件报表，不需要进行设置即可产生。

执行方式

▲ 菜单栏：选择“工程”→“Compile Project（项目编译）”命令。

绘制步骤

执行此命令，系统在“Projects（工程）”面板中自动添加“Components（元件）”“Net（网络）”选项组，显示工程文件中所有的元件与网络，如图 4-31 所示。

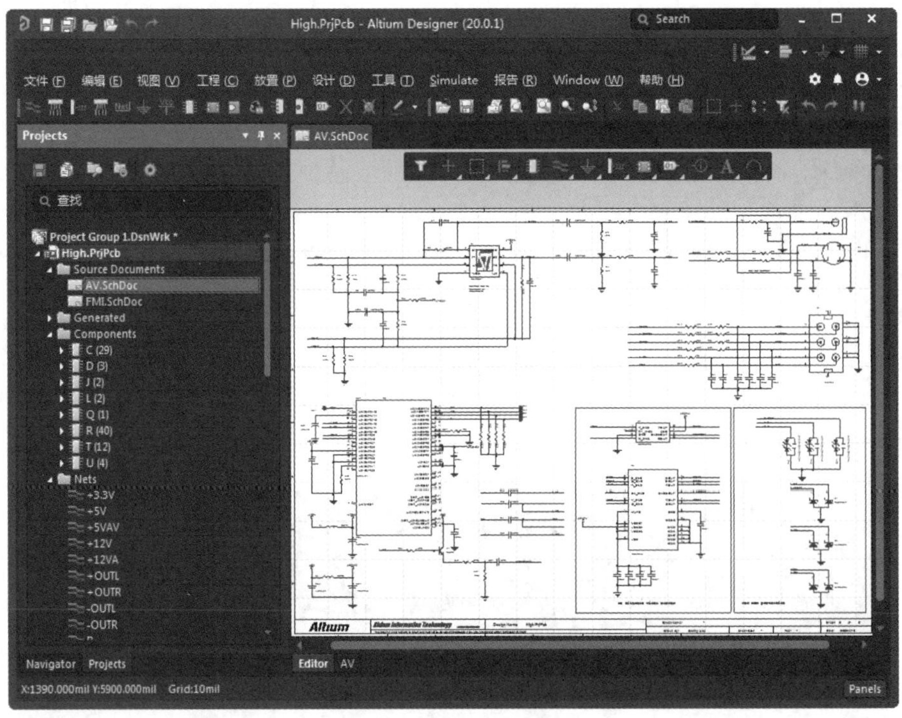

图 4-31 简易元件报表

4.3.6 元件测量距离

Altium Designer 20 为用户提供了测量原理图中两个对象间距的功能。

执行方式

▲ 菜单栏：选择“报告”→“测量距离”命令。

绘制步骤

执行此命令，显示浮动十字光标，分别选择原理图中的两点，弹出“Information（信息）”对话框，如图 4-32 所示，显示两点间距。

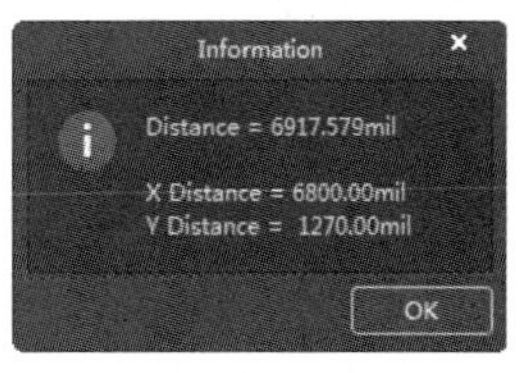

图 4-32 “Information（信息）”对话框

4.3.7 端口引用参考表

Altium Designer 20 可以为电路原理图中的输入 / 输出端口添加端口引用参考表。端口引用参考是直接添加在原理图图纸端口上的，用来指出该端口在何处被引用。

执行方式

▲ 菜单栏：选择“报告”→“端口交叉参考”命令。

绘制步骤

执行此命令，出现如图 4-33 所示的菜单。

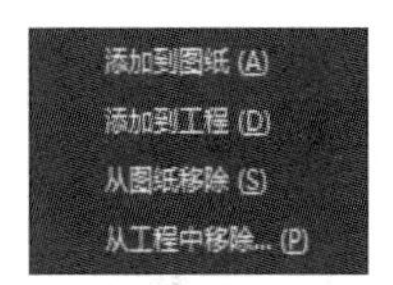

图 4-33 “端口交叉参考”菜单

选项说明

菜单各项命令的意义如下。

▲ “添加到图纸”命令：向当前原理图中添加端口引用参考。

▲ “添加到工程”命令：向整个项目中添加端口引用参考。

▲ “从图纸移除”命令：从当前原理图中删除端口引用参考。

▲ “从工程中移除”命令：从整个项目中删除端口引用参考。

选择“添加到图纸”命令，在当前原理图中为所有端口添加引用参考。

若选择“报告”→“端口交叉参考”→“从图纸移除”命令或“从工程中移除”命令，可以看到，在当前原理图或整个项目中的端口引用参考被删除。

4.3.8 打印输出

电路指南——原理图高级编辑

在 Altium Designer 20 中，对于各种报表文件，可以采用前面介绍的方法逐个生成并输出，也可以直接利用系统提供的输出任务配置文件功能来输出，即只需一次设置就可以完成所有报表文件（如网络报表、元件交叉引用报表、元件清单报表、原理图文件、PCB 文件）的输出。

为方便对原理图的浏览和交流，经常需要将原理图打印到图纸上。Altium Designer 20 提供了直接将原理图打印输出的功能。

（1）打印设置

执行方式

▲ 菜单栏：选择“文件”→“页面设置”命令。

绘制步骤

执行此命令，弹出“Schematic Print Properties（原理图打印属性）”对话框，如图 4-34 所示。单击 打印设置... 按钮，弹出“Printer Configuration for[Documentation Outputs]（打印机设置[文档输出]）”对话框，对打印机进行设置，如图 4-35 所示。设置并预览完成后，单击“打印”按钮打印原理图。

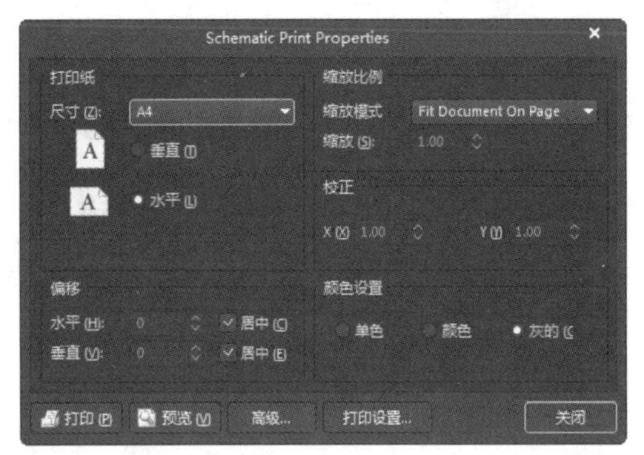

图 4-34 “Schematic Print Properties”对话框

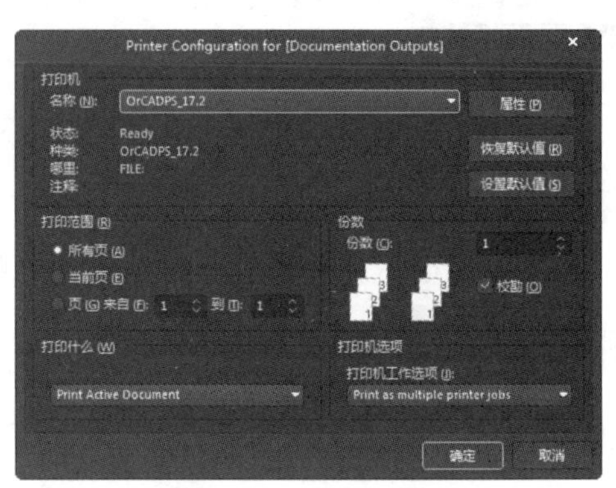

图 4-35 设置打印机

（2）打印

执行方式

▲ 菜单栏：选择“文件”→“打印”命令。

▲ 工具栏：单击“原理图标准”工具栏中的“打印”按钮。

绘制步骤

执行以上命令，在连接打印机的情况下，可以实现打印原理图的功能。

4.3.9 创建输出任务配置文件

在利用输出任务配置文件批量生成报表文件之前，必须先创建输出任务配置文件。

执行方式

▲ 菜单栏：选择“文件”→“新的”→“Output Job File（输出工作文件）”命令。

▲ 右键命令：在“Projects（工程）”面板上右击并在弹出的快捷菜单中选择“添加新的到工程”→“Output Job File（输出工作文件）”命令。

绘制步骤

执行此命令，弹出一个默认名为“Job1.OutJob”的输出任务配置文件。选择“文件”→“另存为”命令保存该文件，并命名为“High.OutJob”，如图 4-36 所示。

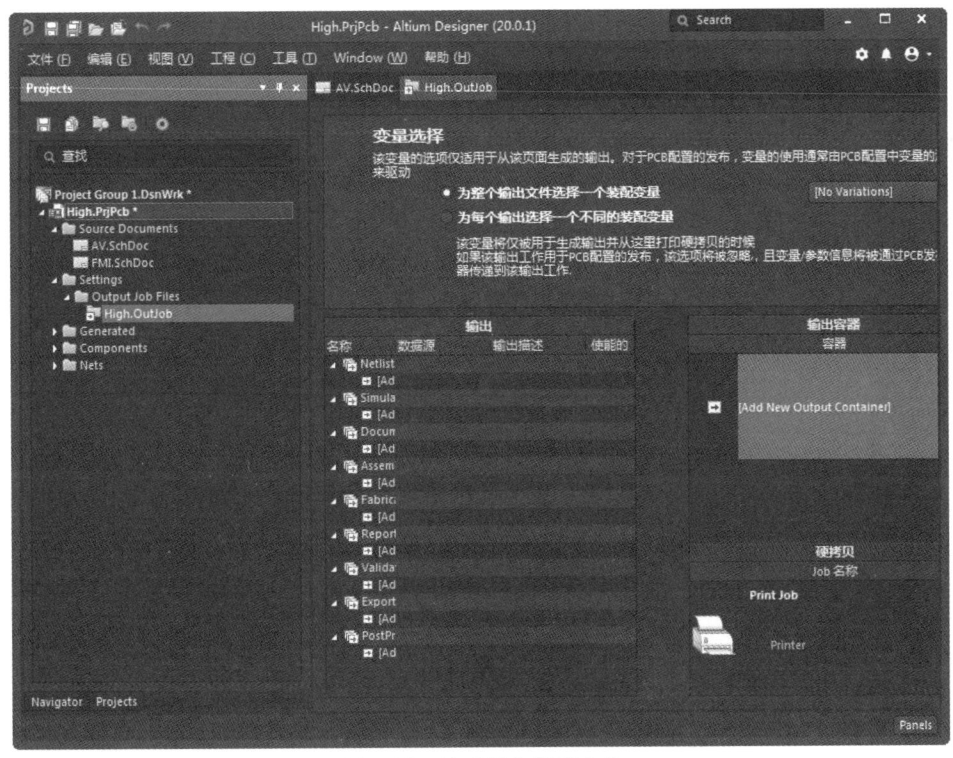

图 4-36 输出任务配置文件

选项说明

在该文件中，按照输出数据类型，将输出文件分为 9 大类。

▲ Netlist Outputs：表示网络报表输出文件。

▲ Simulation Outputs：表示各种仿真分析报表输出文件。

▲ Documentation Outputs：表示原理图文件和 PCB 文件的打印输出文件。

▲ Assembly Outputs：表示 PCB 汇编输出文件。

▲ Fabrication Outputs：表示与 PCB 有关的加工输出文件。

▲ Report Outputs：表示各种报表输出文件。

▲ Validation Outputs：表示各种生成的输出文件。

▲ Export Outputs：表示各种输出文件。

▲ PostProcess Outputs：表示各种接线端子加工输出文件。

延伸命令

在对话框中的任意输出任务配置文件上右击，弹出输出配置环境快捷菜单，如图 4-37 所示。

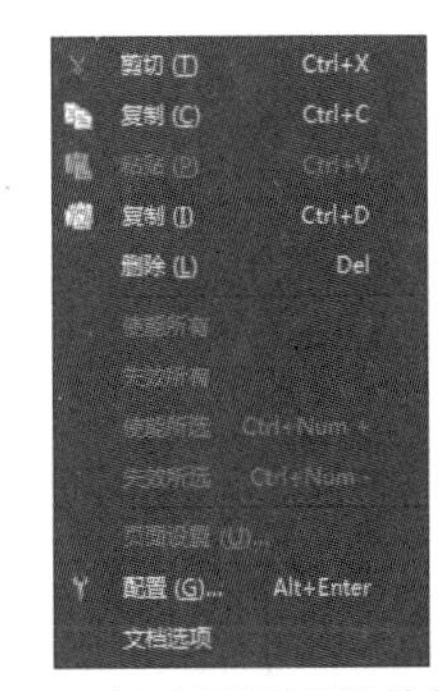

图 4-37 输出配置环境快捷菜单

▲ “剪切”命令：用于剪切选中的输出文件。

▲ “复制”命令：用于复制选中的输出文件。

▲ “粘贴”命令：用于粘贴剪贴板中的输出文件。

▲ “复制”命令：用于在当前位置直接添加一个输出文件。

▲ “删除”命令：用于删除选中的输出文件。

▲ 使能所有：启用该选择项组下所有的输出文件。

▲ 失效所有：禁用该选择项组下所有的输出文件。

▲ 使能所选：启用该选择项组下选中的输出文件。

▲ 失效所选：禁用该选择项组下选中的输出文件。

▲ 页面设置：用于进行打印输出的页面设置，该文件只对需要打印的文件有效。

▲ 配置：用于对输出报表文件进行选项设置。

▲ 文档选项：对选项组下的文件进行参数设置。

扫一扫　看视频

4.4 综合演练——电动车报警电路

电动车以电瓶作为能源，报警电路具有低功耗、低电流的特点。其报警电路原理图如图 4-38 所示。该电路为 36V 电源单相控制关断，在不需要开启时断电，以免浪费电能。

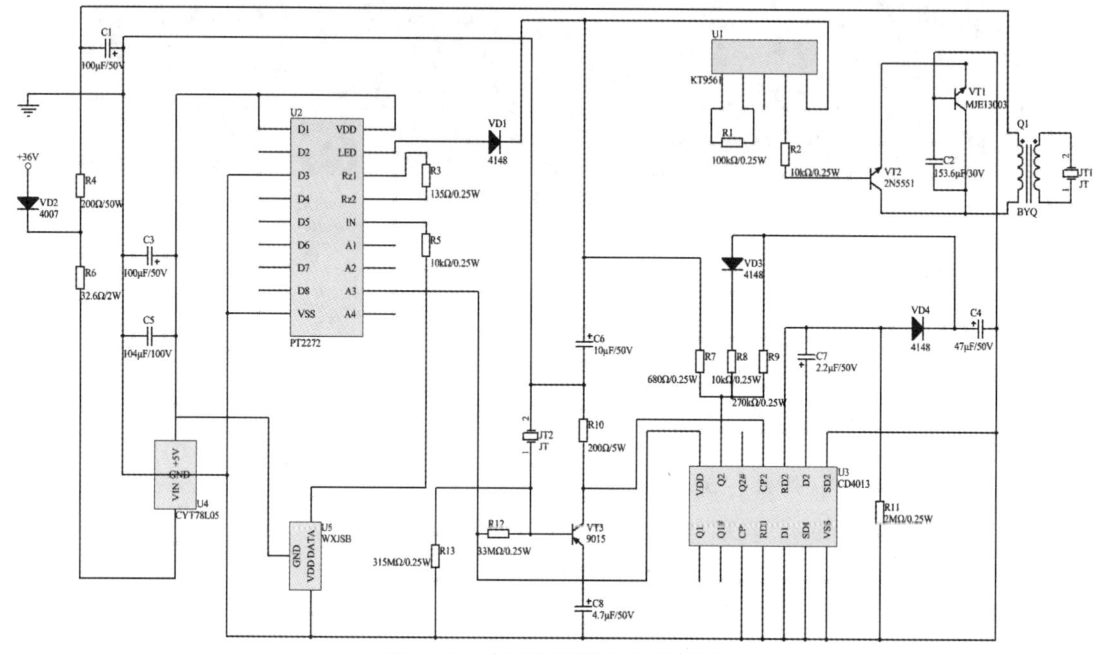

图 4-38　电动车报警电路原理图

在本例中，主要学习原理图绘制完成后的原理图编译和打印输出。

（1）建立工作环境

① 在 Altium Designer 20 主界面中，选择“文件”→“新的”→“项目”命令，然后右击并在弹出的快捷菜单中选择“保存为”命令将新建的工程文件保存为“电动车报警电路 .PrjPcb”。

② 选择“文件”→“新的”→“原理图”命令，然后右击并在弹出的快捷菜单中选择“另存为”命令将新建的原理图文件保存为“电动车报警电路 .SchDoc”。

③ 打开“Properties（属性）”面板，按照如图 4-39 所示对图纸参数进行设置。将图纸的尺寸及标准风格设置为“A4”，放置方向设置为“Landscape（水平）”，其他选项均采用系统默认设置。

（2）加载元件库

在“Components（元件）”面板右上角单击 按钮，在弹出的快捷菜单中选择“File-based Libraries Preferences（库文件参数）”命令，则系统弹出“Available File-based Libraries（可用库文件）”对话框，然后在其中加载需要的元件库。本例中需要加载的元件库如图 4-40 所示。

（3）放置元件

① 单击打开“报警器 .SchLib”元件库，在左侧器件列中找到 CD4013 芯片，如图 4-41 所示。

② 单击 放置 按钮，在原理图绘制环境中显示浮动的芯片符号，在适当位置单击放置元件，完成放置。

③ 用同样的方法，在“报警器 .SchLib”元件库中选择芯片 CYT78L05、KT9561、PT2272，单击 放置 按钮，在原理图中放置元件，结果如图 4-42 所示。

④ 单击打开右侧的“Components（元件）”面板，在“Miscellaneous Devices.IntLib”元件库找到电阻、电容、二极管、晶体管等元件，放置在原理图中，如图 4-43 所示。

⑤ 由于在系统中找不到 WXJSB 的元件库，创建原理图库又过于烦琐，因此，选择类似的元件“Volt Reg”，并对其进行编辑修改。

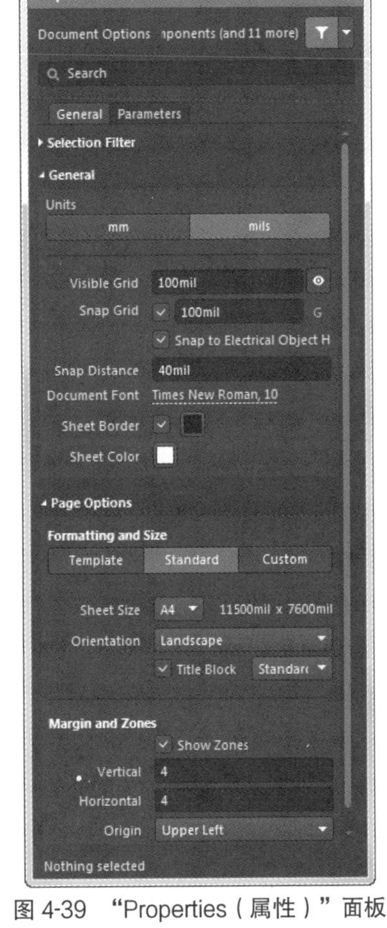

图 4-39 “Properties（属性）”面板

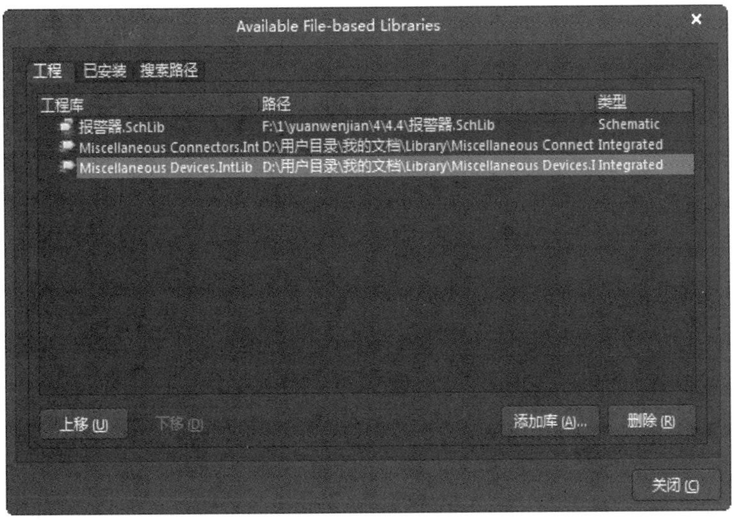

图 4-40 需要加载的元件库

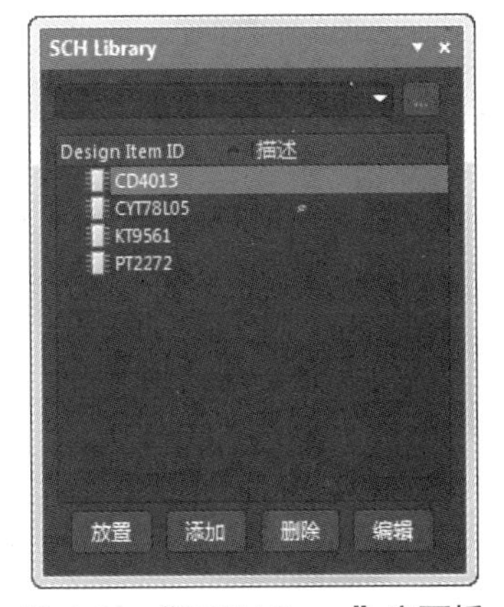

图 4-41 “SCH Library”库面板

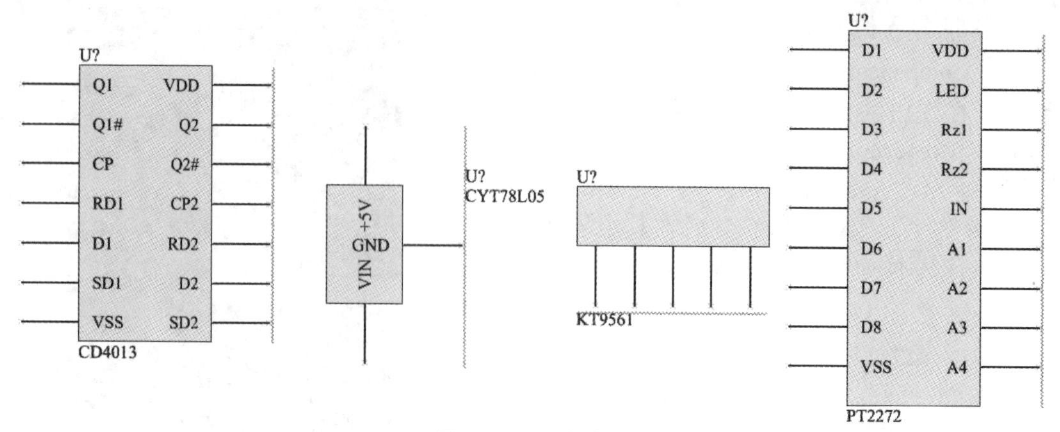

图 4-42　元件放置

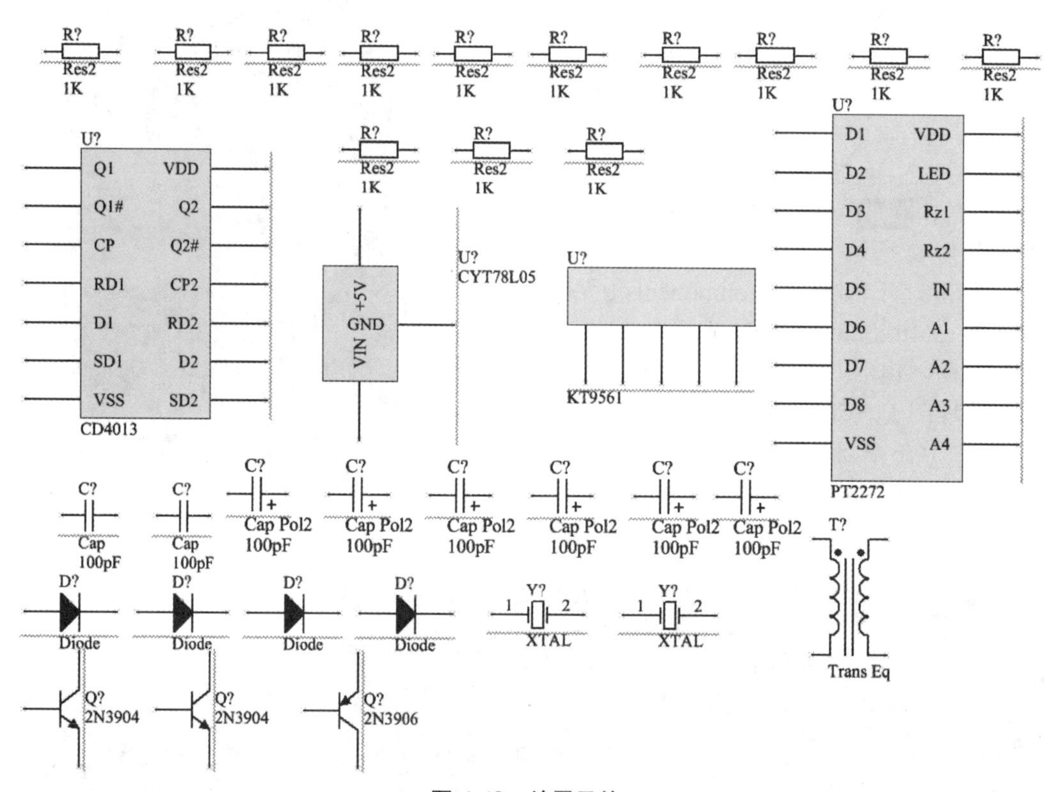

图 4-43　放置元件

⑥ 单击打开右侧的“Components（元件）”面板，在“Miscellaneous Devices. IntLib”元件库找到元件“Volt Reg”，放置在原理图中。双击“Volt Reg”元件符号，弹出“Component（元件）”面板，在“Designator（标识符）”文本框中输入“U？”，在“Comment（内容）”文本框中输入“WXJSB”，如图 4-44 所示。单击“Pins（引脚）”选项卡，单击“编辑”按钮，弹出“元件引脚编辑器”对话框，如图 4-45 所示。按照要求修改引脚“Name（名称）”列，依次为“VDD”“GND”“DATA”，修改结果如图 4-46 所示。

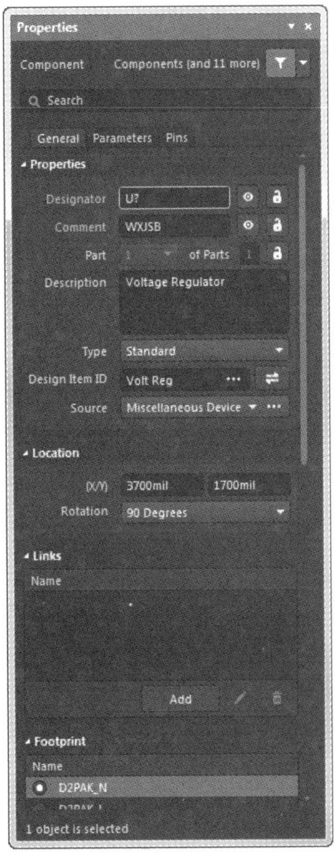

图 4-44　元件属性编辑面板

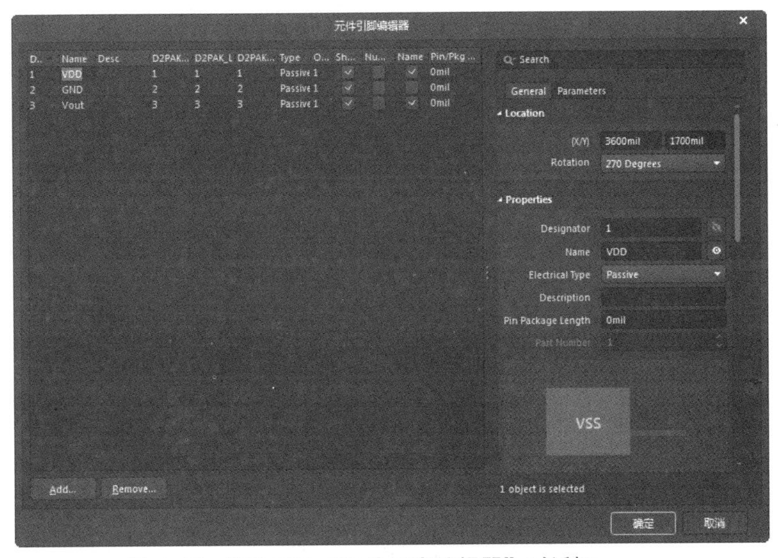

图 4-45　修改前的“元件引脚编辑器”对话框

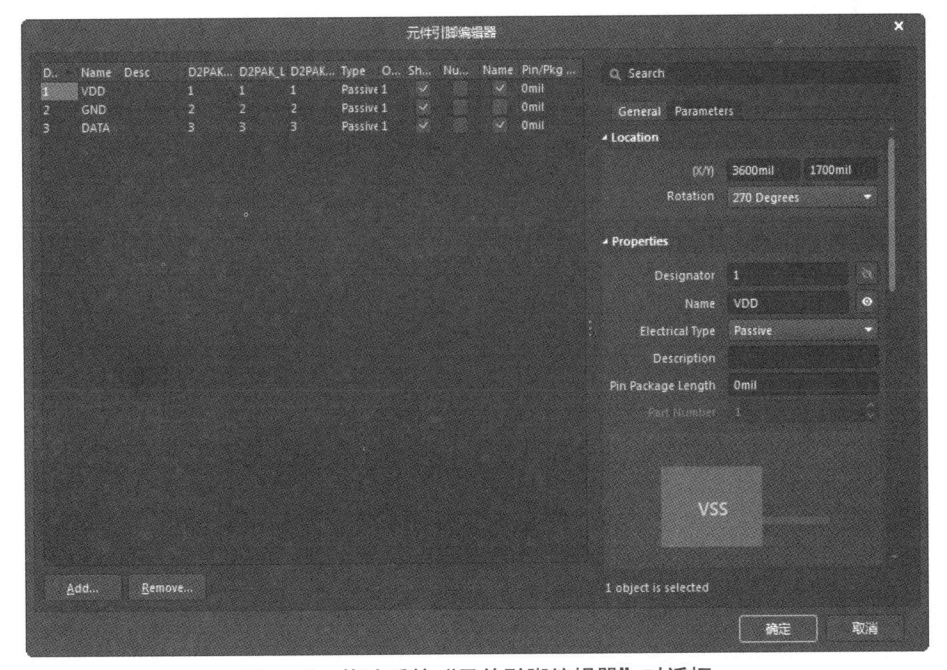

图 4-46　修改后的“元件引脚编辑器”对话框

⑦ 单击[确定]按钮，完成修改，退出对话框，编辑好的元件符号如图 4-47 所示，将编辑好的元件 WXJSB 放入原理图中。

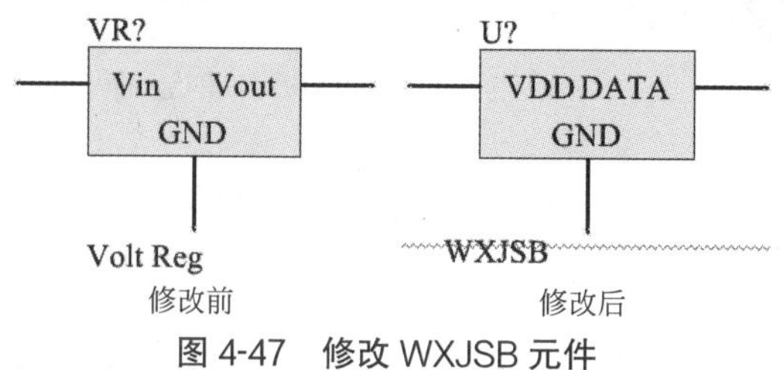

图 4-47 修改 WXJSB 元件

（4）元件布局和布线

① 放置元件后进行布局，将全部元件合理地布置到原理图中，结果如图 4-48 所示。

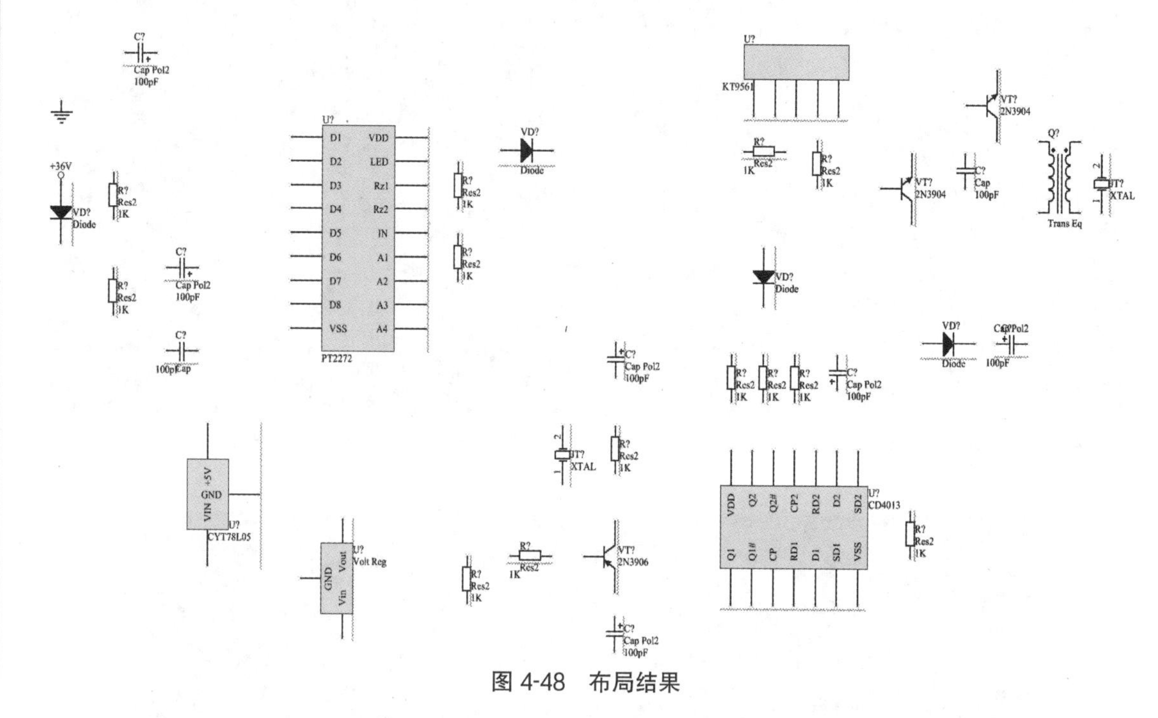

图 4-48 布局结果

② 单击“布线”工具栏中的“放置线”按钮，按照设计要求连接电路原理图中的元件。

（5）放置电源和接地符号

① 单击“布线”工具栏中的“VCC 端口”按钮，放置电源符号，本例需要 1 个电源。

② 单击“布线”工具栏中的“GND 端口”按钮，放置接地符号，本例需要 1 个接地，结果如图 4-49 所示。

（6）元件属性清单

① 选择“工具”→“标注”→“原理图标注”命令，系统将弹出如图 4-50 所示的“标注”对话框。在该对话框中，可以对元件进行重新编号。

② 单击“更新更改列表”按钮，重新编号，系统将弹出如图 4-51 所示的“Information（信息）”对话框，提示用户相对前一次状态和相对初始状态发生的改变。

③ 单击“OK”按钮，在“建议更改列表”栏中查看编号的变化情况，如图 4-52 所示。

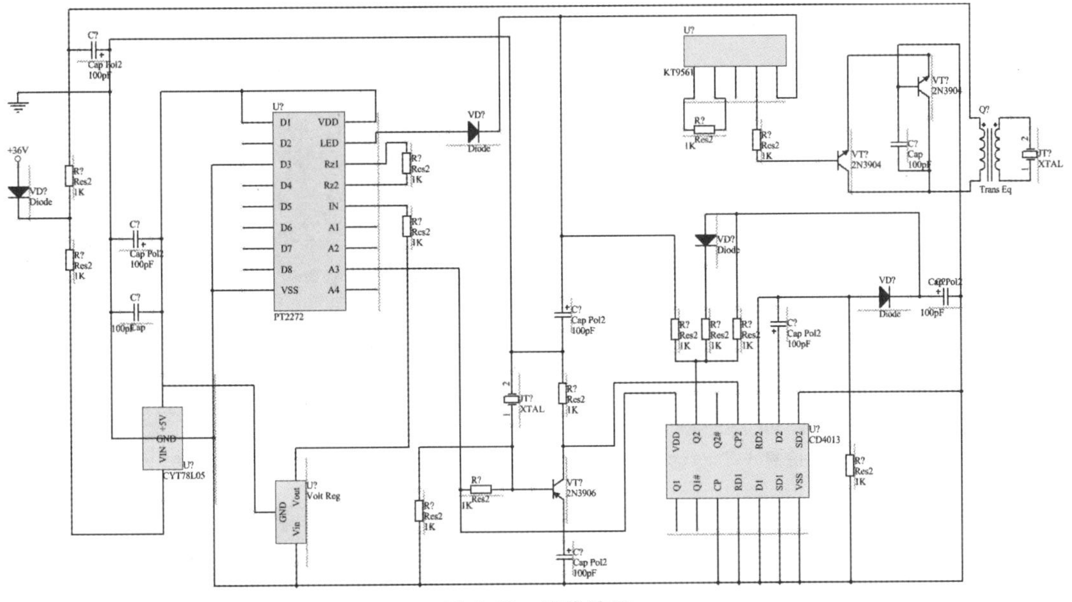

图 4-49　连线结果

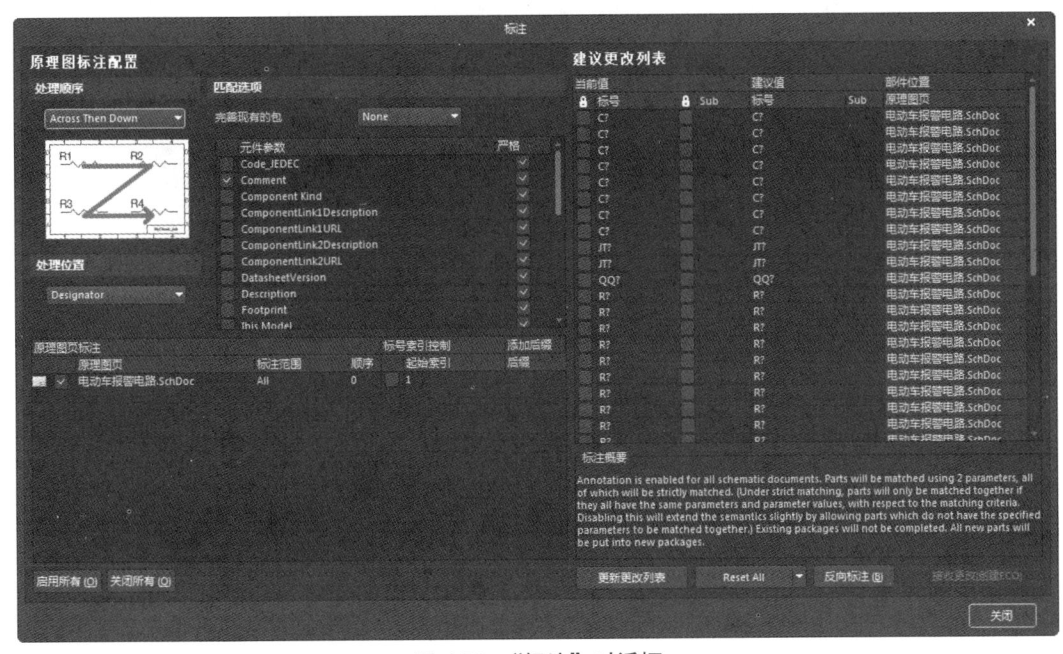

图 4-50　“标注”对话框

④ 单击“接受更改（创建 ECO）”按钮，弹出“工程变更指令”对话框，在“受影响对象”列中显示元件编号更改情况。

⑤ 单击“验证变更”按钮，在弹出的“工程变更指令”对话框中更新修改，如图 4-53 所示。

⑥ 单击“关闭”按钮，退出对话框，在原理图中显示修改结果，如图 4-54 所示。

⑦ 完成元件编号设置后，依次对元件其余属性进行设置，包括元件的注释和封装形式等，本例电路图的元件编辑结果如图 4-55 所示。

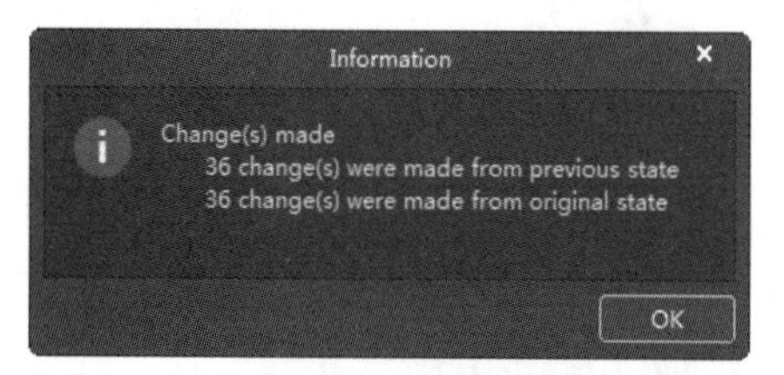

图 4-51 “Information（信息）”对话框

建议更改列表

当前值		建议值		部件位置
标号	Sub	标号	Sub	原理图页
C?		C5		电动车报警电路.SchDoc
C?		C2		电动车报警电路.SchDoc
C?		C1		电动车报警电路.SchDoc
C?		C3		电动车报警电路.SchDoc
C?		C6		电动车报警电路.SchDoc
C?		C7		电动车报警电路.SchDoc
C?		C8		电动车报警电路.SchDoc
C?		C4		电动车报警电路.SchDoc
JT?		JT2		电动车报警电路.SchDoc
JT?		JT1		电动车报警电路.SchDoc
QQ?		QQ1		电动车报警电路.SchDoc
R?		R4		电动车报警电路.SchDoc
R?		R6		电动车报警电路.SchDoc
R?		R3		电动车报警电路.SchDoc
R?		R5		电动车报警电路.SchDoc
R?		R13		电动车报警电路.SchDoc
R?		R12		电动车报警电路.SchDoc
R?		R7		电动车报警电路.SchDoc
R?		R8		电动车报警电路.SchDoc
R?		R9		电动车报警电路.SchDoc
R?		R11		电动车报警电路.SchDoc

图 4-52 “建议更改列表”栏

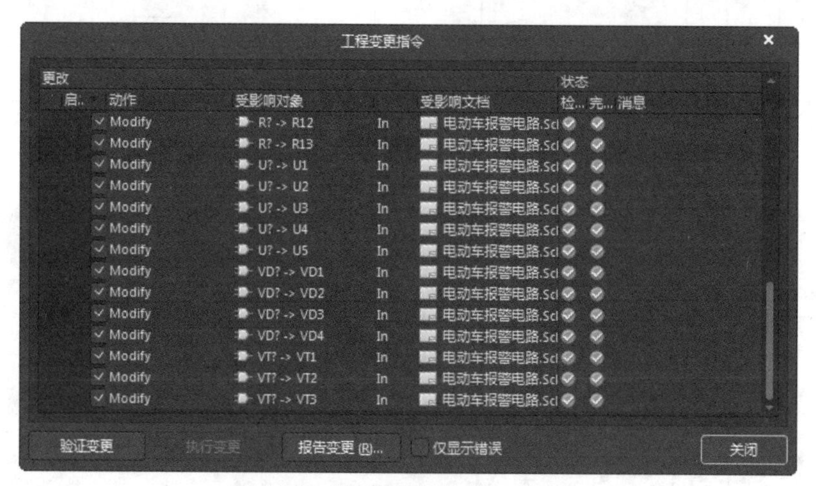

图 4-53 “工程变更指令”对话框

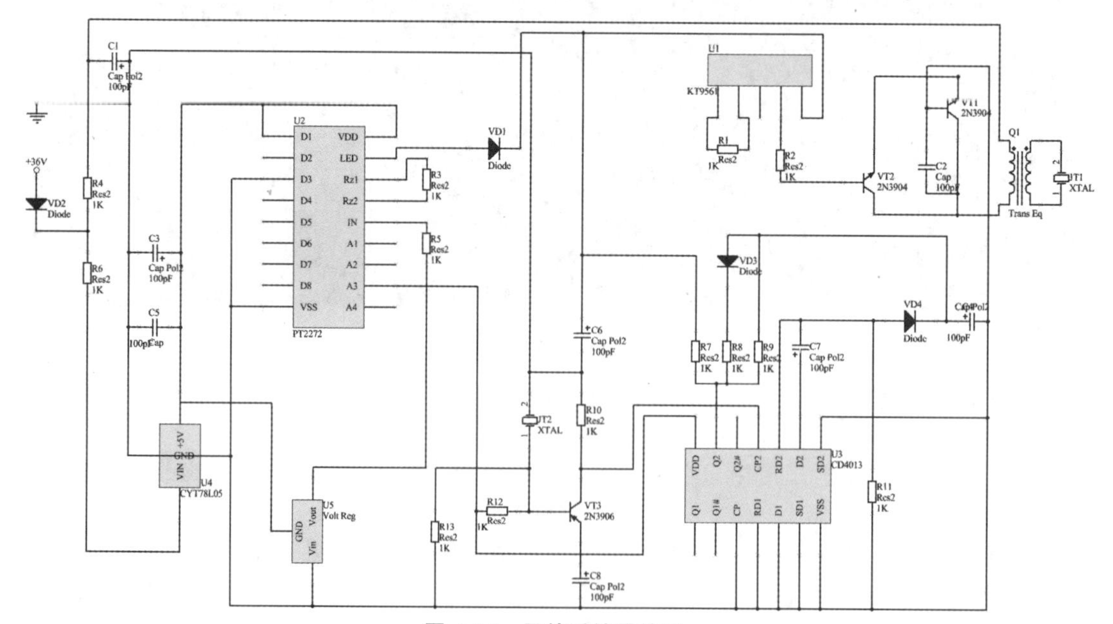

图 4-54 元件重编号结果

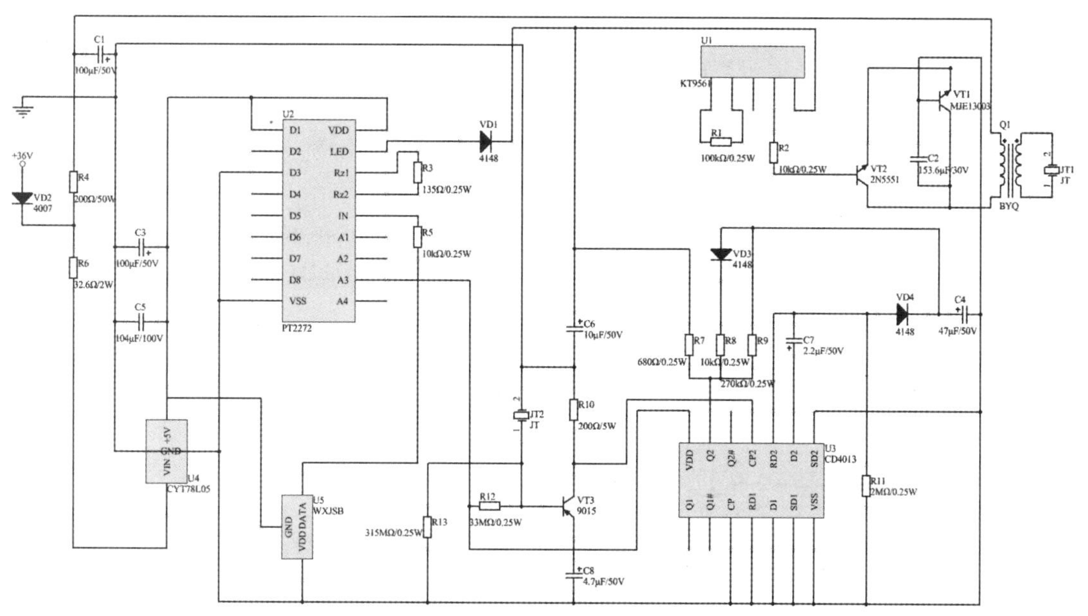

图 4-55　原理图绘制结果

电路指南——绘制步骤

绘制完原理图后，要对原理图进行编译、查错、修改。

（7）编译参数设置

① 选择“工程”→“工程选项”命令，弹出“Options for PCB Project...（工程属性）”对话框，如图 4-56 所示。在“Error Reporting（错误报告）”选项卡的“障碍类型描述”列中罗列了网络构成、原理图层次、设计错误类型等报告信息。

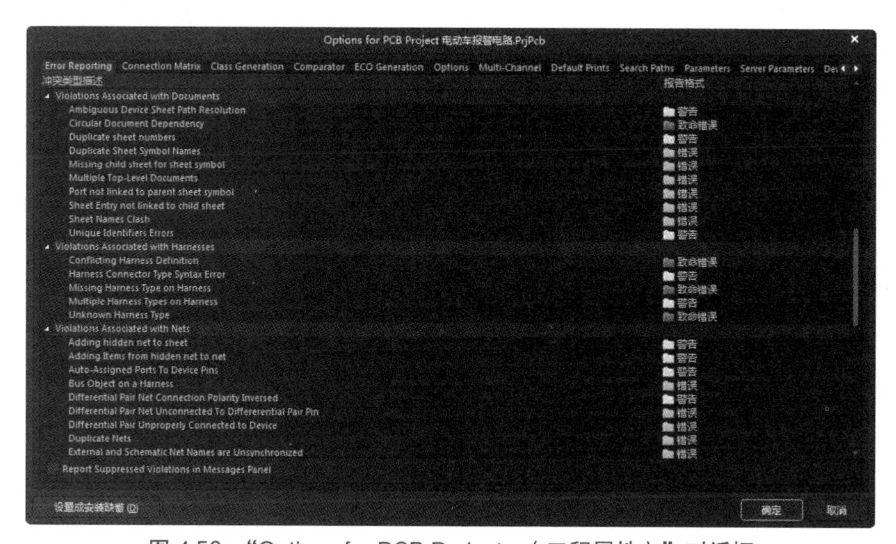

图 4-56　“Options for PCB Project...（工程属性）”对话框

② 单击“Connection Matrix”标签，显示“Connection Matrix（电路连接检测矩阵）”选项卡，单击对应的颜色元素，可以设置错误报告类型。

③ 单击“Comparator”标签，显示“Comparator（比较器）”选项卡。在“比较类型描述”列表中设置元件连接、网络连接和参数连接的差别比较类型。本例选用默认参数。

（8）编译工程

选择“工程”→“Compile PCB Project 电动车报警电路 .PrjPcb（编译的 PCB 工程电动车报警电路 .PrjPcb）”命令，对工程进行编译，弹出如图 4-57 所示的“Message（信息）”面板。

检查无误后，原理图绘制正确，关闭“Messages（信息）”面板，进行其余操作。

知识链接——工程编译命令

如果发现错误，查看错误报告，根据错误报告信息进行原理图的修改，然后重新编译，直到正确为止。

（9）生成检查报告

① 简易的元件信息，不需要进行设置即可产生。工程文件编译后，系统在“Projects（工程）”面板中自动添加“Components（元件）”“Net（网络）”选项组，显示工程文件中所有的元件与网络，如图 4-58 所示。

图 4-57 “Message”（信息）面板

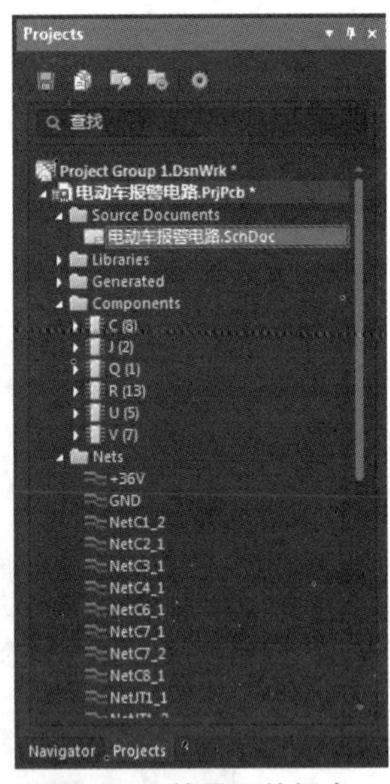

图 4-58 简易元件报表

② 打开电路原理图文件“电动车报警电路 .SchDoc”，执行“报告”→“Bill of Materials（材料清单）”命令，系统弹出“Bill of Materials For Project...（元件报表）”对话框，如图 4-59 所示。

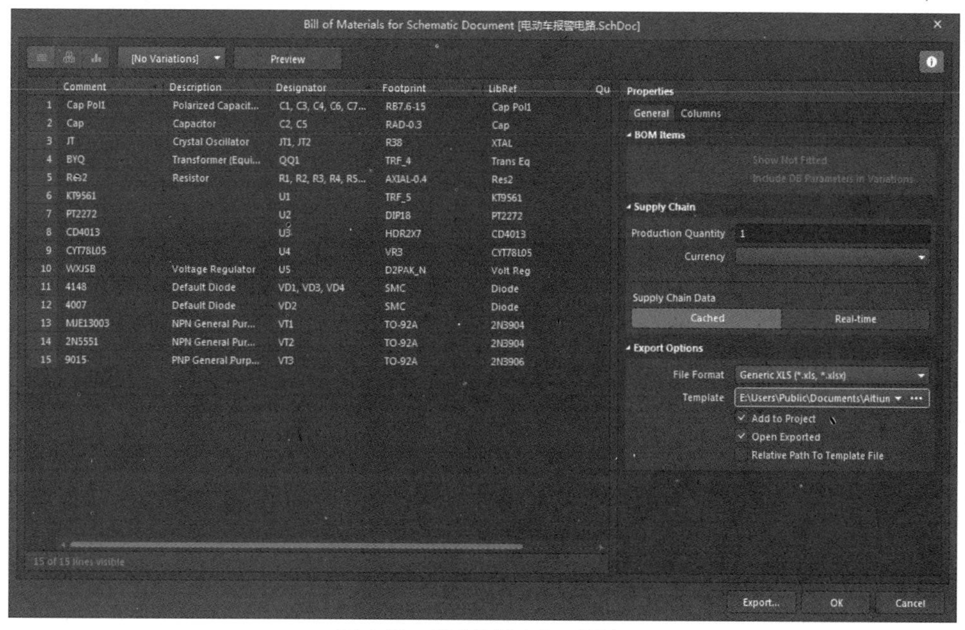

图 4-59 “元件报表”对话框

③ 勾选“Add to Project（添加到项目）”复选框，单击“Export（输出）”按钮，弹出保存元件报表对话框，选择文件路径，单击“保存”按钮，弹出要保存的 Excel 文件，如图 4-60 所示。

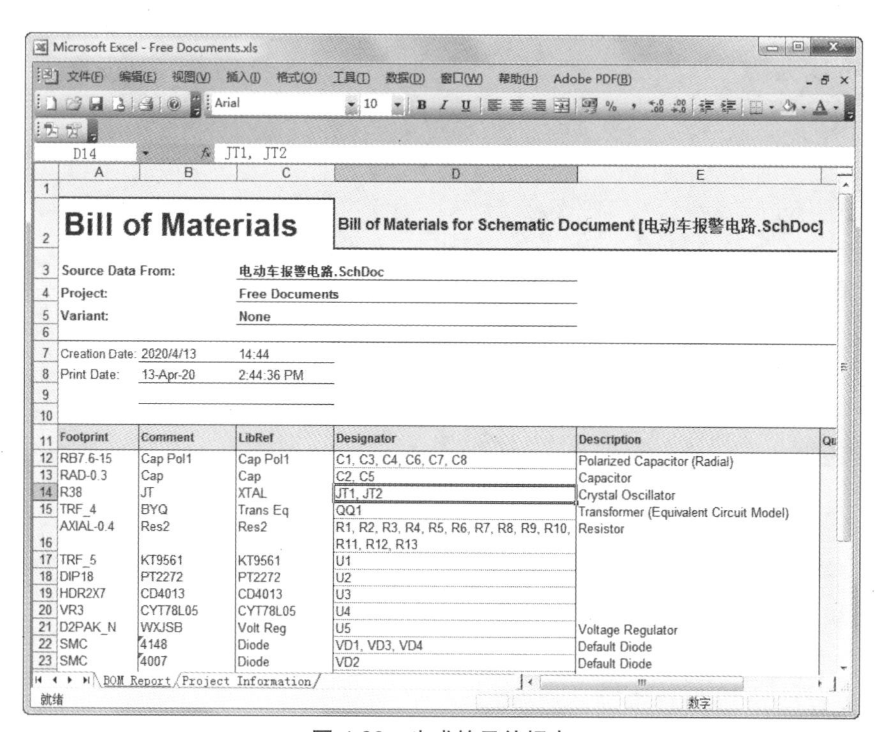

图 4-60 生成的元件报表

④ 关闭保存的 Excel 文件，返回元件报表对话框，单击“OK（确定）”按钮，完成设置，退出对话框。

第 5 章 高级原理图绘制

本章导读

本章主要介绍了层次原理图的相关概念以及设计方法、原理图之间的切换等。对于大规模复杂的电路系统，采用层次原理图设计是一个很好的选择。层次原理图设计方法有两种：一种是自上而下的层次原理图设计；另一种是自下而上的层次原理图设计。

掌握层次原理图的设计思路和方法，对用户进行大规模电路设计非常重要。

5.1 层次原理图设计

当一个电路比较复杂时，就应该采用层次电路图来设计，即将整个电路系统按功能划分成若干个功能模块，每一个模块都有相对独立的功能。然后，在不同的原理图上分别绘制出各个功能模块。

5.1.1 层次原理图概念

在设计原理图的过程中，用户常常会遇到这种情况，即由于设计的电路系统过于复杂而导致无法在一张图样上完整地绘制整个电路原理图。

对于大规模的复杂系统，采用另外一种设计方法，即电路的层次化设计。将整个系统按照功能分解成若干个电路模块，每个电路模块能够完成一定的独立功能，具有相对的独立性，可以由不同的设计者分别绘制在不同的原理图纸上。

为了解决这个问题，需要把一个完整的电路系统按照功能划分为若干个模块，即功能电路模块。如果需要的话，还可以把功能电路模块进一步划分为更小的电路模块。在 Altium Designer 20 电路设计系统中，原理图编辑器为用户提供了强大的层次原理图设计功能。层次原理图由顶层原理图和子原理图构成。

5.1.2 顶层原理图设计

顶层原理图由页面符、图纸入口以及导线构成，其主要功能是用来展示子原理图之间的层次连接关系。其中，每一个页面符代表一张子原理图；图纸入口代表子原理图之间的端口连接关系；导线用来将代表子原理图的页面符符号组成一张完整的电路系统原理图。对于子原理图，它是一张由各种电路元件符号组成的实实在在的电路原理图，通常对应着设计电路系统中的一个功能电路模块。下面分别详细介绍顶层原理图的组成。

（1）页面符

执行方式

▲ 菜单栏：选择“放置”→“页面符”命令。

▲ 工具栏：单击“布线”工具栏中的“页面符”按钮。

绘制步骤

执行以上命令，光标变成十字形并带有一个页面符，移动光标到指定位置，单击确定页面符的一个顶点，然后拖动鼠标，在合适位置再次单击确定页面符的另一个顶点，如图 5-1 所示。

此时系统仍处于绘制页面符状态，用同样的方法绘制另一个页面符。绘制完成后，右击退出绘制状态。

双击绘制完成的页面符，弹出“Properties（属性）”面板，如图 5-2 所示。

选项说明

在该面板中设置方块图属性。

①“Properties（属性）”选项组

➢ Designator（标志）：用于设置页面符的名称。输入为 Modulator（调制器）。

➢ File Name（文件名）：用于显示该页面符所代表的下层原理图的文件名。

➢ Bus Text Style（总线文本类型）：用于设置线束连接器中文本显示类型。单击后面的下三角按钮，有 2 个选项供选择：Full（全程）、Prefix（前缀）。

➢ Line Style（线宽）：用于设置页面符边框的宽度，有 4 个选项供选择：Smallest、Small、Medium（中等的）和 Large。

➢ Fill Color（填充颜色）：若选中该复选框，则页面符内部被填充。否则，页面符是透明的。

②“Source（资源）”选项组

➢ File Name（文件名）：用于设置该页面符所代表的下层原理图的文件名。输入

“Modulator.schdoc（调制器电路）”。

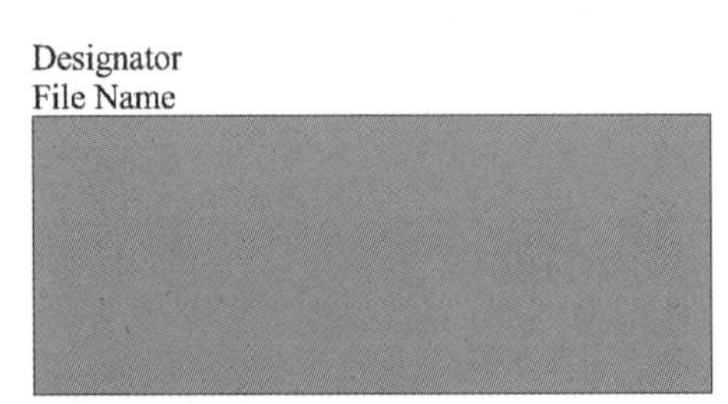

图 5-1　放置页面符

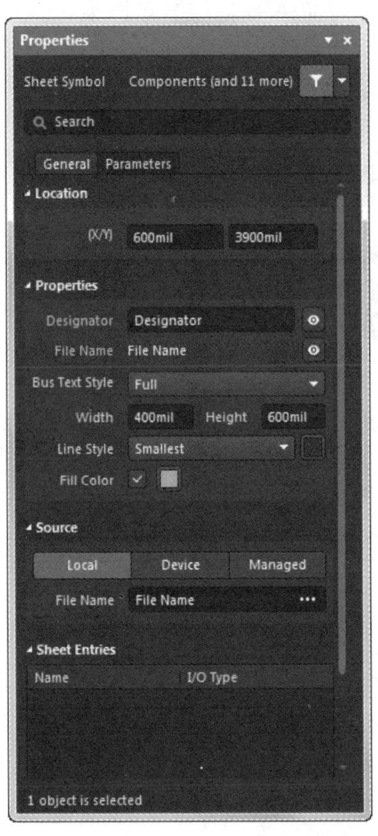

图 5-2　“Properties（属性）”面板

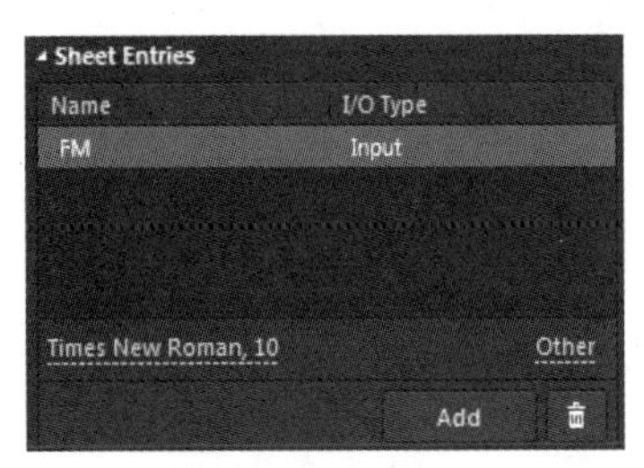

图 5-3　Sheet Entries（原理图入口）选项组

③ “Sheet Entries（图纸入口）”选项组　在该选项组中可以为页面符添加、删除和编辑与其余元件连接的图纸入口，在该选项组下进行添加图纸入口，与工具栏中的“添加图纸入口”按钮作用相同。单击“Add（添加）”按钮，在该面板中自动添加图纸入口，如图 5-3 所示。

➢ Times New Roman, 10：用于设置页面符文字的字体类型、字体大小、字体颜色，同时设置字体加粗、斜体、下划线、横线等效果，如图 5-4 所示。

➢ Other（其余）：用于设置页面符中图纸入口的电气类型、边框的颜色和填充颜色。单击后面的颜色块，可以在弹出的对话框中设置颜色，如图 5-5 所示。

图 5-4　文字设置

图 5-5　图纸入口参数

④ “Parameters（参数）”选项卡　单击图 5-2 中的“Parameters（参数）”标签，弹出

“Parameters（参数）”选项卡，如图 5-6 所示。在该选项卡中可以为页面符的图纸符号添加、删除和编辑标注文字。单击“Add（添加）”按钮，添加参数显示如图 5-7 所示。

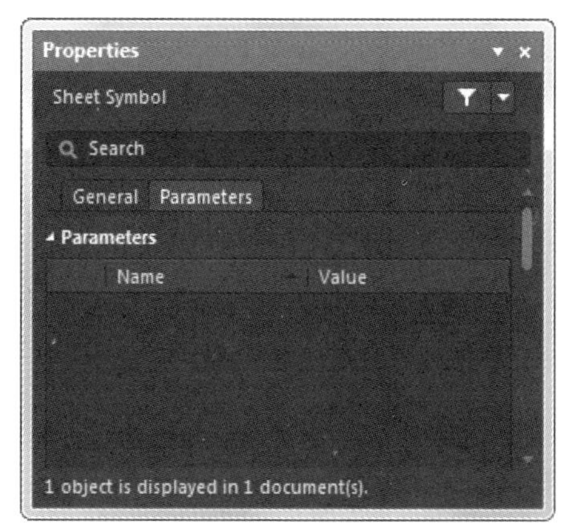

图 5-6 “Parameters（参数）”选项卡

图 5-7 设置参数属性

在该面板中可以设置标注文字的“名称”“值”“位置”“颜色”“字体”“定位”以及“类型”等。

单击按钮，显示“Value”值，单击“锁定”按钮，显示“Name”。

（2）图纸入口

执行方式

▲ 菜单栏：选择“放置”→“添加图纸入口”命令。

▲ 工具栏：单击“布线”工具栏中的“图纸入口”按钮。

绘制步骤

执行此命令，光标变成十字形，在方块图的内部单击后，光标上出现一个图纸入口符号。移动光标到指定位置，单击放置一个入口，此时系统仍处于放置图纸入口状态，单击继续放置需要的入口。全部放置完成后，右击退出放置图纸入口状态。

双击放置的入口，系统弹出“Properties（属性）”面板，如图 5-8 所示。

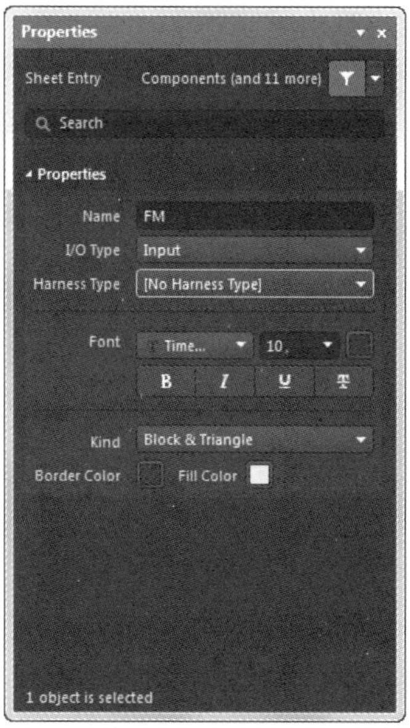

图 5-8 “Properties（属性）”面板

选项说明

在该面板中可以设置图纸入口的属性。

▲ Name（名称）：用于设置图纸入口名称。这是图纸入口最重要的属性之一，具有相同名称的图纸入口在电气上是连通的。

▲ I/O Type（输入 / 输出端口的类型）：用于设置图纸入口的电气特性，对后面的电气规则检查提供一定的依据，有 Unspecified（未指明或不确定）、Output（输出）、Input（输入）和 Bidirectional（双向型）4 种类型，如图 5-9 所示。

▲ Harness Type（线束类型）：设置线束的类型。

▲ Font（字体）：用于设置端口名称的字体类型、字体大小、字体颜色，同时设置字体加粗、斜体、下划线、横线等效果。

▲ Border Color（边界）：用于设置端口边界的颜色。

▲ Fill Color（填充颜色）：用于设置端口内填充颜色。

▲ Kind（箭头类型）：用于设置图纸入口的箭头类型。单击后面的下三角按钮，4个选项供选择，如图 5-10 所示。

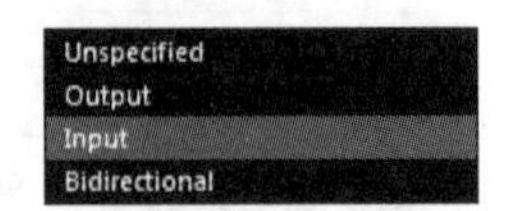

图 5-9　输入 / 输出端口的类型

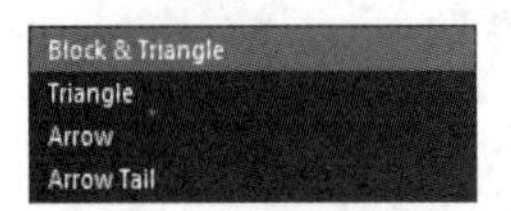

图 5-10　箭头类型

扫一扫　看视频

5.1.3 操作实例——绘制机顶盒电路顶层原理图

① 选择“文件”→“新的”→“项目”命令，建立一个新项目文件，保存并输入机顶盒电路项目文件名称“High.PrjPcb”。

② 选择“文件”→“新的”→“原理图”命令，在新项目文件中新建一个原理图文件，保存为原理图文件“Top.SchDoc”。

③ 选择“放置”→“页面符”命令，或者单击“布线”工具栏中的“页面符”按钮放置页面符，如图 5-11 所示。

④ 此时系统仍处于绘制页面符状态，用同样的方法绘制其余 5 个页面符。绘制完成后，右击退出绘制状态。

⑤ 双击绘制完成的页面符，弹出“Properties（属性）”面板。在该面板中输入标识“Front End”和文件名“Front End.SchDoc”，如图 5-12 所示。其余页面符的标识和文件名分别设置如下：“SYSTEM”“SYSTEM.SchDoc”，“FMI”“FMI.SchDoc”，“POWER”“POWER.SchDoc”，“LM I”“LMI.SchDoc”，“AV”“AV.SchDoc”。

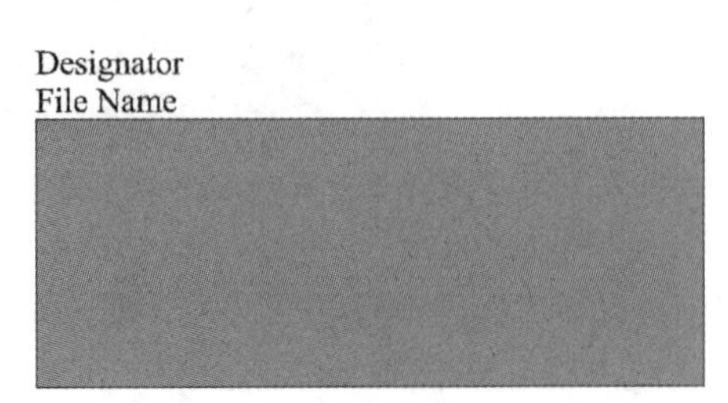

图 5-11　放置页面符

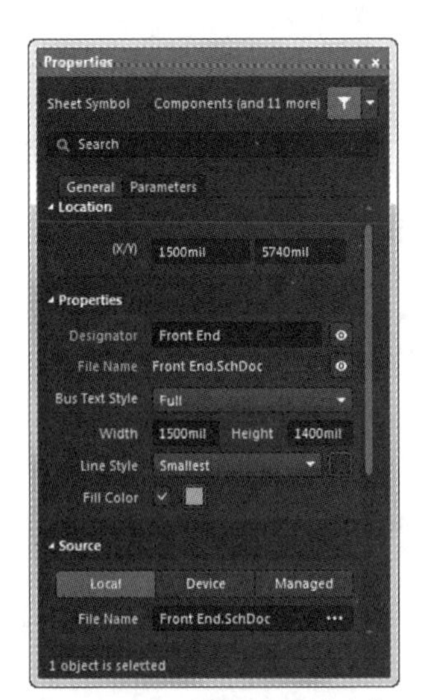

图 5-12　“Properties（属性）”面板

完成属性设置的页面符如图 5-13 所示。

图 5-13　完成属性设置的页面符

⑥ 选择“放置”→“添加图纸入口”命令，或者单击“布线”工具栏中的图纸入口按钮，放置页面符的图纸入口。

⑦ 双击放置的入口，系统弹出“Properties（属性）”面板，如图 5-14 所示。在面板中输入入口名称，根据电路需要修改 I/O 类型，如图 5-14 所示。

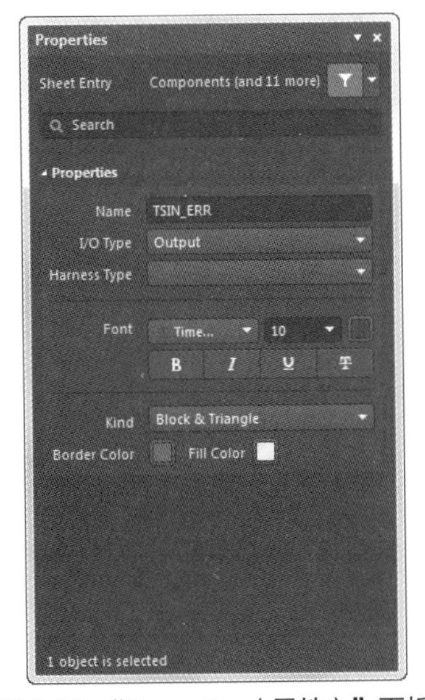

图 5-14　“Properties（属性）”面板

完成属性设置的原理图如图 5-15 所示。

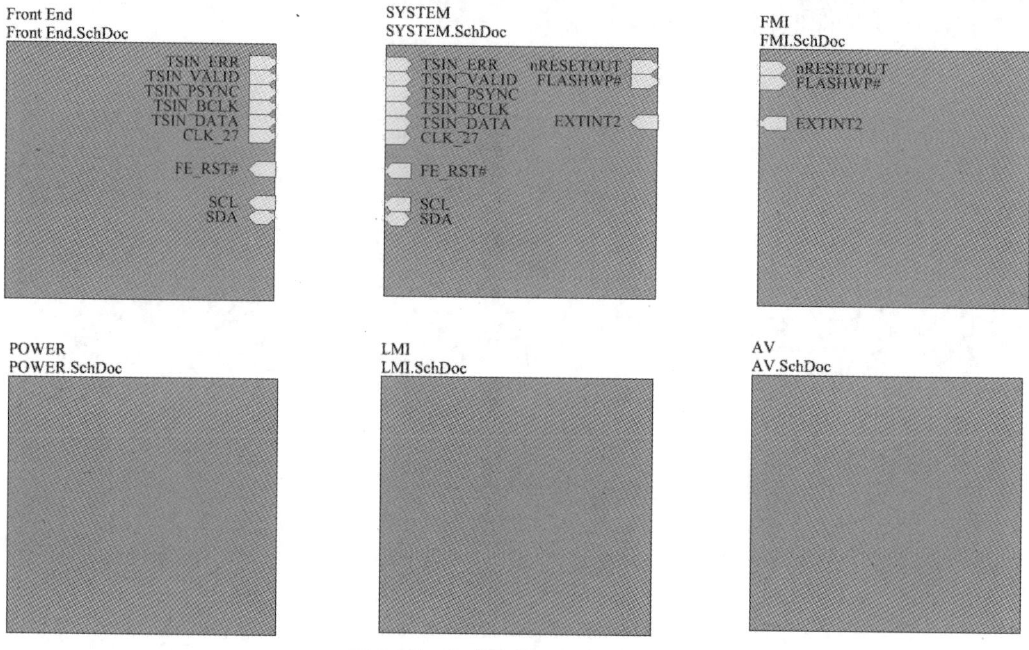

图 5-15　完成属性设置的原理图

⑧ 使用导线将各个页面符的图纸入口连接起来，并绘制图中其他部分的原理图。绘制完成的顶层原理图如图 5-16 所示。

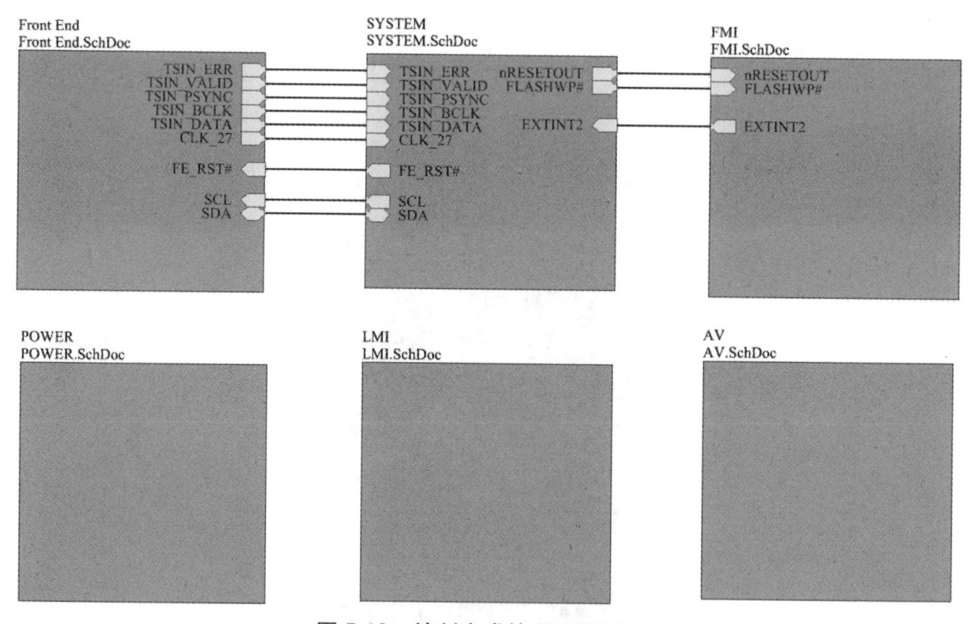

图 5-16　绘制完成的顶层原理图

5.1.4 子原理图设计

Altium Designer 20 系统提供的层次原理图的设计功能非常强大，能够实现多层的层次电

路原理图的设计。用户可以把一个完整的电路系统按照功能划分为若干个模块，每一个功能电路模块又可以进一步划分为更小的电路模块，这样依次细分下去，就可以把整个电路系统划分成多层。

图 5-17 所示为一个二级层次原理图的基本结构图。

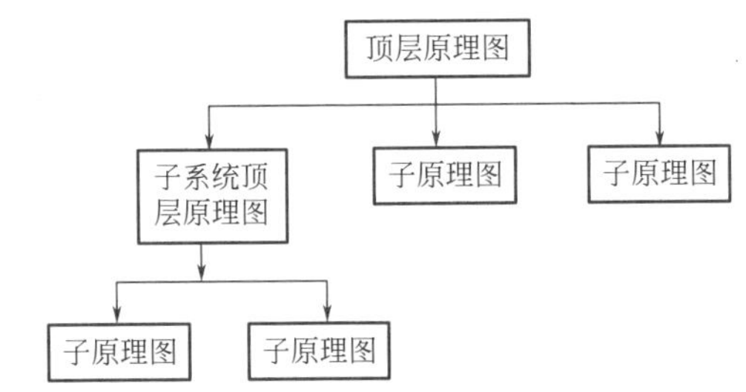

图 5-17　二级层次原理图的基本结构图

扫一扫　看视频

把每一个功能电路模块的相应原理图绘制出来，并称之为“子原理图”。然后在这些子原理图之间建立连接关系，从而完成整个电路系统的设计。

5.1.5 操作实例——绘制机顶盒子原理图

① 选择“文件”→“新的”→“项目”命令，建立一个新项目文件，保存并输入机顶盒电路项目文件名称“High2.PrjPcb”。

② 选择“文件”→“新的”→“原理图”命令，在新项目文件中新建一个原理图文件，保存为原理图文件“AV.SchDoc”。

③ 在 Components（元件）”面板右上角中单击按钮，在弹出的快捷菜单中选择“File-based Libraries Preferences（库文件参数）”命令，弹出“Available File-based Libraries（可用库文件）”对话框，加载源文件中的元件库，如图 5-18 所示。

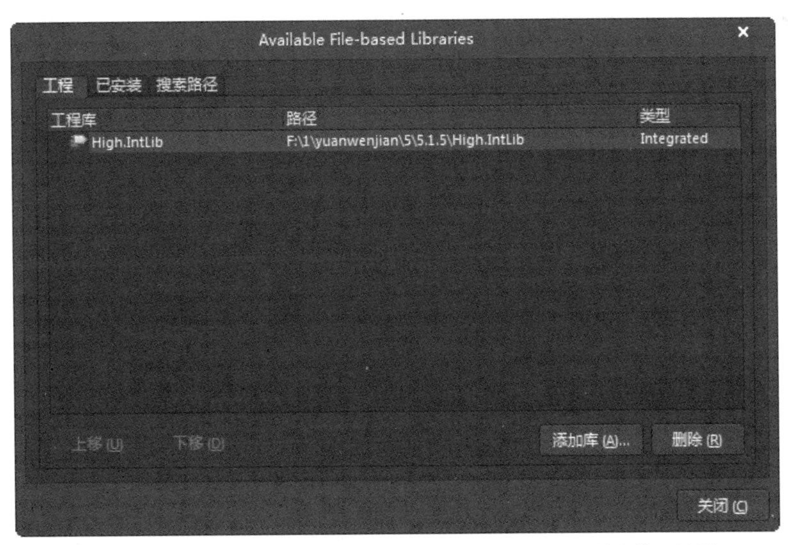

图 5-18　“Available File-based Libraries（可用库文件）”对话框

按照第 2 章中讲述的绘制一般原理图的方法绘制原理图，结果如图 5-19 所示。

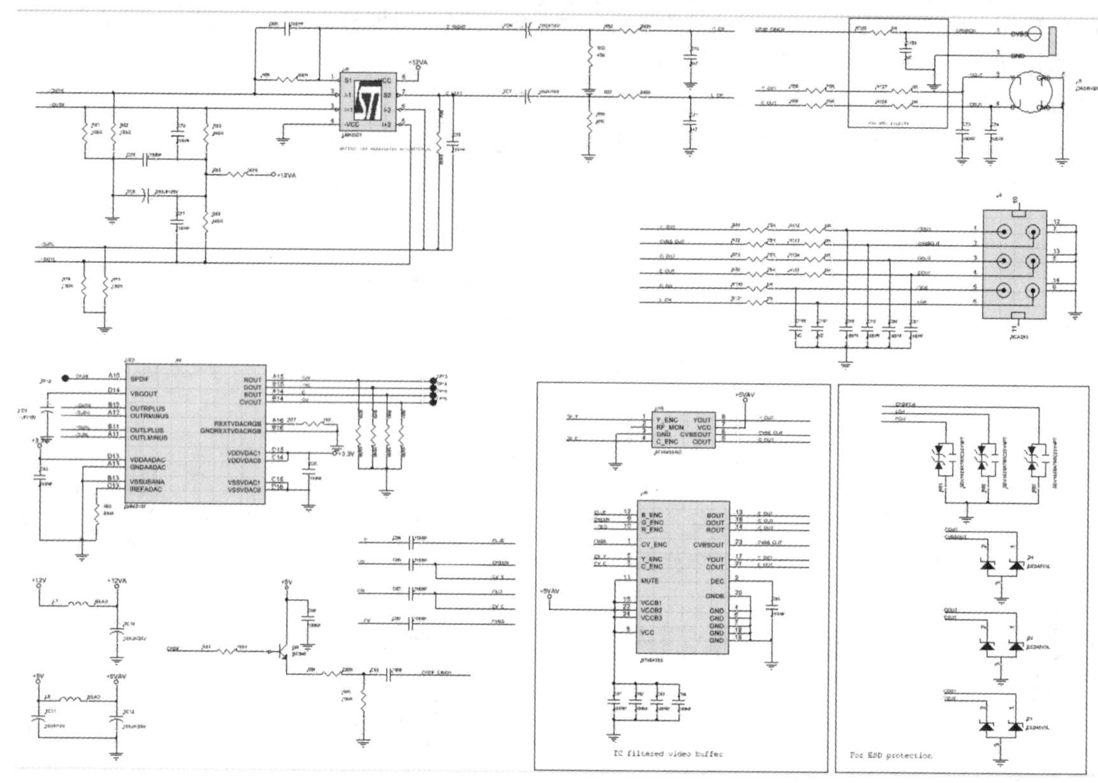

图 5-19　原理图

新建原理图文件“FMI.SchDoc”，绘制完成的原理图如图 5-20 所示。

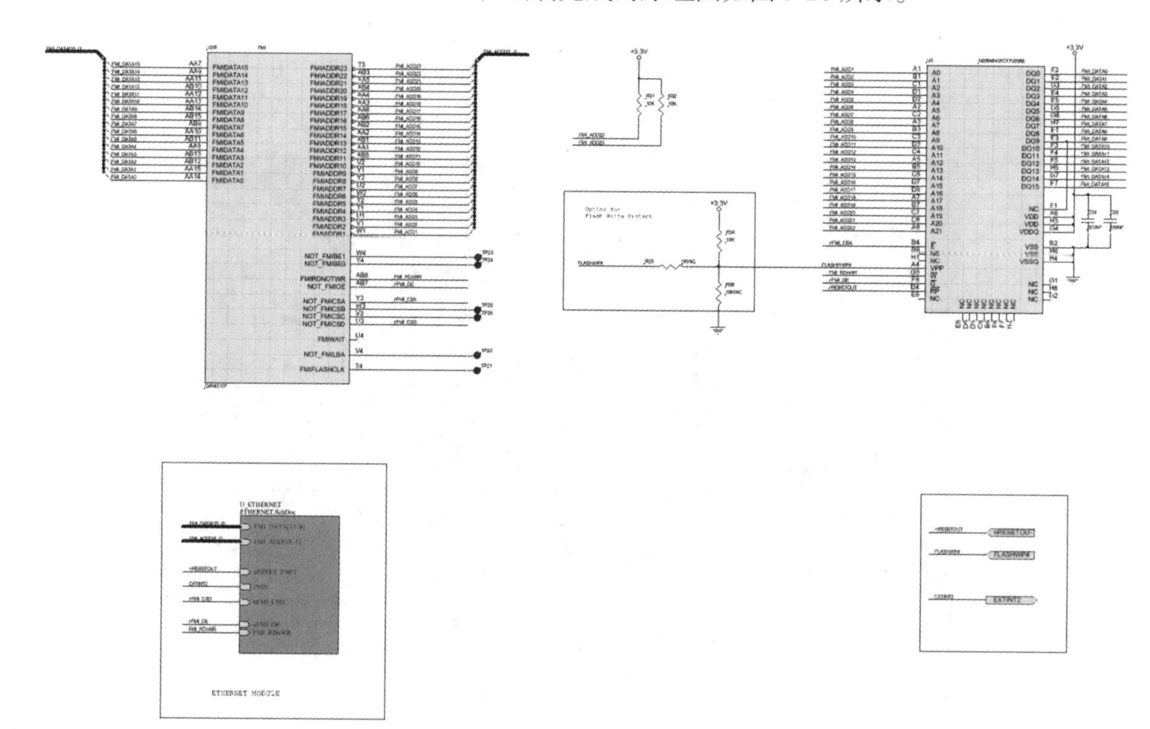

图 5-20　原理图 FMI

新建原理图文件“Front End.SchDoc”，绘制完成的原理图如图 5-21 所示。

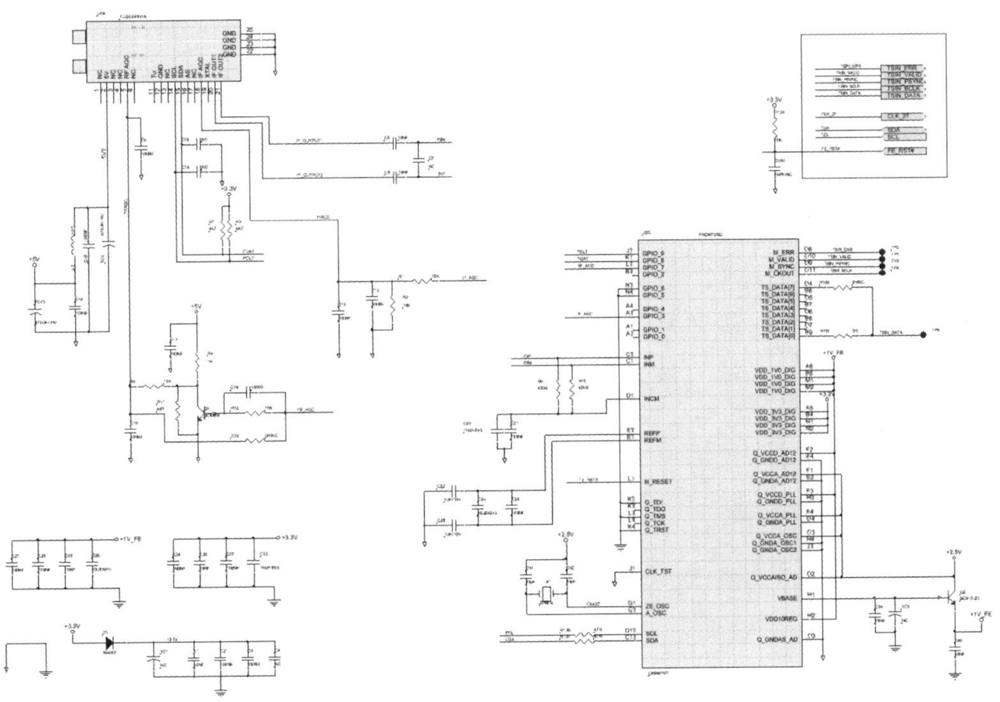

图 5-21 原理图 Front End

新建原理图文件“SYSTEM.SchDoc”，绘制完成的原理图如图 5-22 所示。

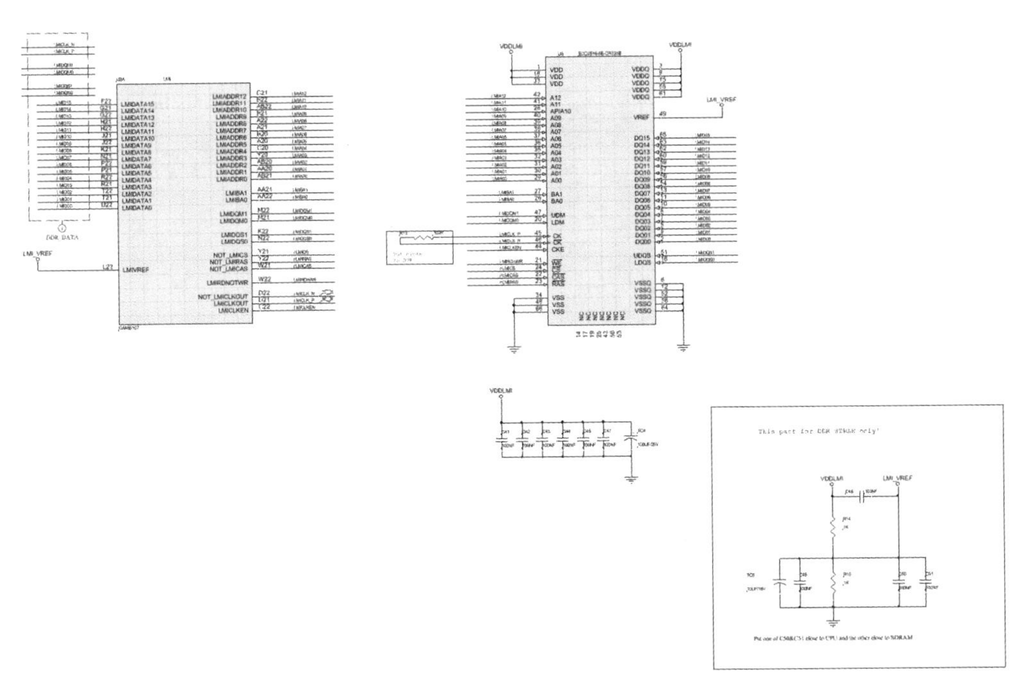

图 5-22 原理图 SYSTEM

新建原理图文件“POWER.SchDoc”，绘制完成的原理图如图 5-23 所示。

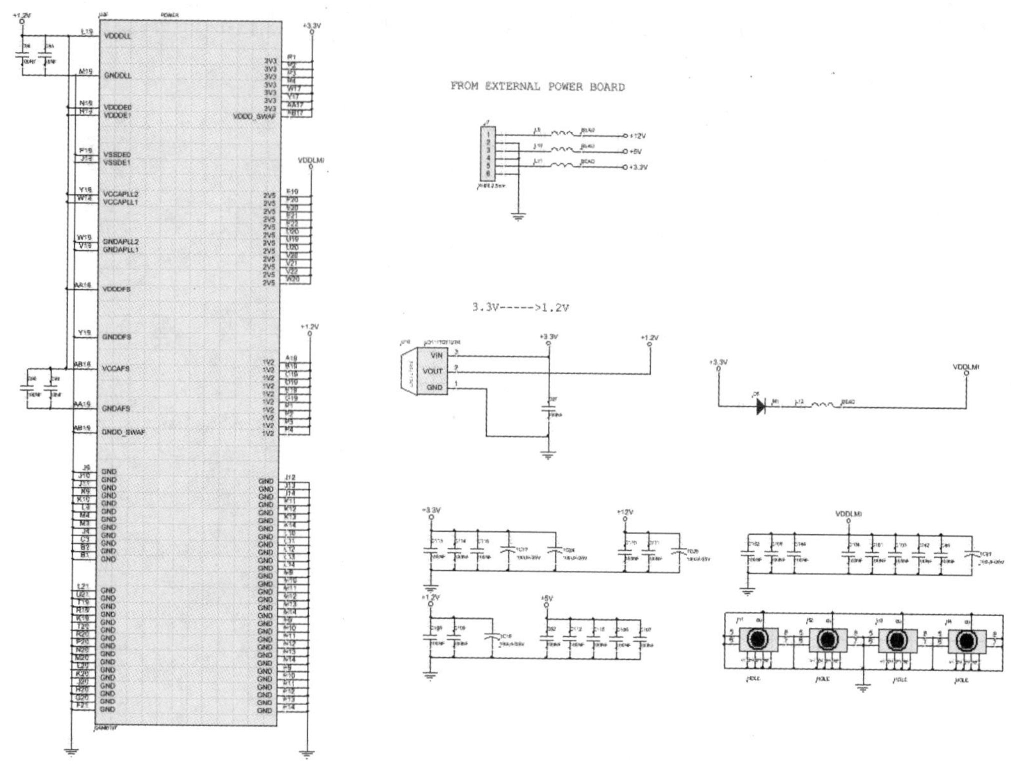

图 5-23　原理图 POWER

新建原理图文件“LMI.SchDoc”，绘制完成的原理图如图 5-24 所示。

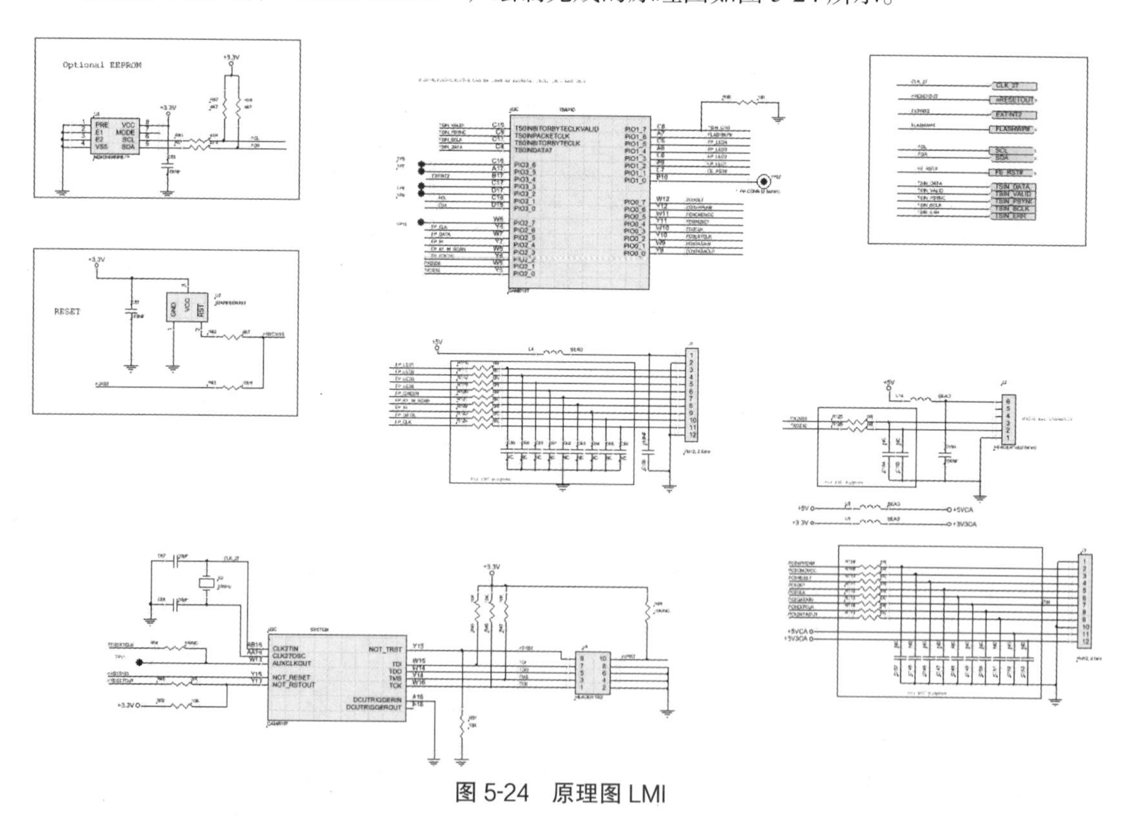

图 5-24　原理图 LMI

5.2 层次原理图的设计方法

层次原理图的设计实际上就是对顶层原理图和若干个子原理图分别进行设计，有两种方法：一种是自上而下的层次原理图设计；另一种是自下而上的层次原理图设计。

5.2.1 自上而下

自上而下的层次电路原理图设计就是先绘制出顶层原理图，然后将顶层原理图中的各个方块图对应的子原理图分别绘制出来。采用这种方法设计时，首先要根据电路的功能把整个电路划分为若干个功能模块，然后把它们正确地连接起来。

执行方式

▲ 菜单栏：选择“设计”→“从页面符创建图纸”命令。

绘制步骤

在顶层原理图中执行此命令，光标变成十字形。移动光标到页面符内部空白处单击，系统会自动生成一个与该方块图同名的子原理图文件。

扫一扫 看视频

5.2.2 操作实例——绘制机顶盒电路 1

① 选择“文件”→“打开”命令，打开“High.PrjPcb”工程文件，将“Top.SchDoc”原理图置为当前。

② 选择“设计”→“从页面符创建图纸”命令，移动光标到页面符“Front End”内部空白处单击，系统自动生成一个新的原理图文件，名称为“Front End.SchDoc”，如图 5-25 所示。

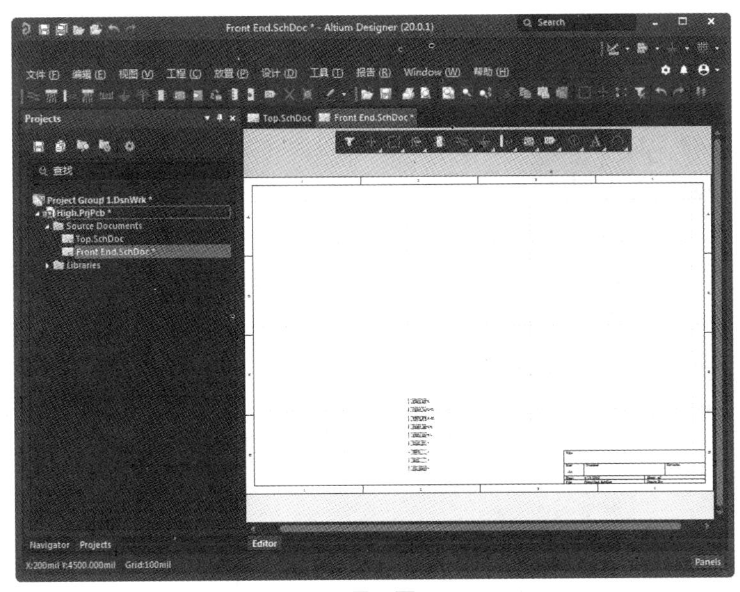

图 5-25 子原理图 Front End

③ 用同样的方法为其余页面符创建同名原理图文件，如图 5-26 所示。

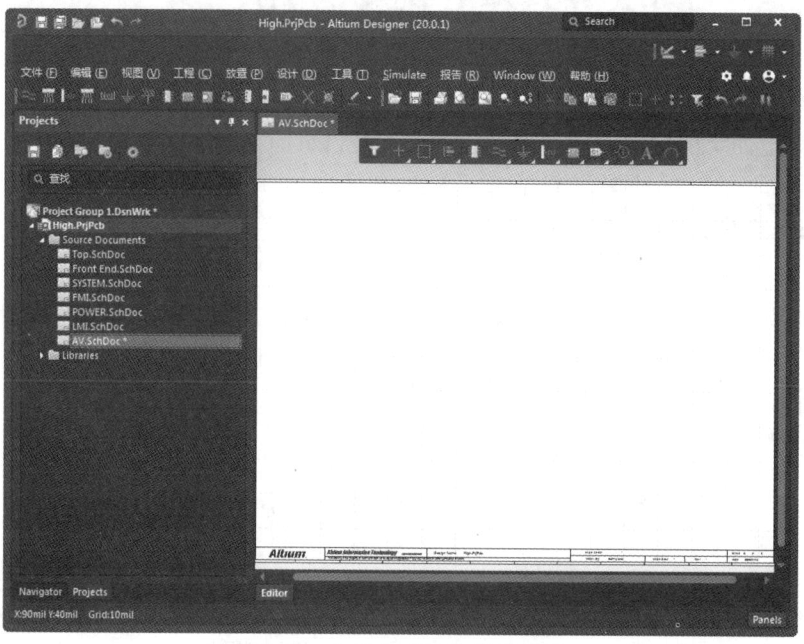

图 5-26　自动生成其余子原理图

④ 绘制子原理图。按 5.1.5 节绘制原理图的方法补全子原理图。绘制过程这里不再赘述，结果如图 5-27 所示。

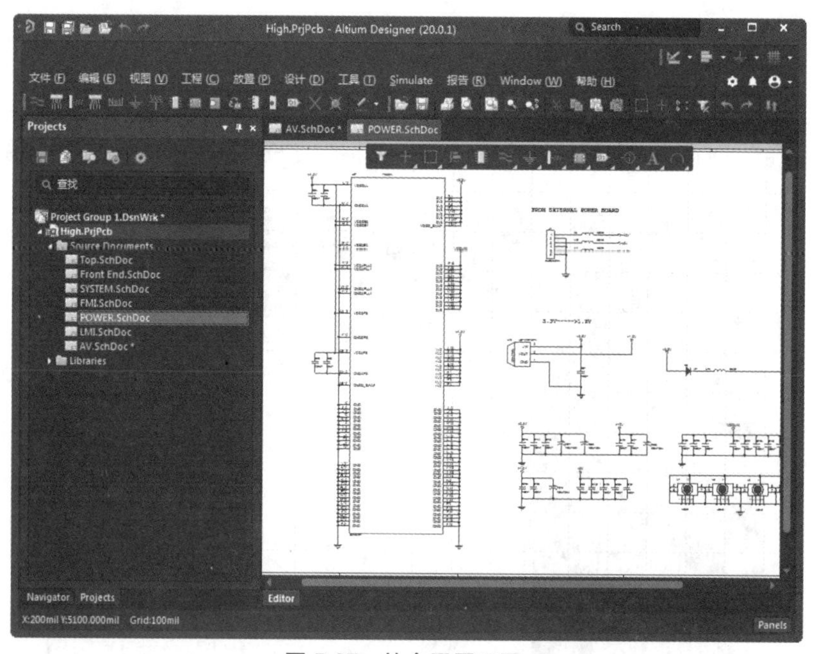

图 5-27　补全子原理图

⑤ 电路编译。选择“工程”→“Compile PCB Project（编译电路板工程）”命令，将本设计工程编译，在左侧面板中显示电路层次，如图 5-28 所示。

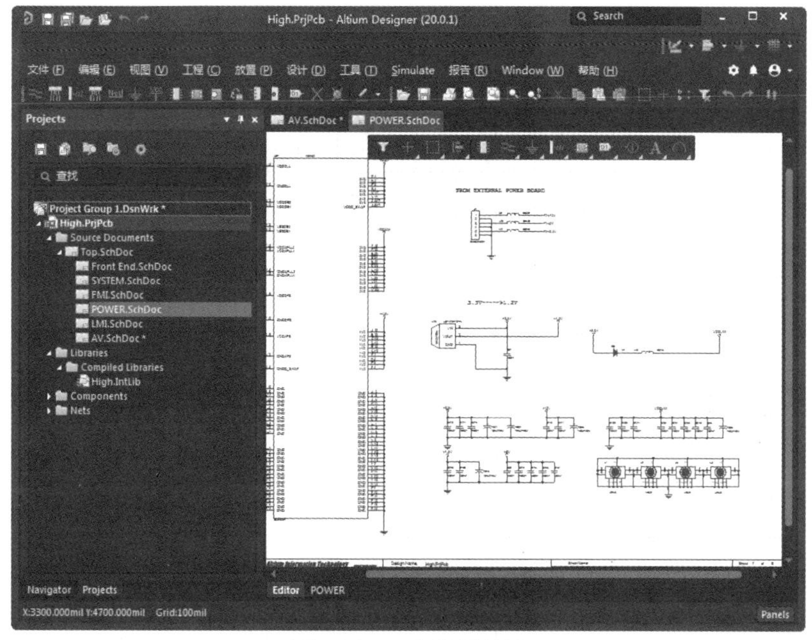

图 5-28 工程编译结果

5.2.3 自下而上

在设计层次原理图时经常会碰到这样的情况，不同功能模块的不同组合会形成功能不同的电路系统，此时就可以采用另一种层次原理图的设计方法，即自下而上的层次原理图设计。用户首先根据功能电路模块绘制出子原理图，然后由子原理图生成页面符，组合成符合自己设计需要的完整电路系统。

执行方式

▲ 菜单栏：选择“设计”→“Create Sheet Symbol From Sheet（原理图生成图纸符）”命令。

绘制步骤

① 在子原理图中执行此命令，系统弹出“Choose Document to Place（选择文件放置）”对话框，如图 5-29 所示。

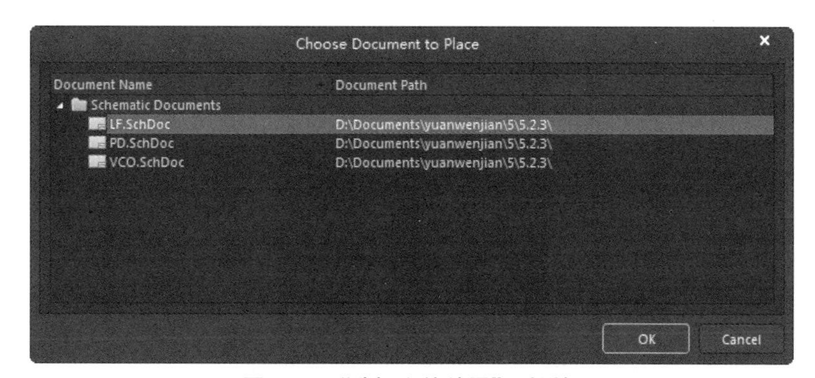

图 5-29 “选择文件放置”对话框

② 在对话框中选择一个子原理图文件后，单击 OK 按钮，光标上出现一个同名页面符虚影，将其放置在电路图中，组成顶层电路，如图 5-30 所示。

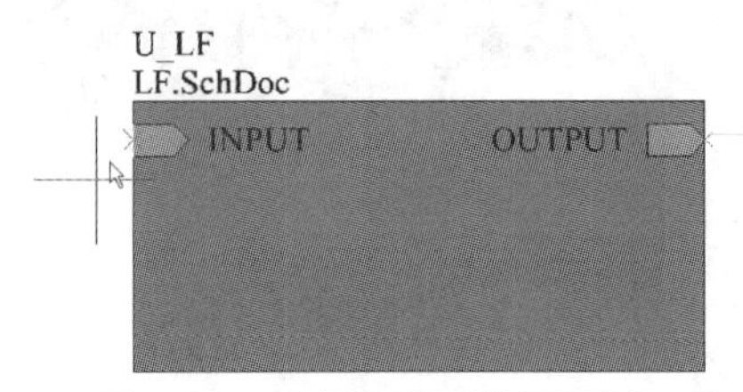

图 5-30　光标上出现的页面符

扫一扫　看视频

 5.2.4 操作实例——绘制机顶盒电路 2

（1）新建原理图

① 选择“文件”→“打开”命令，打开项目文件“High2.PrjPcb”。

② 选择“文件”→“新的”→“原理图”命令，在新项目文件中新建一个原理图文件，保存为原理图文件“Top2.SchDoc”。

（2）绘制顶层原理图

① 打开“Top2.SchDoc”文件，选择“设计”→“Create Sheet Symbol From Sheet（原理图生成图纸符）”命令，系统弹出选择文件放置对话框，如图 5-31 所示。

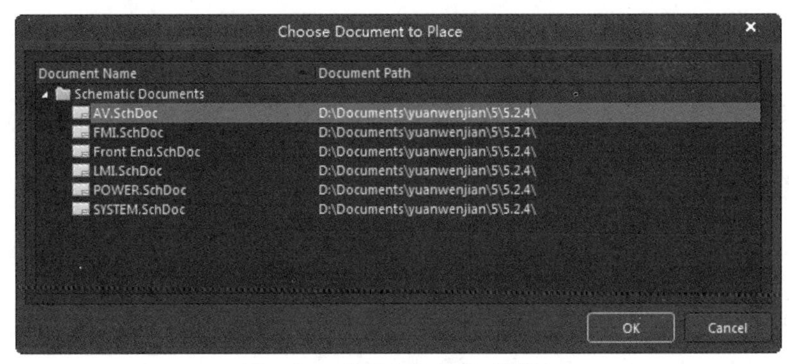

图 5-31　选择文件放置对话框

② 在对话框中选择子原理图文件“AV.SchDoc”后，单击 OK 按钮，光标上出现一个浮动的页面符，如图 5-32 所示。

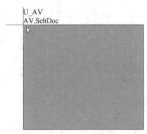

图 5-32　光标上出现的页面符

③ 在指定位置单击，将方块图放置在顶层原理图中。

④ 采用同样的方法放置其余页面符并设置其属性。完成放置的页面符如图 5-33 所示。

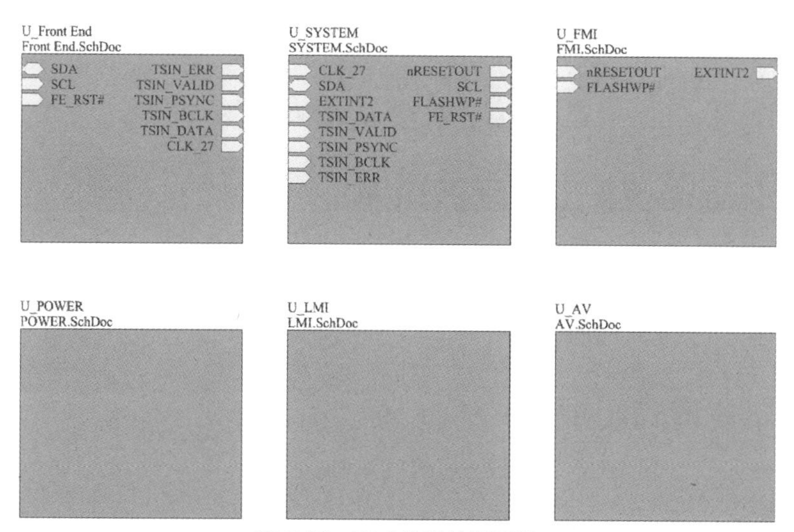

图 5-33 完成放置的页面符

⑤ 用导线将页面符连接起来，并绘制剩余部分电路图，完成顶层电路图的绘制。

（3）电路编译

选择“工程”→“Compile PCB Project（编译电路板工程）”命令，将本设计工程编译。编译结果如图 5-34 所示。

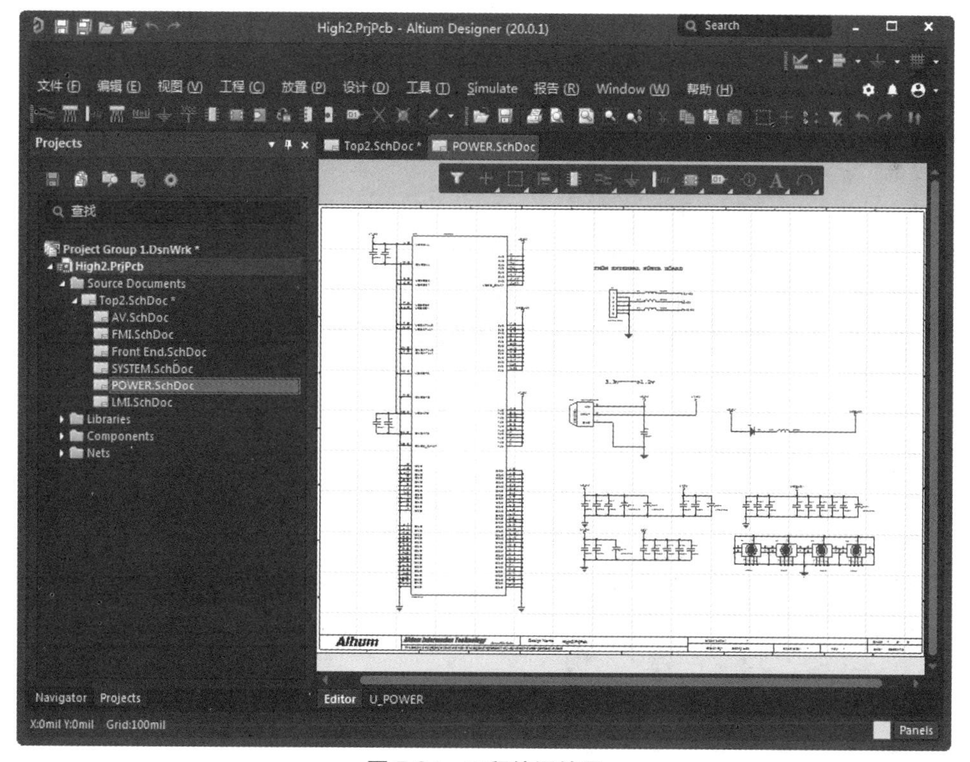

图 5-34 工程编译结果

5.3 层次原理图之间的切换

绘制完的层次电路原理图中一般都包含顶层原理图和多张子原理图。用户在编辑时，常常需要在这些图中来回切换查看，以便了解完整的电路结构。

5.3.1 用 Projects 工作面板切换

打开“Projects（工程）”面板，如图 5-35 所示。单击面板中相应的原理图文件名，在原理图编辑区内就会显示对应的原理图。

5.3.2 用命令方式切换

执行方式

▲ 菜单栏：选择“工具”→“上 / 下层次”命令。

▲ 工具栏：单击“原理图标准”工具栏中的“上 / 下层次”按钮。

绘制步骤

① 执行此命令，光标变成十字形，移动光标至顶层原理图中欲切换的子原理图对应的页面符上，单击其中一个图纸入口，如图 5-36 所示。

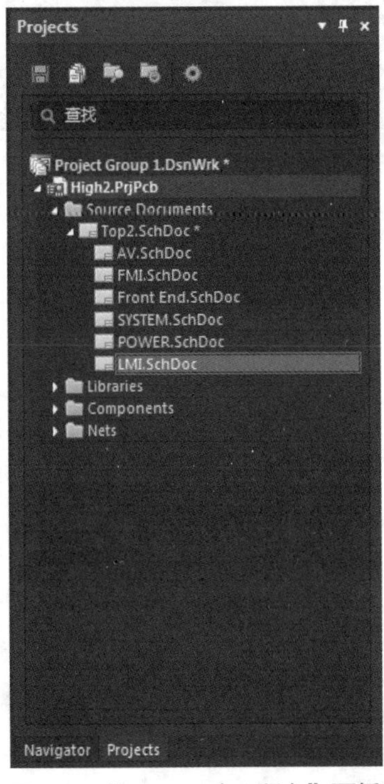

图 5-35 “Projects（工程）”面板

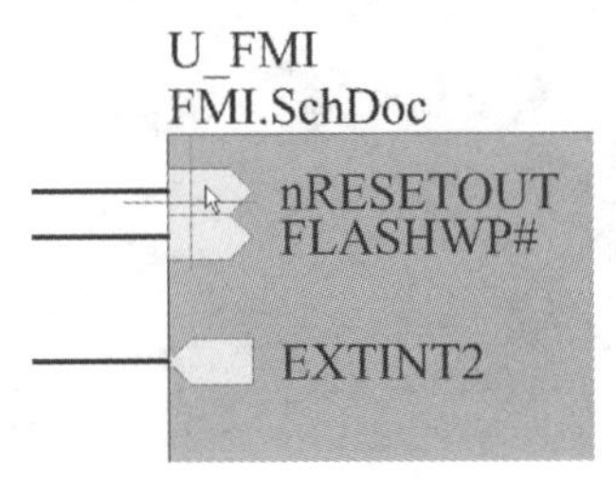

图 5-36 单击图纸入口

② 单击后，系统自动打开子原理图，并切换到原理图编辑区内，如图 5-37 所示。

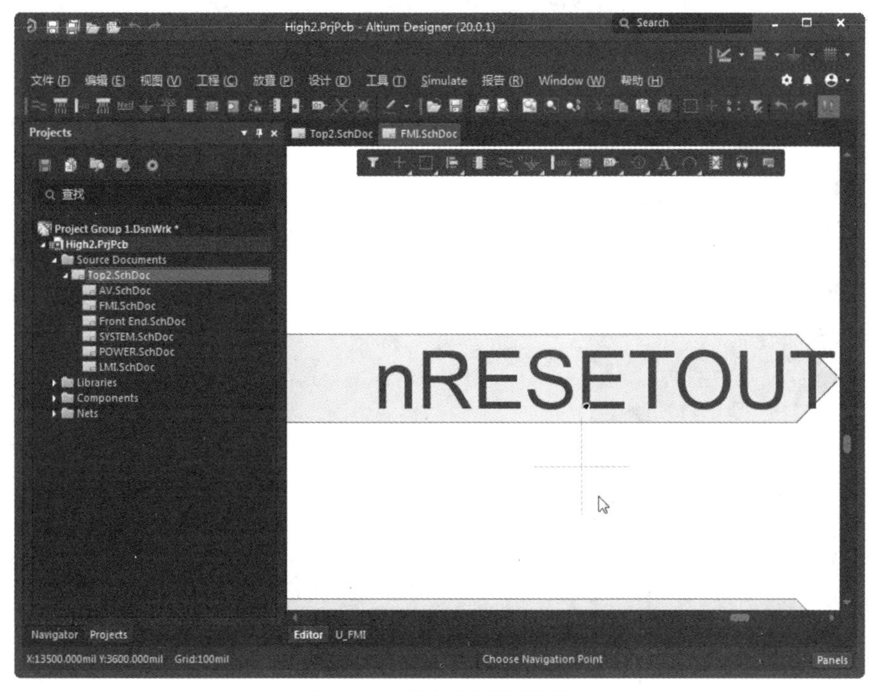

图 5-37　切换到子原理图

③ 移动光标到子原理图的一个输入 / 输出端口上，如图 5-38 所示。

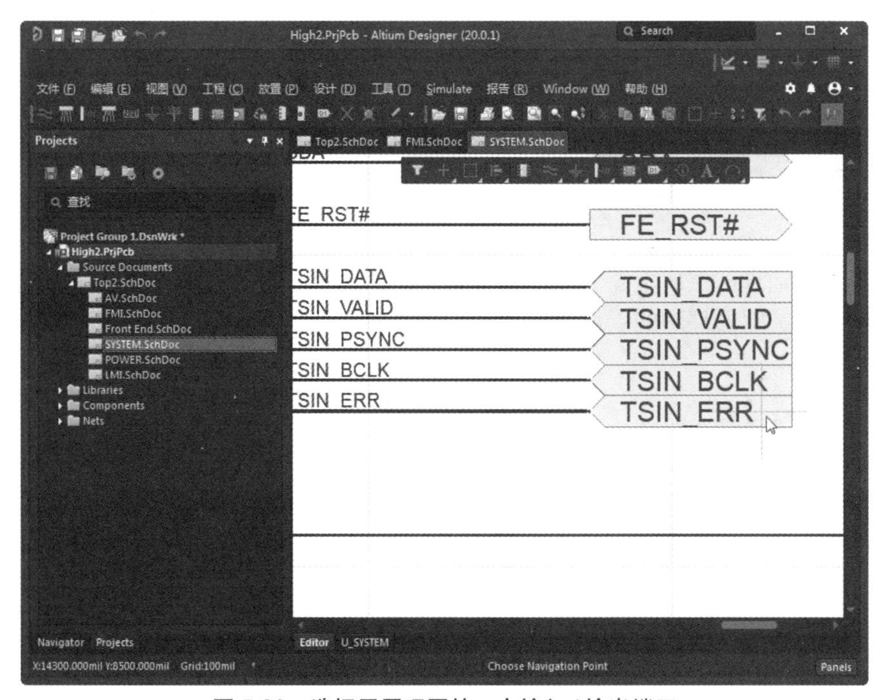

图 5-38　选择子原理图的一个输入 / 输出端口

④ 单击该端口，系统将自动打开并切换到顶层原理图，如图 5-39 所示。

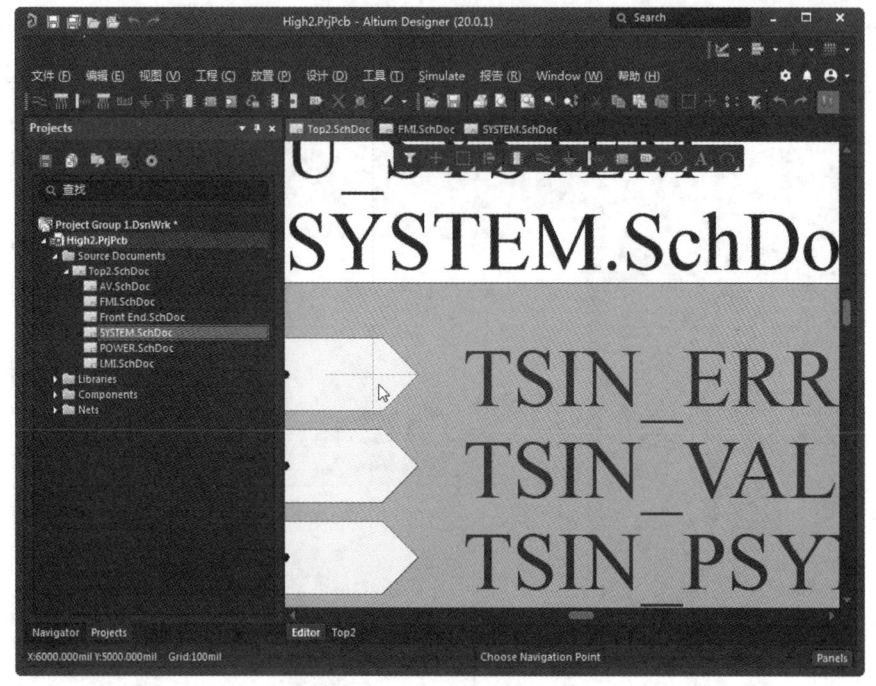

图 5-39　切换到顶层原理图

5.4　层次设计报表 

一个复杂的电路系统可能包含多个层次的电路图，此时，层次原理图的关系比较复杂，用户将不容易看懂这些电路图。

5.4.1　层次设计报表的生成

为了更深刻地理解层次电路，Altium Designer 20 提供了一种层次设计报表，通过报表，用户可以清楚地了解原理图的层次结构关系。

执行方式

▲ 菜单栏：选择“报告”→“Report Project Hierarchy（工程层次报告）”命令。

绘制步骤

执行此命令，系统将生成后缀名为“.REP”的层次设计报表。

5.5　综合演练 

本节主要讲述如何利用高级绘制方法绘制复杂电路——晶体稳频立体声发射机电路，通过自上而下、自下而上的层次电路绘制方法，帮助读者进一步掌握电路原理图的绘制。

本例要设计的是晶体稳频立体声发射机电路，由于元件过多，因此把电路分成几个子原理图。主要由6部分组成：调频电路、供电电路、立体声编码电路、晶体振荡电路以及滤波和射频电路。该电路组成的发射机工作频率相当稳定，音质上乘，非常适合作为家庭无线音响之用。

扫一扫 看视频

5.5.1 自上而下绘制电路

① 选择“文件”→“新的”→“项目”命令，建立一个新项目文件，保存并输入项目文件名称“晶体稳频立体声发射机电路 .PrjPcb”。

② 选择“文件”→“新的”→“原理图”，在新项目文件中新建一个原理图文件，保存为原理图文件“主电路 .SchDoc”。

③ 选择“放置”→“页面符”命令，或者单击“布线”工具栏中的“图纸符号”按钮，放置页面符，如图5-40所示。

图5-40 放置页面符

④ 采用同样的方法绘制其余页面符。绘制完成后，右击退出绘制状态。

⑤ 双击绘制完成的页面符，弹出“Properties（属性）”面板，如图5-41所示。在该面板中设置方块图属性。完成属性设置的页面符如图5-42所示。

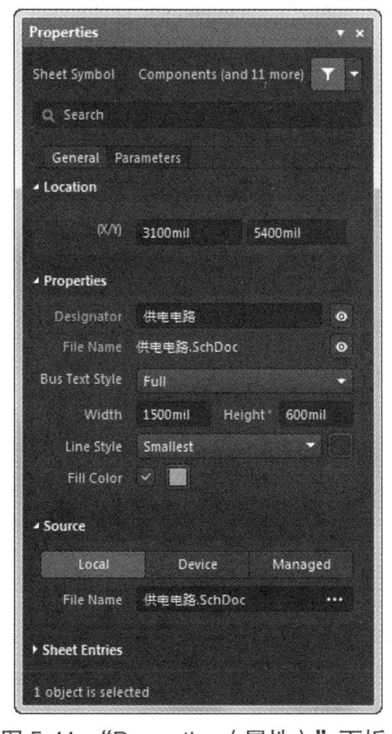

图5-41 “Properties（属性）”面板

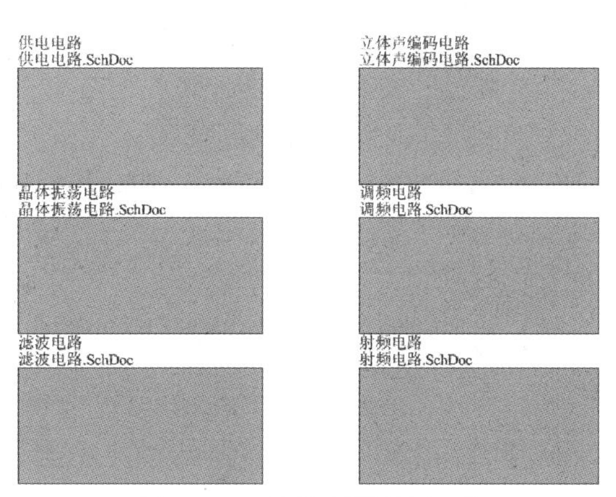

图5-42 设置好属性的页面符

知识拓展

也可以直接在图 5-41 所示的"Properties（属性）"面板中"Sheet Entry（图纸入口）"选项组下单击"Add（添加）"按钮，直接添加图纸入口，如图 5-43 所示，不需要再使用"添加图纸入口"命令。

⑥ 选择"放置"→"添加图纸入口"命令，或者单击"布线"工具栏中的"图纸入口"按钮，放置页面符的图纸入口，单击依次放置需要的图纸入口。全部放置完成后，右击退出放置状态。

⑦ 双击放置的入口，系统弹出"Properties（属性）"面板，如图 5-44 所示。在该面板中可以设置图纸入口的属性。完成属性设置的原理图如图 5-45 所示。

⑧ 使用导线将各个页面符的图纸入口连接起来，并绘制图中其他部分。绘制完成的顶层原理图如图 5-46 所示。

图 5-43 "Properties（属性）"面板

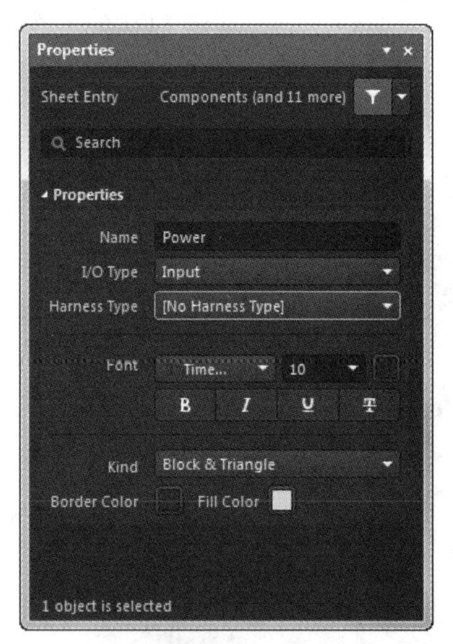

图 5-44 "Properties（属性）"面板

电路指南——原理图绘制

完成了顶层原理图的绘制以后，要把顶层原理图中的每个方块对应的子原理图绘制出来，其中每张子原理图中还可以包含页面符。

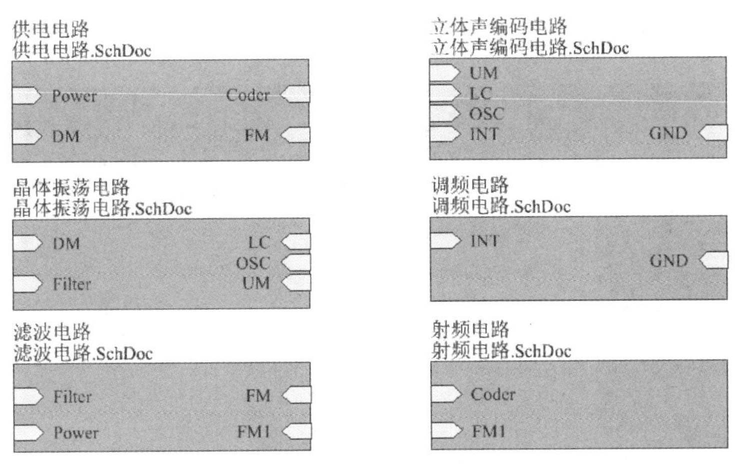

图 5-45　完成属性设置的原理图

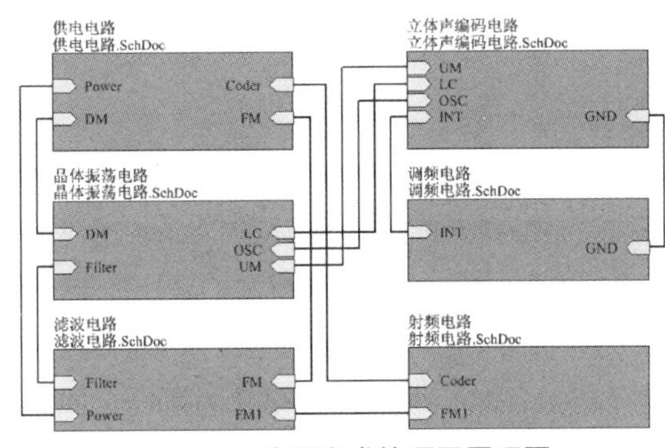

图 5-46　绘制完成的顶层原理图

⑨ 选择“设计”→“从页面符创建图纸”命令，光标变成十字形。移动光标到页面符供电电路内部空白处单击，系统会自动生成一个与该方块图同名的子原理图文件“供电电路 .SchDoc”，如图 5-47 所示。

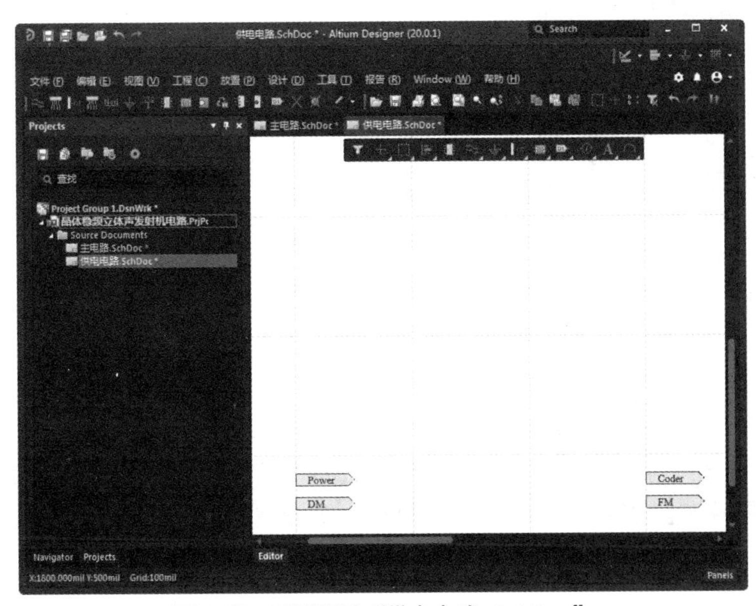

图 5-47　子原理图“供电电路 .SchDoc”

⑩ 利用 5.1.5 节的方法补全供电电路原理图，最终结果如图 5-48 所示。

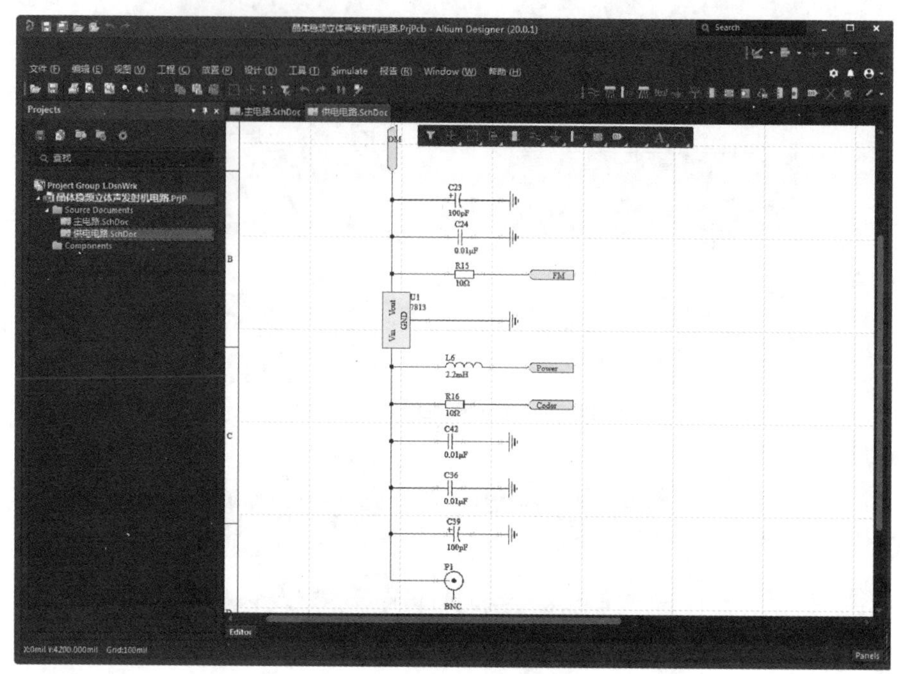

图 5-48　供电电路

⑪ 用同样的方法为另外 5 个页面符创建同名原理图文件，如图 5-49 所示。

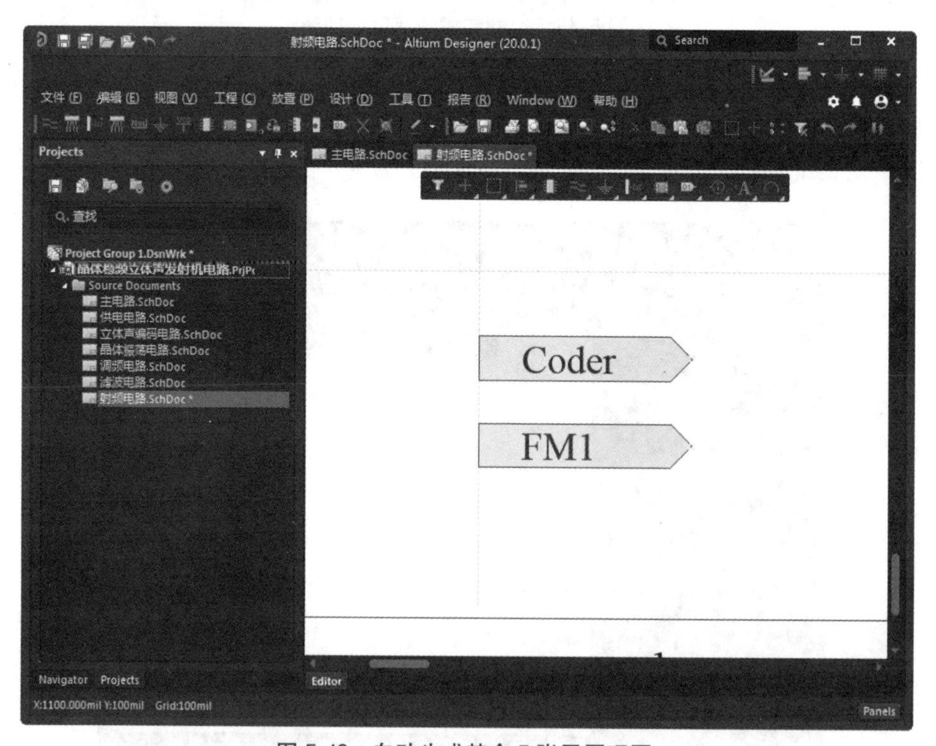

图 5-49　自动生成其余 5 张子原理图

⑫ 绘制子原理图。绘制完成的子原理图“晶体振荡电路 .SchDoc”如图 5-50 所示。

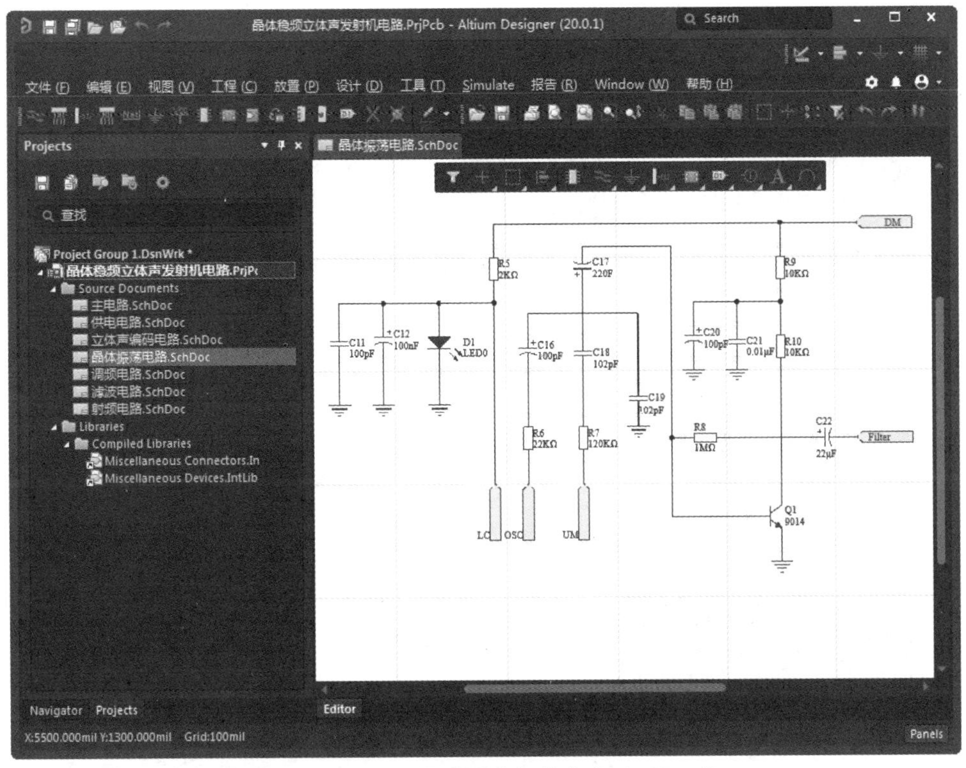

图 5-50　子原理图“晶体振荡电路 .SchDoc”

⑬ 采用同样的方法绘制子原理图“滤波电路 .SchDoc”，绘制完成的原理图如图 5-51 所示。

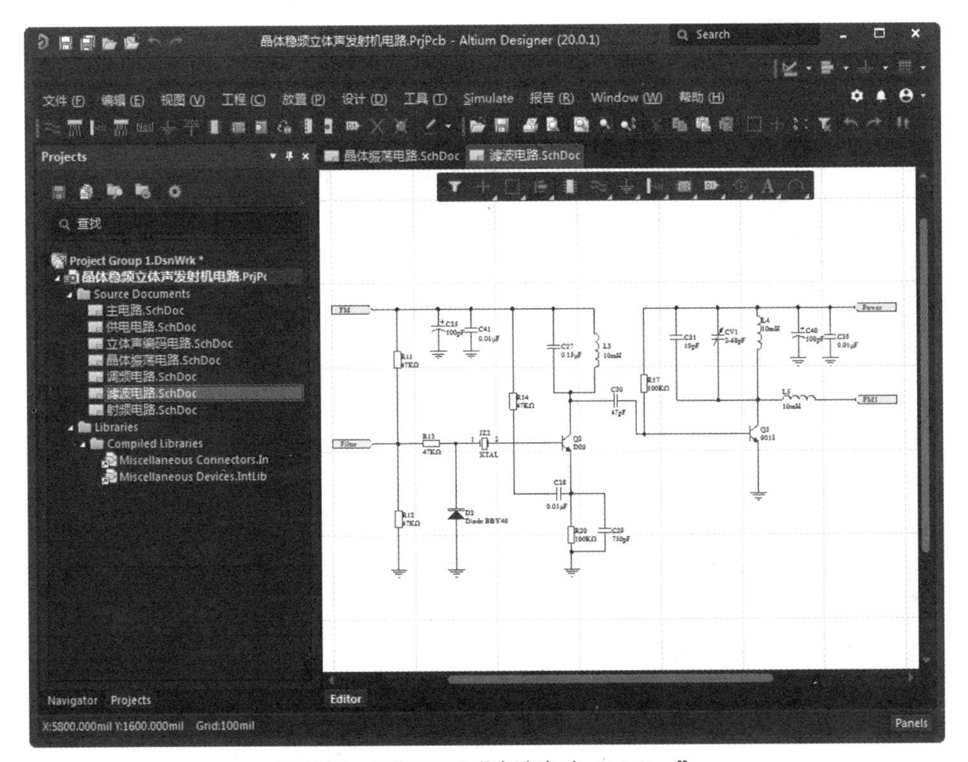

图 5-51　子原理图“滤波电路 .SchDoc”

⑭ 采用同样的方法绘制子原理图“立体声编码电路 .SchDoc”，绘制完成的原理图如图 5-52 所示。

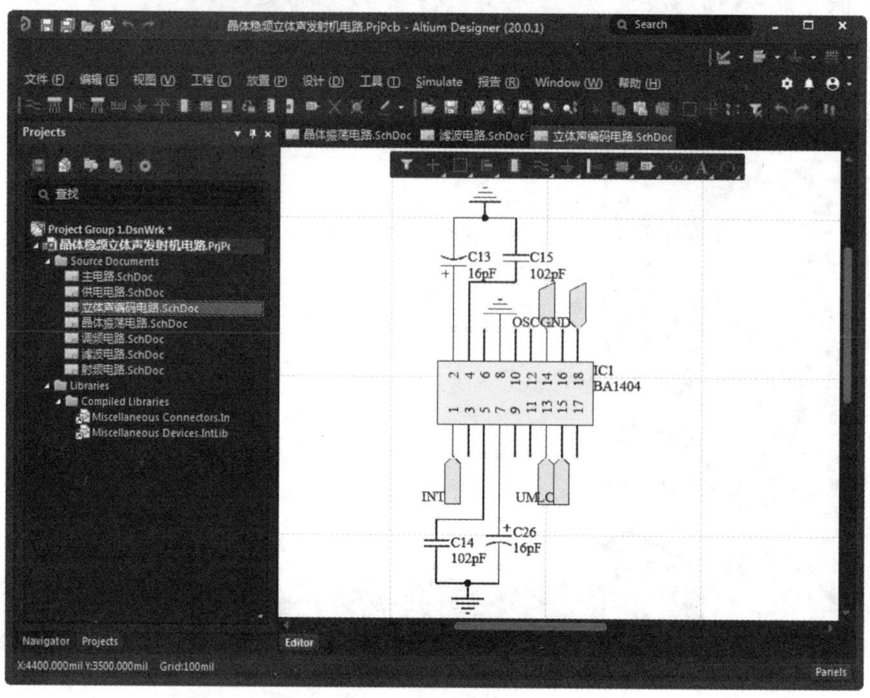

图 5-52 子原理图“立体声编码电路 .SchDoc”

⑮ 采用同样的方法绘制子原理图“调频电路 .SchDoc”，绘制完成的原理图如图 5-53 所示。

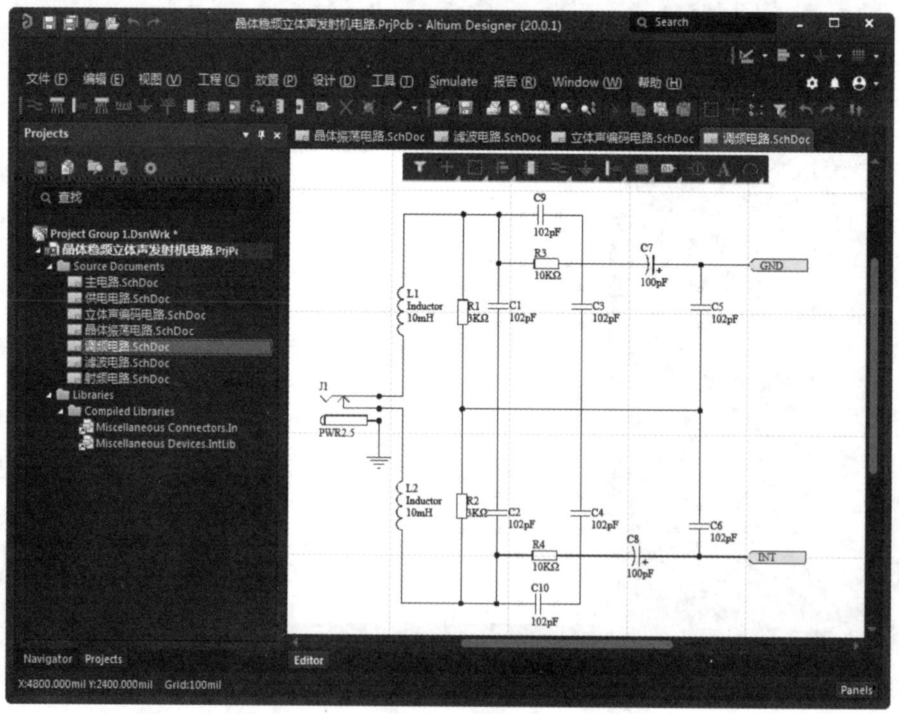

图 5-53 子原理图“调频电路 .SchDoc”

⑯ 采用同样的方法绘制子原理图“射频电路 .SchDoc”，绘制完成的原理图如图 5-54 所示。

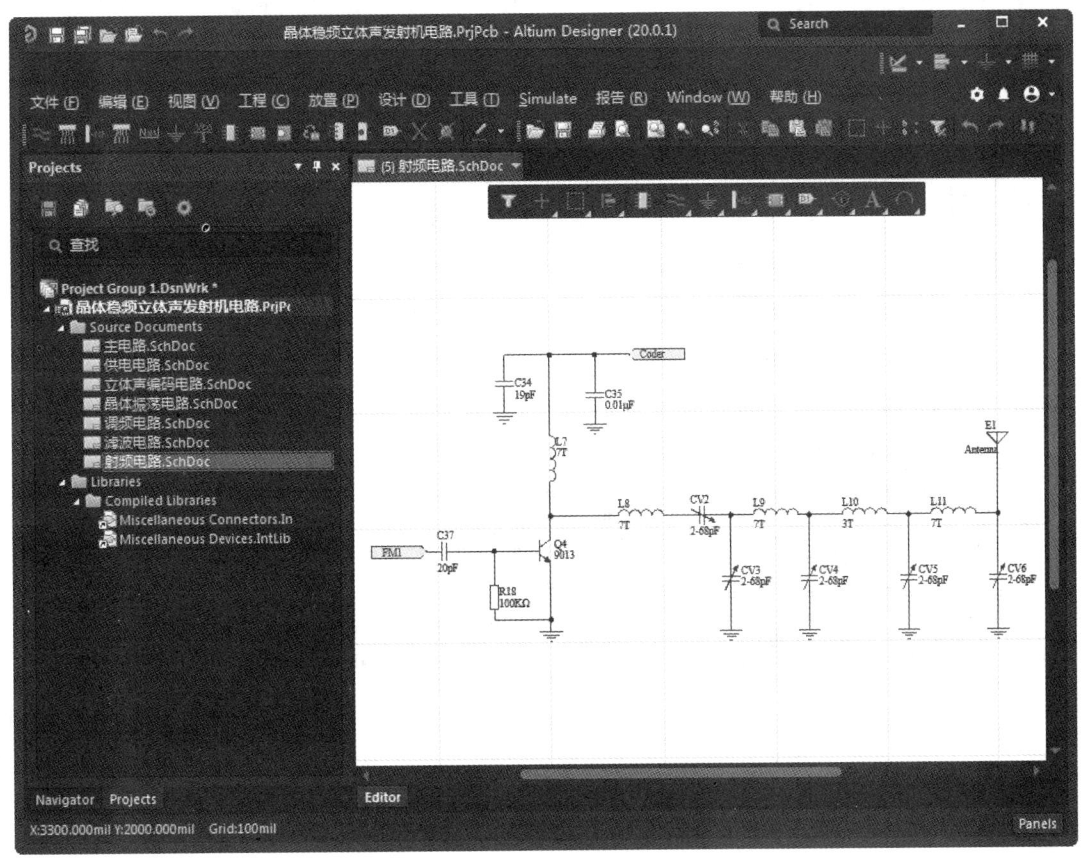

图 5-54 子原理图“射频电路 .SchDoc”

⑰ 选择“工程”→“Compile PCB Project（编译电路板工程）”命令，将本设计工程编译。弹出如图 5-55 所示的“Messages（信息）”面板，同时，工程图编译结果如图 5-56 所示。

图 5-55 “Messages（信息）”面板

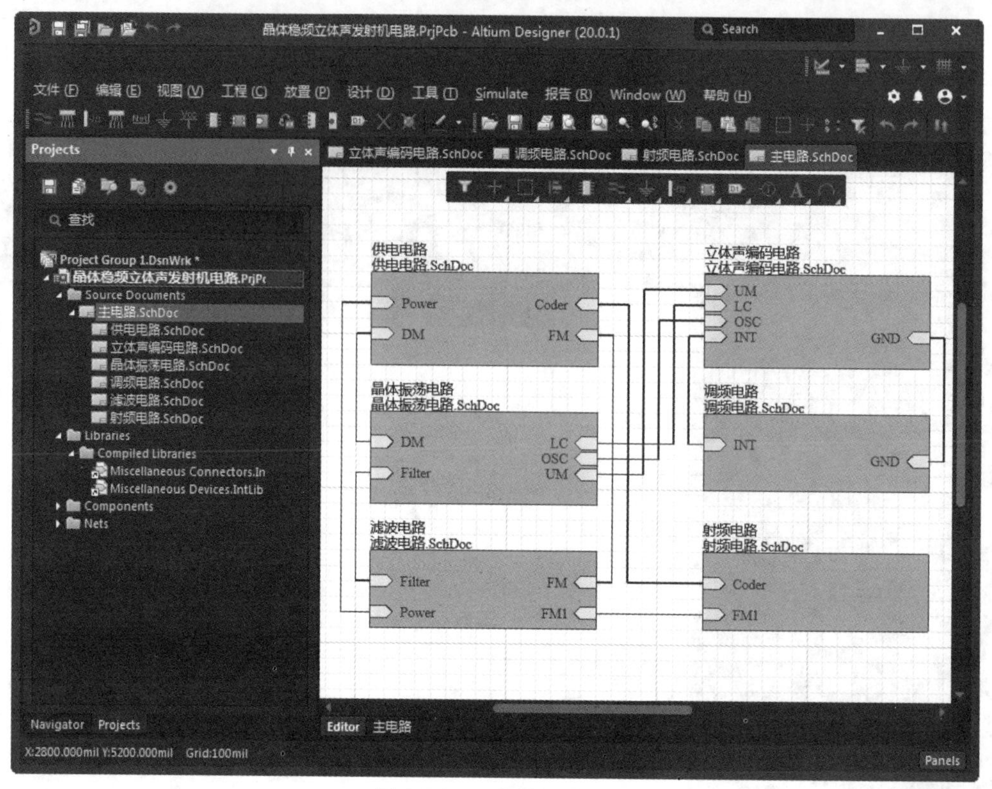

图 5-56 工程编译结果

扫一扫 看视频

5.5.2 自下而上绘制电路

（1）建立工作环境

① 在 Altium Designer 20 主界面中，选择“文件”→“新的”→“项目”命令，新建默认名称为“PCB_Project1.PrjPcb”的工程文件。

② 选择“文件”→“新的”→“原理图”命令，新建默认名称为“Sheet1.SchDoc”“Sheet2.SchDoc”“Sheet3.SchDoc”“Sheet4.SchDoc”“Sheet5.SchDoc”“Sheet6.SchDoc”的原理图文件。

③ 选择“文件”→“全部保存”命令，依次在弹出的保存对话框中输入文件名称“晶体稳频立体声发射机电路.PrjPcb”“立体声编码电路.SchDoc”“调频电路.SchDoc”“晶体振荡电路.SchDoc”“滤波电路.SchDoc”“供电电路.SchDoc”“射频电路.SchDoc”，如图 5-57 所示。

知识链接——全部保存命令

利用“全部保存”命令可一次性保存原理图文件与工程图文件，适用于创建多个文件。

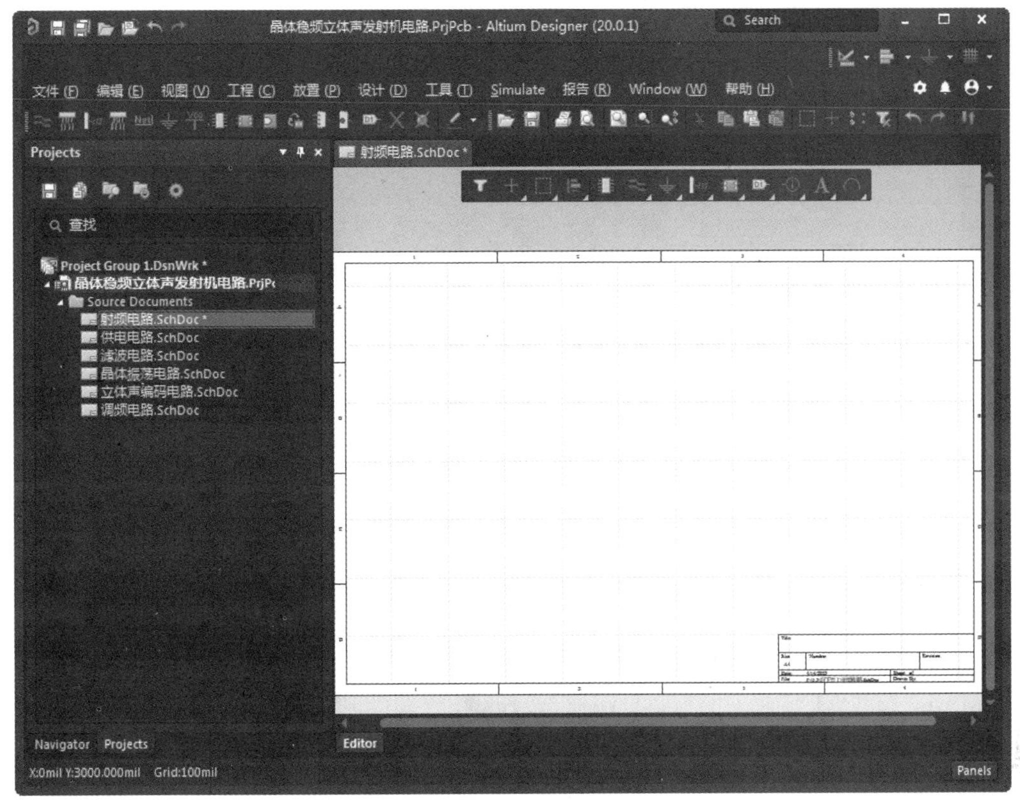

图 5-57 保存原理图文件

（2）加载元件库

在“Components（元件）”面板右上角单击≡按钮，在弹出的快捷菜单中选择“File-based Libraries Preferences（库文件参数）”命令，则系统将弹出“Available File-based Libraries（可用库文件）”对话框，然后在其中加载需要的元件库“Miscellaneous Devices.IntLib”与“Miscellaneous Connectors.IntLib”，如图 5-58 所示。

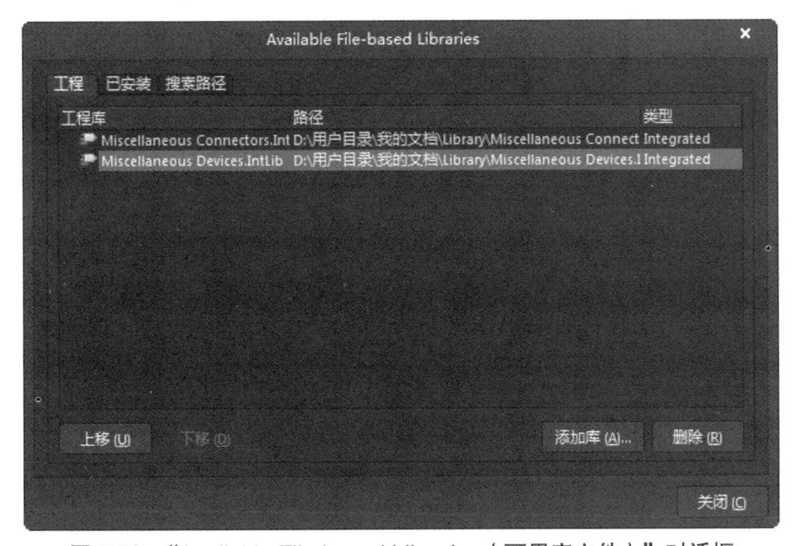

图 5-58 “Available File-based Libraries（可用库文件）”对话框

（3）绘制立体声编码电路

① 选择“Components（元件）”面板，在其中浏览刚刚加载的元件库“Miscellaneous Connectors.IntLib”，找到所需的元件“Header 9X2”，如图 5-59 所示。双击元件，弹出元件属性编辑对话框，修改元件参数，结果如图 5-60 所示。

P?
1 2
3 4
5 6
7 8
9 10
11 12
13 14
15 16
17 18
Header 9X2

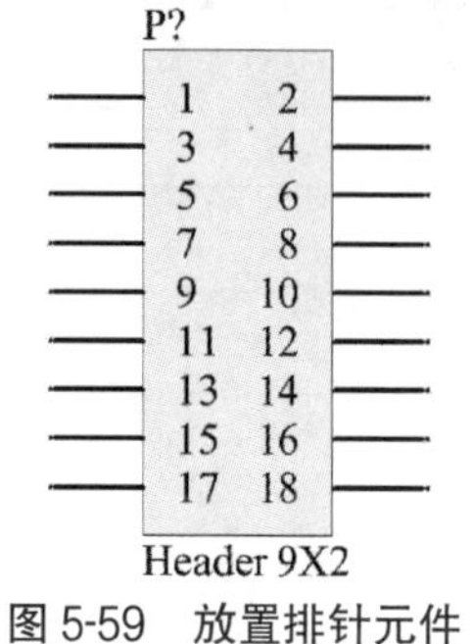

图 5-59 放置排针元件

P?
1 2
3 4
5 6
7 8
9 10
11 12
13 14
15 16
17 18
BA1404

图 5-60 修改后的元件

② 放置其余元件到原理图中，再对这些元件进行编辑、布局，结果如图 5-61 所示。

（4）元件布线

① 单击“布线”工具栏中的“放置线”按钮，在元件之间进行连线操作。

② 单击“布线”工具栏中的“GND 端口”按钮，放置接地符号，完成后的原理图如图 5-62 所示。

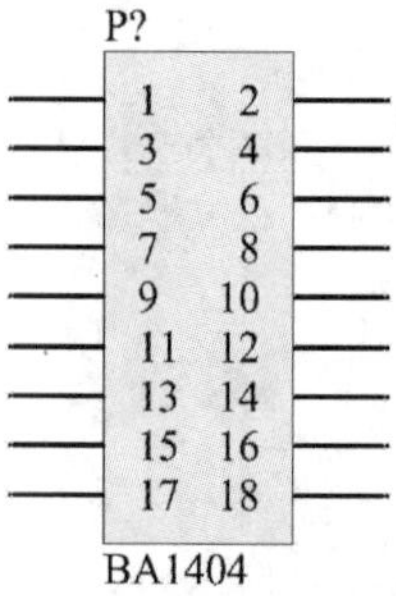

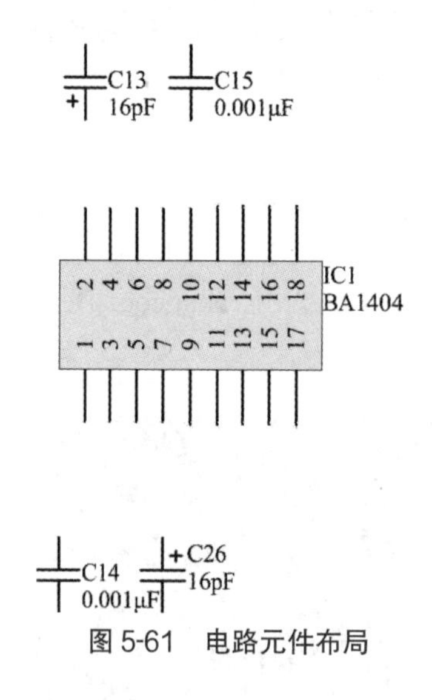

C13
16pF
C15
0.001μF
IC1
BA1404
C14
0.001μF
C26
16pF

图 5-61 电路元件布局

C13
16pF
C15
0.001μF
IC1
BA1404
C14
0.001μF
C26
16pF

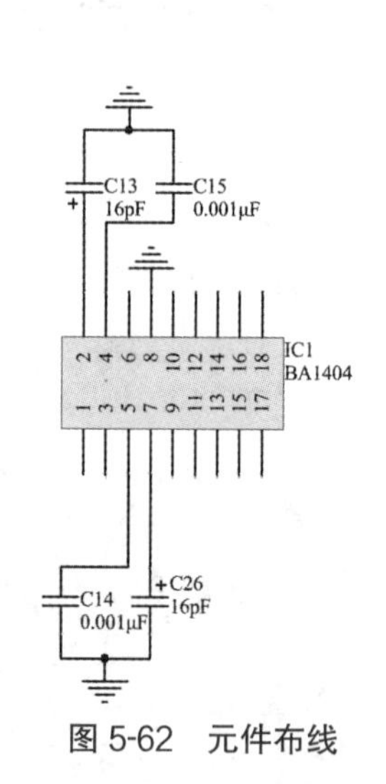

图 5-62 元件布线

（5）放置电路端口

① 选择菜单栏中的“放置”→“端口”命令，或者单击“布线”工具栏中的“端口”按钮，鼠标将变为十字形状，在适当的位置再一次单击即可完成电路端口的放置。双击一个放置好的电路端口，打开“Properties（属性）”面板，在该对话框中对电路端口属性进行设置，如图 5-63 所示。

② 用同样的方法在原理图中放置其余电路端口，结果如图 5-64 所示。

（6）绘制其余子原理图

① 打开新建的原理图文件“调频电路 .SchDoc”，按照前面所学的方法绘制电路原理图，

结果如图 5-65 所示。

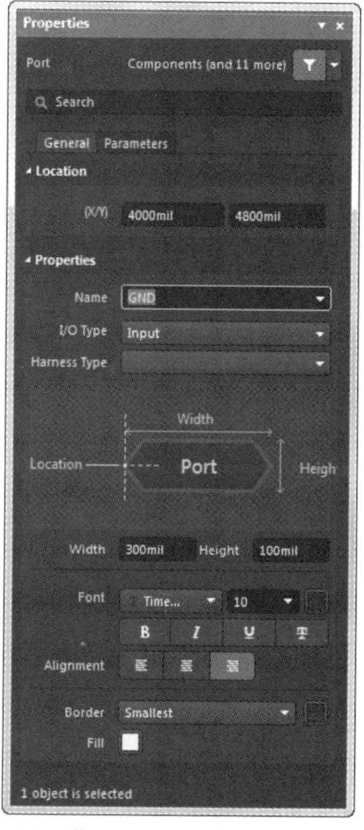

图 5-63 “Properties（属性）”面板

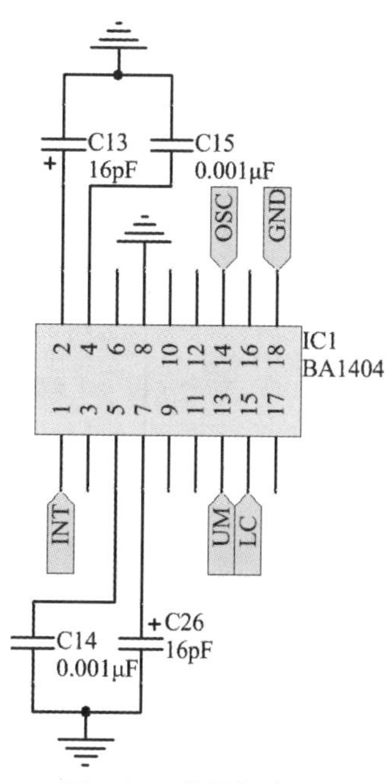

图 5-64 放置电路端口

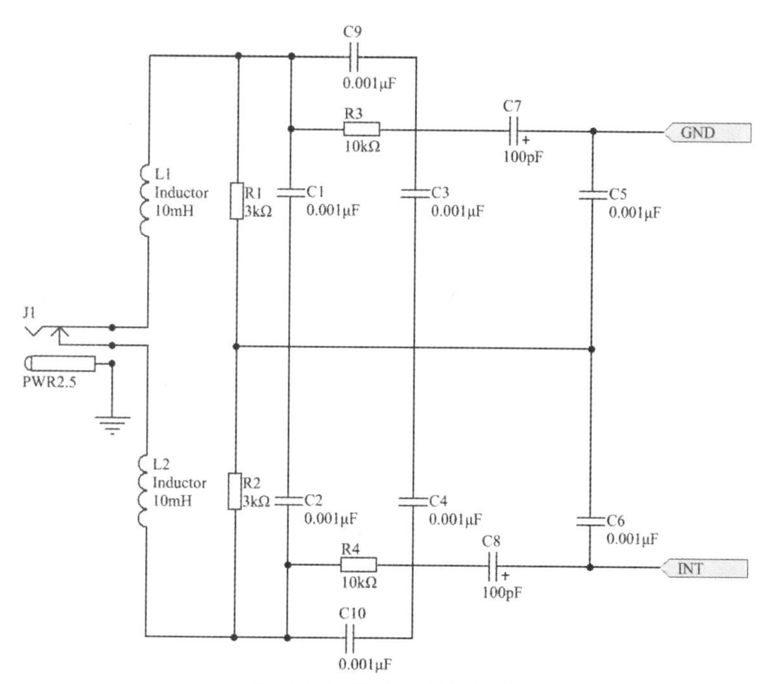

图 5-65 调频电路原理图

② 打开新建的原理图文件“晶体振荡电路 .SchDoc”，完成绘制的原理图如图 5-66 所示。

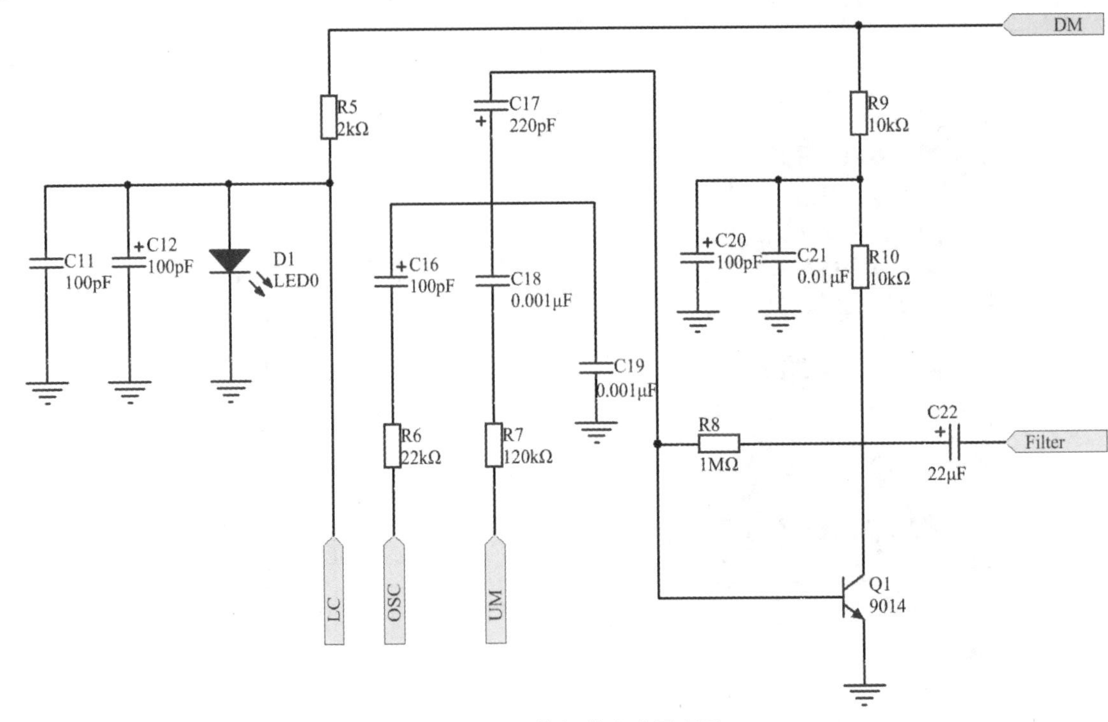

图 5-66 晶体振荡电路原理图

③ 打开新建的原理图文件“滤波电路 .SchDoc”，完成绘制后的原理图如图 5-67 所示。

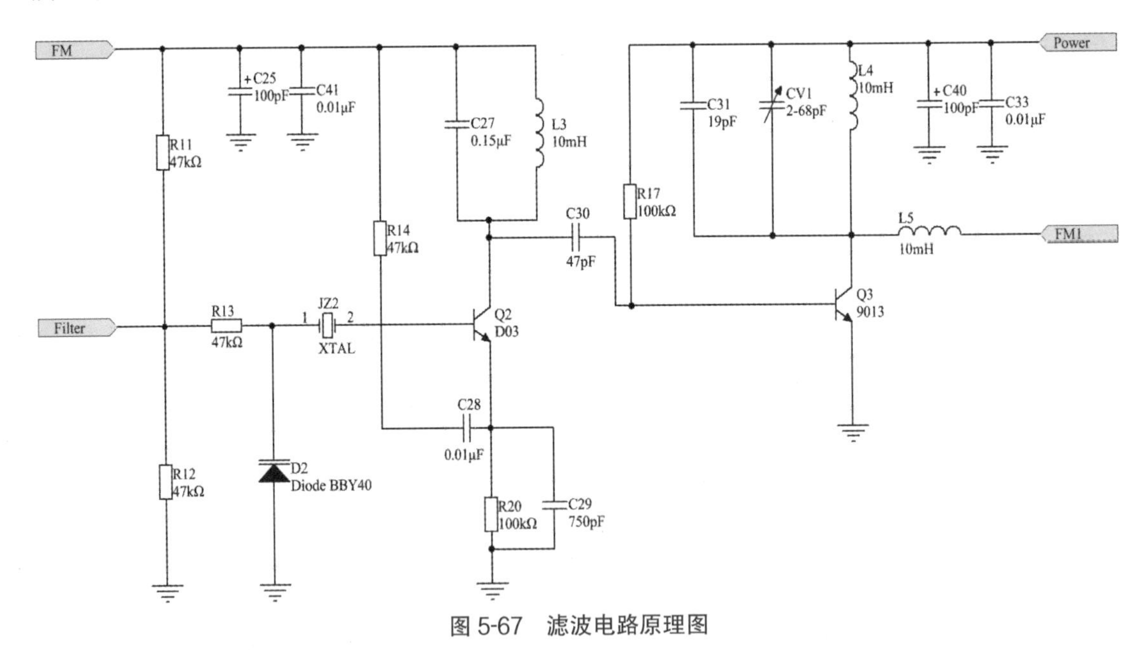

图 5-67 滤波电路原理图

④ 打开新建的原理图文件“供电电路 .SchDoc”，完成绘制后的原理图如图 5-68 所示。

⑤ 打开新建的原理图文件“射频电路 .SchDoc”，完成绘制后的原理图如图 5-69 所示。

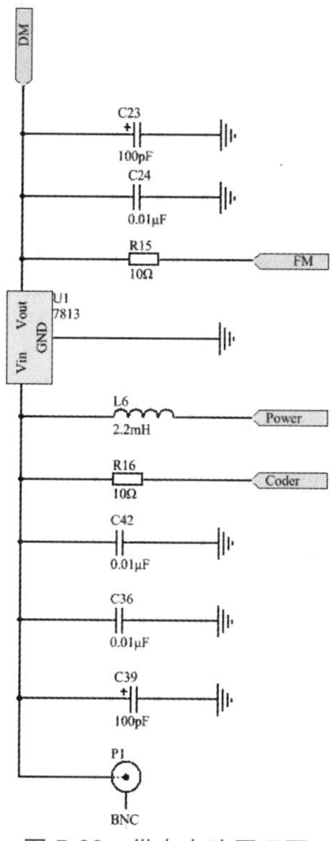

图 5-68 供电电路原理图

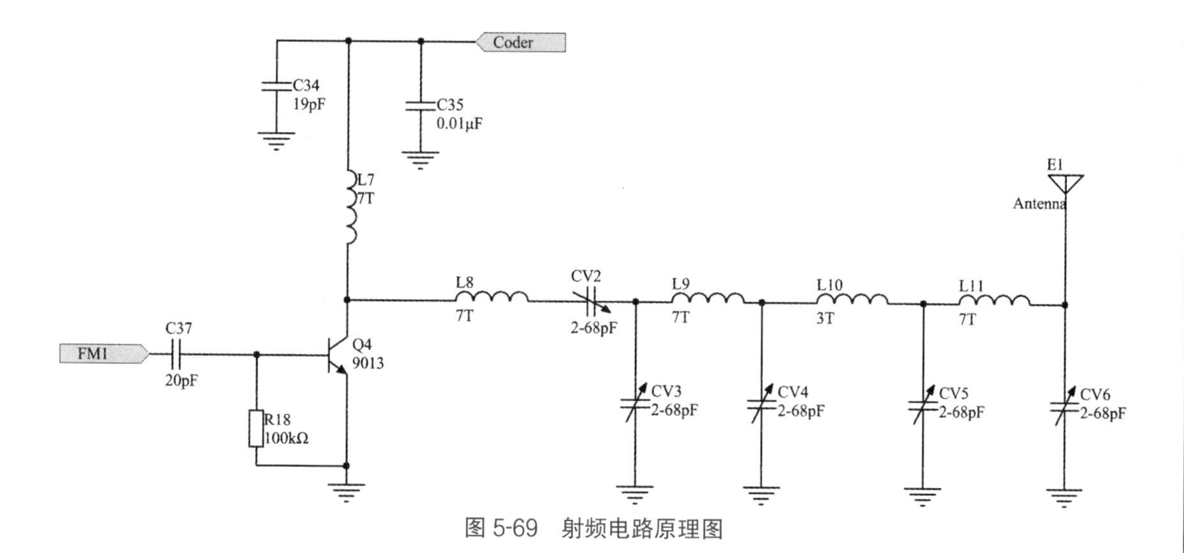

图 5-69 射频电路原理图

（7）设计顶层电路

① 选择“文件”→“新的”→“原理图”命令，然后右击并在弹出的快捷菜单中选择“另存为”命令，将新建的原理图文件另存为“主电路 .SchDoc”。

② 选择“设计”→“Create Sheet Symbol From Sheet（原理图生成图纸符）”命令，打开“Choose Document to Place（选择文件放置）”对话框，如图 5-70 所示。在该对话框中选择“供电电路 .SchDoc”，然后单击 OK 按钮，生成浮动的方块图。

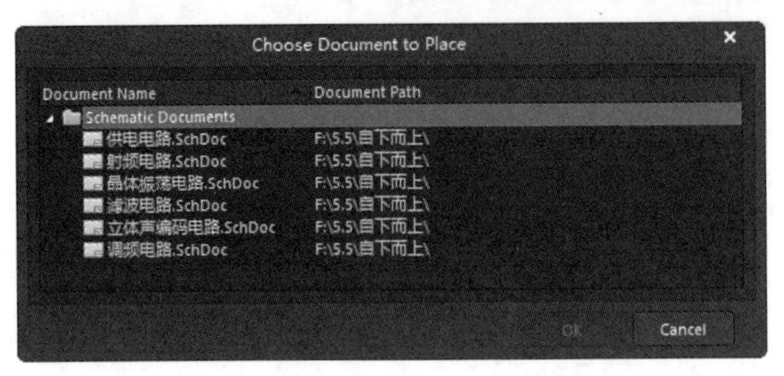

图 5-70 “Choose Document to Place”对话框

③ 将生成的方块图放置到原理图中，如图 5-71 所示。

④ 采用同样的方法创建其余与子原理图同名的页面符，放置到原理图中，端口调整结果如图 5-72 所示。

⑤ 连接导线。单击“布线”工具栏中的“放置线”按钮，完成方块图中电路端口之间的电气连接，结果如图 5-73 所示。

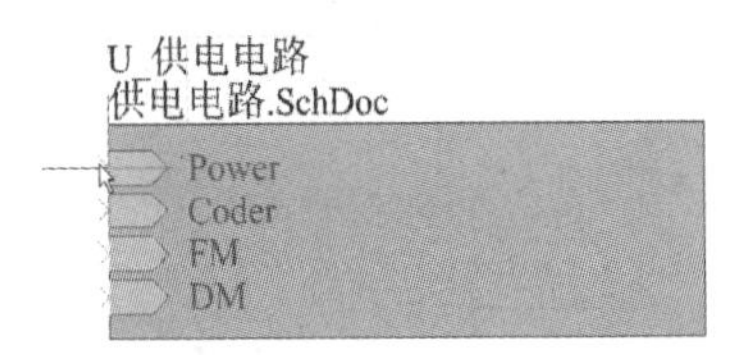

图 5-71 放置页面符图

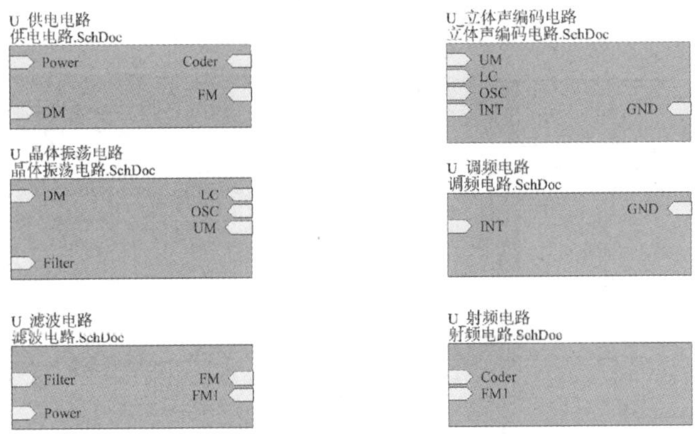

图 5-72 完成放置页面符图

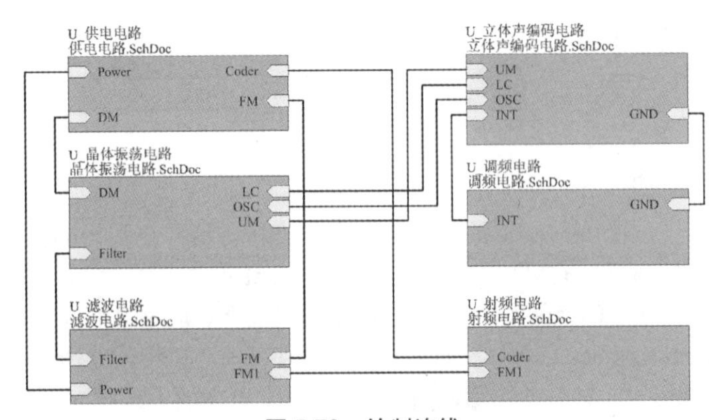

图 5-73 绘制连线

（8）电路编译

选择“工程”→“Compile PCB Project（编译电路板工程）”命令，编译本设计工程，编译结果如图 5-74 所示。

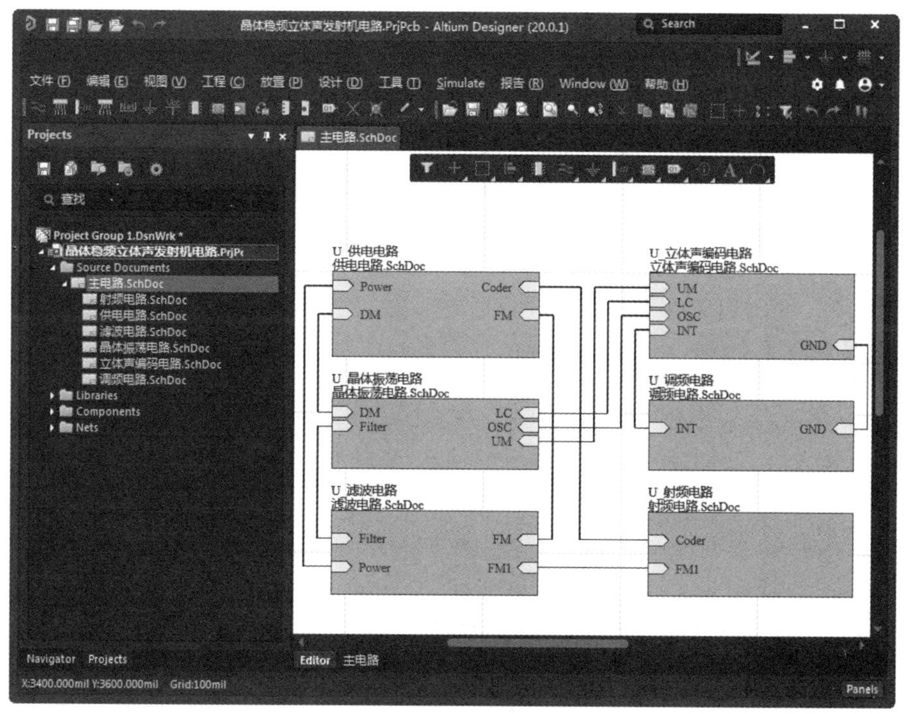

图 5-74 编译结果

第6章 原理图库设计

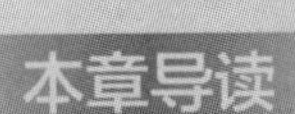

本章导读

本章首先详细介绍了原理图库文件编辑器，然后讲解了各种绘图工具，并通过实例讲述了创建原理图库文件以及绘制库元件的具体步骤。在此基础上，介绍了库元器件的管理以及库文件输出报表的方法。

通过本章的学习，用户可以对绘图工具以及原理图库文件编辑器的使用有一定的了解，能够完成简单的原理图符号的绘制。

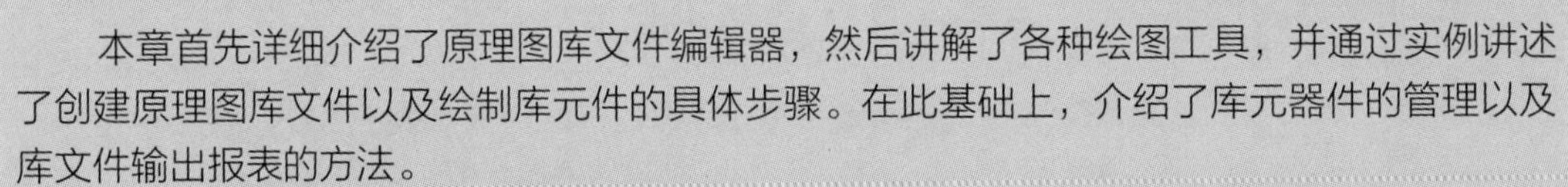

6.1 创建原理图元件库

首先介绍原理图元件库的创建方法。打开或新建一个原理图元件库文件，即可进入原理图元件库文件编辑器。原理图元件库文件编辑器如图 6-1 所示。

6.1.1 元件库面板

在原理图元件库文件编辑器中，单击工作面板中的“SCH Library（SCH 元件库）”标签页，即可显示“SCH Library（SCH 元件库）”面板。该面板是原理图元件库文件编辑环境中的主面板，几乎包含了用户创建的库文件的所有信息，用于对库文件进行编辑管理，如图 6-2 所示。

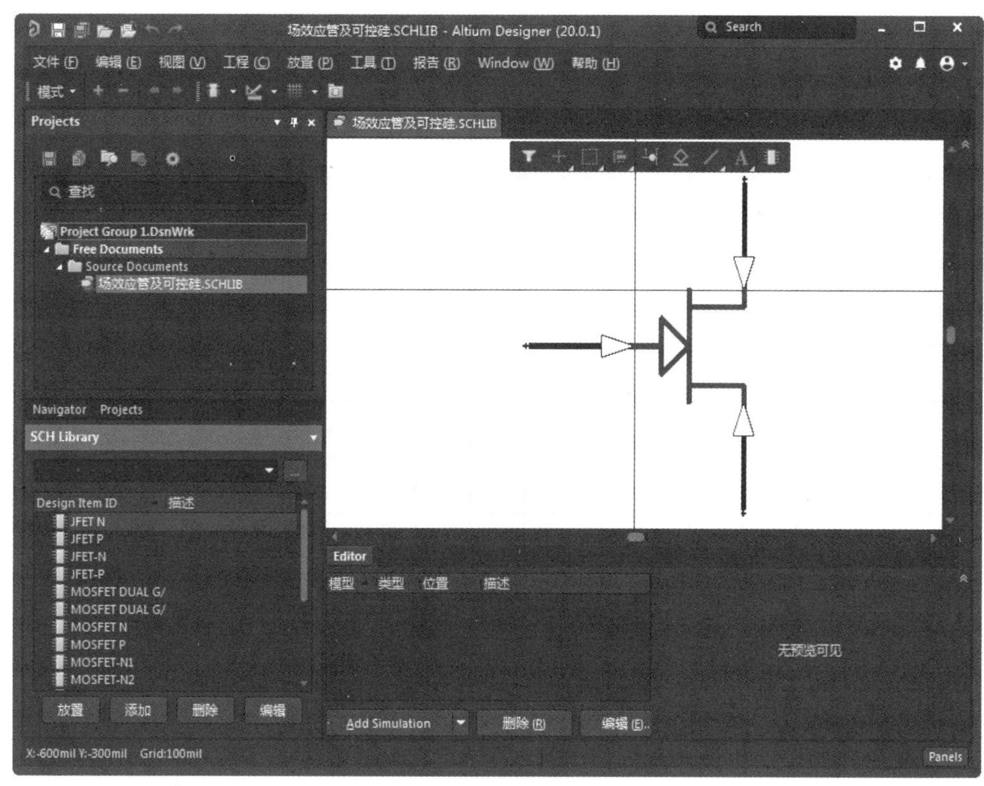

图 6-1　原理图元件库文件编辑器

在元件列表框中列出了当前所打开的原理图元件库文件中的所有库元件，包括原理图符号名称及相应的描述等。其中各按钮的功能如下：

▲“放置”按钮：将选定的元件放置到当前原理图中。

▲“添加”按钮：在该库文件中添加一个元件。

▲“删除”按钮：删除选定的元件。

▲“编辑”按钮：编辑选定元件的属性。

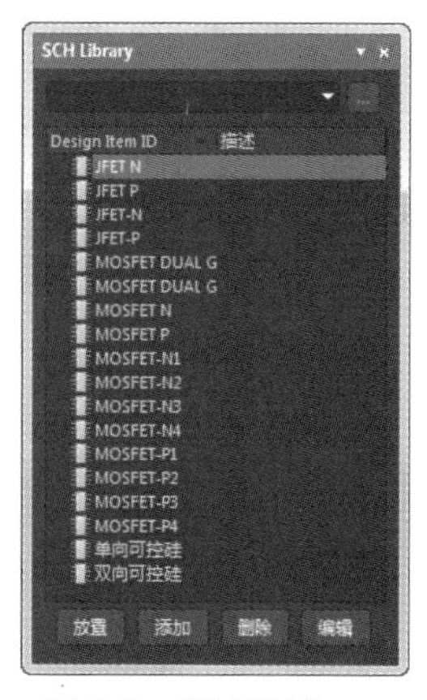

图 6-2　“SCH Library（SCH 元件库）”面板

6.1.2 工具栏

对于原理图元件库文件编辑环境中的菜单栏及工具栏，由于功能和使用方法与原理图编辑环境中的基本一致，因此在此不再赘述。主要对“应用工具”工具栏中的原理图符号绘制工具、IEEE 符号工具及“模式”工具栏进行简要介绍，具体操作将在后面的章节中介绍。

（1）“实用工具”按钮

执行方式

▲ 工具栏：单击“应用工具”工具栏中的“实用工具”按钮。

绘制步骤

执行此命令，弹出原理图符号绘制工具下拉菜单，如图 6-3 所示。

（2）IEEE 符号工具

执行方式

▲ 工具栏：单击“应用工具”工具栏中的“IEEE 符号”按钮。

绘制步骤

执行此命令，弹出 IEEE 符号工具下拉菜单，如图 6-4 所示。

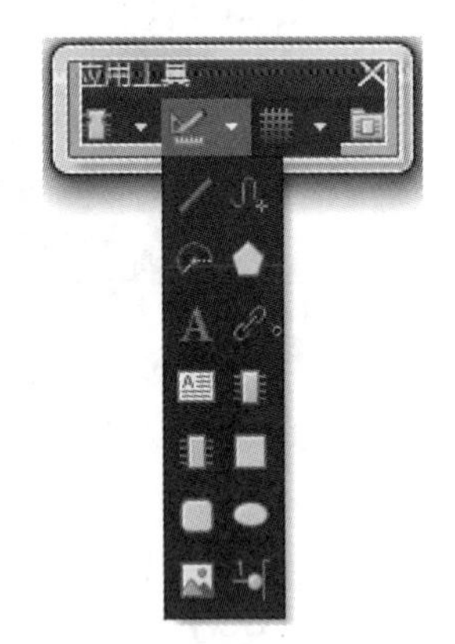

图 6-3 “应用工具”工具栏

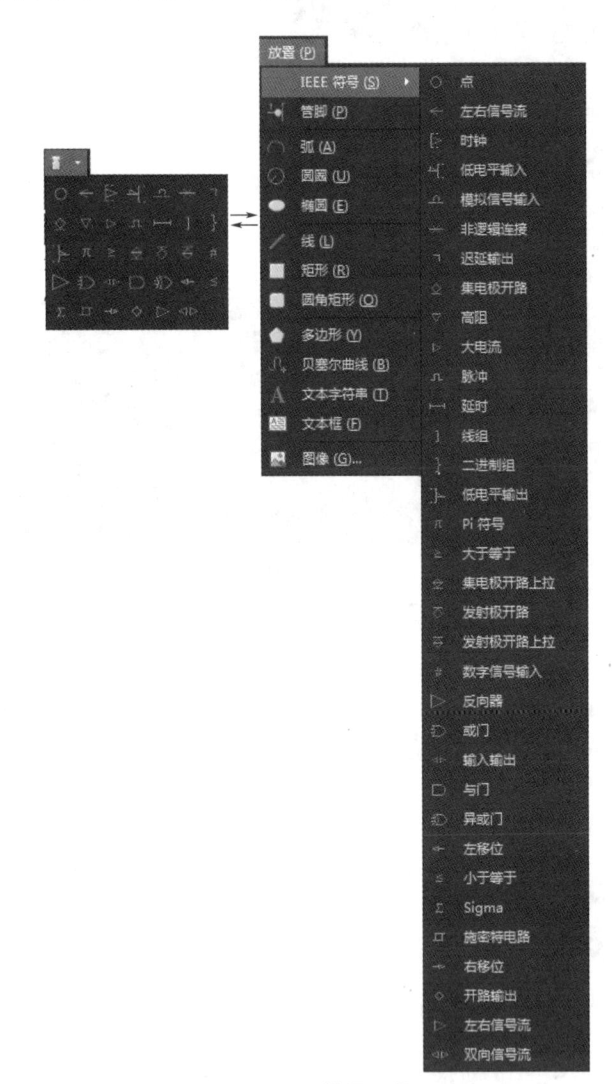

图 6-4 IEEE 符号工具

选项说明

其中各按钮的功能与“放置”菜单中“IEEE 符号”子菜单中的各命令具有对应关系。功能说明如下。

▲ ○：用于放置点状符号。
▲ ←：用于放置左向信号传输符号。
▲ ▷：用于放置时钟符号。
▲ ⊣：用于放置低电平输入有效符号。
▲ ⌂：用于放置模拟信号输入符号。
▲ ⋇：用于放置非逻辑连接符号。
▲ ¬：用于放置延迟输出符号。
▲ ◇：用于放置集电极开路符号。
▲ ▽：用于放置高阻符号。
▲ ▷：用于放置大电流输出符号。
▲ ⎍：用于放置脉冲符号。
▲ ⊢⊣：用于放置延迟符号。
▲]：用于放置分组线符号。
▲ }：用于放置二进制分组线符号。
▲ ⊢：用于放置低电平有效输出符号。
▲ π：用于放置π符号。
▲ ≥：用于放置大于等于符号。
▲ ◇：用于放置集电极开路正偏符号。
▲ ▽：用于放置发射极开路符号。
▲ ▽：用于放置发射极开路正偏符号。
▲ #：用于放置数字信号输入符号。
▲ ▷：用于放置反向器符号。
▲ ⊃：用于放置或门符号。
▲ ◁▷：用于放置输入输出符号。
▲ D：用于放置与门符号。
▲ ⊃：用于放置异或门符号。
▲ ←：用于放置左移符号。
▲ ≤：用于放置小于等于符号。
▲ Σ：用于放置求和符号。
▲ ⊓：用于放置施密特触发输入特性符号。
▲ →：用于放置右移符号。
▲ ◇：用于放置开路输出符号。
▲ ▷：用于放置右向信号传输符号。
▲ ◁▷：用于放置双向信号传输符号。

（3）“模式”工具栏

“模式”工具栏用于控制当前元件的显示模式，如图6-5所示。

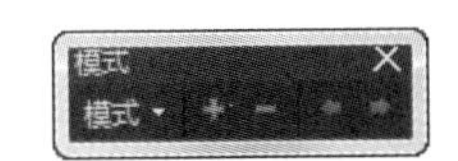

图6-5 “模式”工具栏

▲ “模式”按钮：单击该按钮，可以为当前元件选择一种显示模式，系统默认为“Normal（正常）”。

▲ +（添加）按钮：单击该按钮，可以为当前元件添加一种显示模式。

▲ −（删除）按钮：单击该按钮，可以删除元件的当前显示模式。

▲ ←（前一种）按钮：单击该按钮，可以切换到前一种显示模式。

▲ ➡（后一种）按钮：单击该按钮，可以切换到后一种显示模式。

6.1.3 创建原理图库

执行方式

▲ 菜单栏：选择“文件”→“新的”→“库”→“原理图库”命令，如图 6-6 示。

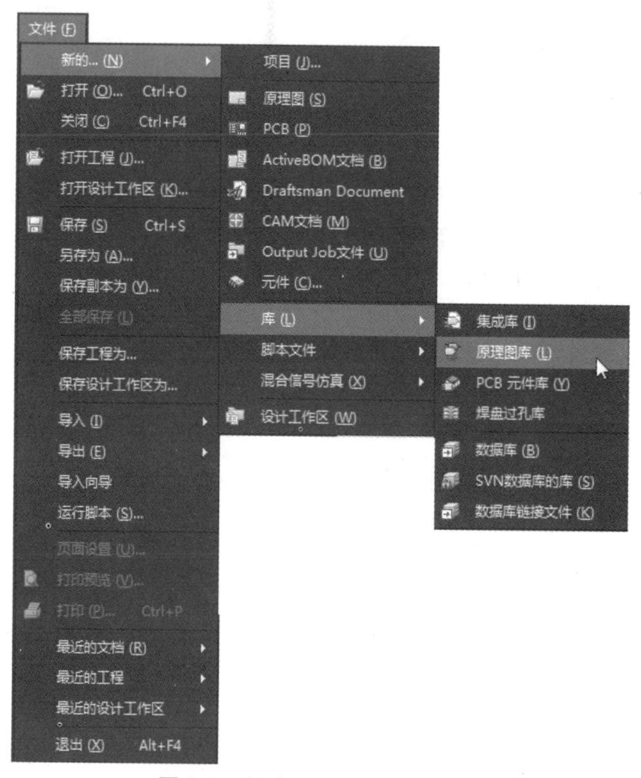

图 6-6 创建原理图元件库文件

绘制步骤

执行此命令，打开原理图元件库文件编辑器，创建一个新的原理图元件库文件，默认名为“SchLib1.SchLib”。

6.1.4 设置元件库编辑器工作区参数

在原理图库文件中设置工作环境与原理图类似，包括文档选项、优选项，但又有不同之处，下面进行详细介绍。

（1）文档设置

执行方式

▲ 菜单栏：选择“工具”→“文档选项”命令。

绘制步骤

在原理图元件库文件的编辑环境中，执行此命令，系统将弹出如图 6-7 所示的“Properties（属性）”面板。在该面板中可以根据需要设置相应的参数。

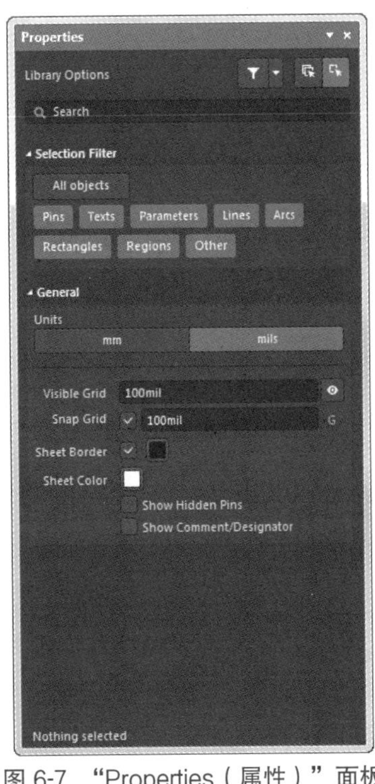

图 6-7 “Properties（属性）”面板

选项说明

该对话框与原理图编辑环境中的“Properties（属性）”面板内容相似，所以这里只介绍其中个别选项的含义，对于其他选项，用户可以参考前面章节介绍的关于原理图编辑环境的“Properties（属性）”面板的设置方法。

▲ “Visible Grid（可见栅格）”文本框：用于设置显示可见栅格的大小。

▲ “Snap Grid（捕捉栅格）”复选框：用于设置显示捕捉栅格的大小。

▲ “Sheet Border（原理图边界）”复选框：用于设置原理图边界是否显示及显示颜色。

▲ “Sheet Color（原理图颜色）”复选框：用于设置原理图中引脚与元件的颜色及是否显示。

（2）环境设置

执行方式

▲ 菜单栏：选择“工具”→“原理图优先项”命令。

绘制步骤

执行此命令，系统将弹出如图 6-8 所示的“优选项”对话框。

图 6-8 “优选项”对话框

选项说明

在该面板中可以对其他的一些有关选项进行设置，设置方法与在原理图编辑环境中完全相同，这里不再赘述。

6.1.5 库元件设计

（1）为新建的库文件原理图符号命名

在创建了一个新的原理图元件库文件的同时，系统已自动为该库添加了一个默认原理图符号名为“Component_1”的库元件，在“SCH Library（SCH 元件库）”面板中可以看到。

执行方式

▲ 菜单栏：在原理图库面板列表中双击选中的 Component_1，打开“Properties（属性）”面板。

绘制步骤

执行此命令，在“Design Item ID（设计项目 ID）”文本框中输入要修改的库元件名称，如图 6-9 所示。默认原理图符号名为“Component_1”的库元件变成要修改的名称。

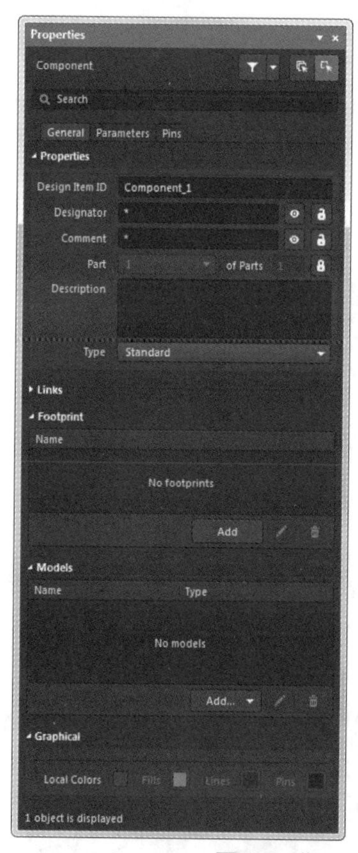

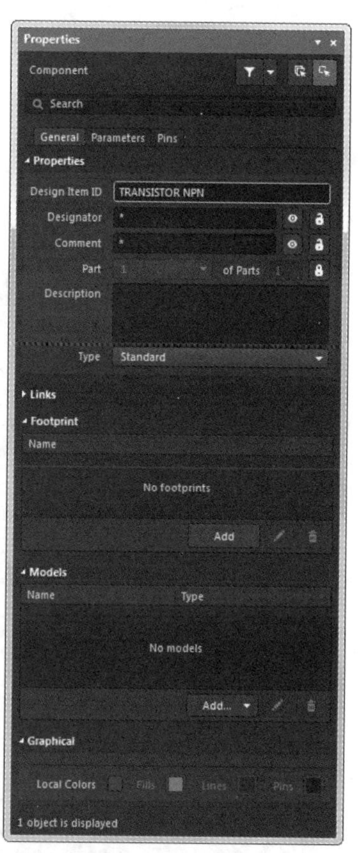

图 6-9 “Properties（属性）”面板

（2）放置引脚

执行方式

▲ 菜单栏：选择“放置”→“引脚”命令。

▲ 工具栏：单击“应用工具”工具栏“实用工具”按钮下拉菜单中的“引脚”按钮。

绘制步骤

执行以上命令，光标变成十字形状，并附有一个引脚符号。移动该引脚到矩形边框处，单击完成放置，如图 6-10 所示。在放置引脚时，一定要保证具有电气连接特性的一端，即带有“×”号的一端朝外，这可以通过在放置引脚时按〈Space〉键来实现旋转。

在放置引脚时按〈Tab〉键，或者双击已放置的引脚，系统将弹出如图 6-11 所示的“Properties（属性）”面板。

选项说明

在该面板中可以对引脚的各项属性进行设置。“Properties（属性）”面板中各项属性的含义如下。

图 6-10　放置元件引脚

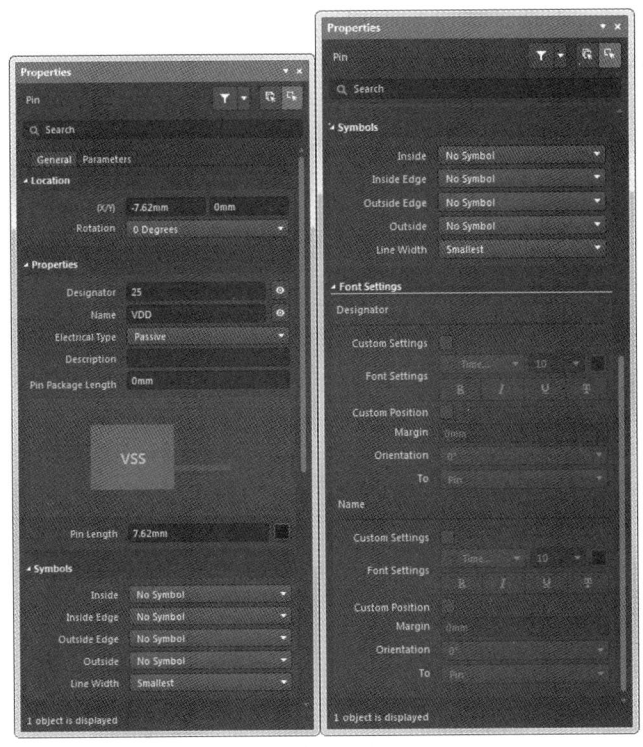

图 6-11　“Properties（属性）”面板

① Location（位置）选项组

▲ “（X/Y）（位置 X 轴、Y 轴）”文本框：用于设定引脚符号在原理图中的 X 轴和 Y 轴坐标。

▲ Rotation（旋转）：用于设置端口放置的角度，有 0 Degrees、90 Degrees、180 Degrees、270 Degrees 4 种选择。

② Properties（属性）选项组

▲ “Designator（指定引脚标号）”文本框：用于设置库元件引脚的编号，应该与实际的引脚编号相对应，这里输入9。

▲ “Name（名称）”文本框：用于设置库元件引脚的名称。例如，把该引脚设定为第9引脚。由于C8051F320的第9引脚是元件的复位引脚，低电平有效，同时也是C2调试接口的时钟信号输入引脚，另外，在原理图“Preference（参数选择）”对话框中“Graphical Editing（图形编辑）”标签页中，已经勾选了“Single'\'Negation（简单\否定）”复选框，因此在这里输入名称为“R\S\T\/C2CK”，并激活右侧的“可见的”按钮。

▲ “Electrical Type（电气类型）”下拉列表框：用于设置库元件引脚的电气特性。有Input（输入）、IO（输入输出）、Output（输出）、OpenCollector（打开集流器）、Passive（中性的）、Hiz（脚）、Emitter（发射器）和Power（激励）8个选项。在这里，我们选择“Passive（中性的）”选项，表示不设置电气特性。

▲ “Description（描述）”文本框：用于填写库元件引脚的特性描述。

▲ “Pin Package Length（引脚包长度）”文本框：用于填写库元件引脚封装长度。

▲ “Pin Length（引脚长度）”文本框：用于填写库元件引脚的长度。

③ “Symbols（引脚符号）”选项组

根据引脚的功能及电气特性为该引脚设置不同的IEEE符号，作为读图时的参考。可放置在原理图符号的Inside（内部）、Inside Edge（内部边沿）、Outside Edge（外部边沿）或Outside（外部）等不同位置，设置Line Width（线宽），没有任何电气意义。

④ “Font Settings（字体设置）”选项组

用于元件的“Designator（指定引脚标号）”和“Name（名称）”字体的通用设置与通用位置参数设置。

⑤ “Parameters（参数）”选项卡

用于设置库元件的VHDL参数。

（3）编辑元件属性

执行方式

▲ 工具栏：单击“SCH Library（SCH元件库）”面板“Edit（编辑）”按钮。

▲ 快捷命令：双击“SCH Library（SCH元件库）”面板原理图符号名称列中的库元件名称。

绘制步骤

执行以上命令，弹出如图6-12所示的“Properties（属性）”面板。

选项说明

在该面板中，用户可以对自己创建的库元件进行特性描述，并设置其他属性参数。主要设置内容包括以下几项。

① “General（通用）”选项卡

a. “Properties（属性）”选项组：

▲ “Design Item ID（设计项目ID）”文本框：输入要修改的库元件名称。

▲ “Designator（符号）”文本框：默认库元件标号，即把该元件放置到原理图文件中时系统最初默认显示的元件标号。这里设置为“U？”，激活“可见”按钮，则放置该元件时，序号“U？”会显示在原理图中。

图 6-12 “Properties（属性）”面板

▲“Comment（元件）”文本框：用于说明库元件型号。激活“可见”按钮，则放置该元件时，输入的内容会显示在原理图中。

▲“Description（描述）”文本框：用于描述库元件功能。

▲“Type（类型）”下拉列表框：库元件符号类型，可以选择设置。这里采用系统默认设置“Standard（标准）”。

b.“Link”（元件库线路）选项组：设置库元件在系统中的标识符。

c.“Footprint（封装模型）”选项组：为该库元件添加 PCB 封装模型。

▲“Add（添加）”按钮：单击该按钮，为该库元件添加 PCB 封装模型。

d.“Models（模式）”选项组：为该库元件添加 PCB 封装模型之外的其他的模型，如信号完整性模型、仿真模型、PCB 3D 模型等。

▲“Add（添加）”按钮：单击该按钮，在下拉列表中选择模型类型，如图 6-13 所示。

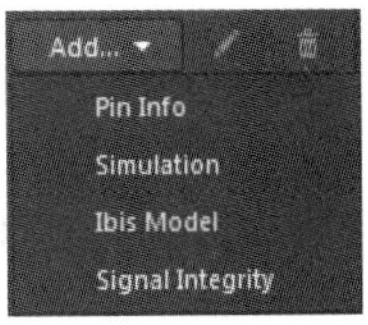

图 6-13 选择模型类型

e.“Graphical（图形）”选项组：用于设置图形中线的颜色、填充颜色和引脚颜色。

② “Parameters”（参数）选项卡 单击“Add（添加）”按钮，可以为库元件添加其他的参数，如版本、作者等。

③ “Pins（引脚）”选项卡

▲“锁定”按钮：所有的引脚将和库元件成为一个整体，不能在原理图中单独移动

引脚。建议单击该按钮锁定，这样对电路原理图的绘制和编辑会有很大好处，可减少不必要的麻烦。

▲“编辑引脚”按钮：单击该按钮，系统将弹出如图 6-14 所示的“元件引脚编辑器”对话框，在该对话框中可以对该元件所有引脚进行一次性的编辑设置。

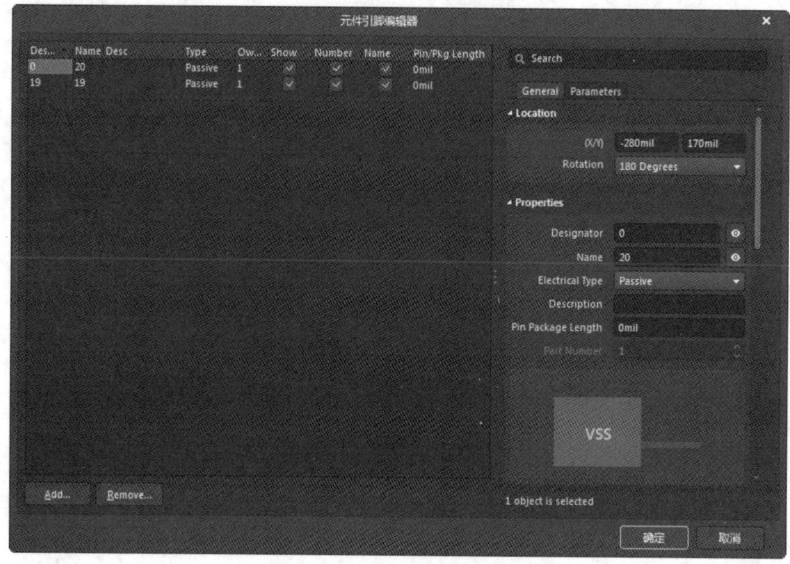

图 6-14 “元件引脚编辑器”对话框

（4）模型管理

执行方式

▲ 快捷命令：双击“SCH Library（SCH 元件库）”面板，在原理图符号名称列中选中库元件名称，右击并在弹出的快捷菜单中选择“模型管理器”命令。

绘制步骤

执行此命令，弹出如图 6-15 所示的“模型管理器”对话框。

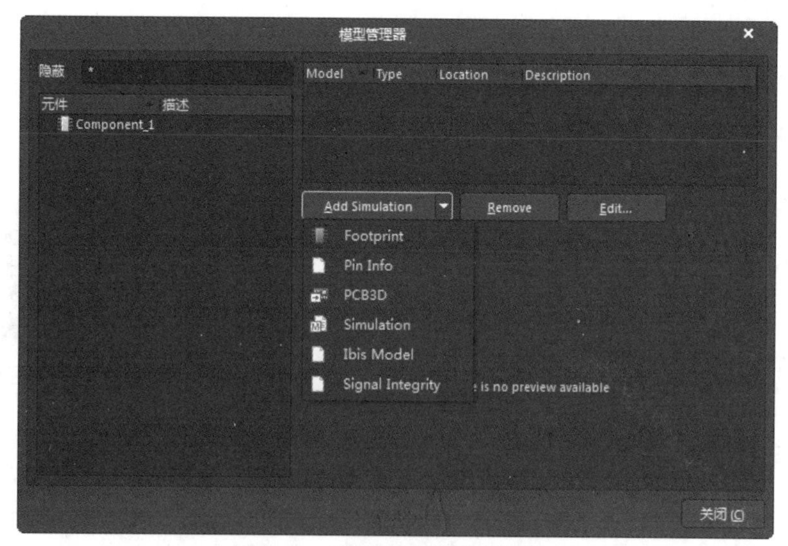

图 6-15 “模型管理器”对话框

选项说明

在该对话框中，用户可以对自己创建的库元件添加模型。单击“Add Simu lation（添加）”按钮，为该库元件添加 PCB 封装模型、PCB 3D 模型、仿真模型、IBIS 模型、信号完整性模型。单击“Remove（移除）”“Edit（编辑）”按钮，对添加的模型进行移除与编辑。

6.1.6 添加库元件

执行方式

▲ 菜单栏：选择“工具”→“新器件”命令。

▲ 工具栏：单击“应用工具”工具栏中“实用工具”按钮下拉菜单中的“器件”按钮。

▲ 面板命令：在“SCH Library（SCH 元件库）”面板中，单击“Component（元件）”栏下面的“Add（添加）”按钮。

绘制步骤

执行以上命令，弹出“New Component（新器件）”对话框，如图 6-16 所示，在该对话框中输入器件名称。

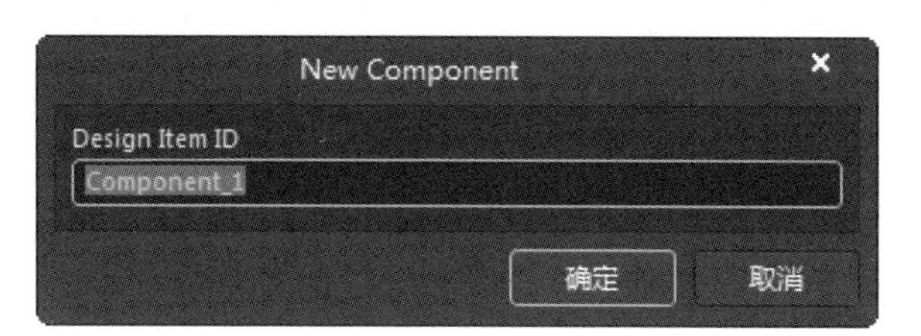

图 6-16 “New Component（新器件）”对话框

若要绘制第二个器件，则重复执行上述命令。

6.1.7 添加子器件

执行方式

▲ 菜单栏：选择“工具”→“新部件”命令。

▲ 工具栏：单击“应用工具”工具栏中“实用工具”按钮下拉菜单中的“子器件”按钮。

▲ 面板命令：在“SCH Library（SCH 元件库）”面板中，单击“Component（元件）”栏下面的“Add（添加）”按钮。

绘制步骤

执行以上命令，在“SCH Library（SCH 元件库）”面板中，在选中的元件下方添加 PartA、PartB。

若要添加第三个器件，则重复执行上述命令。

6.1.8 操作实例——创建单片机芯片文件

扫一扫 看视频

① 选择“文件”→“新的”→“库”→“原理图库”命令，创建一个新的名为“Schlib1.SchLib”的原理图库，在设计窗口中打开一个空的图样，如图6-17所示。进入工作环境，发现在原理图元件库内已经存在一个自动命名的“Component_1”元件。

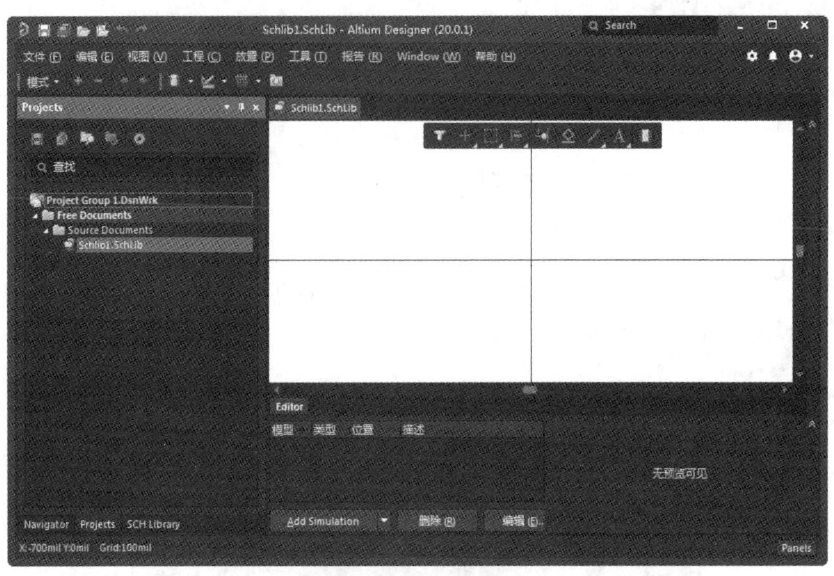

图6-17 新建原理图库

② 在原理图库面板列表中双击选中的Component_1，打开“Properties（属性）”面板，如图6-18所示。在“Design Item ID（设计项目ID）”文本框中输入新元件名称“8051”。元件库浏览器中多了一个元件“8051”。

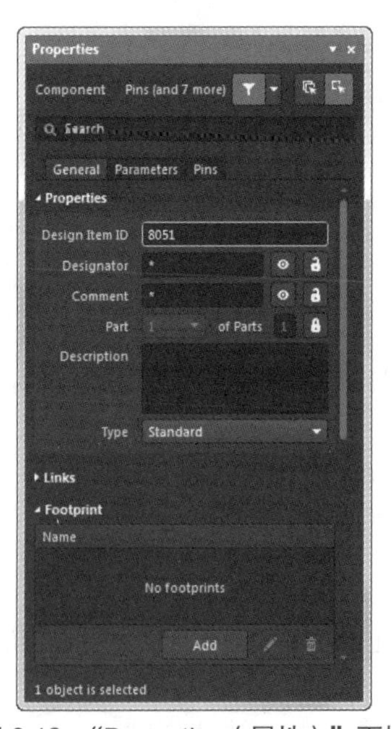

图6-18 “Properties（属性）”面板

6.2 绘图工具介绍

原理图与原理图库文件中均包含绘图工具，其作用与意义有所不同。在原理图中，绘制的这些图形只起到说明和修饰的作用，不具有任何电气意义，绘图工具主要用于在原理图中绘制各种标注信息以及各种图形。

在原理图库文件中，绘图工具主要用于元件外形的绘制与引脚的放置等。本章讲解在原理图库文件中的绘图工具应用，与在原理图中的绘图工具种类略有区别。读者可自行在原理图中练习、使用，并对比与在原理图库中有何区别。

6.2.1 绘图工具

执行方式

▲ 菜单栏：选择“放置”命令，如图 6-19 所示。

▲ 工具栏：单击“应用工具”工具中“实用工具”按钮。

绘制步骤

执行以上命令，弹出如图 6-20 所示的绘图工具栏，选择其中不同的命令，就可以绘制各种图形。

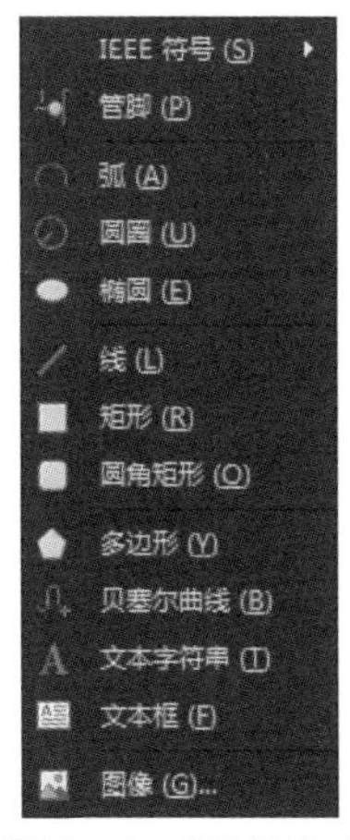

图 6-19 “放置”菜单

图 6-20 绘图工具栏

选项说明

“应用工具”工具栏中的各项与“放置”子菜单中的命令具有对应关系。

▲ ：用于绘制直线。

▲ ：用于绘制贝塞尔曲线。

▲ ：用于绘制圆弧线。

▲ ：用于绘制多边形。

▲ ：用于添加说明文字。

▲ ：用于放置超链接。

▲ ：用于放置文本框。

▲ ：用于绘制矩形。

▲ ：用于在当前库文件中添加一个元件。

▲ ：用于在当前元件中添加一个元件子功能单元。

▲ ：用于绘制圆角矩形。

▲ ：用于绘制椭圆。

▲ ：用于插入图片。

▲ ：用于放置引脚。

这些按钮与原理图编辑器中的按钮十分相似，这里不再赘述。

6.2.2 绘制直线

在原理图库中，绘制出的直线在功能上用于编辑元器件时绘制元器件的外形。

执行方式

▲ 菜单栏：选择“放置”→“绘图工具”→“线”命令。

▲ 工具栏：单击“应用工具”工具栏中“实用工具”按钮下拉菜单中的“直线”按钮。

绘制步骤

① 执行此命令后，光标变成十字形，系统处于绘制直线状态。在指定位置单击确定直线的起点，移动光标形成一条直线，在适当的位置再次单击确定直线终点。若在绘制过程中需要转折，在折点处单击确定直线转折的位置，每转折一次都要单击一次。转折时，可以通过按〈Shift+Space〉键来切换选择直线转折的模式，与绘制导线一样，也有3种模式，分别是直角、45°角和任意角。

② 绘制出第一条直线后，右击退出绘制第一条直线。此时系统仍处于绘制直线状态，将鼠标移动到新的直线的起点，按照前面的方法继续绘制其他直线。

③ 绘制完所需直线后，右击或按〈Esc〉键可以退出绘制直线状态。

选项说明

在绘制直线状态下按〈Tab〉键或者在完成绘制直线后双击需要设置属性的直线，弹出“Polyline（折线）”属性面板，如图6-21所示。

（1）“Properties（属性）”选项组

▲ “Start Line Shape（开始线外形）”：用来设置直线起点外形。有7个选项供用户选择，如图6-22所示。

▲ “End Line Shape（结束线外形）”：用来设置直线终点外形。该选项同样有7种选择。

▲ Line Size Shape（线外形尺寸）：用来设置直线起点和终点外形尺寸。有4个选项供用户选择：Smallest、Small、Medium和Large。系统默认是Smallest。

▲ Line（线宽）：用于设置直线的线宽。有Smallest（最小）、Small（小）、Medium（中等）和Large（大）4种线宽供用户选择。

▲ 颜色设置：单击颜色显示框，设置直线的颜色。

▲ Line Style（线种类）：用于设置直线的线型。有 Solid（实线）、Dashed（虚线）和 Dotted（点画线）3 种线型可供选择。

（2）"Vertices（顶点）"选项组

"Vertices（顶点）"选项组主要用来设置直线各个顶点（包括转折点）的位置坐标。用户可以改变每一个点中的 X、Y 值来改变各点的位置。

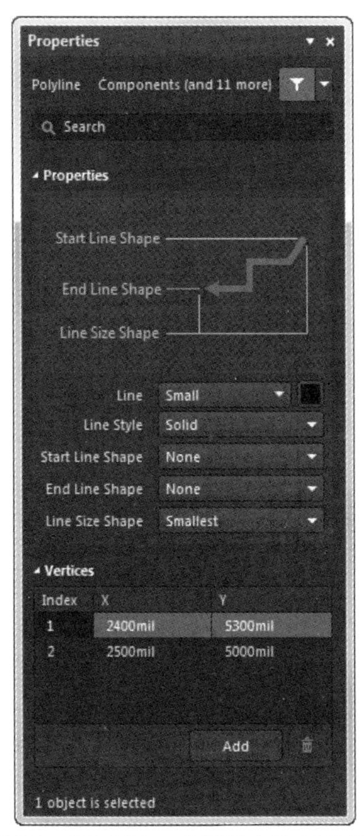

图 6-21 "PolyLine（折线）"属性面板

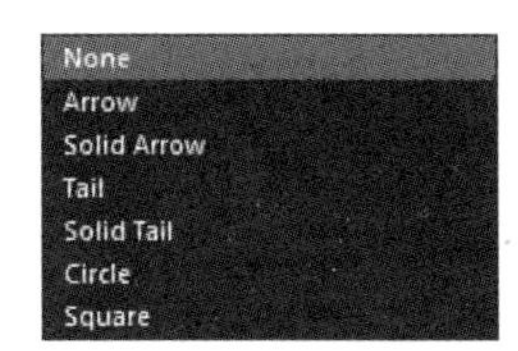

图 6-22 起点形状设置

6.2.3 绘制圆弧

除了绘制直线以外，用户还可以用绘图工具绘制曲线，比如圆弧。

绘制圆弧时，不需要确定宽度和高度，只需确定圆弧的圆心、半径以及起始角和终止角就可以了。

执行方式

▲ 菜单栏：选择"放置"→"弧"命令。

▲ 右键命令：右击并在弹出的快捷菜单中选择"放置"→"弧"命令，即可启动绘制圆弧命令。

绘制步骤

① 执行以上命令后，光标变成十字形。将光标移到指定位置，单击确定圆弧的圆心，如图 6-23 所示。

② 光标自动移到圆弧的圆周上，移动鼠标可以改变圆弧的半径。单击确定圆弧的半径，如图 6-24 所示。

③ 光标自动移动到圆弧的起始角处，移动鼠标可以改变圆弧的起始角。单击确定圆弧的起始角，如图 6-25 所示。

④ 光标移到圆弧的另一端，单击确定圆弧的终止角，如图 6-26 所示。此时，一条圆弧绘制完成，但系统仍处于绘制圆弧状态，若需要继续绘制，则按前面的步骤绘制；若要退出绘制，则右击或按〈Esc〉键。

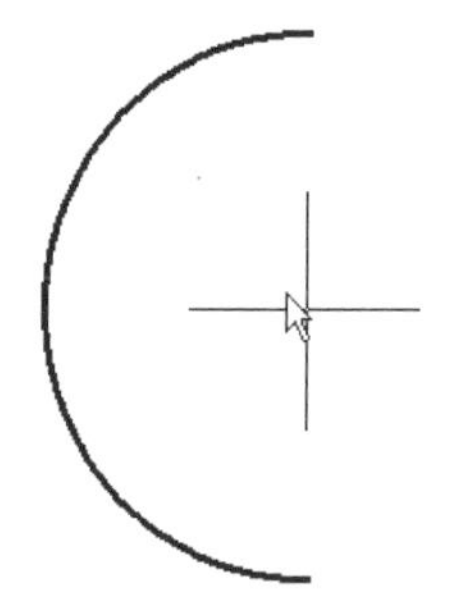

图 6-23　确定圆弧圆心

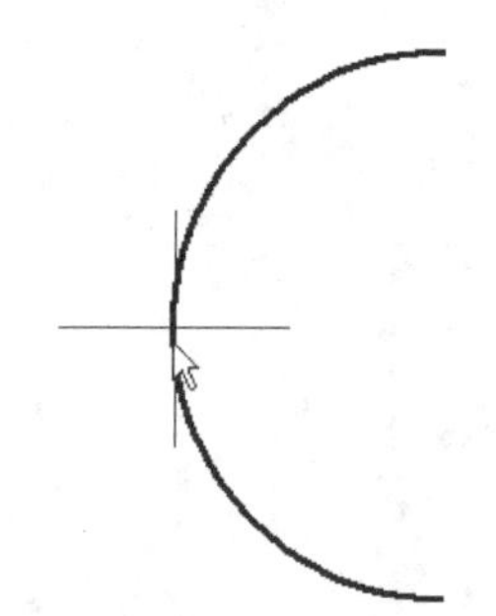

图 6-24　确定圆弧半径

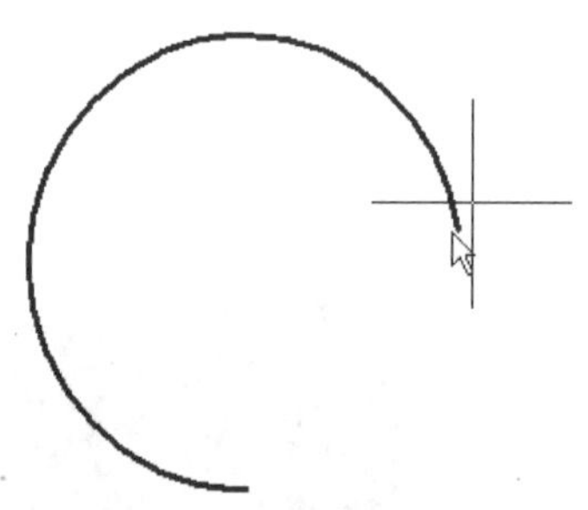

图 6-25　确定圆弧起始角

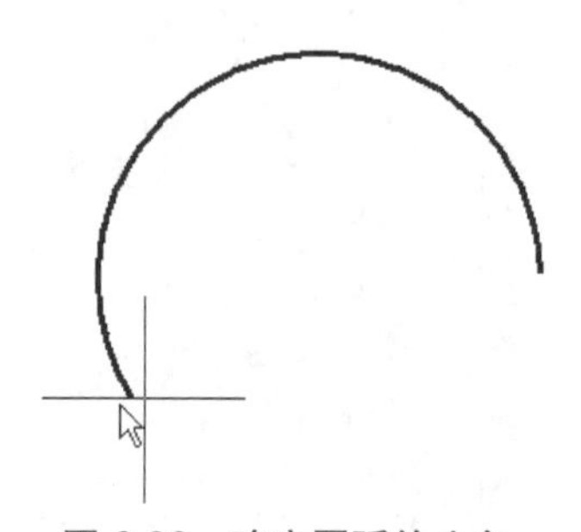

图 6-26　确定圆弧终止角

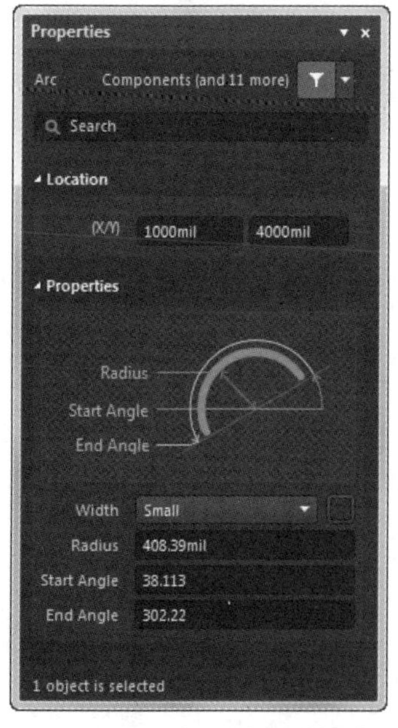

图 6-27　“Arc（弧）”属性面板

选项说明

在绘制状态下按〈Tab〉键或者在绘制完成后双击需要设置属性的圆弧，弹出“Arc（弧）”属性面板，如图 6-27 所示。

▲“Width（线宽）”下拉列表框：设置弧线的线宽，有 Smallest、Small、Medium 和 Large 4 种线宽可供用户选择。

▲ 颜色设置：通过圆弧宽度后面的颜色块设置。

▲ Radius（半径）：设置圆弧的半径长度。

▲ Start Angle（起始角度）：设置圆弧的起始角度。

▲ End Angle（终止角度）：设置圆弧的结束角度。

▲ [X/Y]：设置圆弧圆心的位置。

6.2.4 绘制多边形

执行方式

▲ 菜单栏：选择“放置”→“多边形”命令。

▲ 右键命令：右击并在弹出的快捷菜单中选择“放置”→“多边形”命令。

▲ 工具栏：单击“应用工具”工具中“实用工具”按钮下拉菜单中的“多边形”按钮。

绘制步骤

① 执行以上命令，光标变成十字形。单击确定多边形的起点，移动鼠标至多边形的第二个顶点，单击确定第二个顶点，绘制出一条直线，如图 6-28 所示。

② 移动光标至多边形的第三个顶点处单击，此时出现一个三角形，如图 6-29 所示。

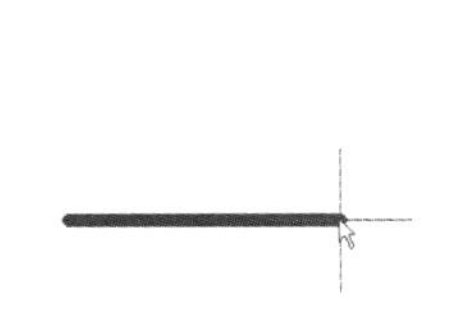

图 6-28 确定多边形的一边

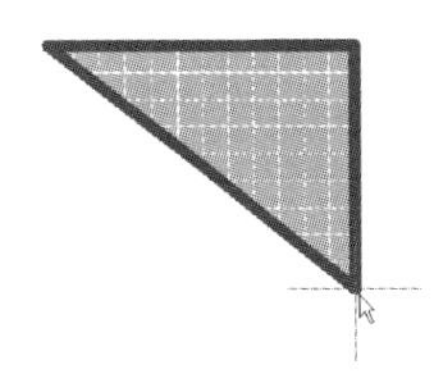

图 6-29 确定多边形的第三个顶点

③ 继续移动光标，确定多边形的下一个顶点，多边形变成一个四边形或两个相连的三角形，如图 6-30 所示。

④ 继续移动光标，可以确定多边形的第五、第六……第 *n* 个顶点，绘制出各种形状的多边形。右击则完成此多边形的绘制。

⑤ 此时系统仍处于绘制多边形状态，若需要继续绘制，则按前面的步骤绘制，否则右击或按〈Esc〉键退出绘制命令。

选项说明

在绘制状态下按〈Tab〉键或者在绘制完成后双击需要设置属性的多边形，弹出“Region（多边形）”属性面板，如图 6-31 所示。

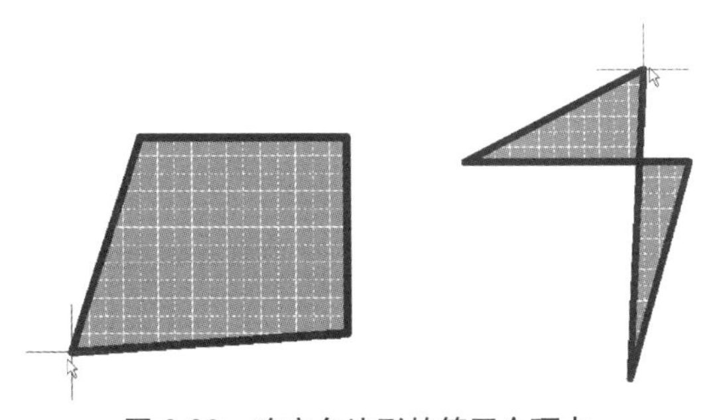

图 6-30 确定多边形的第四个顶点

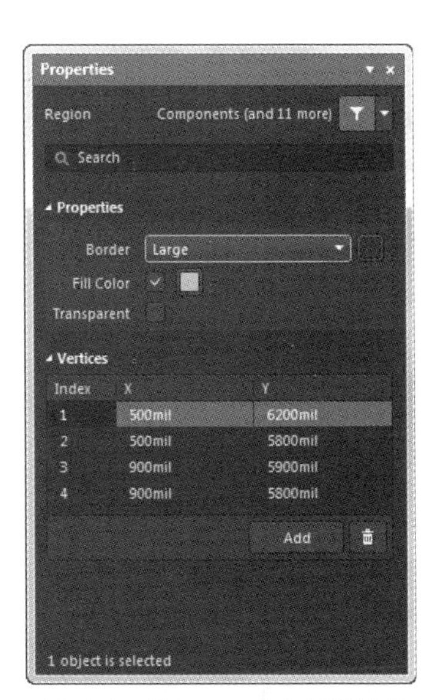

图 6-31 “Region（多边形）”属性面板

▲ Border（边界）：设置多边形的边框粗细和颜色，多边形的边框线型，有 Smallest、Small、Medium 和 Large 4 种

线宽可供用户选择。

▲ Fill Color（填充颜色）：设置多边形的填充颜色。选中后面的颜色块，多边形将以该颜色填充多边形，此时单击多边形边框或填充部分都可以选中该多边形。

▲ “Transparent（透明的）”复选框：选中该复选框则多边形为透明的，内无填充颜色。

扫一扫　看视频

6.2.5 操作实例——绘制运算放大器 LF353

LF353 是美国 TI 公司生产的双电源结型场效应管，在高速积分、采样保持等电路设计中经常用到，采用 8 引脚的 DIP 封装形式。

① 选择“文件”→“新的”→“库”→“原理图库”命令，打开原理图元件库文件编辑器，创建一个新的原理图元件库文件，命名为“NewLib.SchLib”。

② 打开“Properties（属性）”面板，在弹出的面板中进行工作区参数设置。

③ 为新建的库文件原理图符号命名。单击“应用工具”工具栏中“实用工具”按钮下拉菜单中的“器件”按钮，系统将弹出如图 6-32 所示的“New Component（新元件）”对话框，在该对话框中输入要绘制的库文件名称“LF353”，单击“确定”按钮，关闭该对话框。

④ 单击“应用工具”工具中“实用工具”按钮下拉菜单中的“多边形”按钮，光标变成十字形状，以编辑窗口的原点为基准，绘制一个三角形状的运算放大器符号，如图 6-33 所示。

图 6-32 “New Component（新元件）”对话框

图 6-33 运算放大器符号

6.2.6 绘制矩形

Altium Designer 20 中绘制的矩形分为直角矩形和圆角矩形两种，它们的绘制方法基本相同。

执行方式

▲ 菜单栏：选择“放置”→“矩形”命令。

▲ 工具栏：单击“应用工具”工具中“实用工具”按钮下拉菜单中的“矩形”按钮。

▲ 右键命令：右击并在弹出的快捷菜单中选择“放置”→“矩形”命令。

绘制步骤

执行以上命令，光标变成十字形。将十字光标移到指定位置单击，确定矩形左上角位置，如图 6-34 所示。此时，光标自动跳到矩形的右下角，拖动鼠标，调整矩形至合适大小，再次单击确定右下角位置，如图 6-35 所示。

矩形绘制完成后，系统仍处于绘制矩形状态，若需要继续绘制矩形，则按前面的方法绘制，否则右击或按〈Esc〉键退出绘制命令。

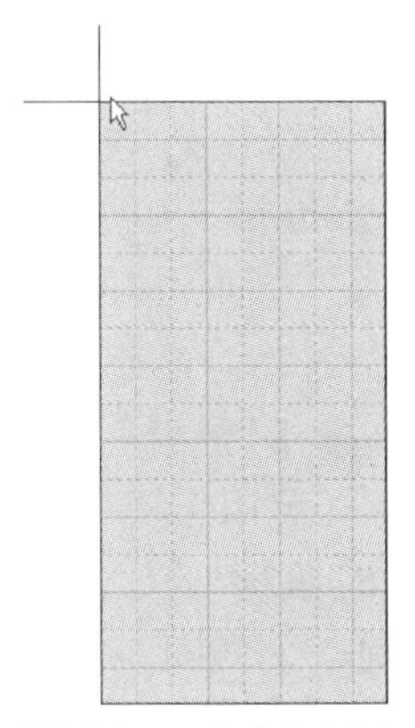

图 6-34　确定矩形左上角

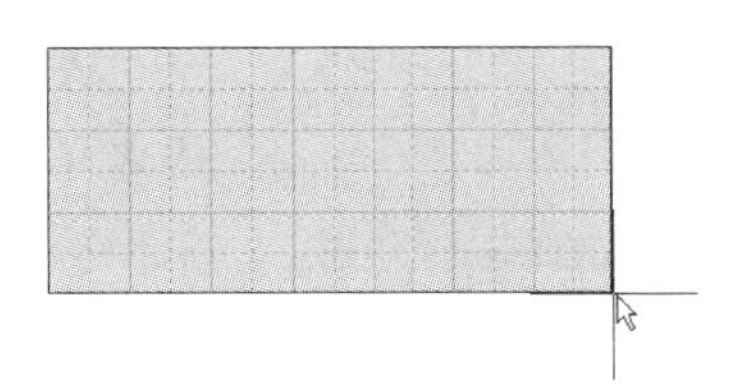

图 6-35　确定矩形右下角

选项说明

① 在绘制状态下按〈Tab〉键或者在绘制完成后双击需要设置属性的矩形，弹出“Rectangle（矩形）”属性面板，如图 6-36 所示。

② 此面板可用来设置矩形的坐标、线的宽度、边框的粗细和颜色、填充颜色等。

③ 由于圆角矩形的绘制方法与直角矩形的绘制方法基本相同，因此不再重复讲述。圆角矩形的属性设置如图 6-37 所示。在该对话框中多出两项，一个“Corner X Radius（X 方向的圆角半径）”用来设置圆角矩形转角的宽度“X 半径”，另一个“Corner Y Radius（Y 方向的圆角半径）”用来设置转角的高度“Y 半径”。

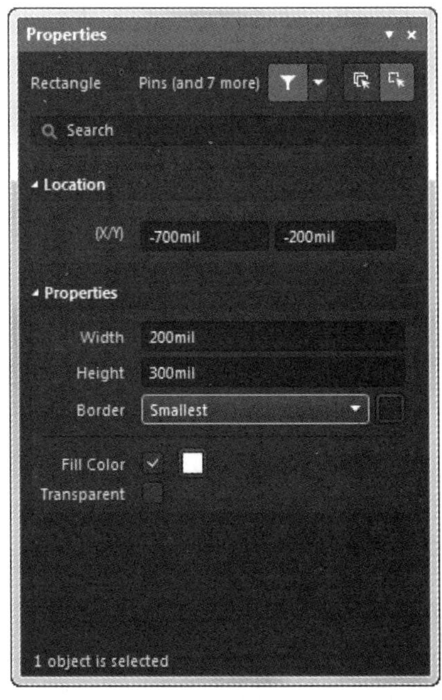

图 6-36 “Rectangle（矩形）”属性面板

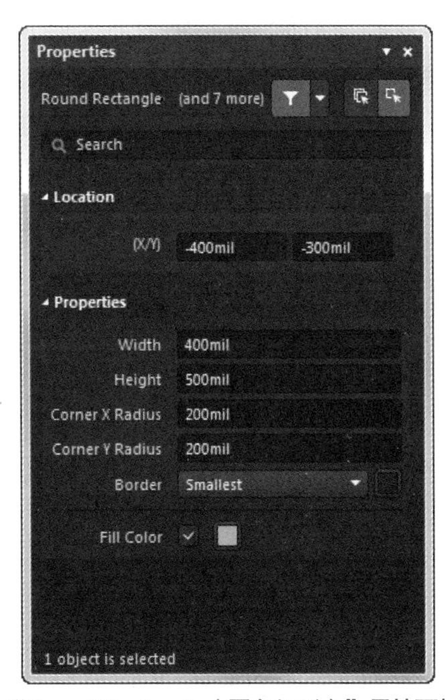

图 6-37 “Round Rectangle（圆角矩形）”属性面板

6.2.7 操作实例——绘制单片机芯片外形

扫一扫 看视频

（1）打开库文件

选择“文件”→“打开”命令，在弹出的“打开”对话框中选择库文件“8051.SchLib”，单击“打开”按钮，进入工作环境。

（2）绘制芯片

在图样上绘制元件的外形。选择“放置”→“矩形”命令，或者单击“应用工具”工具栏“实用工具”按钮下拉菜单中的“矩形”按钮，这时鼠标变成十字形状，并带有一个矩形图形。在图样上绘制一个如图 6-38 所示的矩形。

图 6-38 在图样上绘制一个矩形

技巧与提示——矩形命令

矩形用来作为库元件的原理图符号外形，其大小应根据要绘制的库元件引脚数的多少来决定。由于 C8051 F320 采用 32 引脚 LQFP 封装形式，所以应画成长方形，并画得大一些，以便于引脚的放置。引脚放置完毕后，可以再调整成合适的尺寸。

图 6-39 “Properties（属性）”面板

（3）放置数码管的引脚

单击“应用工具”工具栏中“实用工具”按钮下拉菜单中的“引脚”按钮，显示浮动的带光标引脚符号，打开“Properties（属性）”面板，在面板中设置引脚的编号，如图 6-39 所示。

在矩形框两侧依次放置引脚，引脚编号及名称在有数字的情况下依次递增，元件绘制结果如图 6-40 所示。

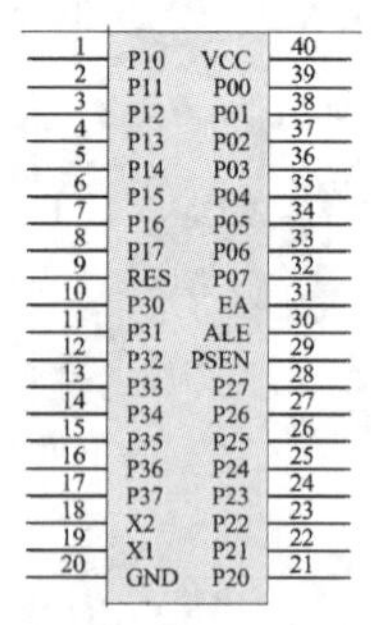

图 6-40 放置 8051 芯片

（4）编辑元件属性

从“SCH Library（原理图库）”面板里元件列表中选择元件，然后单击“编辑”按钮，弹出“Component（元件）”属性面板，在“Design Item ID（设计项目 ID）”栏输入新元件名称为“8051”，在“Default

Designator（默认的标识符）”文本框中输入预置的元件序号前缀（在此为“U？”），在“Comment（注释）”栏输入新元件名称为“8051”，如图 6-41 所示。

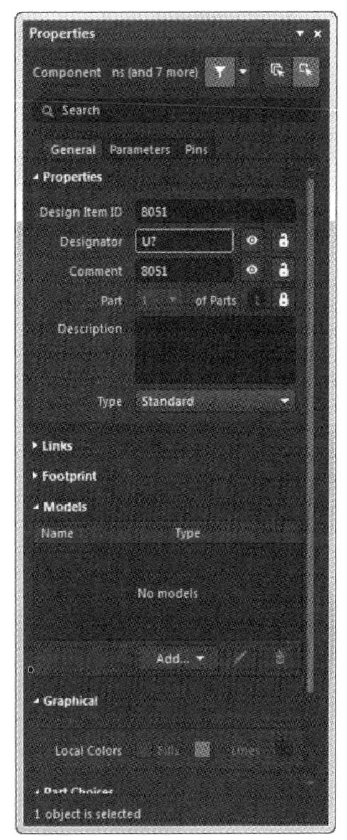

图 6-41 “Component（元件）”属性面板

6.2.8 绘制椭圆

当椭圆的长轴和短轴的长度相等时，椭圆就会变成圆。

执行方式

▲ 菜单栏：选择“放置”→“椭圆”命令。

▲ 工具栏：单击“应用工具”工具栏中“实用工具”按钮下拉菜单中的“椭圆”按钮。

▲ 右键命令：在原理图的空白区域右击，在弹出的快捷菜单中执行“放置”→“椭圆”命令。

绘制步骤

① 执行以上命令后，光标变成十字形。将光标移到指定位置单击，确定椭圆的圆心位置，如图 6-42 所示。

② 光标自动移到椭圆的右顶点，水平移动光标改变椭圆水平轴的长短，在合适位置单击确定水平轴的长度，如图 6-43 所示。

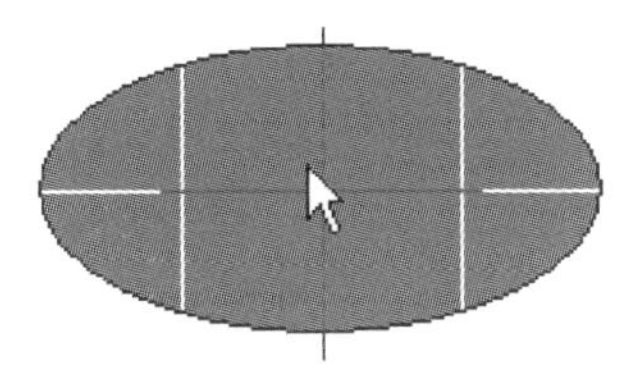
图 6-42 确定椭圆圆心

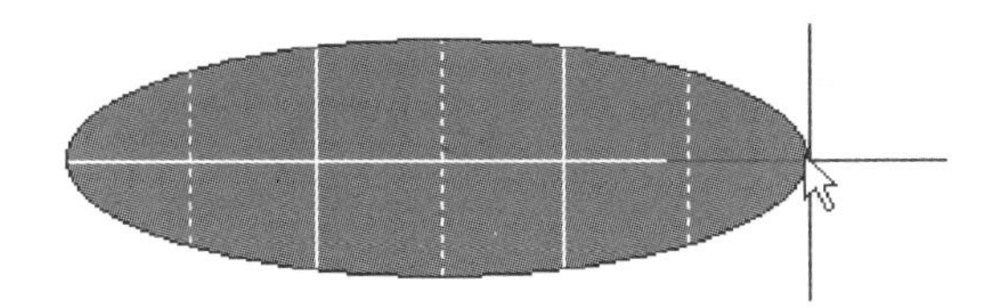
图 6-43 确定椭圆水平轴长度

③ 光标移到椭圆的上顶点处，垂直拖动鼠标改变椭圆垂直轴的长短，在合适位置单击，完成一个椭圆的绘制，如图 6-44 所示。

④ 此时系统仍处于绘制椭圆状态，可以继续绘制椭圆。若要退出，右击或按〈Esc〉键。

选项说明

在绘制状态下按〈Tab〉键或者在绘制完成后双击需要设置属性的椭圆，弹出“Ellipse（椭圆形）”属性面板，如图 6-45 所示。

此面板用来设置椭圆的圆心坐标（X/Y）、水平轴长度（X Radius）、垂直轴长度（Y Radius）、边界宽度、边界颜色以及填充颜色等。

当需要绘制一个圆时，用户也可以先绘制一个椭圆，然后在其属性面板中设置，让水平轴长度（X Radius）等于垂直轴长度（Y Radius），即可以得到一个圆。

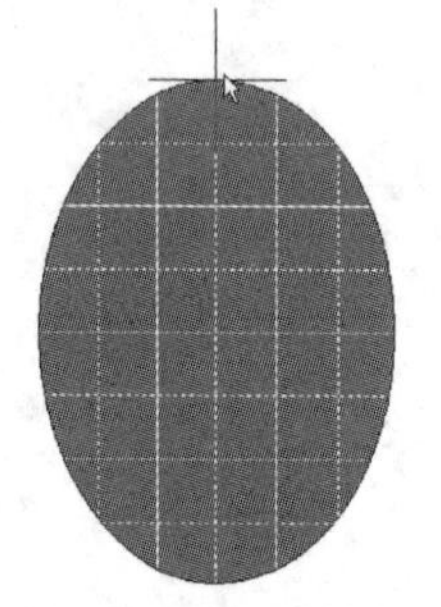

图 6-44　绘制的椭圆

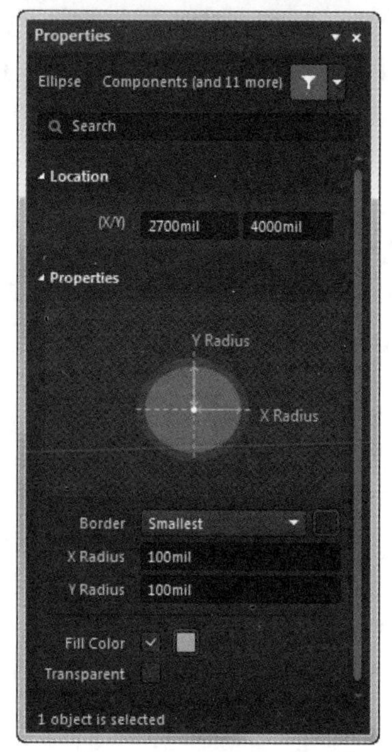

图 6-45　“Ellipse（椭圆形）”属性面板

6.2.9 绘制圆

圆是圆弧的一种特殊形式。

执行方式

▲ 菜单栏：选择“放置”→“圆”命令。

▲ 工具栏：单击快捷工具栏中的“圆”按钮。

▲ 右键命令：在原理图的空白区域右击，在弹出的快捷菜单中执行“放置”→“圆”命令。

绘制步骤

① 执行此命令后，光标变成十字形。将光标移到指定位置单击，确定圆的圆心位置，如图 6-46 所示。

② 光标自动向外移，改变圆的半径，如图 6-47 所示。

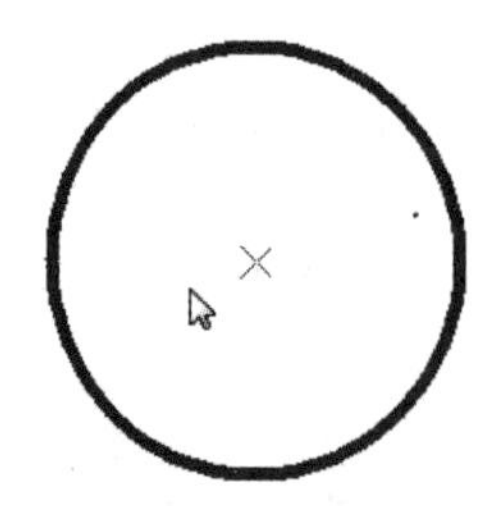

图 6-46　确定圆心

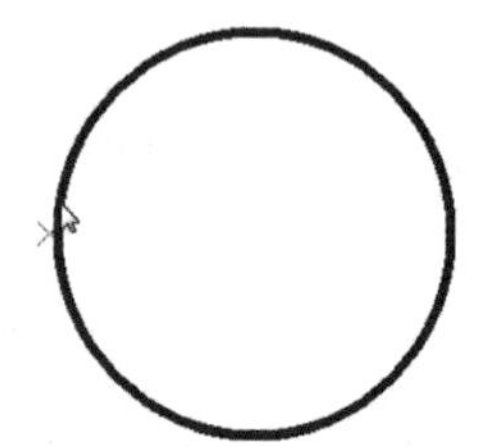

图 6-47　确定圆半径

③ 拖动鼠标改变圆半径的长短，在合适位置单击，完成一个圆的绘制，如图 6-48 所示。

④ 此时系统仍处于绘制圆状态，可以继续绘制圆。若要退出，右击或按〈Esc〉键。

选项说明

在绘制状态下按〈Tab〉键或者在绘制完成后双击需要设置属性的圆，弹出“Arc（圆）”属性面板，如图 6-49 所示。

图 6-48　绘制的圆

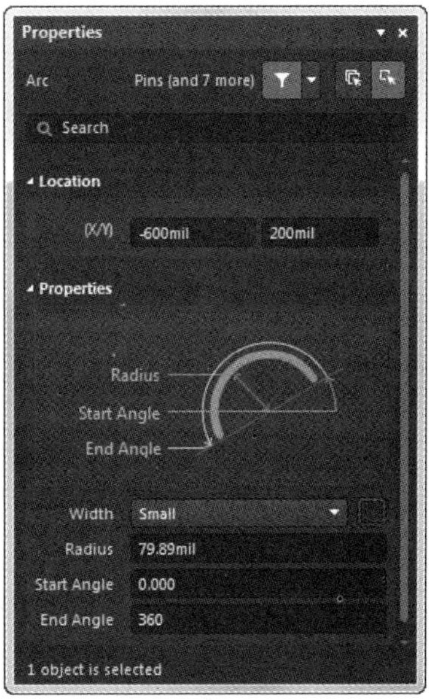

图 6-49　“Arc（圆）”属性面板

此面板用来设置圆的圆心坐标（X/Y）、半径长度（X Radius）等。

当需要绘制圆弧时，设置 Start Angle（起始角度）与 End Angle（终止角度）即可得到圆弧。

6.2.10 放置文本字和文本框

在绘制电路原理图时，为了增加原理图的可读性，设计者会在原理图的关键位置添加文字说明，即添加文本字符串和文本框。当需要添加少量的文字时，可以直接放置文本字符串，而对于需要大段文字说明时，就需要用文本框。

（1）放置文本字符串

执行方式

▲ 菜单栏：选择“放置”→“文本字符串”命令。

▲ 工具栏：单击“应用工具”工具栏中“实用工具”按钮下拉菜单中的“文本字符串”按钮。

▲ 右键命令：右击并在弹出的快捷菜单中选择“放置”→“文本字符串”命令。

绘制步骤

启动放置文本字符串命令后，光标变成十字形，并带有一个“Text”。移动光标至需要添加文字符串说明处，单击即可放置文本字符串，如图 6-50 所示。

选项说明

在放置状态下按〈Tab〉键或者在放置完成后双击需要设置属性的文本字符串，弹出“Text（文本）”属性面板，如图6-51所示。该面板用于设置文本字符串属性。

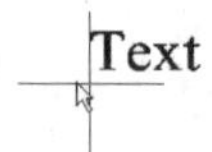

图6-50　放置文本字符串

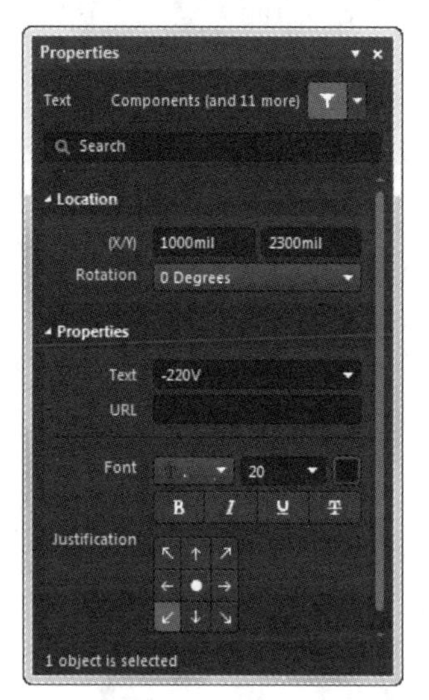

图6-51　“Text（文本）”属性设置面板

▲ 颜色：用于设置文本字符串的颜色。

▲ [X/Y]（位置）：用于设置文本字符串的坐标位置。

▲ Rotation（定位）：用于设置文本字符串的放置方向。有4个选项：0 Degrees、90 Degrees、180 Degrees和270 Degrees。

▲ Text（文本）：用于输入具体的文字说明。单击放置的文本字符串，稍等一会再次单击，即可进入文本字符串的编辑状态，可直接输入文字说明。

▲ Font（字体）：用于设置输入文字的字体。

▲ Justification：用于调整文本字符串在水平、垂直方向上的位置。有9个选项。

（2）放置文本框

执行方式

▲ 菜单栏：选择“放置”→“文本框”命令。

▲ 右键命令：右击并在弹出的快捷菜单中选择“放置”→“文本框”命令。

▲ 工具栏：单击“应用工具”工具栏中“实用工具”按钮下拉菜单中的“文本框”按钮。

绘制步骤

执行此命令，鼠标变成十字形。移动光标到指定位置，单击确定文本框的一个顶点，然后移动鼠标到合适位置，再次单击确定文本框对角线上的另一个顶点，完成文本框的放置，如图6-52所示。

选项说明

在放置状态下按〈Tab〉键或者在放置完成后双击需要设置属性的面板，弹出“Text

Frame（文本结构）”属性面板，如图 6-53 所示。

图 6-52　文本框的放置

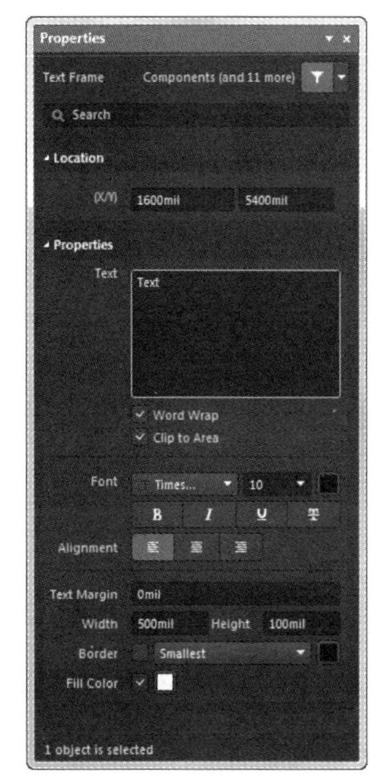

图 6-53　“Text Frame（文本结构）”属性面板

▲ [X/Y]（位置）：设置文本框的位置。

▲ Text（文本）：在该栏输入名称。

▲ Word Wrap：勾选该复选框，则文本框中的内容自动换行。

▲ Clip to Area：勾选该复选框，则文本框中的内容剪辑到区域。

▲ Font（字体）：设置字体大小、类型等。

▲ 文本颜色块：用于设置文本框中文字的颜色。

▲ Text Margin（文本边缘）：当文本框中的文字超出设定的文本框区域时，系统自动截去超出的部分。

▲ Width（边框宽度）：用于设置文本框边框的宽度。

▲ Height（边框高度）：用于设置文本框边框的高度。

▲ Border（显示边框）：该复选框用于设置是否显示文本框的边框。若勾选，则显示边框。有 Smallest、Small、Medium 和 Large 4 种线宽供用户选择。

▲ 框的颜色块：用于设置文本框的边框的颜色。

▲ Fill Color（填充实体）：该复选框用于设置是否填充文本框。若勾选，则文本框被填充。

▲ 填充色颜色块：用于设置文本框填充的颜色。

6.2.11 放置图片

在电路原理图的设计过程中，有时需要添加一些图片文件，例如元件的外观、厂家标 志等。

执行方式

▲ 菜单栏：选择“放置”→“图片”命令。

▲ 工具栏：单击“应用工具”工具栏中“实用工具”按钮下拉菜单中的“图片”按钮。

▲ 右键命令：右击并在弹出的快捷菜单中选择“放置”→“图片”命令。

绘制步骤

执行此命令，光标变成十字形，并附有一个矩形框。移动光标到指定位置，单击确定矩形框的一个顶点，如图 6-54 所示。此时光标自动跳到矩形框的另一顶点，移动鼠标可改变矩形框的大小，在合适位置再次单击确定另一顶点，如图 6-55 所示，同时弹出“打开”对话框，选择图片路径，如图 6-56 所示。完成选择以后，单击“打开(O)”按钮即可将图片添加到原理图中。

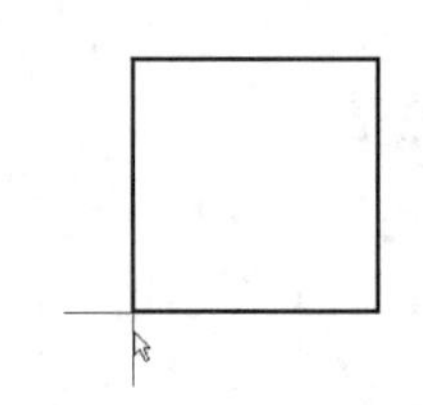

图 6-54　确定起点位置

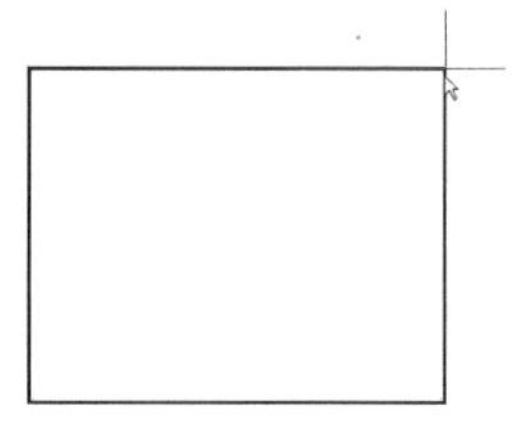

图 6-55　确定终点位置

选项说明

在放置状态下按〈Tab〉键或者在放置完成后双击需要设置属性的图片，弹出“Image（图片）”属性面板，如图 6-57 所示。

▲ [X\Y]：用于设置图片矩形框的顶点坐标。

▲ File Name（文件名）：所放置的图片的路径及名称。单击右边的“…”按钮，可以选择要放置的图片。

▲ Embedded（嵌入式）：若勾选该复选框，则将图片嵌入电路原理图中。

图 6-56　“打开”对话框

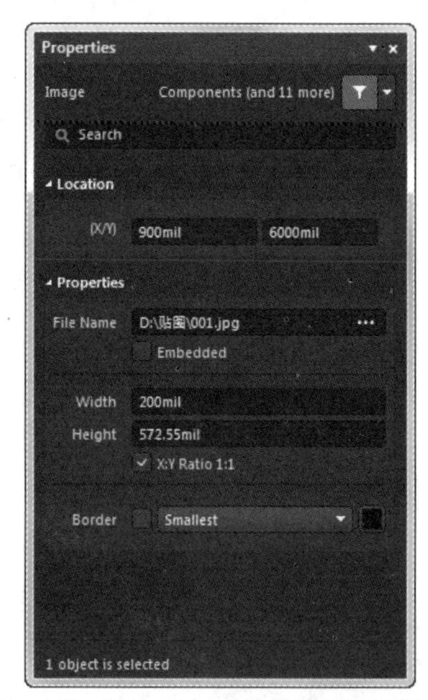

图 6-57　“Image（图片）”属性面板

▲ Width（宽度）：设置图片的宽。

▲ Height（高度）：设置图片的高。

▲ X ： Y Ratio1 ： 1（比例）：选中该复选框则以 1 ： 1 的比例显示图片。

▲ Border（边界）：若勾选该复选框，则放置的图片会添加边框。

6.3 综合演练

扫一扫　看视频

6.3.1 绘制解码芯片

本例中要创建的解码芯片 PT2272 最多可有 12 位（A0 ~ A11）三态地址端引脚（悬空，接高电平，接低电平），任意组合可提供 531441 种地址码。PT2272 最多可有 6 位（D0 ~ D5）数据端引脚，设定的地址码和数据码从 17 脚串行输出，可用于无线遥控发射电路。

（1）设置工作环境

① 选择“文件”→“新的”→“库”→“原理图库”命令，创建一个新的原理图库文件“Schlib1.SchLib”，同时在设计窗口中打开一个空的图样。

② 选择“文件”→“另存为”命令，将创建的原理图库文件保存在源文件夹下，输入名称“报警器”，如图 6-58 所示。

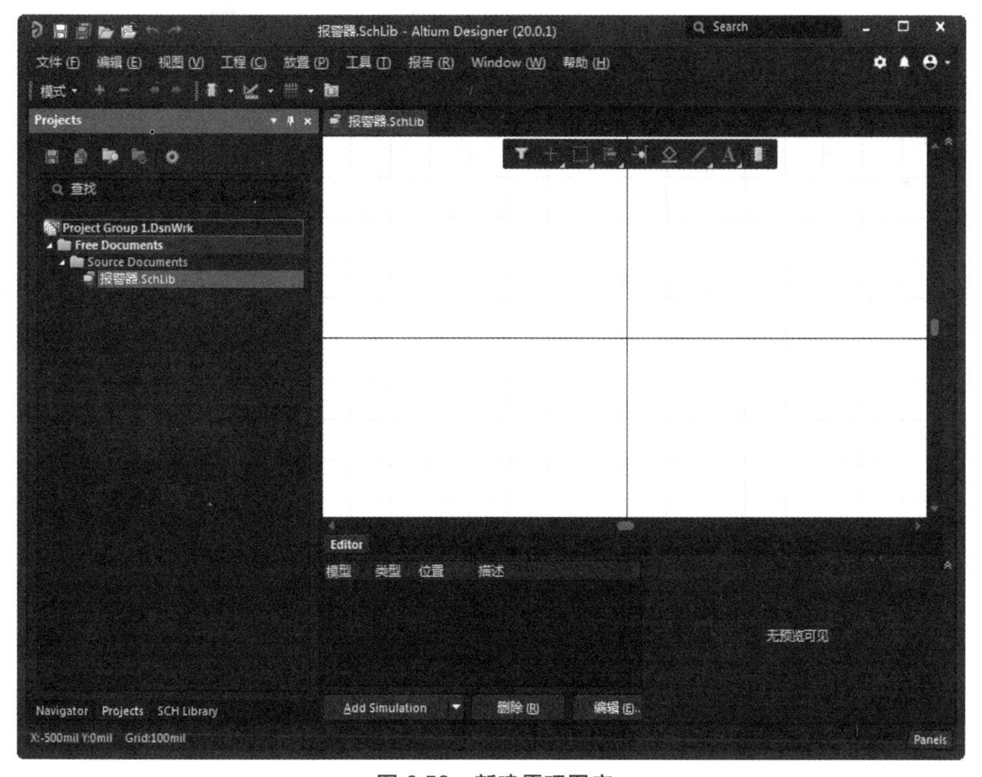

图 6-58　新建原理图库

（2）创建部件并编辑属性

① 进入工作环境，在原理图元件库内打开“SCH Library”面板，发现已经存在一个自动命名的“Component_1”元件。

② 从“SCH Library（原理图库）”面板里元件列表中选择元件“Component_1”，然后单击“编辑”按钮，弹出“Component（元件）”属性面板，如图 6-59 所示，在“Design Item ID（设计项目 ID）”栏输入新元件名称为“PT2272”，在“Designator（标识符）”文本框中输入预置的元件序号前缀（在此为“U？”），在“Comment（注释）”栏输入新元件名称为“PT2272”，如图 6-60 所示。元件库浏览器中多出了一个元件“PT2272”。

（3）绘制数码管外形

① 在图纸上绘制数码管元件的外形。选择“放置”→“矩形”命令，或者单击“应用工具”工具栏“实用工具”按钮下拉菜单中的“矩形”按钮，这时鼠标变成十字形状，并带有一个矩形。在图纸上绘制一个如图 6-61 所示的矩形。

图 6-59 “Component（元件）”属性面板

图 6-60 “Properties（属性）”面板

图 6-61 在图纸上绘制一个矩形

② 放置数码管的引脚。单击“应用工具”工具栏中“实用工具”按钮下拉菜单中的“引脚”按钮，显示浮动的引脚符号，打开“Properties（属性）”面板。在该面板中，设置引脚的编号，如图 6-62 所示。

③ 在矩形框两侧依次放置引脚，引脚标号及名称在有数字的情况下依次递增，元件绘制结果如图 6-63 所示。

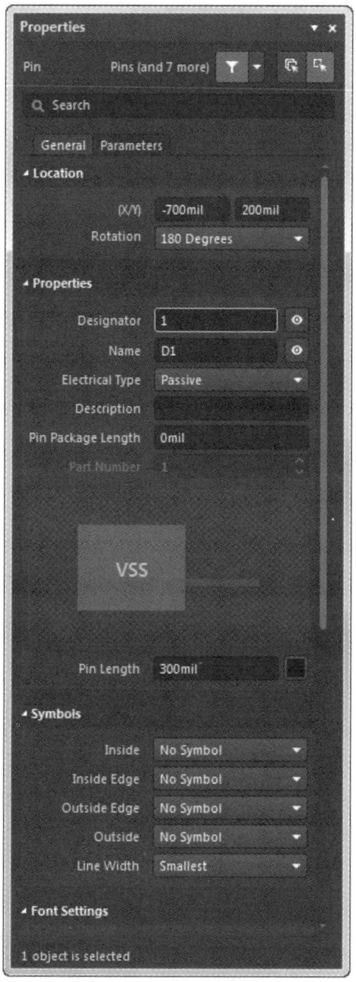

图 6-62 “Properties（属性）”面板

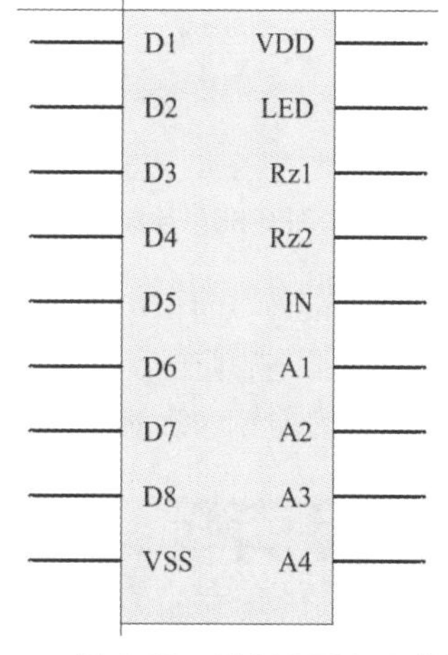

图 6-63 绘制 PT2272 芯片

6.3.2 绘制三端稳压电源调整器

本例要绘制的是三端稳压电源调整器 CYT78L05。本节利用此元件复习前面所学，并利用面板命令绘制器件外形，供读者学习。

（1）设置绘制环境

在原理图元件库工作环境中，打开“SCH Library”面板，单击“Component（元件）”栏下面的“Add（添加）”按钮，弹出“New Component（新器件）”对话框，输入新器件名称“CYT78L05”，如图 6-64 所示。

图 6-64 “New Component”（新器件）对话框

单击 确定 按钮，退出该对话框，元件库浏览器中多出了一个元件“CYT78L05”。

（2）绘制调整器外形

选择“放置”→“矩形”命令，或者单击“应用工具”工具栏中“实用工具”按钮下拉菜单中的“矩形”按钮，这时鼠标变成十字形状，并带有一个矩形图形。在图纸上绘制一个如图 6-65 所示的矩形。

（3）放置引脚

单击“应用工具”工具栏中“实用工具”按钮下拉菜单中的“引脚”按钮，在编辑窗口中显示浮动的引脚符号，在矩形框对应位置单击放置引脚，结果如图 6-66 所示。

图 6-65　绘制矩形

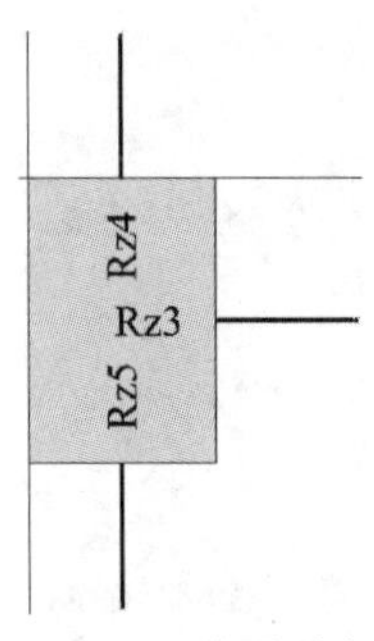

图 6-66　放置引脚

在“SCH Library”面板中选中元件名称，单击“编辑”按钮，打开“Properties（属性）”面板，单击“Pins”选项卡，单击“编辑”按钮，打开“元件引脚属性”对话框，在该对话框中设置引脚的编号。绘制结果如图 6-67 所示。

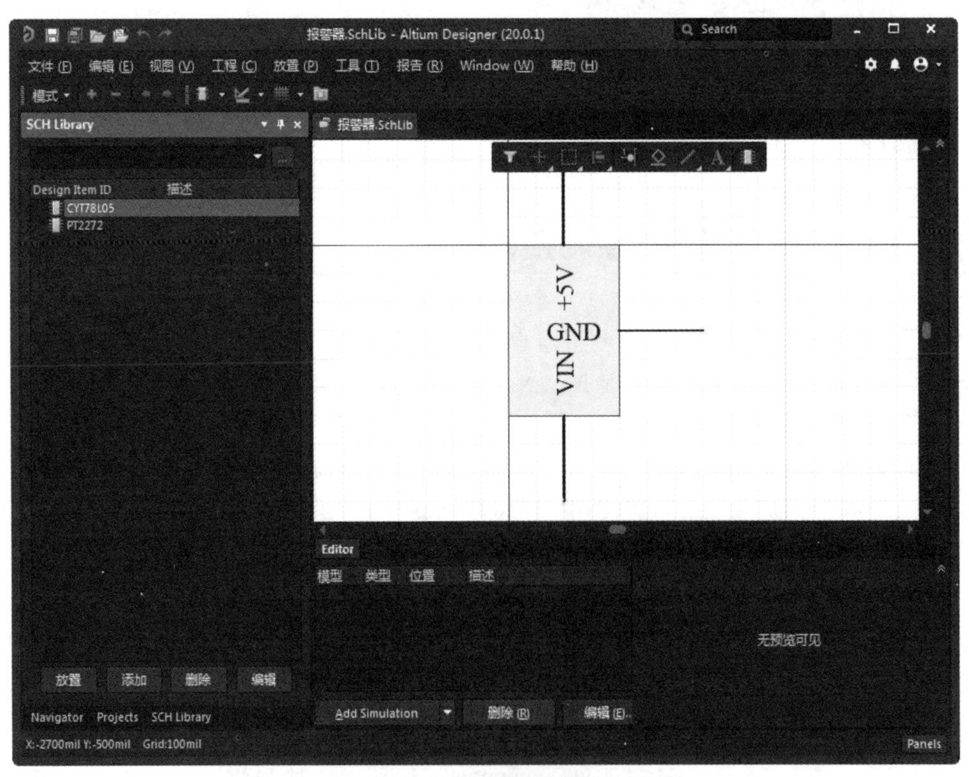

图 6-67　引脚编辑结果

第 7 章 印制电路板绘制

本章导读

印制电路板（PCB）的设计是电路设计工作中最关键的阶段，只有真正完成印制电路板的设计才能进行实际电路的设计。因此，印制电路板的设计是每一个电路设计者必须掌握的技能。

本章将主要介绍印制电路板设计的一些基本概念及绘制方法，通过本章的学习，用户能够对电路板设计有大致的理解。

7.1 PCB 界面简介

PCB 界面主要包括 3 个部分：主菜单、工具栏和工作面板，如图 7-1 所示。

与原理图设计的界面一样，PCB 设计界面也是在软件主界面的基础上添加了一系列菜单项和工具栏。这些菜单项及工具栏主要用于 PCB 设计中的电路板设置、布局、布线及工程操作等。菜单项与工具栏基本上是对应的，能用菜单项来完成的操作几乎都能通过工具栏中的相应工具按钮完成。右击工作窗口将弹出一个快捷菜单，其中包括 PCB 设计中常用的菜单项。

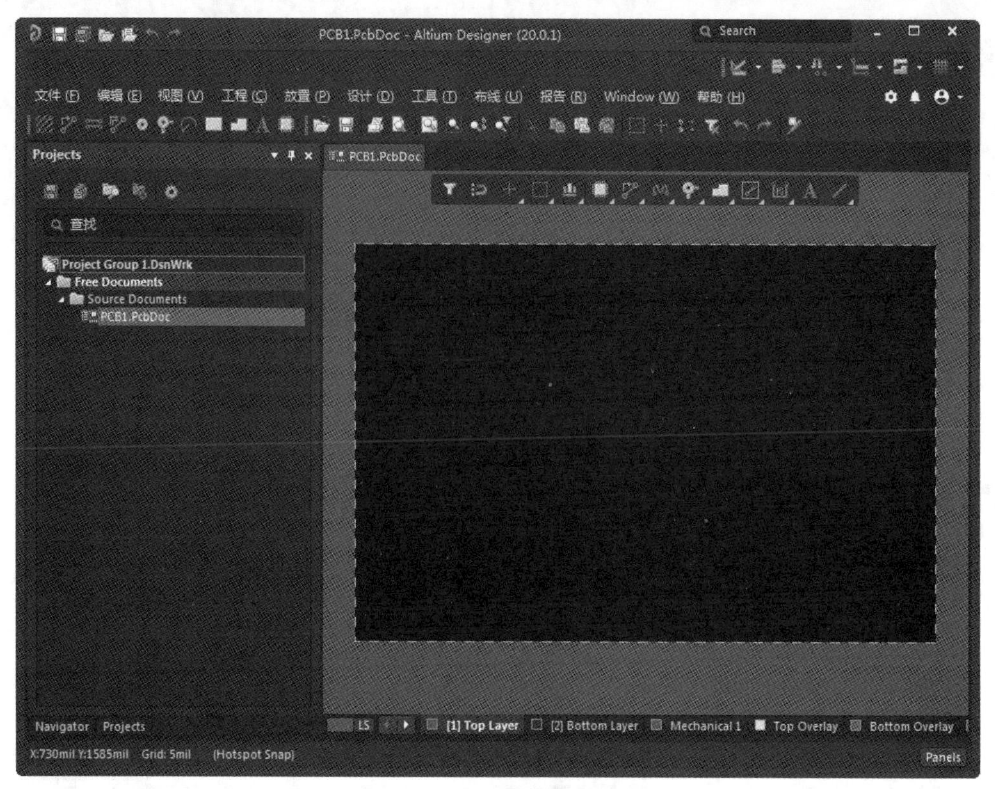

图 7-1 PCB 编辑器界面

7.1.1 菜单栏

在 PCB 设计过程中，各项操作都可以使用菜单栏中相应的命令来完成。对菜单栏中的各菜单命令的功能简要介绍如下。

▲ “文件”菜单：用于文件的新建、打开、关闭、保存与打印等操作。

▲ “编辑”菜单：用于对象的复制、粘贴、选取、删除、打破线、移动、对齐等编辑操作。

▲ “视图”菜单：用于实现对视图的各种管理，如工作窗口的放大与缩小，各种工具、面板、状态栏及节点的显示与隐藏等，以及 3D 模型、公英制转换等。

▲ “工程”菜单：用于实现与项目有关的各种操作，如项目文件的新建、打开、保存与关闭，工程项目的编译及比较等。

▲“放置”菜单：包含了在 PCB 中放置导线、字符、焊盘、过孔等各种对象，以及放置坐标、标注等命令。

▲ “设计”菜单：用于添加或删除元件库、导入网络表、原理图与 PCB 间的同步更新及印制电路板的定义，以及电路板形状的设置、移动等操作。

▲ “工具”菜单：用于为 PCB 设计提供各种工具，如 DRC 检查、元件的手动与自动布局、PCB 图的密度分析及信号完整性分析等。

▲ “布线”菜单：用于执行与 PCB 自动布线相关的各种操作。

▲ “报告”菜单：用于执行生成 PCB 设计报表及 PCB 板尺寸测量等操作。

▲“Window（窗口）”菜单：用于对窗口进行各种操作。

▲“帮助”菜单：用于打开帮助菜单。

7.1.2 工具栏

工具栏中以图标按钮的形式列出了常用菜单命令的快捷方式，用户可根据需要对工具栏中的命令进行选择，对摆放位置进行调整。

右击菜单栏或工具栏的空白区域即可弹出工具栏的命令菜单，如图 7-2 所示。它包含 6 个命令，带有√标志的命令表示被选中而出现在工作窗口上方的工具栏中。每一个命令代表一系列工具选项。

▲“PCB 标准”命令：用于控制 PCB 标准工具栏的打开与关闭，如图 7-3 所示。

图 7-2　工具栏的命令菜单

图 7-3　“PCB 标准”工具栏

▲“过滤器”命令：用于控制“过滤器”工具栏的打开与关闭，可以快速定位各种对象。

▲“应用工具”命令：用于控制“应用工具”工具栏的打开与关闭。

▲“布线”命令：用于控制“布线”工具栏的打开与关闭。

▲“导航”命令：用于控制“导航”工具栏的打开与关闭。通过这些按钮，可以实现在不同界面之间的快速跳转。

▲“Customize（用户定义）”命令：用于用户自定义设置。

7.2 创建 PCB 文件

与原理图设计的界面一样，创建 PCB 命令也可以采用不同的方式。在何种情况下选择何种创建方式，创建的文件有何不同，都将在下面的章节里给出具体解答。

7.2.1 使用菜单命令创建 PCB 文件

用户可以使用菜单命令创建 PCB 文件。首先创建一个空白的 PCB 文件，然后设置 PCB 的各项参数。

执行方式

▲菜单栏命令：“文件”→“新的”→“PCB”命令，或“工程”→“添加新的…到工程”→“PCB（PCB 文件）”命令。

▲ 右键命令：在原理图或项目文件上单击右键弹出快捷菜单，选择“添加新的…到工程”→“PCB（PCB 文件）”命令。

绘制步骤

执行以上命令后，即可进入 PCB 编辑环境，如图 7-1 所示。

7.2.2 利用模板创建 PCB 文件

Altium Designer 20 还提供了通过 PCB 模板创建 PCB 文件的方式。

执行方式

▲ 菜单栏命令：“文件”→“打开”。

绘制步骤

① 执行此命令后，弹出如图 7-4 所示的“Choose Document to Open”对话框。该对话框默认的路径是 Altium Designer 20 自带的模板路径，在该路径下为用户提供了很多可用的模板。和原理图文件面板一样，Altium Designer 20 中没有为模板设置专门的文件形式，在该对话框中能够打开的都是包含模板信息的后缀为“.PrjPcb”和“.PcbDoc”的 文件。

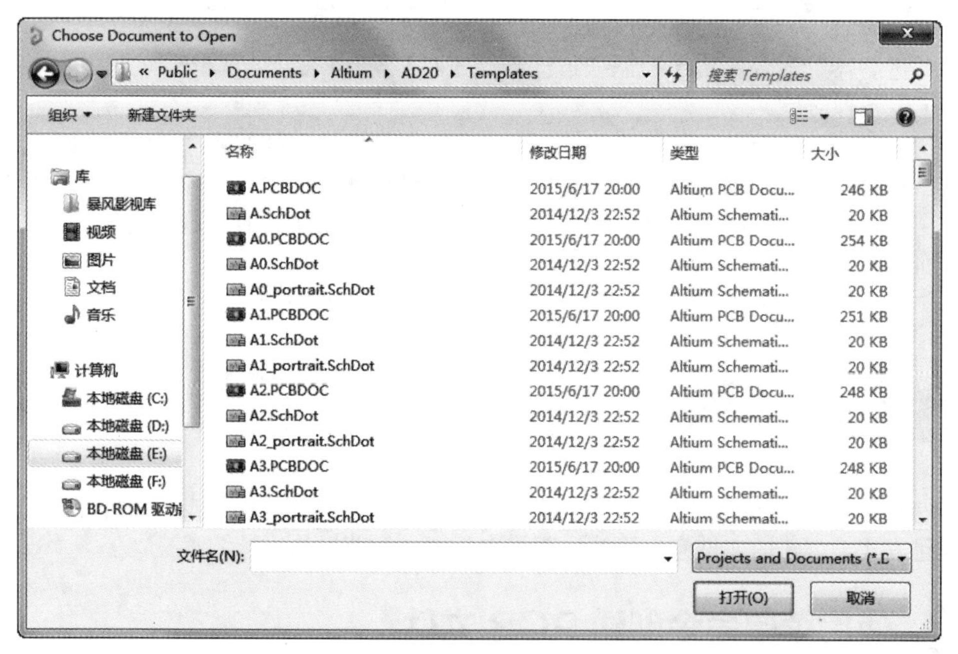

图 7-4 “Choose Document to Open”对话框

② 从对话框中选择所需的模板文件，然后单击“打开”按钮，即可生成一个 PCB 文件，生成的文件将显示在工作窗口中，如图 7-5 所示。

选项说明

由于通过模板生成 PCB 文件的方式操作起来非常简单，因此，建议用户在从事电路设计时将自己常用的 PCB 板保存为模板文件，以便于以后的工作。

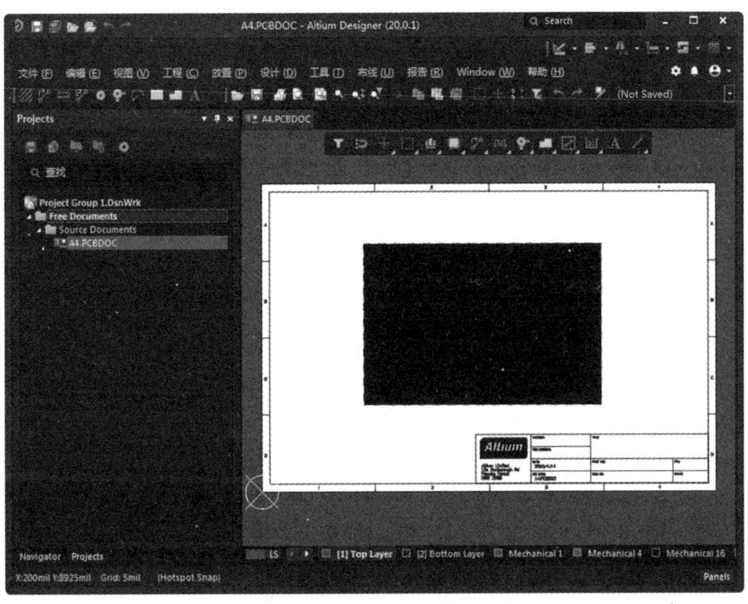

图 7-5 导入 PCB 模板文件

7.3 PCB 图的绘制

本节将介绍一些在 PCB 编辑中常用到的操作，包括在 PCB 图中绘制和放置各种元素，如走线、焊盘、过孔、文字标注等。在 Altium Designer 20 的 PCB 编辑器的菜单命令的“放置”菜单中，系统提供了各种元素的绘制和放置命令。同时，这些命令也可以在工具栏中找到，如图 7-6 所示。

图 7-6 “放置”菜单和工具栏

7.3.1 绘制导线

在绘制导线之前，选定导线要放置的层，将其设置为当前层。

执行方式

▲ 菜单栏：选择“放置”→“走线”命令。
▲ 工具栏：单击“布线”工具栏中的“交互式布线连接”按钮。
▲ 右键命令：右击并在弹出的快捷菜单中选择“放置”→“走线”命令。
▲ 快捷键：〈P+T〉键。

绘制步骤

① 执行以上命令后，光标变成十字形，在指定位置单击确定导线起点。

② 移动光标绘制导线，在导线拐弯处单击，然后继续绘制导线，在导线终点处再次单击，结束该导线的绘制。

③ 此时，光标仍处于十字形状态，可以继续绘制导线。绘制完成后右击或按〈Esc〉键，退出绘制状态。

选项说明

① 在绘制导线的过程中按〈Tab〉键，弹出“Interactive Routing（交互式布线）”属性面板，如图 7-7 所示。在该面板中，可以设置导线宽度、所在层面、过孔直径以及过孔孔径，还可以通过按钮重新设置布线规则和过孔规则等。此设置将作为绘制下一段导线的默认值。

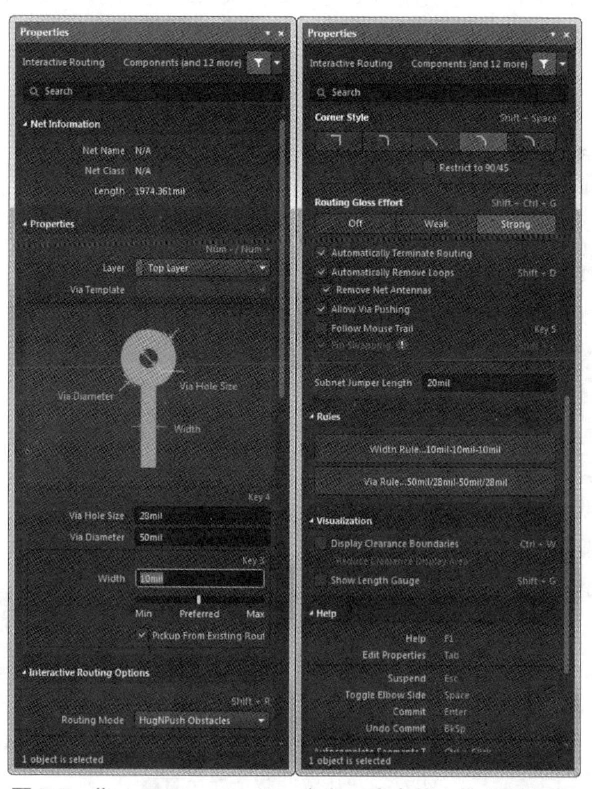

图 7-7 “Interactive Routing（交互式布线）”属性面板

② 绘制完成后，双击需要修改属性的导线，弹出“Track（轨迹）”属性面板，如图 7-8 所示。

③ 在此面板中，可以设置导线的起始和终止坐标、宽度、层面、网络等属性，还可以设置是否锁定、是否具有禁止布线区属性。

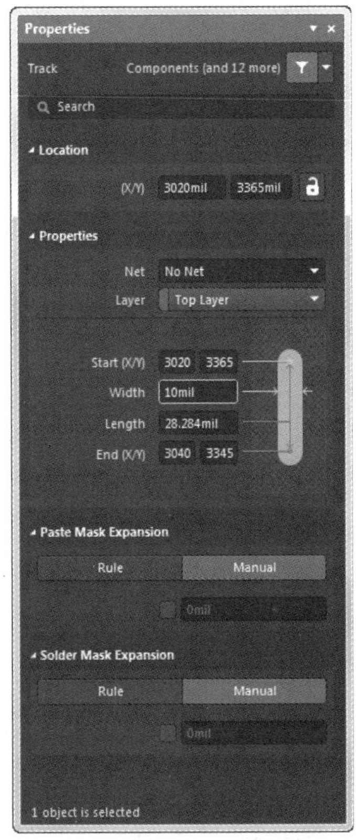

图 7-8 “Track（轨迹）”属性面板

7.3.2 绘制直线

这里绘制的直线多指与电气属性无关的线。它的绘制方法和属性设置与前面讲的对导线的操作基本相同，只是启动绘制命令的方法不同。

执行方式

▲ 菜单栏：选择“放置”→“线条”命令。

▲ 工具栏：单击“应用工具”工具栏中的“实用工具”按钮下拉菜单→“线条”按钮。

▲ 快捷键：〈P+L〉键。

绘制步骤

① 执行以上命令后，光标变成十字形，在指定位置单击确定直线起点。

② 移动光标绘制直线，在直线拐弯处单击，然后继续绘制直线，在直线终点处再次单击，结束该直线的绘制。

③ 此时，光标仍处于十字形状态，可以继续绘制直线。绘制完成后右击或按〈Esc〉键，退出绘制状态。

选项说明

① 在绘制直线的过程中按〈Tab〉键，弹出“Line placement（放置线）”属性面板，如图 7-9 所示。

② 在该面板中，可以设置直线宽度、所在层面。

③ 绘制完成后，双击需要修改属性的直线，弹出“Track（轨迹）”属性面板，如图 7-8 所示，设置相应的属性。

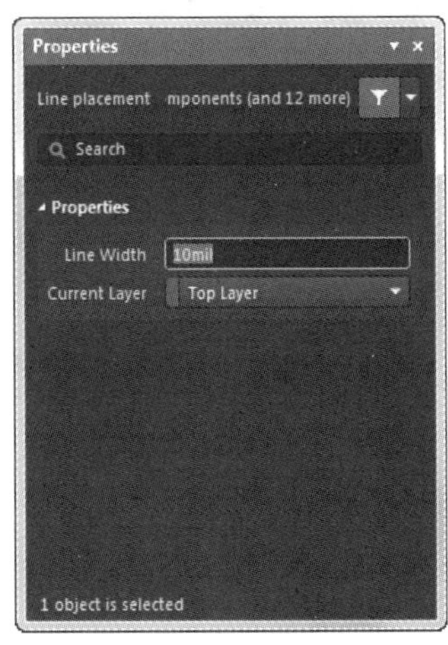

图 7-9 “Line placement”（放置线）属性面板

7.3.3 放置元件封装

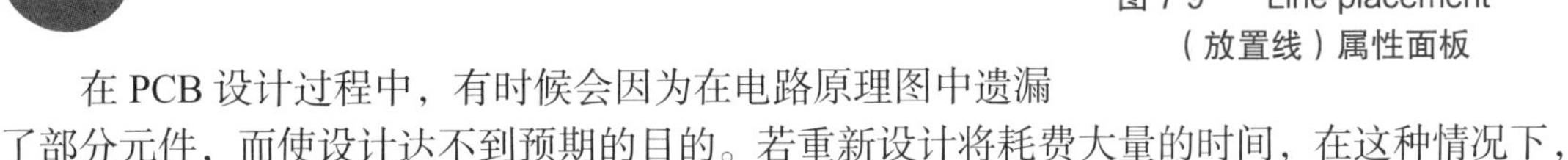

在 PCB 设计过程中，有时候会因为在电路原理图中遗漏了部分元件，而使设计达不到预期的目的。若重新设计将耗费大量的时间，在这种情况下，可以直接在 PCB 中添加遗漏的元件封装。

执行方式

▲ 菜单栏：选择“放置”→“器件”命令。

▲ 工具栏：单击“布线”工具栏中的“器件”按钮。

▲ 右键命令：单击右键，在弹出的快捷菜单中选择“放置”→“器件”命令。

▲ 快捷键：〈P+C〉键。

绘制步骤

执行以上命令后，系统弹出“Components（元件）”面板，如图 7-10 所示。

在该面板中可以选择要放置的元件封装，方法如下。

① 在“Components(元件)”面板右上角单击按钮，在弹出的快捷菜单中选择“File-based Libraries Preferences（库文件参数）”命令，打开“Available File-based Libraries（可用库文件）”对话框，如图 7-11 所示。

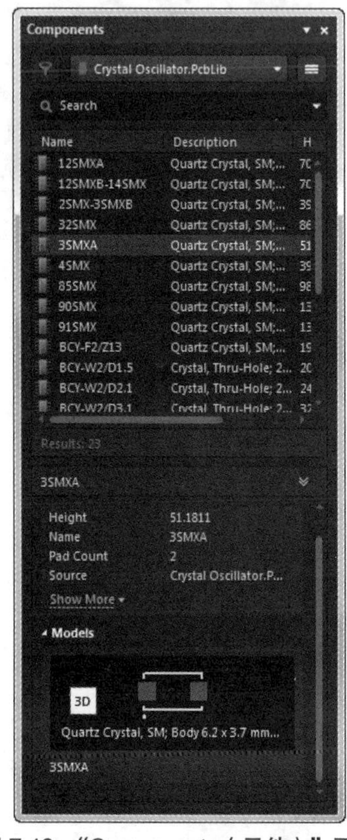

图 7-10 “Components（元件）”面板

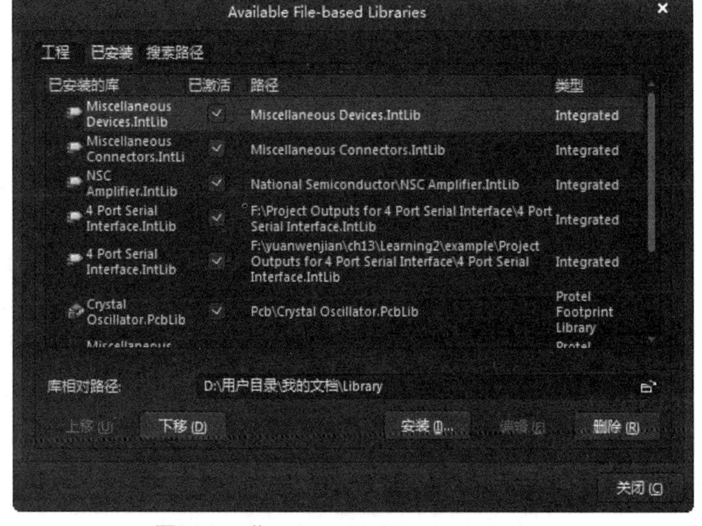

图 7-11 “Available File-based Libraries（可用库文件）”对话框

② 单击“安装”按钮，弹出“打开”对话框，如图 7-12 所示，从中选择需要的封装库。

③ 若已知要放置的元器件封装名称，则将封装名称输入到搜索栏中进行搜索即可，如若搜索不到，在“Components（元件）”面板右上角单击按钮，在弹出的快捷菜单中选择“File-based Libraries Search（库文件搜索）”命令，则打开“File-based Libraries Search（库文件搜索）”对话框，如图 7-13 所示。

④ 在这里将“搜索范围”右侧的下拉列表中选择“Footprints”，然后输入要搜索的元器件封装名称进行搜索。

⑤ 选定后，在“Components（元件）”面板中将显示元器件封装符号和元件模型的预览，双击元器件封装符号，则元器件的封装外形将随光标移动，在图纸的合适位置，单击鼠标左

键放置该封装。

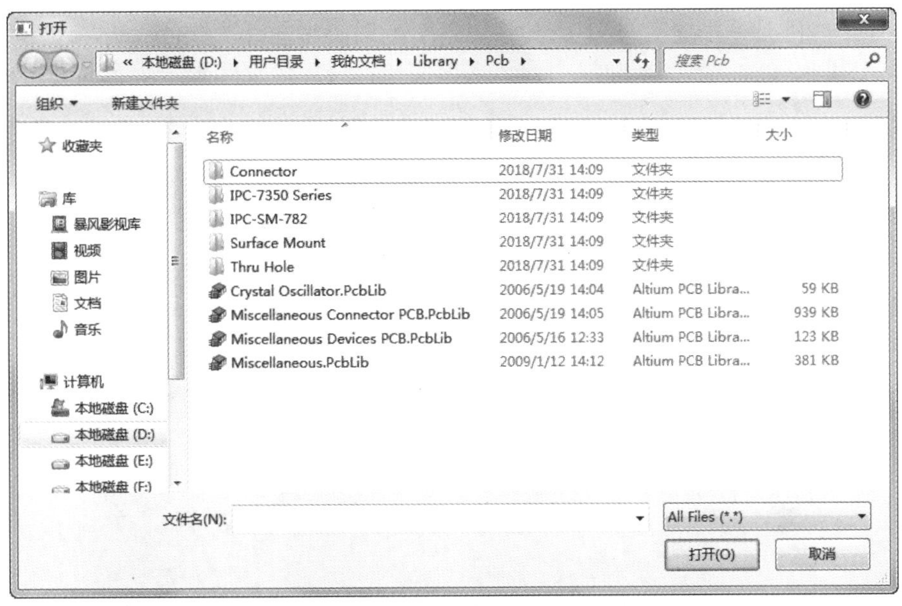

图 7-12 “打开”对话框

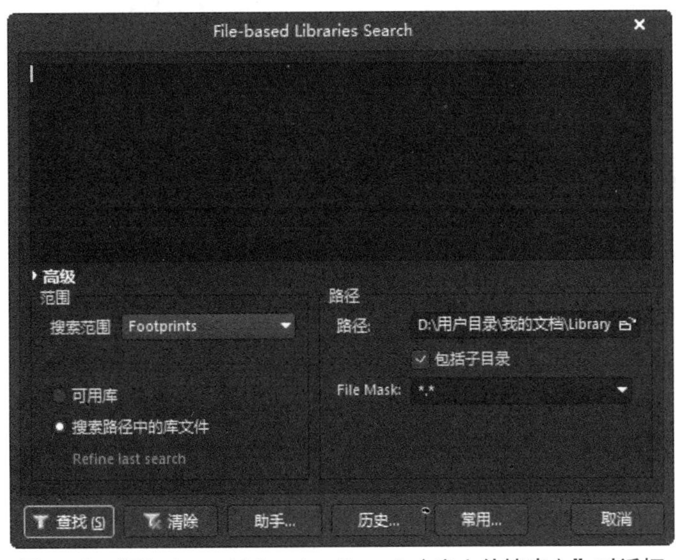

图 7-13 “File-based Libraries Search（库文件搜索）”对话框

选项说明

双击放置的元件封装，或者在放置状态下按〈Tab〉键，系统弹出“Compenent（元件）”属性面板，如图 7-14 所示。

该面板中各参数的意义如下。

（1）“Location（位置）”选项组

▲ [X/Y]：设置封装的坐标位置。

▲ Rotation（定位）：设置封装放置时旋转的角度方向，有 0 Degrees、90 Degrees、180 Degrees 和 270 Degrees 4 个选项。

▲ “锁定引脚”按钮：单击该按钮，所有的引脚将和放置元件成为一个整体，不能在 PCB 图上单独移动引脚。不建议用户单击该按钮，这样对电路板图的布局会造成不必要的麻烦。

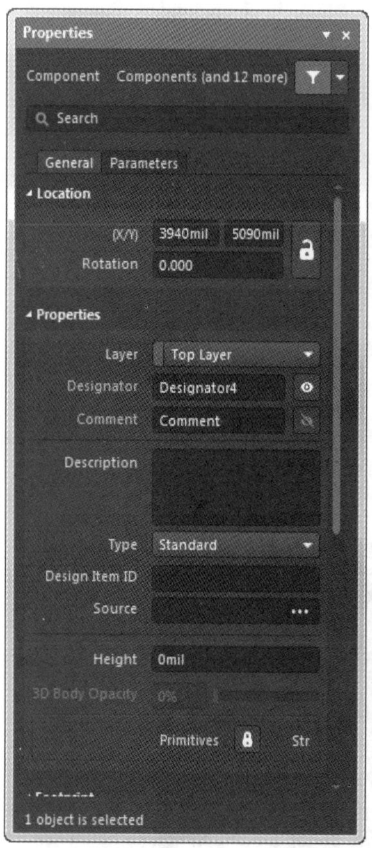

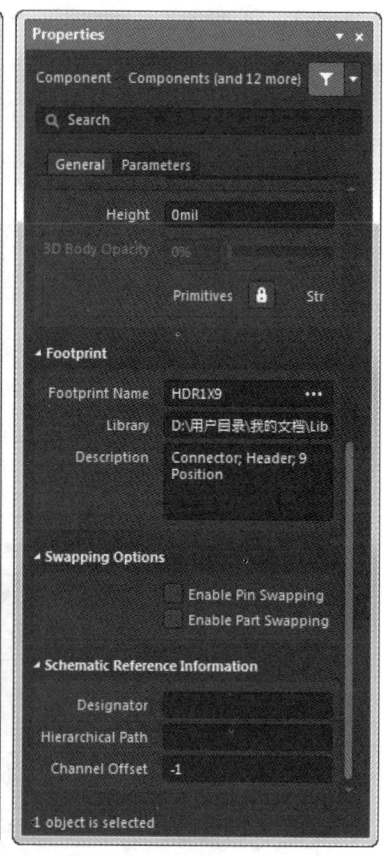

图 7-14 “Properties（属性）”面板

（2）“Properties（属性）”选项组

▲ “Layer（层）”下拉列表：在该下拉列表中显示封装元件所在层。

▲ “Designator（标识符）”文本框：封装元件标号，即把该封装元件放置到 PCB 图文件中时，系统最初默认显示的封装元件标号。这里设置为“U？”，并单击右侧的“可用”按钮，则放置该元件时，序号“U？”会显示在原理图中。

▲ “Comment（元件）”文本框：用于说明封装元件型号。单击右侧的“可见”按钮，则放置该封装元件时，型号会显示在 PCB 图中。

▲ “Description（描述）”文本框：用于描述库元件功能。这里输入“USB MCU”。

▲ “Type（类型）”下拉列表框：库元件符号类型，可以选择设置。这里采用系统默认设置“Standard（标准）”。

▲ “Design Item ID（设计项目 ID）”文本框：库元件名称。

▲ Source（来源）：设置封装元件所在元件库。

▲ Height（高度）：设置封装元件高度，作为 PCB 3D 仿真时的参考。

▲ 3D Body Opacity（不透明度）：拖动滑块，设置 3D 体的不透明度，设置封装元件三维模型显示效果。

③“Footprint（封装）”选项组　该选项组显示当前的封装名称、库文件名等信息。

④“Swapping Option（交换选项）”选项组

▲“Enable Pin Swapping”复选框：勾选复选框，交换元件的引脚。

▲“Enable Part Swapping”复选框：勾选复选框，交换元件的部件。

⑤“Schematic Reference Information（原理图涉及信息）”选项组　该选项组包含了与 PCB 封装对应的原理图元件的相关信息。

扫一扫　看视频

7.3.4 操作实例——集成频率合成器印制电路板放置器件

① 选择“放置”→“器件”命令，弹出“Components（元件）”面板。在“库”列表框中选择“Miscellaneous Devices.IntLib”，在元件详细列表中选择“AXIAL-0.4”，如图 7-15 所示。

② 双击 AXIAL-0.4，在图纸中显示带十字光标浮动的电阻封装符号，在图纸内部空白处单击，放置封装，则光标上继续显示浮动的元件符号，单击鼠标右键结束元件放置。

③ 双击电阻封装符号，打开“Properties（属性）”面板，如图 7-16 所示，在“Designator（标识符）”文本框中输入 R1，使用同样的方法继续选择其余封装类型，完成元件放置，元件封装列表如表 7-1 所示。

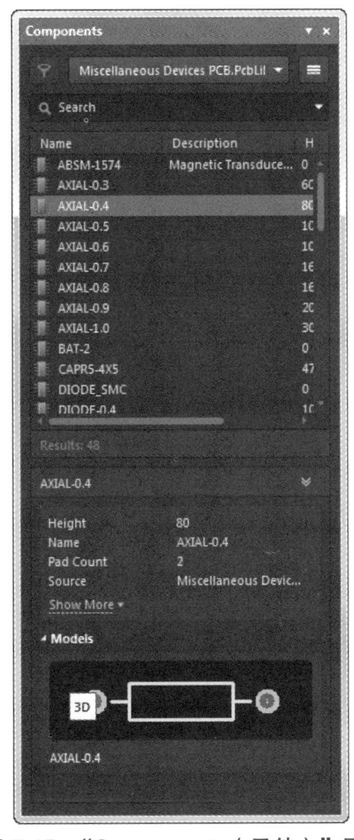

图 7-15 “Components（元件）”面板

图 7-16 “Compenent（元件）”属性面板

表 7-1 元件封装列表

位号	封装	封装库	元件名称
R1	AXIAL-0.4	Miscellaneous Devices.IntLib	电阻
C1	RAD-0.3	Miscellaneous Devices.IntLib	电容
C2	RAD-0.3	Miscellaneous Devices.IntLib	电容
D1	LED-0	Miscellaneous Devices.IntLib	二极管
Y1	R38	Miscellaneous Devices.IntLib	晶振
U1	710-02	Motorola RF and IF Frequency Synthesiser.IntLib	集成芯片

元件放置结果如图 7-17 所示。

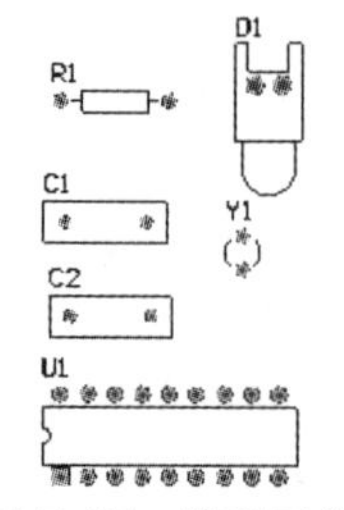

图 7-17 放置元件

7.3.5 放置焊盘和过孔

（1）放置焊盘

执行方式

▲ 菜单栏：选择“放置”→“焊盘”命令。
▲ 工具栏：单击“布线”工具栏中的“焊盘”按钮。
▲ 快捷键：〈P+P〉键。

绘制步骤

执行此命令后，光标变成十字形并带有一个焊盘图形。移动光标到合适位置，单击即可在图纸上放置焊盘。此时系统仍处于放置焊盘状态，可以继续放置。放置完成后，右击退出。

选项说明

在焊盘放置状态下按〈Tab〉键或者双击放置好的焊盘，打开“Properties（属性）”面板中的“Pad（焊盘）”属性编辑面板，如图 7-18 所示。在该面板中，可以设置关于焊盘的各种属性。

① “Pad Template（焊盘模板）”选项组　设置焊盘模板类型。
② “Location（位置）”选项组　设置焊盘中心点的坐标。
▲ “[X/Y]”文本框：设置焊盘中心点的 X、Y 坐标。
▲ “Rotation（旋转）”文本框：设置焊盘旋转角度。

▲“锁定”复选框：设置是否锁定焊盘坐标。

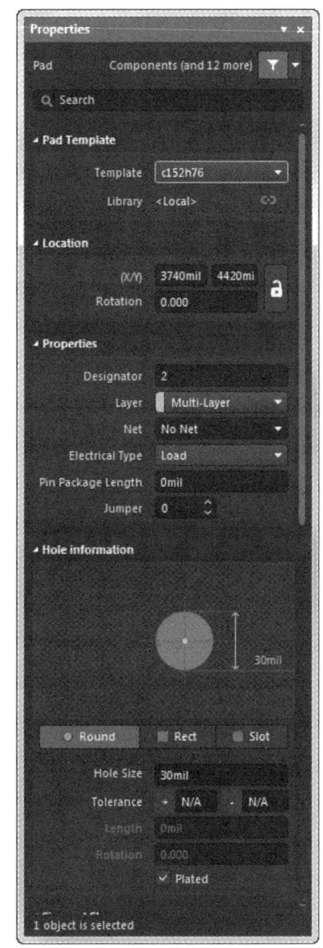

图 7-18 “Properties（属性）”面板“Pad（焊盘）”属性编辑面板

③ “Properties（属性）”选项组

▲“Designator（标识）”文本框：设置焊盘标号。

▲“Layer（层）”下拉列表框：设置焊盘所在层面。对于插式焊盘，应选择 Multi-Layer；对于表面贴片式焊盘，应根据焊盘所在层面选择 Top-Layer 或 Bottom-Layer。

▲“Net（网络）”下拉列表框：设置焊盘所处的网络。

▲“Electrical Type（电气类型）”下拉列表框：设置电气类型，有 3 个选项可选，Load（负载点）、Terminator（终止点）和 Source（源点）。

▲“Pin Package Length（引脚包装长度）”文本框：设置包装后的引脚的长度。

▲“Jumper（跳线）”文本框：设置跳线条数。

④ “Hole information（孔洞信息）”选项组 设置焊盘孔的尺寸大小。通孔有 3 种类型。

▲“Round（圆形）”单选按钮：通孔形状设置为圆形，如图 7-19 所示。

▲“Rect（正方形）”单选按钮：通孔形状为正方形，如图 7-20 所示，同时添加参数“旋转”，设置正方形放置角度，默认为 0°。

▲“Slot（槽）”单选按钮：通孔形状为槽形，如图 7-21 所示，同时添加参数“长度”“旋转”，设置槽大小，如“长度”为 10、“旋转”角度为 0°。

图 7-19　圆形通孔

图 7-20　正方形通孔

图 7-21　槽形通孔

▲ “Hole Size（通孔尺寸）”文本框：设置焊盘中心通孔尺寸。

▲ “Tolerance（公差）”文本框：设置焊盘中心通孔尺寸的上下偏差。

▲ “Length（长度）” 文本框：设置焊盘正方形通孔边长。

▲ “Rotation（旋转）”文本框：设置焊盘通孔旋转角度。

▲ “Plated（电镀）”复选框：若勾选该复选框，则焊盘孔内将镀上铜，将上下焊盘导通。

⑤ “Size and Shape（尺寸和外形）”选项组

▲ “Simple（简单的）”单选按钮：若选中该单选按钮，则 PCB 图中所有层面的焊盘都采用同样的形状。焊盘有 4 种形状供选择即 Rounded Rectangle（圆角矩形）、Round（圆形）、Rectangle（矩形）和 Octangle（八角形），如图 7-22 所示。

图 7-22　焊盘形状

▲ “Top-Middle-Bottom（顶层 - 中间层 - 底层）”单选按钮：若选中该单选按钮，则顶层、中间层和底层使用不同形状的焊盘。

▲ “Full Stack（完成堆栈）”单选按钮：对焊盘的形状、尺寸逐层设置。

⑥ “Paste Mask Expansion（阻粘扩张规则）”选项组　设置添加阻粘扩张规则。

⑦ “Solder Mask Expansion（阻焊扩张规则）”选项组　设置添加阻焊扩张规则。

⑧ “Testpoint（测试点设置）”选项组　设置是否添加测试点，并添加到哪一层，通过复选框可以设置“Fabrication（装配）” “Assembly（组装）”在“Top（顶层）”或“Bottom（底层）”。

（2）放置过孔

过孔主要用来连接不同板层之间的布线。一般情况下，在布线过程中，换层时系统会自动放置过孔，用户也可以自己放置。

执行方式

▲ 菜单栏：选择“放置”→“过孔”命令。

▲ 工具栏：单击“布线”工具栏中的“过孔”按钮。

▲ 快捷键：〈P+V〉键。

绘制步骤

执行此命令后，光标变成十字形并带有一个过孔图形。移动光标到合适位置，单击即可在图纸上放置过孔。此时系统仍处于放置过孔状态，可以继续放置。放置完成后，右击退出。

选项说明

在过孔放置状态下按〈Tab〉键或者双击完成放置的过孔，打开“Properties（属性）”面板中的“Via（过孔）”属性编辑面板，如图 7-23 所示。

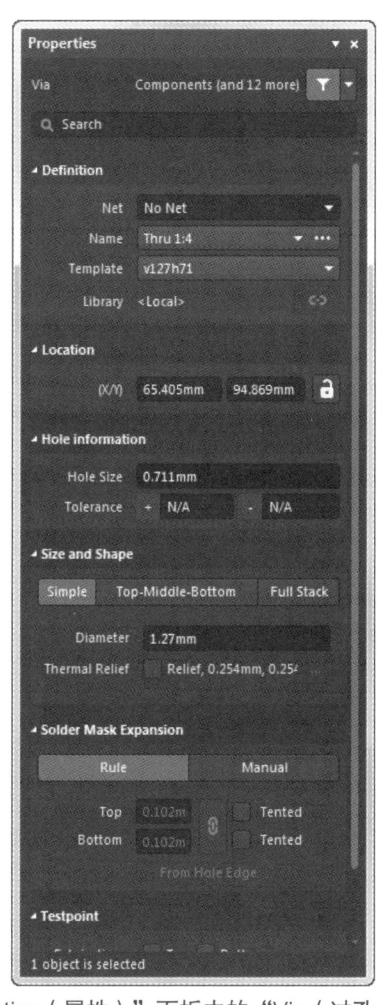

图 7-23 “Properties（属性）”面板中的“Via（过孔）”属性编辑面板

▲ “Size and Shape（尺寸和外形）”选项组：设置过孔尺寸和外形参数。

▲ Diameter（直径）：设置过孔外直径尺寸。

其余参数在前面已介绍，这里不再赘述。

扫一扫 看视频

7.3.6 操作实例——集成频率合成器印制电路板放置焊盘

① 选择“放置”→“焊盘”命令，在器件四周空白处单击，放置 4 个焊盘，结果如图 7-24 所示。

② 双击焊盘，弹出“Pad（焊盘）”属性编辑面板，调整“Hole Size（通孔尺寸）”为 3mm，如图 7-25 所示。完成一个焊盘的设置。采用同样的方法设置其余焊盘通孔的尺寸大小均为 3mm，最终结果如图 7-26 所示。

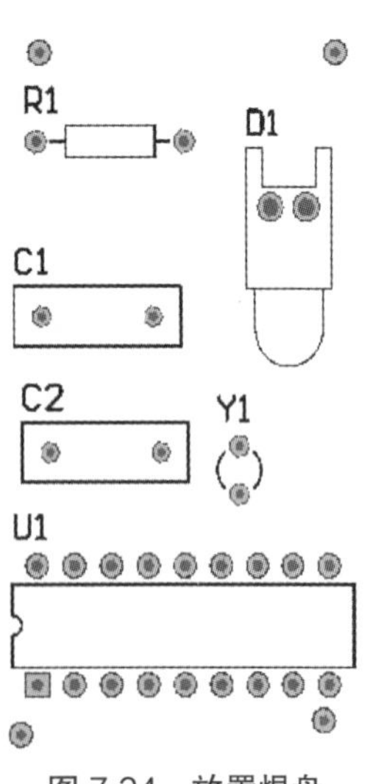

图 7-24　放置焊盘

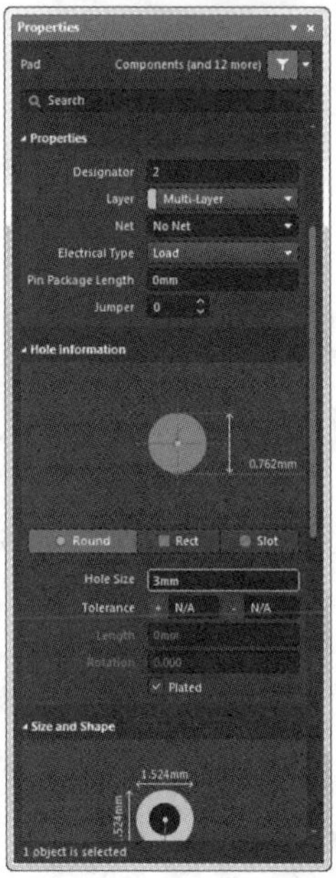

图 7-25　“Pad（焊盘）”属性编辑面板

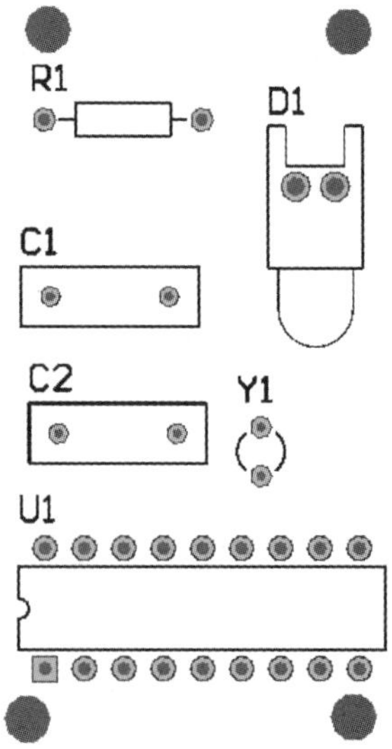

图 7-26　焊盘放置结果

7.3.7 放置文字标注

文字标注主要是用来对 PCB 图中的一些元素解释说明。

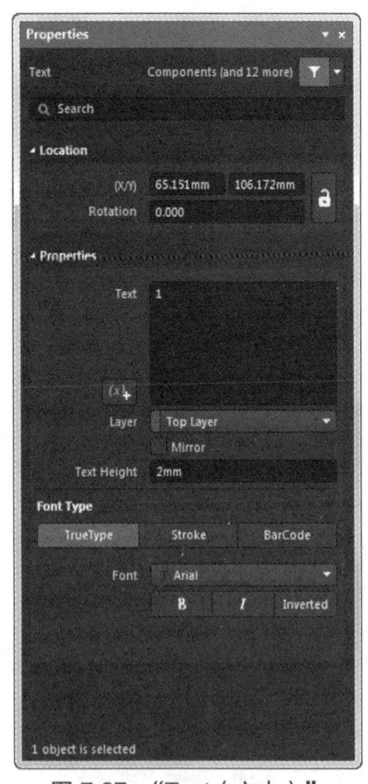

图 7-27　“Text（文本）”属性编辑面板

执行方式

▲ 菜单栏：选择“放置”→“字符串”命令。

▲ 工具栏：单击“布线”工具栏中的“字符串”按钮A。

▲ 快捷键：〈P+S〉键。

绘制步骤

执行以上命令后，光标变成十字形并带有一个字符串虚影，移动光标到图样中需要用文字标注的位置，单击放置字符串。此时系统仍处于放置状态，可以继续放置字符串。放置完成后，右击退出。

选项说明

在放置状态下按〈Tab〉键或者双击放置完成的字符串，系统弹出“Text（文本）”属性编辑面板，如图 7-27 所示。

▲ [X/Y]：设置字符串的坐标。

▲ Rotation（旋转）：设置字符串的旋转角度。

▲ “Text（文本）”文本框：设置文字标注的内容。

▲ “Text Height（文本高度）”文本框：设置字符串长度。

▲ “Layer（层）”下拉列表框：设置文字标注所在的层面。

▲ “Mirror（镜像）”复选框：勾选该复选框，生成对

称的镜像文本。

▲ “Front（字体）”选项组：设置字体。后面有3个单选按钮，设置字体、字形与条码，选择不同选项后，“Front（字体）”下拉列表框中会显示与之对应的选项。

扫一扫 看视频

7.3.8 操作实例——集成频率合成器印制电路板标注

① 选择“放置”→“字符串”命令，在图中显示浮动的字符串，如图7-28所示。

② 按〈Tab〉键，弹出“Text（文本）”属性编辑面板，如图7-29所示，在“Properties（属性）”选项组下“Text（文本）”文本框中输入“PCB boundary coincides with centre-line of tracks and arc”，其余参数保持默认设置。

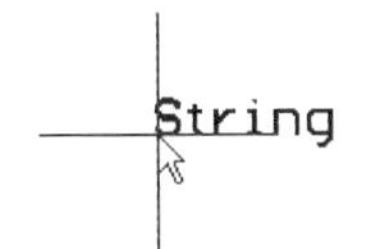

图7-28 显示浮动的字符

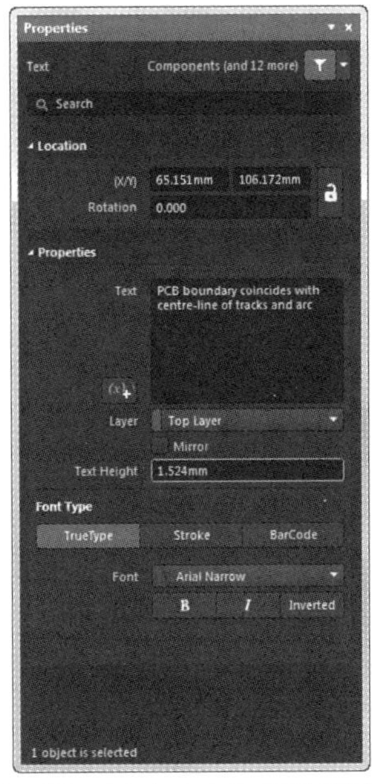

图7-29 “Text（文本）”属性编辑面板

③ 在器件下方空白处单击，放置字符串，右击结束操作，结果如图7-30所示。

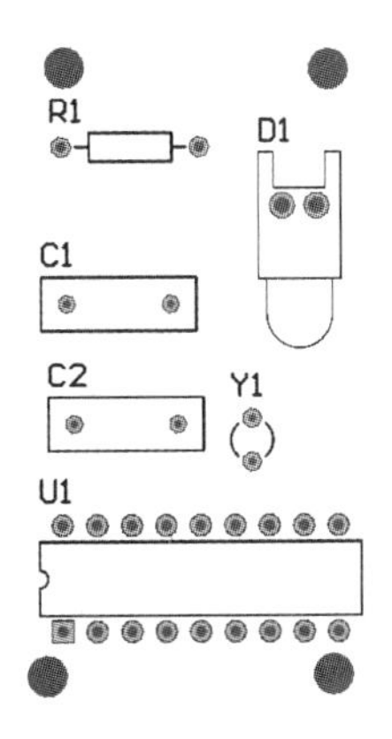

PCB boundary coincides with centre-line of tracks and arc

图7-30 放置字符

7.3.9 放置坐标原点和位置坐标

在 PCB 编辑环境中，系统提供了一个坐标系，它以图纸的左下角为坐标原点，用户也可以根据需要建立自己的坐标系。

执行方式

▲ 菜单栏：选择“编辑”→“原点”→“设置”命令。

▲ 工具栏：单击“应用工具”工具栏中的“实用工具”按钮→“原点”按钮。

▲ 快捷键：〈E+O+S〉键。

绘制步骤

执行以上命令后，光标变成十字形。将光标移到要设置成原点的位置单击即可。若要恢复为原来的坐标系，选择“编辑”→“原点”→“复位”命令。

7.3.10 放置尺寸标注

在 PCB 设计过程中，系统提供了多种标注命令，用户可以使用这些命令在电路板上进行尺寸标注。尺寸标注一般放置在“Top Overlay”层，防止可能的文字与电路交叉错误，一般地，尺寸会变为黄色。

执行方式

▲ 菜单栏：选择“放置”→“尺寸”命令。

▲ 工具栏：单击“应用工具”工具栏中的“实用工具”按钮→“尺寸”按钮，弹出如图 7-31 所示的快捷菜单。

绘制步骤

执行以上命令，系统弹出“尺寸标注”菜单，如图 7-32 所示。选择执行菜单中的一个命令。

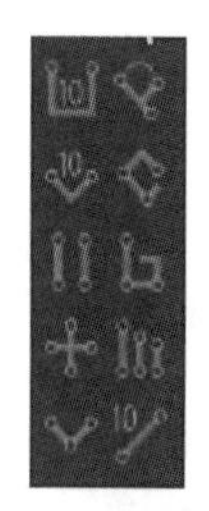

图 7-31 快捷菜单

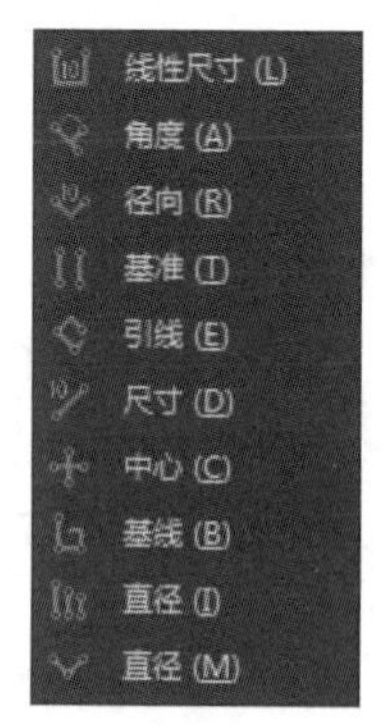

图 7-32 尺寸标注

（1）放置线性尺寸（线性尺寸）

① 启动命令后，移动光标到指定位置，单击确定标注的起始点。

② 移动光标到另一个位置，再次单击确定标注的终止点。

③ 继续移动光标，可以调整标注的位置，在合适位置单击完成一次标注。按〈Shift〉键可切换标注水平、垂直尺寸。

④ 此时仍可继续放置尺寸标注，也可右击退出。

（2）放置角度尺寸（角度）

① 启动命令后，移动光标到要标注的角的顶点或一条边上，单击确定标注第一个点。

② 移动光标，在同一条边上距第一点稍远处，再次单击确定标注的第二点。

③ 移动光标到另一条边上，单击确定第三点。

④ 移动光标，在第二条边上距第三点稍远处再次单击。

⑤ 此时标注的角度尺寸确定，移动光标可以调整位置，在合适位置单击完成一次标注。

⑥ 此时可以继续放置尺寸标注，也可右击退出。

（3）放置径向尺寸（径向）

① 启动命令后，移动光标到圆或圆弧的圆周上，单击确定半径尺寸。

② 移动光标，调整位置，在合适位置单击完成一次标注。

③ 此时可以继续放置尺寸标注，也可右击退出。

（4）放置基准尺寸标注（基准）

① 启动命令后，移动光标到基线位置，单击确定标注基准点。

② 移动光标到下一个位置，单击确定第二个参考点，该点的标注被确定，移动光标可以调整标注位置，在合适位置单击确定标注位置。

③ 移动光标到下一个位置，按照前面的方法继续标注。标注完所有的参考点后，右击退出。

选项说明

这里所讲的各种尺寸标注，它们的属性设置大体相同，下面介绍其中的一种。双击放置的线性尺寸标注，系统弹出“Linear Dimension（线性尺寸）”属性编辑面板，如图 7-33 所示。

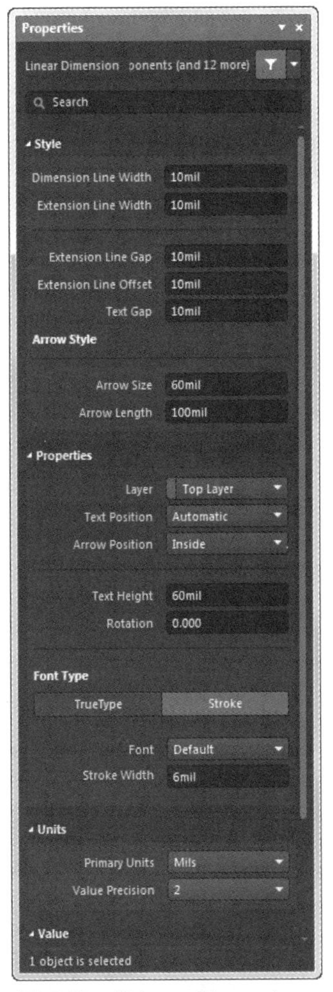

图 7-33 “Linear Dimension（线性尺寸）”属性编辑面板

7.3.11 操作实例——集成频率合成器印制电路板标注尺寸

① 选择“放置”→“尺寸”→“线性尺寸”命令，在图样中选择封装模型焊点，标注水平尺寸，结果如图 7-34 所示。

② 选择“放置”→“尺寸”→“尺寸”命令，按空格键可切换标注垂直尺寸。在图样中选择电阻与集成芯片封装模型焊点，标注垂直尺寸，结果如图 7-35 所示。

扫一扫 看视频

③ 选中垂直尺寸，向左拖动，避免压线，如图 7-36 所示。

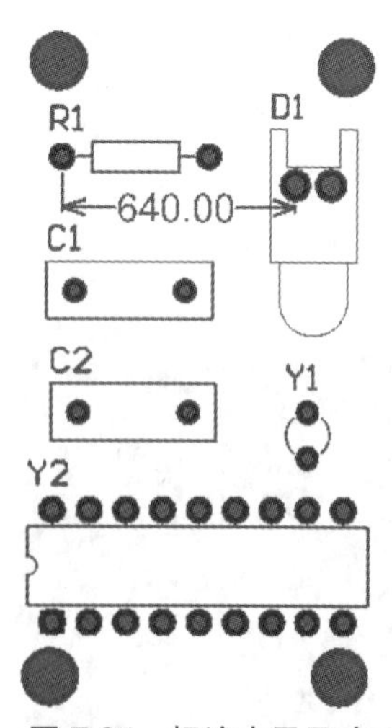

图 7-34　标注水平尺寸

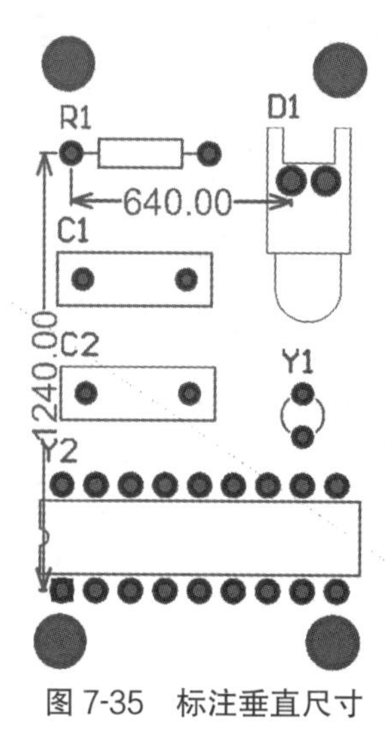

图 7-35　标注垂直尺寸

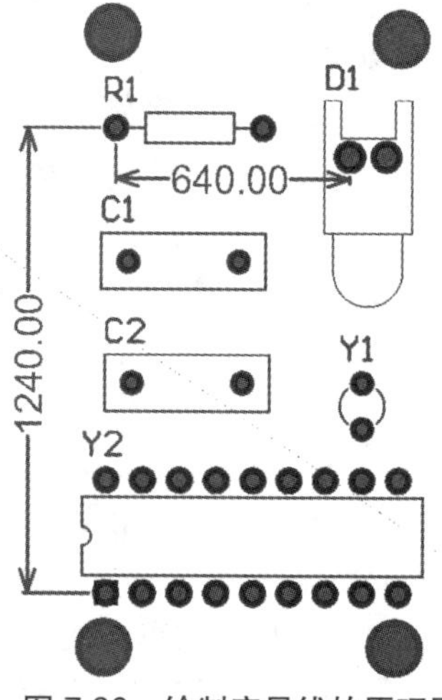

图 7-36　绘制完导线的原理图

7.3.12 绘制圆弧

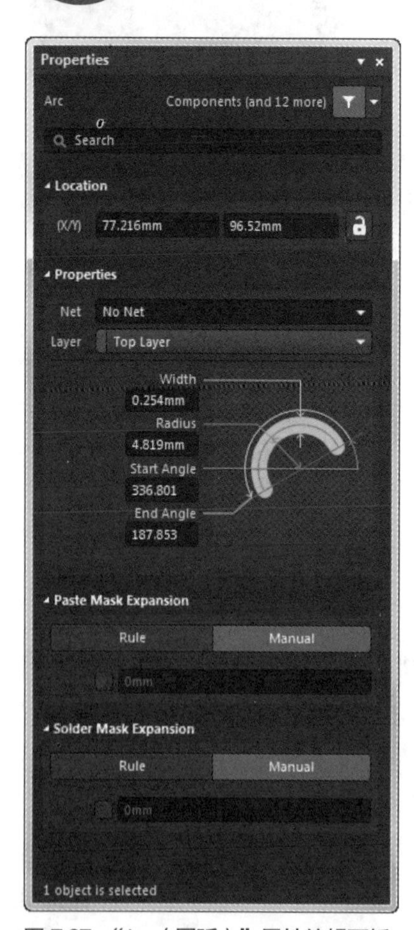

图 7-37　“Arc（圆弧）”属性编辑面板

（1）中心法绘制圆弧

执行方式

▲ 菜单栏：选择“放置”→“圆弧（中心）”命令。

▲ 工具栏：单击“应用工具”工具栏中的“实用工具”按钮→“圆弧”按钮。

▲ 快捷键：〈P+A〉键。

绘制步骤

① 执行以上命令后，光标变成十字形。移动光标，在合适位置单击，确定圆弧中心。

② 移动光标，调整圆弧的半径大小，在合适大小时单击确定。

③ 继续移动光标，在合适位置单击，确定圆弧起点位置。

④ 此时，光标自动跳到圆弧的另一端点处，移动光标，调整端点位置，单击确定。

⑤ 此时可以继续绘制下一段圆弧，也可右击退出。

选项说明

① 在绘制圆弧状态下按〈Tab〉键或者单击绘制完成的圆弧，打开“Arc（圆弧）”属性编辑面板，如图 7-37 所示。

② 在该面板中，可以设置圆弧中心的坐标、起始角度、

终止角度、宽度、半径，以及圆弧所在的层面、所属的网络等参数。

（2）边缘法绘制圆弧

执行方式

▲ 菜单栏：选择“放置”→“圆弧（边沿）”命令。

▲ 工具栏：单击“布线”工具栏中的“通过边沿放置圆弧”按钮。

▲ 快捷键：〈P+E〉键。

绘制步骤

执行此命令后，光标变成十字形。移动光标到合适位置单击，确定圆弧的起点。移动光标，再次单击确定圆弧的终点，一段圆弧绘制完成。可以继续绘制圆弧，也可以右击退出。采用此方法绘制出的圆弧都是 90° 圆弧，用户可以通过设置属性改变其弧度值。

选项说明

其设置方法同上。

（3）绘制任何角度的圆弧

执行方式

▲ 菜单栏：选择“放置”→“圆弧（任意角度）”命令。

▲ 工具栏：单击“应用工具”工具栏中的“实用工具”按钮→“圆弧”项。

▲ 快捷键：〈P+N〉键。

绘制步骤

① 执行此命令后，光标变成十字形。移动光标到合适位置单击，确定圆弧起点。

② 拖动光标，调整圆弧半径大小，在合适大小时再次单击。

③ 此时，光标会自动跳到圆弧的另一端点处，移动光标，在合适位置单击，确定圆弧的终止点。

④ 此时，可以继续绘制下一个圆弧，也可右击退出。

选项说明

其设置方法同上。

扫一扫 看视频

7.3.13 操作实例——集成频率合成器印制电路板绘制边界

电路指南——边界设置

有时，设置的电路模板边界过大，与器件不匹配，因此需要根据图纸中器件的布局绘制适当粗细的边界线。

① 选择“放置”→“线条”命令，在焊盘外侧左、右、下方绘制 3 条相连的直线，如图 7-38

所示。

② 选择“放置”→“圆弧（边沿）”命令，首先捕捉并单击右侧直线顶点，再单击左侧直线顶点，绘制圆弧，结果如图 7-39 所示。

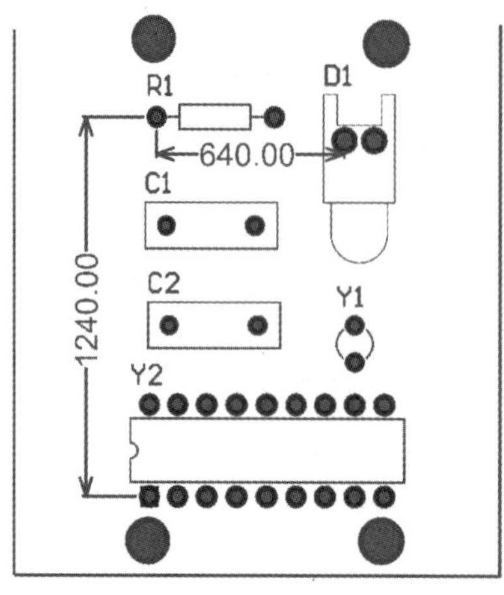

图 7-38　绘制直线边界

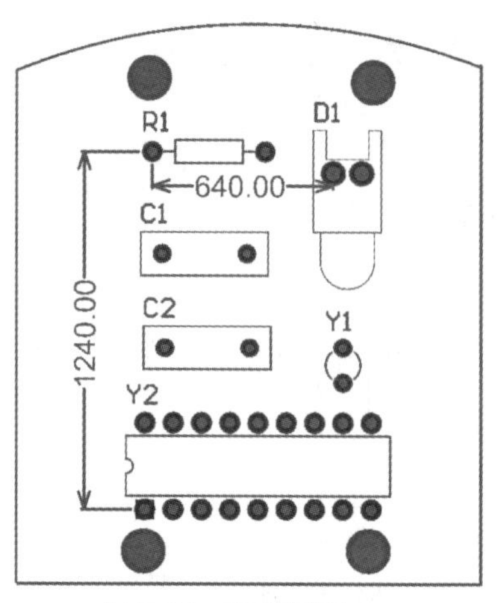

图 7-39　绘制圆弧

③ 单击选中圆弧，向内侧拉伸，调整圆弧大小，如图 7-40 所示。

④ 双击绘制的边界线，弹出“Track（轨迹）”属性编辑面板，设置宽度为 1，如图 7-41 所示。继续设置其余边界线线宽，结果如图 7-42 所示。

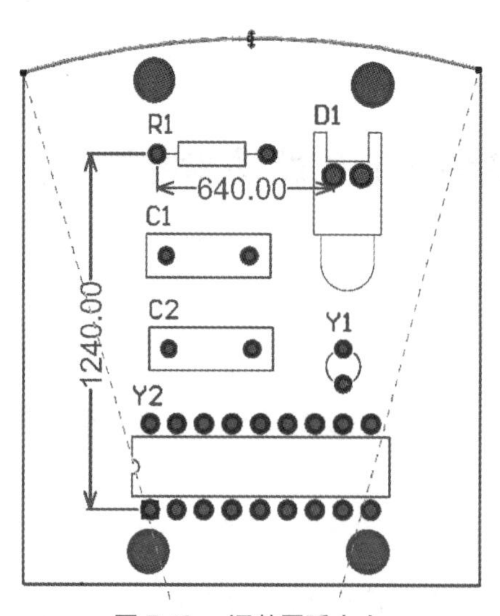

图 7-40　调整圆弧大小

图 7-41　“Track（轨迹）”属性编辑面板

知识链接——圆弧线宽设置

设置圆弧线宽的方法与设置边界线线宽类似，双击圆弧线，弹出“Arc”属性面板，设置线宽值为 1mm，如图 7-43 所示。

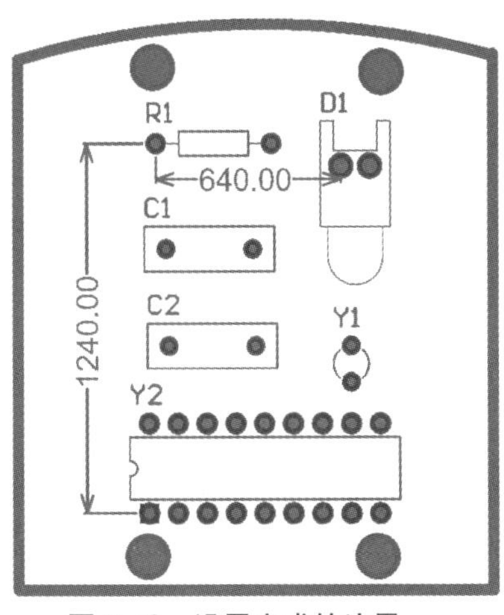

图 7-42 设置完成的边界

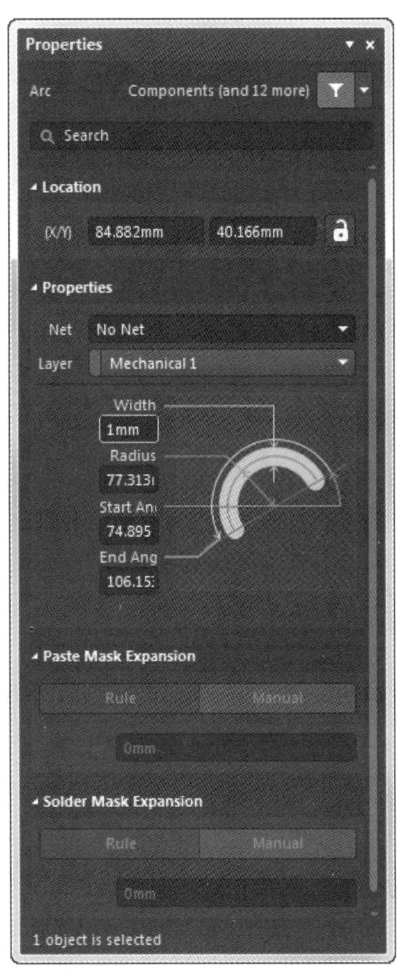

图 7-43 “Arc”属性面板

7.3.14 绘制圆

执行方式

▲ 菜单栏：选择“放置”→“圆弧”→“圆”命令。

▲ 工具栏：单击“应用工具”工具栏中的“实用工具”按钮→“圆”按钮。

▲ 快捷键：〈P+U〉键。

绘制步骤

执行以上命令后，光标变成十字形。移动光标到合适位置单击，确定圆的圆心位置。此时光标自动跳到圆周上，移动光标可以改变半径大小，再次单击确定半径大小，一个圆绘制完成。此时可以继续绘制圆弧，也可右击退出。

选项说明

在绘制圆状态下按〈Tab〉键或者单击绘制完成的圆，打开“Arc”属性面板，其属性设置与7.3.12节中圆弧的属性设置相同。

7.3.15 放置填充区域

（1）放置矩形填充

执行方式

▲ 菜单栏：选择“放置”→“填充”命令。
▲ 工具栏：单击“布线”工具栏中的“填充”按钮。
▲ 快捷键：〈P+F〉键。

绘制方式

执行此命令后，光标变成十字形。移动光标到合适位置单击，确定矩形填充的一角。移动鼠标，调整矩形的大小，在合适大小时再次单击，确定矩形填充的对角，一个矩形填充完成。此时可以继续放置矩形填充，也可以右击退出。

选项说明

在放置状态下按〈Tab〉键或者单击放置完成的矩形填充，打开“Fill（填充）”属性编辑面板，如图7-44所示。

在该面板中，可以设置矩形填充的旋转角度、顶角坐标以及填充所在的层面、所属网络等参数。

（2）放置多边形填充

执行方式

▲ 菜单栏：选择“放置”→“实心区域”命令。
▲ 快捷键：〈P+R〉键。

绘制步骤

① 执行以上命令后，光标变成十字形。移动光标到合适位置单击，确定多边形的第一条边的起点。

② 移动光标，单击确定多边形第一条边的终点，该点同时也作为第二条边的起点。

③ 依次下去，直到最后一条边，右击退出该多边形的放置。

④ 此时，可以继续进行其他多边形填充，也可以右击退出。

选项说明

在放置状态下按〈Tab〉键或者单击放置完成的多边形填充，打开“Region（区域）”

属性面板，如图 7-45 所示。

在该面板中，可以设置多边形填充所在的层面和所属网络等参数。

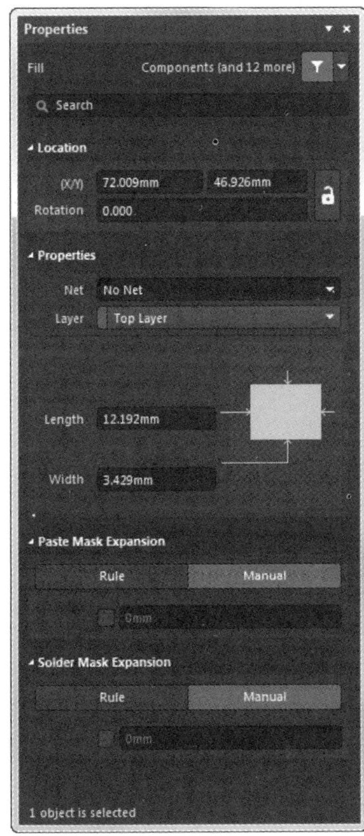

图 7-44 “Fill（填充）”属性编辑面板

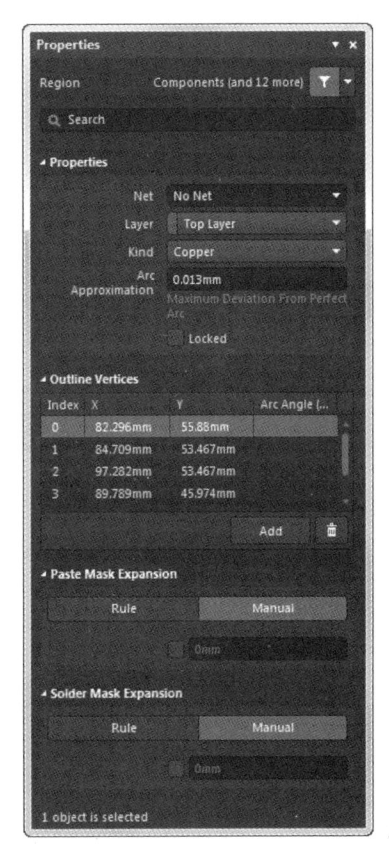

图 7-45 “Region（区域）”属性面板

第 8 章 印制电路板编辑

本章导读

本章主要讲述了 PCB 的设计流程，它是整个电路设计中的重要部分。首先介绍了 PCB 设计的编辑环境，然后通过实例详细讲述了 PCB 的设计方法和步骤。

通过本章的学习，相信用户对 PCB 的设计会有基本的掌握，能够完成基本的 PCB 设计。希望读者能多加练习，熟练掌握 PCB 的设计步骤。

8.1 PCB 的设计流程

笼统地讲，在进行印制电路板的设计时，首先要确定设计方案，并进行局部电路的仿真或实验，完善电路性能；之后根据确定的方案绘制电路原理图，并进行 ERC 检查；最后，输出设计文件，送交加工制作。设计者在这个过程中应尽量按照设计流程进行设计，这样可以避免一些重复的操作，同时可以防止一些不必要的错误出现。

PCB 设计的操作步骤如下。

① 绘制电路原理图。确定选用的元件及其封装形式，完善电路。

② 规划电路板。全面考虑电路板的功能、部件、元件封装形式、连接器及安装方式等。

③ 设置各项环境参数。

④ 载入网络表和元件封装。搜集所有的元件封装，确保选用的每个元件封装都能在PCB库文件中找到，将封装和网络表载入到PCB文件中。

⑤ 元件自动布局。设定自动布局规则，使用自动布局功能，将元件进行初步布置。

⑥ 手工调整布局。手工调整元件布局使其符合PCB的功能需要和元件的电气要求，还要考虑到安装方式、放置安装孔等。

⑦ 电路板自动布线。合理设定布线规则，使用自动布线功能为PCB自动布线。

⑧ 手工调整布线。自动布线结果往往不能满足设计要求，还需要做大量的手工调整。

⑨ DRC校验。PCB布线完毕，需要经过DRC校验且校验无误，否则要根据错误提示进行修改。

⑩ 文件保存，输出打印。保存、打印各种报表文件及PCB制作文件。

⑪ 加工制作。将PCB制作文件送交加工单位制作。

8.1.1 电路板物理结构及编辑环境参数设置

对于手动生成的PCB，在进行PCB设计前，必须对电路板的各种属性进行详细的设置，主要包括板形的设置、PCB图纸的设置、电路板层的设置、层的显示设置、颜色的设置、布线区的设置、PCB系统参数的设置及PCB设计工具栏的设置等。

8.1.2 电路板板形的设置

（1）边框线的设置

电路板的物理边界即为PCB的实际大小和形状，板形的设置是在“Mechanical 1”（机械层）上进行的。根据所设计的PCB在产品中的安装位置、所占空间的大小、形状及与其他部件的配合来确定PCB的外形与尺寸。

默认的PCB图为带有栅格的黑色区域，包括以下6个工作层面。

▲ 信号层Top Layer（顶层）和Bottom Layer（底层）：用于建立电气连接的铜箔层。

▲ Mechanical 1（机械层）：用于设置PCB与机械加工相关的参数，以及用于PCB 3D模型的放置与显示。

▲ Top Overlay（顶层丝印层）：用于添加电路板的说明文字。

▲ Keep-Out Layer（禁止布线层）：用于设立布线范围，支持系统的自动布局和自动布线功能。

▲ Multi-Layer（多层同时显示）：可实现多层叠加显示，用于显示与多个电路板层相关的PCB细节。

单击工作窗口下方“Mechanical 1”（机械层）标签，使该层处于当前工作窗口中。

执行方式

▲ 菜单栏：选择“放置”→“线条”命令。

▲ 快捷键：〈P+L〉键。

绘制步骤

① 执行此命令，光标变成十字形状。然后将光标移到工作窗口的合适位置，单击即可

进行线的放置操作，每单击一次就确定一个固定点。

② 当放置的线组成了一个封闭的边框时，就可以结束边框的绘制。右击或者按〈Esc〉键退出该操作，绘制的 PCB 边框如图 8-1 所示。

技巧与提示——边框绘制

通常将板的形状定义为矩形，但在特殊的情况下，为了满足电路的某些要求，也可以将板形定义为圆形、椭圆形或者不规则的多边形。

选项说明

双击任一边框线即可弹出该边框线的设置面板——“Properties(属性)”面板，如图 8-2 所示。为了确保 PCB 图中边框线为封闭状态，可以在该对话框中对线的起始点和结束点进行设置，使一段边框线的终点为下一段边框线的起点。其主要选项的含义如下。

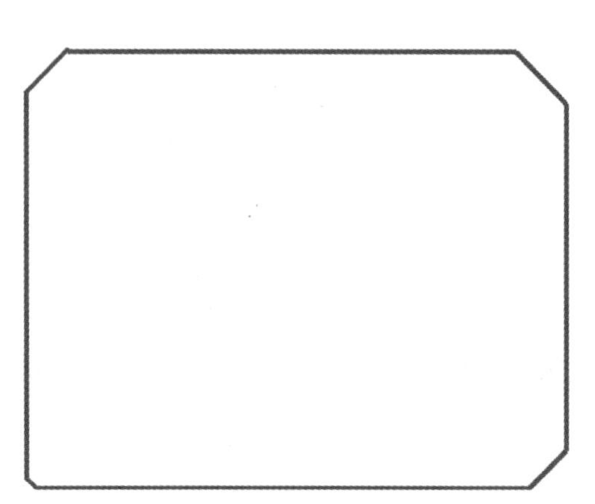

图 8-1 绘制的 PCB 边框

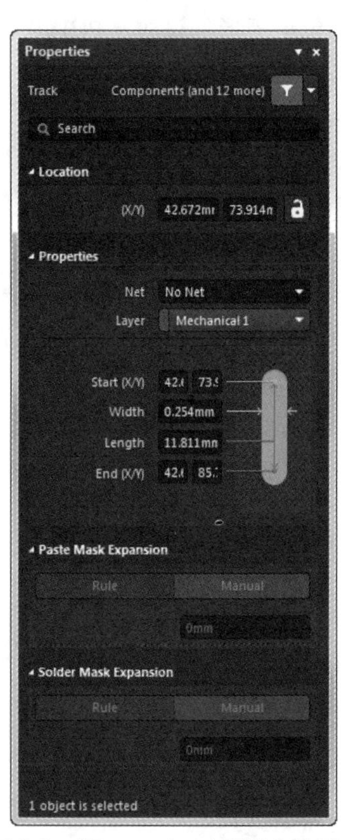

图 8-2 “Properties（属性）”面板

①“Net(网络)”下拉列表框:用于设置边框线所在的网络。通常边框线不属于任何网络，即不存在任何电气特性。

② “Layer（层）” 下拉列表框：用于设置该线所在的电路板层。用户在开始画线时可以不选择“Mechanical 1”层，在此处进行工作层的修改也可以实现上述操作所达到的效果，只是这样需要对所有边框线段进行设置，操作起来比较麻烦。

③ “锁定”按钮🔒：单击“Location（位置）”选项组中的按钮，边框线将被锁定，无法对该线进行移动等操作。

（2）板形的修改

对边框线进行设置的主要目的是给制板商提供加工电路板形状的依据。用户也可以在设计时直接修改板形，即在工作窗口中可直接看到自己所设计的电路板的外观形状，然后对板形进行修改。

板形的设置与修改主要通过“设计”菜单中的“板子形状”子菜单来完成，如图 8-3 所示。

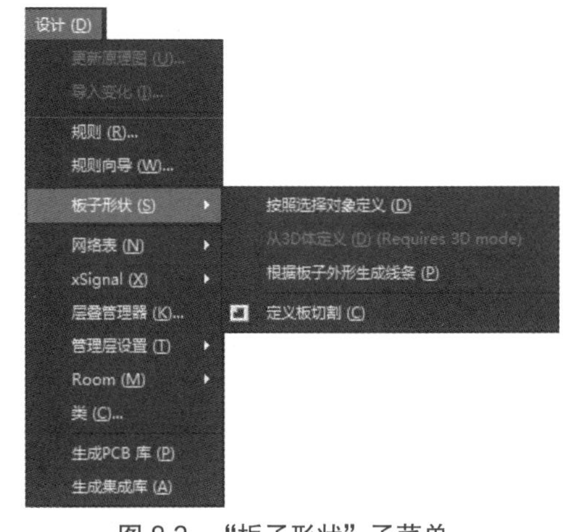

图 8-3 “板子形状”子菜单

（3）根据板子外形生成线条

执行方式

▲ 菜单栏：选择“设计”→“板子形状”→“根据板子外形生成线条”命令。

绘制步骤

执行此命令，弹出“Line/Arc Primitives From Board Shape（从板外形而来的线 / 弧原始数据）”对话框，如图 8-4 所示。按照需要设置参数，单击 确定 按钮，退出对话框，板边界自动转化为线条，如图 8-5 所示。

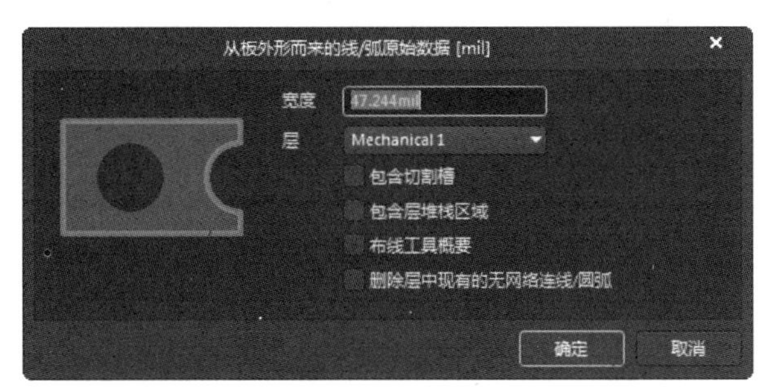

图 8-4 “Line/Arc Primitives From Board Shape（从板外形而来的线 / 弧原始数据）”对话框

图 8-5 转化边界

（4）按照选定对象定义板子形状

知识链接——定义板子形状

在机械层或其他层，可以利用线条或圆弧定义一个内嵌的边界，以新建对象为参考重新定义板形。

执行方式

▲ 菜单栏：选择“设计”→“板子形状”→“按照选择对象定义”命令。

绘制步骤

执行此命令，选中已绘制的对象，电路板将变成所选对象的图形。即对象为圆形，板子变为圆形；对象为方形，板子变为方形。

① 单击菜单栏中的“放置”→“圆弧”命令，在电路板上绘制一个圆，如图 8-6 所示。

② 选中已绘制的圆，然后单击菜单栏中的“设计”→“板子形状”→“按照选择对象定义”命令，电路板将变成圆形，如图 8-7 所示。

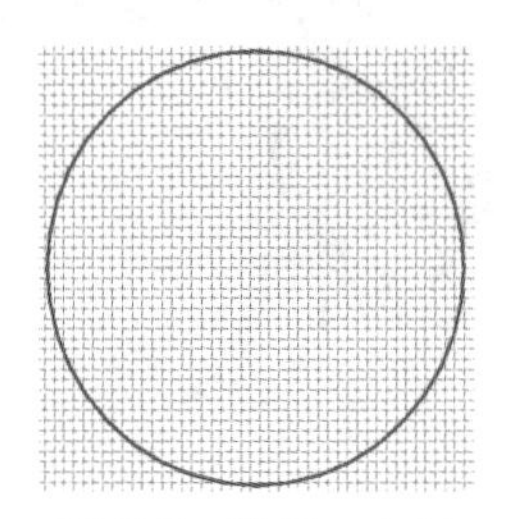

图 8-6　绘制一个圆

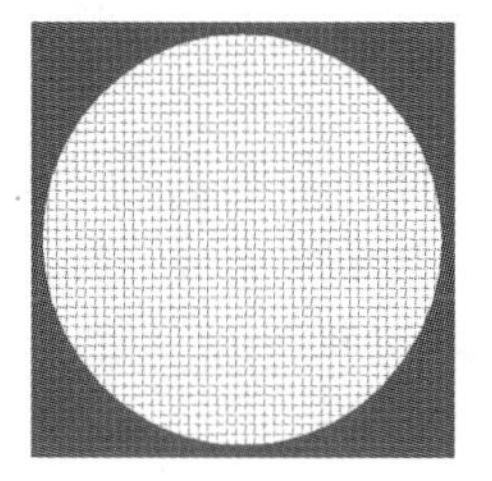

图 8-7　定义后的板形

8.1.3 电路板图纸的设置

与原理图一样，用户也可以对电路板图纸进行设置，默认状态下的图纸是不可见的。大多数 Altium Designer 20 附带的例子是将电路板显示在一张白色的图纸上，与原理图图纸完全相同。图纸大多被绘制在“Mechanical 6”层上，其设置方法主要有以下两种。

（1）通过“板参数选项”进行设置

执行方式

▲ 控制面板：单击右侧“Properties（属性）”按钮。

绘制步骤

执行此命令后，打开“Properties（属性）”面板“Board（板）”属性编辑面板，如图 8-8 所示。

选项说明

① “Search（搜索）”功能　允许在面板中搜索所需的条目。

② “Selection Filter（选择过滤器）”选项组　设置过滤对象。也可单击▼中的下拉按钮，弹出如图 8-9 所示的对象选择过滤器。

③ “Snap Options（捕捉选项）”选项组：设置图纸是否启用捕获功能。

▲ Grids：选中该选项，捕捉到栅格。

▲ Guides：选中该选项，捕捉到向导线。

▲ Axes：选中该选项，捕捉到对象坐标。

④ “Snapping（捕捉）”选项组：捕捉的对象所在层包括“All Layers（所有层）”“Current Layer（当前层）” “Off（关闭）”。

⑤ “Objects for snapping（捕捉对象）”选项组：用于设置捕捉图纸中的对象。

▲ “Snap Distance（栅格范围）”文本框：设置值为半径。

▲ “Axis Snap Range（坐标轴捕捉范围）”文本框：设置输入捕捉的范围值。

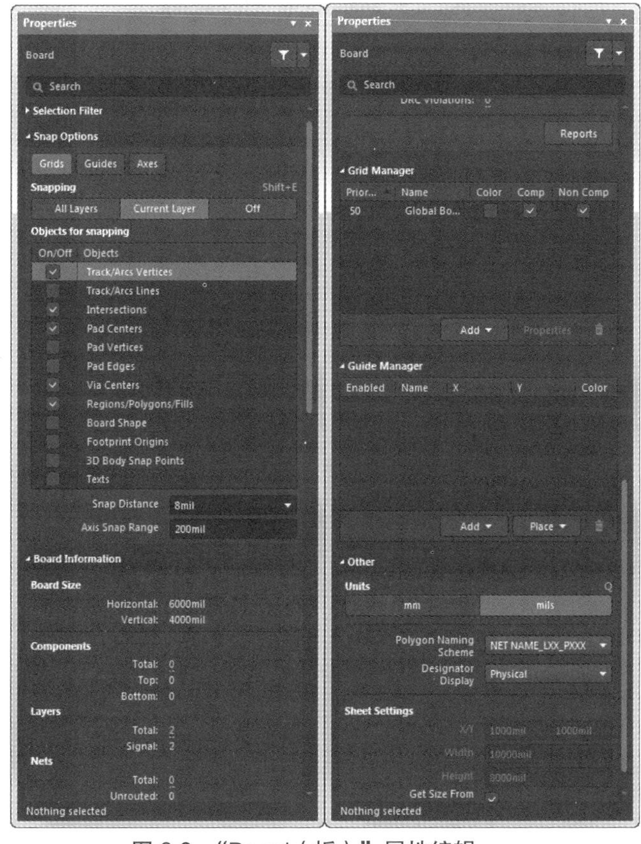

图 8-8 “Board（板）”属性编辑

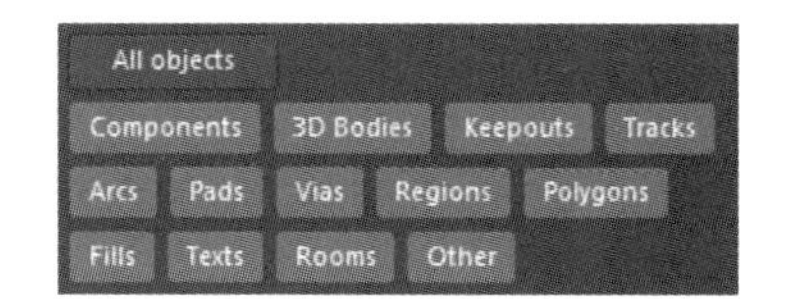

图 8-9 对象选择过滤器

⑥ “Board Information（板信息）”选项组：显示 PCB 文件中元件和网络的完整细节信息，图 8-8 显示的部分是未选定对象时。

▲ 汇总了 PCB 上的各类图元，如导线、过孔、焊盘等的数量，报告了电路板的尺寸信息和 DRC 违例数量；

▲ 报告了 PCB 上元件的统计信息，包括元件总数、各层放置数目和元件标号列表。

▲ 列出了电路板的网络统计，包括导入网络总数和网络名称列表，

单击“Report（报告）”按钮，系统将弹出如图 8-10 所示的“板级报告”对话框，通过该对话框可以生成 PCB 信息的报表文件，在该对话框的列表框中选择要包含在报表文件中的内容。勾选“仅选择对象”复选框时，单击“全部开启”按钮，选择所有板信息。

报表列表选项设置完毕后，在“板级报告”对话框中单击“报告”按钮，系统将生成“Board Information Report”报表文件，自动在工作区内打开，PCB 信息报表如图 8-11 所示。

图 8-10 “板级报告”对话框

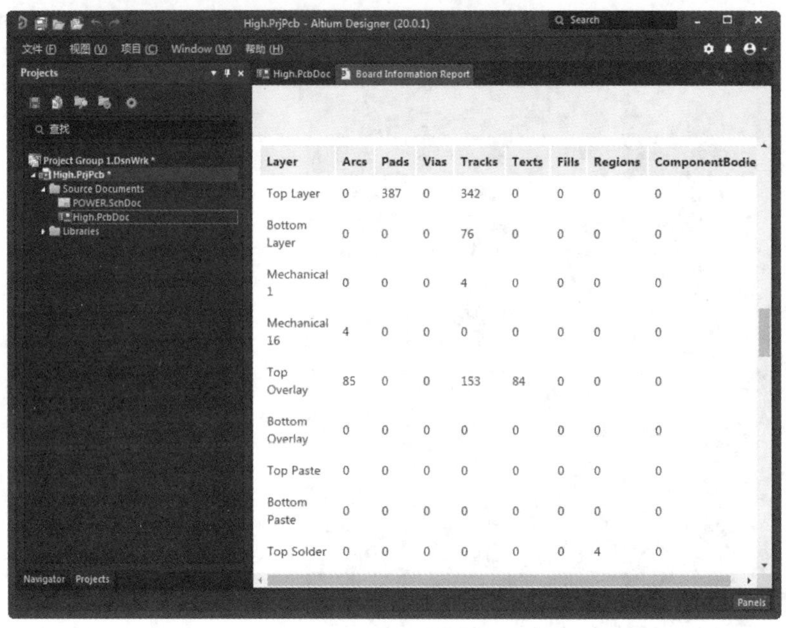

图 8-11 PCB 信息报表

⑦ “Grid Manager（栅格管理器）”选项组 定义捕捉栅格。

▲ 单击“Add（添加）”按钮，在弹出的下拉菜单中选择命令，如图 8-12 所示。添加笛卡尔坐标下与极坐标下的栅格，在未选定对象时进行定义。

图 8-12 下拉菜单

▲ 选择添加的栅格参数，激活“Properties（属性）”按钮，单击该按钮，弹出如图 8-13 所示的“Cartesian Grid Editor（笛卡尔栅格编辑器）”对话框设置栅格。

▲ 单击“删除”按钮，删除选中的参数。

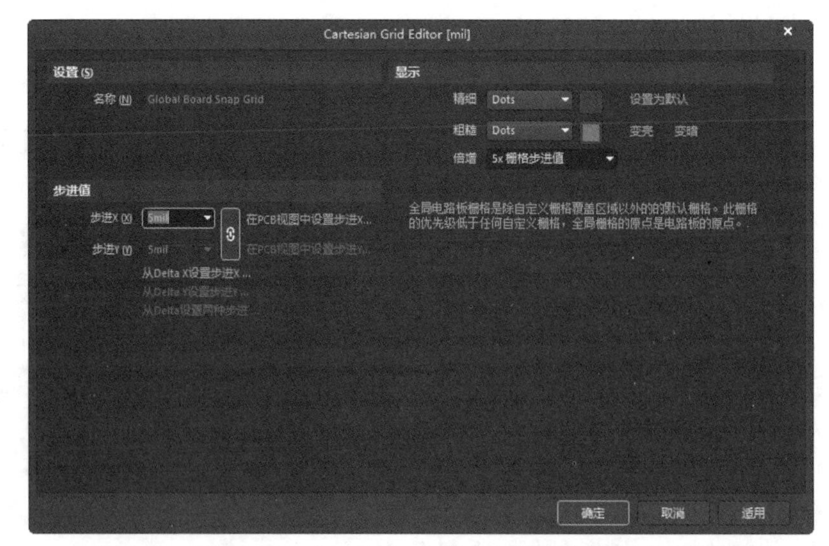

图 8-13 “Cartesian Grid Editor（笛卡尔栅格编辑器）”对话框

PCB 文件中的栅格点设置比原理图文件中的栅格点设置选项要多，因为 PCB 文件中栅格点的放置要求更精确。在 PCB 文件中，栅格点的 X 值与 Y 值可以不同。在 PCB 编辑器中，图纸栅格点和元件栅格点可以设置成不同的值，这样比较有利于 PCB 中元件的放置操作。通常将 PCB 栅格点设置成元件封装的引脚长度或引脚长度的一半。例如，在放置一个引脚长度为 100mil 的元件时，可以将元件栅格点设置为 50mil 或 100mil，在该元件引脚间布线时，可以将范围设置为 25mil。合适地设置栅格点不仅可以精确地放置元件，还可以提高布通率。

⑧ “Guide Manager（向导管理器）”选项组　定义电路板的向导线，添加或放置横向、竖向、+45°、−45° 和捕捉栅格点的向导线，在未选定对象时进行定义。

▲ 单击“Add（添加）”按钮，在弹出的下拉菜单中选择命令，如图 8-14 所示。添加对应的向导线。

▲ 单击“Place（放置）”按钮，在弹出的下拉菜单中选择命令，如图 8-15 所示，放置对应的向导线。

▲ 单击“删除”按钮，删除选中的参数。

⑨ “Other（其余的）”选项组　设置其余选项。

▲ “Units（单位）”选项：设置为公制（mm），也可以设置为英制（mils）。一般在绘制和显示时设为“mils”。

▲ “Polygon Naming Scheme”选项：选择多边形命名格式，包括四种，如图 8-16 所示。

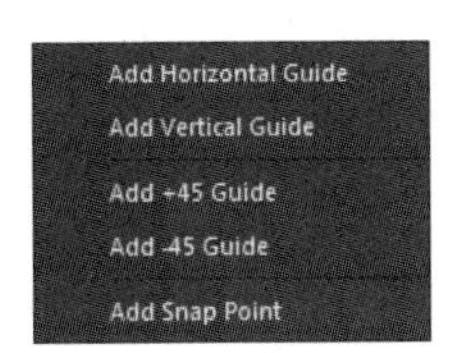

图 8-14　下拉菜单

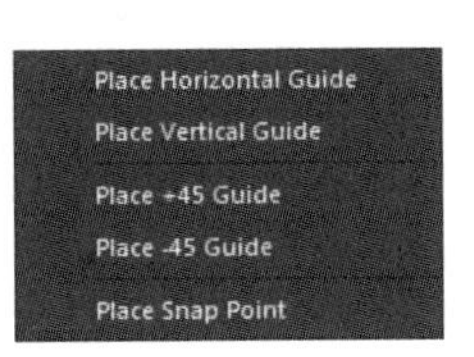

图 8-15　下拉菜单

图 8-16　下拉列表

▲ “Designator Display”选项：标识符显示方式，包括“Physical（物理的）”“Logic（逻辑的）”两种。

（2）从一个PCB模板中添加一张新的图纸

Altium Designer 20 拥有一系列预定义的 PCB 模板，主要存放在安装目录“AD 20\Templates”下。

单击需要进行图纸操作的 PCB 文件，使之处于当前工作窗口中。

执行方式

▲ 菜单栏：选择“文件”→“打开”命令。

绘制步骤

① 执行此命令，弹出如图 8-17 所示的“Choose Document to Open（选择打开文件）”对话框，选中打开路径下的一个模板文件。

② 单击“打开”按钮，即可将模板文件导入到工作窗口中，如图 8-18 所示。

③ 拖动鼠标形成一个矩形框，选中该模板文件，选择“编辑”→“复制”命令，进行复制操作。然后切换到要添加图纸的 PCB 文件，选择“编辑”→“粘贴”命令，进行粘贴操作，此时光标变成十字形状，同时图纸边框悬浮在光标上。

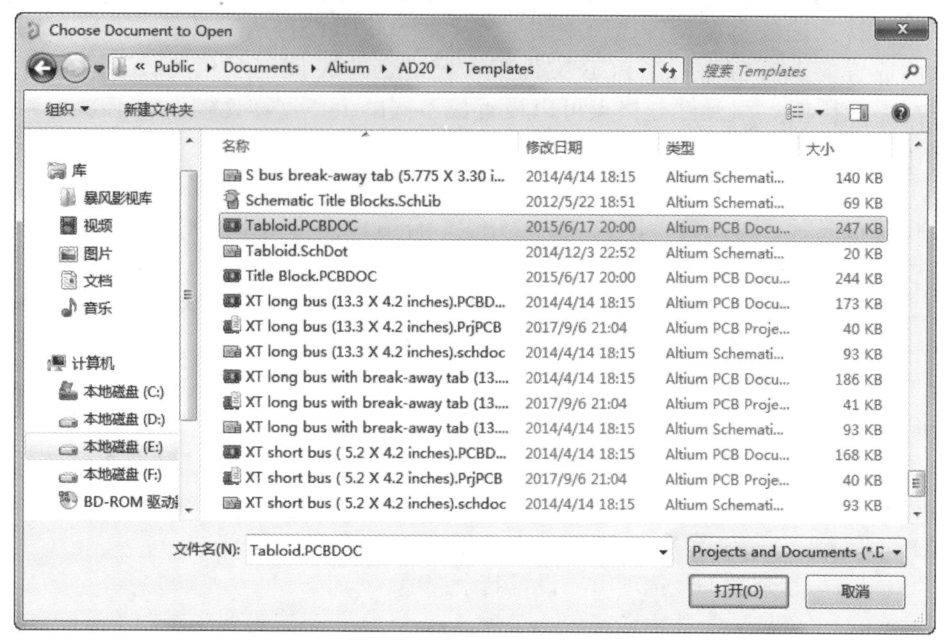

图 8-17 “Choose Document to Open”（选择打开文件）对话框

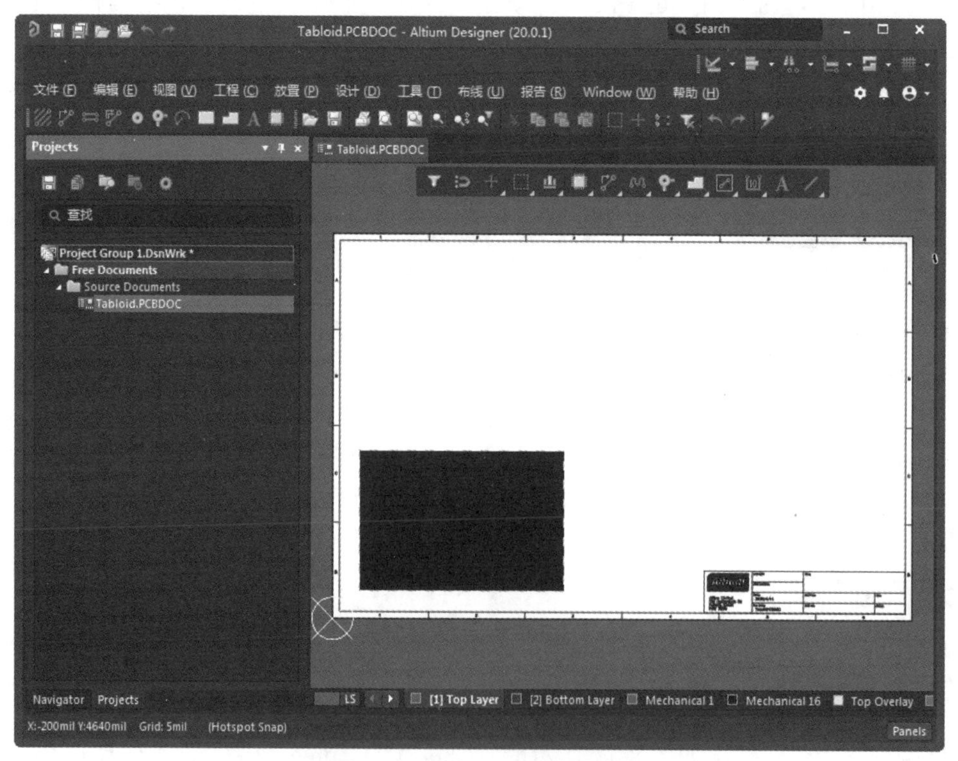

图 8-18 导入 PCB 模板文件

④ 选择合适的位置然后单击，即可放置该模板文件。新页面的内容将被放置到“Mechanical 16”层，但此时并不可见。

⑤ 执行“工具”→“优先选项”命令，即可打开“优选项”对话框，如图 8-19 所示，设置 PCB 设计中可看到系统提供的所有层及层的颜色。

图 8-19 “层颜色”选项卡

用户可以自行尝试修改各项参数后观察系统的变化，而不必担心参数修改错误后会导致设计上的障碍。如果想取消自己曾经修改的参数设置，只要单击优先设置对话框左下角的按钮，在下拉菜单中进行选择，就可以将当前页或者所有参数设置恢复到原来的默认值。另外，还可以通过按钮将自己的设置保存起来，以后通过按钮导入使用即可。

⑥ 选择“视图”→“适合文件”命令，此时图纸被重新定义了尺寸，与导入的 PCB 图纸边界范围正好匹配。如果使用〈V+S〉或〈Z+S〉键重新观察图纸，就可以看见新的页面格式已经启用了。

8.1.4 电路板层的设置

（1）电路板的分层

PCB 一般包括很多层，不同的层包含不同的设计信息。制板商通常会将各层分开制作，然后经过压制、处理，生成各种功能的电路板。

Altium Designer 20 提供了以下 6 种类型的工作层。

① Signal Layers（信号层） 即铜箔层，用于完成电气连接。Altium Designer 20 允许电路板设计 32 个信号层，分别为 Top Layer、Mid Layer 1 ~ Mid Layer 30 和 Bottom Layer，各层以不同的颜色显示。

② Internal Plane Layers（中间层，也称内部电源与地线层） 也属于铜箔层，用于建立电源和地线网络。系统允许电路板设计 16 个中间层，分别为 Internal Layer 1 ~ Internal Layer 16，各层以不同的颜色显示。

③ Mechanical Layers（机械层） 用于描述电路板机械结构、标注及加工等生产和组装

信息所使用的层面，不能完成电气连接特性，但其名称可以由用户自定义。系统允许 PCB 设计 16 个机械层，分别为 Mechanical Layer 1 ~ Mechanical Layer 16，各层以不同的颜色显示。

④ Mask Layers（阻焊层） 用于保护铜线，也可以防止焊接错误。系统允许 PCB 设计 4 个阻焊层，即 Top Paste（顶层锡膏防护层）、Bottom Paste（底层锡膏防护层）、Top Solder（顶层阻焊层）和 Bottom Solder（底层阻焊层），分别以不同的颜色显示。

⑤ Silkscreen Layers（丝印层） 也称图例（legend），该层通常用于放置元件标号、文字与符号，以标示出各零件在电路板上的位置。系统提供有两层丝印层，即 Top Overlay（顶层丝印层）和 Bottom Overlay（底层丝印层）。

⑥ Other Layers（其他层） 各层的具体功能如下。

▲ Drill Guides（钻孔）和 Drill Drawing（钻孔图）：用于描述钻孔图和钻孔位置。

▲ Keep-Out Layer（禁止布线层）：用于定义布线区域，基本规则是元件不能放置于该层上或进行布线。只有在这里设置了闭合的布线范围，才能启动元件自动布局和自动布线功能。

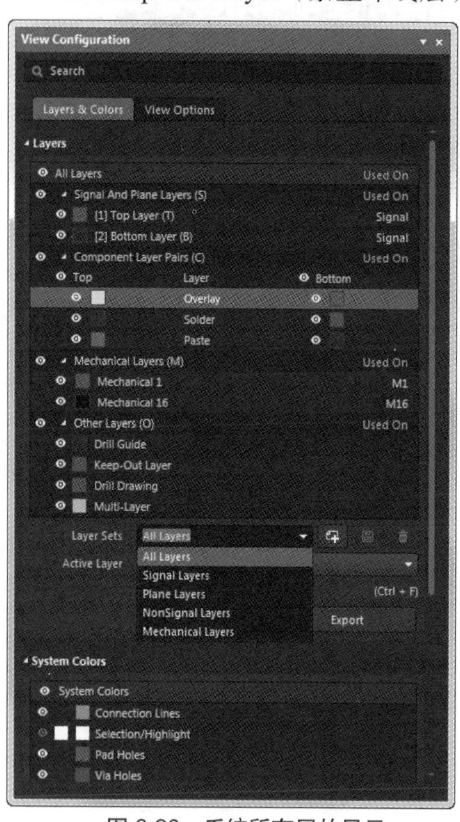

图 8-20 系统所有层的显示

▲ Multi-Layer（多层）：该层用于放置穿越多层的 PCB 元件，也用于显示穿越多层的机械加工指示信息。

（2）电路板的显示

在工作界面右下角单击 Panels 按钮，弹出快捷菜单，选择 “View Configuration（视图配置）” 命令，打开 “View Configuration（视图配置）” 面板，在 “Layer Sets（层设置）” 下拉列表中选择 “All Layers（所有层）”，即可看到系统提供的所有层，如图 8-20 所示。

同时还可以选择 “Signal Layers（信号层）” “Plane Layers（平面层）” “NonSignal Layers（非信号层）” 和 “Mechanical Layers（机械层）” 选项，分别在电路板中单独显示对应的层。

（3）常见层数不同的电路板

① Single-Sided Boards（单面板） PCB 上元件集中在其中的一面，导线集中在另一面。因为导线只出现在其中的一面，所以就称这种 PCB 为单面板（Single-Sided Boards）。在单面板上通常只有底面，也就是 Bottom Layer（底层）敷盖铜箔，元件的引脚焊在这一面上，通过铜箔导线完成电气特性的连接。顶层是空的，安装元件的一面称为 “元件面”。因为单面板在设计线路上有许多严格的限制（因为只有一面可以布线，所以布线不能交叉而必须以各自的路径绕行），布通率往往很低，所以只有早期的电路及一些比较简单的电路才使用这类电路板。

② Double-Sided Boards（双面板） 这种电路板的两面都可以布线，不过，要同时使用两面的布线，就必须在两面之间有适当的电路连接才行，这种电路间的“桥梁”叫做过孔（via）。过孔是在 PCB 上充满或涂上金属的小洞，它可以与两面的导线相连接。在双层板中通常不区分元件面和焊接面，因为两个面都可以焊接或安装元件，但习惯上称 Bottom Layer（底层）为焊接面，Top Layer（顶层）为元件面。因为双面板的面积比单面板大一倍，而且布线可以

互相交错（可以绕到另一面），因此它适用于比单面板复杂的电路。相对于多层板而言，双面板的制作成本不高，在给定一定面积的时候通常都能 100% 布通，因此一般的印制板都采用双面板。

③ Multi-Layer Boards（多层板） 常用的多层板有 4 层板、6 层板、8 层板和 10 层板等。简单的 4 层板是在 Top Layer（顶层）和 Bottom Layer（底层）的基础上增加了电源层和地线层，这样一方面极大程度地解决了电磁干扰问题，提高了系统的可靠性，另一方面可以提高导线的布通率，缩小 PCB 的面积。6 层板通常是在 4 层板的基础上增加了 Mid Layer 1 和 Mid Layer 2 两个信号层。8 层板通常包括 1 个电源层、2 个地线层和 5 个信号层（Top Layer、Bottom Layer、Mid Layer 1、Mid Layer 2 和 Mid Layer 3）。

多层板层数的设置是很灵活的，设计者可以根据实际情况进行合理的设置。各种层的设置应尽量满足以下要求。

▲ 元件层的下面为地线层，它提供器件屏蔽层并为顶层布线提供参考层。

▲ 所有信号层应尽可能与地线层相邻。

▲ 尽量避免两信号层直接相邻。

▲ 主电源应尽可能与其对应地相邻。

▲ 兼顾层结构对称。

（4）电路板层数设置

在对电路板进行设计前，可以对电路板的层数及属性进行详细设置。这里所说的层主要是指 Signal Layers（信号层）和 Internal Plane Layers（电源层和地线层）。

执行方式

▲ 菜单栏：选择“设计”→“层叠管理器”命令。

绘制步骤

① 执行此命令，系统将打开以后缀名为“.PcbDoc”的文件，如图 8-21 所示。在该对话框中可以增加层、删除层、移动层所处的位置及对各层的属性进行设置。

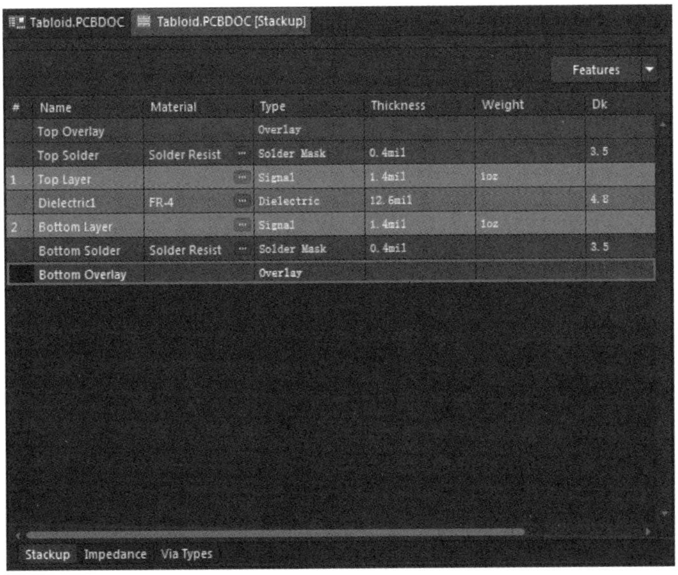

Tabloid.PCBDOC　Tabloid.PCBDOC [Stackup]

Features

#	Name	Material	Type	Thickness	Weight	Dk
	Top Overlay		Overlay			
	Top Solder	Solder Resist	Solder Mask	0.4mil		3.5
1	Top Layer		Signal	1.4mil	1oz	
	Dielectric1	FR-4	Dielectric	12.6mil		4.8
2	Bottom Layer		Signal	1.4mil	1oz	
	Bottom Solder	Solder Resist	Solder Mask	0.4mil		3.5
	Bottom Overlay		Overlay			

Stackup　Impedance　Via Types

图 8-21　后缀名为“.PcbDoc”的文件

② 文件的中心显示了当前 PCB 图的层结构。默认设置为双层板，即只包括 Top Layer（顶层）和 Bottom Layer（底层）两层，右击某一个层，弹出快捷菜单，如图 8-22 所示，用户可以在快捷菜单中插入、删除或移动新的层。

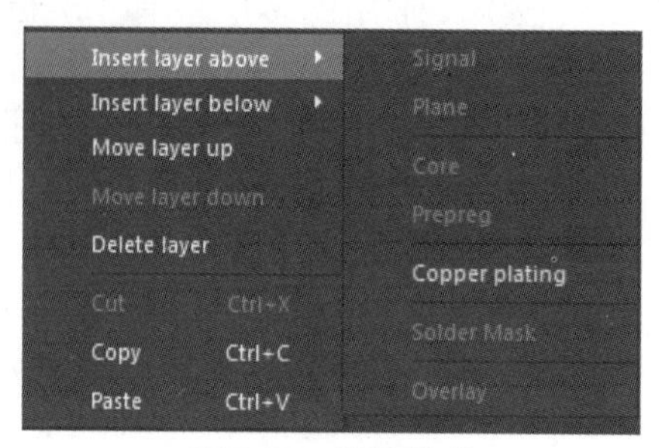

图 8-22　快捷菜单

③ 双击某一层的名称可以直接修改该层的属性，对该层的名称及厚度进行设置。

④ PCB 设计中最多可添加 32 个信号层、26 个电源层和地线层。各层的显示与否可在"View Configuration（视图配置）"面板中进行设置，选中各层中的"显示"按钮即可。

⑤ 电路板的层叠结构中不仅包括拥有电气特性的信号层，还包括无电气特性的绝缘层，两种典型的绝缘层主要是指"Core（填充）层"和"Prepreg（塑料）层"。

层的堆叠类型主要是指绝缘层在电路板中的排列顺序，默认的 3 种堆叠类型包括 Layer Pairs（Core 层和 Prepreg 层自上而下间隔排列）、Internal Layer Pairs（Prepreg 层和 Core 层自上而下间隔排列）和 Build-up（顶层和底层为 Core 层，中间全部为 Prepreg 层）。改变层的堆叠类型将会改变 Core 层和 Prepreg 层在层栈中的分布，只有在信号完整性分析需要用到盲孔或深埋过孔时才需要进行层的堆叠类型的设置。

8.1.5 电路板层显示与颜色设置

PCB 编辑器采用不同的颜色显示各个电路板层，以便于区分。用户可以根据个人习惯进行设置，并且可以决定是否在编辑器内显示该层。下面通过实际操作介绍 PCB 层颜色的设置方法。

执行方式

▲ 工作面板：在界面右下角单击 Panels 按钮，弹出快捷菜单，选择"View Configuration（视图配置）"命令。

绘制步骤

执行此命令，系统打开"View Configuration（视图配置）"面板，如图 8-23 所示。该面板包括电路板层的颜色设置和系统默认设置颜色的显示两部分。

选项说明

① 在"Layers & Color（板层和颜色）"选项卡中，设置是否显示全部层面，还是只显示图层堆栈管理器中设置的有效层面。

② 在各个设置区域中，颜色块用于设置对应电路板层的显示颜色，按钮用于决定此层是否在 PCB 编辑器内显示。

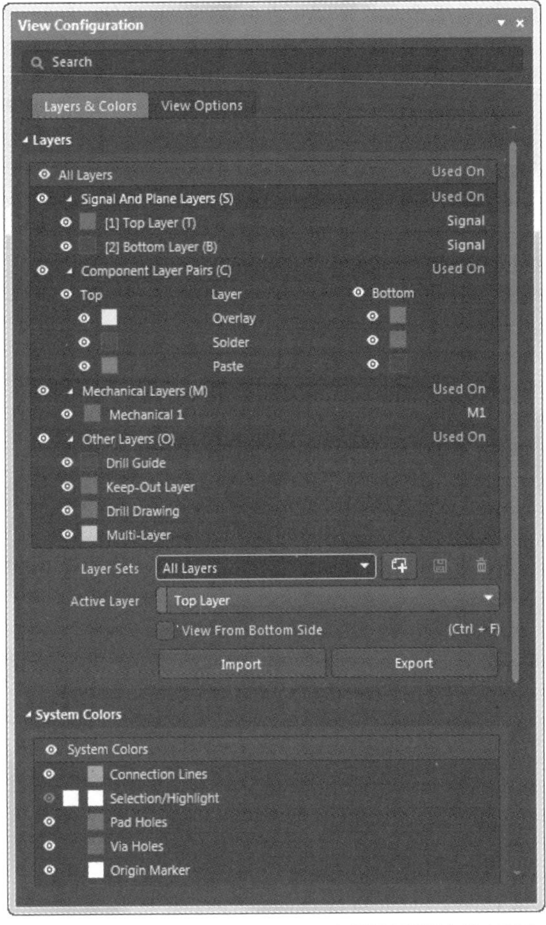

图 8-23 “View Configuration（视图配置）”面板

（1）设置对应层面的显示与颜色

“Layers（层）”选项组用于设置对应层面和系统的显示颜色。

① “显示”按钮用于决定此层是否在 PCB 编辑器内显示。不同位置的“显示”按钮启用 / 禁用层不同。

▲ 每个层组中启用 / 禁用一个层、多个层或所有层。如图 8-24 所示，启用 / 禁用了全部的 Component Layers。

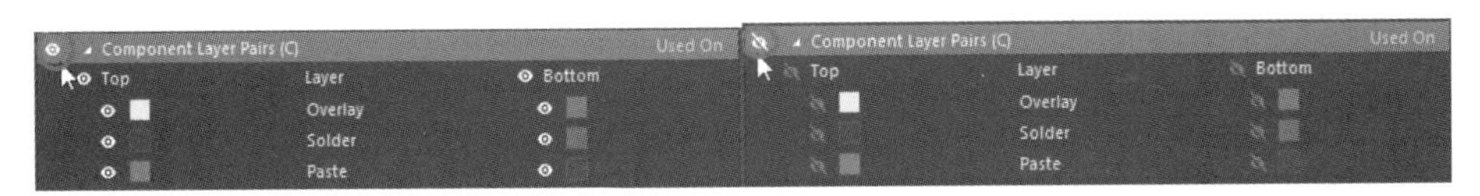

图 8-24 启用 / 禁用全部的元件层

▲ 启用 / 禁用整个层组。如图 8-25 所示，所有的 Top Layers 启用 / 禁用。

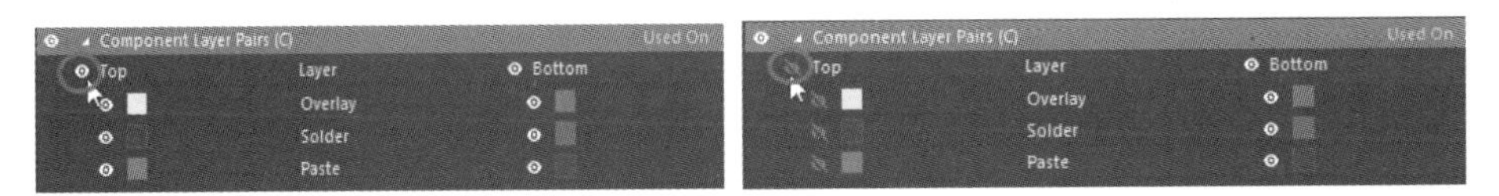

图 8-25 启用 / 禁用 Top Layers

▲ 启用 / 禁用每个组中的单个条目。如图 8-26 所示，突出显示的个别条目已禁用。

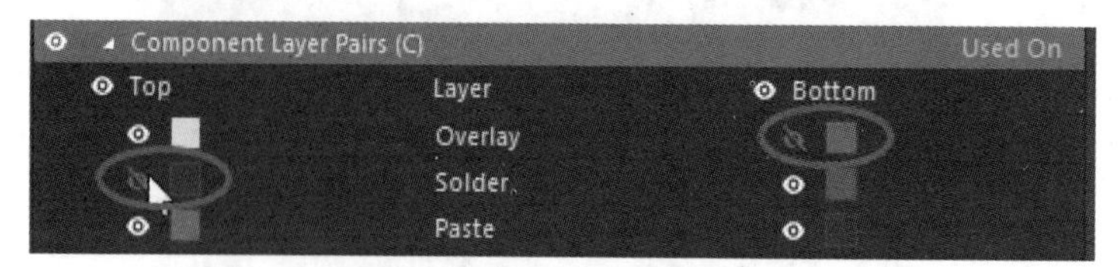

图 8-26　启用 / 禁用单个条目

② 如果要修改某层的颜色或系统的颜色，单击其对应的“颜色”栏内的色条，即可在弹出的选择颜色列表中进行修改，如图 8-27 所示。

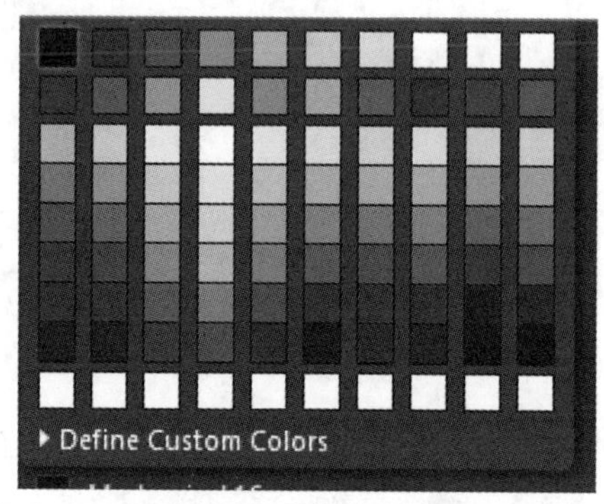

图 8-27　选择颜色列表

③ 在“Layer Sets（层设置）”设置栏中，有“All Layers（所有层）”“Signal Layers（信号层）”“Plane Layers（平面层）”“NonSignal Layers（非信号层）”和“Mechanical Layers（机械层）”选项。选择“All Layers（所有层）”决定了在板层和颜色面板中显示全部的层面，还是只显示图层堆栈中设置的有效层面。一般，为使面板简洁明了，默认选择“All Layers（所有层）”，只显示有效层面，对未用层面可以忽略其颜色设置。

单击“Used On（使用的层打开）”按钮，即可选中该层的“显示”按钮，清除其余所有层的选中状态。

（2）显示系统的颜色

在“System Color（系统颜色）”栏中可以对系统的两种类型可视栅格点的显示或隐藏进行设置，还可以对不同的系统对象进行设置。

8.1.6 PCB 布线区的设置

对布线区进行设置的主要目的是为自动布局和自动布线做准备。通过选择“文件”→“新建”→“PCB”命令或使用模板创建的 PCB 文件只有一个默认的板形，并无布线区，因此用户如果要使用 Altium Designer 20 系统提供的自动布局和自动布线功能，就需要自己创建一个布线区。一般将工作窗口下方的“Keep-out Layer”（禁止布线层）处于当前工作窗口中。

执行方式

▲ 菜单栏：选择“放置”→“Keepout（禁止布线）”→“线径”命令。

绘制步骤

执行此命令，光标变成十字形状。移动光标到工作窗口，在禁止布线层上创建一个封闭的多边形。完成布线区的设置后，右击或者按〈Esc〉键即可退出该操作。

布线区设置完毕后，进行自动布局操作时可将元件自动导入该布线区。自动布局的操作将在后面的章节中详细介绍。

8.1.7 参数设置

执行方式

▲ 菜单栏：选择“工具”→“优先选项”命令。

▲ 右键命令：右击并在弹出的快捷菜单中选择“优先选项”命令。

▲ 快捷键：〈D+P〉键。

绘制步骤

执行以上命令，系统将弹出如图 8-28 所示的“优选项”对话框。

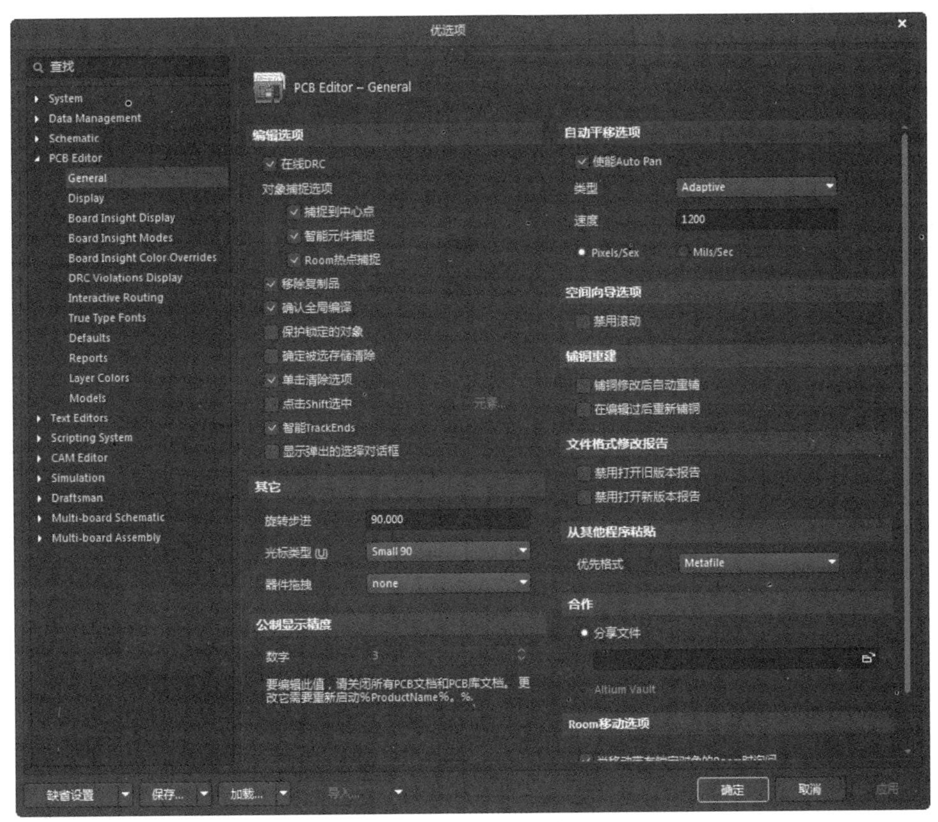

图 8-28 “优选项”对话框

选项说明

该对话框中需要设置的有“General（常规）”“Display（显示）”“Layer Colors（层颜色）”

和“Defaults（默认）”4个标签页。

在“优选项”对话框中可以对一些与PCB编辑窗口相关的系统参数进行设置。设置后的系统参数将用于当前工程的设计环境，并且不会随PCB文件的改变而改变。

8.2 在PCB编辑器中导入网络报表

在前面一节中，主要学习了PCB设计过程中用到的一些基础知识。从本节开始，将介绍如何完整地设计一块PCB。

8.2.1 准备工作

（1）准备电路原理图和网络报表

网络报表是电路原理图的精髓，是原理图和PCB连接的桥梁，没有网络报表，就没有电路板的自动布线。对于如何生成网络报表，在第4章中已经详细讲过。

（2）新建一个PCB文件

在电路原理图所在的项目中，新建一个PCB文件。进入PCB编辑环境后，设置PCB设计环境，包括设置栅格大小和类型、光标类型、板层参数、布线参数等。大多数参数都可以用系统默认值，而且这些参数经过设置之后已符合用户的个人习惯，以后无须再去修改。

（3）规划电路板

规划电路板主要是确定电路板的边界，包括电路板的物理边界和电气边界。在需要放置固定孔的地方放置适当大小的焊盘。

（4）装载元件库

在导入网络报表之前，要把电路原理图中所有元件所在的库添加到当前库中，保证原理图中指定的元件封装形式能够在当前库中找到。

8.2.2 操作实例——集成频率合成器印制电路板规划

扫一扫　看视频

① 启动Altium Designer软件。

② 选择“文件”→“打开”命令，弹出“打开”对话框，选择源文件夹下“集成频率合成器电路.PrjPcb”。

③ 选择“文件”→“新的”→“PCB”命令，新建空白的PCB文件，并进入PCB编辑环境。

④ 选择“文件”→“保存为”命令，将新建的PCB文件保存为“集成频率合成器电路.PcbDoc”。

⑤ 单击编辑区下方的“Mechanical 1（机械层）”标签，选择“放置”→“线条”命令，绘制一个封闭的矩形框，完成物理边界绘制。

⑥ 单击编辑区下方“Keep-Out Layer”（禁止布线层）标签，选择“放置”→“Keep-Out Layer（禁止布线）”→“线径”命令，在物理边界内部绘制适当大小的矩形，作为电气边界。

⑦ 选中已绘制的最外侧物理边界，选择“设计”→“板子形状”→“按照选择对象定义”

命令，显示浮动十字标记，沿最外侧物理边界绘制封闭矩形后右击，修剪边界外侧电路板，显示电路板边界重定义。

结果如图 8-29 所示。

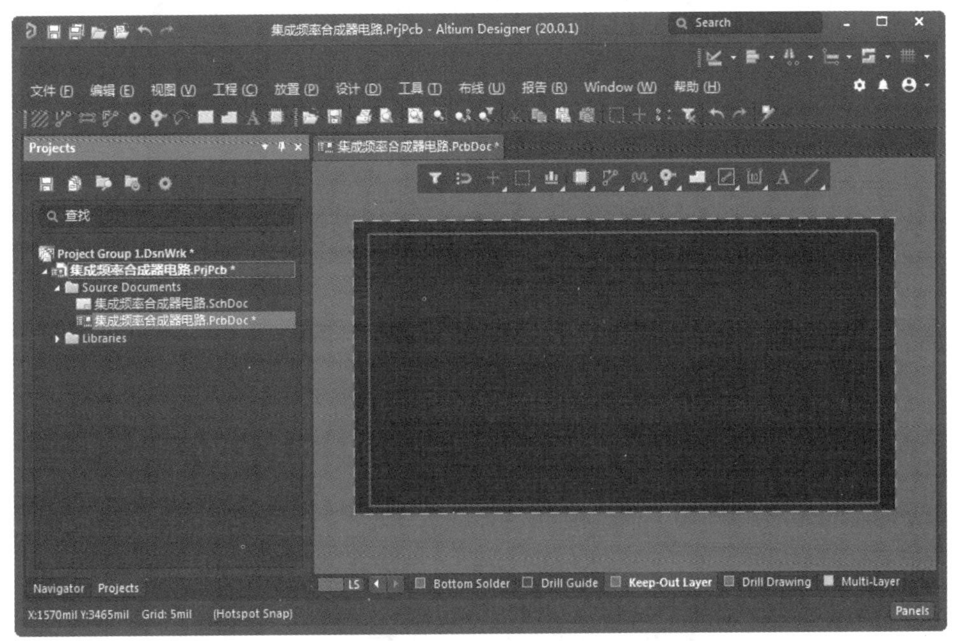

图 8-29 定义电路板边界

8.2.3 导入网络报表

完成了前面的工作后，即可将网络报表里的信息导入 PCB，为电路板的元件布局和布线做准备。

执行方式

▲ 菜单栏：（在 SCH 原理图编辑环境下）选择“设计”→“Update PCB Document*.PcbDoc（更新 PCB 文件）”命令或（在 PCB 编辑环境下）选择“设计”→“Import Changes From *.PrjPcb（从项目文件更新）”命令。

绘制步骤

执行此命令后，系统弹出“工程变更指令”对话框，如图 8-30 所示。该对话框中显示出当前对电路进行修改的内容，左边为“更改”列表，右边是对应修改的“状态”。主要的修改有 Add Components、Add Pins To Nets、Add Components Classes 和 Add Rooms 几类。

选项说明

（1）“验证变更”按钮

系统将检查所有的更改是否都有效。

▲ 如果有效，将在右边的“检测”列对应位置打钩。

▲ 若有错误，“检测”列中将显示红色的错误标识。

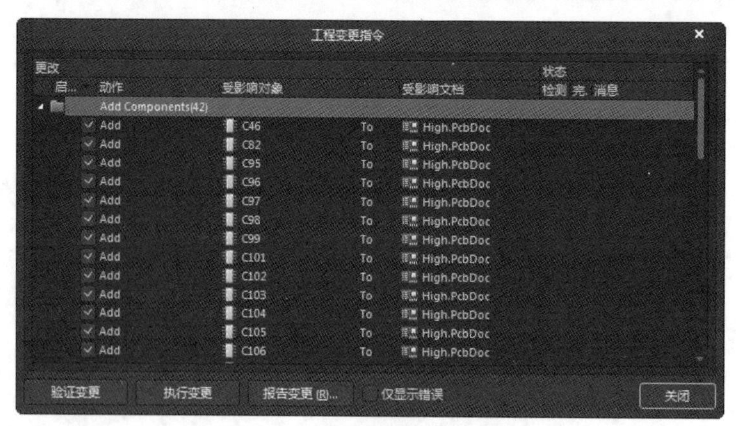

图 8-30 “工程变更指令”对话框

一般的错误都是因为元件封装定义不正确，系统找不到给定的封装，或者设计 PCB 时没有添加对应的集成库。此时需要返回到电路原理图编辑环境中，对有错误的元件进行修改，直到修改完所有的错误，即“检测”列中全为对钩为止。

（2）“报告变更”按钮

报告输出变化，系统弹出“报告预览”对话框，如图 8-31 所示。在该对话框中可以打印输出该报告。

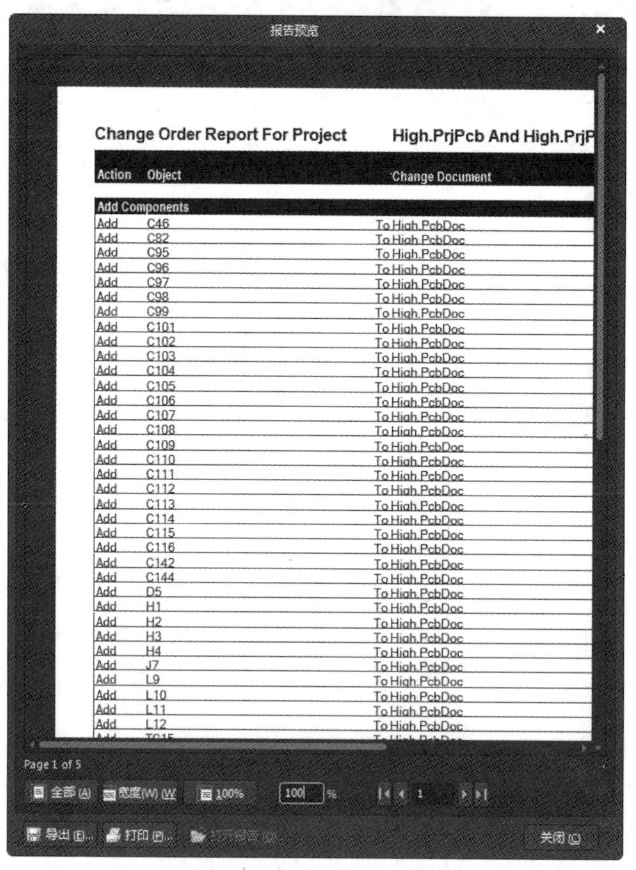

图 8-31 “报告预览”对话框

对话框中按钮的含义与原理图报表中的相同，这里不再赘述。

（3）“执行变更”按钮

系统执行所有的更改操作，如果执行成功，有如下情况。

▲ “状态”列表中的“完成”列中将显示对钩。

▲ 系统将元件封装等装载到 PCB 文件中。

扫一扫 看视频

8.2.4 操作实例——集成频率合成器印制电路板导入网络报表

① 在 PCB 编辑环境下，选择“设计”→“Import Changes From 集成频率合成器电路 .PrjPcb（从项目文件更新）”命令，系统弹出“工程变更指令”对话框，如图 8-32 所示。

工程变更指令

启...	动作	受影响对象		受影响文档	检...	完...	消息
	Add Components(6)						
✓	Add	C1	To	集成频率合成器电路			
✓	Add	C2	To	集成频率合成器电路			
✓	Add	D1	To	集成频率合成器电路			
✓	Add	R1	To	集成频率合成器电路			
✓	Add	U1	To	集成频率合成器电路			
✓	Add	Y1	To	集成频率合成器电路			
	Add Pins To Nets(30)						
✓	Add	C1-1 to VCC	In	集成频率合成器电路			
✓	Add	C1-2 to NetC1_2	In	集成频率合成器电路			
✓	Add	C2-1 to VCC	In	集成频率合成器电路			
✓	Add	C2-2 to NetC2_2	In	集成频率合成器电路			
✓	Add	D1-1 to NetD1_1	In	集成频率合成器电路			
✓	Add	D1-2 to GND	In	集成频率合成器电路			

验证变更 执行变更 报告变更(R)... 仅显示错误 关闭

图 8-32 “工程变更指令”对话框

② 单击“工程变更指令”对话框中的“验证变更”按钮，在右边的“检测”列中对应位置将被打钩，如图 8-33 所示。

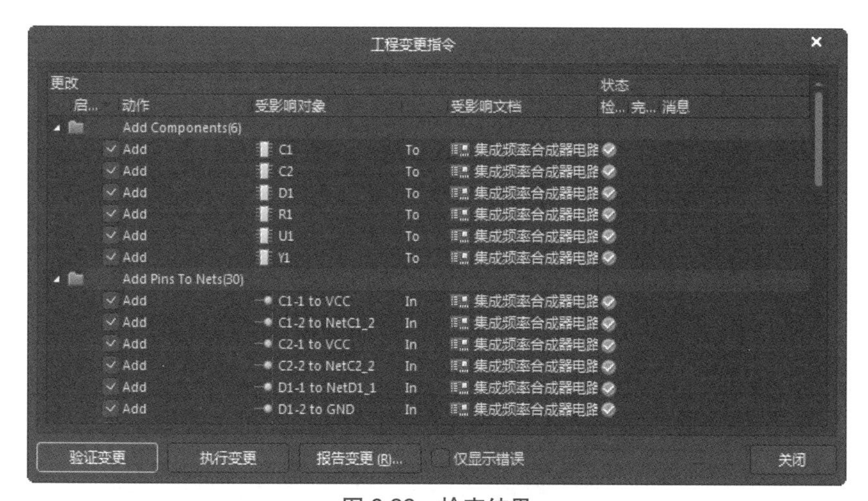

图 8-33 检查结果

③ 单击“工程变更指令”对话框中的“执行变更”按钮，系统执行所有的更改操作，“状态”列表中的“完成”列将被勾选，结果如图 8-34 所示。

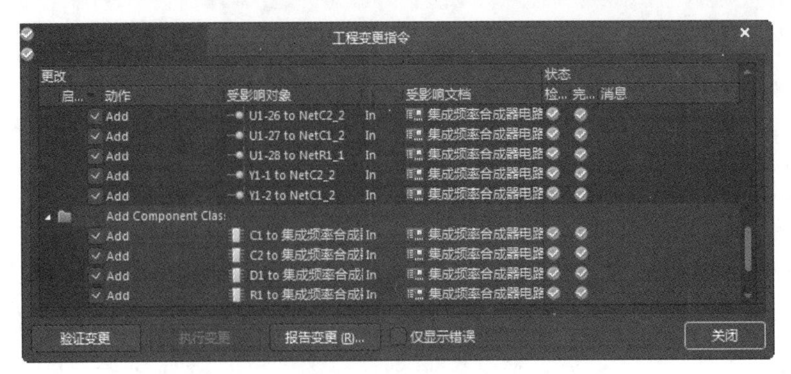

图 8-34　执行更改

此时，系统将元件封装等装载到 PCB 文件中。如图 8-35 所示，选中封装元件，将封装拖动到绘制的边界内部，结果如图 8-36 所示。

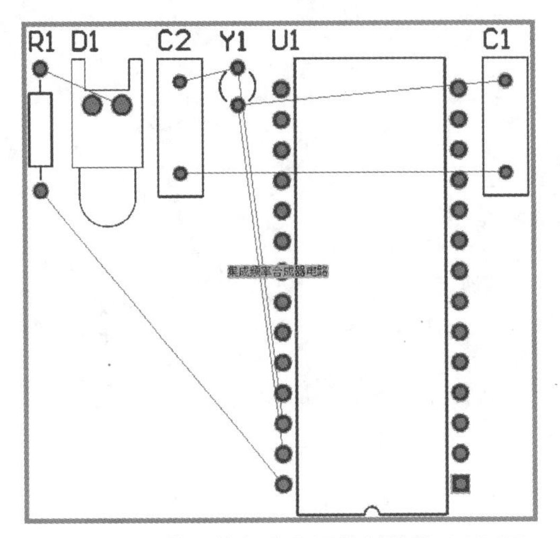

图 8-35　加载网络报表和元件封装的 PCB 图

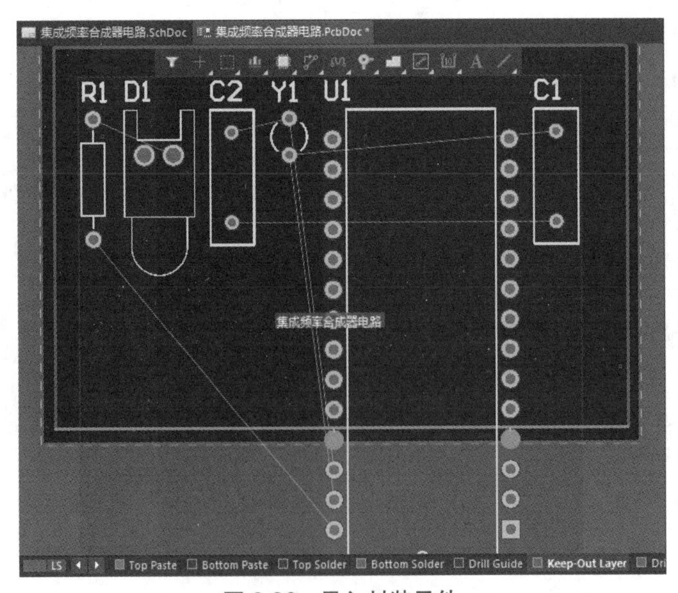

图 8-36　导入封装元件

8.3 元件的布局

导入网络报表后，所有元件的封装已经加载到PCB上，需要对这些封装进行布局。合理的布局是PCB布线的关键。若单面板设计元件布局不合理，将无法完成布线操作；若双面板元件布局不合理，布线时将会放置很多过孔，使电路板导线变得非常复杂。

Altium Designer 20提供了两种元件布局的方法：一种是自动布局；另一种是手动布局。这两种方法各有优劣，用户应根据不同的电路设计需要选择合适的布局方法。

8.3.1 自动布局

自动布局适合于元件比较多的情况。Altium Designer 20提供了强大的自动布局功能，设置好合理的布局规则参数后，采用自动布局将大大提高设计电路板的效率。

（1）器件摆放

执行方式

▲ 菜单栏：选择“工具”→“器件摆放”命令。

绘制步骤

执行此命令，系统弹出“器件摆放”子菜单，如图8-37所示。

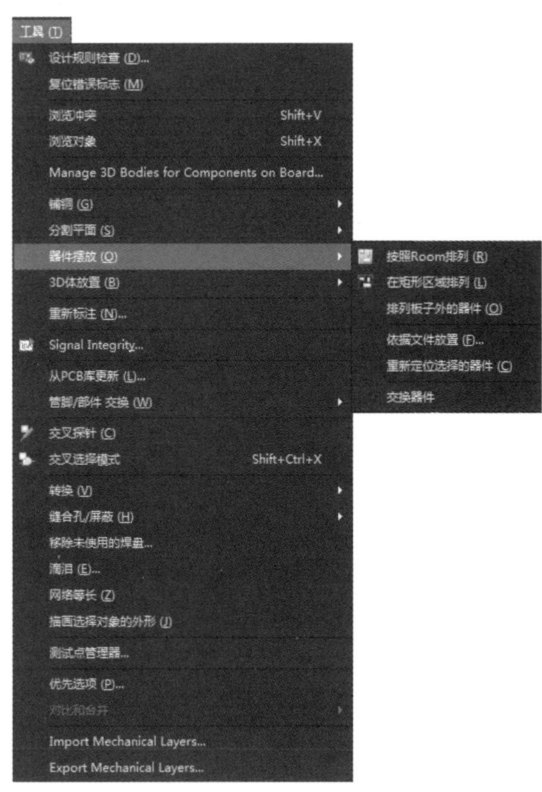

图8-37 “器件摆放”子菜单

选项说明

“器件摆放”子菜单包括以下几种自动摆放命令。

▲ “按照 Room 排列（空间内排列）”命令：用于在指定的空间内部排列元件。执行该命令后，光标变为十字形状，在要排列元件的空间区域内单击，元件即自动排列到该空间内部。

▲ “在矩形区域排列”命令：用于将选中的元件排列到矩形区域内。使用该命令前，需要先将要排列的元件选中。此时光标变为十字形状，在要放置元件的区域内单击，确定矩形区域的一角，拖动光标，至矩形区域的另一角后再次单击。

▲ “排列板子外的器件”命令：用于将选中的元件排列在 PCB 板的外部。使用该命令前，需要先将要排列的元件选中，系统自动将选择的元件排列到 PCB 范围以外的右下角区域内。

▲ “依据文件放置”命令：导入自动布局文件进行布局。

▲ “重新定位选择的器件”命令：重新进行自动布局。

▲ “交换器件”命令：用于交换选中的元件在 PCB 板的位置。

（2）矩形排布

执行方式

▲ 菜单栏：选择“工具”→“器件摆放”→“在矩形区域排列”命令。

绘制步骤

执行此命令，光标变为十字形，在编辑区绘制矩形区域，即可开始在选择的矩形中自动布局。自动布局需要经过大量的计算，因此需要耗费一定的时间。确定该矩形区域后，系统会自动将已选择的元件排列到矩形区域中来，图 8-38 所示为最终的矩形排列结果。

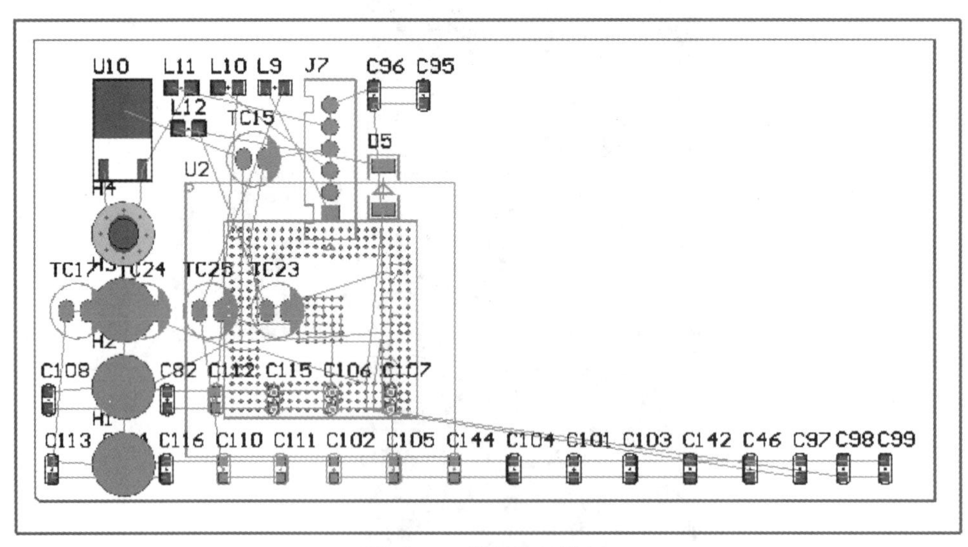

图 8-38 器件摆放结果

（3）排列板子外的器件

执行方式

▲ 菜单栏：选择“工具”→“器件摆放”→“排列板子外的器件”命令。

绘制步骤

执行此命令后，系统将自动将选中元件放置到板子边框外侧，如图 8-39 所示。

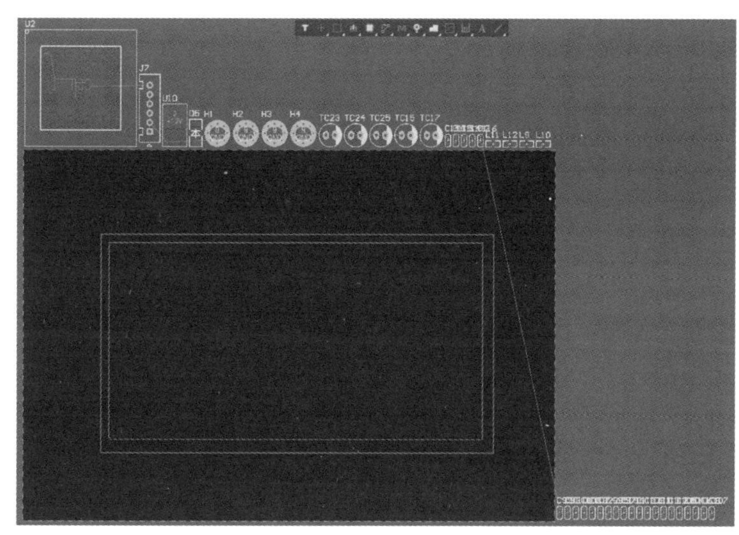

图 8-39 排列元件

（4）导入自动布局文件进行布局

执行方式

▲ 菜单栏：“工具”→“器件摆放”→“依据文件放置”命令。

绘制步骤

执行此命令后，弹出如图 8-40 所示的对话框，从中选择自动布局文件（后缀为“.Pik”），然后单击“打开”按钮即可导入此文件进入自动布局。

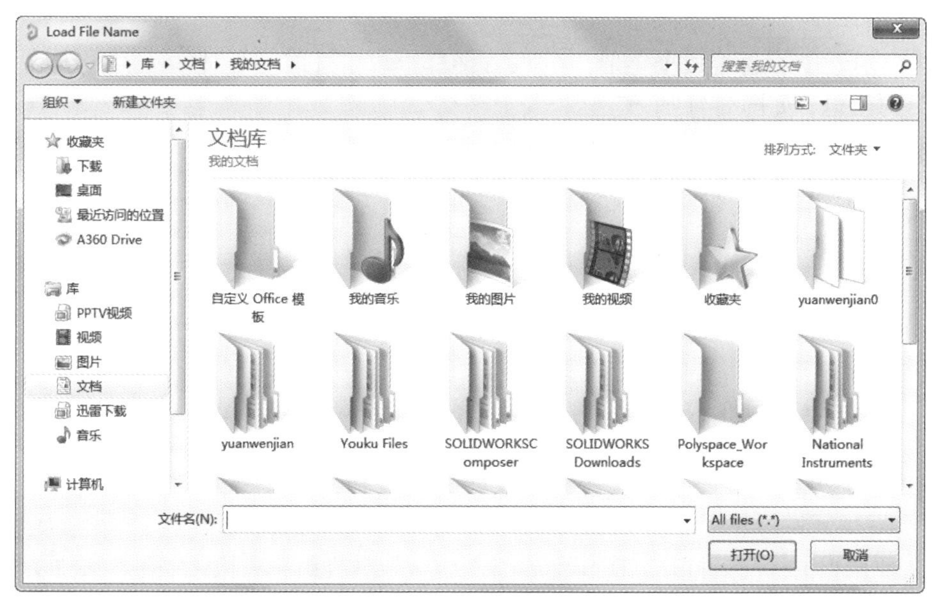

图 8-40 导入自动布局文件

导入自动布局文件的方法在常规设计中比较少见，这里导入的并不是每一个元件自动布局的位置，而是一种自动布局的策略。

知识链接——布局效果

从图 8-39 中可以看出，使用系统的器件摆放功能，虽然布局的速度和效率都很高，但是布局的结果并不令人满意。因此，很多情况下必须对布局结果进行调整，即采用手动布局，按用户的要求进一步进行设计。

8.3.2 手动布局

在系统自动布局后，手动对元件布局进行调整。

（1）调整元件位置

手动调整元件的布局时，需要移动元件，其方法在前面关于 PCB 编辑器的编辑功能中讲过。

（2）排列相同元件

在 PCB 上，经常把相同的元件排列放置在一起，如电阻、电容等。若 PCB 上这类元件较多，依次单独调整很麻烦，可以采用各种技巧。

① 查找相似元件

执行方式

▲ 菜单栏：选择“编辑”→“查找相似对象”命令。

绘制步骤

执行此命令，光标变成十字形，在 PCB 图样上单击选取一个对象，系统弹出“查找相似对象”对话框，如图 8-41 所示。

在该对话框中将“Footprint（封装）”选项设置为“Same（相似）”，单击 应用(A) 按钮，再单击 确定 按钮，此时，PCB 图中所有电容都处于选取状态。

② 取消屏蔽

执行方式

▲ 工具栏：单击“PCB 标准”工具栏中的“清除当前过滤器”按钮。

绘制步骤

执行此命令，取消电容的屏蔽选择状态，对其他元件进行操作，将 PCB 外面的元件移到 PCB 内。

（3）修改元件标注

双击要调整的标注，打开“Dimension（标注）”属性编辑面板，如图 8-42 所示。

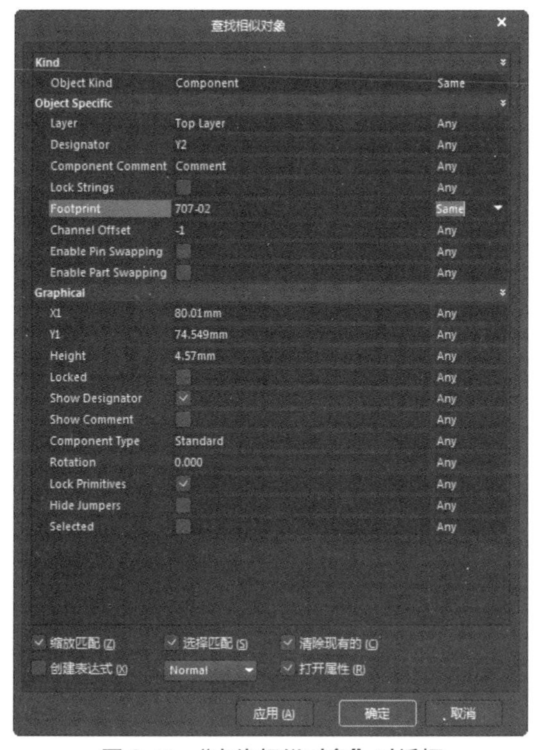

图 8-41 “查找相似对象”对话框

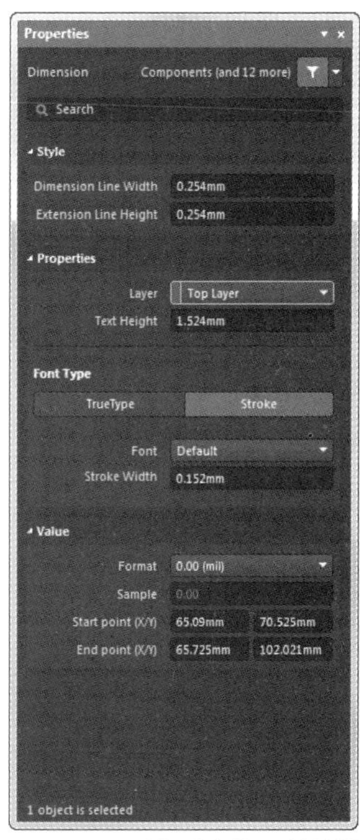

图 8-42 “Dimension（标注）”属性编辑面板

此面板中的选项在此不再讲述。

扫一扫 看视频

8.3.3 操作实例——集成频率合成器印制电路板布局

① 选中带有电路名称的网络，按〈Delete〉键，删除电路网络，即可对网络中的封装模型进行手动布局，如图 8-43 所示。

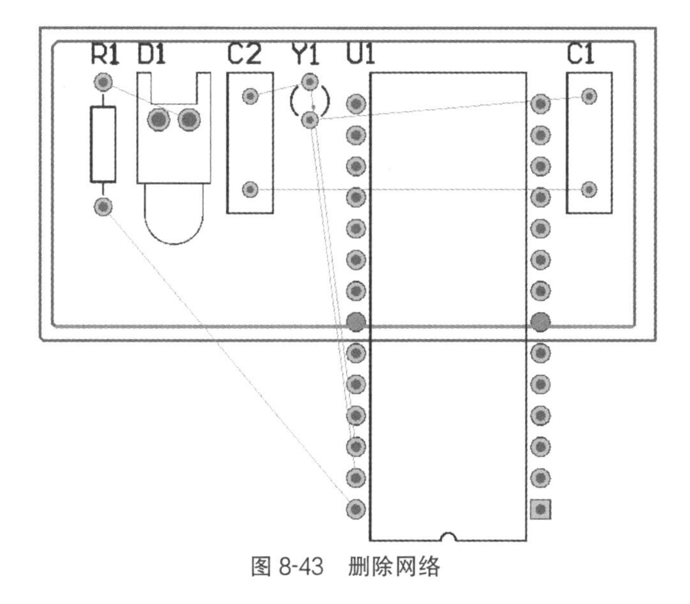

图 8-43 删除网络

② 选中U1，鼠标变为十字光标，按〈Space〉键，将元件旋转90°，然后在右下角单击，放置元件，如图8-44所示。

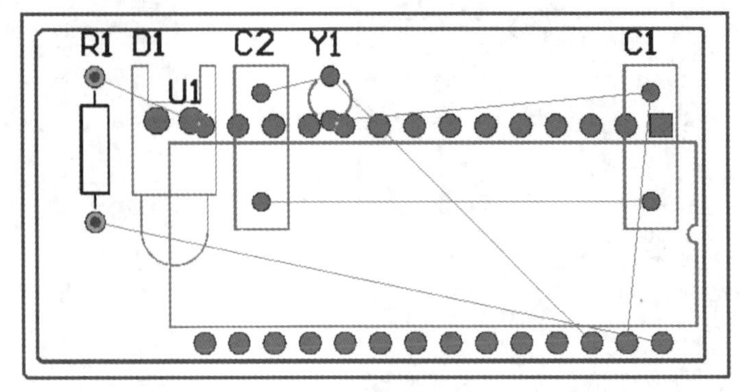

图8-44　放置U1

③ 采用同样的方法，旋转放置C1、C2、R1，结果如图8-45所示。

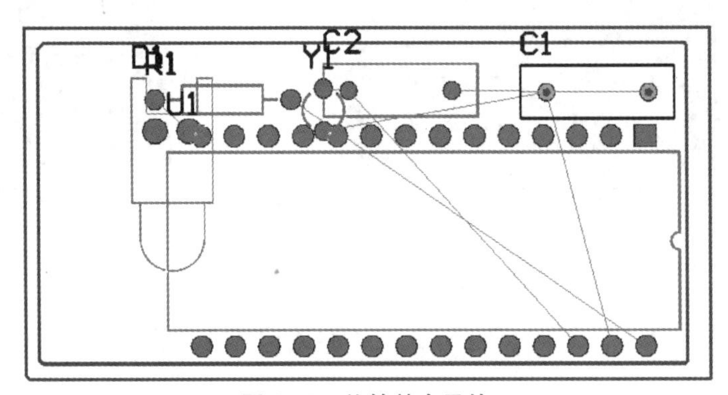

图8-45　旋转其余元件

④ 单击选中文字C1，将其移动到元件左侧，防止压线。

⑤ 采用同样的方法，单击选中交叠的元件及文字，将其放置到空白处，结果如图8-46所示。

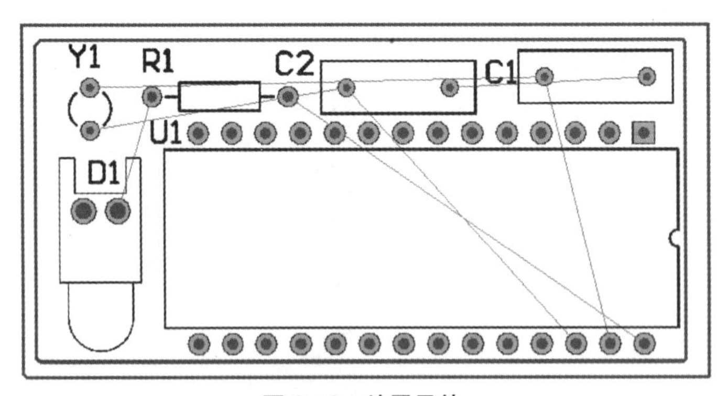

图8-46　放置元件

⑥ 按住〈Shift〉键，选中元件C1、C2，单击“应用工具”工具栏中“排列工具”按钮下拉菜单中的“以底对齐元件”按钮，对齐元件C1和C2，结果如图8-47所示。

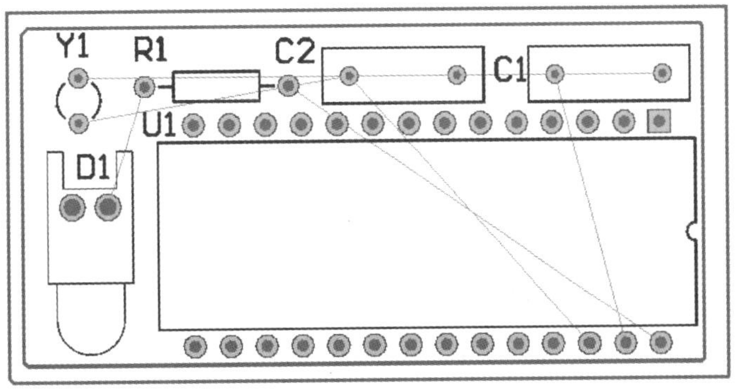

图 8-47 对齐元件

⑦ 选择“视图”→“连接”→“全部隐藏”命令，隐藏飞线，结果如图 8-48 所示。

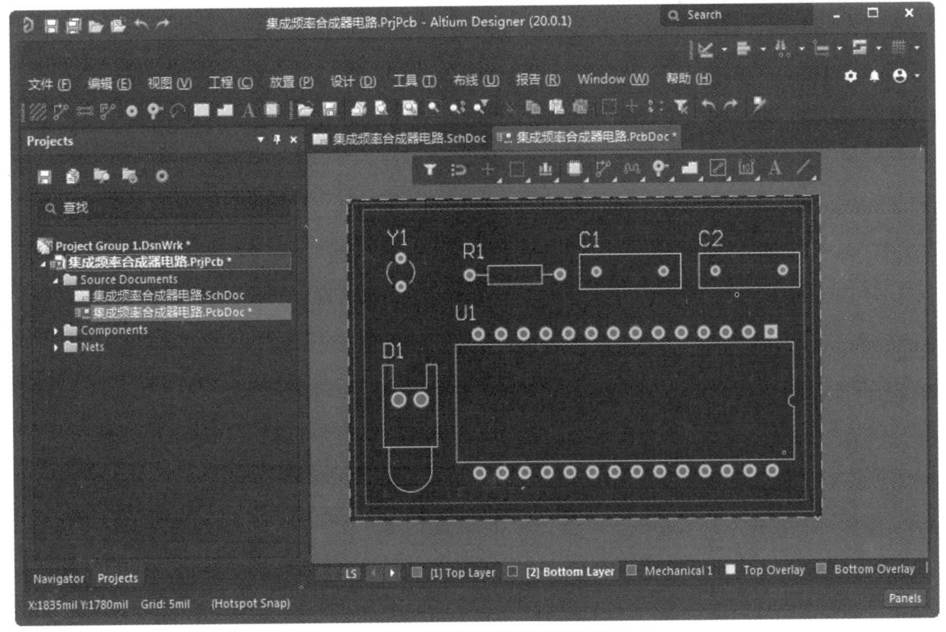

图 8-48 定义电路板形状

8.4 3D 效果

手动布局完成以后，用户可以查看三维效果图，以检查布局是否合理。

8.4.1 效果图显示

（1）三维显示

执行方式

▲ 菜单栏：选择“视图”→“切换到 3 维显示”命令。

绘制步骤

执行此命令，系统自动切换到三维显示图，如图 8-49 所示。按住〈Shift〉键显示旋转图标，在方向箭头上按住鼠标右键，即可旋转电路板。

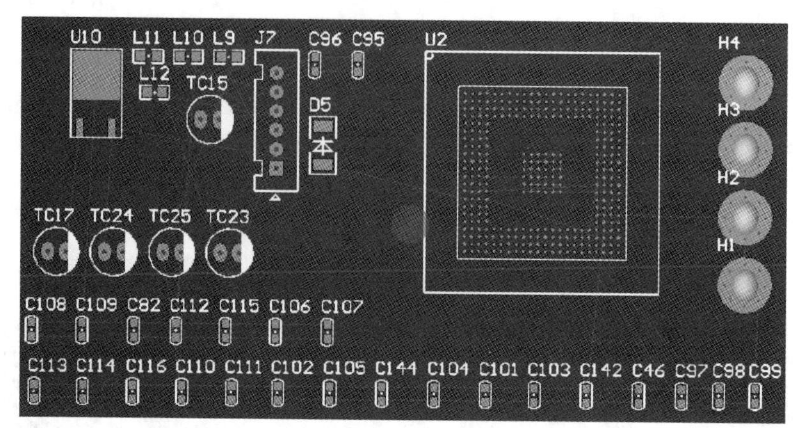

图 8-49　三维显示图

（2）二维显示

执行方式

▲ 菜单栏：选择“视图”→“切换到 2 维显示”命令。

绘制步骤

执行此命令，系统自动返回二维显示图，如图 8-50 所示。

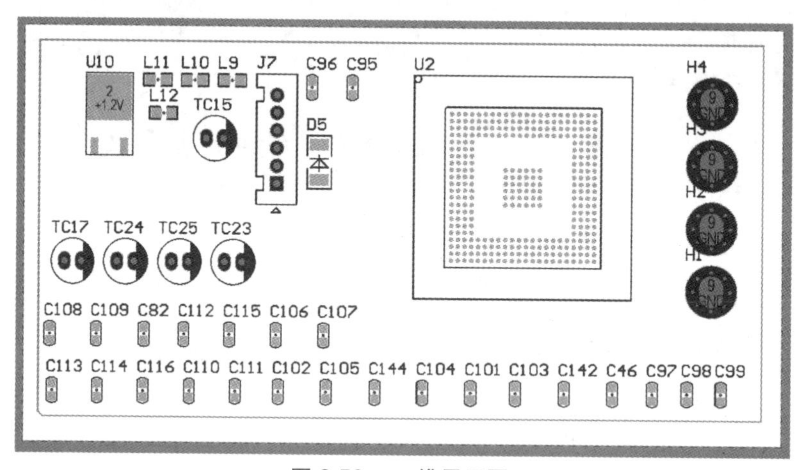

图 8-50　二维显示图

8.4.2 “PCB”面板

执行方式

▲ 控制面板：在 PCB 编辑器内，单击右下角的 Panels 按钮，在弹出的快捷菜单中选择

“PCB”，PCB 3D 效果图如图 8-51 所示。

绘制步骤

执行此命令，系统打开“PCB”面板，如图 8-52 所示。

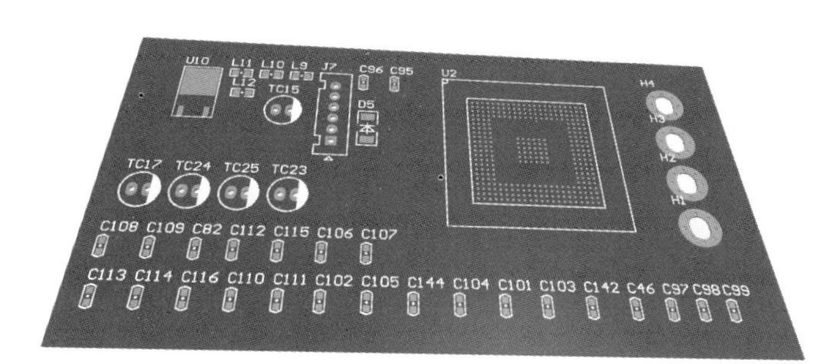

图 8-51 PCB 3D 效果图

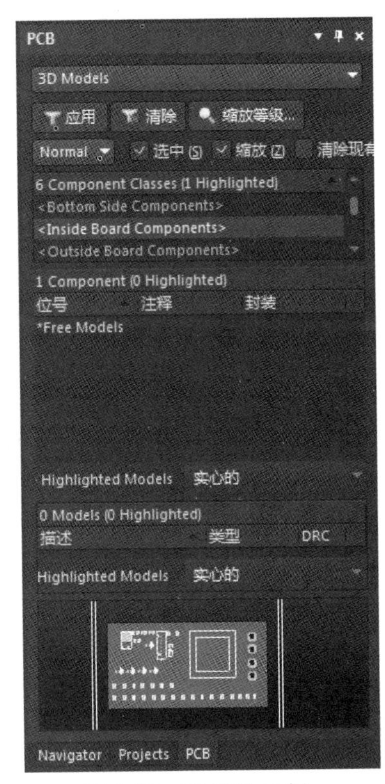

图 8-52 “PCB”面板

选项说明

（1）浏览区域

在“PCB”面板中显示类型为“Nets”，该区域列出了当前 PCB 文件内的所有三维模型，如图 8-53 所示。

对于高亮网络有 Normal（正常）、Mask（遮挡）和 Dim（变暗）3 种显示方式，用户可通过面板中的下拉列表框进行选择。

▲ Normal（正常）：直接高亮显示用户选择的网络或元件，其他网络及元件的显示方式不变。

▲ Mask（遮挡）：高亮显示用户选择的网络或元件，其他元件和网络以遮挡方式显示（灰色），这种显示方式更为直观。

▲ Dim（变暗）：高亮显示用户选择的网络或元件，其他元件或网络按色阶变暗显示。

对于显示控制，有 3 个控制选项，即选中、缩放和清除现有的。

▲ 选中：勾选该复选框，在高亮显示的同时选中用户选定的网络或元件。

▲ 缩放：勾选该复选框，系统会自动将网络或元件所在区域完整地显示在用户可视区域内。如果被选网络或元件在图中所占区域较小，则会放大显示。

▲ 清除现有的：勾选该复选框，系统会自动清除选定的网络或元件。

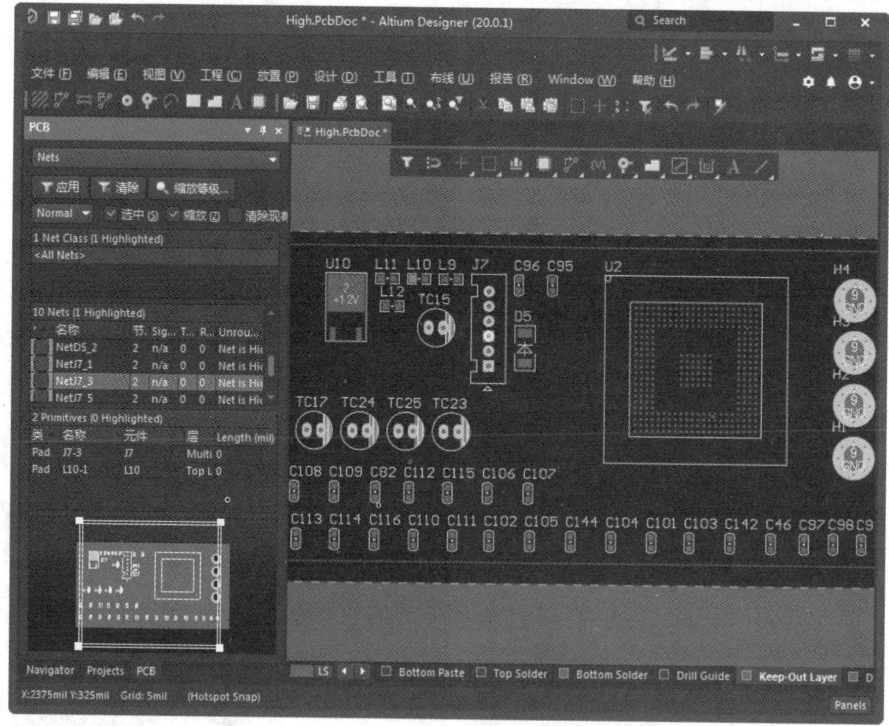

图 8-53　高亮显示元件

（2）显示区域

该区域用于控制 3D 效果图中的模型材质的显示方式，如图 8-54 所示。

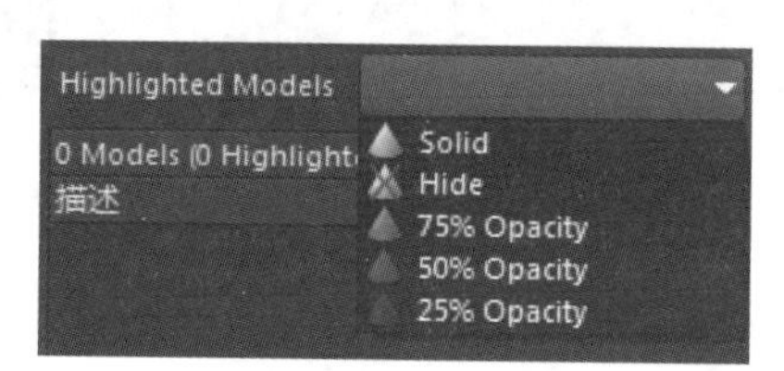

图 8-54　模型材质

（3）预览框区域

将光标移到该区域中以后，单击左键并按住不放，拖动光标，3D 图将跟着移动，展示不同位置上的效果。

8.4.3 “View Configuration（视图设置）”面板

执行方式

▲ 控制面板：在 PCB 编辑器内，单击右下角的 Panels 按钮，在弹出的快捷菜单中选择“View Configuration”

绘制步骤

执行此命令，系统打开“View Configuration（视图设置）”面板，设置电路板基本环境。

在“View Configuration（视图设置）”面板“View Options（视图选项）”选项卡中，显示三维面板的基本设置。不同情况下面板显示略有不同，这里重点讲解三维模式下的面板参数设置，如图 8-55 所示。

选项说明

（1）“General Settings”选项组

显示配置和 3D 主体。

▲ “Configuration（设置）”下拉列表：选择三维视图设置模式，包括 11 种，默认选择“Custom Configuration（通用设置）”模式，如图 8-56 所示。

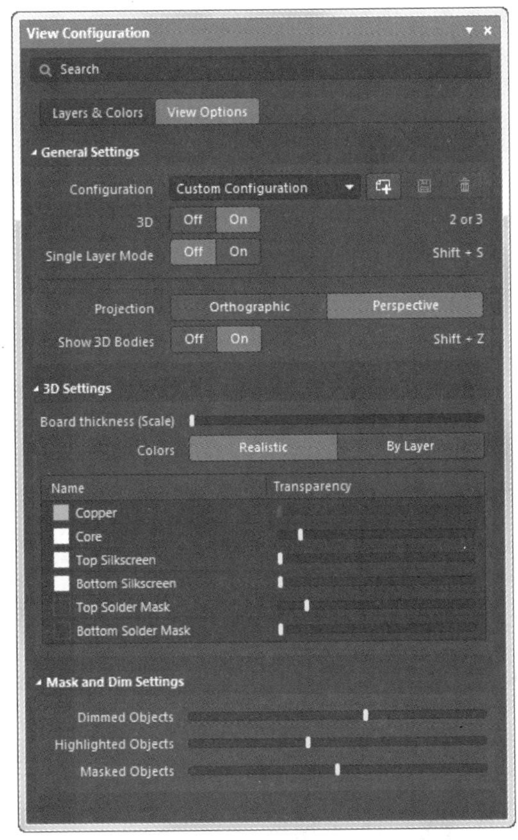

图 8-55 “View Options（视图选项）”选项卡

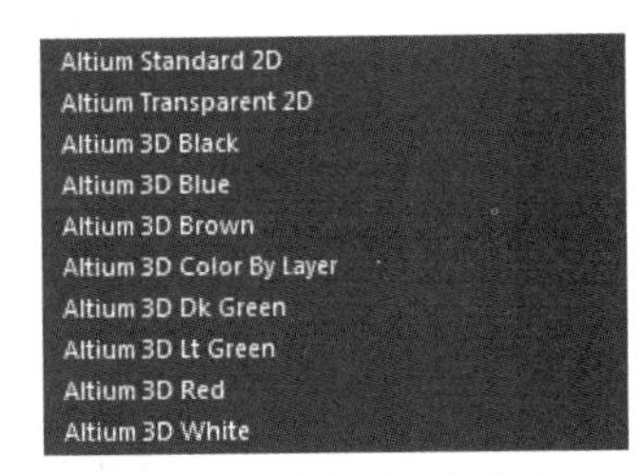

图 8-56 三维视图模式

▲ 3D：控制电路板三维模式开关，作用同菜单命令“视图”→“切换到 3 维模式”。

▲ Signal Layer Mode：控制三维模型中信号层的显示模式，打开与关闭单层模式，如图 8-57 所示。

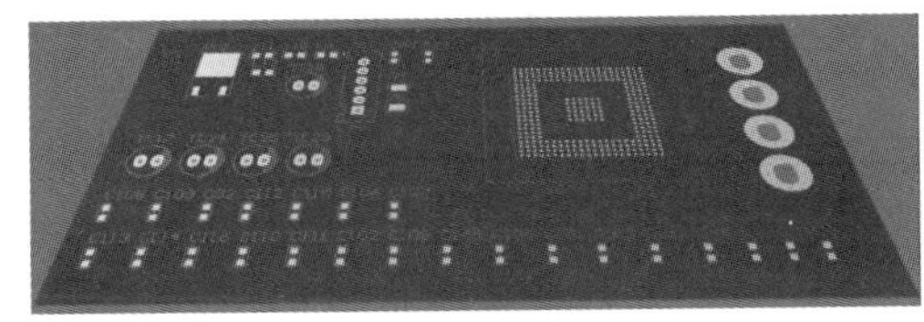

(a) 打开单层模式

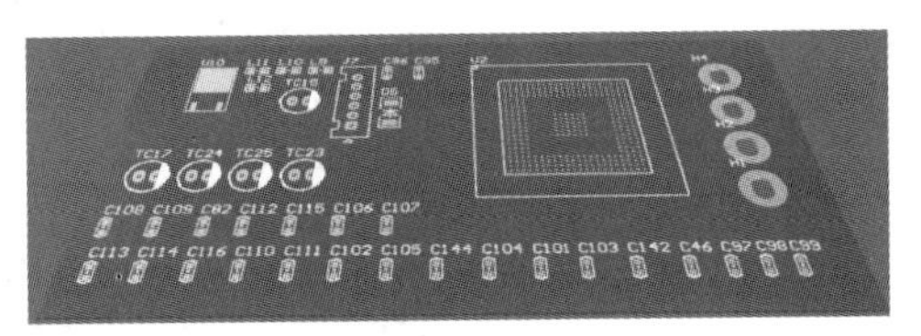

(b) 关闭单层模式

图 8-57 三维视图模式

▲ Projection：投影显示模式，包括 Orthographic（正射投影）和 Perspective（透视投影）。

▲ Show 3D Bodies：控制是否显示元件的三维模型。

（2）“3D Settings（三维设置）”选项组

▲ Board thickness（Scale）：通过拖动滑块设置电路板的厚度，按比例显示。

▲ Colors：设置电路板颜色模式，包括 Realistic（逼真）和 By Layer（随层）。

▲ Layer：在列表中设置不同层对应的透明度，通过拖动“Transparency（透明度）”栏下的滑块来设置。

（3）“Mask and Dim Settings（屏蔽和调光设置）”选项组

控制对象屏蔽、调光和高亮设置。

▲ Dimmed Objects（屏蔽对象）：设置对象屏蔽程度。

▲ Highlighted Objects（高亮对象）：设置对象高亮程度。

▲ Mask Objects（调光对象）：设置对象调光程度。

（4）“Additional Options（附加选项）”选项组

在“Configuration（设置）”下拉列表选择“Altium Standard 2D”或执行菜单命令“视图”→“切换到 2 维模式”，电路板的面板设置如图 8-58 所示。添加“Additional Options（附加选项）”选项组，在该区域包括 9 种控件，允许配置各种显示设置，包括“F5 Net Color Override（网络颜色覆盖）”。

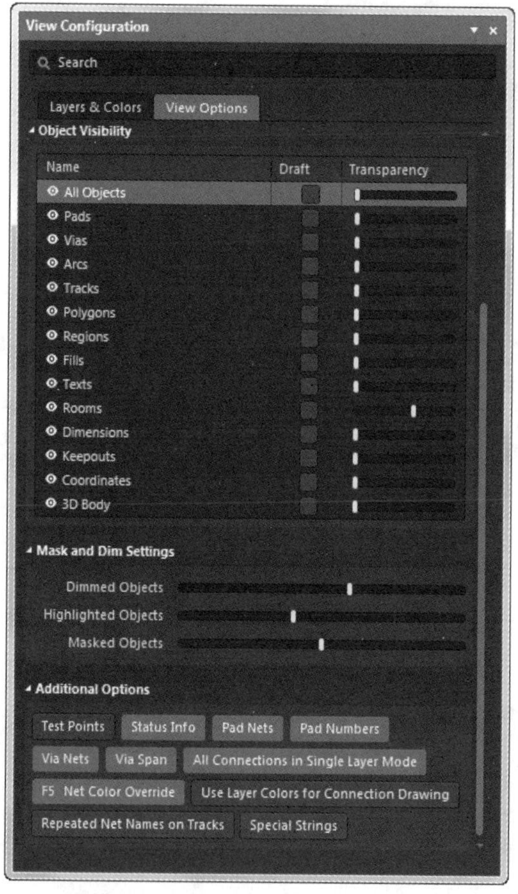

图 8-58　2D 模式下“View Options（视图选项）”选项卡

（5）“Object Visibility（对象可视化）”选项组

2D 模式下添加“Object Visibility（对象可视化）”选项组，在该区域设置电路板中不同对象的透明度和是否添加草图。

8.4.4 三维动画制作

使用动画来生成使用元件在电路板中指定零件点到点运动的简单动画。本节介绍通过拖动时间栏并旋转缩放电路板生成基本动画。

执行方式

控制面板：在 PCB 编辑器内，单击右下角的 Panels 按钮，在弹出的快捷菜单中选择“PCB 3D Movie Editor（电路板三维动画编辑器）”命令。

绘制步骤

执行此命令，系统打开“PCB 3D Movie Editor（电路板三维动画编辑器）”面板，如图 8-59 所示。

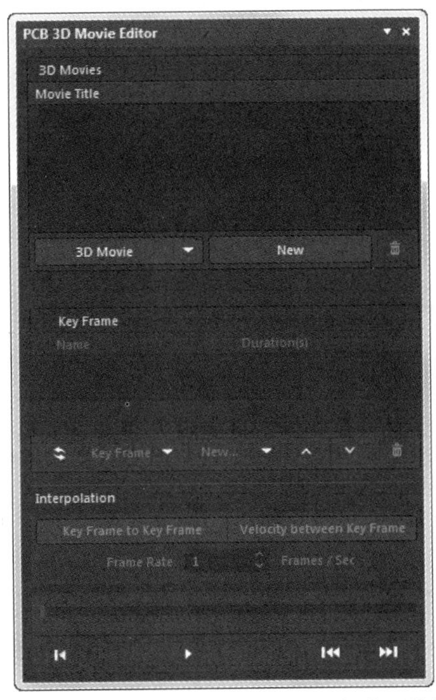

图 8-59 “PCB 3D Movie Editor（电路板三维动画编辑器）”面板

选项说明

（1）“Movie Title（动画标题）”区域

在“3D Movie（三维动画）”按钮下选择“New（新建）”命令或单击“New（新建）”按钮，在该区域创建 PCB 文件的三维模型动画，默认动画名称为“PCB 3D Video”。

（2）“PCB 3D Video”区域

① 在该区域创建动画关键帧。在“Key Frame（关键帧）”按钮下选择“New（新建）”→“Add

（添加）”命令或单击“New（新建）”→“Add（添加）”按钮，创建第一个关键帧，电路板如图 8-60 所示。

② 单击“New（新建）”→“Add（添加）”按钮，继续添加关键帧，设置时间为 3s，按住鼠标中键拖动，在视图中将视图缩放，如图 8-61 所示。

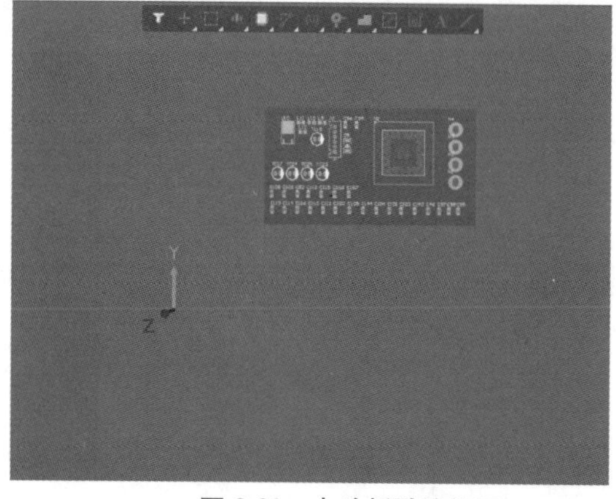

图 8-60 电路板默认位置

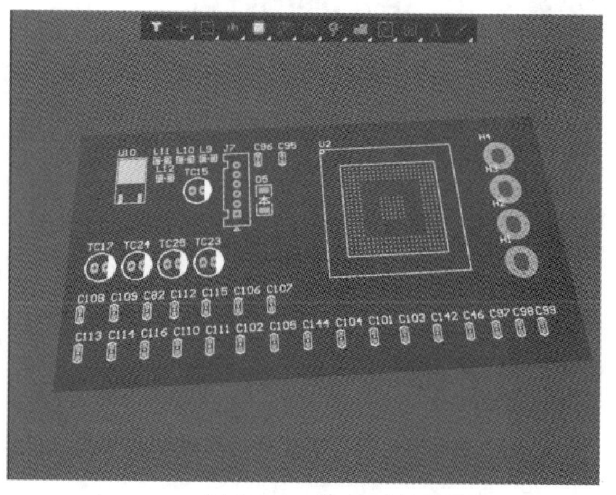

图 8-61 缩放后的视图

③ 单击“New（新建）”→“Add（添加）”按钮，继续添加关键帧，设置时间为 3s，按住〈Shift〉键与鼠标右键，在视图中将视图旋转，如图 8-62 所示。

④ 单击工具栏上的▷键，动画设置如图 8-63 所示。

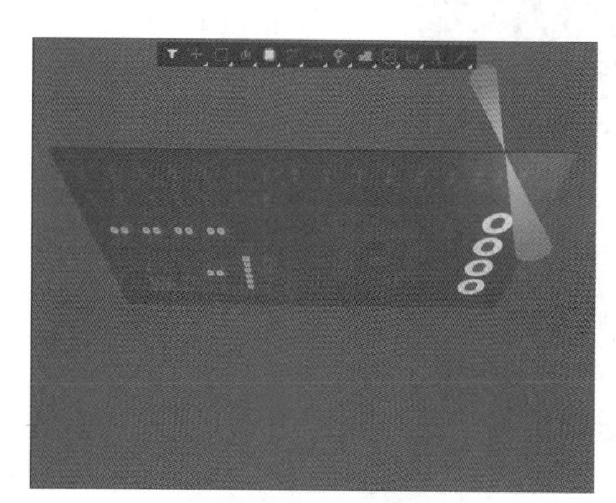

图 8-62 旋转后的视图

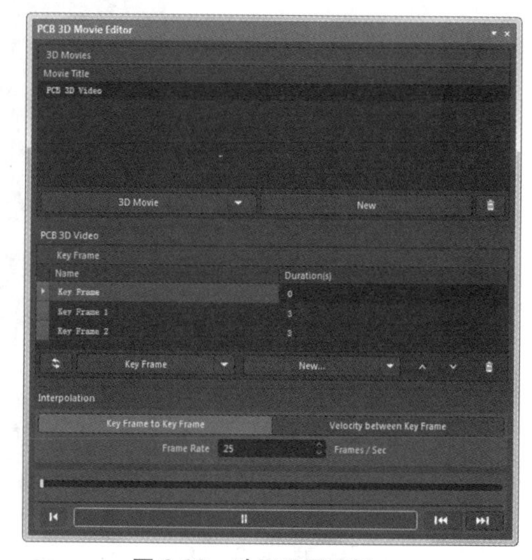

图 8-63 动画设置面板

8.4.5 三维动画输出

执行方式

▲ 菜单栏：选择“文件”→“新的”→“Output Job File”命令，

绘制步骤

① 执行此命令，在“Projects（工程）”面板中“Settings（设置）”文件夹下显示输出文件，系统提供的默认名为“Job1.OutJob”，如图 8-64 所示。

② 右侧工作区打开编辑区，如图 8-65 所示。

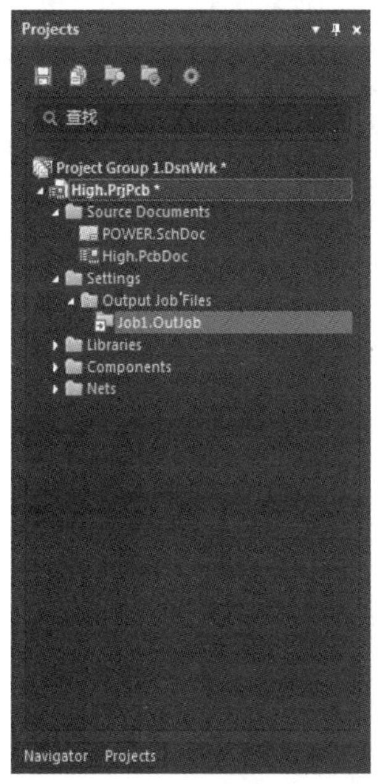

图 8-64 新建输出文件

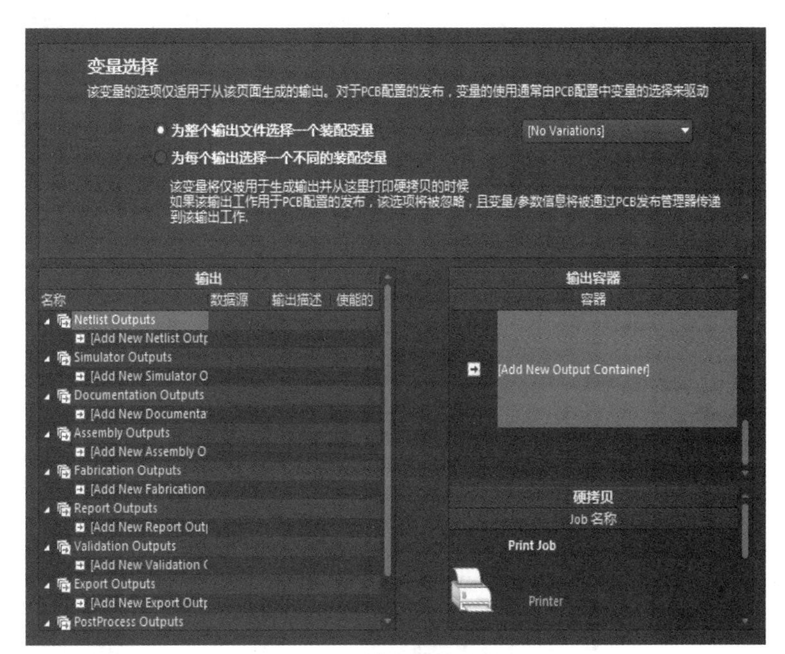

图 8-65 输出文件编辑区

选项说明

（1）“变量选择”选择组

设置输出文件中变量的保存模式。

（2）“输出”选项组

显示不同的输出文件类型。

① 本节介绍加载动画文件，在需要添加的文件类型“Documentation Outputs（文档输出）”下“Add New Documentation Output（添加新文档输出）”上单击，弹出快捷菜单，如图 8-66 所示，选择“PCB 3D Video”命令，选择默认的 PCB 文件作为输出文件依据或者重新选择文件。加载的输出文件如图 8-67 所示。

② 在加载的输出文件上单击鼠标右键，弹出如图 8-68 所示的快捷菜单，选择“配置”命令，弹出如图 8-69 所示的“PCB 3D 视频”对话框，单击“确定”按钮，关闭对话框，默认输出视频配置。

③ 单击“PCB 3D 视频”对话框中的“查看配置”按钮，弹出如图 8-70 所示的“视图配置”对话框，用于设置电路板的板层显示与物理材料。

④ 单击添加的文件右侧的单选钮，建立加载的文件与输出文件容器的联系，如图 8-71 所示。

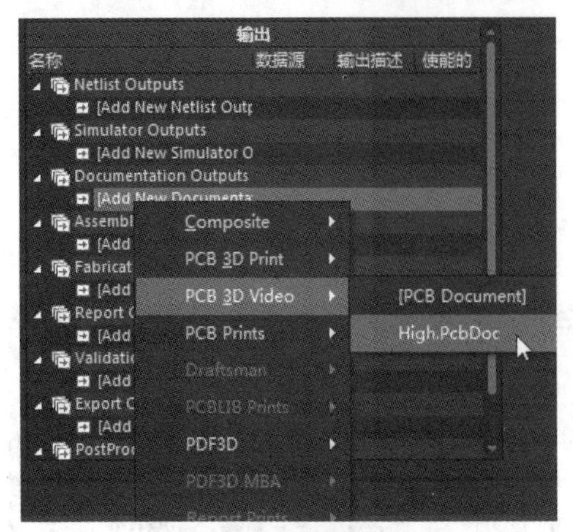

图 8-66 快捷命令

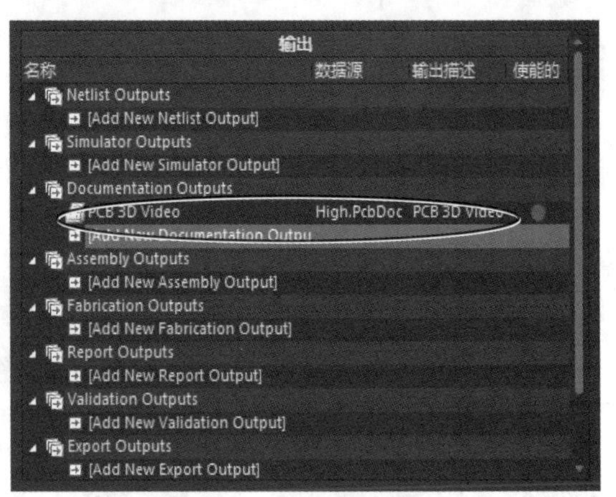

图 8-67 加载动画文件

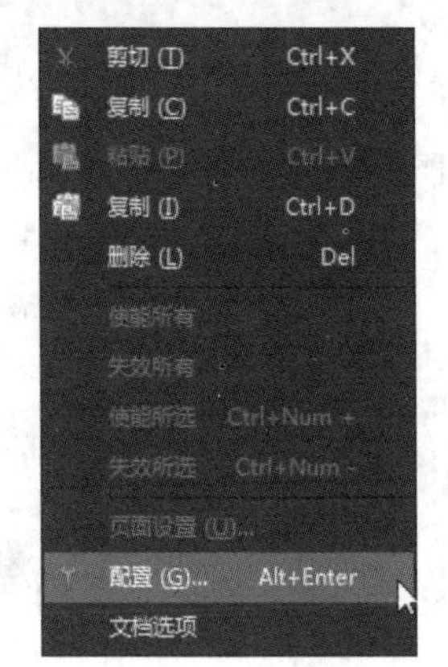

图 8-68 快捷菜单

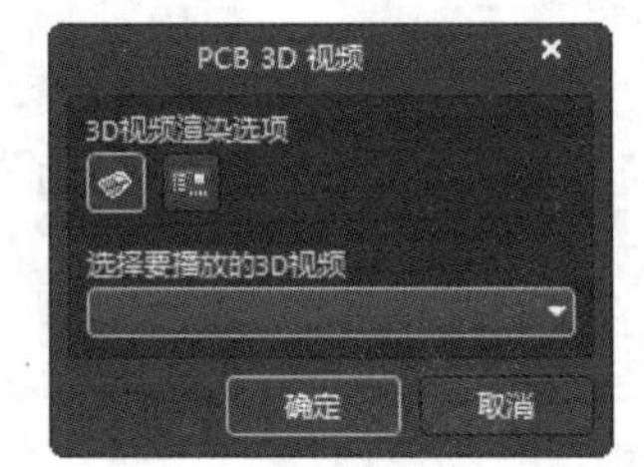

图 8-69 “PCB 3D 视频”对话框

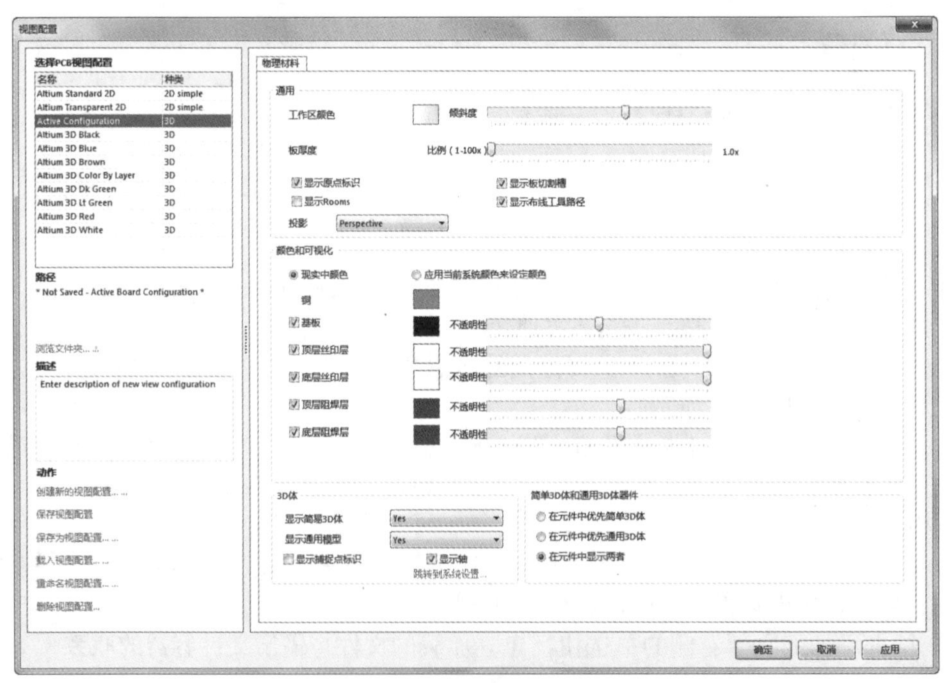

图 8-70 “视图配置”对话框

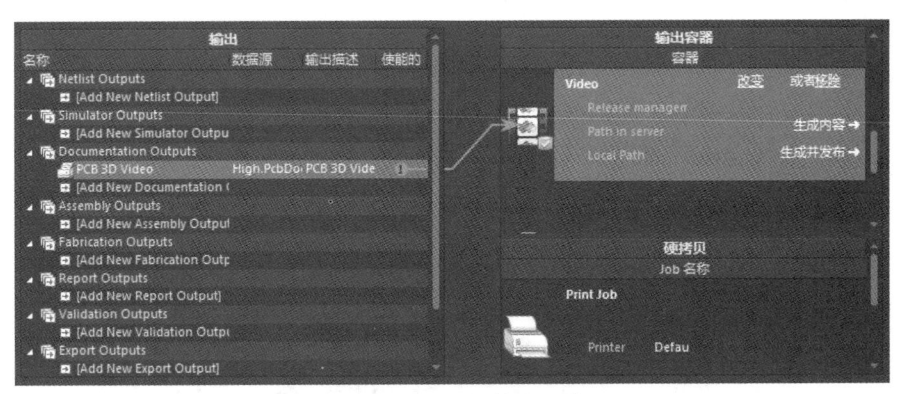

图 8-71　连接加载的文件

（3）“输出容器”选项组

设置加载的输出文件保存路径。

① 在“Add New Output Container（添加新输出）”选项下单击，弹出如图 8-72 所示的快捷菜单，选择添加的文件类型。

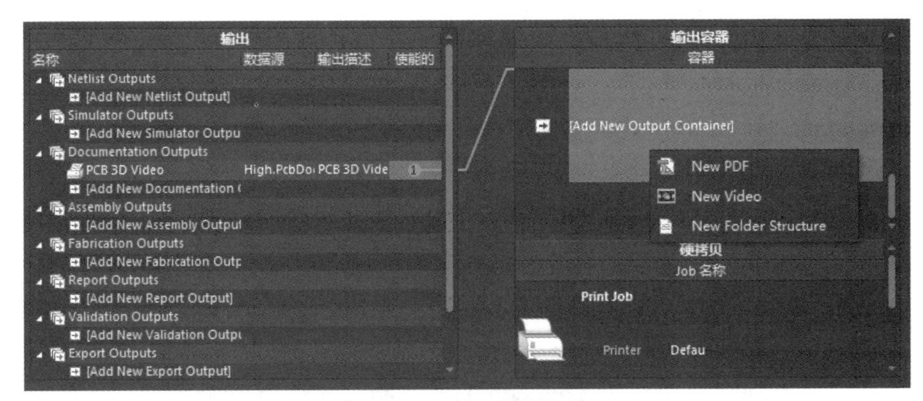

图 8-72　添加输出文件

② 在“Video”选项组中单击“改变”命令，弹出如图 8-73 所示的“Video Settings（视频设置）”对话框，显示预览生成的位置。

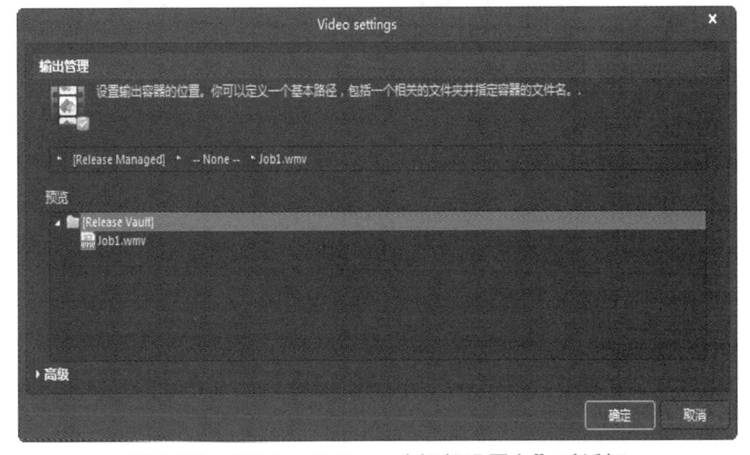

图 8-73　“Video Settings（视频设置）”对话框

③ 在“Release Managed（发布管理）”选项组先设置发布的视频生成位置，如图 8-74 所示。

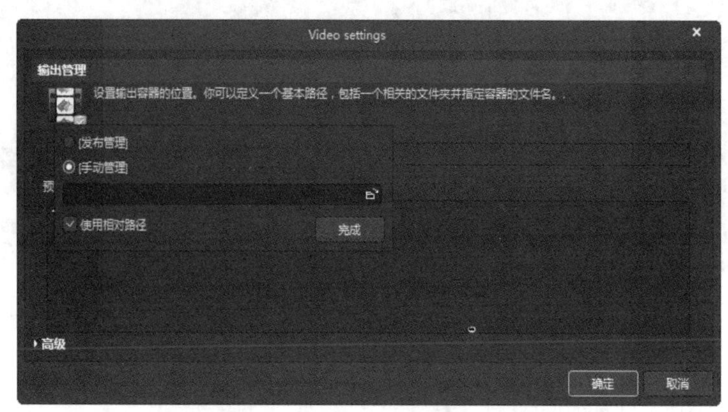

图 8-74　设置发布的视频生成位置

▲ 选择“发布管理”单选钮，则将发布的视频保存在系统默认路径。

▲ 选择“手动管理”单选钮，则手动选择视频保存位置。

▲ 勾选“使用相对路径”复选框，则默认发布的视频与 PCB 文件同路径。

④ 单击“高级”按钮，展开对话框，设置生成的动画文件的参数，在“类型”选项中选择“Video（FFmpeg）”，在“Format（格式）”下拉列表中选择“FLV（Flash Video）”（*.flv），大小设置为“704×576”。

⑤ 单击“生成内容”按钮，在文件设置的路径下生成视频，利用播放器打开的视频如图 8-75 所示。

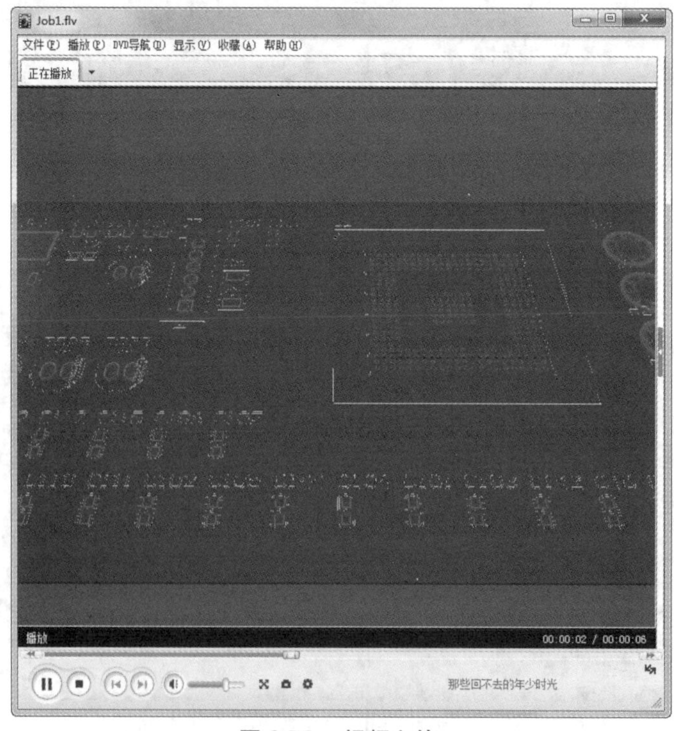

图 8-75　视频文件

8.4.6 三维 PDF 输出

执行方式

▲ 菜单栏：选择“文件”→“导出”→“PDF 3D”命令。

绘制步骤

① 执行此命令，弹出如图 8-76 所示的“Export File（输出文件）”对话框，输出电路板的三维模型 PDF 文件。

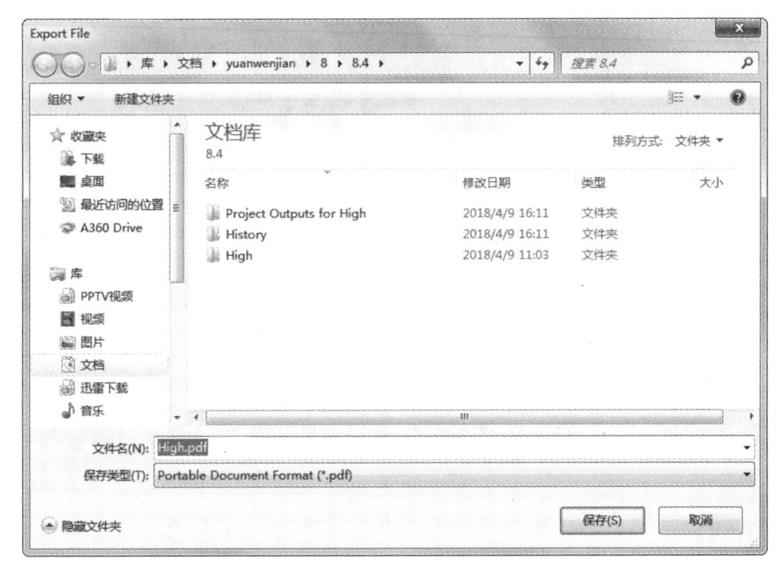

图 8-76 “Export File（输出文件）”对话框

② 单击“保存”按钮，弹出“Export 3D”对话框。在该对话框中还可以选择 PDF 文件中显示的视图，进行页面设置，设置输出文件中的对象，如图 8-77 所示，单击 Export 按钮，输出 PDF 文件，如图 8-78 所示。

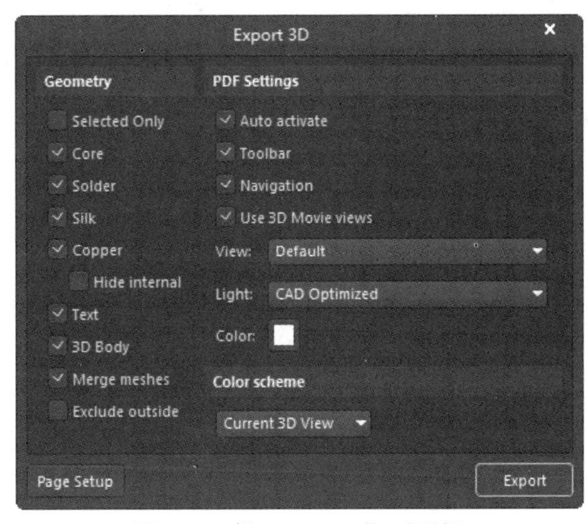

图 8-77 “Export 3D”对话框

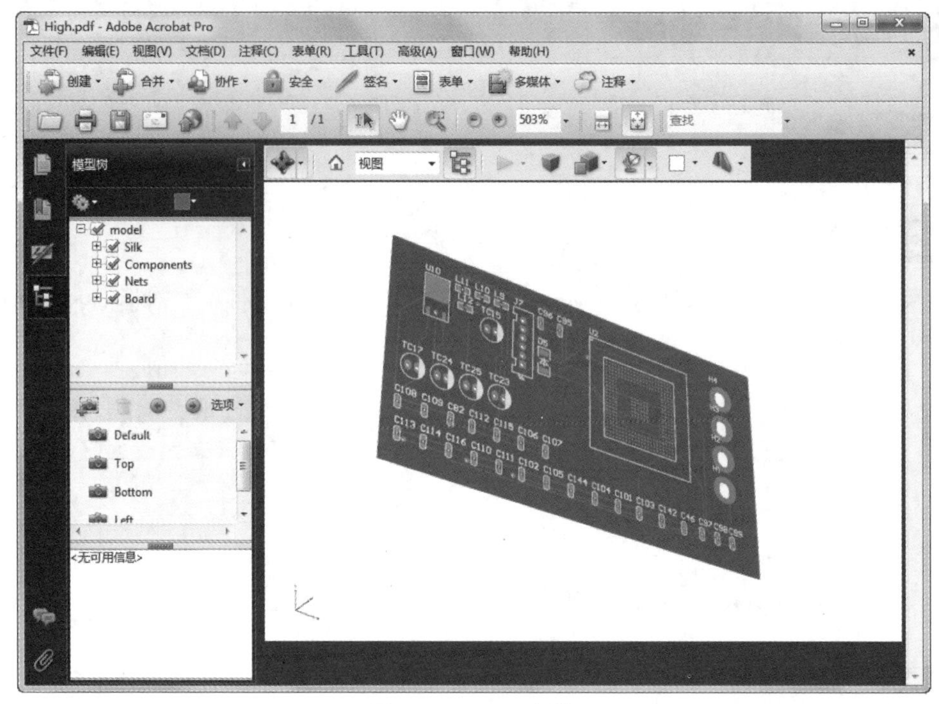

图 8-78　PDF 文件

8.4.7 操作实例——集成频率合成器印制电路板模型

扫一扫　看视频

（1）三维模型显示

① 执行“视图”→“切换到 3 维模式”命令，系统自动切换到 3D 显示图，按住〈Shift〉键显示旋转图标，在方向箭头上按住鼠标右键，即可旋转电路板，如图 8-79 所示。

② 执行“视图”→“板子规划模式”命令，系统显示板模式图，如图 8-80 所示。

③ 执行“视图”→“切换到 2 维显示”命令，系统自动返回 2D 显示图。

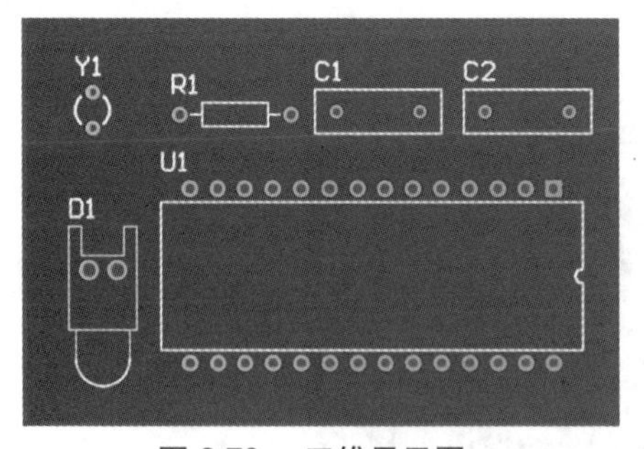

图 8-79　三维显示图

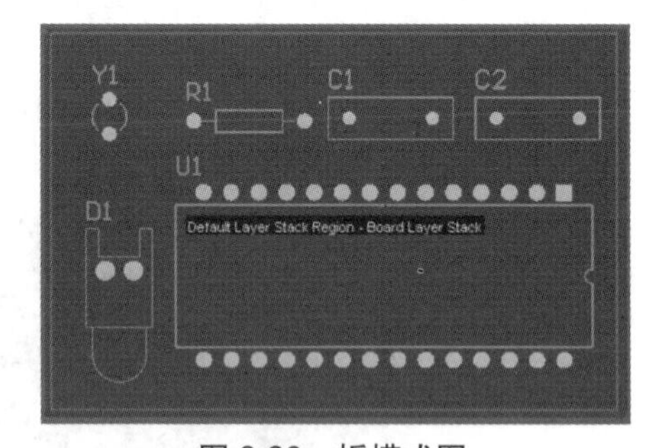

图 8-80　板模式图

（2）3D 动画

① 打开“PCB 3D Movie Editor（电路板三维动画编辑器）”面板，在“3D Movie（三维动画）”按钮下选择“New（新建）”命令，创建 PCB 文件的三维模型动画“PCB 3D Video”，创建 4 个关键帧，电路板如图 8-81 所示。

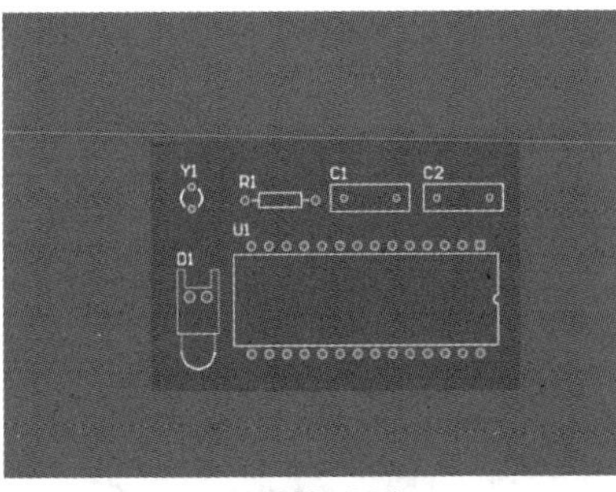

(a) 关键帧1位置

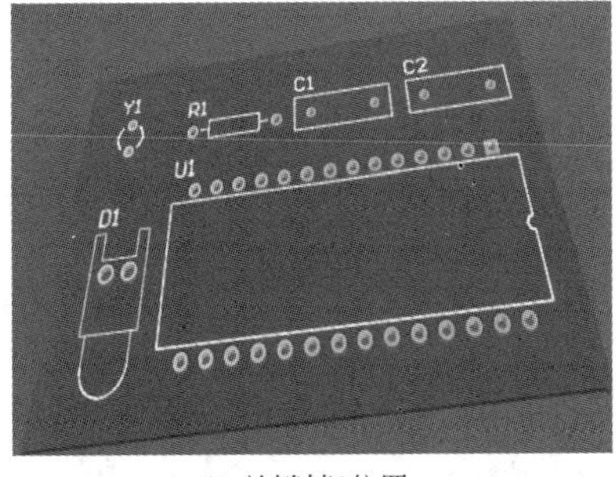

(b) 关键帧2位置

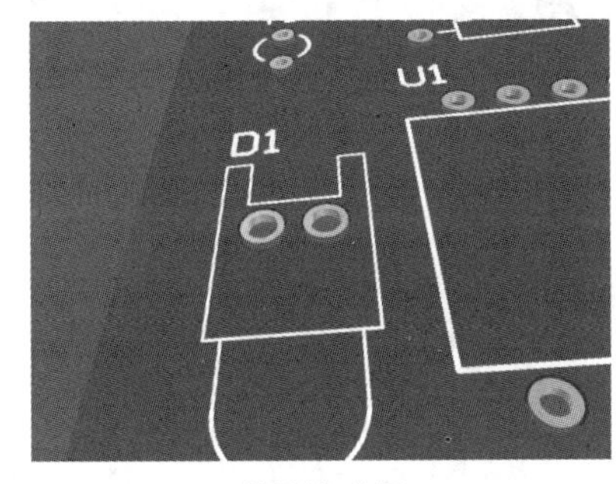

(c) 关键帧3位置

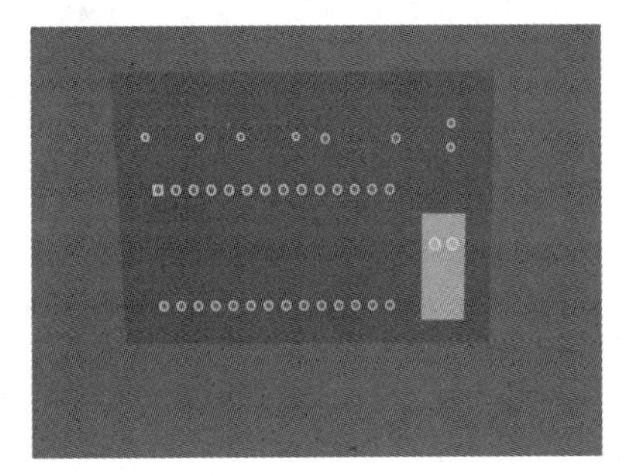

(d) 关键帧4位置

图 8-81　电路板位置

② “PCB 3D Movie Editer” 面板设置如图 8-82 所示，单击工具栏的▷键，演示动画。

③ 选择菜单栏中的“文件”→“新的”→“Output Job File”命令，在“Projects（工程）”面板中“Settings（设置）”文件夹下添加输出文件“Job1.OutJob”，保存为“集成频率合成器电路.OutJob”，如图 8-83 所示。

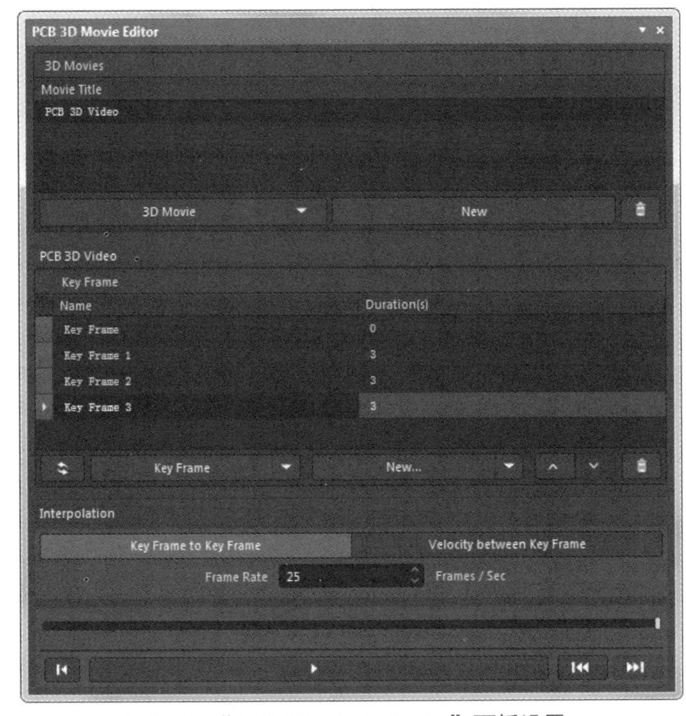

图 8-82　“PCB 3D Movie Editer”面板设置

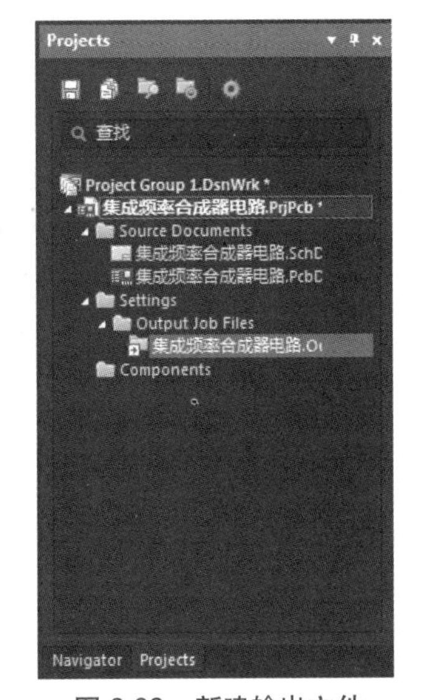

图 8-83　新建输出文件

④ 在“Add New Documentation Outputs（文档输出）”下加载 PDF 文件与视频文件，并创建位置连接，如图 8-84 所示

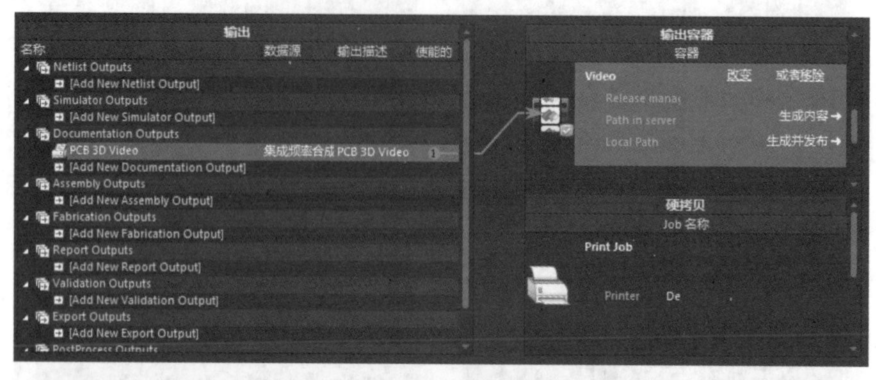

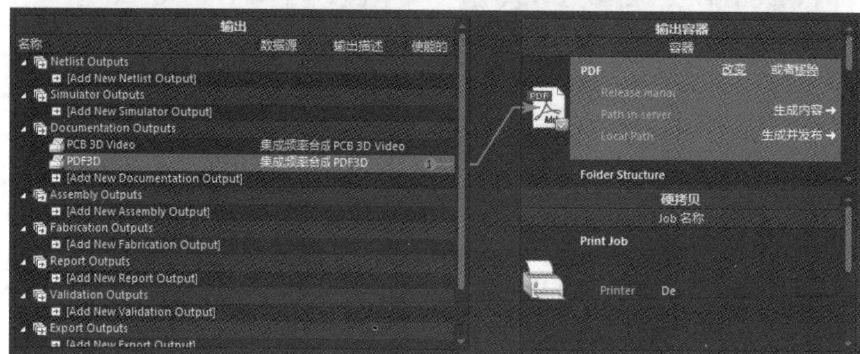

图 8-84　加载动画与 PDF 文件

⑤ 分别单击“Video”“PDF”选项下的“生成内容”按钮，在文件设置的路径下生成视频与 PDF 文件，利用播放器打开视频和 PDF 文件，如图 8-85、图 8-86 所示。

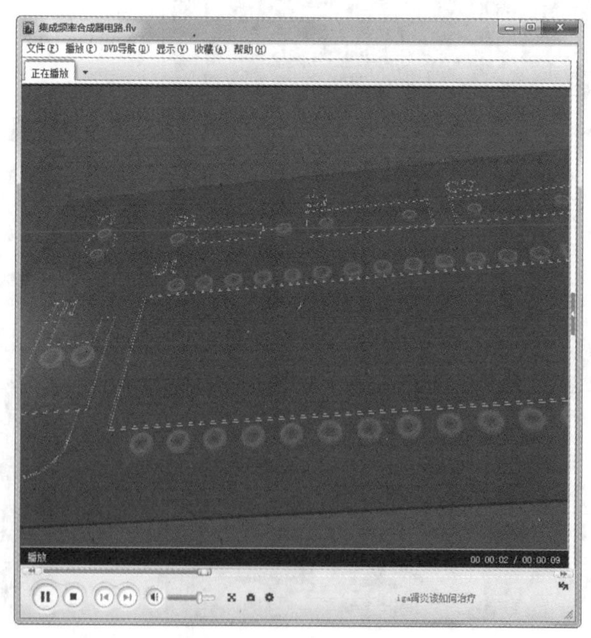

图 8-85　视频文件

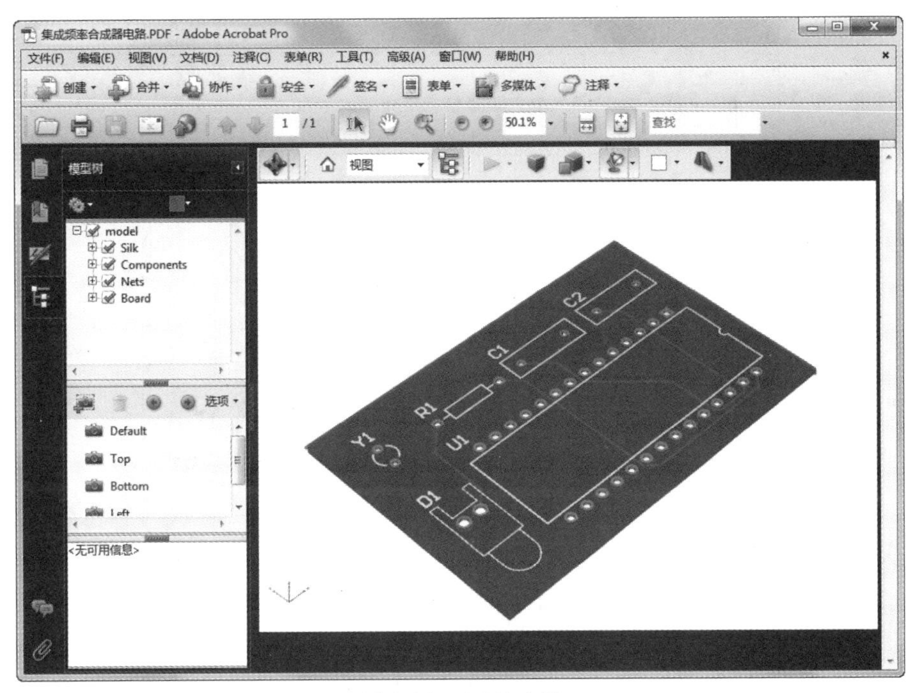

图 8-86　PDF 文件

8.5 PCB 的布线

在对 PCB 进行了布局以后，用户就可以进行 PCB 布线了。PCB 布线可以采取两种方式：自动布线和手动布线。

8.5.1 自动布线

Altium Designer 20 提供了强大的自动布线功能，它适合于元件数目较多的情况。在自动布线之前，用户首先要设置布线策略，使系统按照策略进行自动布线。

（1）自动布线策略设置

执行方式

▲ 菜单栏：选择“布线”→“自动布线”→“设置”命令。

绘制步骤

执行此命令，系统弹出如图 8-87 所示的“Situs Routing Strategies（布线位置策略）”对话框。

选项说明

① “Situs Setup Report（布线设置报告）”选项组　该选项组列出了详细的布线规则，并以超链接的方式将列表链接到相应的规则设置栏，以进行修改。

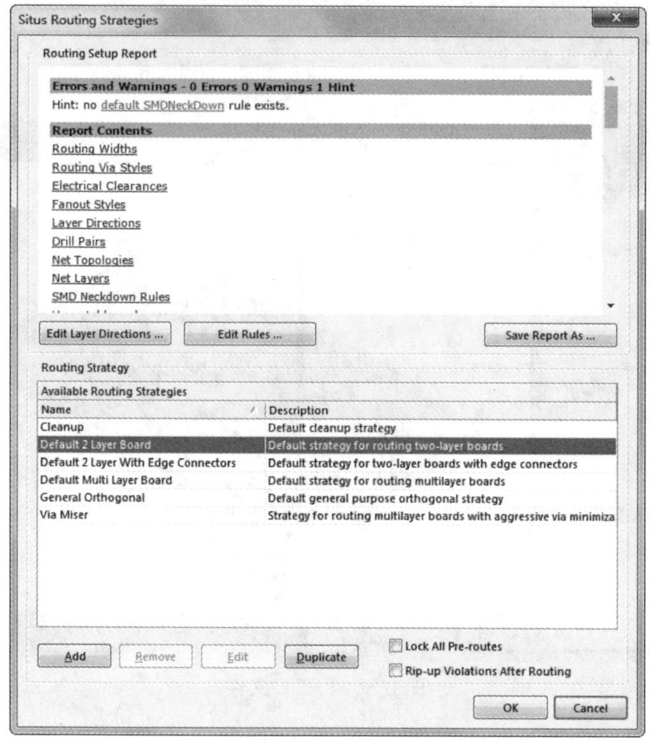

图 8-87 “Situs Routing Strategies（布线位置策略）”对话框

▲ Edit Layer Directions ... 按钮：设置各个信号层的走线方向。

▲ Edit Rules ... 按钮：重新设置布线规则。

▲ Save Report As ... 按钮：将规则报告导出并保存。

② “Routing Strategy（布线策略）”选项组 该选项组中，系统提供了 6 种默认的布线策略：Cleanup（优化布线策略）、Default 2 Layer Board（双面板默认布线策略）、Default 2 Layer With Edge Connectors（带边界连接器的双面板默认布线策略）、Default Multi Layer Board（多层板默认布线策略）、General Orthogonal（普通直角布线策略）以及 Via Miser（过孔最少化布线策略）。单击 Add 按钮可以添加新的布线策略。一般情况下均采用系统默认值。

（2）自动布线

执行方式

▲ 菜单栏：选择“布线”→“自动布线”→“全部”命令。

绘制步骤

① 执行此命令，系统弹出“Situs Routing Strategies（布线位置策略）”对话框。

② 在“Routing Strategy（布线策略）”选项组，选择“Default 2 Layer Board”（双面板默认布线策略），然后单击 Route All 按钮，系统开始自动布线。

③ 在自动布线过程中，会出现“Messages（信息）”对话框，显示当前布线信息，如图 8-88 所示。

自动布线后的 PCB 如图 8-89 所示。

Messages

Class	Document	Sour...	Message	Time	Date	No.
Routir	High.PcbDoc	Situs	171 of 208 connections routed (82.21%) in 1 Second	16:41:51	2018/4/9	8
Situs I	High.PcbDoc	Situs	Completed Layer Patterns in 0 Seconds	16:41:51	2018/4/9	9
Situs I	High.PcbDoc	Situs	Starting Main	16:41:51	2018/4/9	10
Routir	High.PcbDoc	Situs	202 of 208 connections routed (97.12%) in 3 Seconds	16:41:53	2018/4/9	11
Situs I	High.PcbDoc	Situs	Completed Main in 2 Seconds	16:41:54	2018/4/9	12
Situs I	High.PcbDoc	Situs	Starting Completion	16:41:54	2018/4/9	13
Situs I	High.PcbDoc	Situs	Completed Completion in 0 Seconds	16:41:54	2018/4/9	14
Situs I	High.PcbDoc	Situs	Starting Straighten	16:41:54	2018/4/9	15
Routir	High.PcbDoc	Situs	208 of 208 connections routed (100.00%) in 4 Seconds	16:41:54	2018/4/9	16
Situs I	High.PcbDoc	Situs	Completed Straighten in 0 Seconds	16:41:54	2018/4/9	17
Routir	High.PcbDoc	Situs	208 of 208 connections routed (100.00%) in 5 Seconds	16:41:55	2018/4/9	18
Situs I	High.PcbDoc	Situs	Routing finished with 0 contentions(s). Failed to complete 0 con	16:41:55	2018/4/9	19

图 8-88 “Messages（信息）”对话框

选项说明

此对话框与前面讲述的“Situs Routing Strategies（布线位置策略）”对话框基本相同。

（3）“自动布线”菜单

执行方式

▲ 菜单栏：选择“布线”→“自动布线”命令。

绘制步骤

执行此命令，系统弹出“自动布线”菜单，如图 8-90 所示。

选项说明

▲ 全部：用于对整个 PCB 所有的网络进行自动布线。

▲ 网络：对指定的网络进行自动布线。执行该命令后，鼠标将变成十字形，可以选中需要布线的网络再次单击，系统会进行自动布线。

▲ 网络类：对指定的网络类进行自动布线。

▲ 连接：对指定的焊盘进行自动布线。执行该命令后，鼠标将变成十字形，单击鼠标，系统即进行自动布线。

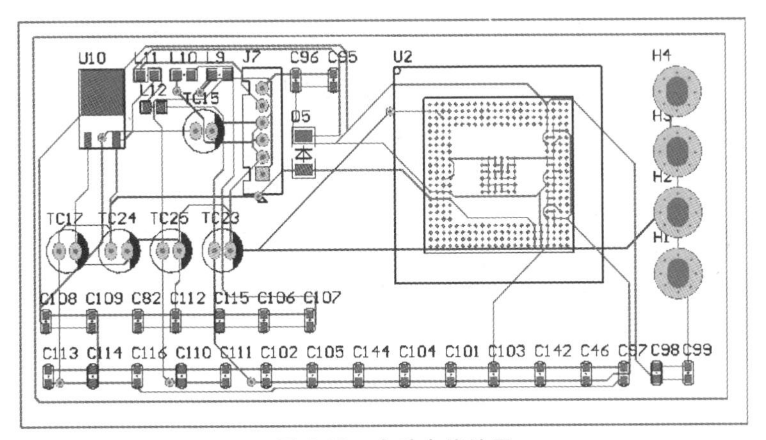

图 8-89 自动布线结果

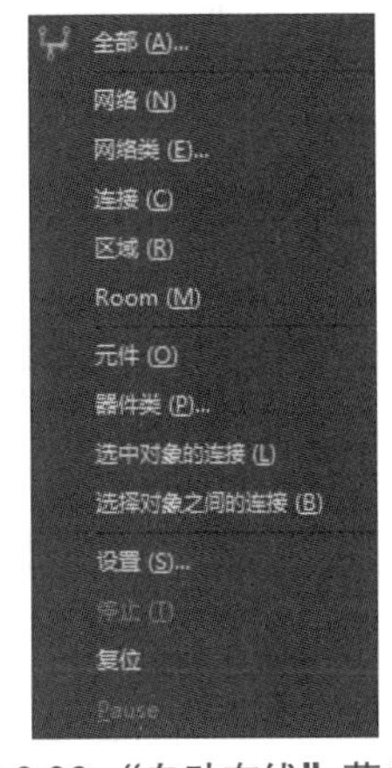

图 8-90 “自动布线”菜单

▲ 区域：对指定的区域自动布线。执行该命令后，鼠标将变成十字形，拖动鼠标选择一个需要布线的焊盘的矩形区域。

▲ Room：在指定的 Room 空间内进行自动布线。

▲ 元件：对指定的元件进行自动布线。执行该命令后，鼠标将变成十字形，移动鼠标选择需要布线的元件后单击，系统会对该元件进行自动布线。

▲ 器件类：为指定的元件类进行自动布线。

▲ 选中对象的连接：为选取的元件的所有连线进行自动布线。执行该命令前，先选择要布线的元件。

▲ 选择对象之间的连接：在选取的多个元件之间进行自动布线。

▲ 设置：用于打开“Situs Routing Strategies（布线位置策略）”对话框。

▲ 停止：终止自动布线。

▲ 复位：对布过线的 PCB 进行重新布线。

▲ Pause：对正在进行的布线操作进行中断。

知识链接——自动布线命令

除此之外，用户还可以根据前面介绍的命令，对电路板进行局部自动布线操作。

8.5.2 操作实例——集成频率合成器印制电路板布线

扫一扫　看视频

选择“布线”→“自动布线”→“全部”命令，系统弹出“Situs Routing Strategies（布线位置策略）”对话框，默认选择“Default 2 Layer Board”（双面板默认布线策略），单击 Route All 按钮，弹出“Messages”面板，显示当前布线的进度与信息，如图 8-91 所示。

Messages

Class	Document	Sour...	Message	Time	Date	No.
Situs I	集成频率合成	Situs	Starting Layer Patterns	16:45:27	2018/4/9	7
Routi	集成频率合成	Situs	Calculating Board Density	16:45:27	2018/4/9	8
Situs I	集成频率合成	Situs	Completed Layer Patterns in 0 Seconds	16:45:27	2018/4/9	9
Situs I	集成频率合成	Situs	Starting Main	16:45:27	2018/4/9	10
Routi	集成频率合成	Situs	Calculating Board Density	16:45:27	2018/4/9	11
Situs I	集成频率合成	Situs	Completed Main in 0 Seconds	16:45:27	2018/4/9	12
Situs I	集成频率合成	Situs	Starting Completion	16:45:27	2018/4/9	13
Situs I	集成频率合成	Situs	Completed Completion in 0 Seconds	16:45:27	2018/4/9	14
Situs I	集成频率合成	Situs	Starting Straighten	16:45:27	2018/4/9	15
Situs I	集成频率合成	Situs	Completed Straighten in 0 Seconds	16:45:27	2018/4/9	16
Routi	集成频率合成	Situs	7 of 7 connections routed (100.00%) in 0 Seconds	16:45:28	2018/4/9	17
Situs I	集成频率合成	Situs	Routing finished with 0 contentions(s). Failed to complete 0 con	16:45:28	2018/4/9	18

图 8-91 “Messages”面板

自动布线后的 PCB 如图 8-92 所示。

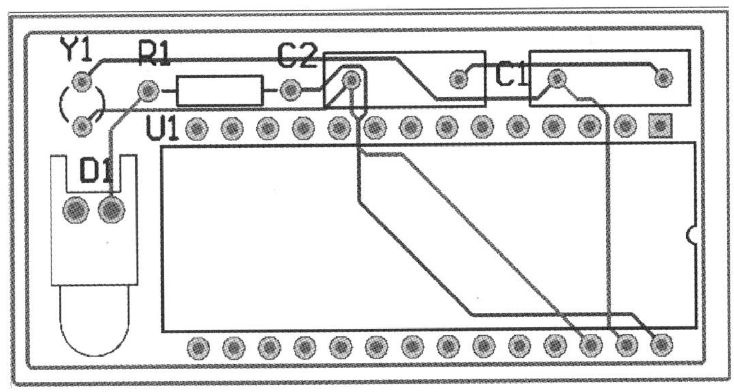

图 8-92 自动布线结果

8.5.3 手动布线

在 PCB 上元件数量不多、连接不复杂的情况下，或者在使用自动布线后需要对元件布线进行修改时，都可以采用手动布线方式。

在手动布线之前，也要对布线规则进行设置，设置方法与自动布线前的设置方法相同。

在手动调整布线过程中，经常要删除一些不合理的导线。Altium Designer 20 系统提供了用命令方式删除导线的方法。

（1）取消布线

执行方式

▲ 菜单栏：选择“布线”→“取消布线”命令。

绘制步骤

执行此命令，系统弹出“取消布线”子菜单，如图 8-93 所示。

选项说明

图 8-93 “取消布线”子菜单

▲ 全部：用于取消所有的布线。
▲ 网络：用于取消指定网络的布线。
▲ 连接：用于取消指定的连接，一般用于两个焊盘之间。
▲ 器件：用于取消指定元件之间的布线。
▲ Room：用于取消指定空间内的布线。

（2）手动布线

执行方式

▲ 菜单栏：选择“放置”→“走线”命令。
▲ 工具栏：单击“布线”工具栏中的“交互式布线连接”按钮。

绘制步骤

执行以上命令，启动绘制导线命令，重新手动布线。

8.6 建立铺铜、补泪滴以及包地

完成了 PCB 的布线以后，为了加强 PCB 的抗干扰能力，还需要做一些后续工作，比如建立铺铜、补泪滴以及包地等。

8.6.1 建立铺铜

执行方式

▲ 菜单栏：选择“放置”→“铺铜”命令。
▲ 工具栏：单击“布线”工具栏“多边形平面”按钮。
▲ 快捷键：〈P+G〉键。

绘制步骤

执行以上命令后，系统弹出“Properties（属性）”面板，如图 8-94 所示。设置面板中的参数以后，光标变成十字形，即可放置铺铜的边界线。

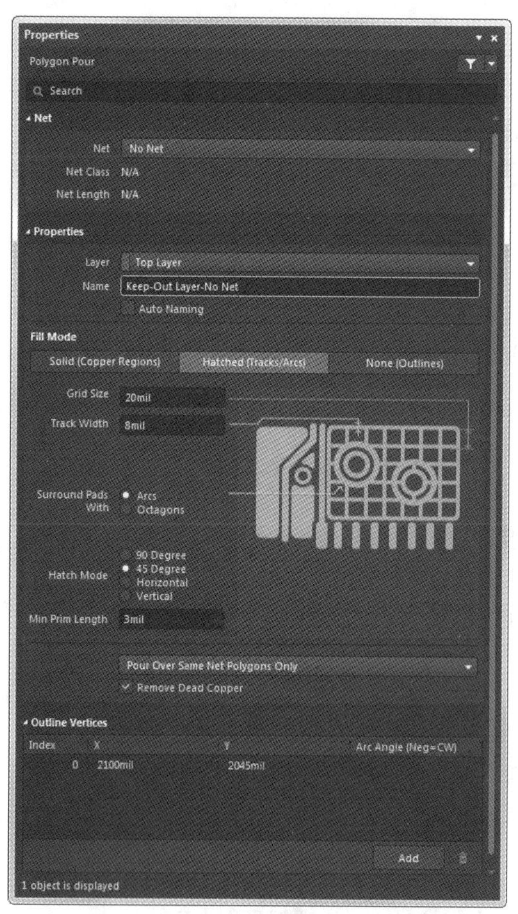

图 8-94 “Properties（属性）”面板

选项说明

（1）“Properties（属性）”选项组

▲ “Layer（层）”下拉列表框：用于设定铺铜所属的工作层。

▲ “Min Prim Length（最小图元长度）”文本框：用于设置最小图元的长度。

▲ “Lock Primitives（锁定原始的）”复选框：用于选择是否锁定铺铜。

（2）“Fill Mode（填充模式）”选项组

该选项组用于选择铺铜的填充模式，包括3个选项，Solid（Copper Regions）单选按钮，即铺铜区域内为全铜敷设；Hatched（Tracks/Arcs）选项，即向铺铜区域内填入网络状的铺铜；None（Outlines Only）选项，即只保留铺铜边界，内部无填充。

① 在面板的中间区域内可以设置铺铜的具体参数，针对不同的填充模式，有不同的设置参数选项。

▲ Solid（Copper Regions）选项：即实例单选按钮，用于设置删除孤立区域铺铜的面积限制值，以及删除凹槽的宽度限制值。需要注意的是，当用该方式铺铜后，在Protel99 SE软件中不能显示，但可以显示用“Hatched（Tracks/Arcs）”方式铺铜。

▲ “Hatched（Tracks/Arcs）”选项：即网格状单选按钮，用于设置网格线的宽度、网格的大小、围绕焊盘的形状及网格的类型。

▲ “None（Outlines Only）”选项：即无单选按钮，用于设置铺铜边界导线宽度及围绕焊盘的形状等，内部无填充。

② “Connect to Net（连接到网络）”下拉列表框：用于选择铺铜连接到的网络。通常连接到GND网络。

▲ “Don’t Pour Over Same Net Objects（填充不超过相同的网络对象）”选项：用于设置铺铜的内部填充不与同网络的图元及铺铜边界相连。

▲ “Pour Over Same Net Polygons Only（填充只超过相同的网络多边形）”选项：用于设置铺铜的内部填充只与铺铜边界线及同网络的焊盘相连。

▲ “Pour Over All Same Net Objects（填充超过所有相同的网络对象）”选项：用于设置铺铜的内部填充与铺铜边界线，并与同网络的任何图元相连，如焊盘、过孔、导线等。

③ “Remove Dead Copper（删除孤立的铺铜）”复选框：“死铜移除”复选框，用于设置是否删除孤立区域的铺铜。孤立区域的铺铜是指没有连接到指定网络元件上的封闭区域内的铺铜，若选中该复选框，则可以将这些区域的铺铜去除。

铺铜放置边界线：其放置方法与放置多边形填充的方法相同。在放置铺铜边界时，可以通过按〈Enter〉键切换拐角模式。

扫一扫 看视频

8.6.2 操作实例——集成频率合成器电路铺铜

① 选择“放置”→“铺铜”命令，弹出“Properties（属性）”面板，选择“Hatched（Tracks/Arcs）”，选择“45 Degree”，Net（网络）连接到GND，“Layer（层面）”设置为Top Layer（顶层），勾选“Remove Dead Copper（删除孤立的铺铜）”复选框，如图8-95所示。

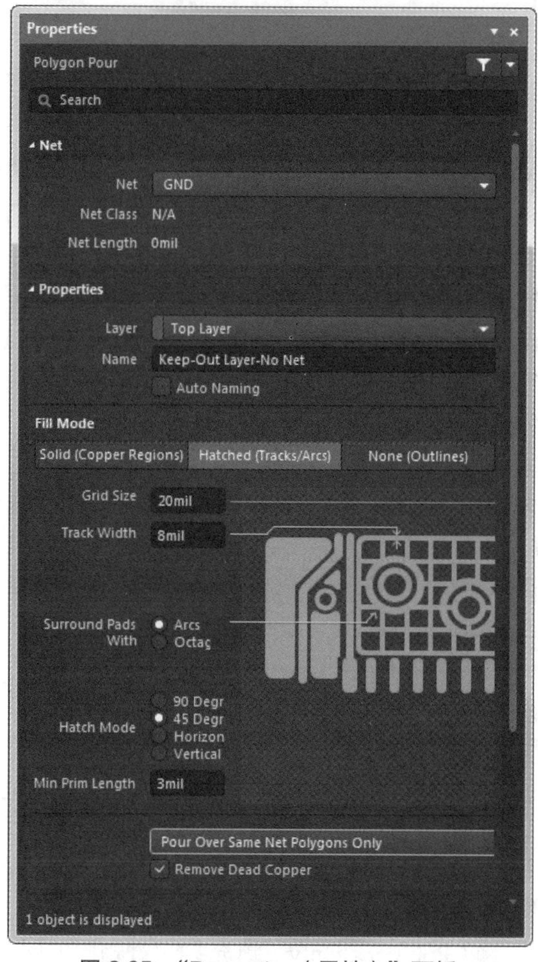

图 8-95 “Properties（属性）”面板

② 光标变成十字形。用光标沿 PCB 的电气边界线绘制一个封闭的矩形，系统将在矩形框中自动建立顶层的铺铜，结果如图 8-96 所示。

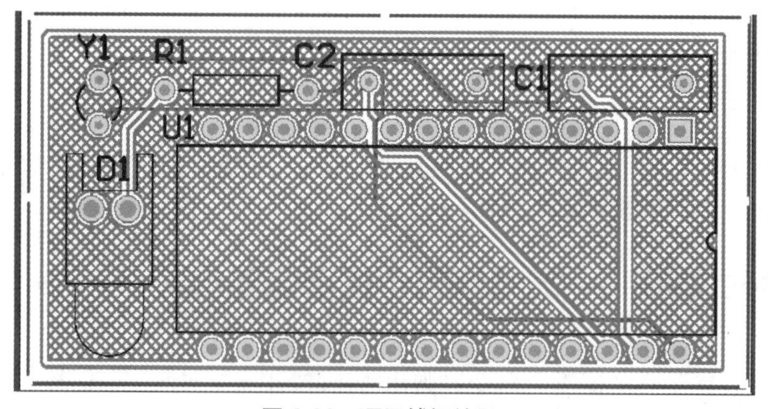

图 8-96 顶层铺铜结果

③ 采用同样的方式，为 PCB 的“Bottom Layer”层建立铺铜。铺铜后的 PCB 如图 8-97 所示。

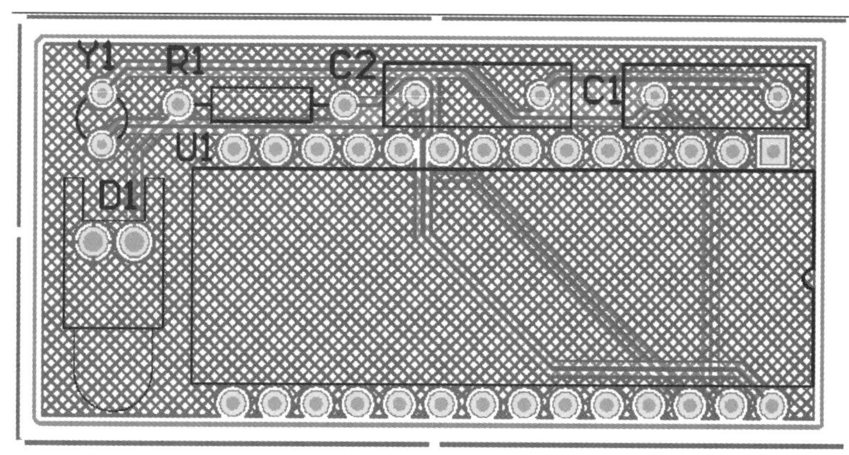

图 8-97　底层铺铜后的结果

8.6.3 补泪滴

泪滴就是导线和焊盘连接处的过渡段。在 PCB 制作过程中，为了加固导线和焊盘之间连接，通常需要补泪滴，以加大连接面积。

执行方式

▲ 菜单栏：选择“工具”→“泪滴”命令。

绘制步骤

执行此命令，系统弹出“Teardrops（泪滴设置）”对话框，如图 8-98 所示。设置完成后，单击“OK（确定）”按钮，系统自动放置泪滴。

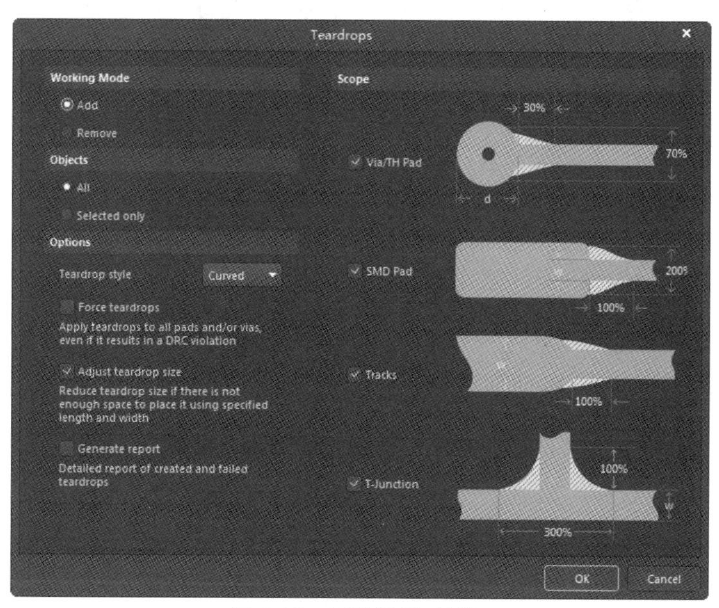

图 8-98　泪滴设置对话框

选项说明

（1）“Working Mode（工作模式）”选项组

▲ “Add（添加）”单选按钮：用于添加泪滴。

▲ “Remove（删除）”单选按钮：用于删除泪滴。

（2）“Objects（对象）”选项组

▲ “All（全部）”单选按钮：选中该复选框，将对所有的对象添加泪滴。

▲ “Selected only（仅选择对象）”单选按钮：选中该复选框，将对选中的对象添加泪滴。

（3）“Options（选项）”选项组

“Teardrop style（泪滴类型）”下拉列表：在该下拉列表中选择“Curved（弧形）”“Line（线）”，表示用不同的形式添加泪滴。

▲ “Force teardrops（强迫滴泪）”复选框：选中该复选框，将强制对所有焊盘或过孔添加泪滴，这样可能导致在DRC检测时出现错误信息。取消对此复选框的选中，则对安全间距太小的焊盘不添加泪滴。

▲ “Adjust teardrop size（调整泪滴大小）”复选框：选中该复选，可以调整泪滴大小。

▲ “Generate report（创建报告）”复选框：选中该复选框，进行添加泪滴的操作后将自动生成一个有关添加泪滴操作的报表文件，同时该报表也将在工作窗口显示出来。

（4）“Scope（泪滴类型）”选项组

该选项组用于设置泪滴的形状，补泪滴前、后如图8-99所示。

补之前

补之后

图8-99 补泪滴前后

▲ Via/TH Pad：对通孔/第焊盘进行补泪滴操作。

▲ SMD Pad：对贴片焊盘进行补泪滴操作。

▲ T-Junction：对T形节点进行补泪滴操作。

▲ Tracks（线）：泪滴的形状为直线形。

8.6.4 包地

所谓包地，就是用接地的导线将一些导线包起来。在PCB设计过程中，为了增强板的抗干扰能力，经常采用这种方式。

（1）选中网络

执行方式

▲ 菜单栏：选择“编辑”→“选中”→“网络”命令。

绘制步骤

执行此命令，光标变成十字形。移动光标到 PCB 图中，单击需要包地的网络中的一条导线，即可将整个网络选中。

（2）描画外形

执行方式

▲ 菜单栏：选择“工具”→“描画选择对象的外形”命令。

绘制步骤

执行此命令，系统自动为选中的网络进行包地。在包地时，有时会由于包地线与其他导线间的距离小于设计规则中设置的值而影响到其他导线，被影响的导线会变成绿色，需要手动调整。

8.7 综合演练

扫一扫 看视频

在完成电动车报警电路的原理图设计基础上，进行电路板设计规划，实现元件的布局和布线。本例学习电路板边界的设置，以及 PCB 布线的一些基本规则。

（1）创建印制电路板文件

① 启动 Altium Designer 20，选择“文件”→“打开”命令，弹出“打开文件”对话框，打开前面章节绘制的“电动车报警电路 .PrjPcb”。

② 选择“文件”→“新的”→“PCB”命令，新建一个 PCB 文件。

③ 选择“文件”→“另存为”命令，将新建的 PCB 文件保存为“电动车报警电路 .PcbDoc”，如图 8-100 所示。

（2）设置电路板工作环境

在 PCB 编辑环境中的下方，选择 Mechanical 1（机械层）。

（3）绘制物理边框

单击编辑区下方的“Mechanical 1”标签，选择“放置”→“线条”命令，绘制的线组成了一个封闭的边框时，即可结束边框的绘制。右击或者按〈Esc〉键即可退出该操作，完成物理边界绘制。

（4）绘制电气边框

单击编辑区下方的“Keep Out Layer”标签，选择“放置”→“Keep-Out Layer（禁止布线层）”→“线径”命令，在物理边界内部绘制适当大小的矩形，作为电气边界（绘制方法同物理边界）。

（5）定义电路板形状

选择最外侧物理边界绘制封闭矩形，选择“设计”→“板子形状”→“按照选择对象定义”命令，自动修剪边界外侧电路板，显示电路板边界重定义，结果如图 8-101 所示。

（6）元件布局

① 在 PCB 编辑环境中，选择菜单栏中的“Import Changes From 电动车报警电路 .PrjPcb”命令，弹出“工程变更指令”对话框，如图 8-102 所示。

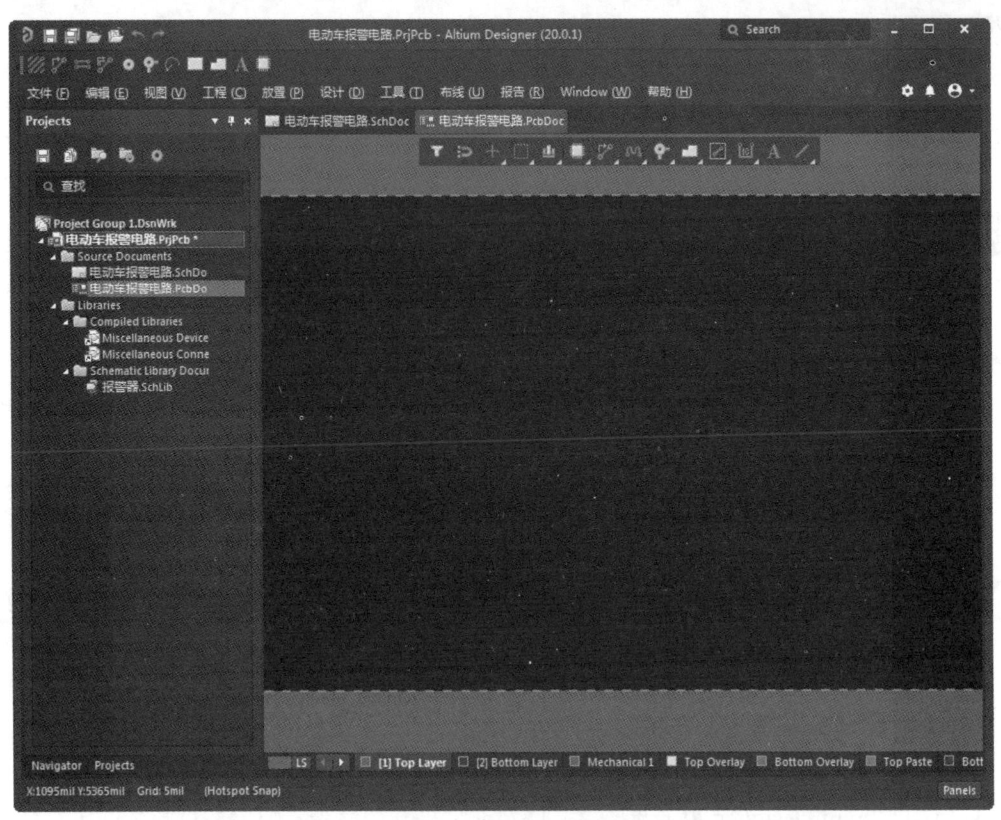

图 8-100 新建 PCB 文件

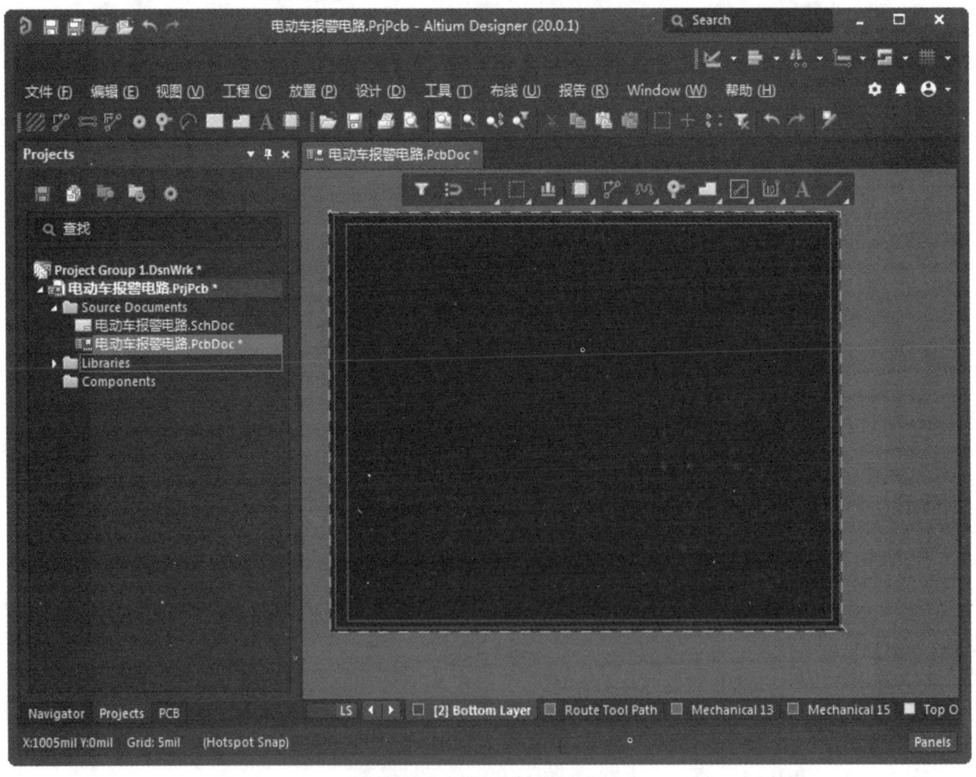

图 8-101 定义电路板形状

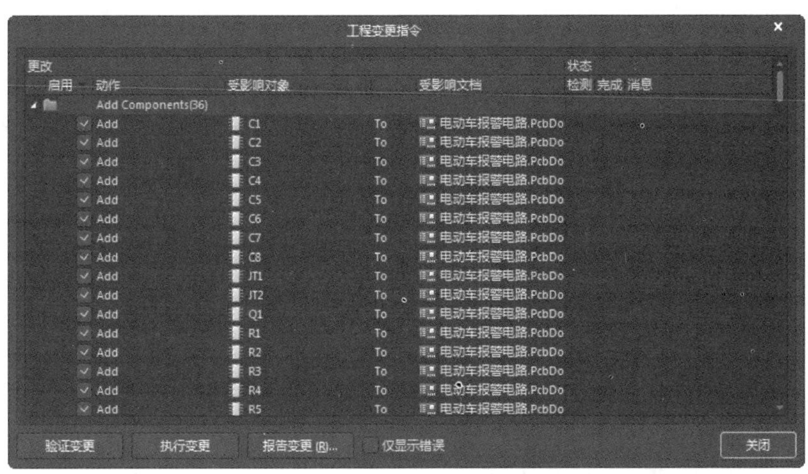

图 8-102 “工程变更指令”对话框

② 单击“验证变更”按钮，封装模型检测无误后，如图 8-103 所示；单击“执行变更”按钮，完成封装添加，如图 8-104 所示。单击“关闭”按钮，在板边界处将元件的封装载入到 PCB 文件中，如图 8-105 所示。

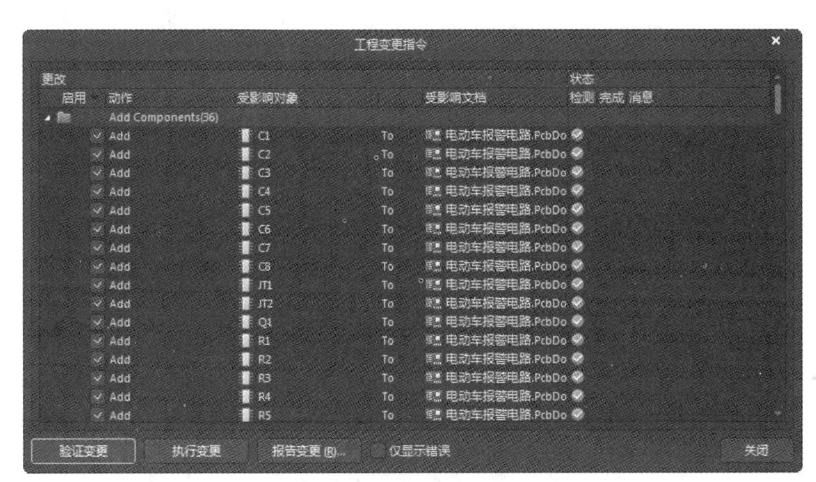

图 8-103 生效更改

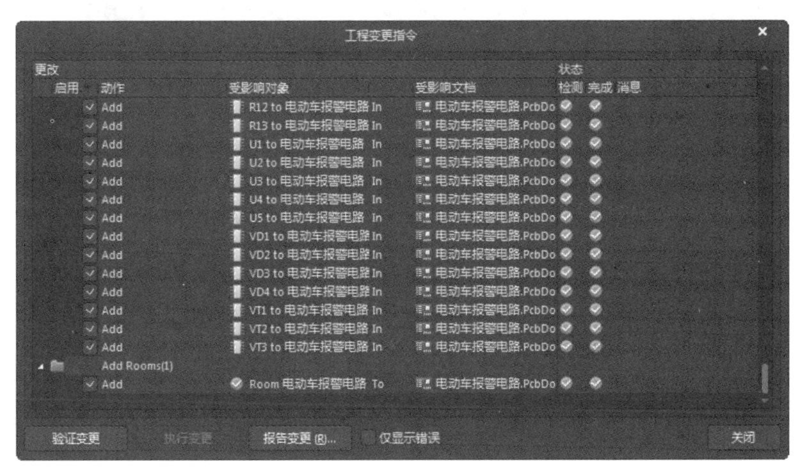

图 8-104 执行更改

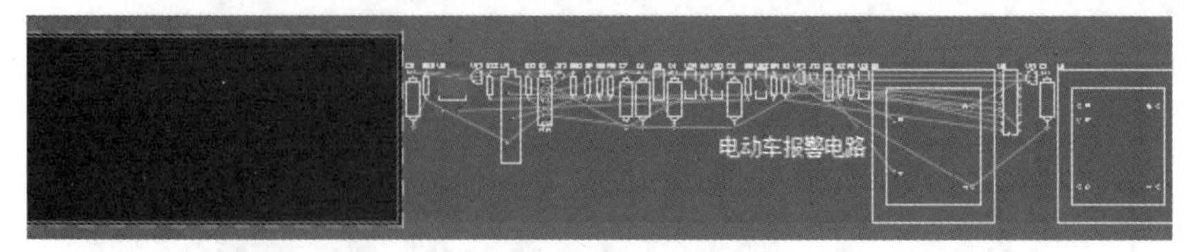

图 8-105　导入封装模型

③ 由于封装元件过多，与板边界不相符，根据元件重新定义板形状、物理边界及电气边界，具体过程不再赘述，修改结果如图 8-106 所示。

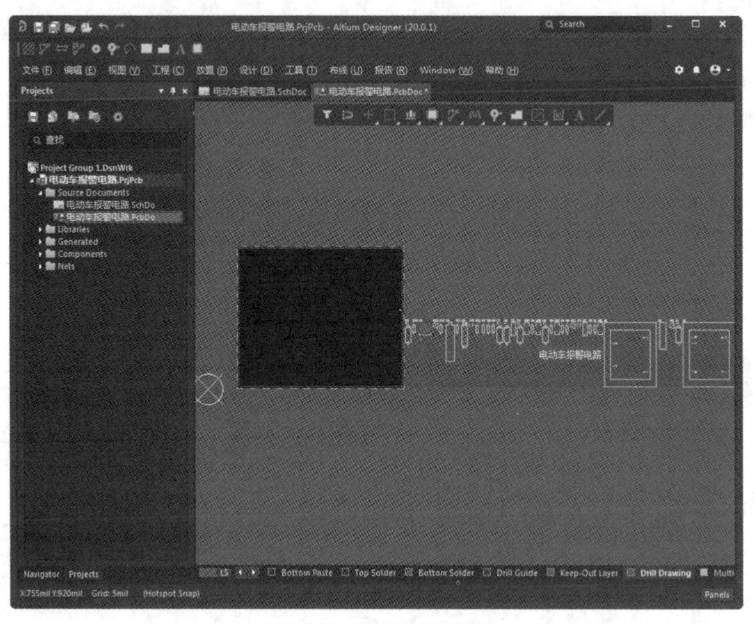

图 8-106　重新定义边界

④ 将器件放置到边界内部并对元件进行手动布局，调整后的电路板为方便显示，取消连线网络，选择菜单栏中的“视图”→“连接”→“全部隐藏”命令，PCB 图结果如图 8-107 所示。

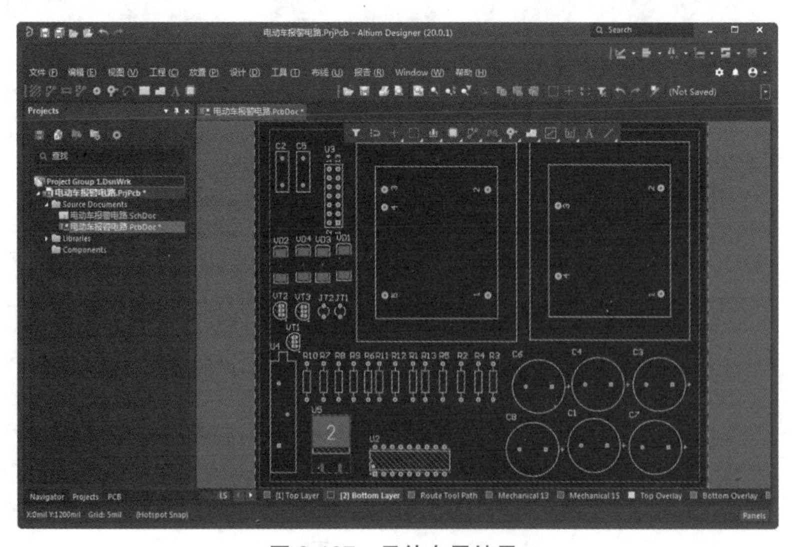

图 8-107　元件布局结果

⑤ 执行“视图”→“切换到 3 维模式”命令，系统自动切换到 3D 显示图，按住〈Shift〉键显示旋转图标，在方向箭头上按住鼠标右键，即可旋转电路板，如图 8-108 所示。

⑥ 执行“视图”→“板子规划模式”命令，系统显示板模式图，如图 8-109 所示。

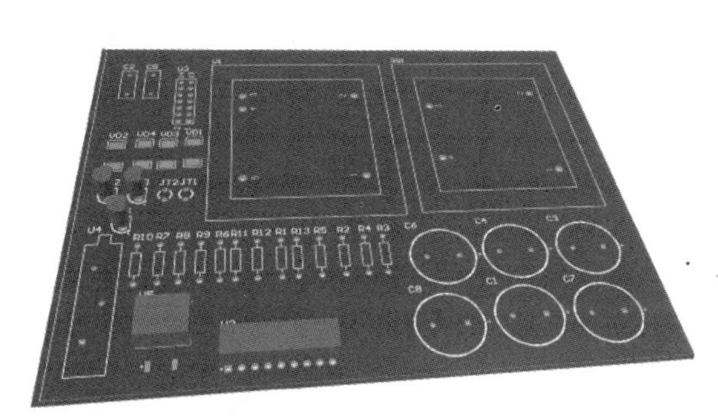

图 8-108　三维显示图

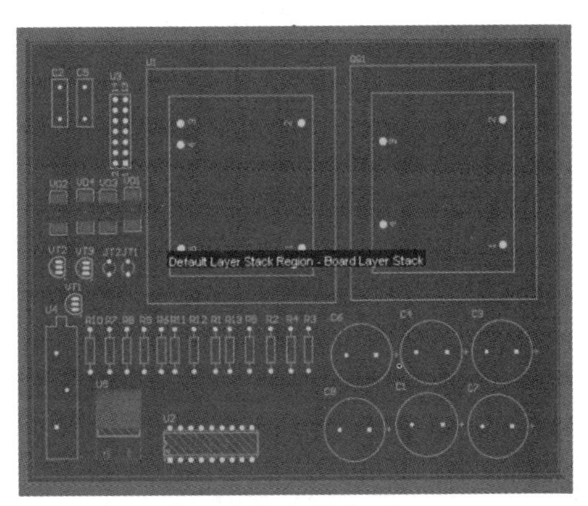

图 8-109　板模式图

（7）3D动画

① 打开“PCB 3D Movie Editor（电路板三维动画编辑器）”面板，在“3D Movie（三维动画）”按钮下选择“New（新建）”命令，创建 PCB 文件的三维模型动画“PCB 3D Video”，创建 3 个关键帧，电路板如图 8-110 所示。

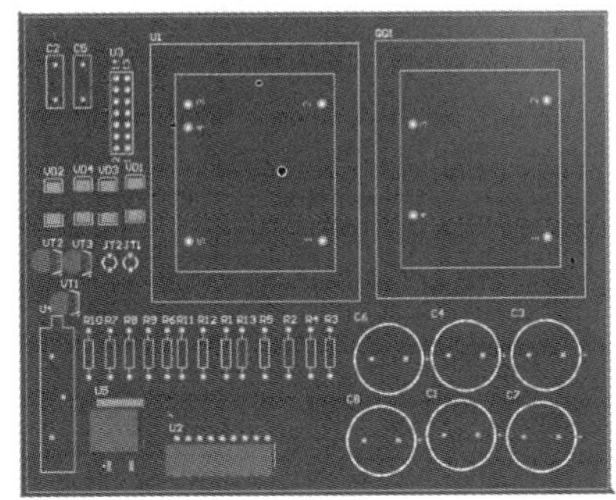

(a) 关键帧1位置

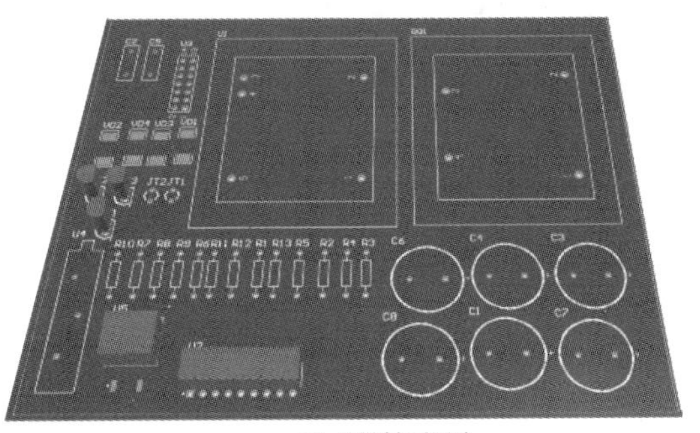

(b) 关键帧2位置

(c) 关键帧3位置

图 8-110　电路板位置

② 动画面板设置如图 8-111 所示，单击工具栏上的▷键，演示动画。

③ 选择菜单栏中的“文件”→“新的”→“Output Job File”命令，在“Projects（工程）”面板中“Settings（设置）”文件夹下显示输出文件“Job1.OutJob”，将其保存，命名为“电动车报警电路”，如图 8-112 所示。

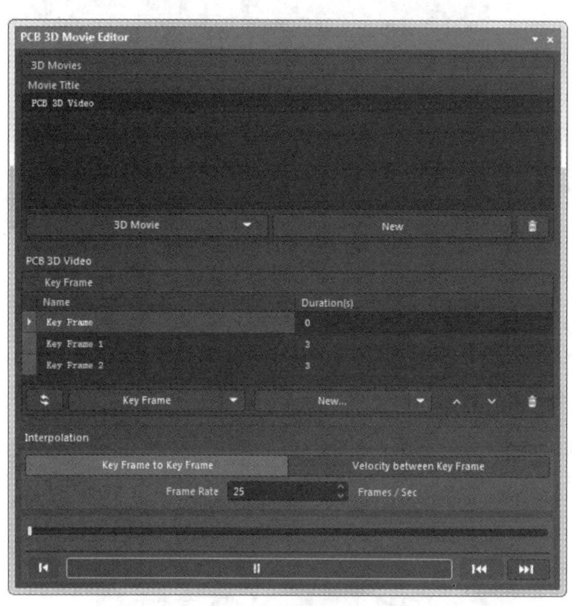

图 8-111 动画面板设置

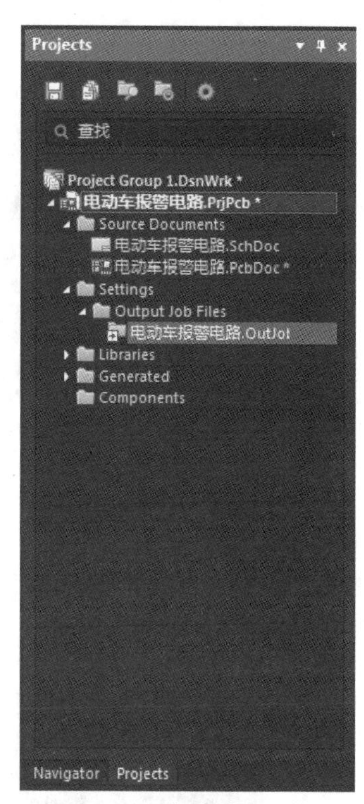

图 8-112 新建输出文件

④ 在“Documentation Outputs（文档输出）”下加载 PDF 文件与视频文件，并创建位置连接，如图 8-113 所示。

⑤ 分别单击“Video”“PDF”选项下的“生成内容”按钮，在文件设置的路径下生成视频与 PDF 文件，利用播放器打开视频和 PDF 文件，如图 8-114、图 8-115 所示。

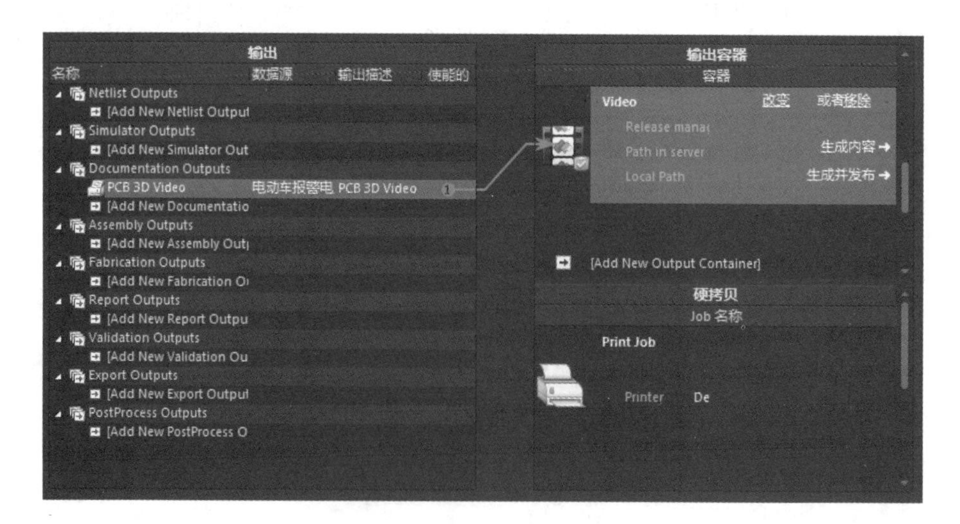

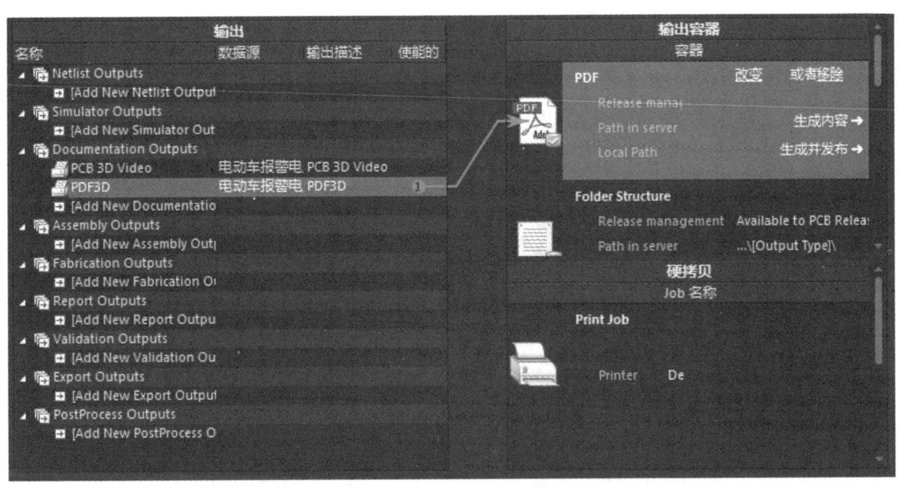

图 8-113　加载动画与 PDF 文件

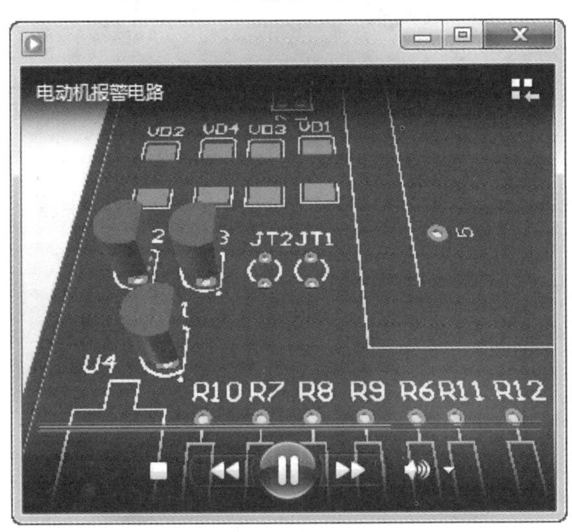

图 8-114　视频文件

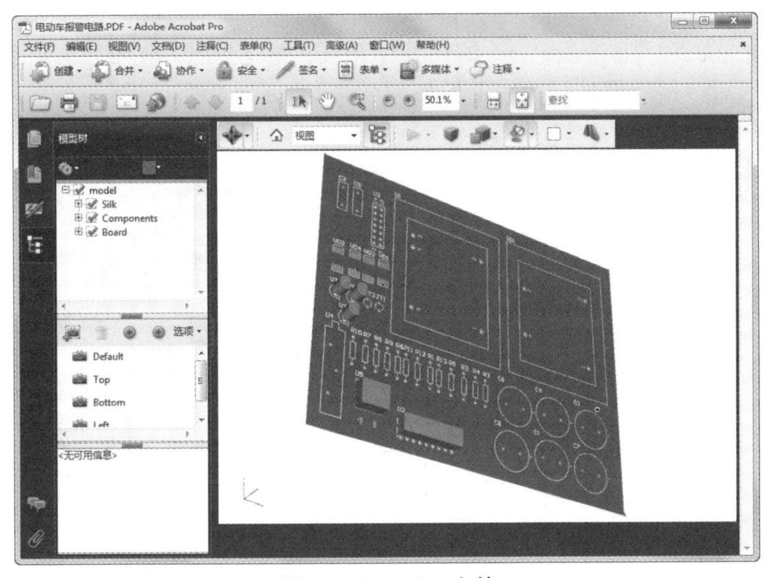

图 8-115　PDF 文件

（8）元件布线

① 在 PCB 编辑环境中，选择“布线”→“自动布线”→“全部”命令，打开“Situs 布线策略”对话框，在其中选择“Default Muti Layer Board（默认的多层板）”布线策略，如图 8-116 所示。

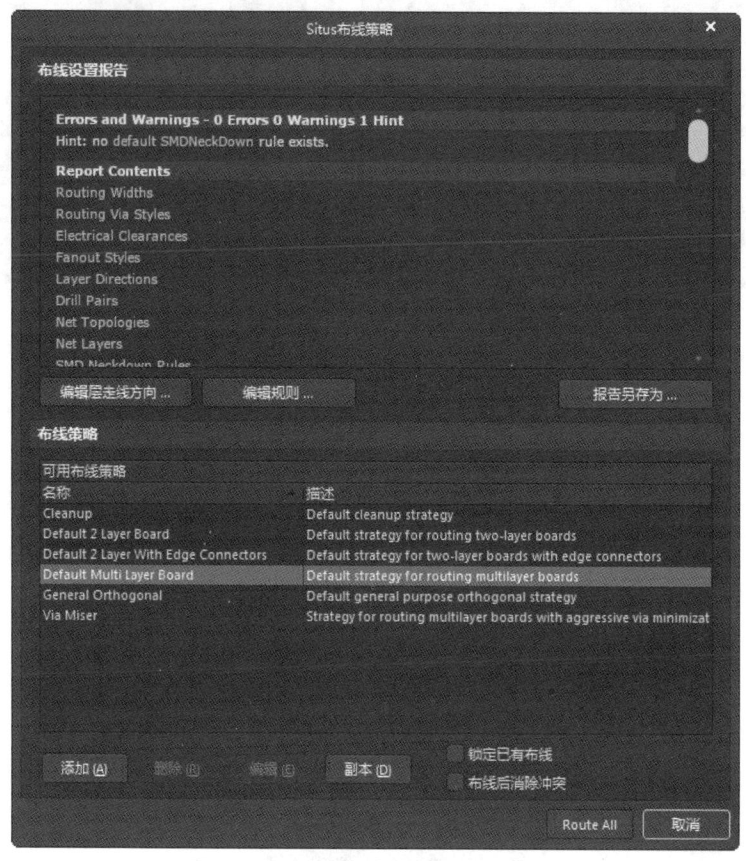

图 8-116 “Situs 布线策略”对话框

② 单击“Route All（布线所有）”按钮开始布线，同时弹出“Messages”面板，如图 8-117 所示。完成布线后，最后得到的布线结果如图 8-118 所示。

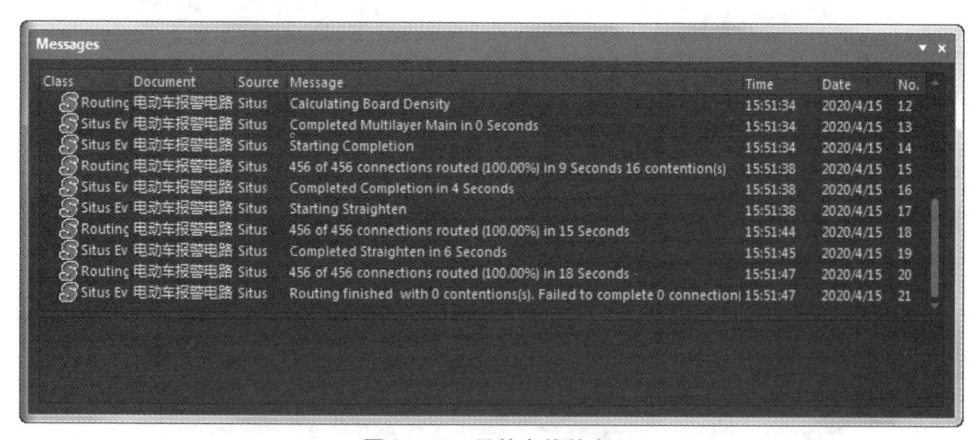

图 8-117 元件布线信息

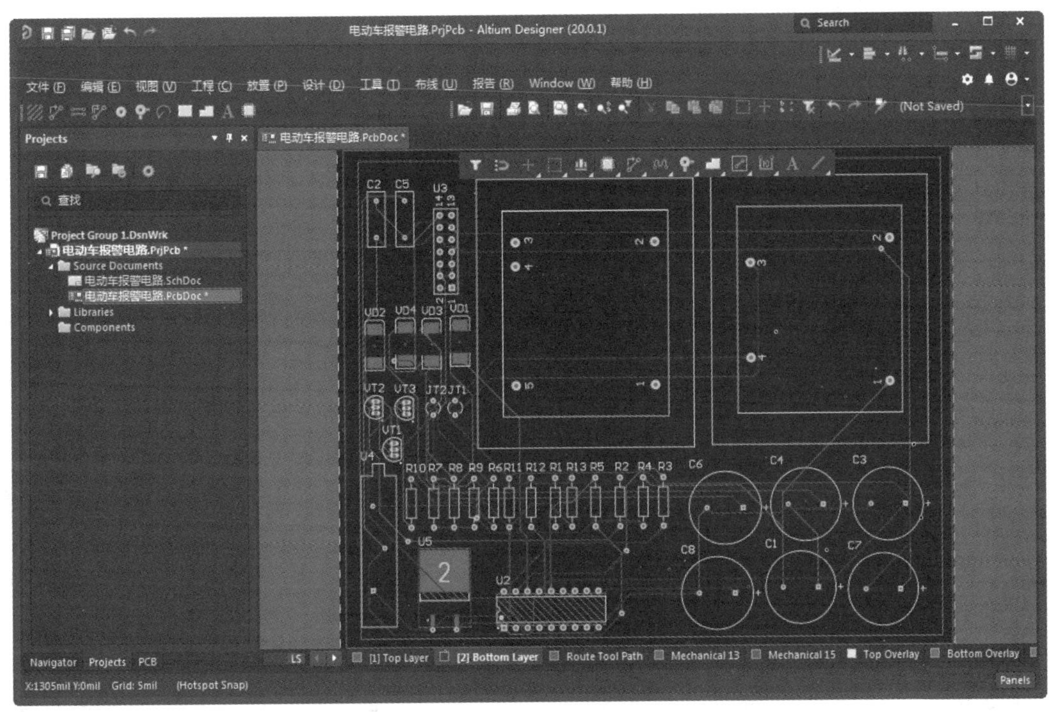

图 8-118 元件布线结果

技巧与提示——PCB 布线原则

① 输入 / 输出端用的导线应尽量避免相邻平行，最好增加线间地线，以免发生反馈耦合。

② 印制电路板导线的最小宽度主要由导线和绝缘基板间的黏附强度和流过它们的电流值决定。当在铜箔厚度为 0.05mm、宽度为 1 ~ 15mm 时，通过 2A 的电流，温度不会高于 30℃，因此，导线宽度为 1.5mm 即可满足要求。对于集成电路，尤其是数字电路，通常选择 0.02 ~ 0.3mm 的导线宽度。当然，只要允许，还是尽可能用宽线，尤其是电源线和地线。导线的最小间距主要由最坏情况下的线间绝缘电阻和击穿电压决定。对于集成电路，尤其是数字电路，只要工艺允许，可使间距小至 5 ~ 8mm。

③ 印制导线拐弯处一般取圆弧形，而直角或者夹角在高频电路中会影响电气性能。此外，尽量避免大面积使用铜箔，否则长时间受热时，易发生铜箔膨胀和脱落现象。必须用大面积铜箔时，最好用栅格状。

（9）添加铺铜

选择“放置”→“铺铜”命令，弹出“Properties（属性）”面板，“Layer（层）”下拉列表框设置为“Top Layer”，执行顶层放置铺铜命令，选择“Hatched（Tracks/Arcs）”，设置“Hatch Mode（填充模式）”为“45 Degree”，勾选“Remove Dead Copper（删除孤立的铺铜）”复选框，如图 8-119 所示，在电路板中设置铺铜区域，结果如图 8-120 所示。

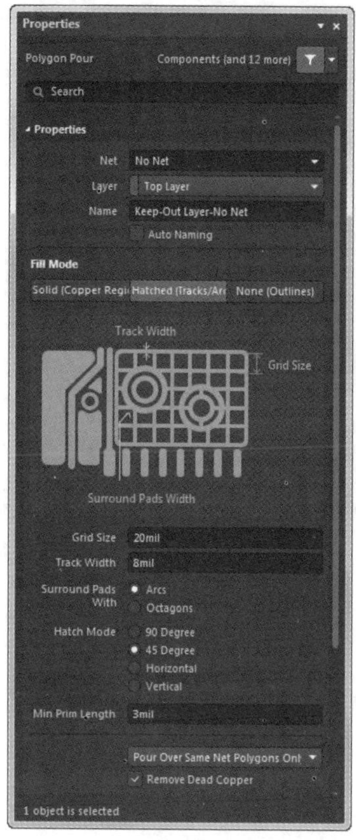

图 8-119 “Properties（属性）”面板

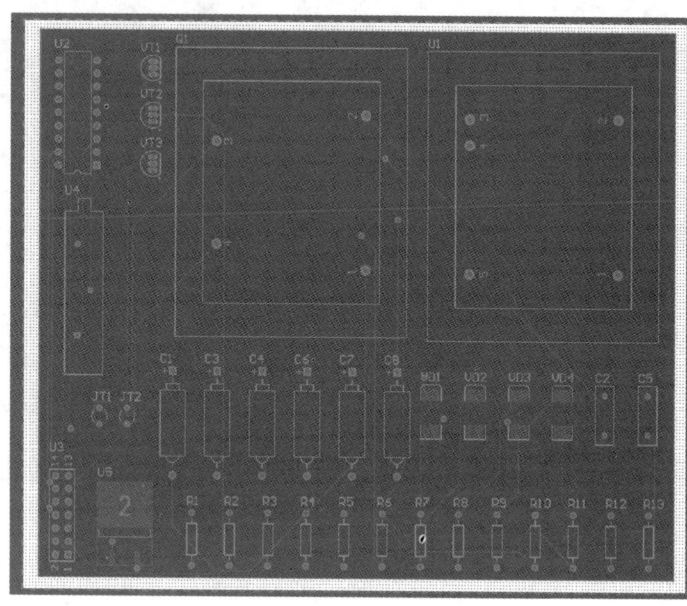

图 8-120 顶层铺铜结果

采用同样的方法，执行底层铺铜，结果如图 8-121 所示。

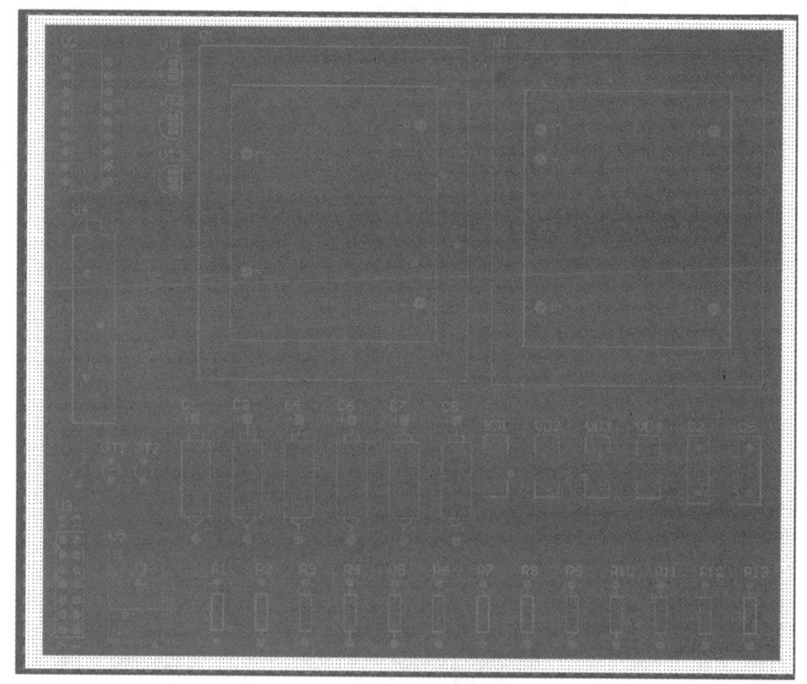

图 8-121 底层铺铜结果

（10）补泪滴

选择“工具”→“泪滴”命令，系统弹出“泪滴”对话框，勾选“强制铺泪滴”复选框，如图 8-122 所示，执行补泪滴命令，单击“确定”按钮，对电路中的线路进行补泪滴操作，结果如图 8-123 所示。

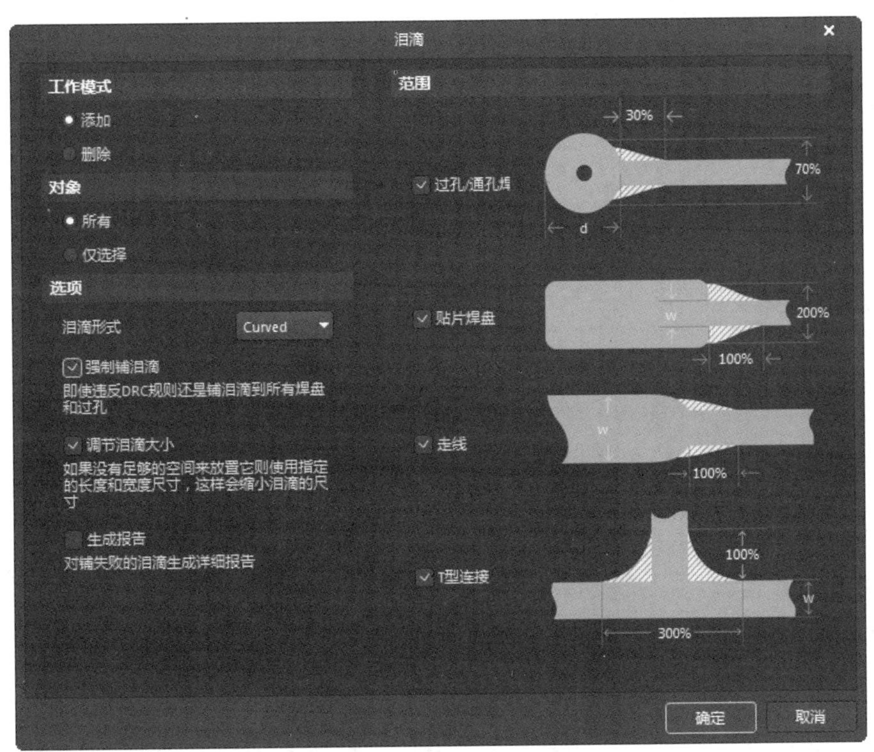

图 8-122 “泪滴”对话框

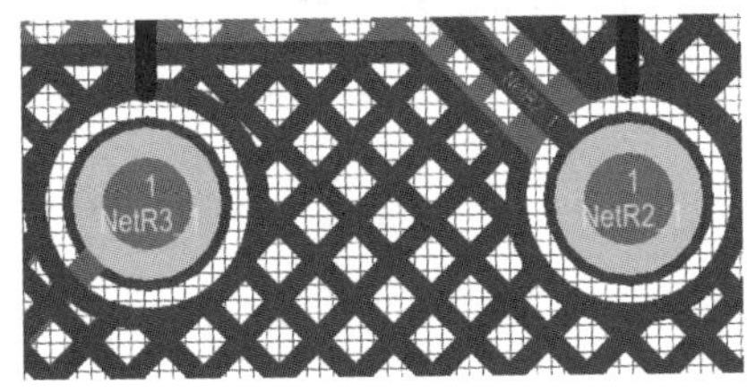

(a) 补泪滴前

(b) 补泪滴后

图 8-123 补泪滴操作

（11）生成电路板信息

单击右侧“Properties（属性）”按钮，打开“Properties（属性）”面板中“Board（板）”属性编辑面板，在“Board Information（板信息）”选项组下显示 PCB 文件中元件和网络的完整细节信息，如图 8-124 所示。

单击“Report（报告）”按钮，系统将弹出如图 8-125 所示的“板级报告”对话框，通过该对话框可以生成 PCB 信息的报表文件，在该对话框的列表框中选择要包含在报表文件中的内容。勾选“仅选择对象”复选框时，单击“全部开启”按钮，选择所有板信息。

报表列表选项设置完毕后，在“板级报告”对话框中单击“报告”按钮，系统将生成“Board Information Report”报表文件，自动在工作区内打开，PCB 信息报表如图 8-126 所示。

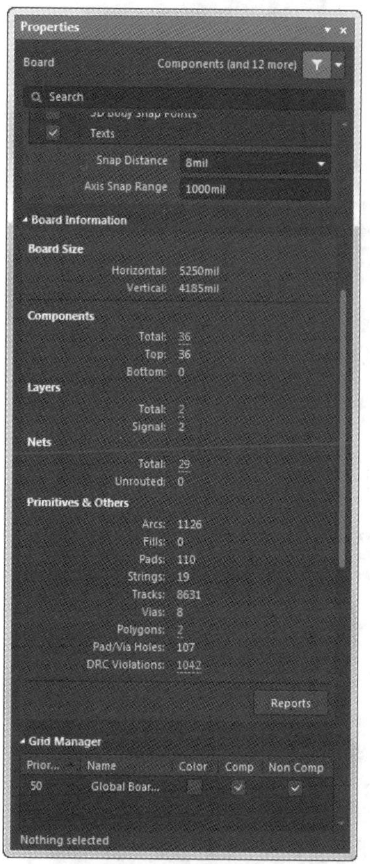

图 8-124 “Board（板）”属性编辑面板

图 8-125 “板级报告”对话框

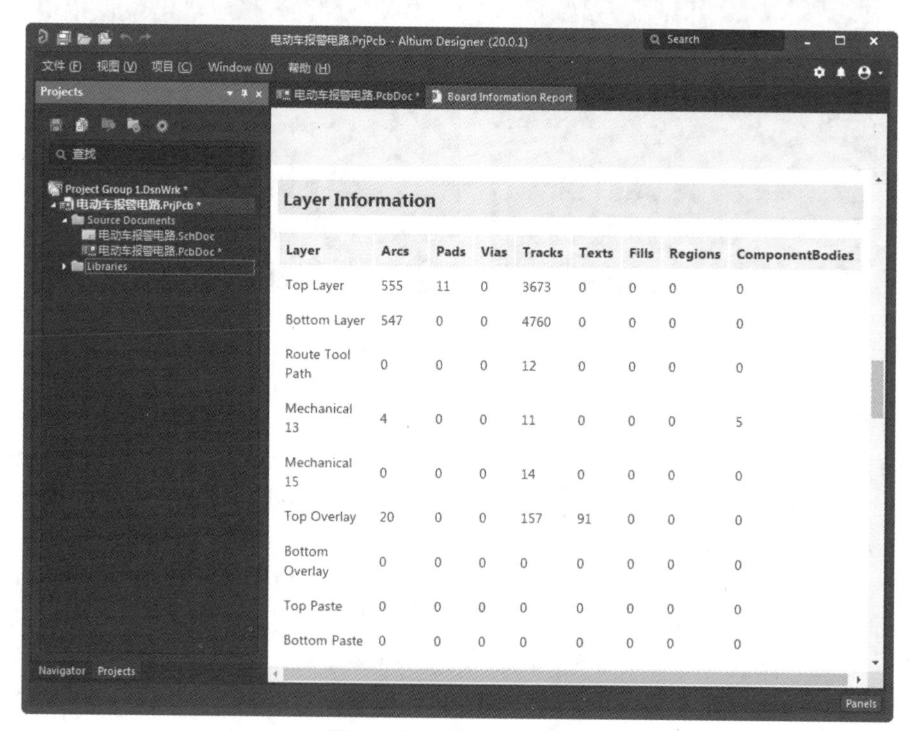

图 8-126 PCB 信息报表

第 9 章 电路仿真

本章导读

本章主要讲述 Altium Designer 20 的电路原理图的仿真，并通过实例对具体的电路图仿真过程进行详细的讲解。

要熟练掌握仿真方法，必须清楚各种仿真模式所分析的内容和输出结果的意义。用户可以借助于电路仿真，在制作 PCB 之前，尽早发现自己设计的电路的缺陷，提高工作效率。

9.1 电路仿真的基本概念

仿真中涉及的几个基本概念如下。

① 仿真元件。用户进行电路仿真时使用的元件，要求具有仿真属性。

② 仿真原理图。用户根据具体电路的设计要求，使用原理图编辑器及具有仿真属性的元件绘制而成的电路原理图。

③ 仿真激励源。用于模拟实际电路中的激励信号。

④ 节点网络标签。对电路中要测试的多个节点，应该分别放置一个有意义的网络标签名，便于明确查看每一节点的仿真结果（电压或电流波形）。

⑤ 仿真方式。仿真方式有多种，不同的仿真方式下有不同的参数设置，用户应根据具体的电路要求来设置仿真方式。

⑥ 仿真结果。仿真结果一般以波形的形式给出，不仅仅局限于电压信号，每个元件的电流及功耗波形都可以在仿真结果中观察到。

9.2 电路仿真设计过程

使用 Altium Designer 仿真的基本步骤如下。

① 装载与电路仿真相关的元件库。

② 在电路上放置仿真元件（该元件必须带有仿真模型）。

③ 绘制仿真电路图，方法与绘制原理图一致。

④ 在仿真电路图中添加仿真电源和激励源。

⑤ 设置仿真节点及电路的初始状态。

⑥ 对仿真电路原理图进行 ERC 检查，以纠正错误。

⑦ 设置仿真分析的参数。

⑧ 运行电路仿真并得到仿真结果。

⑨ 修改仿真参数或更换元件，重复步骤⑤ ~ ⑧，直至获得满意结果。

9.3 放置电源及仿真激励源

Altium Designer 20 提供了多种电源和仿真激励源，存放在“AD 20/ Library/Simulation/ Simulation Sources.Intlib”集成库中，供用户选择。在使用时，均被默认为理想的激励源，即电压源的内阻为零，而电流源的内阻为无穷大。

仿真激励源就是仿真时输入到仿真电路中的测试信号。观察这些测试信号通过仿真电路后的输出波形，用户可以判断仿真电路中的参数设置是否合理。

常用的电源与仿真激励源有如下几种。

（1）直流电压/电流源

直流电压源“VSRC”与直流电流源“ISRC”分别用来为仿真电路提供一个不变的电压信号或不变的电流信号，符号形式如图 9-1 所示。

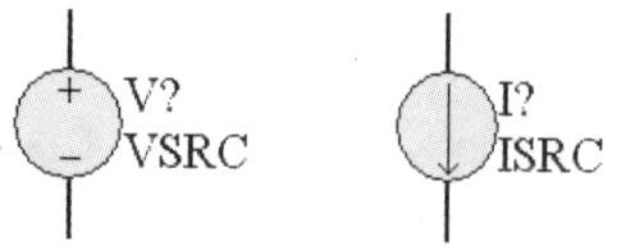

图 9-1　直流电压 / 电流源符号

这两种电源通常在仿真电路上电时，或者需要为仿真电路输入一个阶跃激励信号时使用，以便用户观测电路中某一节点的瞬态响应波形。需要设置的仿真参数是相同的，双击新添加的仿真激励源，在弹出的“Properties（属性）”面板中设置其属性参数，如图 9-2 所示。

在图 9-2 所示的面板“Models（模型）”栏中，双击“Simulation（仿真）”属性，即可出现“Sim Model-Voltage Source/DC Source（激励模型 - 交流 / 直流电源）”对话框，通过该对话框可以查看并修改仿真模型，如图 9-3 所示。

在“Parameters（参数）”选项卡中，各项参数的具体含义如下。

▲ Value（值）：直流电源值。

▲ AC Magnitude（交流电压）：交流小信号分析的电压值。

▲ AC Phase（交流相位）：交流小信号分析的相位值。

图 9-2 属性设置面板

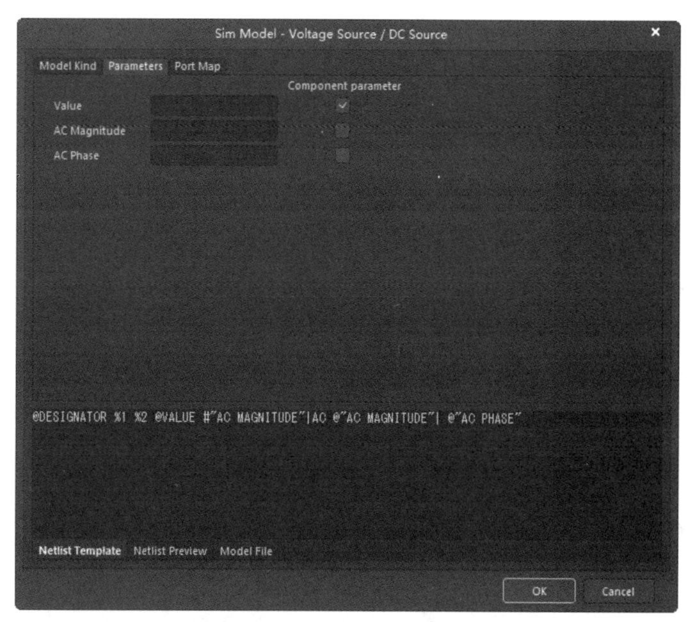

图 9-3 “Sim Model-Voltage Source/DC Source”对话框

（2）正弦信号激励源

正弦信号激励源包括正弦电压源“VSIN”与正弦电流源“ISIN”，用来为仿真电路提供正弦激励信号，符号形式如图 9-4 所示。需要设置的仿真参数如图 9-5 所示。

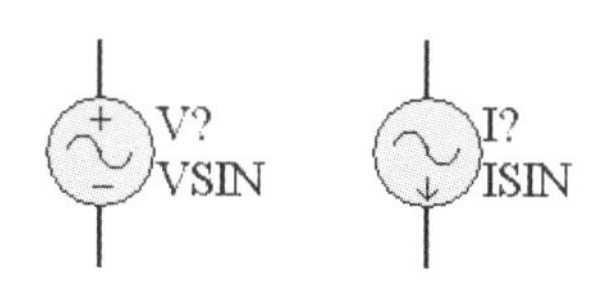

图 9-4 正弦电压 / 电流源符号

在“Parameters（参数）”选项卡中，各项参数的具体含义如下。

▲ DC Magnitude（直流电压）：正弦信号的直流参数，通常设置为“0”。

▲ AC Magnitude（交流电压）：交流小信号分析的电压值，通常设置为“1”，如果不进行交流小信号分析，可以设置为任意值。

▲ AC Phase（交流相位）：交流小信号分析的电压初始相位值，通常设置为“0”。

▲ Offset（偏移）：正弦波信号上叠加的直流分量，即幅值偏移量。

▲ Amplitude（幅值）：正弦波信号的幅值。

▲ Frequency（频率）：正弦波信号的频率。

▲ Delay（延时）：正弦波信号初始的延时时间。

▲ Damping Factor（阻尼因子）：正弦波信号的阻尼因子，影响正弦波信号幅值的变化。设置为正值时，正弦波的幅值将随时间的增长而衰减；设置为负值时，正弦波的幅值则随时间的增长而增长；设置为“0”时，则意味着正弦波的幅值不随时间而变化。

▲ “Phase”（相位）：正弦波信号的初始相位。

（3）周期脉冲源

周期脉冲源包括脉冲电压激励源“VPULSE”与脉冲电流激励源“IPULSE”，可以为仿真电路提供周期性的连续脉冲激励。其中，脉冲电压激励源“VPULSE”在电路的瞬态特性分析中用得比较多。两种激励源的符号如图9-6所示，要设置的仿真参数如图9-7所示。

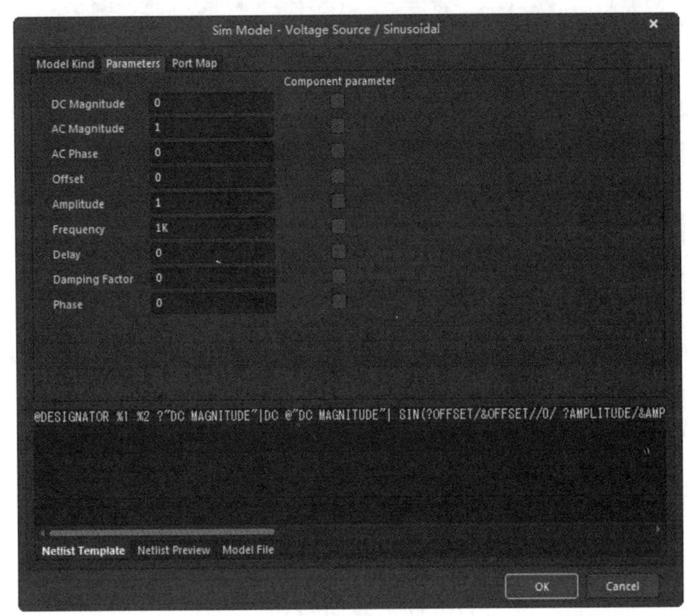

图9-5 “Sim Model-Voltage Source/Sinusoidal”对话框

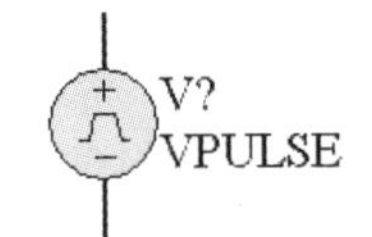

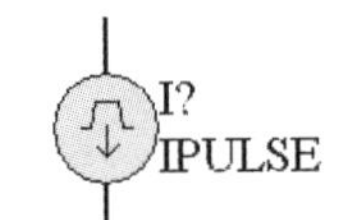

图9-6 脉冲电压/电流源符号

在“Parameters（参数）”选项卡中，各项参数的具体含义如下。

▲ DC Magnitude（直流电压）：脉冲信号的直流参数，通常设置为“0”。

▲ AC Magnitude（交流电压）：交流小信号分析的电压值，通常设置为“1”，如果不进行交流小信号分析，可以设置为任意值。

▲ AC Phase（交流相位）：交流小信号分析的电压初始相位值，通常设置为“0”。

▲ Initial Value（初始值）：脉冲信号的初始电压值。

▲ Pulsed Value（脉冲值）：脉冲信号的电压幅值。

▲ Time Delay（延迟时间）：初始时刻的延迟时间。

▲ Rise Time（上升时间）：脉冲信号的上升时间。

▲ Fall Time（下降时间）：脉冲信号的下降时间。

▲ Pulse Width（脉冲宽度）：脉冲信号的高电平宽度。

▲ Period（周期）：脉冲信号的周期。

▲ Phase（相位）：脉冲信号的初始相位。

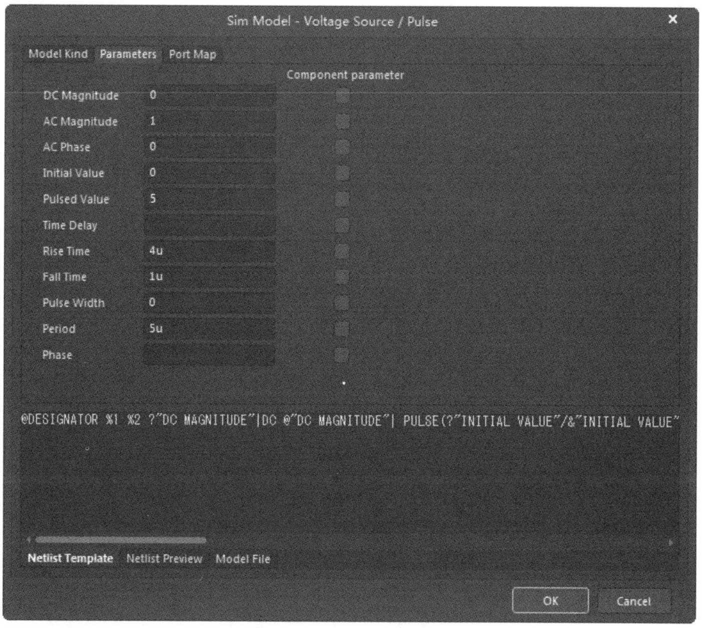

图 9-7 “Sim Model-Voltage Source/Pulse”对话框

（4）分段线性激励源

分段线性激励源所提供的激励信号是由若干条相连的直线组成，是一种不规则的信号激励源，包括分段线性电压源“VPWL”与分段线性电流源“IPWL”两种，符号如图 9-8 所示。这两种分段线性激励源的仿真参数设置是相同的，如图 9-9 所示。

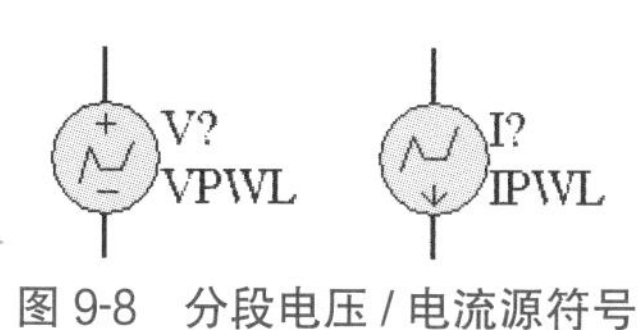

图 9-8 分段电压 / 电流源符号

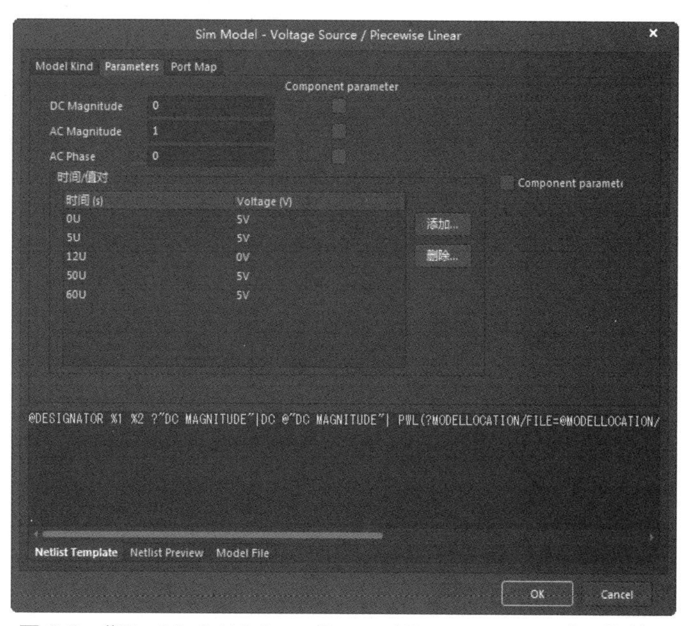

图 9-9 “Sim Model-Voltage Source/Piecewise Linear”对话框

在“Parameters（参数）”选项卡中，各项参数的具体含义如下。

▲ DC Magnitude（直流电压）：分段线性电压信号的直流参数，通常设置为“0”。

▲ AC Magnitude（交流电压）：交流小信号分析的电压值，通常设置为“1”，如果不

进行交流小信号分析，可以设置为任意值。

▲ AC Phase（交流相位）：交流小信号分析的电压初始相位值，通常设置为“0”。

▲ 时间 / 值对：分段线性电压信号在分段点处的时间值及电压值设置。其中时间为横坐标，电压为纵坐标，如图 9-9 所示，共有 5 个分段点。单击右侧的 添加... 按钮，可以添加一个分段点，而单击 删除... 按钮，则可以删除一个分段点。

（5）指数激励源

指数激励源包括指数电压激励源“VEXP”与指数电流激励源“IEXP”，用来为仿真电路提供带有指数上升沿或下降沿的脉冲激励信号，通常用于高频电路的仿真分析，符号如图 9-10 所示。两者所产生的波形是一样的，相应的仿真参数设置也相同，如图 9-11 所示。

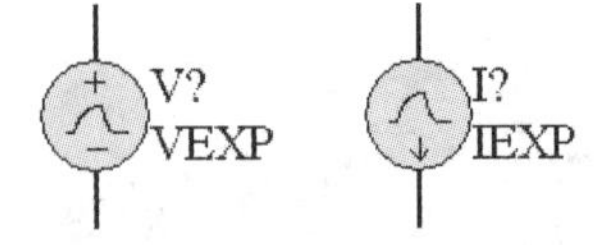

图 9-10　指数电压 / 电流源符号

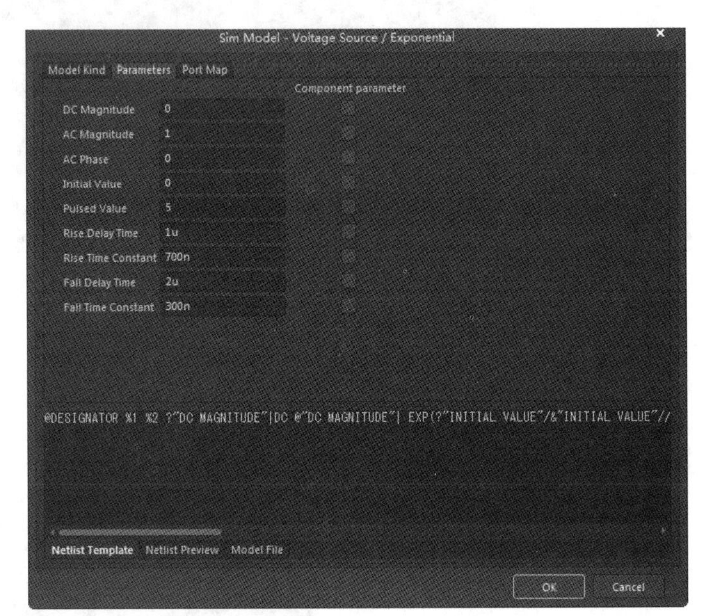

图 9-11　“Sim Model-Voltage Source/Exponential”对话框

在“Parameters（参数）”选项卡中，各项参数的具体含义如下。

▲ DC Magnitude（直流电压）：指数电压信号的直流参数，通常设置为“0”。

▲ AC Magnitude（交流电压）：交流小信号分析的电压值，通常设置为“1”，如果不进行交流小信号分析，可以设置为任意值。

▲ AC Phase（交流相位）：交流小信号分析的电压初始相位值，通常设置为“0”。

▲ Initial Value（初始值）：指数电压信号的初始电压值。

▲ Pulsed Value（跳变电压值）：指数电压信号的跳变电压值。

▲ Rise Delay Time（上升延迟时间）：指数电压信号的上升延迟时间。

▲ Rise Time Constant（上升时间）：指数电压信号的上升时间。

▲ Fall Delay Time（下降延迟时间）：指数电压信号的下降延迟时间。

▲ Fall Time Constant（下降时间）：指数电压信号的下降时间。

（6）单频调频激励源

单频调频激励源用来为仿真电路提供一个单频调频的激励波形，包括单频调频电压源“VSFFM”与单频调频电流源“ISFFM”两种，符号如图 9-12 所示，需要设置的相应仿真参数如图 9-13 所示。

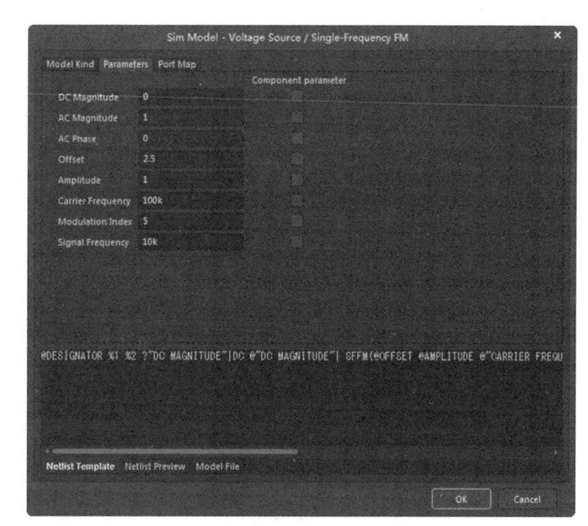

图 9-12　单频调频电压 / 电流源符号　图 9-13　“Sim Model-Voltage Source/Single-Frequency FM”对话框

在“Parameters”（参数）选项卡中，各项参数的具体含义如下。

▲ DC Magnitude（直流电压）：调频电压信号的直流参数，通常设置为“0”。

▲ AC Magnitude（交流电压）：交流小信号分析的电压值，通常设置为“1”，如果不进行交流小信号分析，可以设置为任意值。

▲ AC Phase（交流相位）：交流小信号分析的电压初始相位值，通常设置为“0”。

▲ Offset（偏移）：调频电压信号上叠加的直流分量，即幅值偏移量。

▲ Amplitude（幅值）：调频电压信号的载波幅值。

▲ Carrier Frequency（载波频率）：调频电压信号的载波频率。

▲ Modulation Index（调制系数）：调频电压信号的调制系数。

▲ Signal Frequency（信号频率）：调制信号的频率。

根据以上的参数设置，输出的调频信号表达式为：

$$V(t)=V_o+V_A\times\sin[2\pi F_c t+M\sin(2\pi F_s t)]$$

式中，V_o=“Offest”，V_A=“Amplitude”，F_c=“Carrier Frequency”，M=“Modulation Index”，F_s=“Signal Frequency”。

这里介绍了几种常用的仿真激励源及仿真参数的设置。此外，在 Altium Designer 20 中还有线性受控源、非线性受控源等，在此不一一赘述，用户可以参照前面所讲述的内容，自己练习使用其他的仿真激励源并进行相关仿真参数的设置。

9.4 仿真分析的参数设置

在电路仿真中，选择合适的仿真方式并对相应的参数进行合理的设置，是仿真能够正确运行并获得良好的仿真效果的关键。

一般来说，仿真方式的设置包含两部分：一是各种仿真方式都需要的通用参数设置；二是具体的仿真方式所需要的特定参数设置。二者缺一不可。

执行方式

▲ 菜单栏：选择“设计”→“仿真”→“Mixed Sim（混合仿真）”命令。

绘制步骤

执行此命令，系统弹出如图 9-14 所示的“Analyses Setup（分析设置）”对话框。

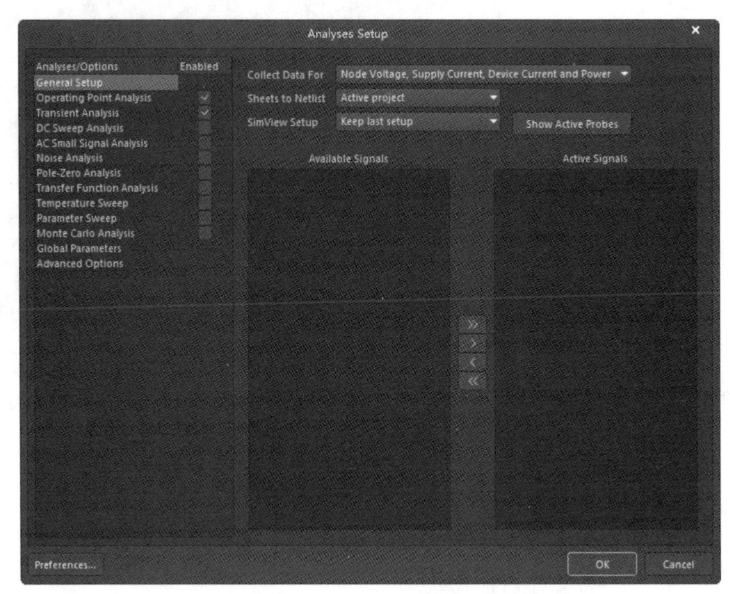

图 9-14 “Analysis Setup（分析设置）”对话框

选项说明

在该对话框左侧的“Analyses/Options（分析 / 选项）”窗口中，列出了若干选项供用户选择，包括各种具体的仿真方式。而对话框的右侧则用来显示与选项相对应的具体选项。系统默认选中的“分析 / 选项”选项为“General Setup（通用设置）”，即仿真方式的通用参数设置。

9.4.1 通用参数的设置

通用参数的具体设置内容有以下几项。

（1）“Collect Date For（为了…收集数据）”下拉列表框

该下拉列表框用于设置仿真程序需要计算的数据类型。

▲ Node Voltage：节点电压。

▲ Supply Current：电源电流。

▲ Device Current：流过元件的电流。

▲ Device Power：在元件上消耗的功率。

▲ Subcircuit VARS：支路端电压与支路电流。

▲ Active Signals（活动信号）：仅计算“积极信号”列表框中列出的信号。

由于仿真程序在计算上述数据时要占用很长的时间，因此，在进行电路仿真时，用户应该尽可能少地设置需要计算的数据，只需要观测电路中节点的一些关键信号波形即可。

单击“为了…收集数据”下拉列表框右侧的下拉按钮，可以看到系统提供了几种需要计算的数据组合，用户可以根据具体的仿真要求加以选择，系统默认为“Node Voltage，Supply Current，Device Current and Power”。

一般来说，应设置为“Active Signals（积极的信号）”。这样，一方面可以灵活选择所要观测的信号，另一方面也减少了仿真的计算量，提高了效率。

（2）“Sheets to Netlist（原理图网络表）”下拉列表框

该下拉列表框用于设置仿真程序作用的范围。

▲ Active sheet（活动图纸）：当前的电路仿真原理图。

▲ Active project（活动的工程）：当前的整个工程。

（3）“SimView Setup（仿真视图设置）”下拉列表框

该下拉列表框用于设置仿真结果的显示内容。

▲ Keep last setup（保持上一次设置）：按照上一次仿真操作的设置在仿真结果图中显示信号波形，忽略“Active Signals（积极的信号）”列表框中所列出的信号。

▲ Show active signals（显示积极信号）：按照“Active Signals（积极的信号）”列表框中所列出的信号，在仿真结果图中进行显示。

一般应设置为“Show active signals”（显示积极信号）。

（4）“Available Signals（有用的信号）”列表框

该列表框中列出了所有可供选择的观测信号，具体内容随着“Collect Data For”下拉列表框的设置变化而变化，即对于不同的数据组合，可以观测的信号是不同的。

（5）“Active Signals（积极的信号）”列表框

该列表框列出了仿真程序运行结束后，能够立刻在仿真结果图中显示的信号。

在“Active Signals（积极的信号）”列表框中选中某一个需要显示的信号后，如单击 › 按钮，可以将该信号加入“Active Signals（积极的信号）”列表框，以便在仿真结果图中显示。单击 ‹ 按钮则可以将“Active Signals（积极的信号）”列表框中某个不需要显示的信号移回“Available Signals（有用的信号）”列表框。单击 » 按钮，将全部可用的信号加入“Active Signals（积极的信号）”列表框中。单击 « 按钮，则将全部积极信号移回“Available Signals（有用的信号）”列表框中。

上面讲述的是在仿真运行前需要完成的通用参数设置。而对于用户具体选用的仿真方式，还需要进行一些特定参数的设定。

9.4.2 仿真方式的具体参数设置

Altium Designer 的仿真器可以完成各种形式的信号分析，在仿真器的“Analyses Setup（分析设置）”对话框中，通过全局设置页面，允许用户指定仿真的范围和自动显示仿真的信号。每一项分析类型可以在独立的设置页面内完成。

在 Altium Designer 20 系统中，除通用参数设置，还提供了 12 种仿真参数设置。

▲ Operating Point Analysis：工作点分析。

▲ Transient Analysis：瞬态特性分析与傅里叶分析。

▲ DC Sweep Analysis：直流传输特性分析。

▲ AC Small Signal Analysis：交流小信号分析。

▲ Noise Analysis：噪声分析。

▲ Pole-Zero Analysis：零 - 极点分析。

▲ Transfer Function Analysis：传递函数分析。

▲ Temperature Sweep：温度扫描。
▲ Parameter Sweep：参数扫描。
▲ Monte Carlo Analysis：蒙特卡罗分析。
▲ Global Parameters：总体参数设置。
▲ Advanced Options：设置仿真的高级参数。
下面分别介绍一下各种仿真方式的功能特点及参数设置。

9.4.3 Operating Point Analysis（工作点分析）

所谓工作点分析，就是静态工作点分析，这种方式是在分析放大电路时提出来的。当把放大器的输入信号短路时，放大器就处在无信号输入状态，即静态。若静态工作点选择不合适，则输出波形会失真，因此设合适的静态工作点是放大电路正常工作的前提。

在该分析方式中，所有的电容都将被看作开路，所有的电感都被看作短路，之后计算各个节点的对地电压，以及流过每一元件的电流。由于方式比较固定，因此不需要用户再进行特定参数的设置，使用该方式时只需要选中即可运行，如图 9-15 所示。

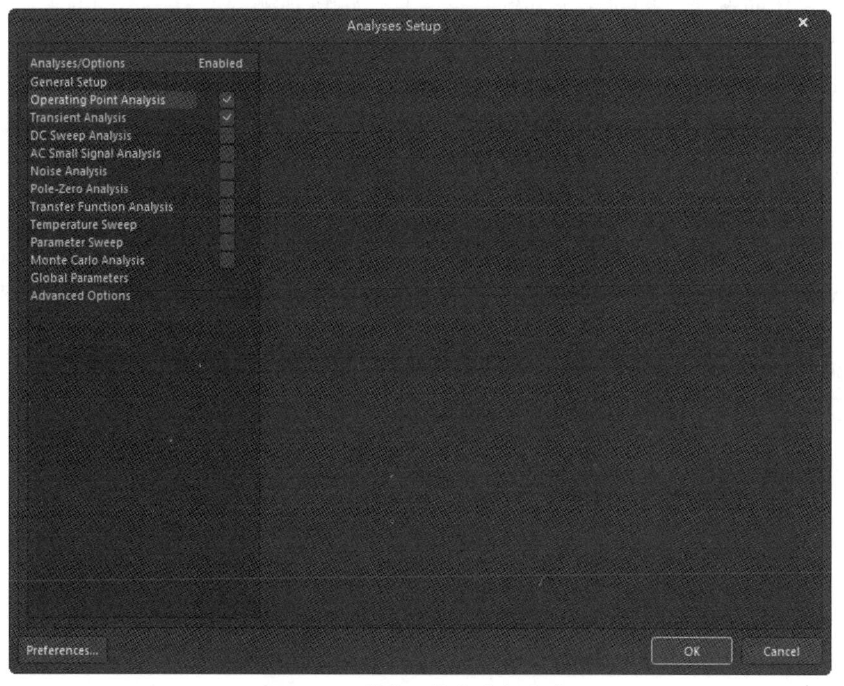

图 9-15　选中工作点分析方式

一般来说，在进行瞬态特性分析和交流小信号分析时，仿真程序都会先执行工作点分析，以确定电路中非线性元件的线性化参数初始值。因此，通常情况下应选中该项。

 9.4.4 Transient Analysis（瞬态特性分析）

瞬态特性分析是电路仿真中经常使用的仿真方式。瞬态特性分析是一种时域仿真分析方式，通常是从时间零开始，到用户规定的终止时间结束，在一个类似示波器的窗口中，显示出观测信号的时域变化波形。

傅里叶分析是与瞬态特性分析同时进行的，属于频域分析，用于计算瞬态分析结果的一部分。在仿真结果图中将显示出观测信号的直流分量、基波及各次谐波的振幅与相位。

在“Analyses Setup（分析设置）”对话框中勾选“Transient Analysis（瞬态分析）”复选框，相应的参数设置如图 9-16 所示。

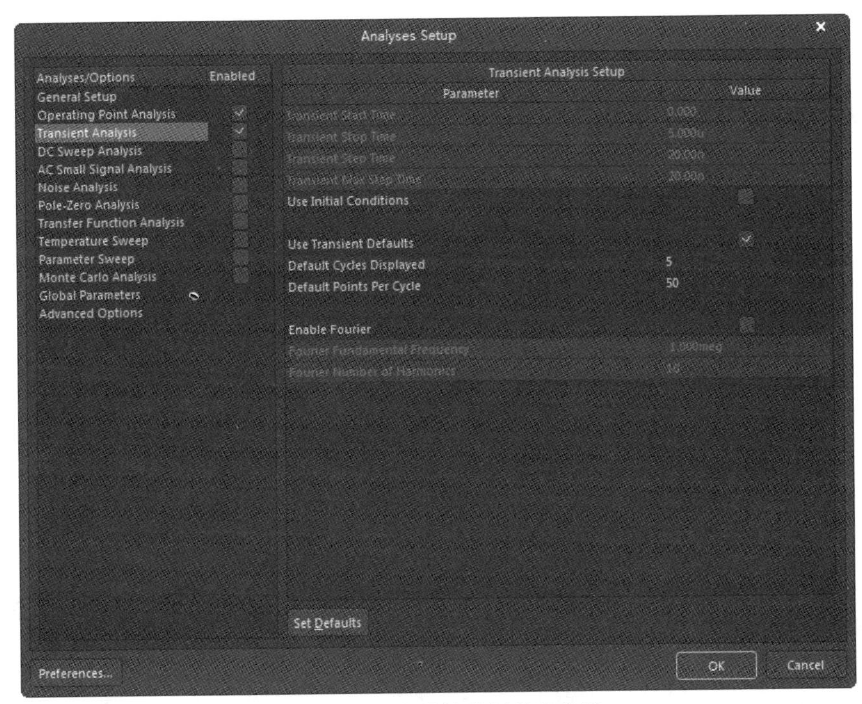

图 9-16　瞬态特性分析仿真参数

各参数的含义如下。

▲ Transient Start Time（瞬态仿真分析的起始时间）：通常设置为“0”。

▲ Transient Stop Time（瞬态仿真分析的终止时间）：需要根据具体的电路来调整设置。若值太小，则用户无法观测到完整的仿真过程，仿真结果中只显示一部分波形，不能作为仿真分析的依据；若值太大，则有用的信息会被压缩在一小段区间内，同样不利于分析。

▲ Transient Step Time（瞬态仿真的时间步长）：需要根据具体的电路来调整。若值太小，仿真程序的计算量会很大，运行时间过长；若值太大，则仿真结果粗糙，无法真切地反映信号的细微变化，不利于分析。

▲ Transient Max Step Time（瞬态仿真的最大时间步长）：通常设置为与时间步长值相同。

▲ Use Initial Conditions（使用初始设置条件）复选框：该复选框用于设置电路仿真时是否使用初始设置条件，一般应勾选。

▲ Use Transient Defaults（采用默认瞬态设置）复选框：该复选框用于选择在电路仿真时是否采用系统的默认设置。若勾选了该复选框，则所有的参数选项颜色都将变成灰色，不再允许用户修改设置。通常情况下，为了获得较好的仿真效果，用户应对各参数进行手动调整配置，不应该勾选该复选框。

▲ Default Cycles Displayed（默认的显示的波形周期数）：电路仿真时显示的波形周期数。

▲ Default Points Per Cycle（默认的每一显示周期中的点数）：其数值决定了曲线的光滑程度。

▲ Enable Fourier（傅里叶分析有效）复选框：该复选框用于设置电路仿真时是否进行傅里叶分析。

▲ Fourier Fundamental Frequency（傅里叶分析中的基波频率）：傅里叶分析中的基波频率设置。

▲ Fourier Number of Harmonics（傅里叶分析中的谐波次数）：通常使用系统默认值"10"。

▲ Set Defaults按钮：单击该按钮，可以将所有参数恢复为默认值。

在执行傅里叶分析后，系统将自动创建一个后缀为".sim"的数据文件，文件中包含了关于每一个谐波的幅度和相位的详细信息。

9.4.5 DC Sweep Analysis（直流传输特性分析）

直流扫描分析就是直流转移特性，当输入在一定范围内变化时，输出一条曲线轨迹。通过执行一系列直流工作点分析，修改选定的源信号的电压，从而得到一条直流传输曲线；用户也可以同时指定两个工作源。

在"Analyses Setup（分析设置）"对话框中勾选"DC Sweep Analysis（直流传输特性分析）"复选框，相应的参数设置如图 9-17 所示。

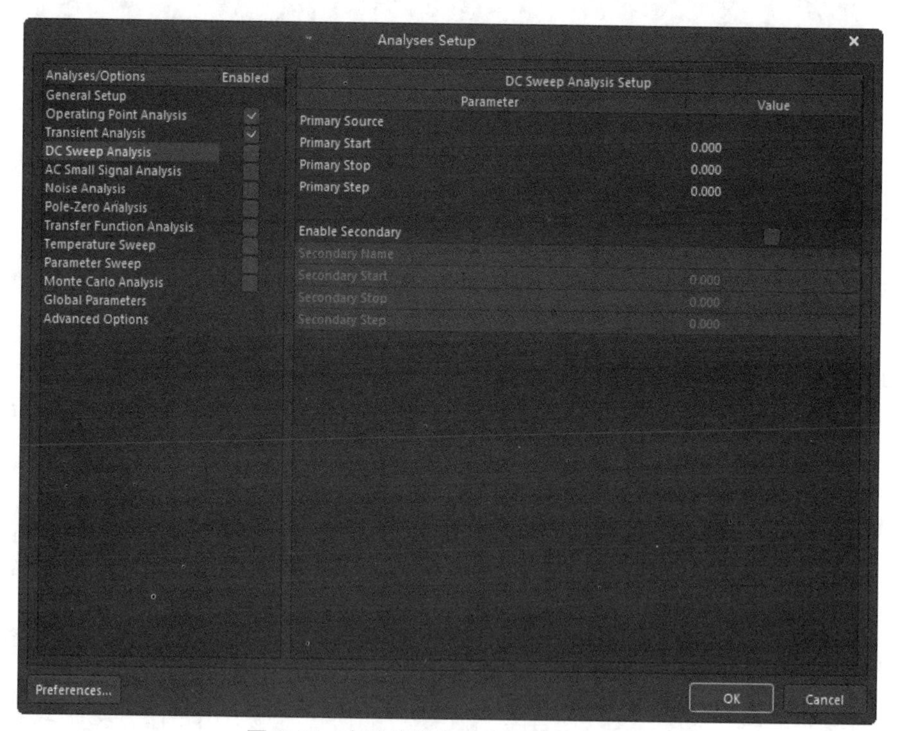

图 9-17　直流传输特性分析的仿真参数

各参数的含义如下。

▲ Primary Source（主电源）：设置电路中独立电源的名称。

▲ Primary Start（主电源起始电压）：输入主电源的起始电压值。

▲ Primary Stop（主电源停止电源）：输入主电源的停止电压值。

▲ Primary Step（主电源步长）：在扫描范围内输入指定的增量值。

▲ Enable Secondary（启动第二电源）：勾选此复选框，在主电源基础上，执行对每个从电源值的扫描分析，数据设置如下。

▲ Secondary Name（第二电源名称）：在电路中独立的第二个电源的名称。

▲ Secondary Start（第二电源初始值）：设置从电源的起始电压值。

▲ Secondary Stop（第二电源停止值）：设置从电源的停止电压值。

▲ Secondary Step（第二电源步长）：在扫描范围内指定的增量值。

在直流扫描分析中必须设置一个主源，第二个源为可选；通常，第一个扫描变量（主独立源）所覆盖的区间是内循环，第二个（次独立源）扫描区间是外循环。

9.4.6 AC Small Signal Analysis（交流小信号分析）

交流分析是在一定的频率范围内计算电路和响应。如果电路中包含非线性器件或元件，在计算频率响应之前就应该得到此元件的交流小信号参数。在进行交流分析之前，必须保证电路中至少有一个交流电源，也即在激励源中的 AC 属性域中设置一个大于零的值。

在“Analyses Setup（分析设置）”对话框中勾选“AC Small Signal Analysis（交流小信号分析）”复选框，相应的参数设置如图 9-18 所示。

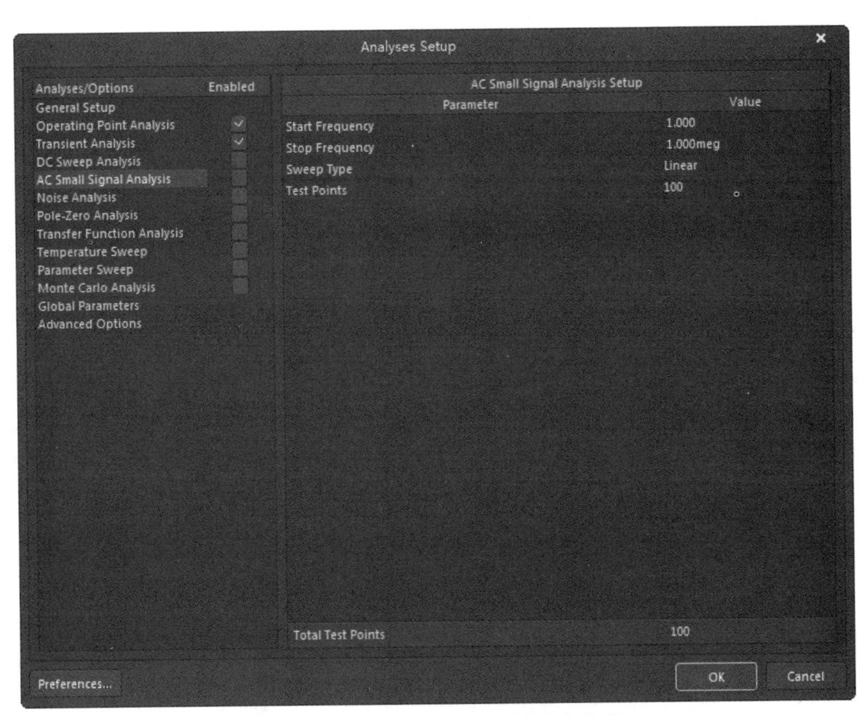

图 9-18 交流小信号分析的仿真参数

各参数的含义如下。

▲ Start Frequency（起始频率）：用于正弦波发生器的初始化频率（单位：Hz）。

▲ Stop Frequency（终止频率）：用于正弦波发生器的截止频率（单位：Hz）。

▲ Sweep Type（扫描类型）：决定如何产生测试点的数量。

➢ Linear：全部测试点均匀地分布在线性化的测试范围内，是从起始频率开始到终止频率的线性扫描。Linear 类型适用于带宽较窄的情况。

➢ Decade：测试点以 10 的对数形式排列。Decade 类型适用于带宽特别宽的情况。

➢ Octave：测试点以 8 个 2 的对数形式排列，频率以倍频程进行对数扫描。Octave 类型适用于带宽较宽的情形。

▲ Test Points（测试点）：在扫描范围内，依据选择的扫描类型定义增量值。

▲ Total Test Points（全部测试点）：显示全部测试点的数量。

在执行交流小信号分析前，电路原理图中必须包含至少一个信号源器件并且在 AC Magnitude 参数中应输入一个值。用这个信号源去替代在仿真期间的正弦波发生器。用于扫描的正弦波的幅度和相位需要在 SIM 模型中指定。输入的幅度值（电压 Volt）和相位值（度 Degrees），不要求输入单位值。设置交流量级为 1，将使输出变量显示相关度为 0dB。

9.4.7 Noise Analysis（噪声分析）

噪声分析即利用噪声谱密度测量由电阻和半导体器件产生的噪声影响，通常由 V^2/Hz 表征测量噪声值。电阻和半导体器件等都能产生噪声，噪声电平取决于频率。电阻和半导体器件产生不同类型的噪声（注意：在噪声分析中，电容、电感和受控源视为无噪声元件）。对交流分析的每一个频率，电路中每一个噪声源（电阻或晶体管）的噪声电平都被计算出来，它们对输出节点的贡献通过将各均方根值相加得到。

在“Analyses Setup（分析设置）”对话框中勾选“Noise Analysis（噪声分析）”复选框，相应的参数设置如图 9-19 所示。

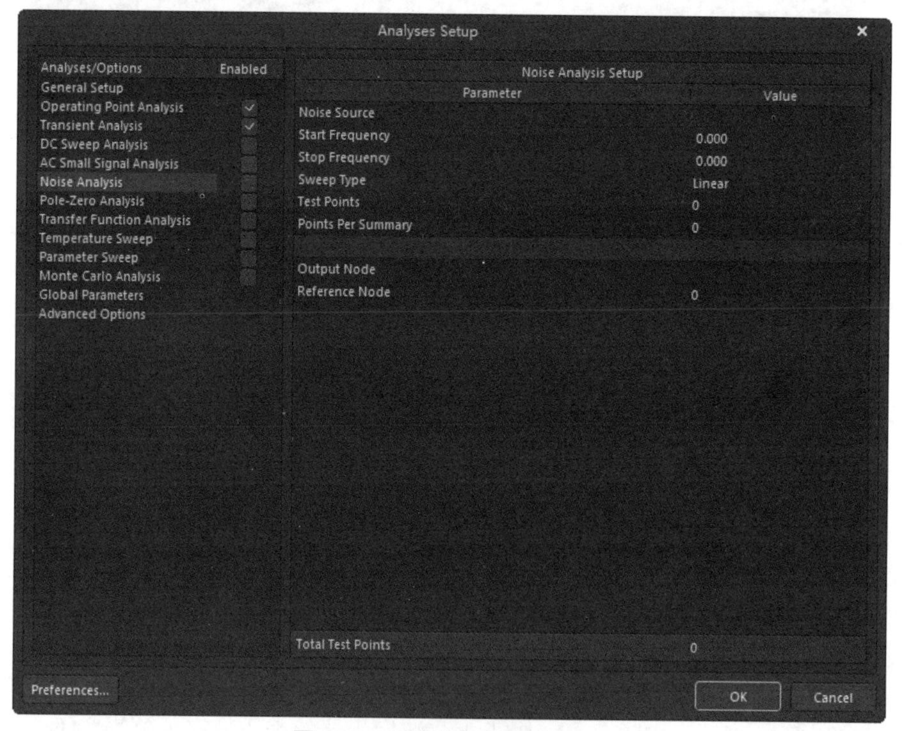

图 9-19　噪声分析的仿真参数

各参数的含义如下。

▲ Noise Source（噪声输出）：需要分析噪声的输出节点。

▲ Start Frequency（起始频率）：指定噪声的起始频率。

▲ Stop Frequency（终止频率）：指定噪声的终止频率。

▲ Sweep Type（扫描类型）：框中指定扫描类型，这些设置和交流分析差不多，在此只作简要说明。

▲ Test Points（测试点）：是倍频程内的扫描点数，指定扫描的点数；下一个频率值由当前值乘以一个大于 1 的常数产生。是扫描中的总点数，是十倍频程内的扫描点数，一个频率值由当前一个频率值加上一个常量得到。

▲ Points Per Summary（点范围）：指定计算噪声范围。在此区域中，输入 0 则只计算输入和输出噪声；如输入 1 则同时计算各个器件噪声。后者适用于用户想单独查看某个器件的噪声并进行相应的处理（比如某个器件的噪声较大，则考虑使用低噪声的器件换之）。

▲ Output Node（输出节点）：指定输出噪声节点。

▲ Reference Node（参考点）：指定输出噪声参考节点，此节点一般为地（也即为 0 节点），如果设置的是其他节点，通过 $V_{(\text{Output Node})}-V_{(\text{Reference Node})}$ 得到总的输出噪声。

➢ Linear：为线性扫描，是从起始频率开始到终止频率的线性扫描，适用于带宽较窄情况。

➢ Octave：为倍频扫描，频率以倍频程进行对数扫描。

▲ Total Test Points：噪声分析的总测试点数目设置。

9.4.8 Pole-Zero Analysis（零 - 极点分析）

在单输入 / 单输出的线性系统中，利用电路的小信号交流传输函数对极点或零点的计算用 Pole-Zero 进行稳定性分析；将电路的直流工作点线性化和对所有非线性器件匹配小信号模型。传输函数可以是电压增益（输出与输入电压之比）或阻抗（输出电压与输入电流之比）中的任意一个。

在“Analyses Setup（分析设置）”对话框中勾选“Pole-Zero Analysis（零 - 极点分析）”复选框，相应的参数设置如图 9-20 所示。

各参数的含义如下。

▲ Input Node（输入节点）：设置正的输入节点。

▲ Input Reference Node（输入参考节点）：设置输入端的参考节点 [默认值：0（GND）]。

▲ Output Node（输出节点）：设置正的输出节点。

▲ Output Reference Node（输出参考节点）：设置输出端的参考节点 [默认值：0（GND）]。

▲ Transfer Function Type（传输函数类型）：设置交流小信号传输函数的类型。V（output）/ V（input）为电压增益传输函数，V（output）/I（input）为电阻传输函数。

▲ Analysis Type（分析类型）：更精确地提炼分析极点。

零 - 极点分析可用于电阻、电容、电感、线性控制源、独立源、二极管、BJT 管、MOSFET 管和 JFET 管，不支持传输线。对复杂的大规模电路设计进行零 - 极点分析，需要耗费大量时间并且可能不能找到全部的 Pole 点和 Zero 点，因此将其拆分成小的电路再进行零 - 极点分析将更有效。

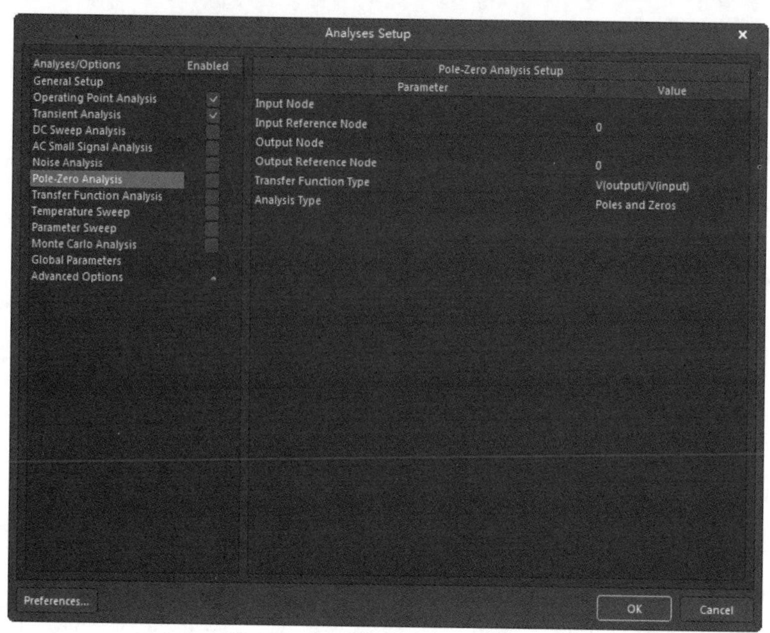

图 9-20　零 - 极点分析的仿真参数

9.4.9 Transfer Function Analysis（传递函数分析）

传递函数分析（也称为直流小信号分析）将计算每个电压节点上的直流输入电阻、直流输出电阻和直流增益值。

在“Analyses Setup（分析设置）”对话框中勾选“Transfer Function Analysis（传递函数分析）”复选框，相应的参数设置如图 9-21 所示。

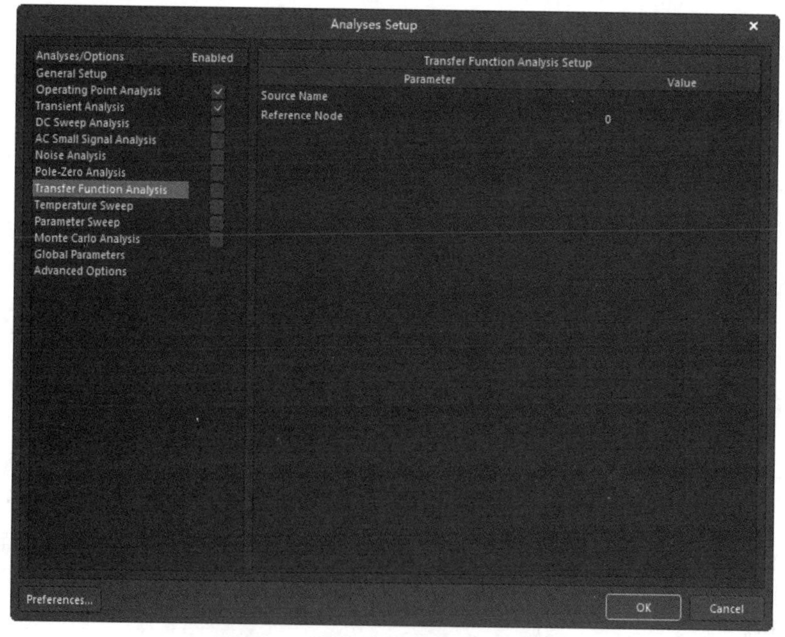

图 9-21　传递函数分析的仿真参数

各参数的含义如下。

▲ Source Name（资源名）：指定输入参考的小信号输入源。

▲ Reference Node（参考节点）：作为参考指定每个特定电压节点的值（默认值：0）。

利用传递函数分析可以计算整个电路中直流输入电阻、直流输出电阻和直流增益 3 个小信号的值。

9.4.10 Temperature Sweep（温度扫描）

温度扫描是指在一定的温度范围内进行电路参数计算，用以确定电路的温度漂移等性能指标。在“Analyses Setup（分析设置）”对话框中勾选“Temperature Sweep（温度扫描）”复选框，相应的参数设置如图 9-22 所示。

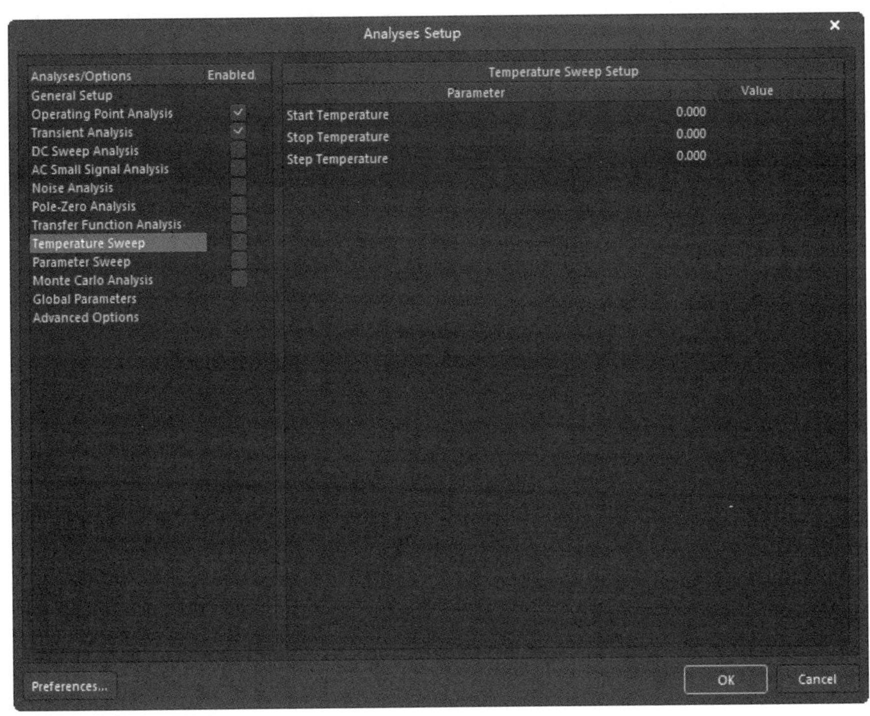

图 9-22　温度扫描的仿真参数

各参数的含义如下。

▲ Start Temperature（起始温度）：设置电路起始温度（单位：℃）。

▲ Stop Temperature（终止温度）：设置电路截止温度（单位：℃）。

▲ Step Temperature（温度步长）：在温度变化区间内，温度递增变化的大小。

在温度扫描分析时，由于会产生大量的分析数据，因此需要将“General Setup”中的“Collect Data for（为……收集数据）”设置为“Active Signals”。

9.4.11 Parameter Sweep（参数扫描）

参数扫描可以与直流、交流或瞬态分析等分析类型配合使用，对电路所执行的分析进行

参数扫描，为研究电路参数变化对电路特性的影响提供了很大的方便。它在分析功能上与蒙特卡罗分析和温度扫描分析类似，是按扫描变量对电路的所有分析参数扫描的，分析结果是产生一个数据列表或一组曲线图。同时，用户还可以设置第二个参数扫描分析，但参数扫描分析所收集的数据不包括子电路中的器件。

在“Analyses Setup（分析设置）”对话框中勾选“Parameter Sweep（参数扫描）”复选框，相应的参数设置如图 9-23 所示。

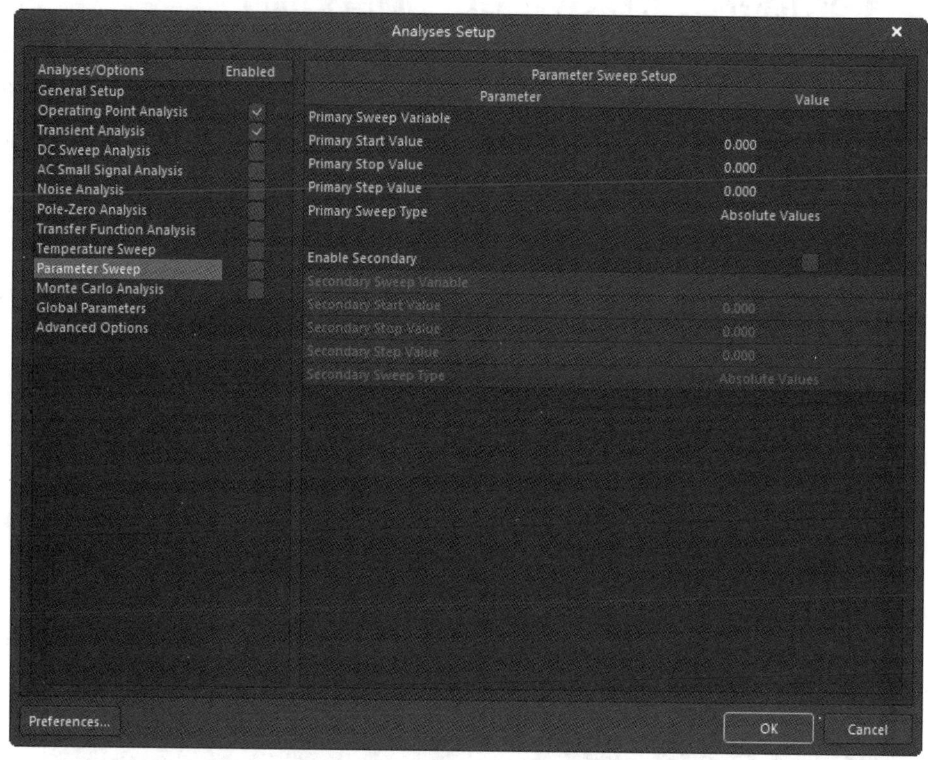

图 9-23　参数扫描的仿真参数

各参数的含义如下。

▲ Primary Sweep Variable（主扫描值）：希望扫描的电路参数或器件的值。

▲ Primary Start Value（主起始值）：扫描变量的起始值。

▲ Primary Stop Value（主终止值）：扫描变量的终止值。

▲ Primary Step Value（主步长）：扫描变量的步长。

▲ Primary Sweep Type（主扫描类型）：设置步长的绝对值或相对值。

▲ Enable Secondary（勾选第二变量）：在分析时需要确定第二个扫描变量。

▲ Secondary Sweep Variable（从扫描值）：希望扫描的电路参数或器件的第二变量的值。

▲ Secondary Start Value（从起始值）：第二变量的起始值。

▲ Secondary Stop Value（从终止值）：第二变量的终止值。

▲ Secondary Step Value（从步长）：扫描第二变量的步长。

▲ Secondary Sweep Type（从扫描类型）：设置扫描第二变量步长的绝对值或相对值。

参数扫描至少应与标准分析类型中的一项一起执行，可以观察到，不同的参数值所画出来的曲线不一样。曲线之间偏离的大小表明此参数对电路性能影响的程度。

9.4.12 Monte Carlo Analysis（蒙特卡罗分析）

蒙特卡罗分析是一种统计模拟方法，它是在给定电路元件参数容差为统计分布规律的情况下，用一组组伪随机数求得元件参数的随机抽样序列，对这些随机抽样的电路进行直流扫描、直流工作点、传递函数、噪声、交流小信号的瞬态分析，并通过多次分析结果估算出电路性能的统计分布规律。蒙特卡罗分析可以进行最坏情况分析，它在进行最坏情况分析时有着强大且完备的功能。

在“Analyses Setup（分析设置）”对话框中勾选“Monte Carlo Analysis”（蒙特卡罗分析）复选框，相应的参数设置如图 9-24 所示。

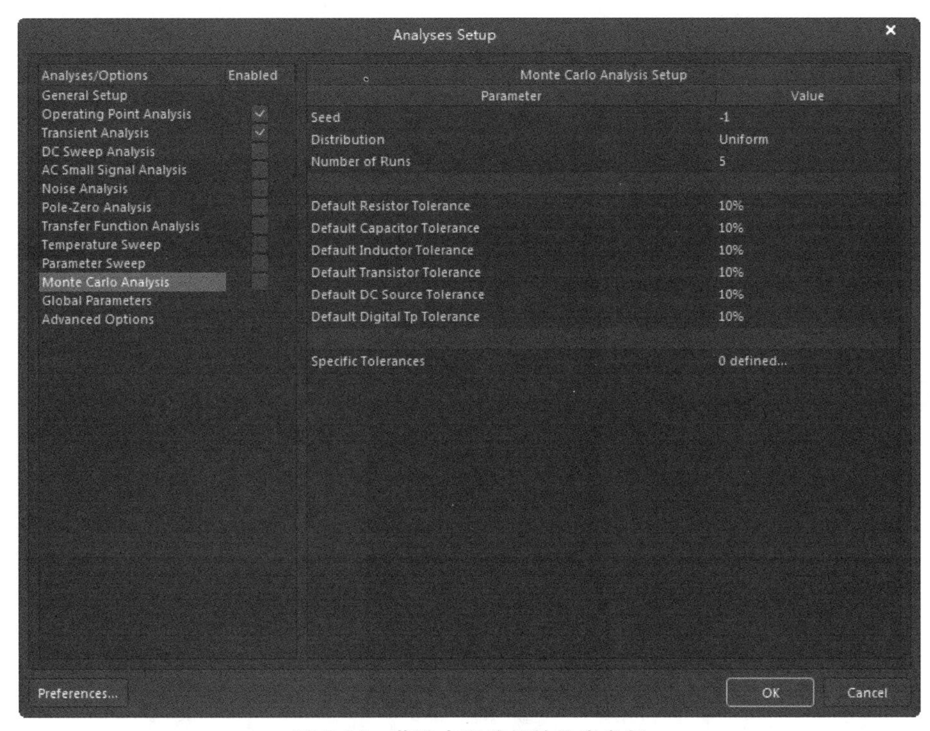

图 9-24　蒙特卡罗分析的仿真参数

各参数的含义如下。

▲ Seed（随机数）：该值是仿真中随机产生的。如果用随机数的不同序列执行一个仿真，需要改变该值（默认值：-1）。

▲ Distribution（容差分布参数）：Uniform（默认值）表示单调分布，在超过指定的容差范围后仍然保持单调变化；Gaussian 表示高斯曲线分布（即 Bell-Shaped 铃形），名义中位数与指定容差有 ±3 的差距；Worst Case 表示最坏情况，与单调分布类似，不仅仅是容差范围内最差的点。

▲ Number of Runs（器件数）：在指定容差范围内执行仿真，运用不同器件值（默认值：5）。

▲ Default Resistor Tolerance（默认电阻公差）：电阻器件容差（默认值：10%）。

▲ Default Capacitor Tolerance（默认电容公差）：电容器件容差（默认值：10%）。

▲ Default Inductor Tolerance（默认电感公差）：电感器件容差（默认值：10%）。

▲ Default Transistor Tolerance（默认晶体管公差）：晶体管器件容差（默认值：10%）。

▲ Default DC Source Tolerance（默认直流源公差）：直流源容差（默认值：10%）。

▲ Default Digital Tp Tolerance（默认数字器件公差）：数字器件传播延时容差（默认值：10%），该容差将用于设置随机数发生器产生数值的区间。对于一个名义值为ValNom 的器件，其容差区间为 ValNom–（Tolerance×ValNom）<RANGE<ValNom+（Toleance×ValNom）。

▲ Specific Tolerances（用户特定的容差）：（默认值：0）定义一个新的特定容差，先执行“Add”命令，在出现的新增行的“Designator”域中选择特定容差的器件，在“Parameter”中设置参数值，在“Tolerance”中设定容差范围，“Track No.”即跟踪数（Tracking Number）。用户可以为多个器件设置特定容差。此区域用来标明在设置多个器件特定容差的情况下，它们之间的变化情况。如果两个器件的特定容差的跟踪数一样，且分布相同，则在仿真时将产生同样的随机数并用于计算电路特性，在“Distribution”中选择Uniform、Gaussian 和 Worst Case 中的一项。每个器件都包含两种容差类型，分别为器件容差和批量容差。

在电阻、电容、电感、晶体管等参数同时变化的情况下，由于变化的参数太多，反而不知道哪个参数对电路的影响最大。因此，建议读者不要“贪多”，应一个一个地分析。例如，想知道晶体管参数 BF 对电路频率响应的影响，那么就应该去掉其他参数对电路的影响，而只保留 BF 容差。

9.4.13 Global Parameters（全局参数分析）

在“Analyses Setup（分析设置）”对话框中选中“Global Parameters（全局参数分析）”复选框之后，可添加或移除仿真的全局参数，如图 9-25 所示。

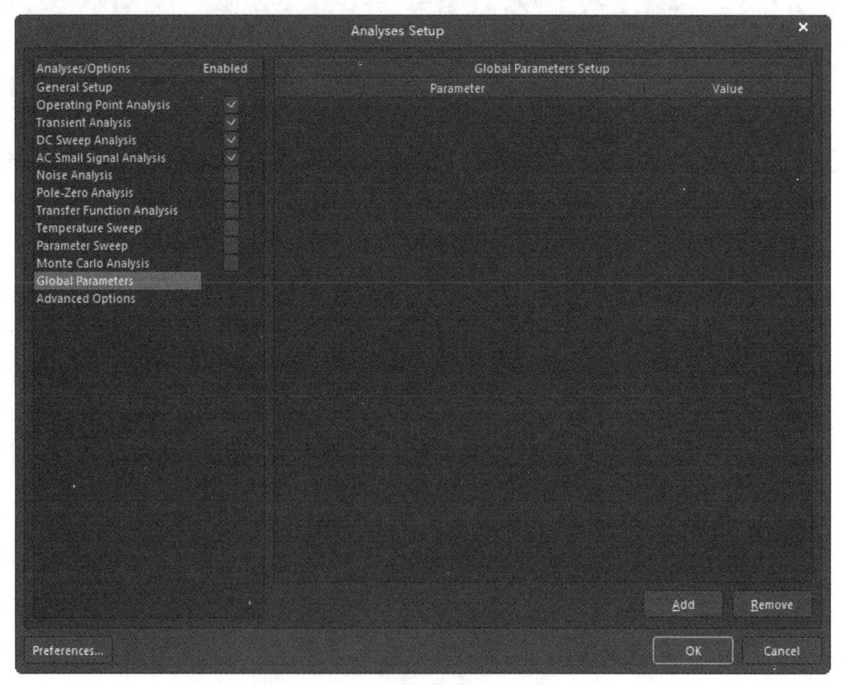

图 9-25 全局选项的参数设置

9.4.14 Advanced Options（高级选项）

在“Analyses Setup（分析设置）”对话框中选中“Advanced Options”复选框之后，可设置仿真的高级参数，如图 9-26 所示。图中的选项提供了设置 Spice 变量值、仿真器和仿真参考网络的综合方法。在实际设置时，这些参数建议最好使用默认值。

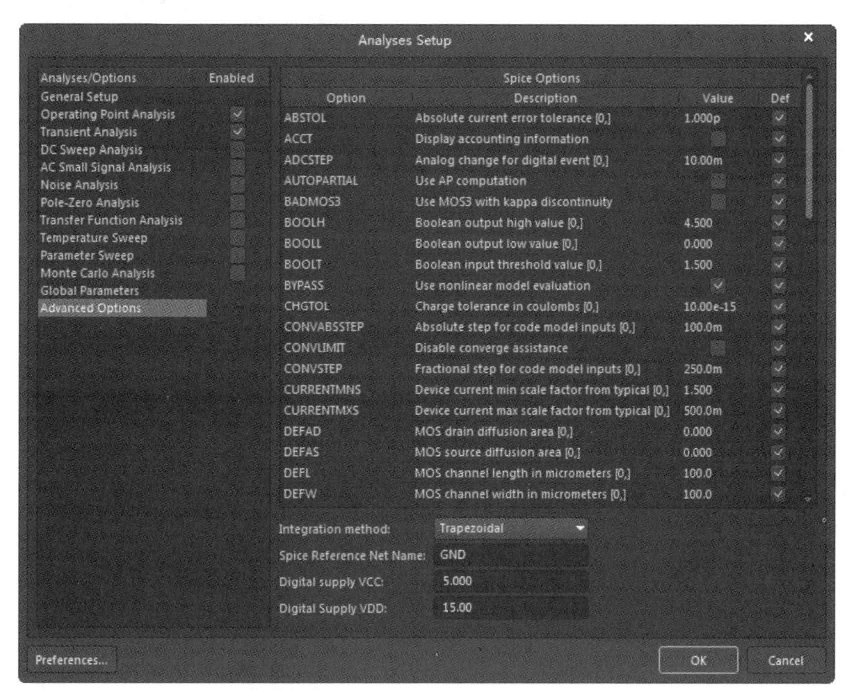

图 9-26 高级选项的参数设置

9.5 特殊仿真元件的参数设置

在仿真过程中，有时还会用到一些专用于仿真的特殊元件，它们存放在系统提供的“AD 20/Library/Simulation/Simulation Sourees.IntLib”集成库中，这里做简单的介绍。

9.5.1 节点电压初值

节点电压初值“.IC”主要用于为电路中的某一节点提供电压初值，与电容中的“Intial Voltage（电压初值）”参数的作用类似。设置方法很简单，只要把该元件放在需要设置电压初值的节点上，通过设置该元件的仿真参数即可为相应的节点提供电压初值，如图 9-27 所示。

需要设置的“.IC”元件仿真参数只有一个，即节点的电压初值。双击节点电压初值元件，系统弹出如图 9-28 所示的“Component（元件）”属性设置面板。

选中“Models（模型）”栏“Type（类型）”列中的“Simulation（仿真）”选项，单击编辑按钮，系统弹出如图 9-29 所示的“.IC”元件仿真参数设置对话框。在“Parameters

（参数）”选项卡中，只有一项仿真参数“Intial Voltage（电压初值）”，用于设置相应节点的电压初值，这里设置为“0V”。设置了有关参数后的“.IC”元件如图 9-30 所示。

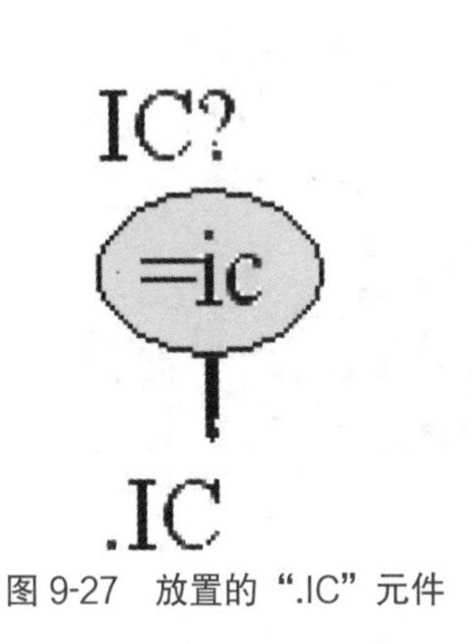

图 9-27　放置的“.IC”元件

图 9-28　“.IC”元件属性设置

图 9-29　“.IC”元件仿真参数设置对话框

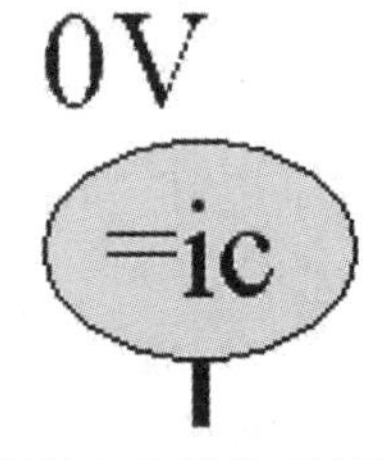

图 9-30　设置完参数的“.IC”元件

使用“.IC”元件为电路中的一些节点设置电压初值后，用户采用瞬态特性分析的仿真方式时，若勾选了“Use Initial Conditions”复选框，则仿真程序将直接使用“.IC”元件所设置的初始值作为瞬态特性分析的初始条件。

当电路中有储能元件（如电容）时，如果在电容两端设置了电压初始值，而在与该电容连接的导线上也同时放置了“.IC”元件，并设置了参数值，那么，此时进行瞬态特性分析时，系统将使用电容两端的电压初始值，而不会使用“.IC”元件的设置值，即一般元件的优先级高于“.IC”元件。

9.5.2 节点电压

在对双稳态或单稳态电路进行瞬态特性分析时，节点电压“.NS”用来设置某个节点的电压预收敛值。如果仿真程序计算出该节点的电压小于预设的收敛值，则去掉“.NS”元件所设置的收敛值，继续计算，直到算出真正的收敛值为止，即“.NS”元件是求节点电压收敛值的一个辅助手段。

设置方法很简单，只要把该元件放在需要设置电压预收敛值的节点上，通过设置该元件的仿真参数即可为相应的节点设置电压预收敛值，如图 9-31 所示。

需要设置的“.NS”元件仿真参数只有一个，即节点的电压预收敛值。双击节点电压元件，系统弹出如图 9-32 所示的“Component（元件）”属性面板。

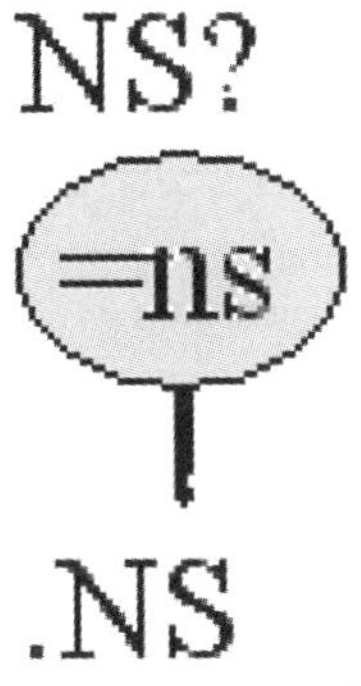

图 9-31 放置的“.NS”元件

图 9-32 “.NS”元件属性设置

选中“Models（模型）”栏“Type（类型）”列中的“Simulation（仿真）”选项，单击编辑按钮，系统弹出如图 9-33 所示的“.NS”元件仿真参数设置对话框。

在“Parameters”选项卡中，只有一项仿真参数“Intial Voltage（电压初值）”，用于设置相应节点的电压预收敛值，这里设置为“10V”。设置了有关参数后的“.NS”元件如图 9-34 所示。

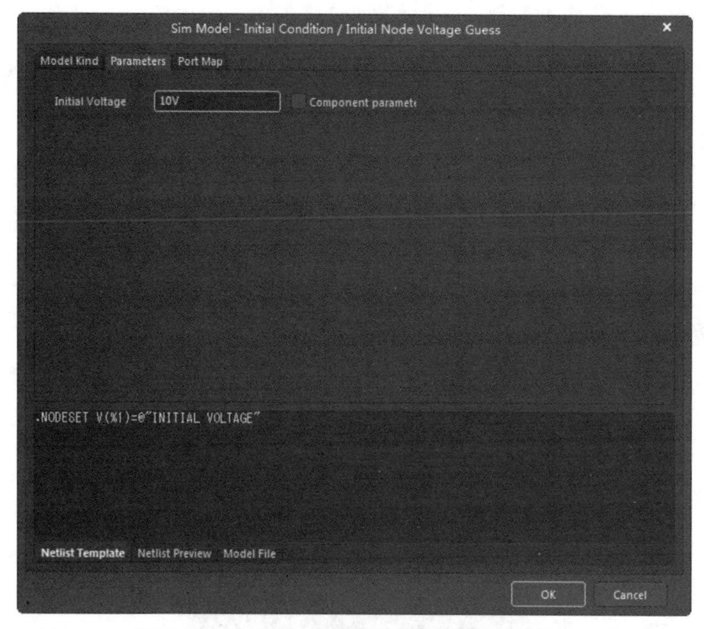

图 9-33 “.NS”元件仿真参数设置对话框

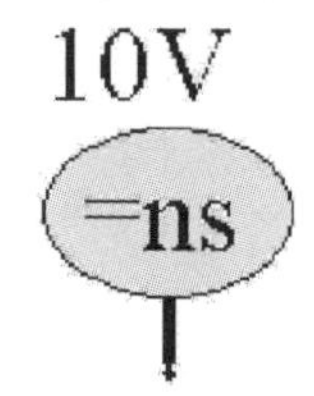

图 9-34 设置完参数的“.NS”元件

若在电路的某一节点处同时放置了“.IC”元件与“.NS”元件，则仿真时“.IC”元件的设置优先级将高于“.NS”元件。

9.5.3 仿真数学函数

Altium Designer 20 的仿真器中还提供了若干仿真数学函数，它们同样作为特殊的仿真元件，可以放置在电路仿真原理图中使用，主要用于对仿真原理图中的两个节点信号进行各种合成运算，以达到一定的仿真目的，包括节点电压的加、减、乘、除以及支路电流的加、减、乘、除等运算，也可以用于对一个节点信号进行各种变换，如正弦变换、余弦变换、双曲线变换等。

仿真数学函数存放在“AD 20/Library/Simulation/ Simulation Math Function.IntLib”库文件中，只需要把相应的函数功能模块放到仿真原理图中需要进行信号处理的地方即可，仿真参数不需要用户自行设置。

如图 9-35 所示，是对两个节点电压信号进行相加运算的仿真数学函数“ADDV”。

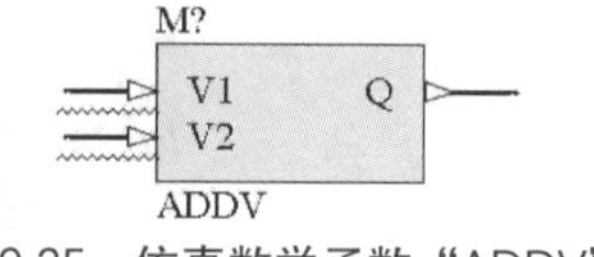

图 9-35 仿真数学函数“ADDV”

9.6 综合演练

扫一扫 看视频

Altium Designer 20 的混合电路信号仿真工具，在电路原理图设计阶段实现对数模混合信号电路的功能进行仿真，配合简单易用的参数配置窗口，完成基于时序、离散度、信噪比等多种数据的分析。Altium Designer 20 可以在原理图中提供完善的混合信号电路仿真功能，除了对 XSPICE 标准的支持之外，还支持对 PSpice 模型和电路的仿真。

通过下面实例的学习，读者可以熟练掌握电路仿真分析的方法，对混合电路仿真进行瞬态分析、交流小信号分析及参数分析。

① 启动 Altium Designer 20 软件。

② 选择“文件”→“打开”命令，打开工程文件“Analog Amplifier.PRJPCB”。

③ 双击“Analog Amplifier.schdoc”，进入电路图编辑环境（读者也可自己绘制电路原理图），结果如图 9-36 所示。

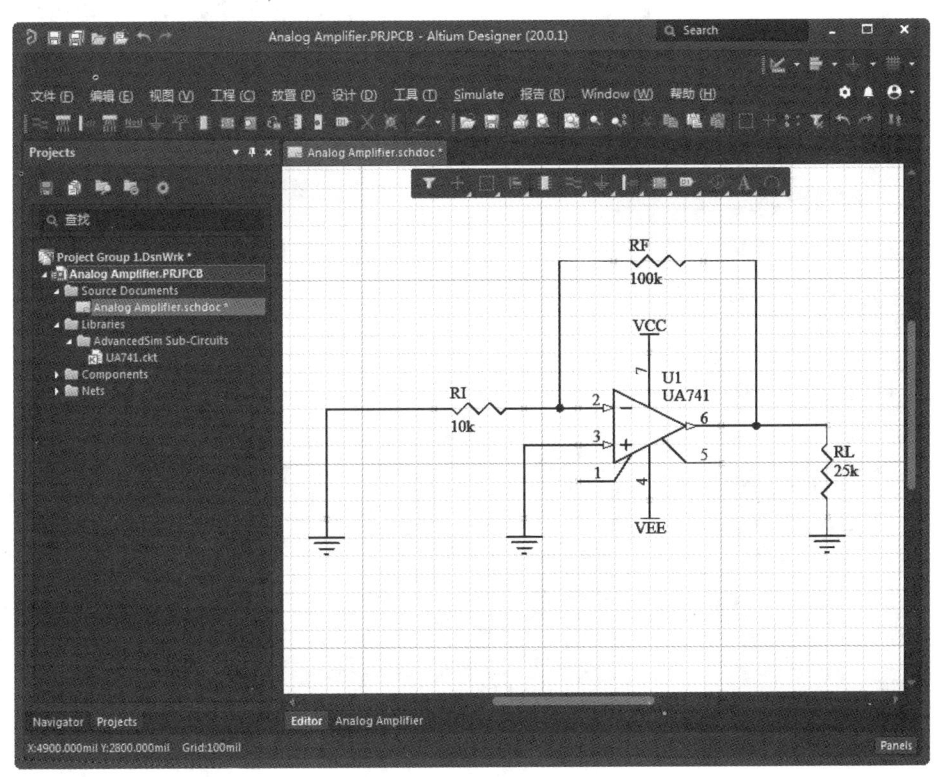

图 9-36 仿真电路编辑环境

④ 单击右侧工具栏中的“Components（元件）”面板，如图 9-37 所示。在“Components（元件）”面板中加载仿真需要的激励源库（Simulation Sources.IntLib）。此仿真激励源库在安装软件自带库目录下，如图 9-38 所示。

⑤ 双击电路中的 U1 器件，检查器件的仿真模型，如图 9-39 所示“Component”属性面板中 “Models（模型）”选项组下的仿真模型。

⑥ 双击图中的“Simulation（仿真）”属性，进入仿真模型添加/编辑对话框，如图 9-40 所示。在该对话框中可以更换仿真模型，查看仿真模型的网表文件，匹配器件符号和模型的端口。

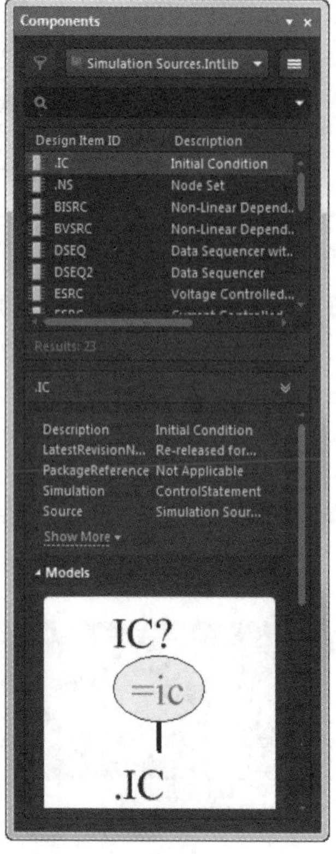

图 9-37　加载激励源库

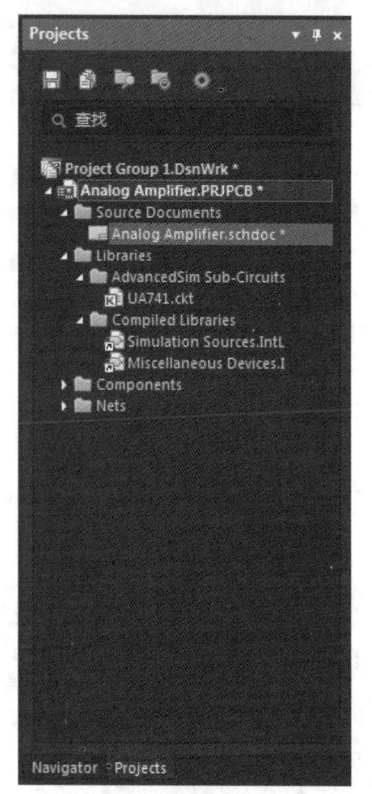

图 9-38　“Projects”面板

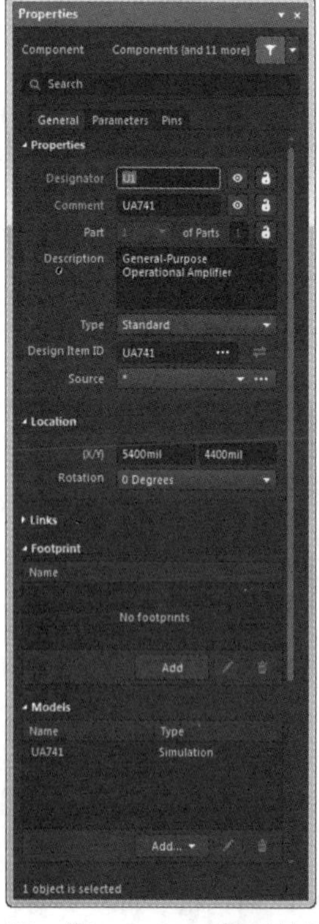

图 9-39　“Component”属性面板

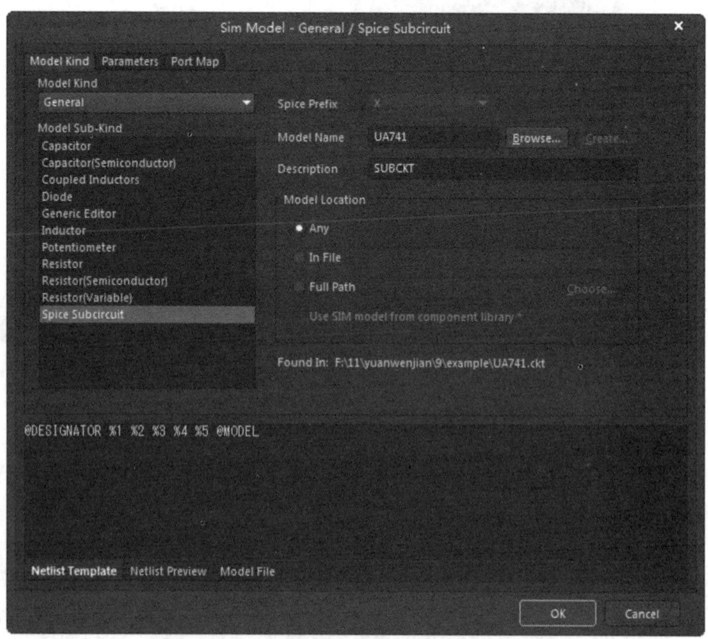

图 9-40　仿真模型添加 / 编辑对话框

⑦ 给电路添加仿真激励源（Simulation Sources.Intlib）。在该例中放置了一个输入电压源（VSIN）和两个直流电压源（VSRC，V1、V2）。激励源也是仿真模型，参数的修改可以通过与步骤⑥同样的方法来实现。其中，电压源 VSIN 频率为 10kHz，幅值 Amplitudes 设置为 0.1；直流电压源（V1、V2）参数值 Value 为 12V、-12V。

⑧ 给仿真电路添加仿真节点，以便仿真后选择和观察各节点的波形。选择菜单栏中的“放置”→“网络标签”命令，或单击“布线”工具栏中的“网络标签”按钮Net，在原理图中放置仿真节点 Input、Output 和 Inv。

⑨ 放置电源和接地符号。单击“布线”工具栏中的（VCC 电源端口）按钮，放置电源，本例共需要 2 个电源。单击“布线”工具栏中的（GND 端口），放置接地符号，本例共需要 3 个接地，如图 9-41 所示。

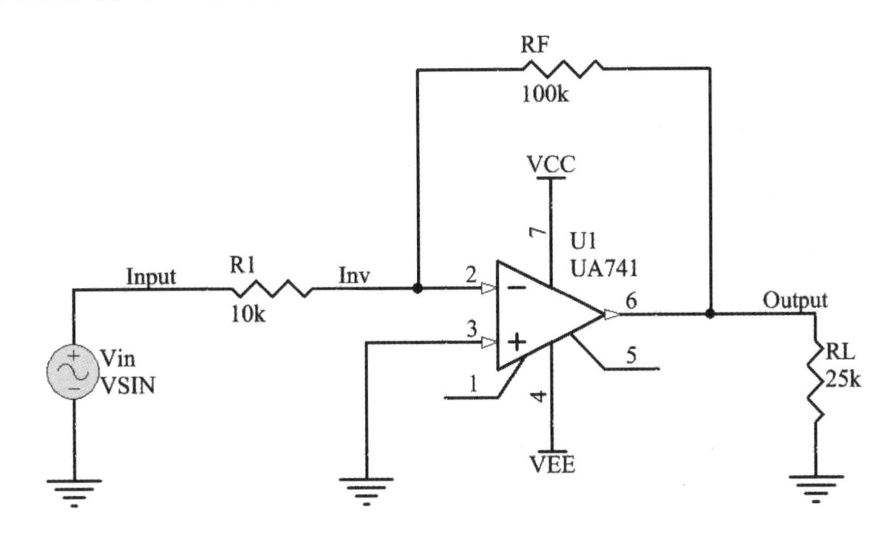

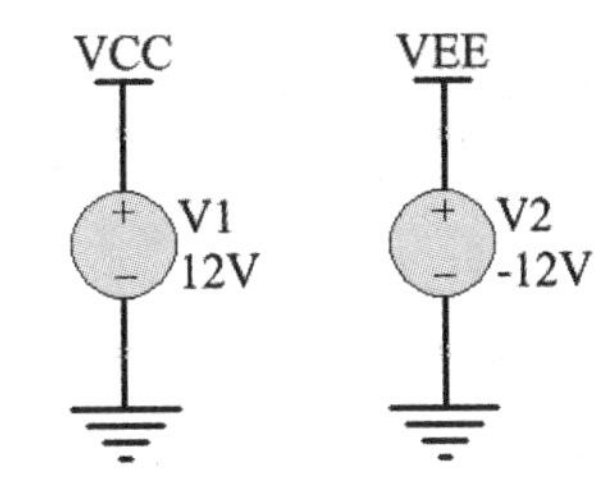

图 9-41　仿真节点设置

⑩ 保存仿真原理图文件。选择“文件”→“另存为”命令，修改原理图电路名称为“SIM-Analog Amplifier.SchDoc”。

⑪ 编译项目文件（进行 ERC 检测）。选择“工程”→“Compile PCB Project Analog Amplifier.PrjPCB”命令，如有错误，需要纠正错误，然后才能进行仿真。

⑫ 选择“设计”→“仿真”→“Mixed Sim（混合仿真）”命令，启动混合电路仿真，如图 9-42 所示。

⑬ 弹出“Analyses Setup（分析设置）”对话框，首先设置通用参数的仿真设置（General Setup），如图 9-43 所示。本例中“Active Signals（积极的信号）”选择 Input 和 Output 两个节点。

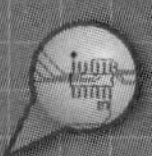

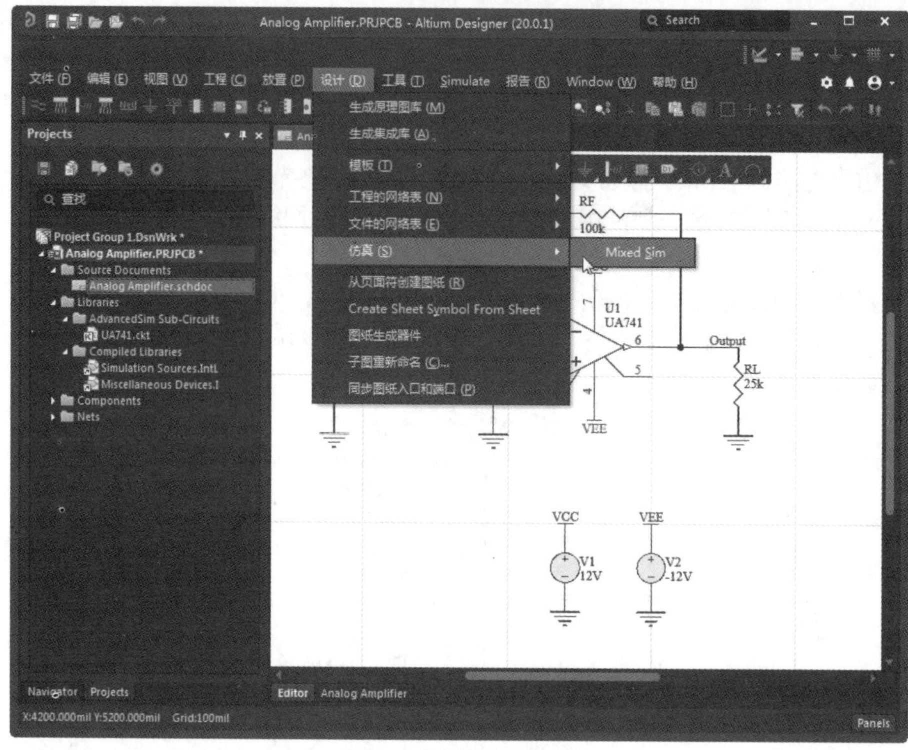

图 9-42　混合电路仿真

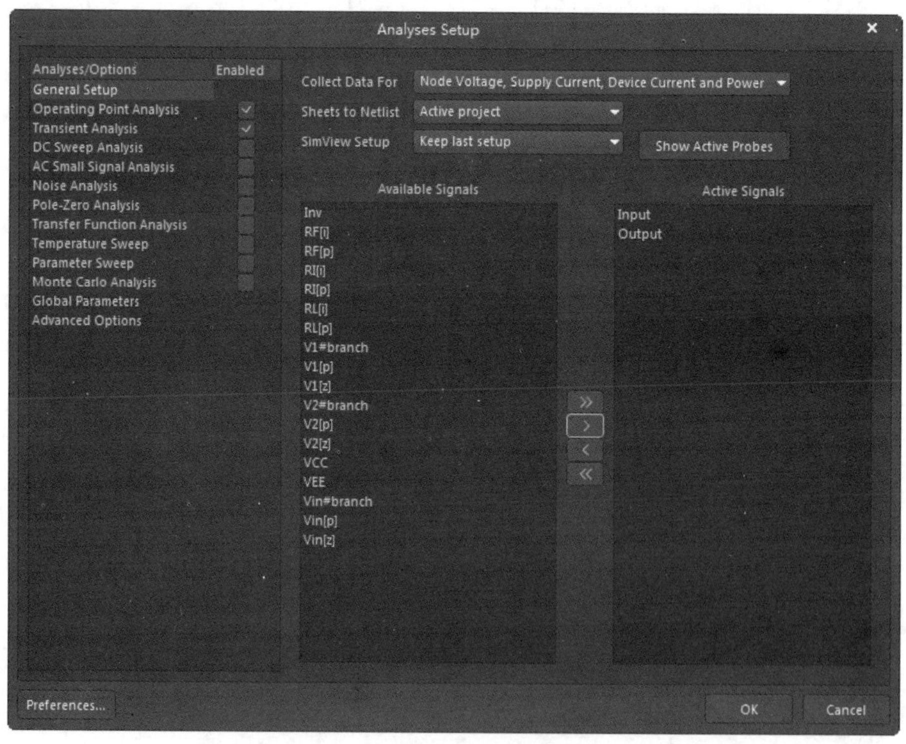

图 9-43　“Analyses Setup（分析设置）”对话框

知识链接——分析设置对话框

通用设置里包含三项内容:“Collect Data For(收集数据)”主要设置仿真包含的数据;“Sheets to Netlist(原理图网络表)”选择仿真对象是当前的项目还是原理图;“SimView Setup”设置仿真后的波形是显示上次的结果还是当前的结果。此例中各参数选择分别为“Node Voltage, Supply Current, Device Current and Power”“Active project”“Show active signals”。“Available Signals(有用的信号)”设置显示波形的节点。

⑭ 设置仿真的类型。分别勾选“Transient Analysis(瞬态分析)”“AC Small Signal Analysis(直、交流小信号分析)”和“Parameter Sweep(参数扫描)”复选框。

知识链接——瞬态分析命令

瞬态分析是一种时域分析,主要分析电路在各参数不变的情况下,系统随时间变化的情况。

⑮ 勾选左侧“Analyses/Options(分析/选项)”列表框中“Transient Analysis(瞬态特性分析)”复选框,取消“Use Transient Defaults(使用默认瞬态设置)”复选框的勾选,设置自定义参数。“Transient Start Time(瞬态仿真分析的起始时间)”“Transient Stop Time(瞬态仿真分析的终止时间)”“Transient Step Time(瞬态仿真的时间步长)”“Transient Max Step Time(瞬态仿真的最大时间步长)”和“Fourier Fundamental Frequency(傅里叶分析中的基波频率)”这5个参数分别设为0、500u、2.5u、2.5u和100k,如图9-44所示。

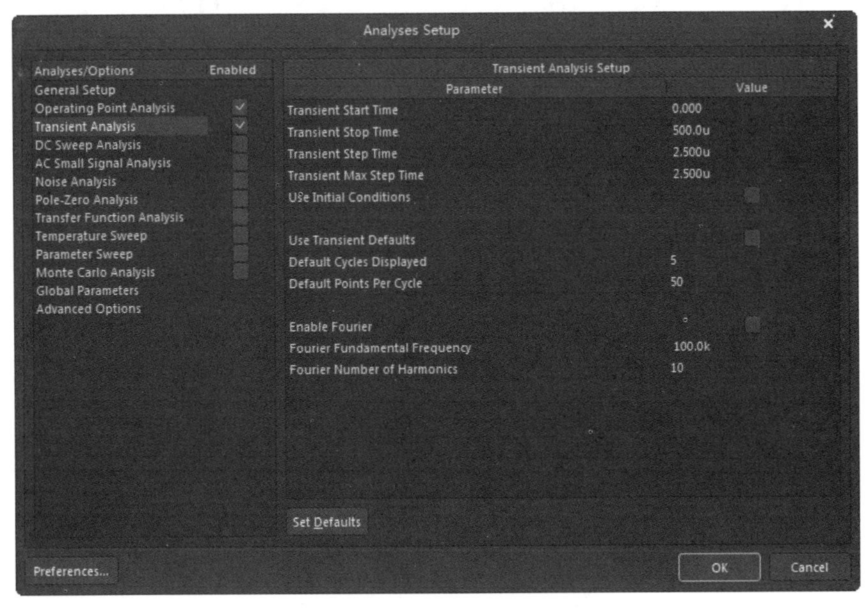

图9-44 瞬态分析设置

⑯ 勾选“AC Small Signal Analysis（交流小信号分析）”复选框，设置线性频域分析，在指定的频率范围内进行扫描分析，参数设置如图 9-45 所示，“Start Frequency（起始频率）”设为 1Hz，“Stop Frequency（终止频率）”设为 1meg，“Sweep Type（扫描类型）”设为“Decade”，“Test Points（测试点）”设为 100。

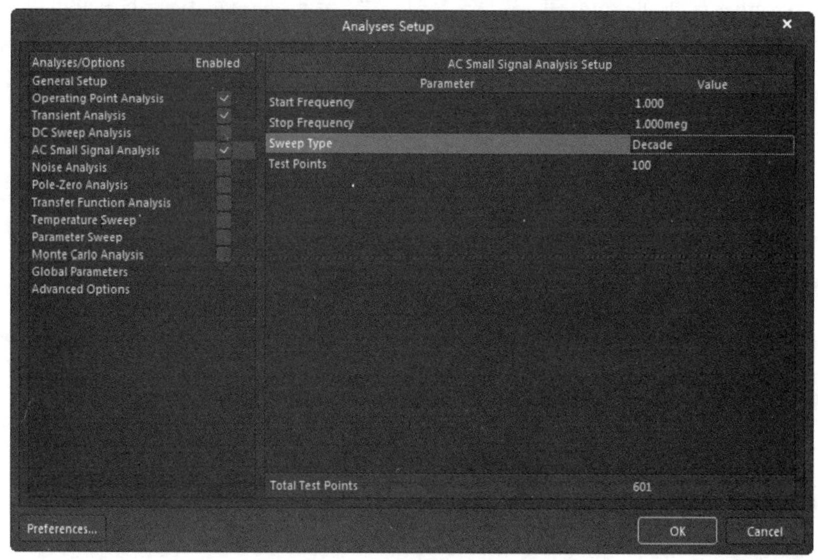

图 9-45　交流小信号分析设置

⑰ 勾选“Parameter Sweep（参数扫描）”复选框，“Primary Sweep Variable（主扫描值）”选择电阻 RF，“Primary Start Value（主起始值）”设为 10，“Primary Stop Value（主终止值）”设为 100，“Primary Step Value（主步长）”设为 10，“Primary Sweep Type（主扫描类型）”设为“Absolute Values”，如图 9-46 所示。

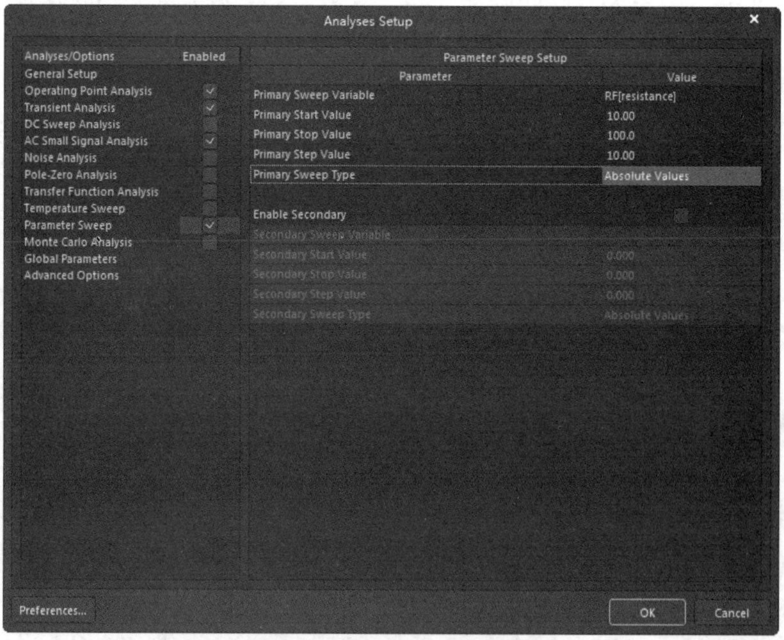

图 9-46　参数扫描参数设置

技巧与提示——参数扫描分析

Altium Designer 20 允许同时对两个器件进行参数扫描，该例只对一个器件进行参数扫描。

⑱ 单击“Analyses Setup（分析设置）”对话框中的 OK 按钮根据选择的分析类型进行分析，将分析结果输出到如图 9-47 ~ 图 9-49 所示的仿真波形界面中。

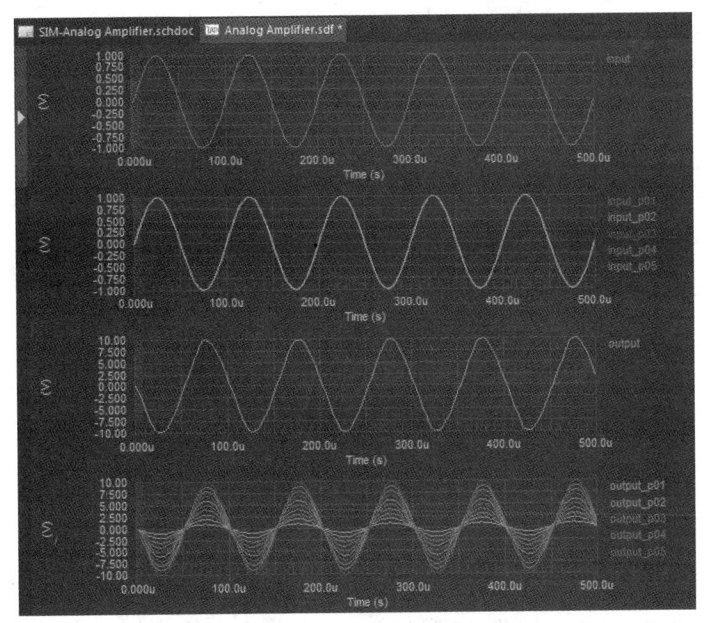

图 9-47 瞬态分析波形

SIM-Analog Amplifier.schdoc　Analog Amplifier.sdf *

input	0.000 V
input_p01	0.000 V
input_p02	0.000 V
input_p03	0.000 V
input_p04	0.000 V
input_p05	0.000 V
input_p06	0.000 V
input_p07	0.000 V
input_p08	0.000 V
input_p09	0.000 V
input_p10	0.000 V
output	8.099mV
output_p01	820.0uV
output_p02	1.629mV
output_p03	2.437mV
output_p04	3.246mV
output_p05	4.055mV
output_p06	4.864mV
output_p07	5.672mV
output_p08	6.481mV
output_p09	7.290mV
output_p10	8.099mV

图 9-48 工作点分析

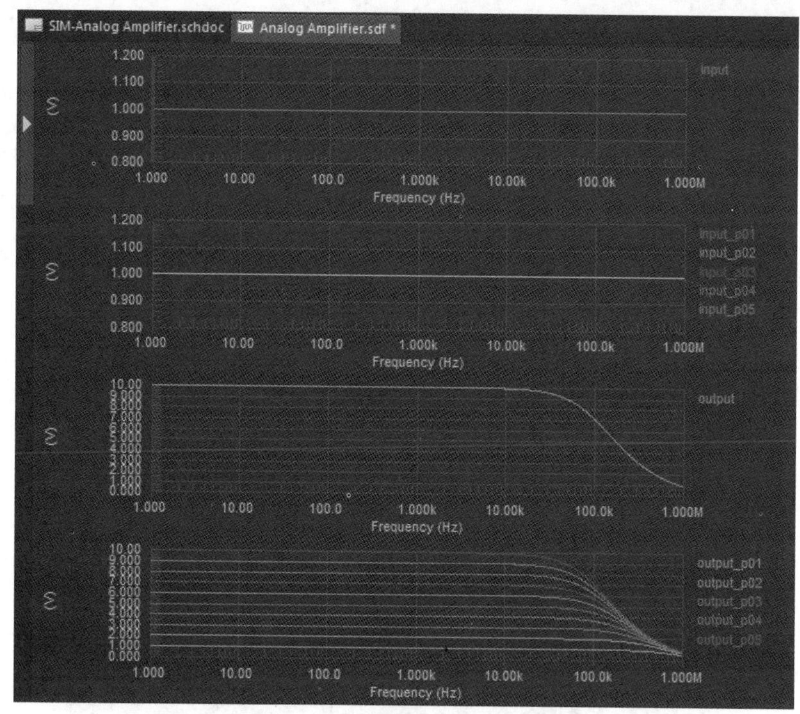

图 9-49 交流小信号分析波形

⑲ 在“AC Small Signal Analysis（交流小信号）”波形显示器上选择要测量的波形（input），右击并在如图 9-50 所示的快捷菜单中选择“Cursor A”或“Cursor B”可以给波形加光标，测量波形上不同点的值，结果如图 9-51 所示。

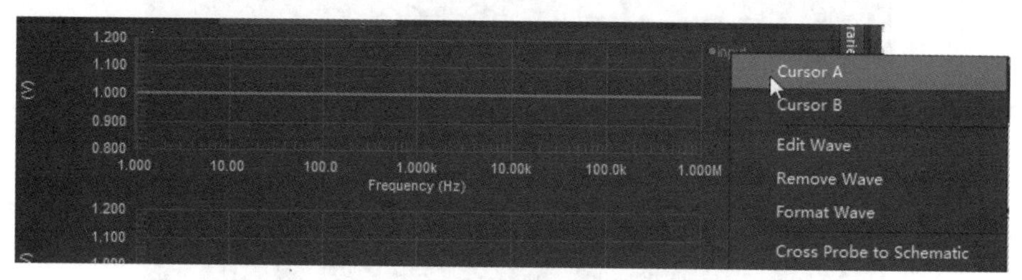

图 9-50 测量波形

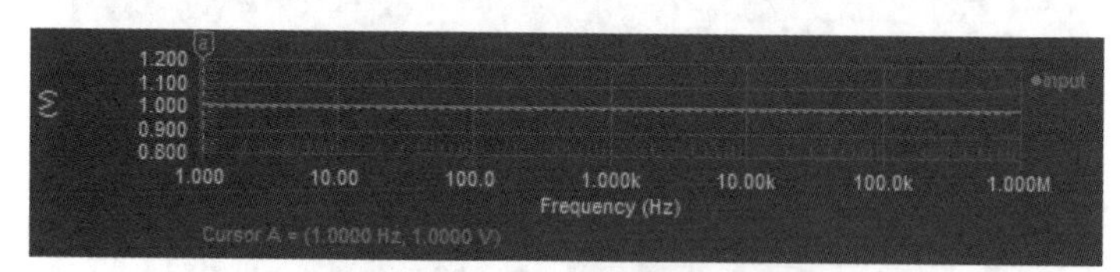

图 9-51 添加光标 Cursor A

第 10 章 电路信号分析

本章导读

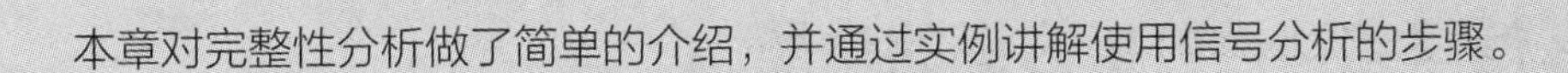

本章对完整性分析做了简单的介绍，并通过实例讲解使用信号分析的步骤。

10.1 信号完整性的基本介绍

在高速数字设计领域，信号噪声会影响相邻的低噪声器件，以致无法准确传递“消息”。随着高速器件越来越普遍，板卡设计阶段的分布式电路分析也变得越来越关键。信号的边沿速率只有几纳秒，因此需要仔细分析板卡阻抗，确保合适的信号线终端，减少这些线路的反射，保证电磁干扰（EMI）处于一定的规则范围之内。最终，需要保证跨板卡的信号完整性，即获得好的信号完整性。

10.1.1 信号完整性定义

那些处理电路功能的电路仿真假定电路互连完好，与此不同的是，信号完整性分析关注器件间的互连——驱动源引脚、目的接收引脚和连接它们的传输线。组件本身以其引脚的 I/O 特性确定型号。

分析信号完整性时会检查（并期望不更改）信号质量。当然，理想情况下，源引脚的信号在沿着传输线传输时是不会有损伤的。器件引脚间的连接使用传输线技术建模，需要考虑线轨的长度、特定激励频率下的线轨阻抗特性以及连接两端的终端特性。一般分析需要通用、快速的分析方法来确定问题信号，即筛选分析；而如果要进行更详细的分析，则需研究反射（反射分析）和EMI（电磁抗干扰分析）。

多数信号完整性问题都是由反射造成的。实际的补救办法在该书后面会有详细介绍，通过引入合适的终端组件来进行阻抗不匹配补偿。如果在设计输入阶段就进行分析，则相对可以更快、更直接地添加终端组件。很明显，相同的分析也可以在版图设计阶段完成，但版图完成后再添加终端组件十分费时且容易出错，在密集的板卡上尤其如此。有一种很好的补救策略，也是许多工程师在使用的信号完整性分析时用的，就是在设计输入后、PCB设计前进行信号完整性分析，处理反射问题，根据需求放置终端，然后进行PCB设计，使用基于期望传输线阻抗的线宽进行布线，然后再次分析。在输入阶段检查有问题标值的信号，进行EMI分析，把EMI保持在可接受的水平。

一般来说，信号传输线上反射的起因是阻抗不匹配。基本电子学指出一般电路都是输出有低阻抗而输入有高阻抗。为了减小反射，获得干净的信号波形，没有响铃特征，就需要很好地匹配阻抗。一般的解决方案包括在设计中的相关点添加终端电阻或RC网络，以此匹配终端阻抗，减少反射。此外，在PCB布线时考虑阻抗也是确保更好的信号完整性的关键因素。

串扰水平（或EMI程度）与信号线上的反射直接成比例。如果信号质量条件得到满足，反射几乎可以忽略不计。在信号到达目的地的路径中尽量少兜圈子，就可以减少串扰。工程师设计的黄金定律就是通过正确的信号终端和PCB上受限的布线阻抗获得最佳的信号质量。一般来说，EMI需要严格考虑，但如果设计流程中集成了很好的信号完整性分析，则设计就可以满足最严格的规范要求。

10.1.2 在信号完整性分析方面的功能

要在原理图设计或PCB制造前创建正确的板卡，一个关键因素就是维护高速信号的完整性。Altium Designer 20统一信号完整性分析仪提供了强大的功能集，保证设计以期望的方式在真实世界工作。

（1）确保高速信号的完整性

最近，越来越多的高速器件出现在数字电路设计中。这些器件也导致了高速的信号边沿速率。对设计师来说，需要考虑如何保证板卡上信号的完整性。快速的上升时间和长距离的布线会带来信号反射。特定传输线上明显的反射不仅会影响该线路上传输的真实信号，而且会给相邻传输线带来“噪声”，即电磁干扰（EMI）。要监控信号反射和交叉信号电磁干扰，需要可以详细分析设计中信号反射和电磁干扰程度的工具。Altium Designer 20就能提供这些工具。

（2）在Altium Designer 20中进行信号完整性分析

Altium Designer 20提供了完整的集成信号完整性分析工具，可以在设计的输入（只有原理图）和版图设计阶段使用。先进的传输线计算和I/O缓冲宏模型信息用作分析仿真的输入。再结合快速反射和抗电磁干扰模拟器后，分析工具使用业界实证过的算法进行准确的仿真。

无论是进行原理图分析还是对PCB进行分析，原理图或PCB文档都必须属于该项目。如果存在PCB，则分析始终要基于该PCB文档。

 将信号完整性分析集成进标准的板卡设计流程中

在生成 PCB 输出前，一定要运行最终的设计规则检查（DRC）。选择“工具”→“设计规则检查”命令，打开“设计规则检查器”对话框，如图 10-1 所示。

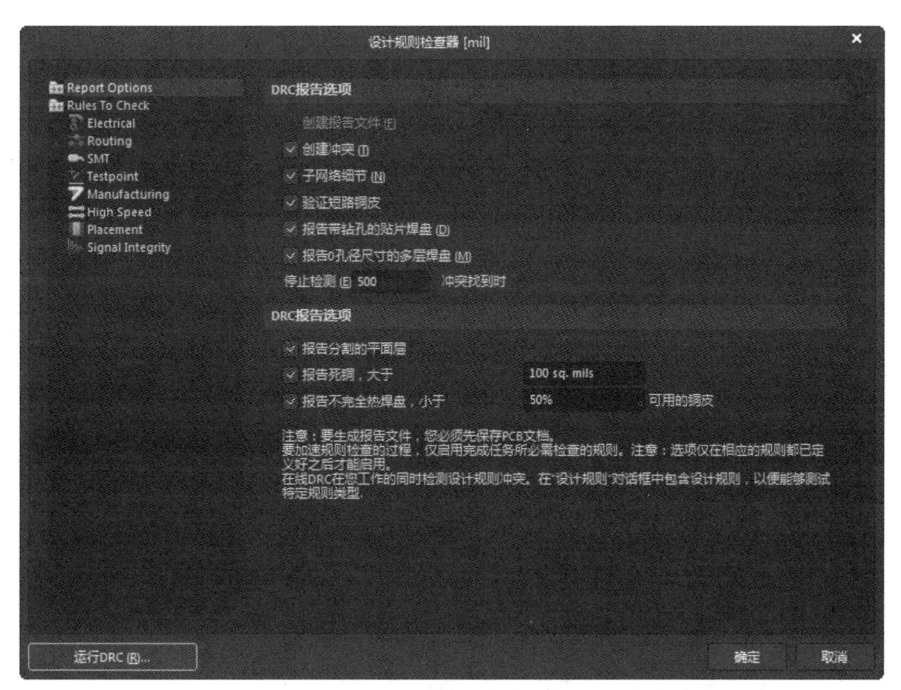

图 10-1 “设计规则检查器”对话框

作为 Batch DRC 的一部分，Altium Designer 20 的“PCB 编辑器”可定义各种信号完整性规则。用户可设置参数门限，如降压和升压、边沿斜率、信号级别和阻抗值。如果在检查过程中发现问题网络，那么还可以进行更详细的反射或串扰分析。

这样，建立可接受的信号完整性参数成为正常板卡定义流程的一部分，和日常定义对象间隙和布线宽度一样。确定物理版图导致的信号完整性问题就成为完成板卡全部 DRC 的一部分，并将信号完整性设计规则作为补充检查而不是分析设计的唯一途径来考虑。

10.2 进行信号完整性分析的特点 

在 Altium Designer 20 设计环境下，在原理图和 PCB 编辑器内都可以实现信号完整性分析，并且能以波形的方式在图形界面下给出反射和串扰的分析结果，其特点如下。

① Altium Designer 20 具有布局前和布局后信号完整性分析功能，采用成熟的传输线计算方法，以及 I/O 缓冲宏模型进行仿真。信号完整性分析器能够产生准确的仿真结果。

② 布局前的信号完整性分析允许用户在原理图环境下，对电路潜在的信号完整性问题进行分析。

③ 更全面的信号完整性分析是在 PCB 环境下完成的，它不仅能对反射和串扰以图形的方式进行分析，而且能利用规则检查发现信号完整性问题。Altium Designer 20 能提供一些有

效的终端选项，来帮助选择最好的解决方案。

④ Altium Designer 的 SI 仿真功能，可以在原理图阶段假定 PCB 环境进行布线前预仿真，帮助用户进行设计空间探索，也可以在 PCB 布线后按照实际设计环境进行仿真验证，并辅以虚拟端接、参数扫描等功能，帮助用户考察和优化设计，增强设计者的信心。

不论是在 PCB 还是在原理图环境下进行信号完整性分析，设计文件必须在工程当中。如果设计文件是作为 Free Document 出现的，则不能进行信号完整性分析。

扫一扫　看视频

10.3 综合演练

下面以实例的形式演示信号完整性分析仪的功能，分别通过对原理图、PCB 图的分析，完整演示电路分析的必要性。

（1）打开工程文件

在源文件路径下打开“yuanwenjian\10\10.4\example\SI_demo”，双击打开项目文件“SI_demo.PrjPcb”，采用同样的方法，双击打开“SI_demo.SchDoc”原理图文件，如图 10-2 所示，进入原理图编辑环境，观察到图中有 U2 和 U3 两个 IC 器件。

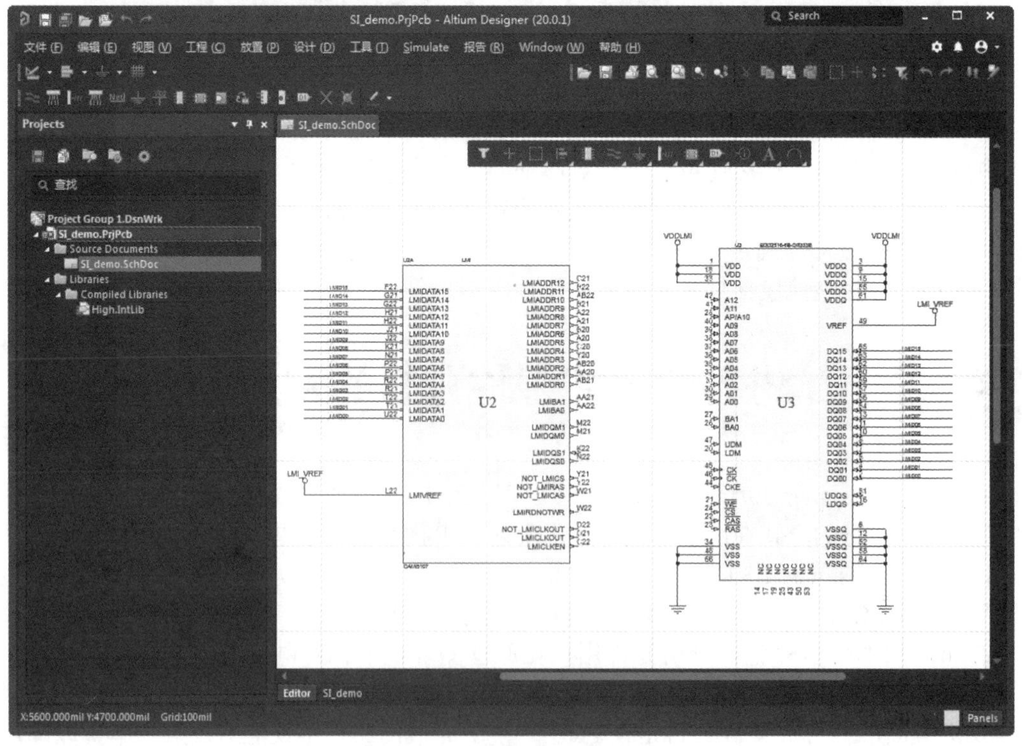

图 10-2　打开原理图文件

（2）为器件指定IBIS模型

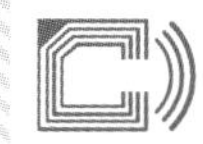

技巧与提示——模型添加

如果元件库中已有该器件正确的 IBIS 模型，则可跳过步骤（2）。

① 双击器件 U2，弹出元件属性编辑面板，如图 10-3 所示。

② 在元件属性面板“General（通用）”选项卡中，双击“Models（模型）”栏下方的 Add... 下拉按钮，选择“Signal Integrity（信号完整性）”选项，为器件 U2 指定 SI 仿真用的 IBIS 模型，弹出“Signal Integrity Model（信号完整性分析模型）”对话框，如图 10-4 所示。

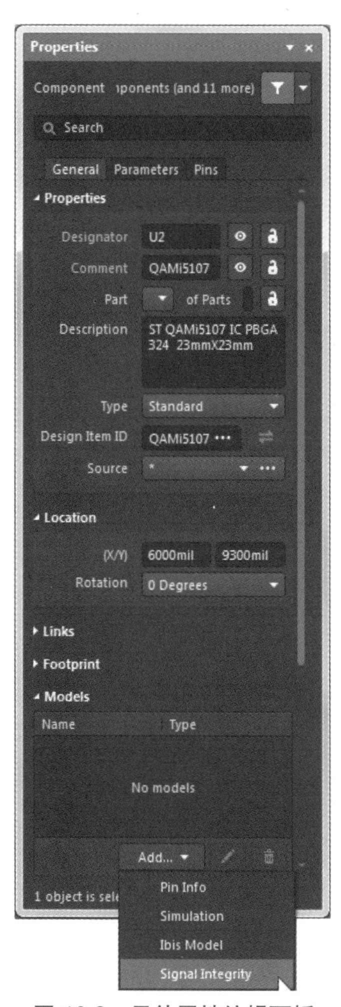

图 10-3　元件属性编辑面板

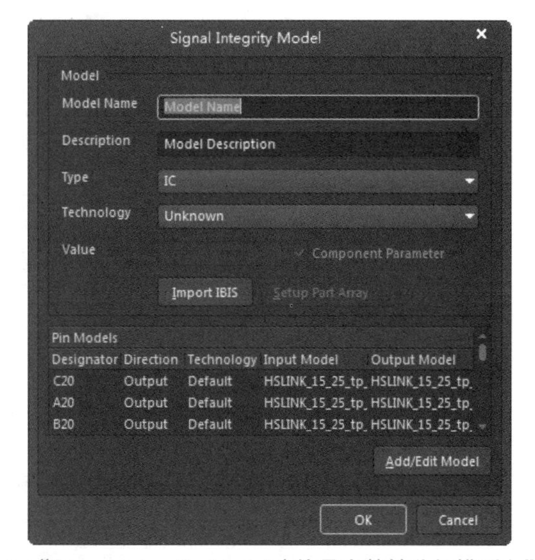

图 10-4　“Signal Integrity Model（信号完整性分析模型）”对话框

③ 单击“Import IBIS（导入 IBIS 模型）”按钮，打开“Open IBIS File”对话框，选择 U2 对应的 IBIS 模型文件“5107_lmi.ibs”，如图 10-5 所示（本例中 U2 的 IBIS 模型文件保

存在“SI_demo”文件夹中）。

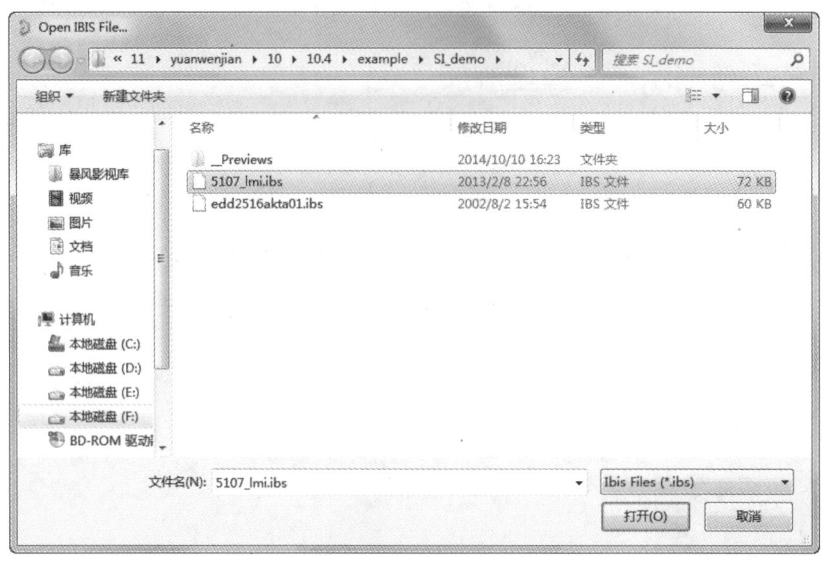

图 10-5 “Open IBIS File”对话框

④ 单击“打开”按钮，弹出“IBIS Converter（IBIS 转换器）”对话框，如图 10-6 所示，单击 OK 按钮，弹出“Information”对话框，如图 10-7、图 10-8 所示。单击“OK”按钮，U2 的模型设置完成，模型添加结果如图 10-9 所示。

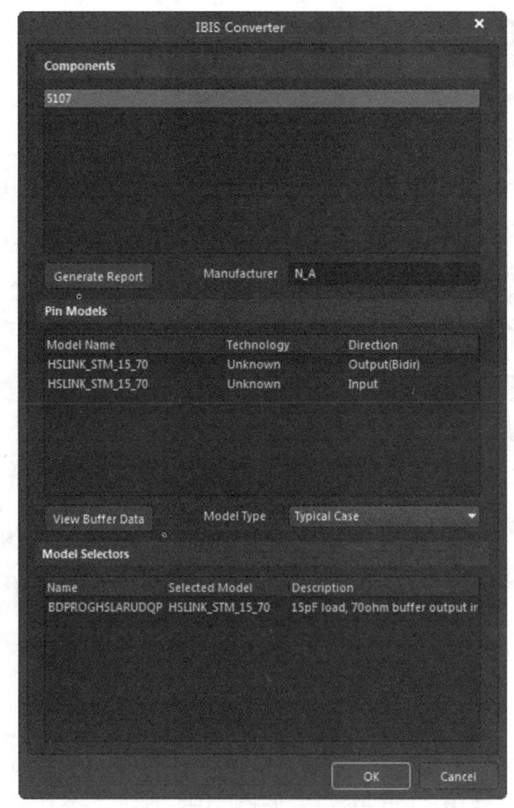

图 10-6 “IBIS Converter（IBIS 转换器）”对话框

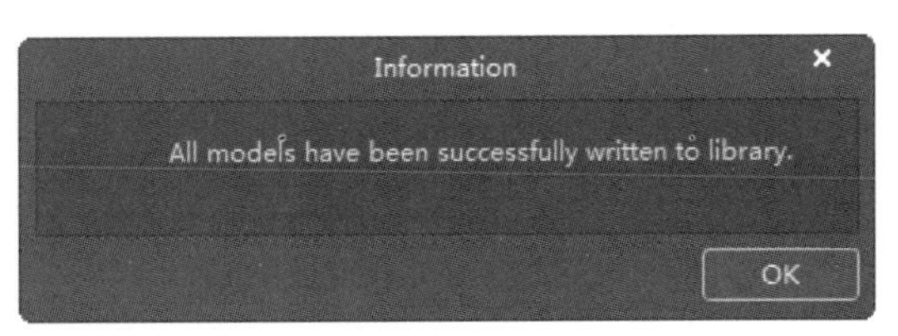

图 10-7 信息对话框（1）

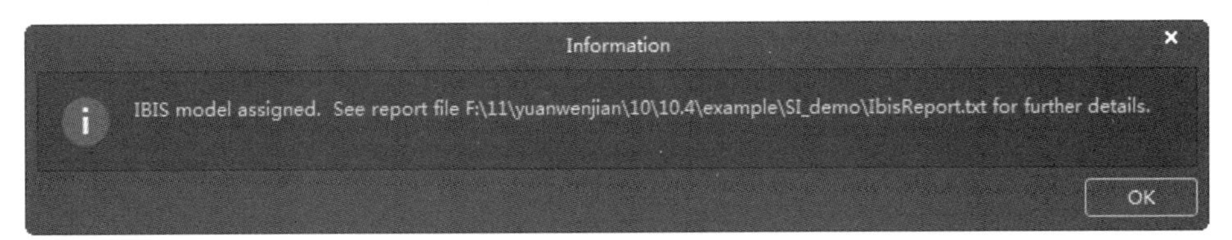

图 10-8 信息对话框（2）

⑤ 采用同样的方法，双击器件 U3，为 U3 指定 IBIS 模型“edd2516akta01.ibs”，模型添加结果如图 10-10 所示。

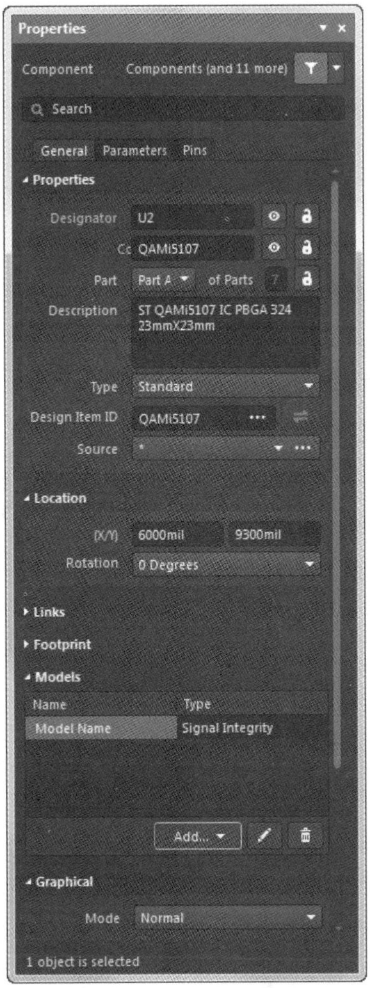

图 10-9 U2 元件属性编辑面板

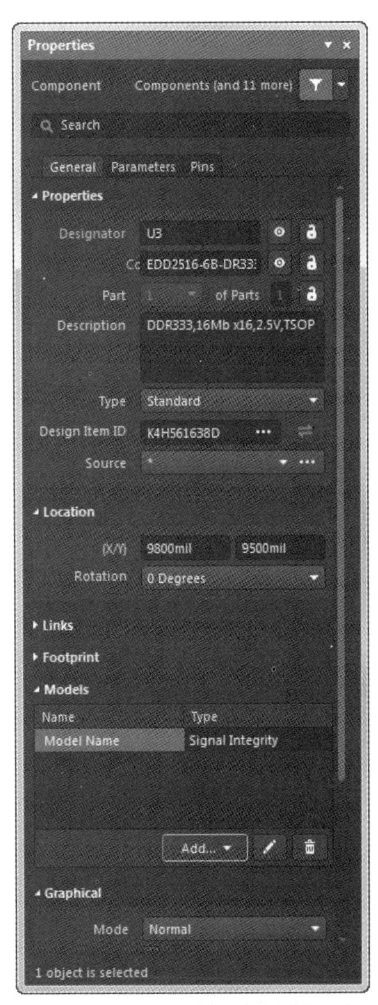

图 10-10 U3 元件属性编辑面板

（3）设置网络规则

① 选择“放置”→“指示”→“覆盖区”命令，放置一个方框，框住网络名称为LMID00-LMID15的16位数据总线。

② 选择“放置”→“指示”→“参数设置”命令，放置一个PCB参数设置符号，置于覆盖区方框的边界上，如图10-11所示。

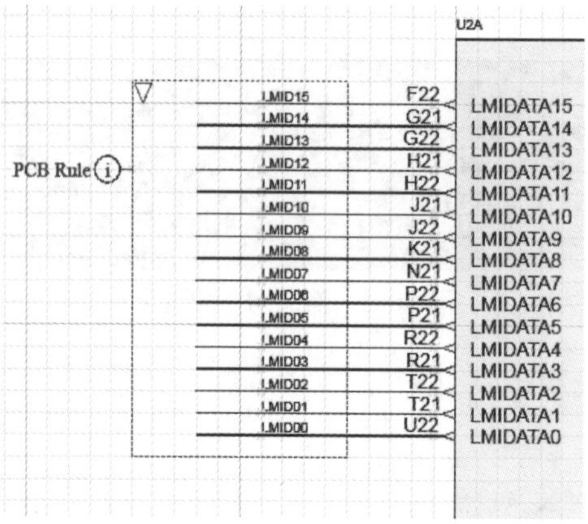

图10-11　放置PCB参数设置

③ 双击PCB参数设置符号，弹出“Properties（属性）”面板，如图10-12所示，编辑参数设置的规则属性。

④ 在“Rules（规则）”选项组下单击“Add（添加规则）”按钮，弹出“选择设计规则类型”对话框，如图10-13所示。

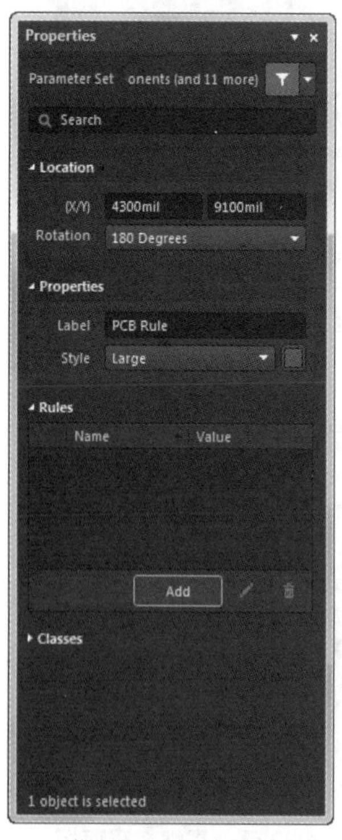

图10-12　“Properties（属性）”面板

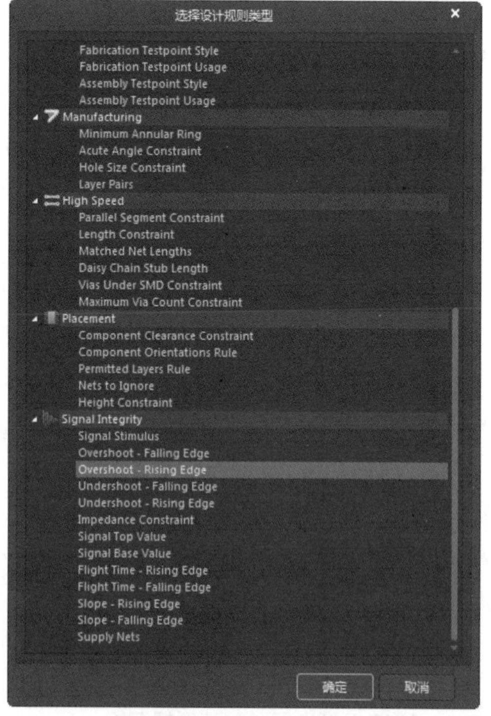

图10-13　“选择设计规则类型”对话框

⑤ 在"Signal Integrity（信号完整性）"选项组下选择"Overshoot-Rising Edge（越过上升沿）"，单击"确定"按钮，弹出 PCB 编辑对话框，设置最大值为 300m，如图 10-14 所示，即为 LMID00 ~ LMID15 这 16 根信号线添加了一条规则：上升沿小于 300mV。

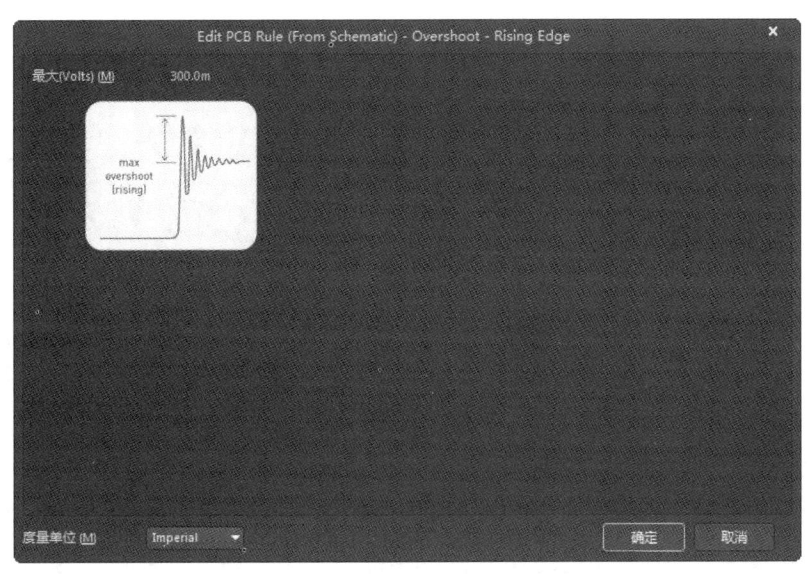

图 10-14　PCB 编辑对话框

⑥ 单击"确定"按钮，返回"Properties（属性）"面板，如图 10-15 所示，显示添加的规则。

图 10-15　"Properties（属性）"面板

⑦ 在面板中按照同样的方法添加类似的规则，对上升沿、下降沿等进行约束，这里不再赘述。

（4）进入预仿真

① 选择“工具”→“Signal Integrity（信号完整性）”命令，弹出“Signal Integrity（信号完整性）”对话框，进入 SI 仿真，如图 10-16 所示。

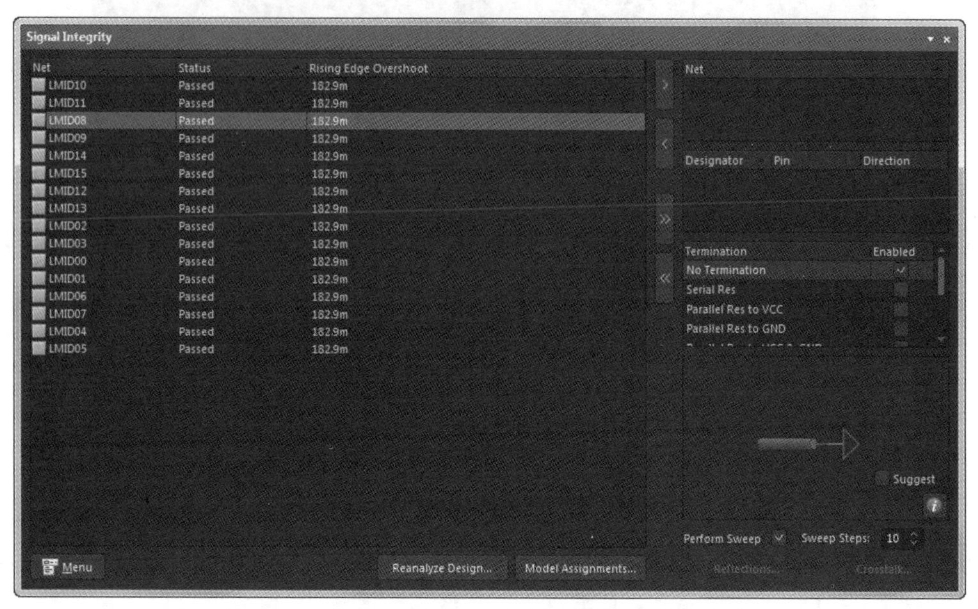

图 10-16 “Signal Integrity（信号完整性）”对话框

知识链接——信号完整性

系统会根据预先设置的 PCB 条件对所有存在 IBIS 模型的信号网络进行快速扫描，将结果显示在“信号完整性”对话框中。

② 单击左下角的“Menu（菜单）”按钮，弹出快捷菜单，如图 10-17 所示，选择“Setup Options（设置选项）”命令，弹出“SI Setup Options（设置选项）”对话框，可以修改预先设置的 PCB 条件。

③ 打开“Track Setup（走线设置）”选项卡，修改“Track Impedance（布线阻抗）”为 50Ω，假定“Average Track Length（mil）（平均线长）”为 1000mil，如图 10-18 所示。

④ 打开“Supply Net（供电网络）”选项卡，勾选设置的 3 个参数对应的复选框，如图 10-19 所示。

⑤ 打开“Stimulus（激励信号）”选项卡，参数设置如图 10-20 所示。

⑥ 设置完成后，单击 Analyze Design 按钮，在“Signal Integrity（信号完整性）”对话框中显示新的设置条件，在快速扫描仿真结果显示栏中，所有信号均满足设置的 PCB 规则（Status 为 Passed），如图 10-21 所示。

Select Net
Details...
Find Coupled Nets
Cross Probe
Copy
Show/Hide Columns
Setup Options...
Preferences...
Set Tolerances...
Display Report...

图 10-17 快捷菜单

SI Setup Options
Track Setup Supply Nets Stimulus
Track Impedance 50
Average Track Length (mil) 1000
Use Manhattan length
Track impedance will apply to all nets that have not been transferred to the PCB. Any unrouted nets that have been transferred will be simulated using the track width/impedance rules.
The track length will apply to all nets that have not been routed in the PCB. However, if a net has not been routed but the components have been placed in the PCB, the manhattan length will be used instead if the Use Manhattan option is selected.
Analyze Design Cancel

图 10-18 “Track Setup（走线设置）”选项卡

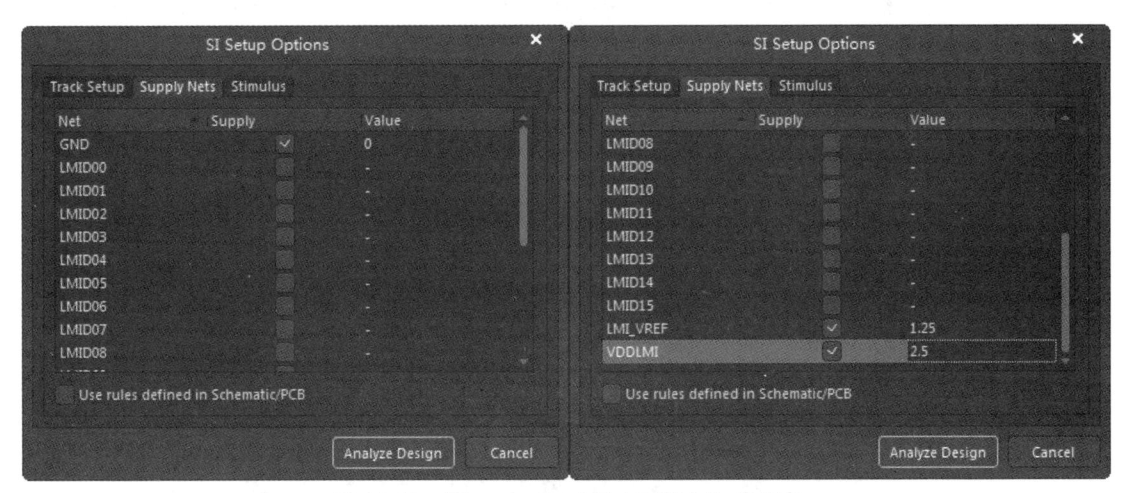

图 10-19 “Supply Net（供电网络）”选项卡

SI Setup Options
Track Setup Supply Nets Stimulus
Stimulus Kind Periodic Pulse
Stimulus Level Low Level
Start Time 5.000n
Stop Time 10.00n
Period Time 10.00n
Use rules defined in Schematic/PCB
Analyze Design Cancel

图 10-20 “Stimulus（激励信号）”选项卡

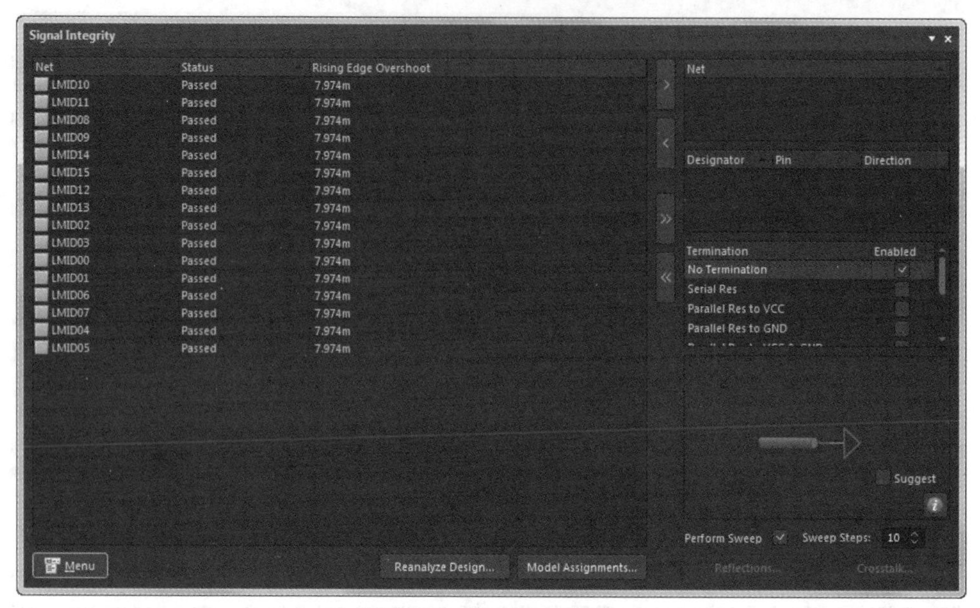

图 10-21 修改设定条件

电路指南——观察信号

由于所有信号值相同并全部通过，因此在需要对某信号进行仔细观察的情况下，可随意选中某信号进行测试。

双击选中的信号LMD05，单击右侧的箭头>或双击信号，将该信号置入右侧“Net（网络）”窗口，如图10-22所示。然后单击下方的“Reflection（显示）”按钮，观察图10-23所示信号LMD05的实际波形。

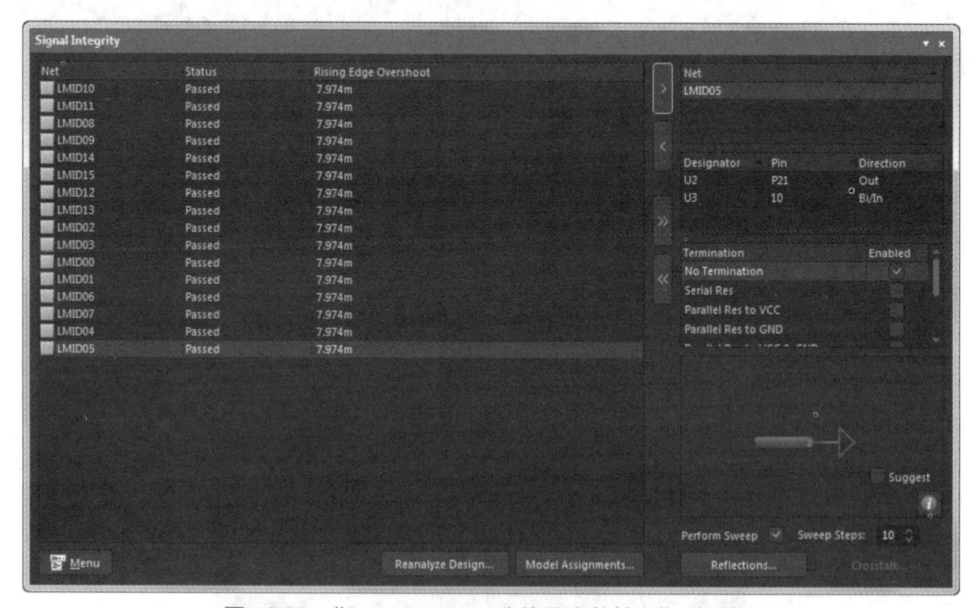

图 10-22 “Signal Integrity（信号完整性）”对话框

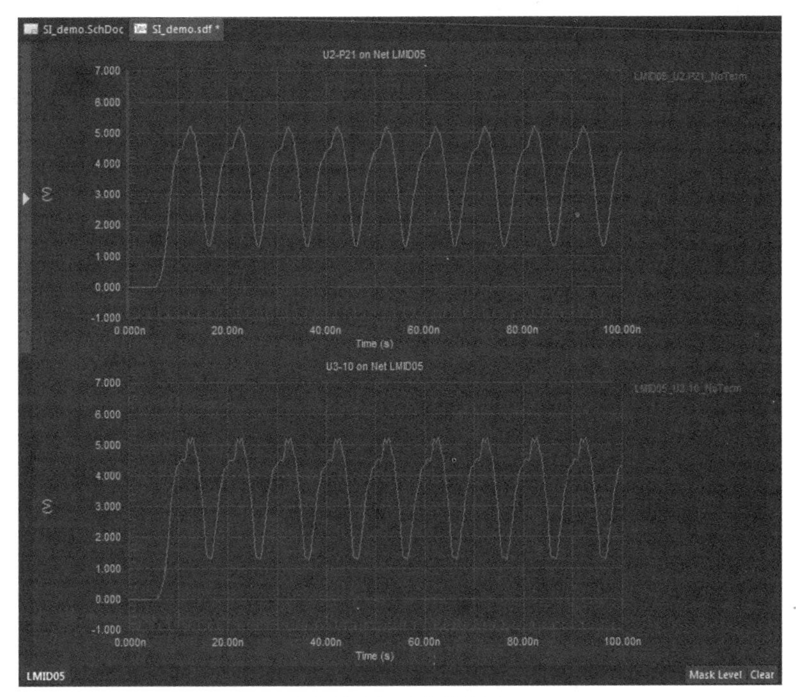

图 10-23 波形显示

可以看到，在当前情况下，波形十分理想，满足设计要求。

第 11 章
封装库设计

本章首先详细介绍了封装库的基础知识，然后讲解了封装库文件编辑器的使用，并通过实例讲述了如何创建集成库文件以及绘制库元件的具体步骤。在此基础上，介绍了库元件的管理以及库文件输出报表的方法。

通过本章的学习，用户可以对封装库文件编辑器的使用有一定的了解，能够完成项目库文件的绘制。

11.1 创建 PCB 元件库及元件封装

Altium Designer 20 提供了强大的封装绘制功能，能够绘制各种各样的新型封装。考虑到芯片引脚的排列通常是有规则的，多种芯片可能有同一种封装形式，Altium Designer 20 提供了封装库管理功能，绘制好的封装可以方便地保存和引用。

11.1.1 封装概述

电子元件种类繁多，其封装形式也多种多样。所谓封装是指安装半导体集成电路芯片用的外壳，它不仅起着安放、固定、密封、保护芯片和增强导热性能的作用，还是芯片内部世界与外部电路沟通的桥梁。

芯片的封装在 PCB 上通常表现为一组焊盘、丝印层上的边框及芯片的说明文字。焊盘是封装中最重要的组成部分，用于连接芯片的引脚，并通过印制板上的导线连接到印制板上的其他焊盘，进一步连接焊盘所对应的芯片引脚，实现电路功能。在封装中，每个焊盘都有唯一的标号，以区别封装中的其他焊盘。丝印层上的边框和说明文字主要起指示作用，指明焊盘组所对应的芯片，方便印制板的焊接。焊盘的形状和排列是封装的关键组成部分，确保焊盘的形状和排列正确才能正确地建立一个封装。对于安装有特殊要求的封装，边框也需要绝对正确。

11.1.2 常用元封装介绍

总体上讲，根据元件所采用安装技术的不同，可分为通孔安装技术（Through Hole Technology，THT）和表面安装技术（Surface Mounted Technology，SMT）。

使用通孔安装技术安装元件时，元件安置在电路板的一面，元件引脚穿过 PCB 焊接在另一面上。通孔安装元件需要占用较大的空间，并且要为所有引脚在电路板上钻孔，所以它们的引脚会占用两面的空间，而且焊点也比较大。但从另一方面来说，通孔安装元件与 PCB 连接较好，机械性能好。例如，排线的插座、接口板插槽等接口都需要一定的耐压能力，因此，通常采用 THT。

表面安装元件，引脚焊盘与元件在电路板的同一面。表面安装元件一般比通孔元件体积小，而且不必为焊盘钻孔，甚至还能在 PCB 的两面都焊上元件。因此，与使用通孔安装元件的 PCB 比起来，使用表面安装元件的 PCB 上元件布局要密集很多，体积也小很多。此外，应用表面安装技术的封装元件也比通孔安装元件要便宜一些，所以目前的 PCB 设计广泛采用了表面安装元件。

目前常用的元件封装分类如下。

▲ BGA（Ball Grid Arrays）：球栅阵列封装。因其封装材料和尺寸的不同还可细分成不同的 BGA 封装，如陶瓷球栅阵列封装（CBGA）、小型球栅阵列封装（μBGA）等。

▲ PGA（Pin Grid Arrays）：插针栅格阵列封装。这种技术封装的芯片内外有多个方阵形的插针，每个方阵形插针沿芯片的四周间隔一定距离排列，根据引脚数目的多少，可以围成2 ~ 5圈。安装时，将芯片插入专门的PGA插座。该技术一般用于插拔操作比较频繁的场合，如计算机的 CPU。

▲ QFP（Quad Flat Packages）：方形扁平封装，是当前芯片使用较多的一种封装形式。

▲ PLCC（Plastic Leaded Chip Carrier）：塑料引线芯片载体。

▲ DIP（Dual In-line Packages）：双列直插封装。

▲ SIP（Single In-line Packages）：单列直插封装。

▲ SOP（Small Out-line Packages）：小外形封装。

▲ SOJ（Small Out-line J-Leaded Packages）：J 形引脚小外形封装。

▲ CSP（Chip Scale Packages）：芯片级封装，这是一种较新的封装形式，常用于内存条。在 CSP 方式中，芯片是通过一个个锡球焊接在 PCB 上的，由于焊点和 PCB 的接触面积较大，所以内存芯片在运行中所产生的热量可以很容易地传导到 PCB 上并散发出去。另外，CSP 封装芯片采用中心引脚形式，有效地缩短了信号的传输距离，其衰减随之减少，芯片的

抗干扰、抗噪性能也能得到大幅提升。

▲ Flip-Chip：倒装焊芯片，也称为覆晶式组装技术，是一种将 IC 与基板相互连接的先进封装技术。在封装过程中，IC 会被翻转过来，让 IC 上面的焊点与基板的接合点相互连接。由于成本与制造因素，使用 Flip-Chip 接合的产品通常根据 I/O 数多少分为两种形式，即低 I/O 数的 FCOB（Flip Chip on Board）封装和高 I/O 数的 FCIP（Flip Chip in Package）封装。Flip-Chip 技术应用的基板包括陶瓷、硅芯片、高分子基层板及玻璃等。其应用范围包括计算机、PCMCIA 卡、军事设备、个人通信产品、钟表及液晶显示器等。

▲ COB（Chip on Board）：板上芯片封装，即芯片被绑定在 PCB 上。这是一种当前比较流行的生产方式。COB 模块的生产成本比 SMT 低，还可以减小封装体积。

11.1.3 PCB 库编辑器

执行方式

▲ 菜单栏：选择“文件”→“新的”→“库”→“PCB 元件库”命令，如图 11-1 所示。

图 11-1　新建一个 PCB 元件库文件

绘制步骤

① 执行此命令，打开 PCB 库编辑环境，新建一个空白 PCB 元件库文件“PcbLib1.PcbLib”。

② 保存并更改该 PCB 库文件名称，这里改名为“NewPcbLib.PcbLib”。可以看到，在“Projects（工程）”面板的 PCB 库文件管理文件夹中出现了所需要的 PCB 库文件，双击该文件即可进入 PCB 库编辑器，如图 11-2 所示。

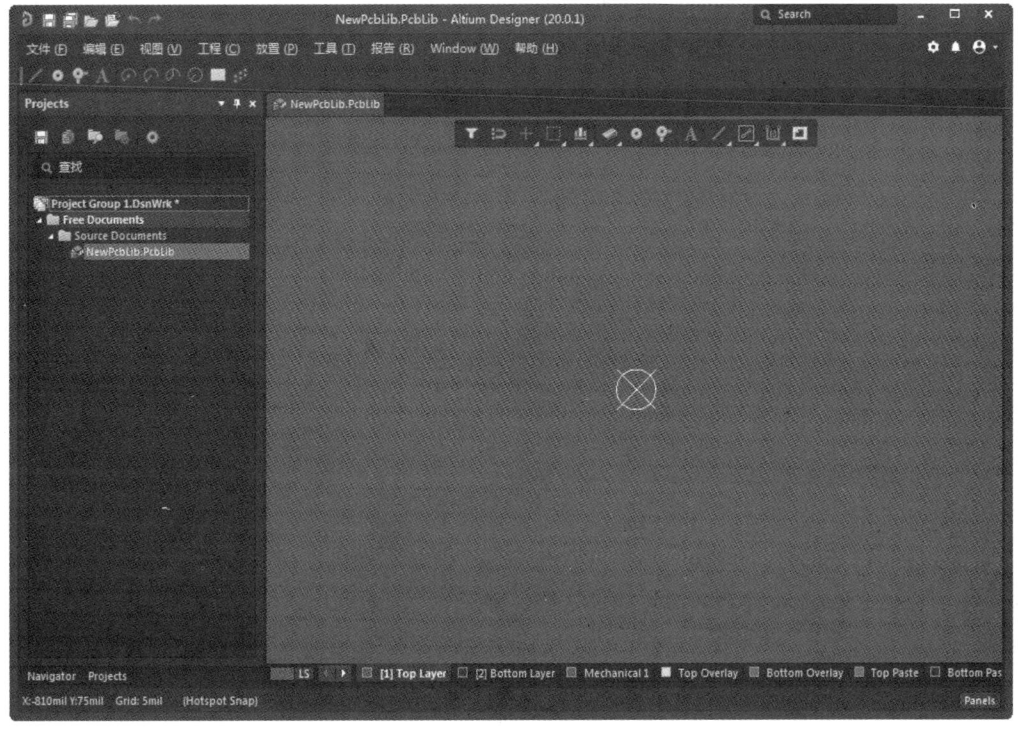

图 11-2　PCB 库编辑器

选项说明

PCB 库编辑器的设置和 PCB 编辑器基本相同，只是菜单栏中少了“设计”和“布线”命令，工具栏中也少了相应的工具按钮。另外，在这两个编辑器中，可用的控制面板也有所不同。在 PCB 库编辑器中独有的“PCB Library（PCB 元件库）”面板，提供了对封装库内元件封装的统一编辑和管理界面。

“PCB Library（PCB 元件库）”面板如图 11-3 所示，分为“Mask（屏蔽）”“Footprints（元件）”“Footprint Primitives（元件的图元）”“Other（缩略图显示框）”4 个区域。

“Mask（屏蔽）”区域用于对该库文件内的所有元件封装进行查询，并根据屏蔽框中的内容将符合条件的元件封装列出。

“Footprints（元件）”区域列出了该库文件中所有符合屏蔽区域设置条件的元件封装名称，并注明其焊盘数、图元数等基本属性。单击元件列表中的元件封装名，工作区将显示该封装，并弹出图 11-4 所示的“PCB 库封装”对话框，在该对话框中可以修改元件封装的名称和高度。高度是供 PCB 3D 显示时使用的。

在元件列表中右击，弹出的快捷菜单如图 11-5 所示。

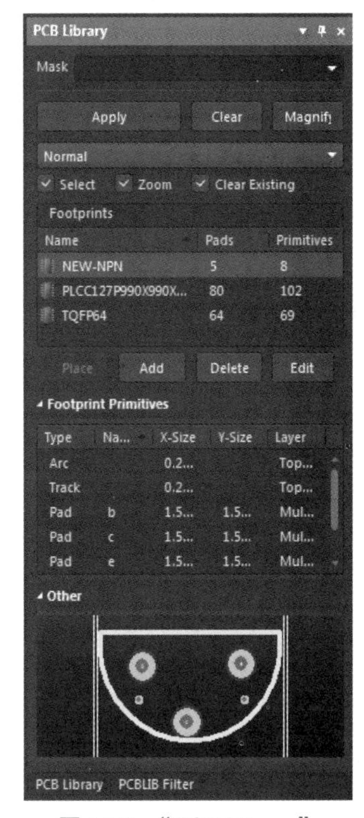

图 11-3　“PCB Library”（PCB 元件库）面板

通过该菜单可以进行元件库的各种编辑操作。

图 11-4 “PCB 库封装”对话框

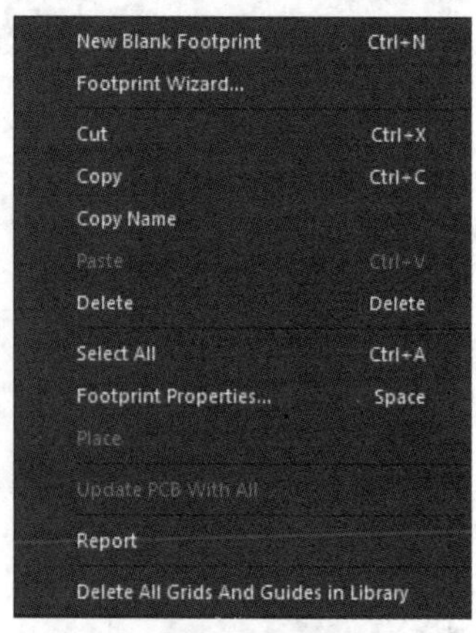

图 11-5 快捷菜单

11.1.4 PCB 库编辑器环境设置

进入 PCB 库编辑器后，需要根据要绘制的元件封装类型对编辑器环境进行相应的设置。PCB 库编辑环境设置包括器件库选项、板层和颜色、层叠管理和优先选项等方面。

（1）属性设置

执行方式

▲ 工作面板：在界面右下角单击 Panels 按钮，弹出快捷菜单，选择“Properties（属性）”命令。

绘制步骤

执行此命令，系统将弹出如图 11-6 所示的“Properties（属性）”面板。

选项说明

▲ “Selection Filter（选择过滤器）”选项组：用于显示对象选择过滤器。单击“All objects”，表示在原理图中选择对象时，选中所有类别的对象。也可单独选择其中的选项，也可全部选中。

▲ “Snap Options（捕获选项）”选项组：用于捕捉设置。包括 3 个复选板框，“Grids（是否显示捕捉栅格）”“Guides（是否显示捕捉向导）”“Axes（是否显示捕捉坐标）”。激活捕捉功能可以精确定位对象的放置，精确地绘制图形。

▲ “Snap Options（捕获选项）”选项组：用于捕捉设置。包括 3 个选项，“Grid（栅格）”“Guides（向导线）”“Axes（坐标）”。激活捕捉功能可以精确定位对象的放置，精确地绘制图形。

▲ “Snapping（捕捉）”选项组：捕捉的对象所在层包括“All Layers（所有层）”“Current Layer（当前层）”“Off（关闭）”。可以设置“Snap Distance（捕捉范围）”和“Axis Snap Range（坐标轴捕捉范围）”的参数值。

▲ Grid Manager（栅格管理器）选项组：设置图纸中显示的栅格颜色与是否显示。单击“Properties（属性）”按钮，弹出“Cartesian Grid Editor（笛卡尔栅格编辑器）”对话框，

用于设置添加的栅格类型中栅格的线型、间隔等参数，如图 11-7 所示。

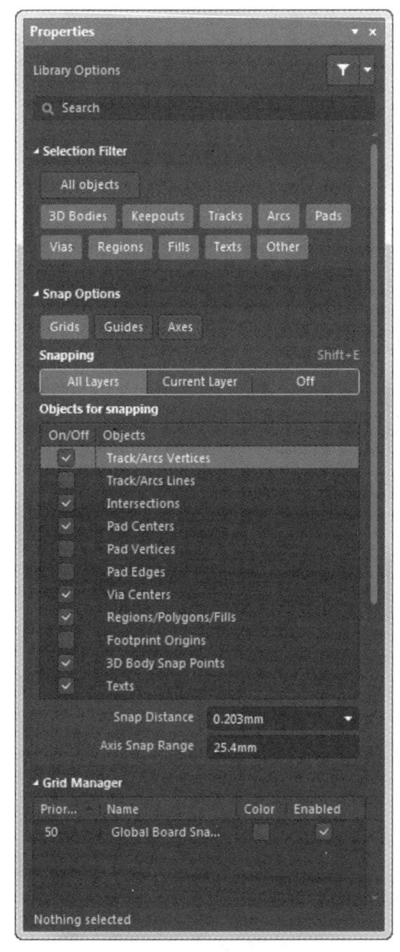

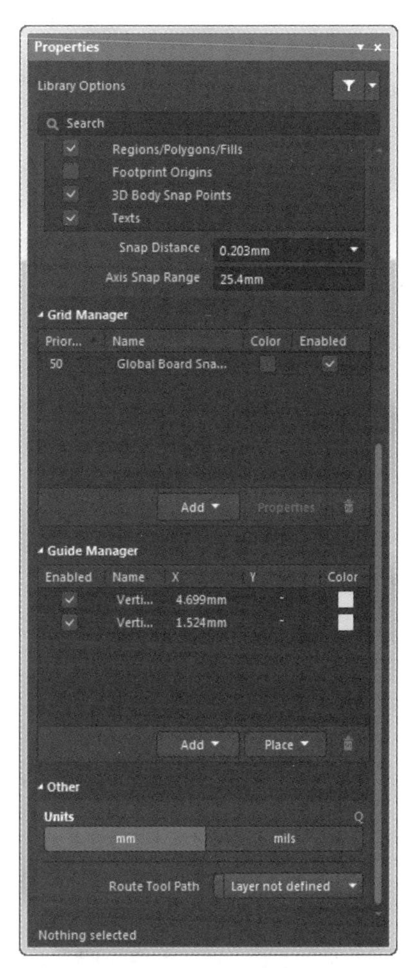

图 11-6 “Properties（属性）”面板

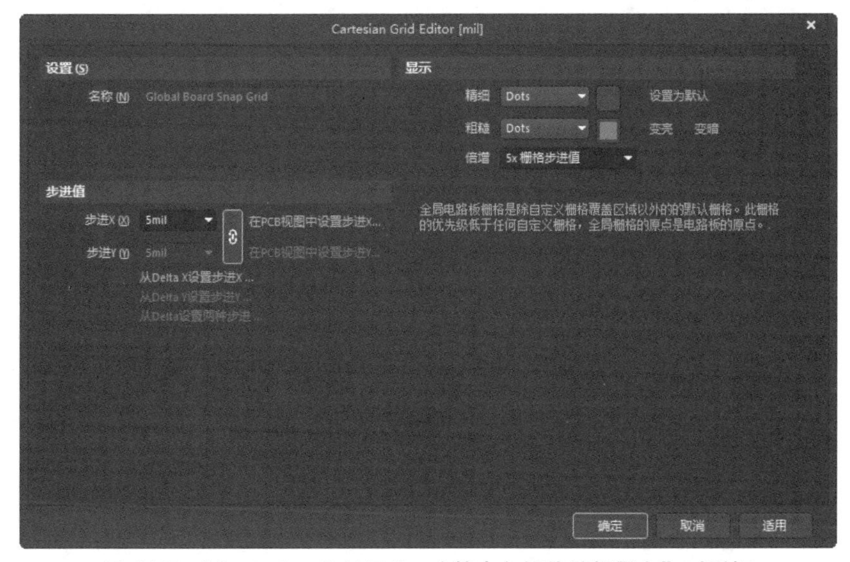

图 11-7 “Cartesian Grid Editor（笛卡尔栅格编辑器）”对话框

图纸中常用的栅格包括下面 3 种。

➢ Snap Grid（捕获栅格）：捕获栅格点。该栅格点决定了光标捕获的栅格点间距，X 与 Y 的值可以不同。

➢ Electrical Grid（电气栅格）选项组：电气捕获栅格点。电气捕获栅格点的数值应小于“Snap Grid（捕获栅格）”的数值，只有这样才能较好地完成电气捕获功能。

➢ “Visible Grid（可视栅格）”选项组：可视格点。

▲ “Guide Manager（向导管理器）”选项组：用于设置 PCB 图纸的 X、Y 坐标和长、宽。

▲ “Units（度量单位）”选项组：用于设置PCB板的单位。“Route Tool Path（布线工具路径）”选项中选择布线所在层，如图 11-8 所示。

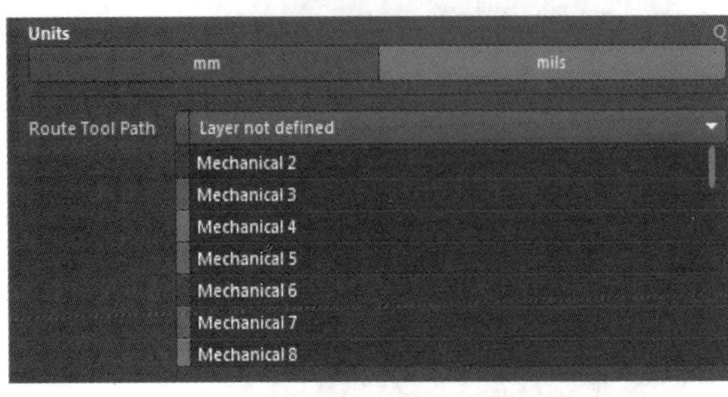

图 11-8　选择布线层

（2）板层和颜色设置

执行方式

▲ 菜单栏：选择“工具”→“优先选项”命令。

▲ 工具栏：右击并在弹出的快捷菜单中选择“优先选项”命令。

绘制步骤

执行以上命令，系统将弹出“优选项”对话框，选择如图 11-9 所示的“Layer Colors（电路板层颜色）”选项卡。

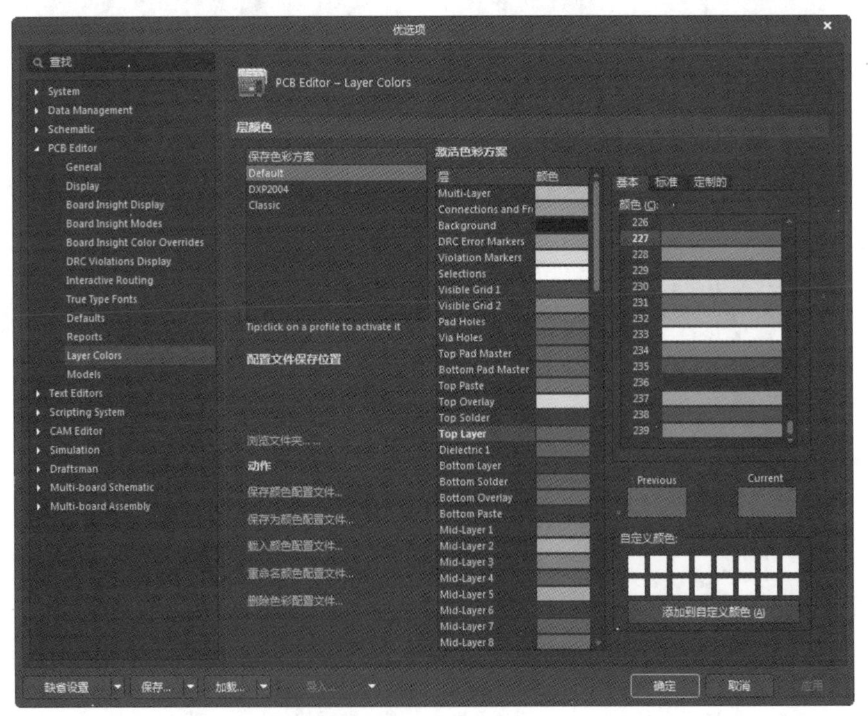

图 11-9　“Layers Colors（电路板层颜色）”选项卡

（3）层叠管理设置

执行方式

▲ 菜单栏：选择“工具”→“层叠管理器”命令。

绘制步骤

执行此命令，即可打开以后缀名为“.PcbLib”的文件，如图 11-10 所示。

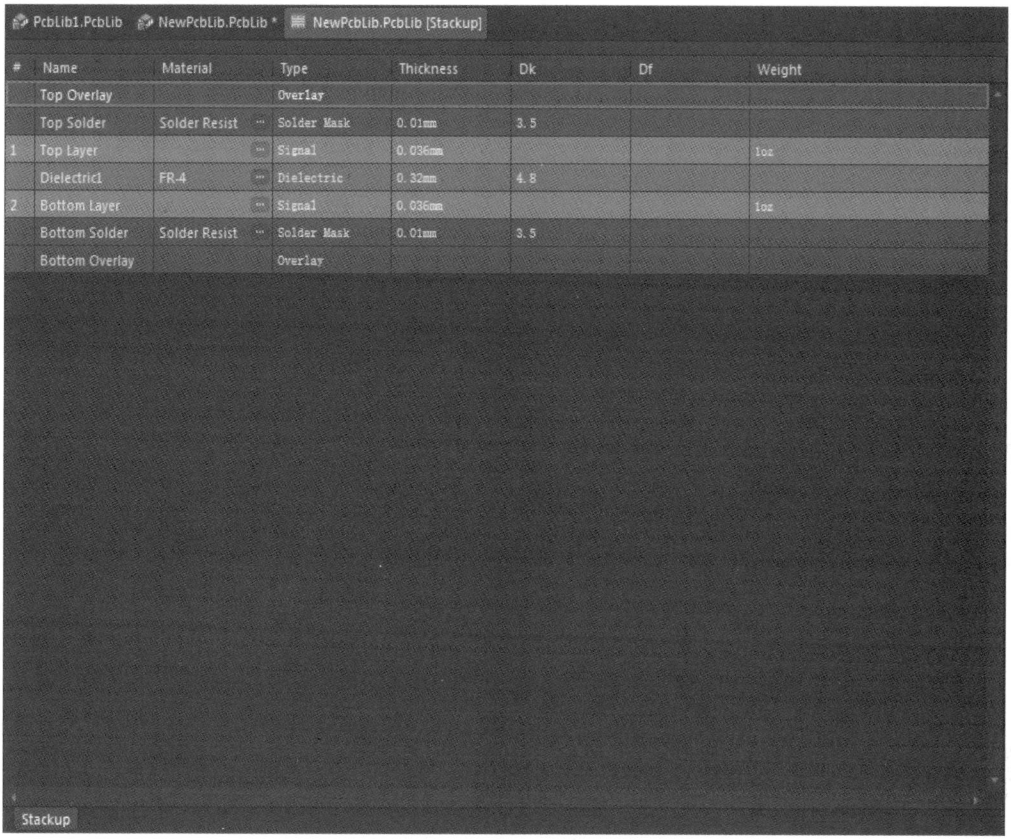

PcbLib1.PcbLib　NewPcbLib.PcbLib *　NewPcbLib.PcbLib [Stackup]

#	Name	Material	Type	Thickness	Dk	Df	Weight
	Top Overlay		Overlay				
	Top Solder	Solder Resist	Solder Mask	0.01mm	3.5		
1	Top Layer		Signal	0.036mm			1oz
	Dielectric1	FR-4	Dielectric	0.32mm	4.8		
2	Bottom Layer		Signal	0.036mm			1oz
	Bottom Solder	Solder Resist	Solder Mask	0.01mm	3.5		
	Bottom Overlay		Overlay				

Stackup

图 11-10　后缀名为“.PcbLib”的文件

（4）优先选项设置

执行方式

▲ 菜单栏：选择“工具”→“优先选项”命令。

▲ 工具栏：右击并在弹出的快捷菜单中选择“优先选项”命令。

绘制步骤

执行此命令，系统将弹出如图 11-11 所示的“优选项”对话框。设置完毕后单击“确定”按钮，关闭该对话框。

至此，PCB 库编辑器环境设置完毕。

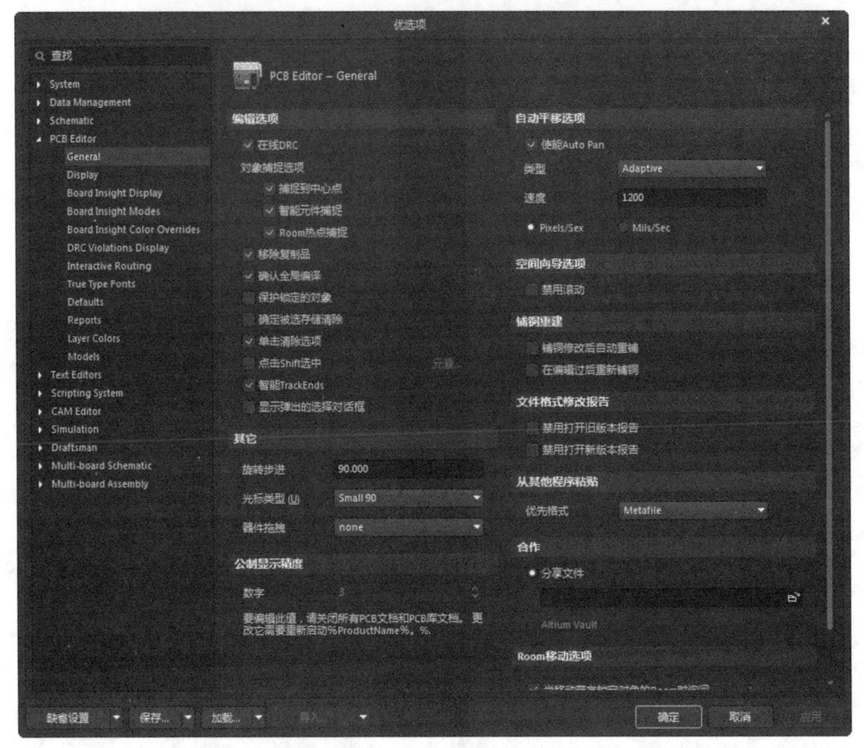

图 11-11 “优选项”对话框

11.1.5 用 PCB 元件向导创建规则的 PCB 元件封装

下面用 PCB 元件向导来创建规则的 PCB 元件封装。由用户在一系列对话框中输入参数，然后根据这些参数自动创建元件封装。这里要创建的封装尺寸信息为：外形轮廓为矩形 10mm×10mm，引脚数为 16×4，引脚宽度为 0.22mm，引脚长度为 1mm，引脚间距为 0.5mm，引脚外围轮廓为 12mm×12mm。

执行方式

▲ 菜单栏：选择“工具”→“元器件向导”命令。

绘制步骤

① 执行此命令，系统将弹出如图 11-12 所示的元件封装向导对话框。

② 单击“Next（下一步）”按钮，进入元件封装模式选择界面。在模式列表框中列出了各种封装模式，如图 11-13 所示。这里选择“Quad Packs（QUAD）”封装模式，在“选择单位”下拉列表框中选择公制单位“Metric（mm）”。

③ 单击“Next（下一步）”按钮，进入焊盘尺寸设置界面，在这里设置焊盘的长为 1mm，宽为 0.22mm，如图 11-14 所示。

④ 单击“Next（下一步）”按钮，进入焊盘形状设置界面，如图 11-15 所示。这里使用默认设置，第一焊盘为圆形，其余焊盘为方形，以便于区分。

⑤ 单击“Next（下一步）”按钮，进入轮廓宽度设置界面，如图 11-16 所示。这里使用默认设置“0.2mm”。

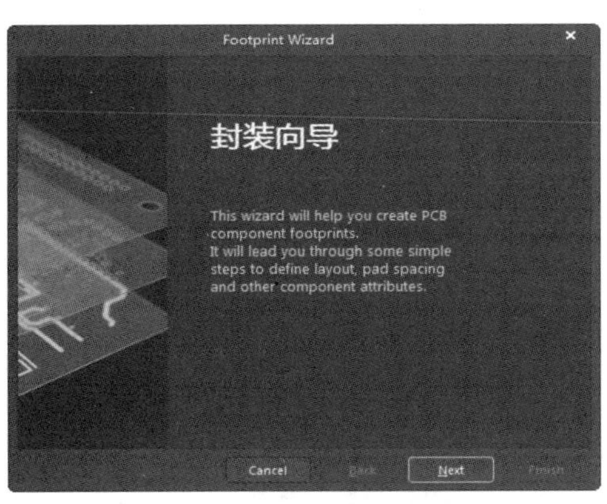

图 11-12　元件封装向导首页

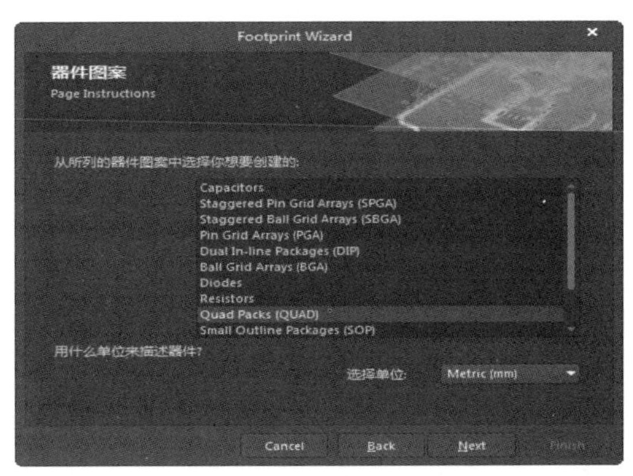

图 11-13　元件封装模式选择界面

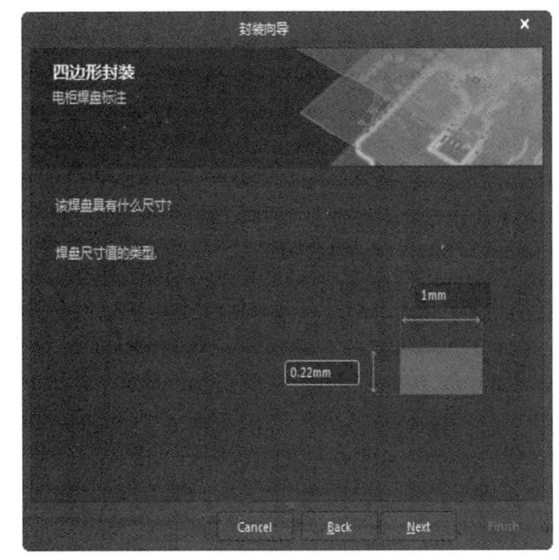

图 11-14　焊盘尺寸设置界面

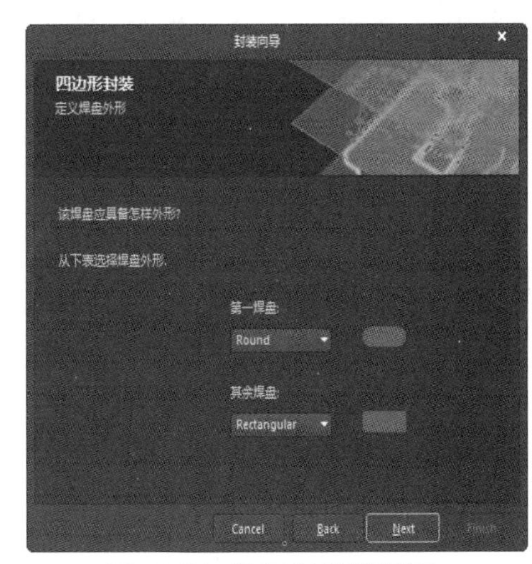

图 11-15　焊盘形状设置界面

⑥ 单击“Next（下一步）”按钮，进入焊盘间距设置界面。在这里将焊盘间距设置为“0.5mm”，根据计算，将行间距、列间距均设置为“1.75mm”，如图 11-17 所示。

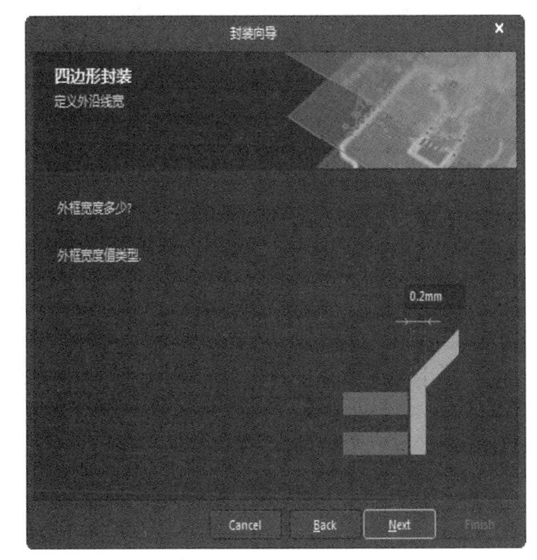

图 11-16　轮廓宽度设置界面

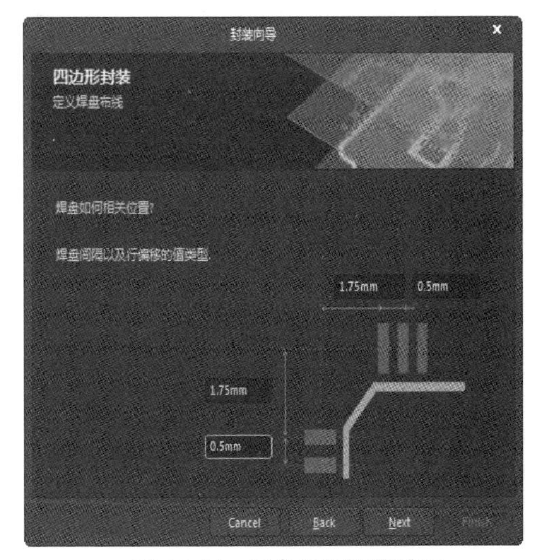

图 11-17　焊盘间距设置界面

⑦ 单击“Next(下一步)”按钮，进入焊盘起始位置和命名方向设置界面，如图 11-18 所示。单击相应的单选按钮可以确定焊盘的起始位置，单击箭头可以改变焊盘命名方向。采用默认设置，将第一个焊盘设置在封装左上角，命名方向为逆时针方向。

⑧ 单击“Next(下一步)”按钮，进入焊盘数目设置界面。将 X、Y 方向的焊盘数目均设置为 16，如图 11-19 所示。

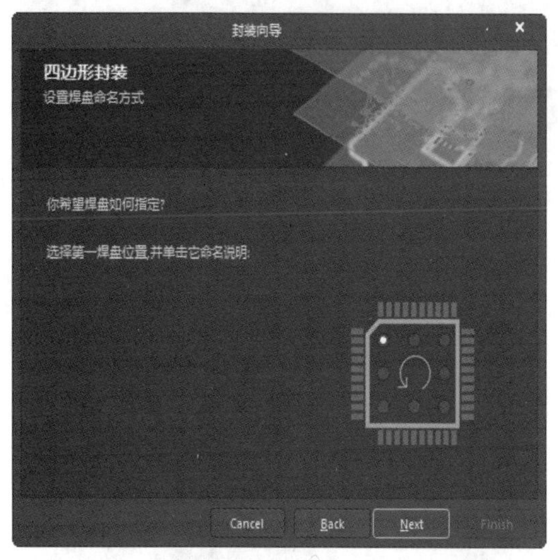

图 11-18　焊盘起始位置和命名方向设置界面

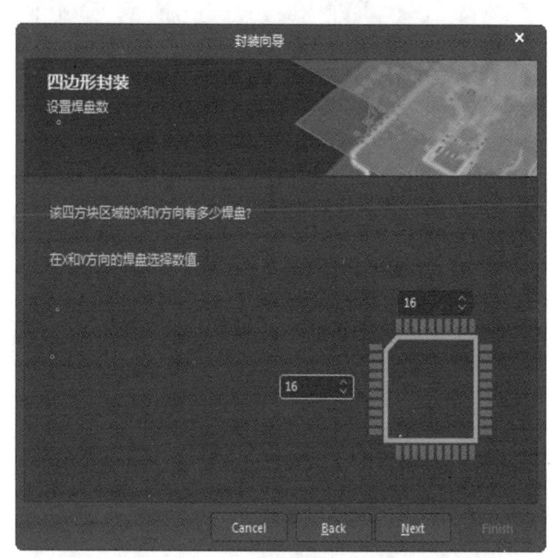

图 11-19　焊盘数目设置界面

⑨ 单击“Next(下一步)”按钮，进入封装命名界面。将封装命名为“TQFP64”，如图 11-20 所示。

⑩ 单击“Next(下一步)”按钮，进入封装制作完成界面，如图 11-21 所示。单击“Finished(完成)”按钮，退出封装向导。

图 11-20　封装命名界面

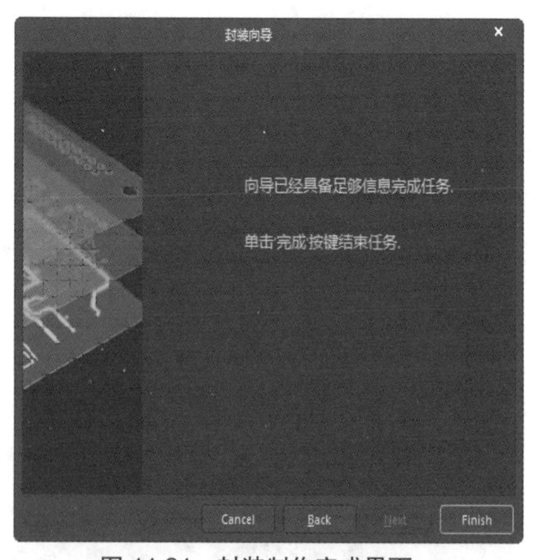

图 11-21　封装制作完成界面

至此，TQFP64 的封装就制作完成了，工作区内显示的封装图形如图 11-22 所示。

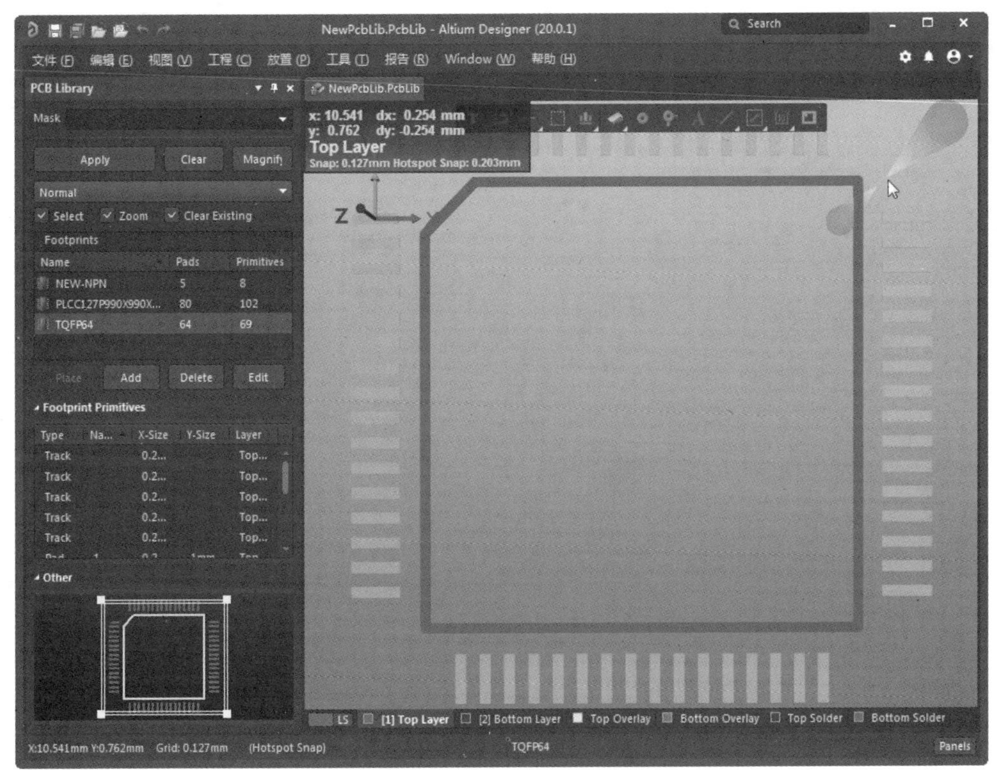

图 11-22　TQFP64 的封装图形

11.1.6 用 PCB 元件向导创建 3D 元件封装

执行方式

▲ 菜单栏：选择“工具”→“IPC Compliant Footprint Wizard（IPC 兼容封装向导）”命令。

绘制步骤

① 执行此命令，系统将弹出如图 11-23 所示的“IPC®Compliant Footprint Wizard（IPC 兼容封装向导）”对话框。

② 单击“Next（下一步）”按钮，进入元件封装类型选择界面。在类型表中列出了各种封装类型，如图 11-24 所示，这里选择 PLCC 封装模式。

③ 单击“Next（下一步）”按钮，进入 IPC 模型外形总体尺寸设定界面。选择默认参数，如图 11-25 所示。

④ 单击“Next（下一步）”按钮，进入引脚尺寸设定界面，如图 11-26 所示。在这里使用默认设置。

⑤ 单击“Next（下一步）”按钮，进入 IPC 模型底部轮廓设置界面，如图 11-27 所示。这里默认选中“Use calculated values（使用估计值）”复选框。

⑥ 单击“Next（下一步）”按钮，进入 IPC 模型焊盘片设置界面，使用默认值，如图 11-28 所示。

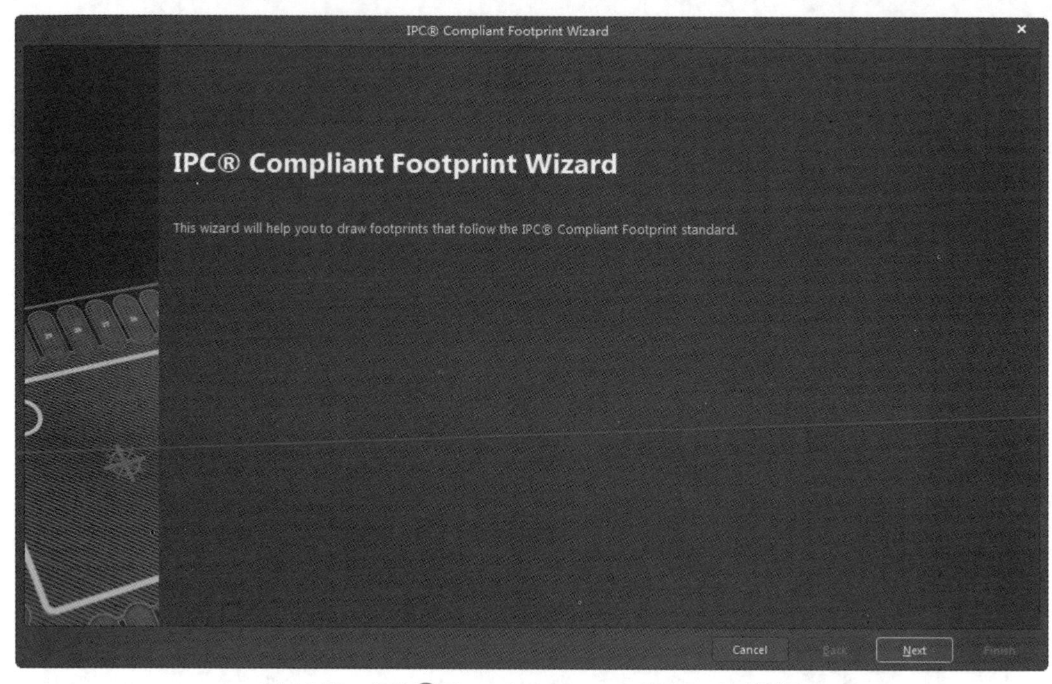

图 11-23　IPC ® Compliant Footprint Wizard 对话框

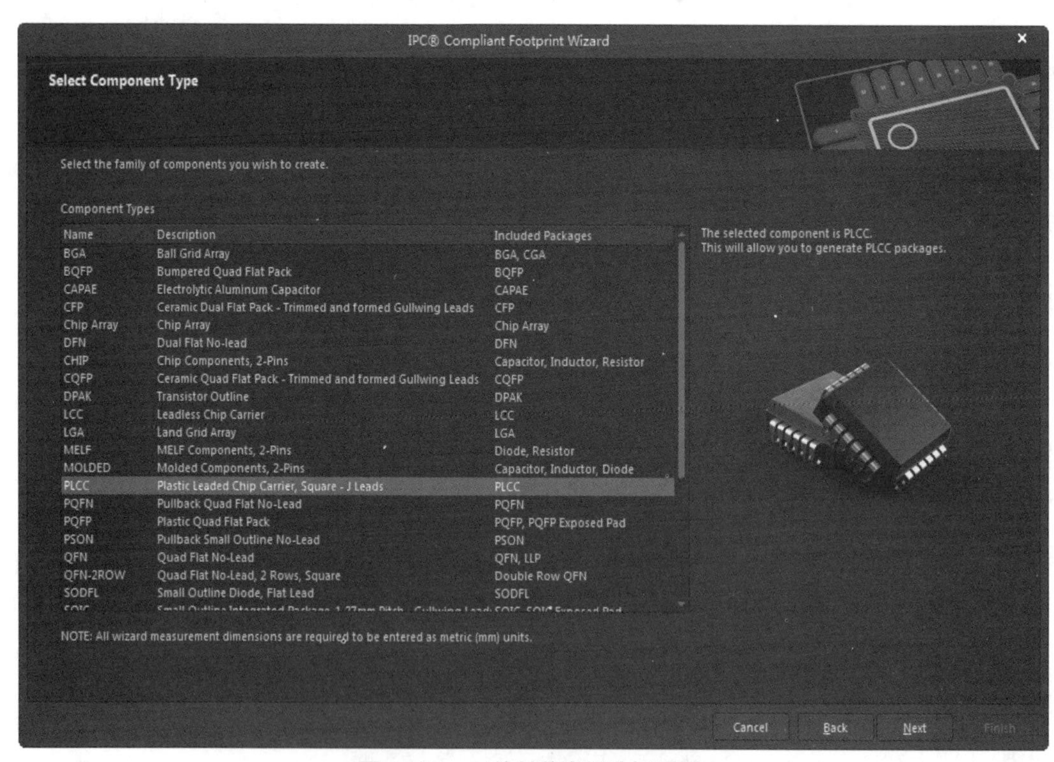

图 11-24　元件封装类型选择界面

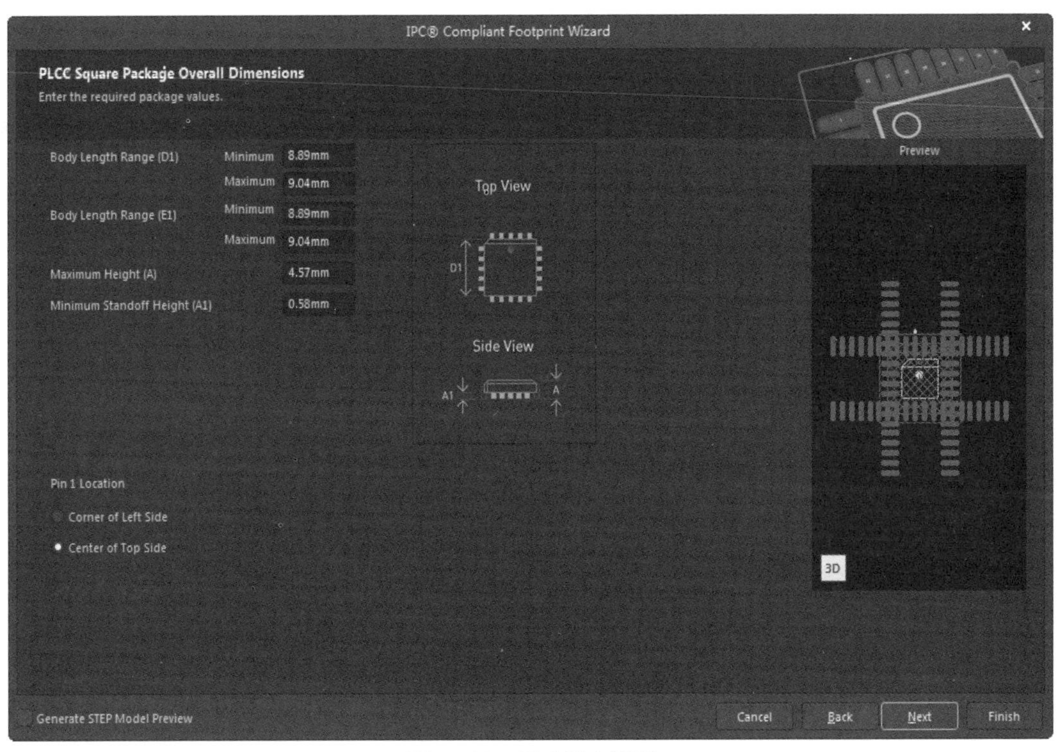

图 11-25　尺寸设定界面

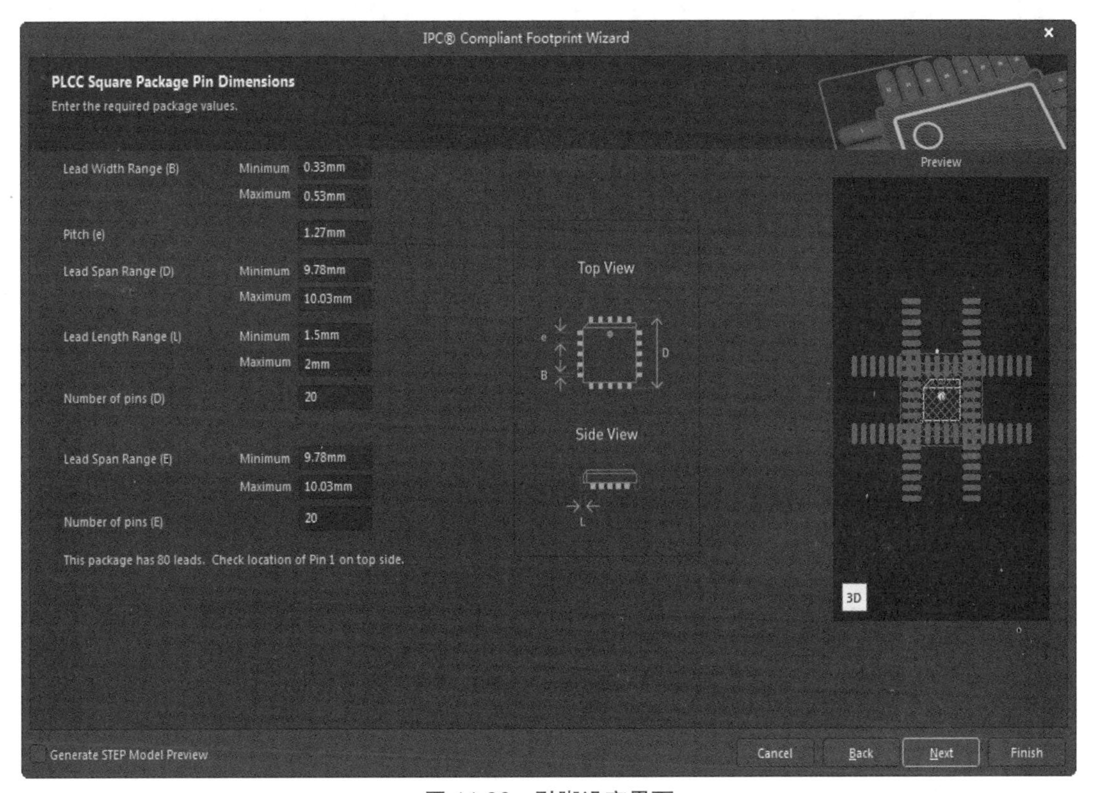

图 11-26　引脚设定界面

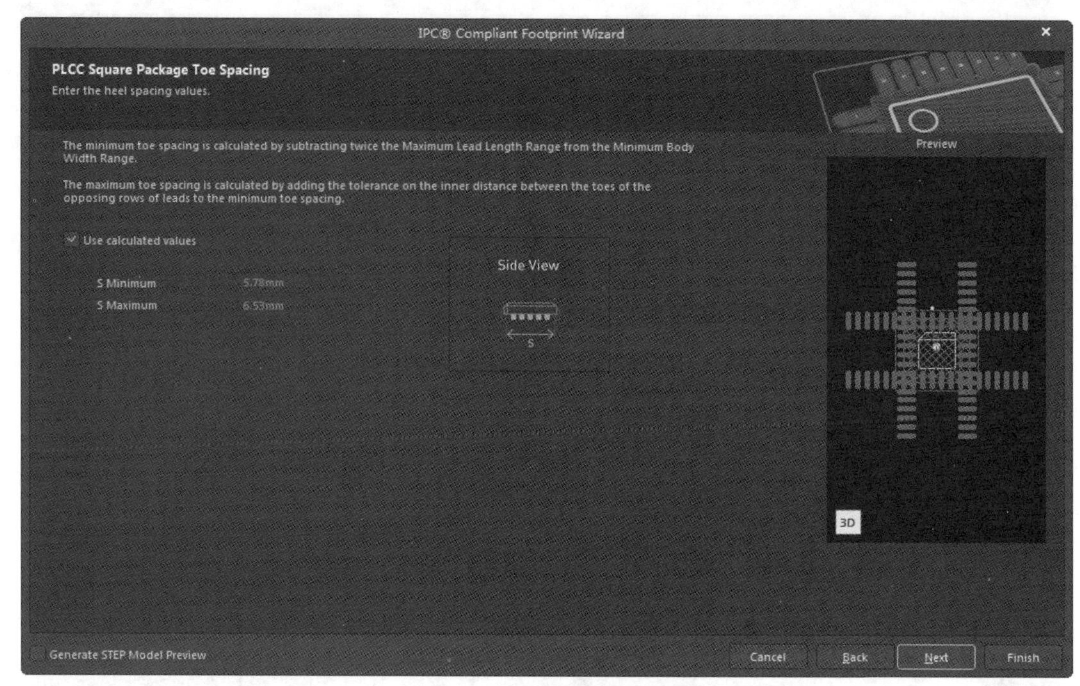

图 11-27　轮廓宽度设置界面

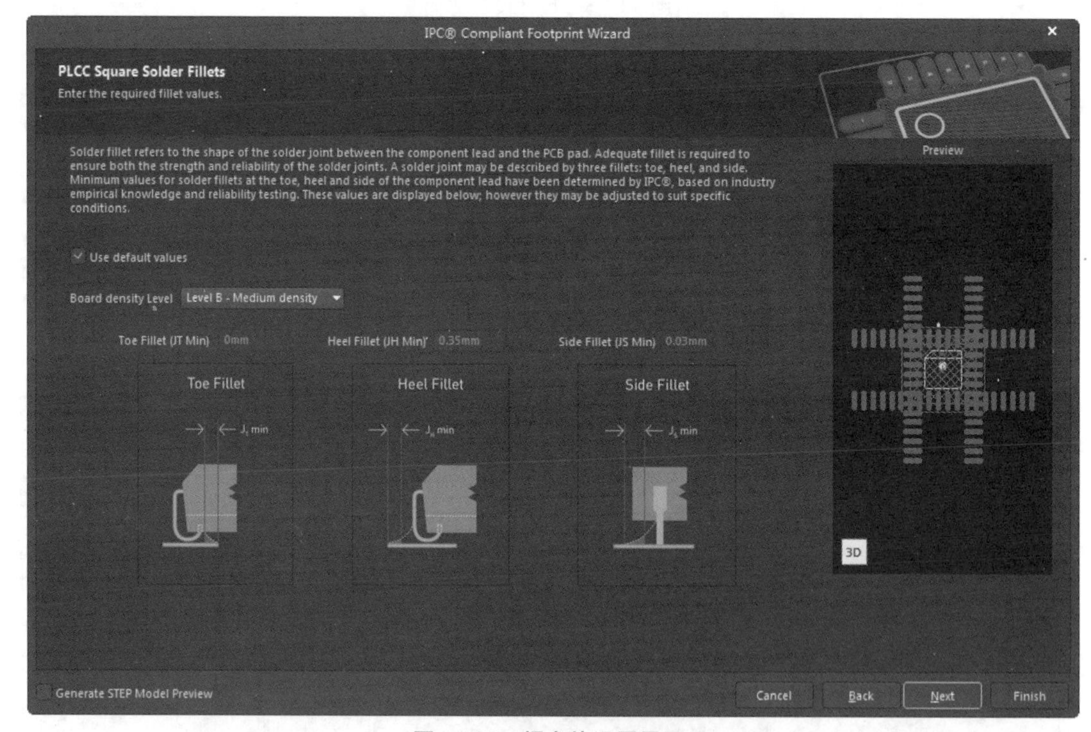

图 11-28　焊盘片设置界面

⑦ 单击 “Next（下一步）” 按钮，进入焊盘间距设置界面。在这里对焊盘间距使用估计值，如图 11-29 所示。

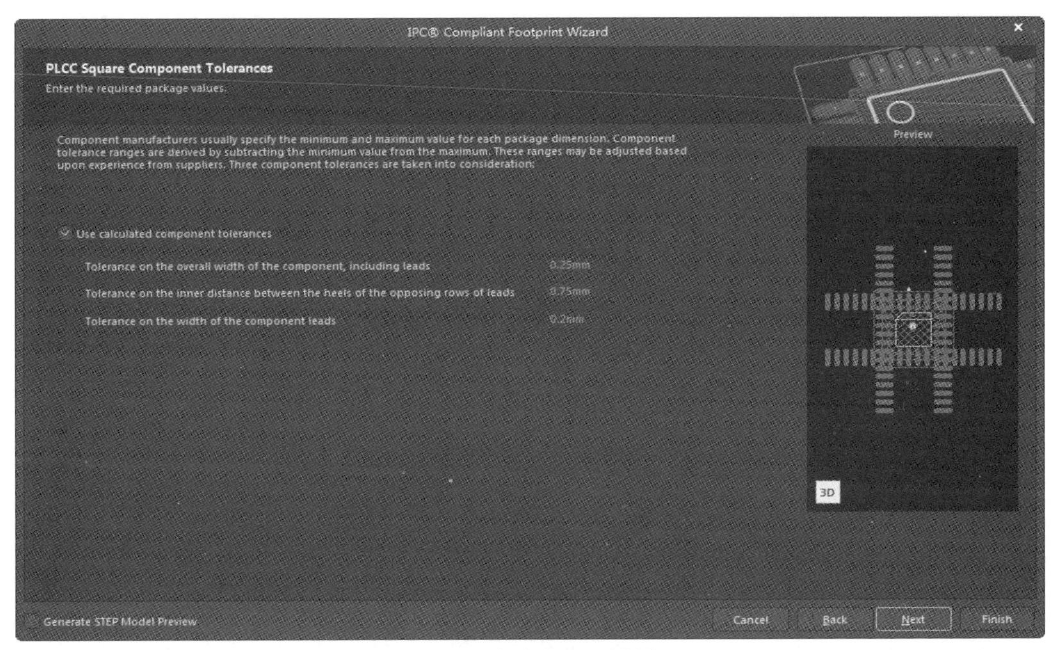

图 11-29　焊盘间距设置界面

⑧ 单击“Next（下一步）”按钮，进入元件公差设置界面。在这里对元件公差使用默认值，如图 11-30 所示。

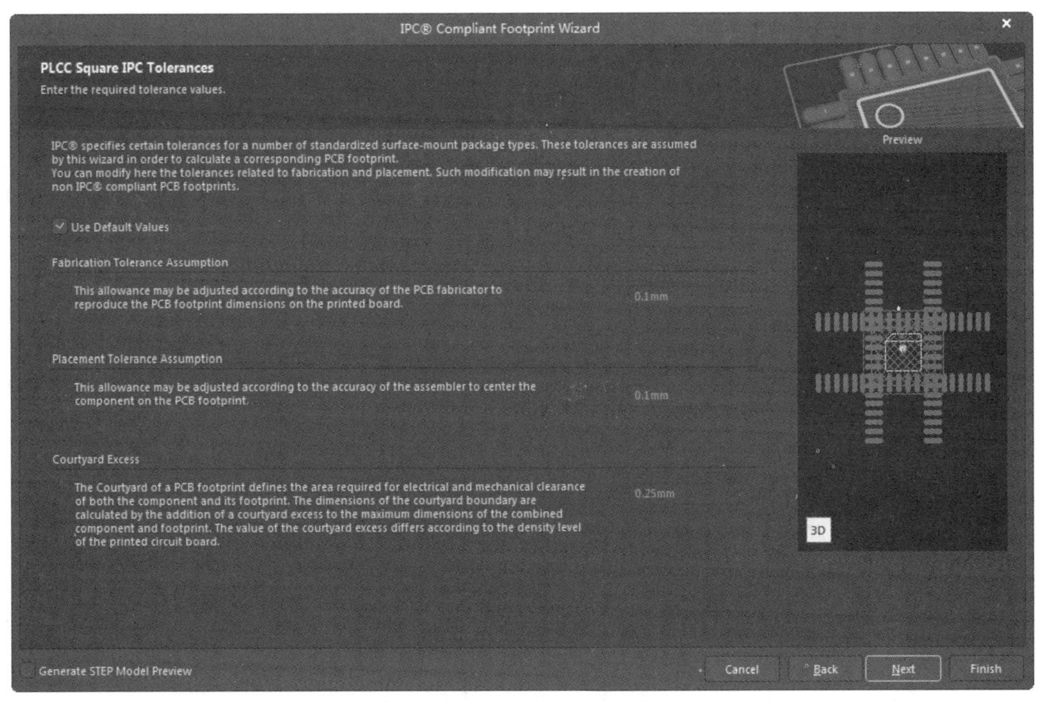

图 11-30　元件公差设置界面

⑨ 单击“Next（下一步）”按钮，进入焊盘位置和类型设置界面，如图 11-31 所示。单击单选框可以确定焊盘位置，采用默认设置。

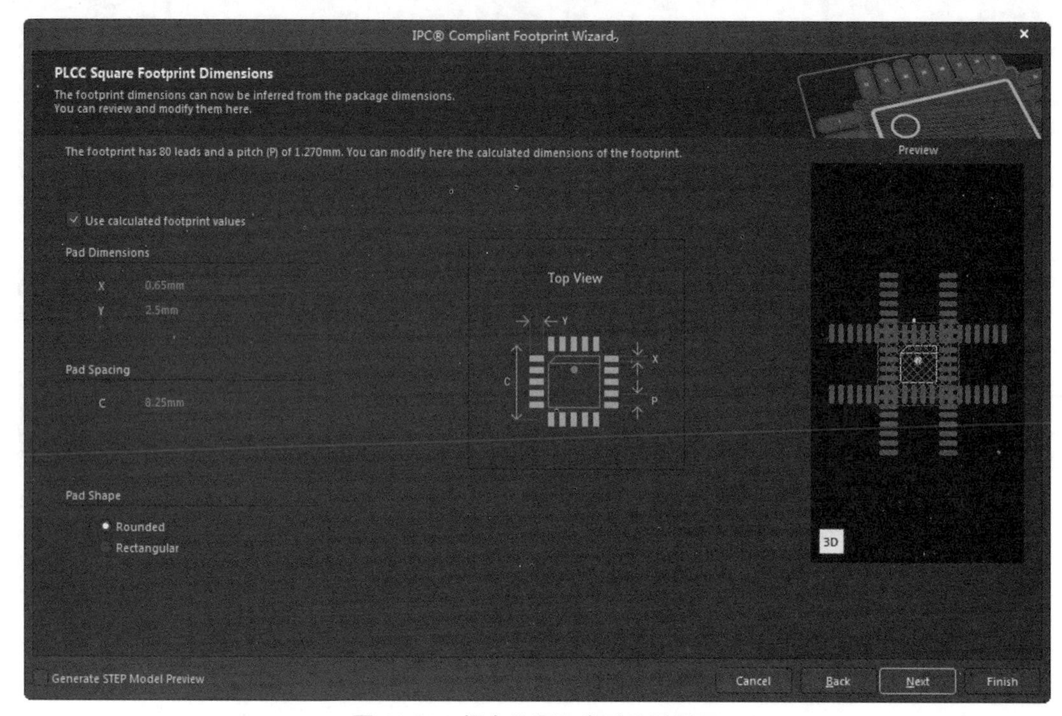

图 11-31　焊盘位置和类型设置界面

⑩ 单击“Next（下一步）”按钮，进入丝印层中封装轮廓尺寸设置界面，如图 11-32 所示。

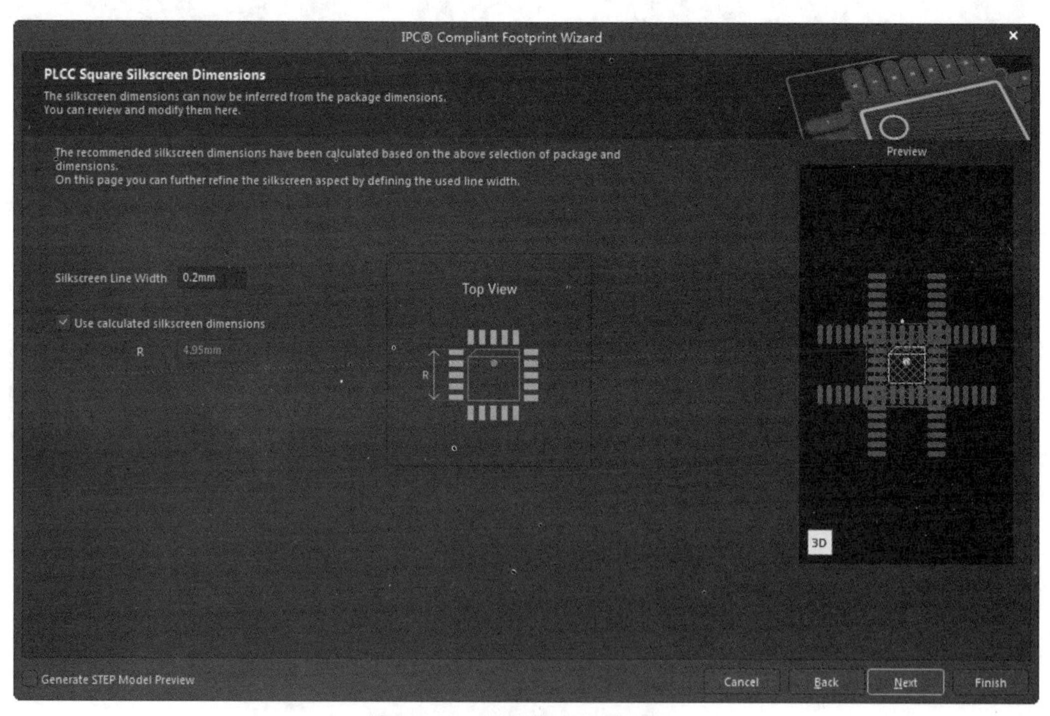

图 11-32　元件轮廓设置界面

⑪ 单击“Next（下一步）”按钮，进入封装命名界面。取消选中“Use suggested

values（使用建议值）”复选框，则可自定义命名元件，这里默认使用系统自定义名称 PLCC127P990X990X457-80N，如图 11-33 所示。

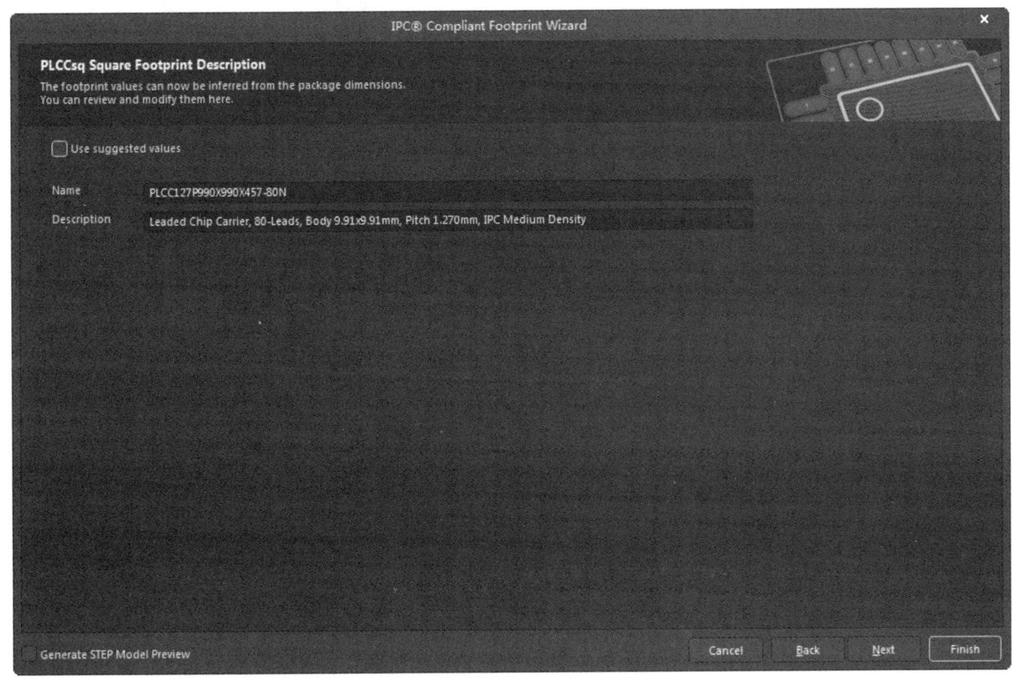

图 11-33　封装命名界面

⑫ 单击“Next（下一步）”按钮，进入封装路径设置界面，如图 11-34 所示。

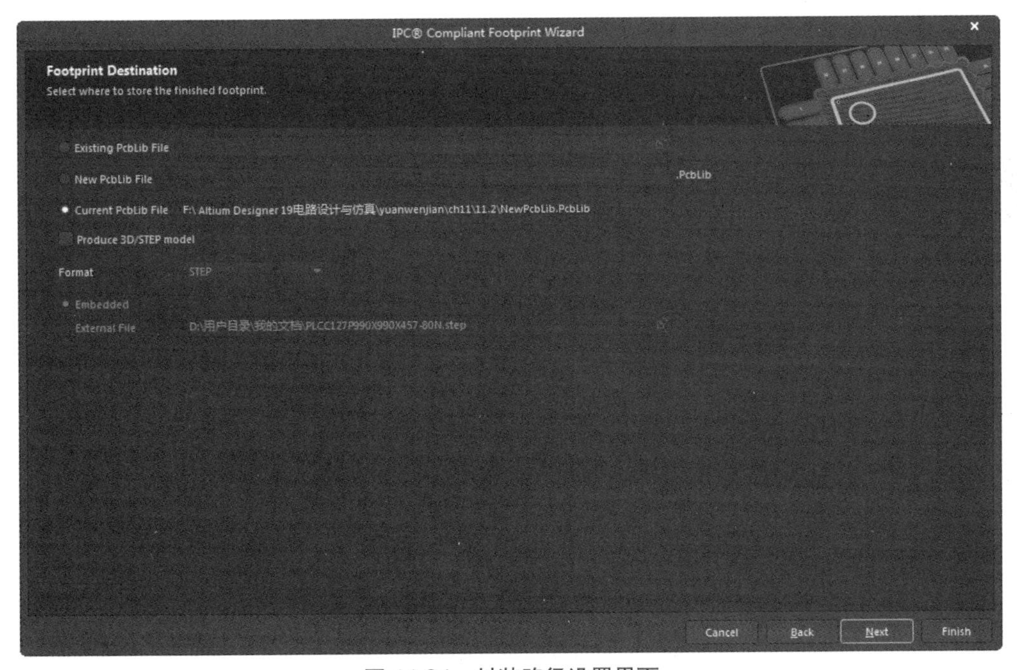

图 11-34　封装路径设置界面

⑬ 单击“Next（下一步）”按钮，进入封装路径制作完成界面，如图 11-35 所示。单击

"Finish（完成）"按钮，退出封装向导。

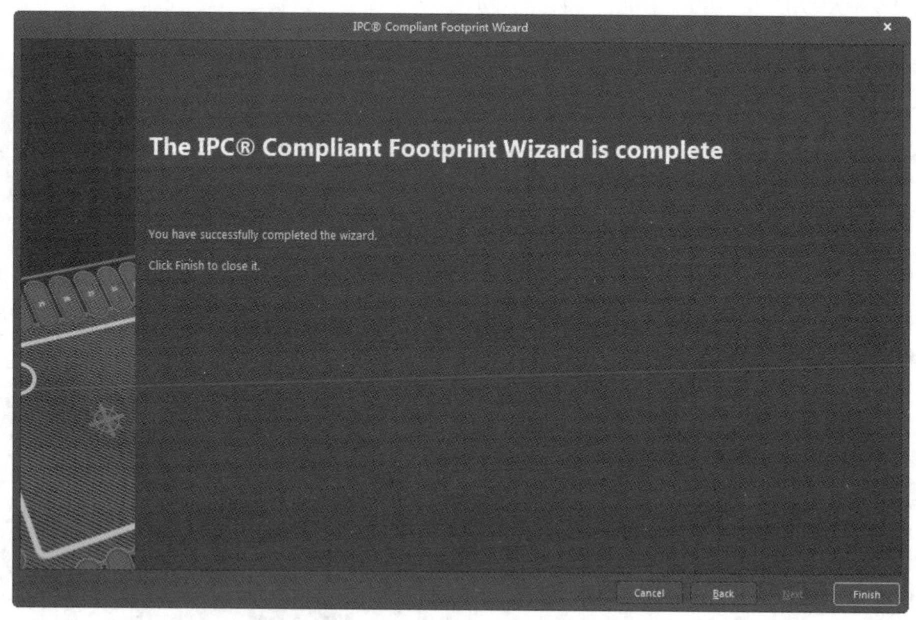

图 11-35　封装制作完成界面

至此，PLCC127P990X990X457-80N 就制作完成了，工作区内显示的封装图形如图 11-36 所示。

与使用"元器件向导"命令创建的封装符号相比，IPC 模型不单单是线条与焊盘组成的平面图形，还是实体与焊盘组成的三维模型。在键盘中输入"3"，切换到三维界面，显示如图 11-37 所示的 IPC 模型。

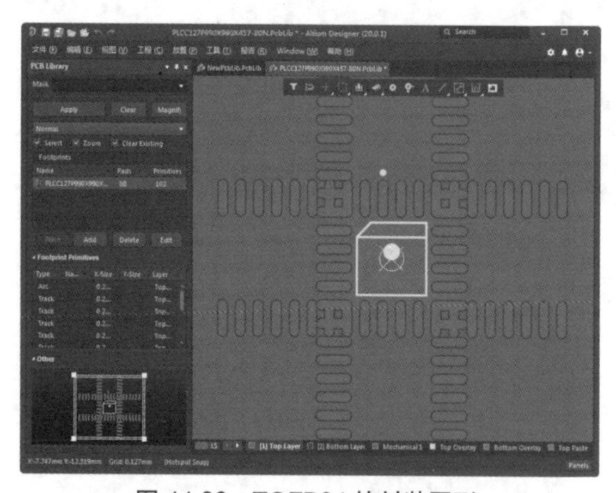

图 11-36　TQFP64 的封装图形

图 11-37　显示三维 IPC 模型

11.1.7 手动创建不规则的 PCB 元件封装

由于某些电子元件的引脚非常特殊，或者设计人员使用了一个最新的电子元件，用 PCB 元件向导往往无法创建新的元件封装。这时，可以根据该元件的实际参数手动创建引脚封装。

手动创建元件引脚封装，需要用直线或曲线来表示元件的外形轮廓，然后添加焊盘来形成引脚连接。元件封装的参数可以放置在 PCB 的任意工作层上，但元件的轮廓只能放置在顶层丝印层上，焊盘只能放在信号层上。当在 PCB 上放置元件时，元件引脚封装的各个部分将分别放置到预先定义的图层上。

（1）创建新元件

执行方式

▲ 菜单栏：选择“工具”→“新的空元件”命令。

绘制步骤

执行此命令，这时在“PCB Library（PCB 元件库）”面板的元件封装列表中会出现一个新的 PCBCOMPONENT_1 空文件。双击该文件，在弹出的对话框中将元件名称改为“New-NPN”，如图 11-38 所示。

（2）设置器件属性

执行方式

工作面板：在界面右下角单击 Panels 按钮，弹出快捷菜单，选择“Properties（属性）”命令。

绘制步骤

执行此命令，系统弹出“Properties（属性）”面板，按图 11-39 所示设置相关参数。

图 11-38　重新命名元件

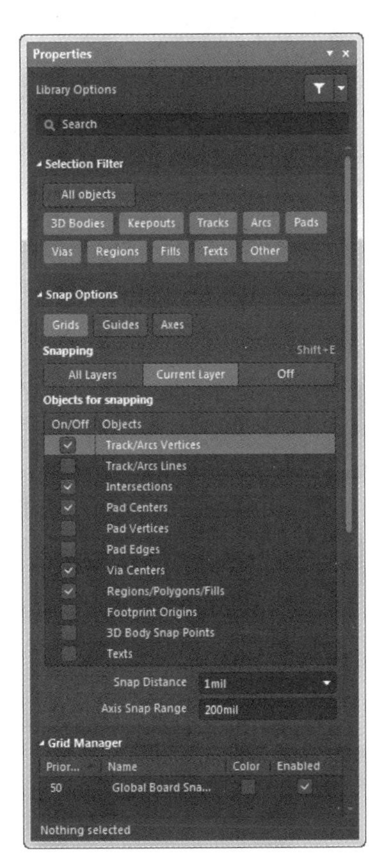

图 11-39　“Properties（属性）”面板

选项说明

设置工作区颜色。颜色设置由读者自己把握，这里不再赘述。

（3）属性设置

执行方式

▲ 菜单栏：选择“工具”→“优先选项”命令。

▲ 右键命令：右击并在弹出的快捷菜单中选择“优先选项”命令。

绘制步骤

执行以上命令，系统将弹出如图 11-40 所示的“优选项”对话框，使用默认设置即可。

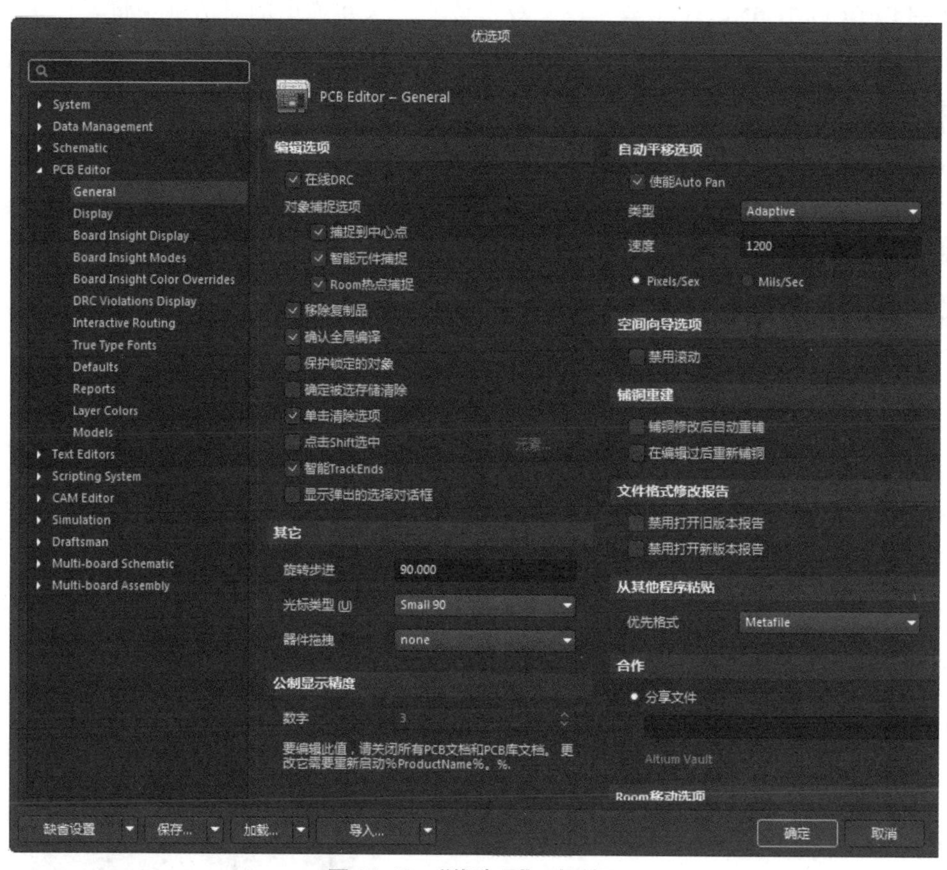

图 11-40 “优选项”对话框

（4）切换至“Top Layer”（顶层）

执行方式

▲ 菜单栏：选择“放置”→“焊盘”命令。

绘制步骤

① 执行此命令，光标上悬浮一个十字光标和一个焊盘，单击确定焊盘的位置。按照同样的方法放置另外两个焊盘。

② 双击焊盘进入“Properties（属性）”面板，如图 11-41 所示。设置“Designator（指示符）”文本框中的引脚名称分别为 b、c、e，3 个焊盘的坐标分别为 b（0，100）、c（-100，0）、e（100，0），设置完毕后的焊盘如图 11-42 所示。

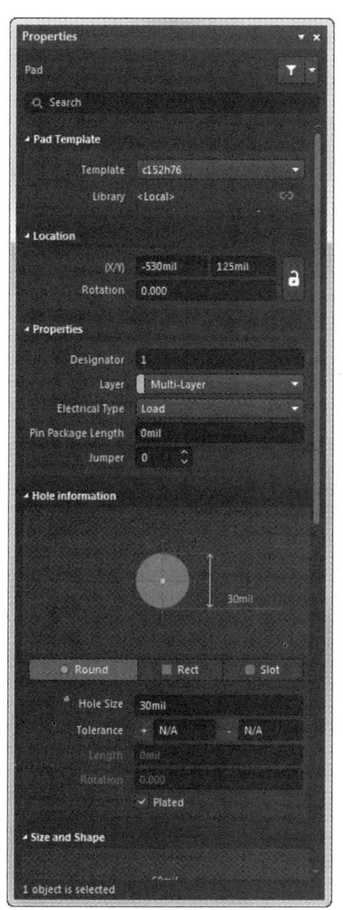

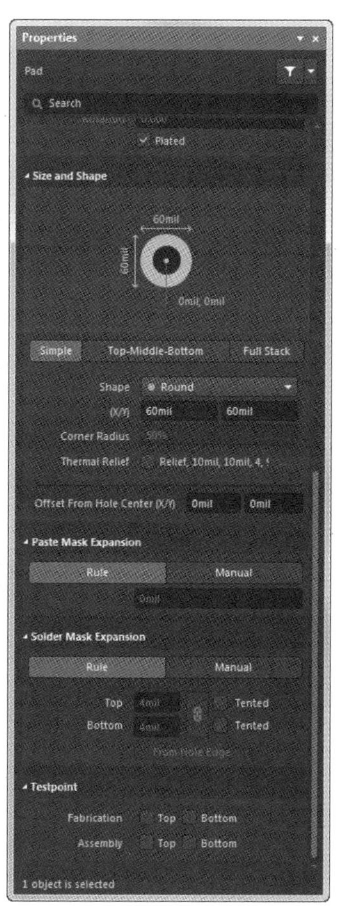

图 11-41 “Properties（属性）”面板

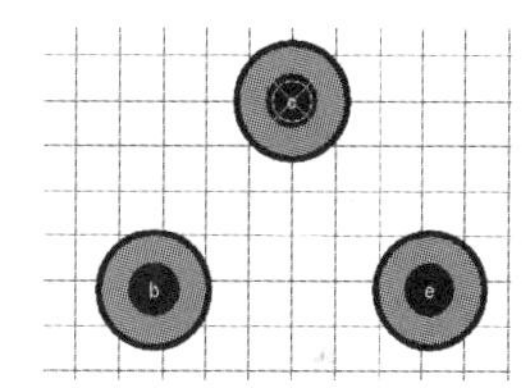

图 11-42 设置完毕后的焊盘

③ 焊盘放置完毕后，需要绘制元件的轮廓线。所谓元件轮廓线，就是该元件封装在电路板上占用的空间尺寸。轮廓线的形状和大小取决于实际元件的形状和大小，通常需要测量实际元件。

（5）放置3D体

执行方式

▲ 菜单栏：选择“放置”→“3D 元件体”命令。

绘制步骤

① 执行此命令，弹出如图 11-43 所示的“3D Body（3D 体）”面板，在“3D Model Type（3D 模型类型）”选项组下选择“Generic（通用 3D 模型）”选项，在“Source（3D 模型资源）”选项组下选择“Embed Model（嵌入模型）”选项，单击“Choose（选择）”按钮，弹出“Choose Model”对话框，选择“*.STEP”文件，单击“打开”按钮，如图 11-44 所示，加载该模型，在“3D 体”对话框中显示加载结果，如图 11-45 所示。

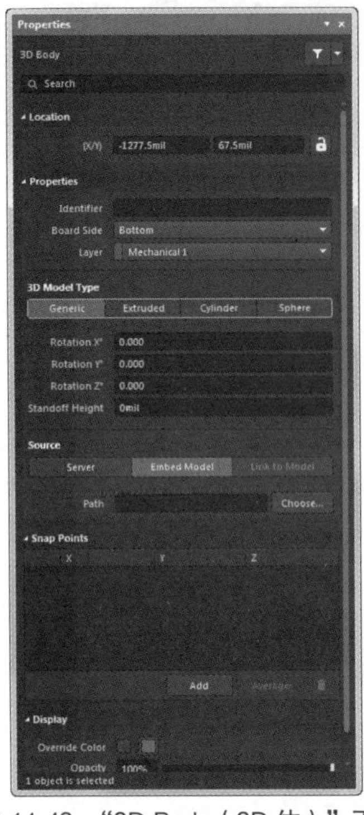

图 11-43 “3D Body（3D 体）”面板

图 11-44 “Choose Model”对话框

② 单击“Enter（确定）”键，鼠标变为十字形，同时附着模型符号，在编辑区单击放置，将放置模型，结果如图 11-46 所示。

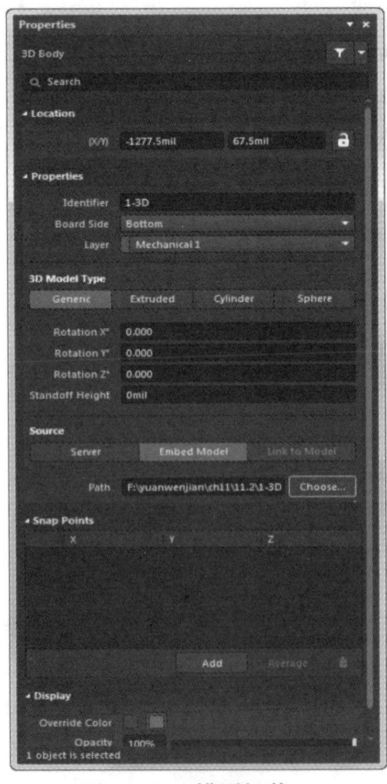

图 11-45 模型加载

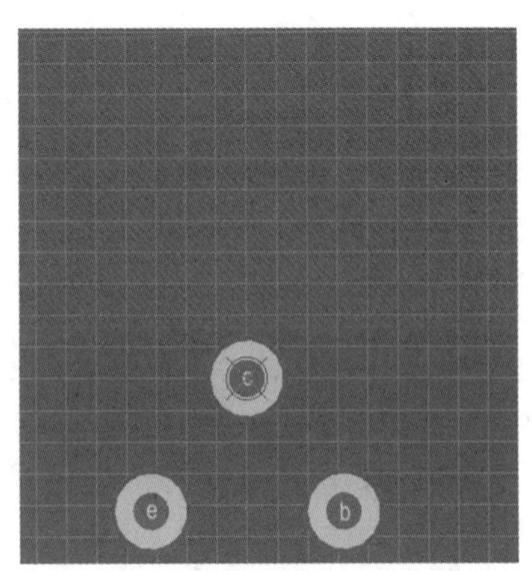

图 11-46 放置 3D 体

③ 在键盘中输入“3”，切换到三维界面，按住〈Shift+ 右键〉，可旋转视图中的对象，将模型旋转到适当位置，如图 11-47 所示。

（6）设置水平位置

执行方式

▲ 菜单栏：选择“放置”→“3D Body”→“从顶点添加捕捉点”命令。

绘制步骤

① 执行此命令，在 3D 体上单击，捕捉基准点，如图 11-48 所示，添加基准线，如图 11-49 所示。

图 11-47 显示 3D 体三维模型

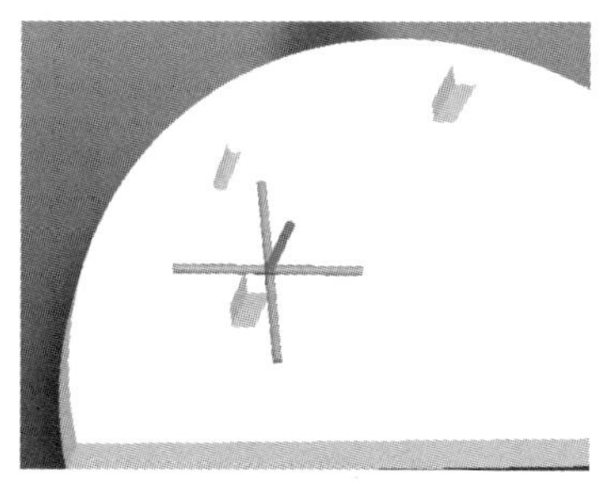

图 11-48 捕捉基准点

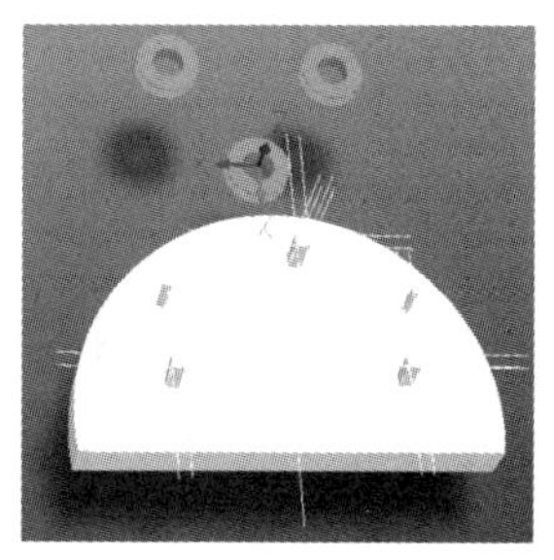

图 11-49 添加基准线

② 完成基准线的添加后，在键盘中输入“2”，切换到二维界面，将焊盘放置到基准线中，如图 11-50 所示。

③ 在键盘中输入“3”，切换到三维界面，显示三维模型中焊盘水平移动的位置，如图 11-51 所示。

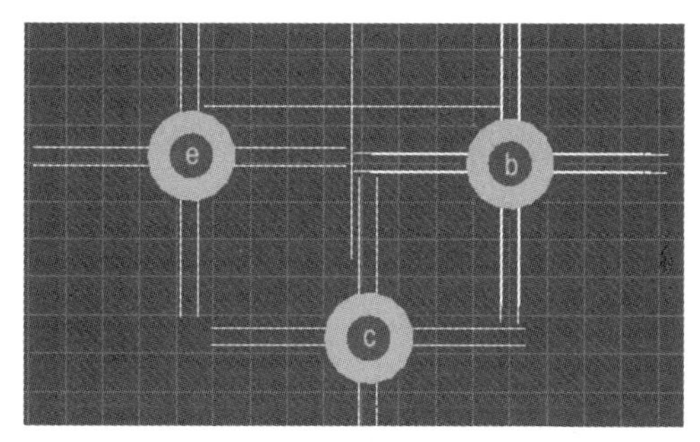

图 11-50 定位焊盘位置

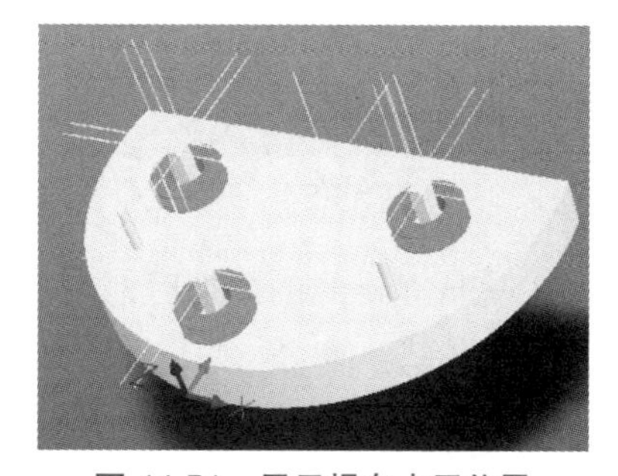

图 11-51 显示焊盘水平位置

（7）设置垂直位置

执行方式

▲ 菜单栏：选择“放置”→“3D Body”→“设置元件体高度”命令。

绘制步骤

① 执行此命令，开始设置焊盘垂直位置。单击 3D 体中对应的焊盘孔，弹出“Choose Height Above Board Bottom Surface（选择板表面高度）”对话框，默认选中“Board Surface（板表面）”单选按钮，如图 11-52 所示，单击“确定”按钮，关闭该对话框，焊盘自动放置到

焊盘孔上表面，结果如图 11-53 所示。

图 11-52 “Choose Height Above Board Bottom Surface”对话框

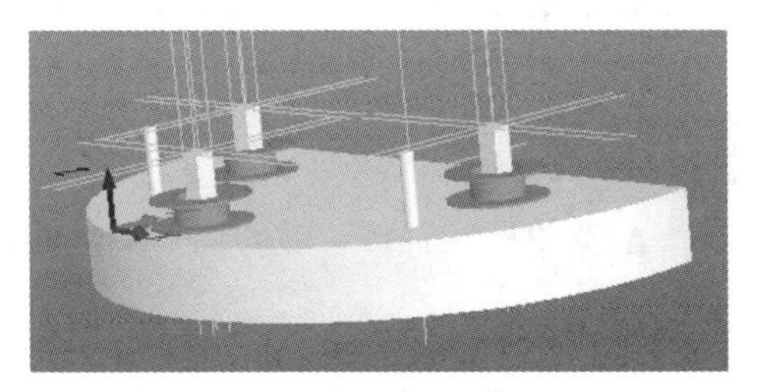

图 11-53 设置焊盘垂直位置

② 执行“工具”→“3D Body”→“删除捕捉点”命令，依次单击设置的捕捉点，删除所有基准线，结果如图 11-54 所示。

（8）放置定位孔

执行方式

▲ 菜单栏：选择“放置”→“3D Body”→“从顶点添加捕捉点”命令。

绘制步骤

① 执行此命令，在 3D 体上单击，捕捉基准点，添加定位孔基准线，如图 11-55 所示。

图 11-54 删除定位基准线

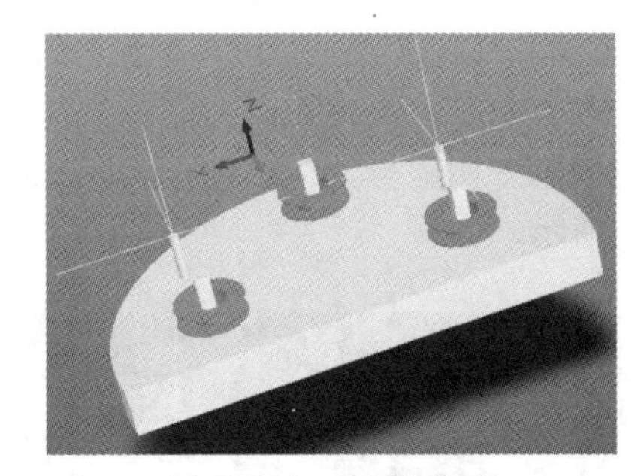

图 11-55 放置定位线

② 完成基准线的添加后，在键盘中输入“2”，切换到二维界面，执行菜单栏中的“放置”→“焊盘”命令，放置定位孔，按〈Tab〉键，弹出属性设置面板，设置定位孔参数，如图 11-56 所示。

③ 完成设置，将焊盘放置到基准线中，可以结合捕捉到的基准点放置定位孔，如图 11-57 所示。

④ 在键盘中输入“3”，切换到三维界面，显示定位孔放置结果，如图 11-58 所示。

⑤ 执行“工具”→“3D Body”→“删除捕捉点”命令，依次单击设置的捕捉点，删除所有基准线，结果如图 11-59 所示。

提示

焊盘放置完毕后，需要绘制元件的轮廓线。所谓元件轮廓线，就是该元件封装在电路板上占用的空间尺寸。轮廓线的线状和大小取决于实际元件的形状和大小，通常需要测量实际元件。

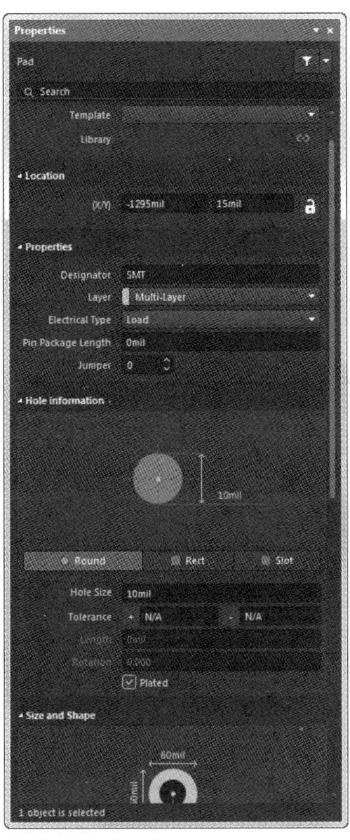

图 11-56　设置定位孔属性

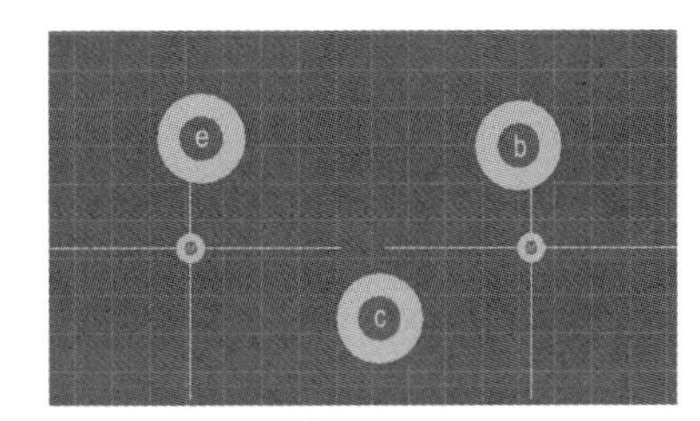

图 11-57　放置定位孔

（9）捕捉绘制元件轮廓关键点

执行方式

▲ 菜单栏：选择“放置”→“3D Body”→“从顶点添加捕捉点”命令。

绘制步骤

① 执行此命令，在 3D 体上单击，捕捉模型上关键点，如图 11-60 所示。

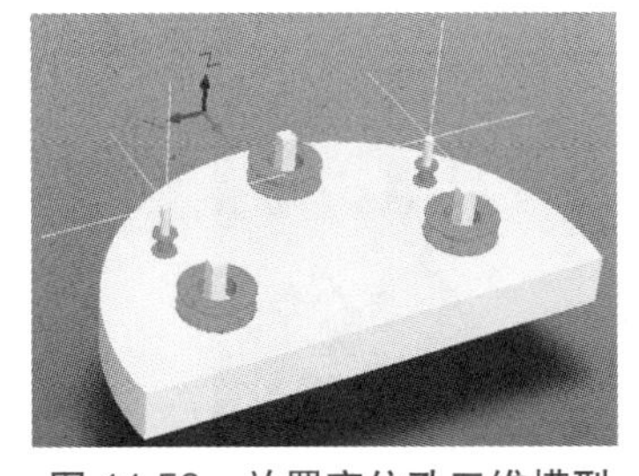

图 11-58　放置定位孔三维模型

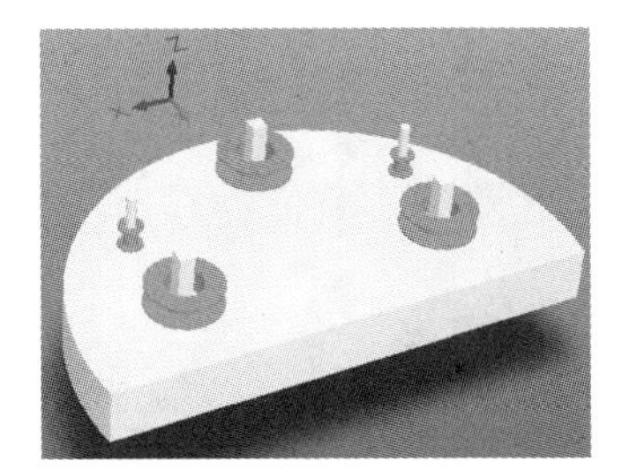

图 11-59　删除定位基准线

图 11-60　捕捉模型关键点

（10）切换至“Top Overlay”（顶层覆盖）层

将活动层设置为顶层丝印层。

执行方式

▲ 菜单栏：选择“放置”→“线条”命令。

绘制步骤

① 执行此命令，光标变为十字形状，单击确定直线的起点，移动光标拉出一条直线，用光标将直线拉到合适位置，再次单击确定直线终点。右击或者按〈Esc〉键退出该操作，结果如图 11-61 所示。

② 选择“放置”→“圆弧（中心）”命令，光标变为十字形状，将光标移至坐标原点，单击确定弧线的圆心；再将光标移至直线的任意一个端点，单击确定圆弧的直径；然后在直线的另一个端点单击确定该弧线，结果如图 11-62 所示。右击或者按〈Esc〉键退出该操作。

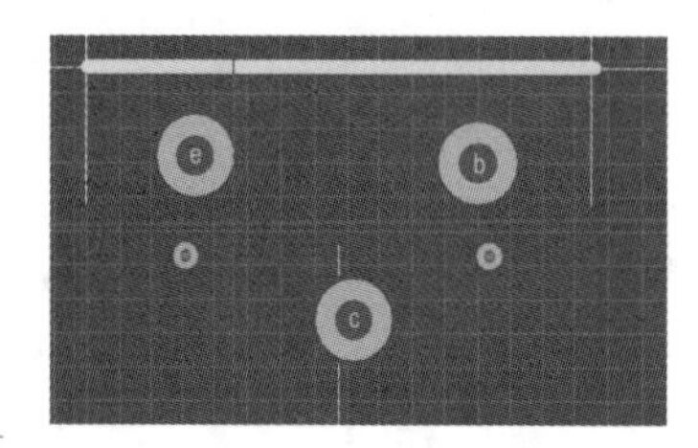

图 11-61　绘制一段直线

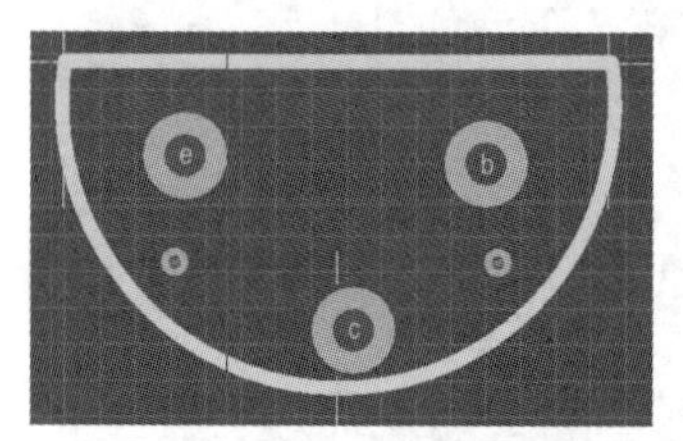

图 11-62　绘制一条弧线

（11）设置元件参考点

在“编辑”下拉菜单中的“设置参考”菜单下有 3 个选项，分别为“1 脚”“中心”“定位”，用户可以自己选择合适的元件参考点。

在键盘中输入“3”，切换到三维界面。执行“工具”→“3D Body”→“删除捕捉点”命令，依次单击设置的捕捉点，删除所有基准线。

至此，手动创建的 PCB 元件封装就制作完成了。可以看到，在“PCB Library（PCB 元件库）”面板的元件列表中多了一个 NEW-NPN 元件封装，而且在该面板中还列出了该元件封装的详细信息，如图 11-63 所示。

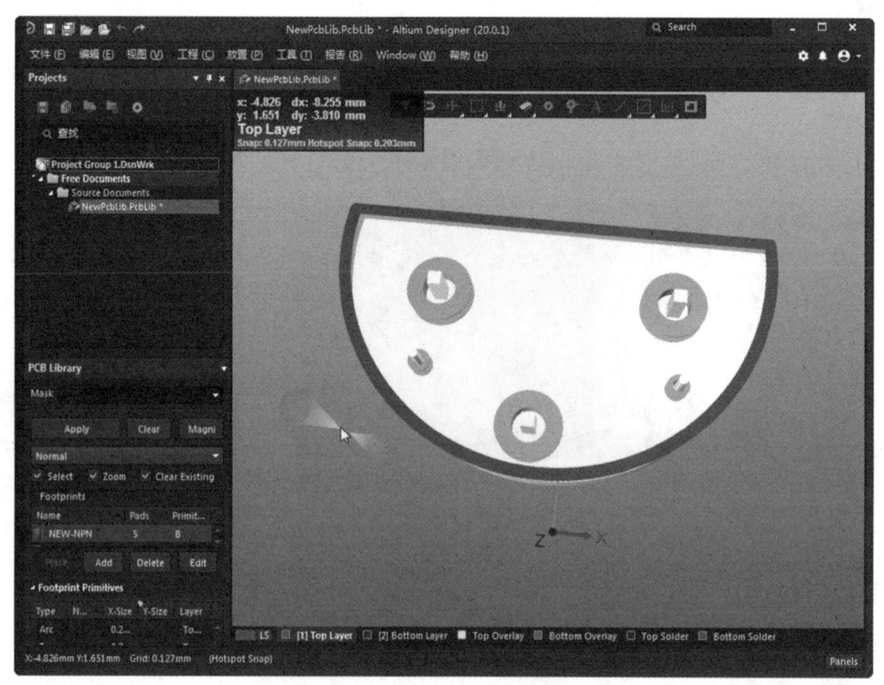

图 11-63　New-NPN 的封装图形

11.2 元件封装检查和元件封装库报表

“报告”菜单中提供了多种生成元件封装和元件库封装报表的功能，通过报表可以了解某个元件封装的信息，对元件封装进行自动检查，也可以了解整个元件库的信息。此外，为了检查绘制的封装，菜单中提供了测量功能。

（1）元件封装中的测量

为了检查元件封装绘制是否正确，封装设计系统提供了和 PCB 设计中一样的测量功能。对元件封装的测量和在 PCB 上的测量相同，这里不再赘述。

（2）元件封装信息报表

在“PCB Library（PCB 元件库）”面板的元件封装列表中选择一个元件。

执行方式

▲ 菜单栏：选择“报告”→“器件”命令。

绘制步骤

执行此命令，系统将自动生成该元件符号的信息报表，工作窗口中将自动打开生成的报表，以便用户马上查看。图 11-64 所示为查看元件封装信息时的界面。

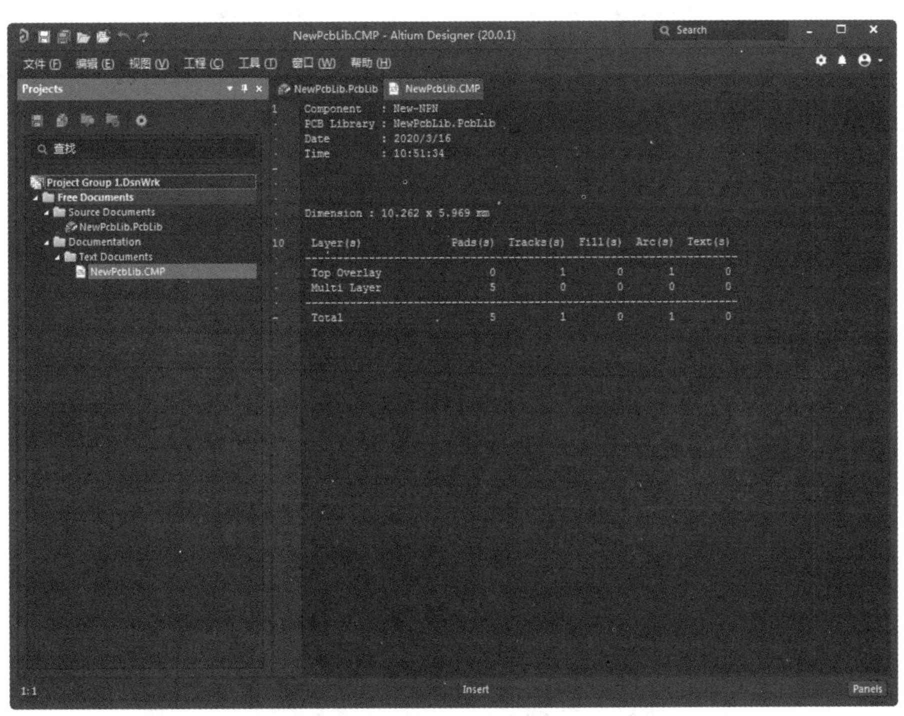

图 11-64 查看元件封装信息时的界面

选项说明

在如图 11-64 所示的界面中，给出了元件名称、所在的元件库、创建日期和时间以及元件封装中各个组成部分的详细信息。

（3）元件封装错误信息报表

Altium Designer 20 提供了元件封装错误的自动检测功能。

执行方式

▲ 菜单栏：选择“报告”→“元件规则检查”命令。

绘制步骤

执行此命令，系统将弹出如图 11-65 所示的“元件规则检查”对话框，在该对话框中可以设置元件符号错误的检查规则。

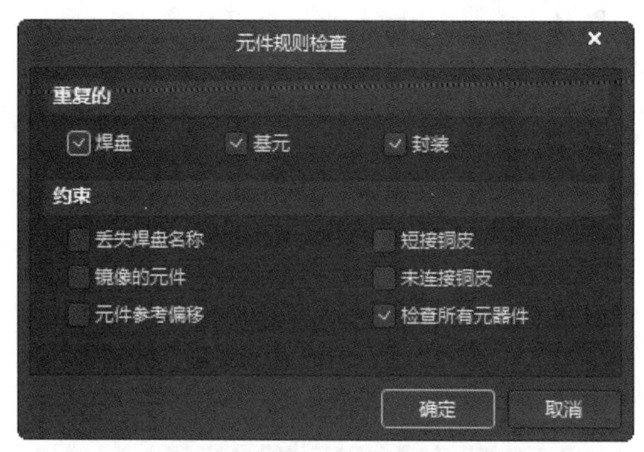

图 11-65 “元件规则检查”对话框

选项说明

（1）“重复的”选项组

▲ “焊盘”复选框：用于检查元件封装中是否有重名的焊盘。

▲ “基元”复选框：用于检查元件封装中是否有重名的边框。

▲ “封装”复选框：用于检查元件封装库中是否有重名的封装。

（2）“约束”选项组

▲ “丢失焊盘名称”复选框：用于检查元件封装中是否缺少焊盘名称。

▲ “镜像的元件”复选框：用于检查元件封装库中是否有镜像的元件封装。

▲ “元件参考偏移”复选框：用于检查元件封装中元件参考点是否偏离元件实体。

▲ “短接铜皮”复选框：用于检查元件封装中是否存在导线短路。

▲ “未连接铜皮”复选框：用于检查元件封装中是否存在未连接铜箔。

▲ “检查所有元器件”复选框：用于确定是否检查元件封装库中的所有封装。

保持默认设置，单击 确定 按钮，系统自动生成元件符号错误信息报表，如图 11-66 所示。

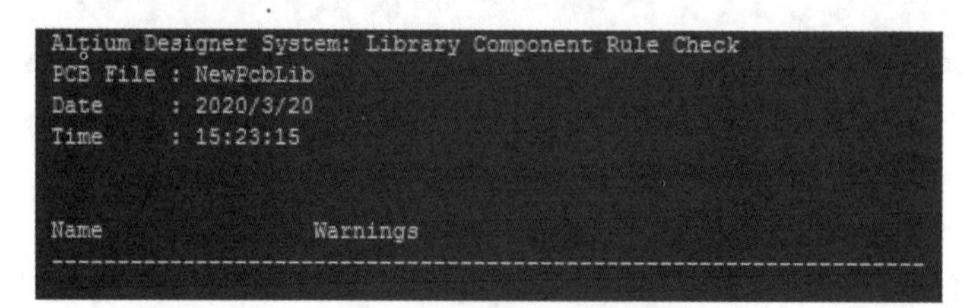

```
Altium Designer System: Library Component Rule Check
PCB File : NewPcbLib
Date     : 2020/3/20
Time     : 15:23:15


Name                Warnings
--------------------------------------------------------------------
```

图 11-66 元件符号错误信息报表

（4）元件封装库信息报表

执行方式

▲ 菜单栏：选择“报告”→“库报告”命令。

绘制步骤

执行此命令，系统将生成元件封装库信息报表，可以对创建的元件封装库进行分析，如图 11-67 所示。在该报表中，列出了封装库所有的封装名称和对它们的命名。

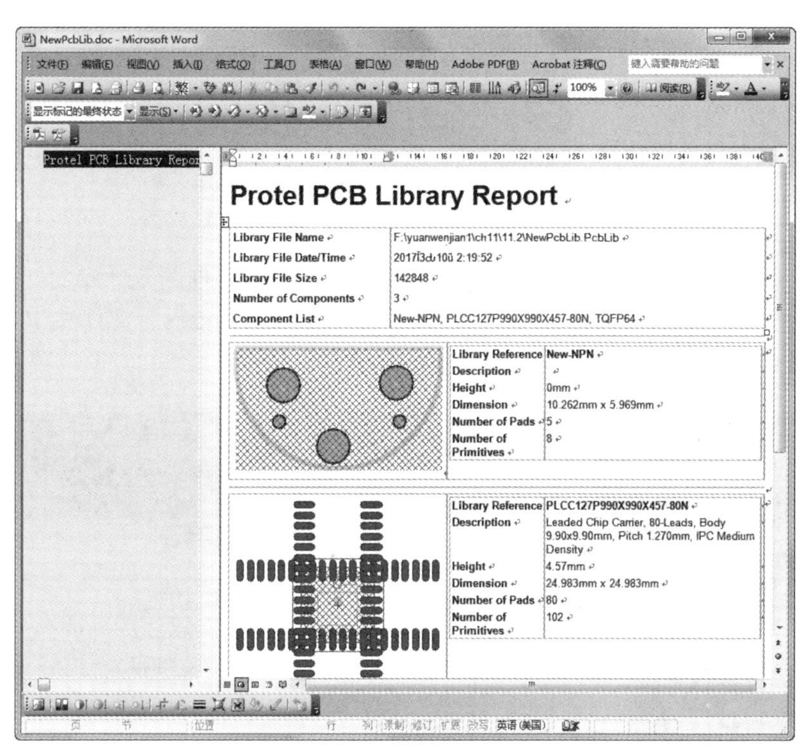

图 11-67　元件封装库信息报表

11.3 创建项目元件库

大多数情况下，在同一个项目的电路原理图中，所用到的元件由于性能、类型等不同而可能来自不同的库文件。在这些库文件中，有系统提供的若干个集成库文件，也有用户自己建立的原理图元件库文件。这样不便于管理，更不便于用户之间进行交流。

11.3.1 创建原理图项目元件库

可以使用原理图元件库文件编辑器为自己的项目创建一个独立的原理图元件库，把项目电路原理图中所用到的元件原理图符号都汇总到该元件库中，脱离其他的库文件而独立存在，这样就为项目的统一管理提供了方便。

执行方式

▲ 菜单栏：选择“设计”→“生成原理图库”命令。

绘制步骤

① 执行此命令，系统自动在项目中生成了相应的原理图元件库文件，并弹出如图 11-68 所示的“Information（信息）”对话框。在该对话框中，提示用户当前项目的原理图项目元件库“High.SchLib”已经创建完成，共添加了 30 个库元件。

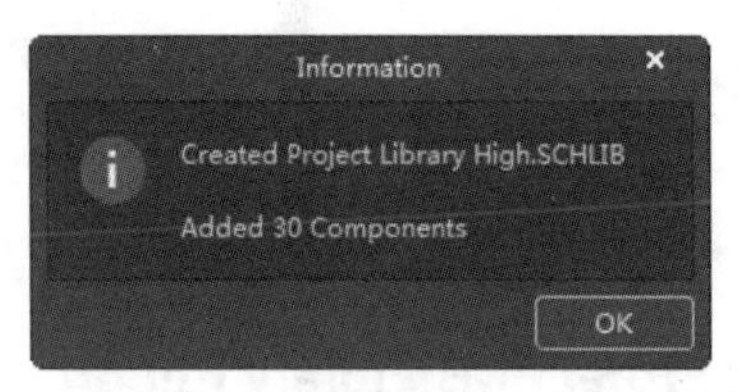

图 11-68 “Information（信息）”对话框

② 单击“OK”按钮，关闭该对话框，系统自动切换到原理图元件库文件编辑环境，如图 11-69 所示。在“Projects（工程）”面板的“Source Documents”文件夹中，已经建立了含有 30 个库元件的原理图项目元件库“High.SCHLIB”。

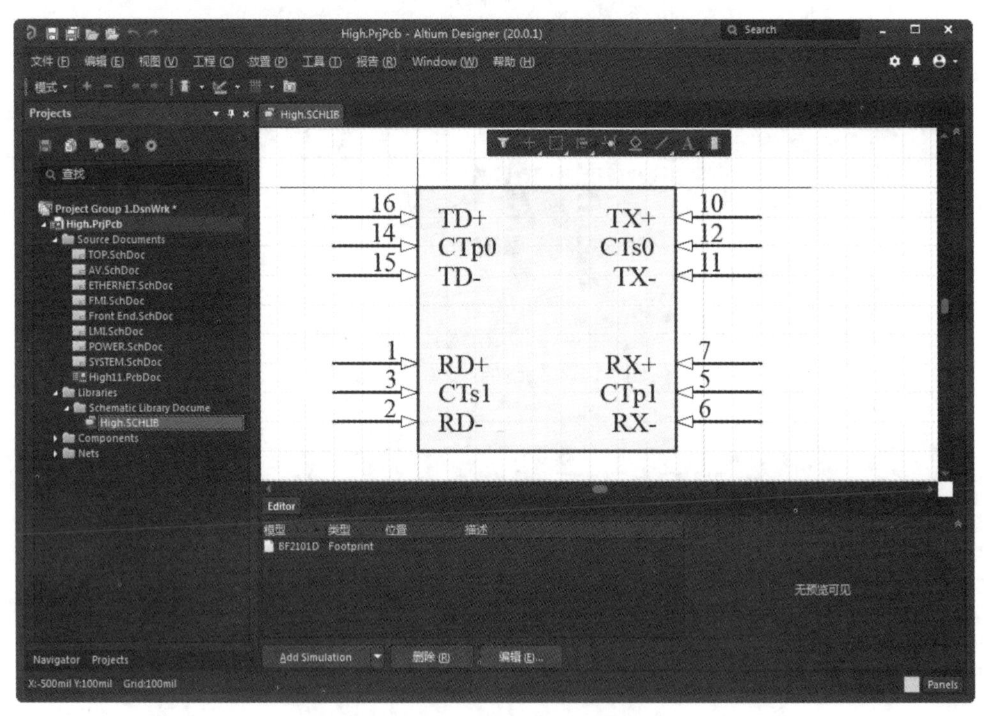

图 11-69 原理图元件库文件编辑环境

③ 打开“SCH Library（SCH 元件库）”面板，在原理图符号“Components（元件）”列表框中列出了所创建的原理图项目文件库中的全部库元件，涵盖了本项目电路原理图中所有用到的元件。如果选择了其中一个，单击 编辑 按钮，则在原理图符号的“Components（元件）”属性面板“Pins”选项卡中会相应显示出该库元件的全部引脚信息，而在“Footprint（封装）”选项组中会显示出该库元件的封装模型。

11.3.2 使用项目元件库更新原理图

建立了原理图项目元件库后，可以根据需要，很方便地对该项目电路原理图中所有用到的元件进行整体编辑、修改，包括元件属性、引脚信息及原理图符号形式等。更重要的是，如果用户在绘制多张不同的原理图时多次用到同一个元件，而该元件又需要重新编辑时，用户不必到原理图中去逐一修改，只需要在原理图项目元件库中修改相应的元件，然后更新原理图即可。

（1）设置工作环境

电路设计项目“High.PrjPcb”中有 8 个子原理图，子原理图在绘制过程中都用到了同一个电容元件“DCAP”。

下面就来修改这子原理图中元件“DCAP”的引脚属性。将输出引脚的电气特性由“Passive（中性）”改为“Output（输出）”。图 11-70 所示为更新前原理图“AV.SchDoc”中的一部分，如元件 C88。

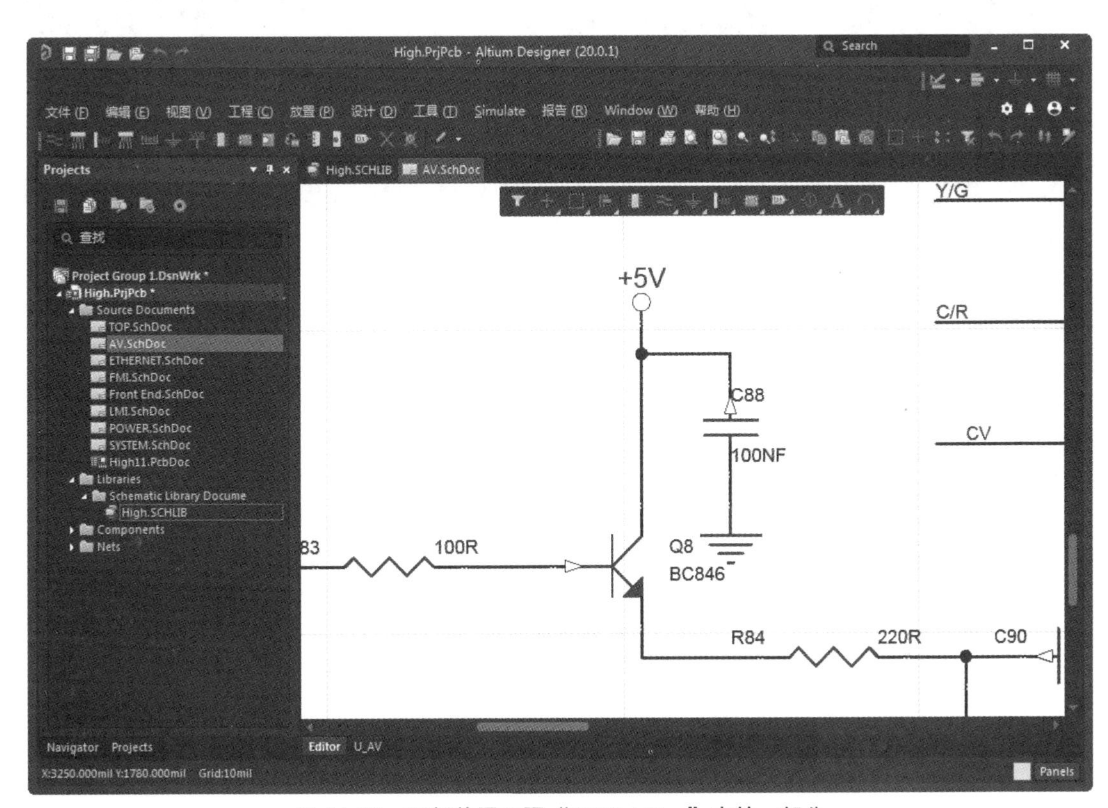

图 11-70 更新前原理图“AV.SchDoc”中的一部分

① 打开该项目下的原理图项目元件库“High.SCHLIB”。

② 打开“SCH Library（SCH 元件库）”面板，在该面板的原理图符号列表框中选择元件“DCAP”，单击“编辑”按钮，弹出“Component（元件）”属性面板，打开“Pins”选项卡，进行相应引脚的编辑，如图 11-71 所示。

③ 将元件中输出引脚（1 引脚）的电气特性设置为“Output”，并保存“High.SCHLIB”文件。

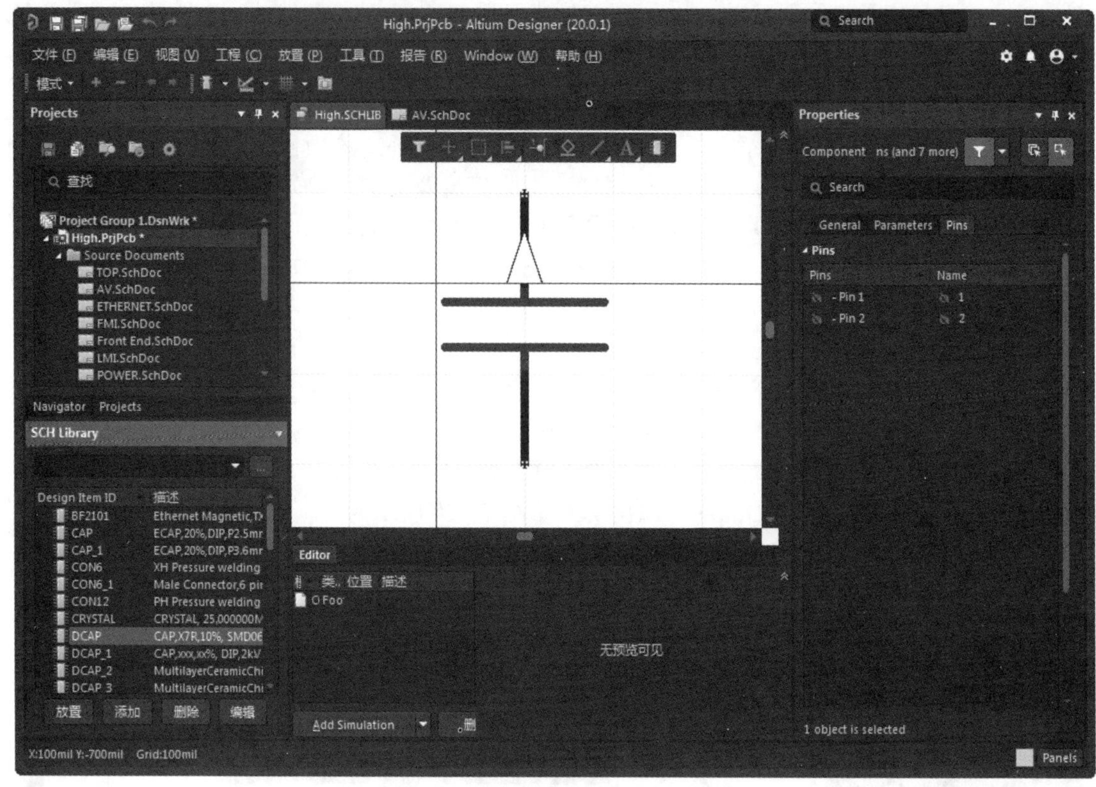

图 11-71　改变输出引脚的电气特性

（2）更新原理图

执行方式

▲ 菜单栏：选择“工具”→“从库中更新”命令。

绘制步骤

① 执行此命令，系统将弹出如图 11-72 所示的“从库中更新”对话框。在“原理图图纸”列表框中选择要更新的原理图，在“设置”选项组中对更新参数进行设置，在“元件类型”列表框中选择要更新的元件。

② 设置完毕后，单击“下一步”按钮，系统将更新对话框，如图 11-73 所示，在其中进行元件选择。

③ 设置完毕后，单击“完成”按钮，系统将弹出如图 11-74 所示的“工程变更指令”对话框。

选项说明

▲ 验证变更 按钮：单击该按钮，执行更改前验证 ECO（Engineering Change Order）。

▲ 执行变更 按钮：单击该按钮，应用 ECO 与设计文档同步。

▲ 报告变更 (R)... 按钮：单击该按钮，生成关于设计文档更新内容的报表。

（3）执行更改

单击 执行变更 按钮，执行更新设计文件。单击 关闭 按钮，关闭该对话框。

逐一打开子原理图，可以看到，原理图中的每一个“DCAP”的输出引脚电气特性都被更新为“Output（输出）”。如图 11-75 所示为更新后的子原理图“AV.SchDoc”中的一部分。

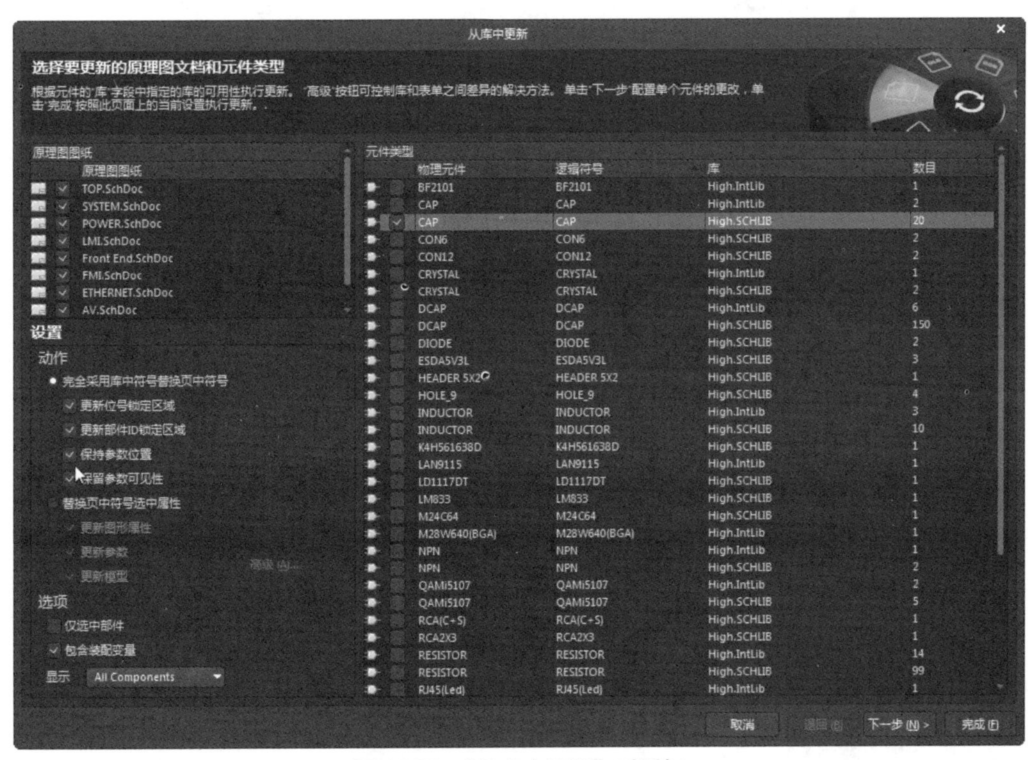

图 11-72 “从库中更新”对话框

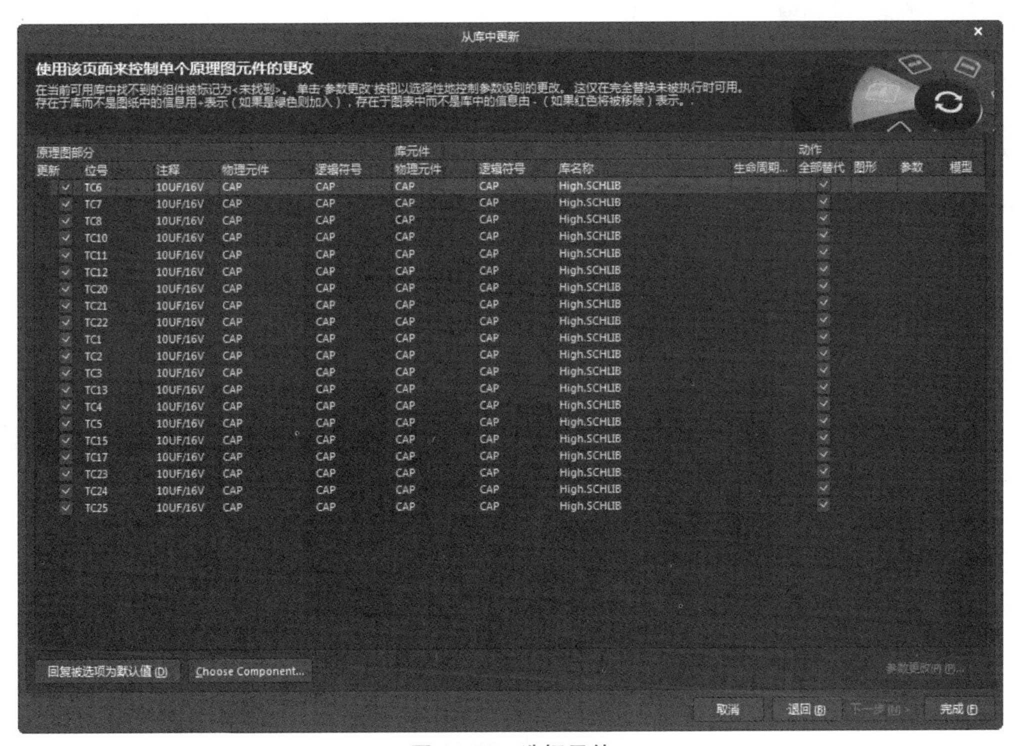

图 11-73 选择元件

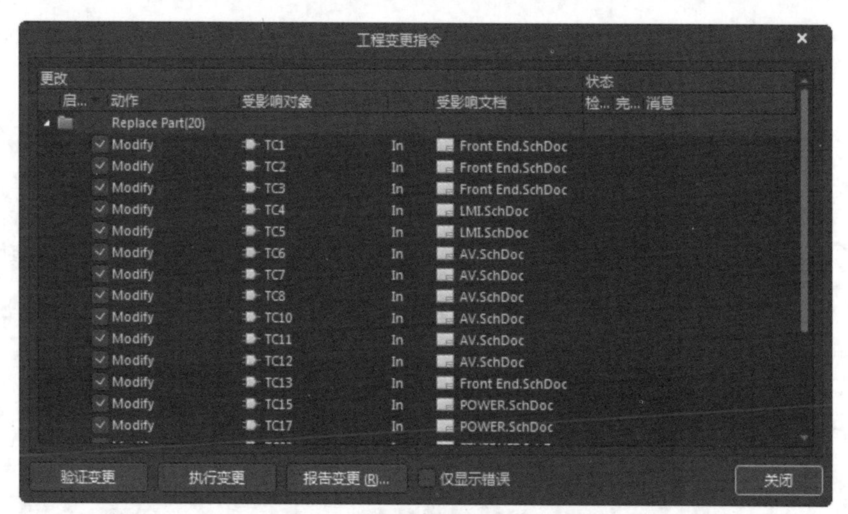

图 11-74 “工程变更指令”对话框

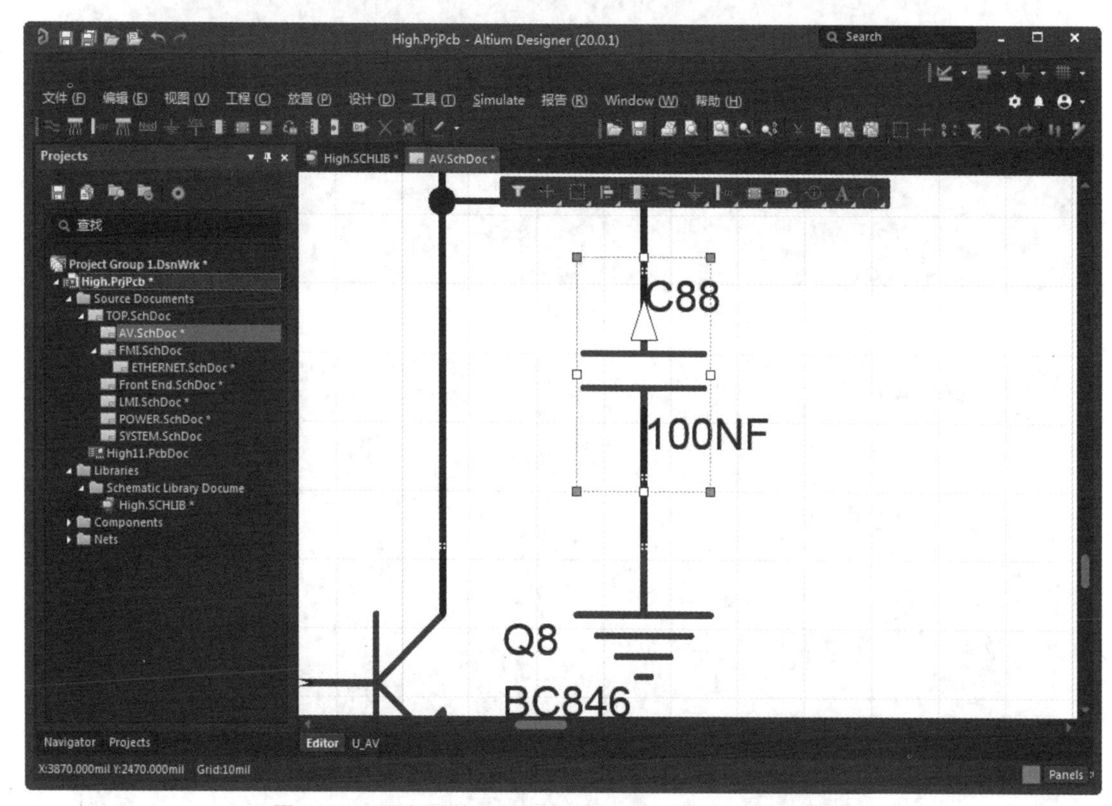

图 11-75 更新后的子原理图“AV.SchDoc”中的一部分

11.3.3 创建项目 PCB 元件库

在一个设计项目中，设计文件用到的元件封装往往来自不同的库文件。为了方便设计文件的交流和管理，在设计结束时，可以将该项目中用到的所有元件集中起来，生成基于该项目的 PCB 元件库文件。

创建项目的PCB元件库简单易行，首先打开已经设计完成的PCB文件，进入PCB编辑器。

执行方式

▲ 菜单栏：选择“设计”→“生成 PCB 库”命令。

绘制步骤

执行此命令，系统会自动生成与该设计文件同名的 PCB 库文件。同时，新生成的 PCB 库文件会自动打开，并置为当前文件，在“PCB Library（PCB 元件库）”面板中可以看到其元件列表。

11.3.4 创建集成库

Altium Designer 20 提供了集成形式的库文件，将原理图元件库和与其对应的模型库文件如 PCB 元件库、SPICE 和信号完整性模型等集成到一起，极大地方便了用户在设计过程中的各种操作。

执行方式

▲ 菜单栏：选择“文件”→“新的”→“库”→“集成库”命令，如图 11-76 所示。

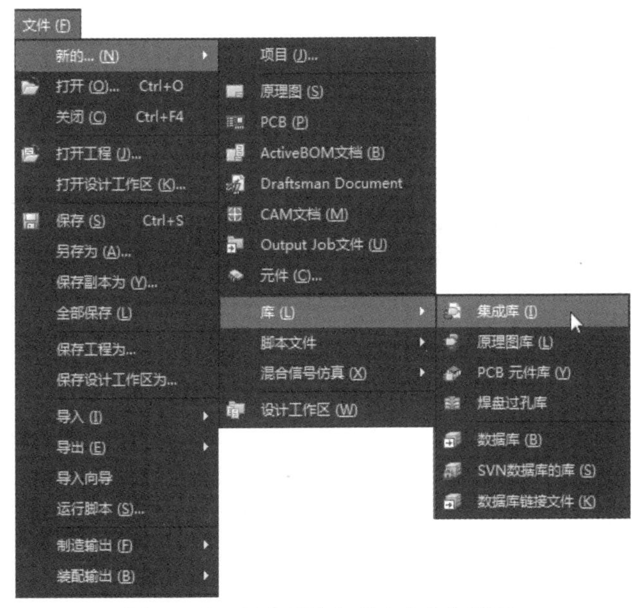

图 11-76 创建新的集成库文件包项目

绘制步骤

① 执行此命令，创建一个新的集成库文件包项目。该库文件包项目中目前还没有文件加入，需要在该项目中加入原理图元件库和 PCB 元件库。

② 在“Projects（工程）”面板中的集成库文件选项上右击，在弹出的快捷菜单中单击“添加已有文档到工程”命令，系统弹出打开文件对话框。选择文件保存路径，打开“PCB_Library.SchLib”，将其加入项目中。

③ 选择“工程”→“Compile Integrated Library *. LibPkg”命令，编译该集成库文件，如图 11-77 所示。编译后的集成库文件将自动加载到当前库文件中，在“PCB Library（PCB 元件库）”面板中可以看到。

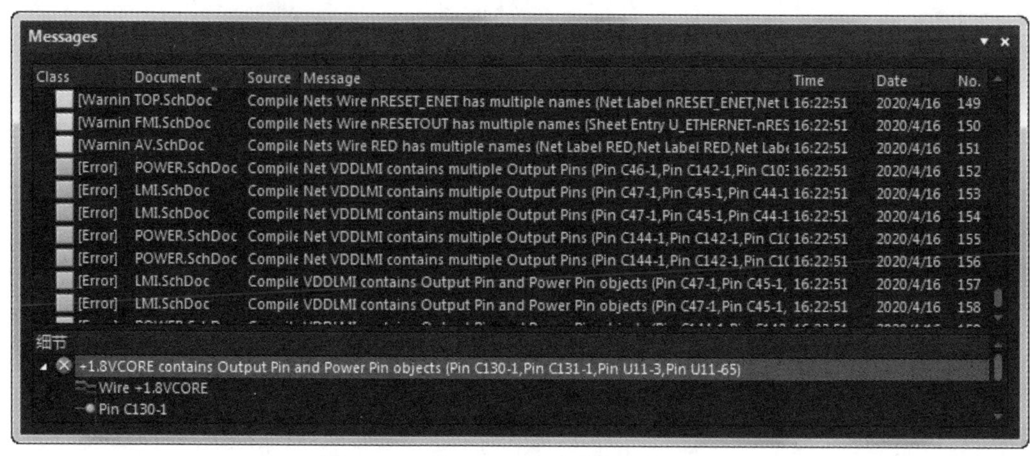

图 11-77 “Messages（信息）”面板

④ 在“Messages（信息）”面板中将显示一些错误和警告的提示。这表明，还有部分原理图文件没有找到匹配的元件封装或信号完整性等模型文件，须根据错误提示信息进行修改。

⑤ 修改完毕后，选择“工程”→“Compile Integrated Library *.LibPkg”命令，对集成库文件再次编译，以检查是否还有错误信息。

⑥ 不断重复上述操作，直至编译无误，这个集成库文件就算制作完成了。

11.4 综合演练——库文件设计

用户创建的 Altium Designer 20 库文件可以通过各种编辑器及报表列出的信息进行元件规则的有关检查，使用户自己创建的元件以及元件库更准确。

在此，以前面创建的库文件“报警器 .SchLib”为例介绍封装模型及各种报表的生成方法。

11.4.1 三端稳压电源调整器封装库

扫一扫 看视频

① 选择“文件”→“新的”→“库”→“PCB 元件库”命令，新建一个空白 PCB 元件库文件“PcbLib1.PcbLib”，进入 PCB 元件库编辑环境。

② 选择“文件”→“保存为”命令，保存该 PCB 库文件名称为“报警器 .PcbLib”。单击打开“PCB Library”面板，系统自动添加默认部件“PCBCOMPONENT_1”，如图 11-78 所示。

③ 双击部件名称“PCBCOMPONENT_1”，弹出“PCB 库封装”对话框，在“名称”文本框中输入“VR3”，如图 11-79 所示。单击“确定”按钮，完成部件名称修改。

④ 选择“放置”→“线条”命令或单击“PCB 库放置”工具栏的“线条”按钮，放置芯片外形，结果如图 11-80 所示。

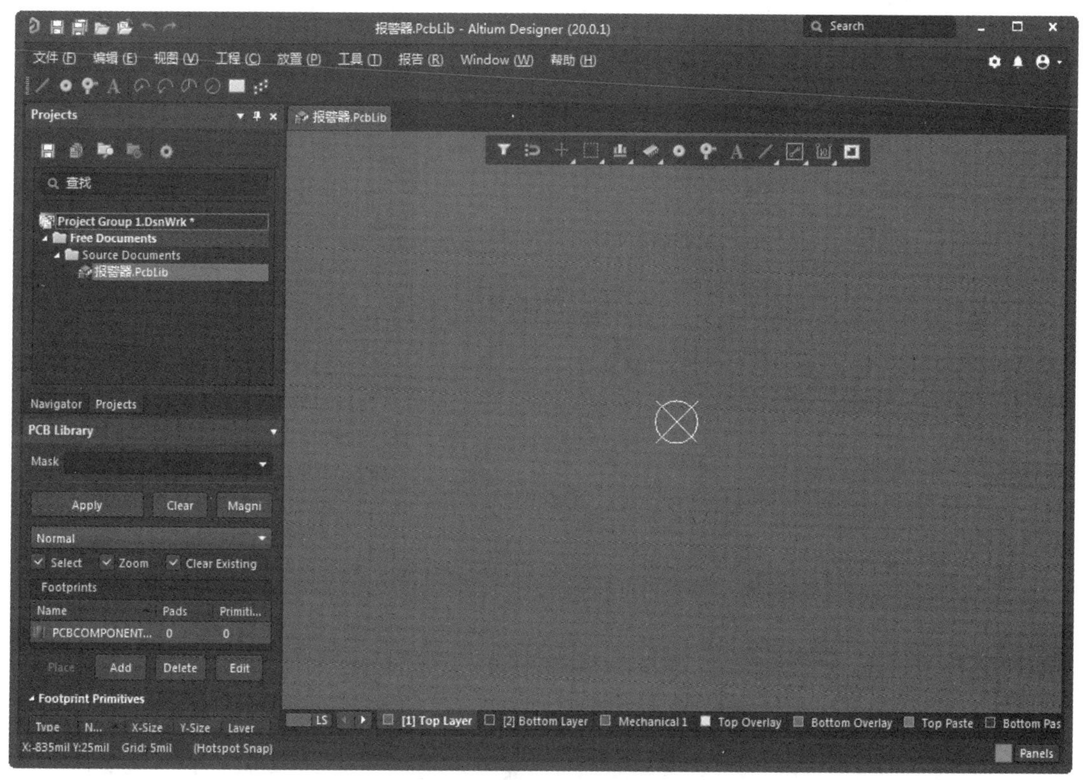

图 11-78　PCB 元件库编辑环境

图 11-79　“PCB 库封装”对话框

图 11-80　芯片外轮廓（1）

⑤ 继续利用“线条”命令在绘制的闭合轮廓内部绘制适当间距的闭合图形，结果如图 11-81 所示。

⑥ 选择“放置”→“焊盘”命令或单击“PCB 库放置”对话框中的“焊盘”按钮，在闭合区域内部放置焊盘，依次在适合位置单击，放置 3 个焊盘，如图 11-82 所示。完成放置后，右击退出操作。

图 11-81　芯片外轮廓（2）

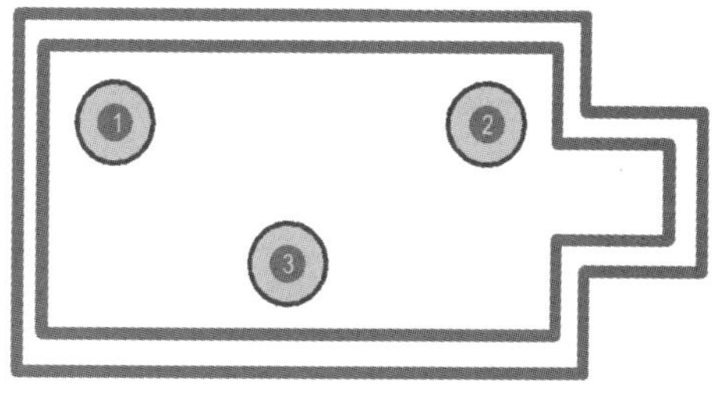

图 11-82　放置焊盘

⑦ 双击放置的焊盘点，弹出“Properties（属性）”面板，在“Pad Template（焊盘模板）”选项组下选择“Template（模板）”为“s152h76c50”，则“Hole information（孔信息）”选项组下选择孔形状为“Round（圆形）”，“Hole Size（孔尺寸）”为“30mil”，在“Size and Shape（形状和大小）”选项组下选择“Simple（简单的）”单选按钮，设置“Shape（外形）”为“Octagonal”，如图 11-83 所示。

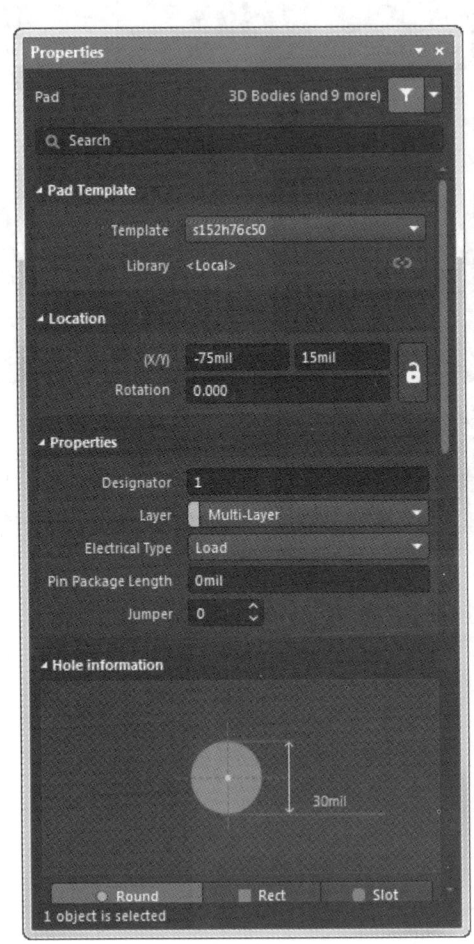

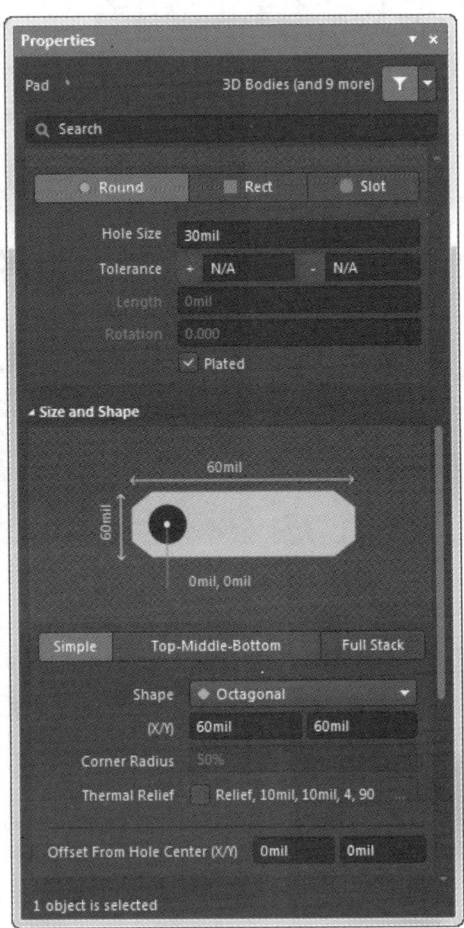

图 11-83 “Properties（属性）”面板

⑧ 完成设置后，采用同样的方法设置其余焊盘，设置结果如图 11-84 所示。

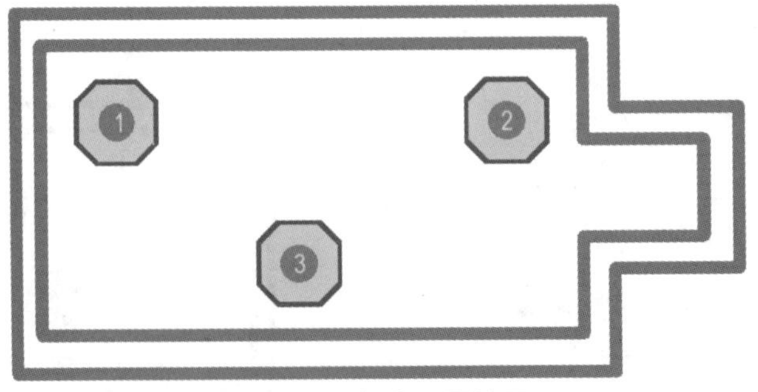

图 11-84 焊盘设置结果

11.4.2 解码器芯片封装库

① 进入封装库编辑环境，选择“工具”→“元器件向导”命令，系统将弹出如图 11-85 所示的“Footprint Wizard（封装向导）”对话框。

② 单击“Next（下一步）”按钮，进入元件封装模式选择界面。在模式列表框中列出了各种封装模式，如图 11-86 所示。这里选择“Dual In-line Packages（DIP）”封装模式，“选择单位”下拉列表框设置为“Metric（mm）”。

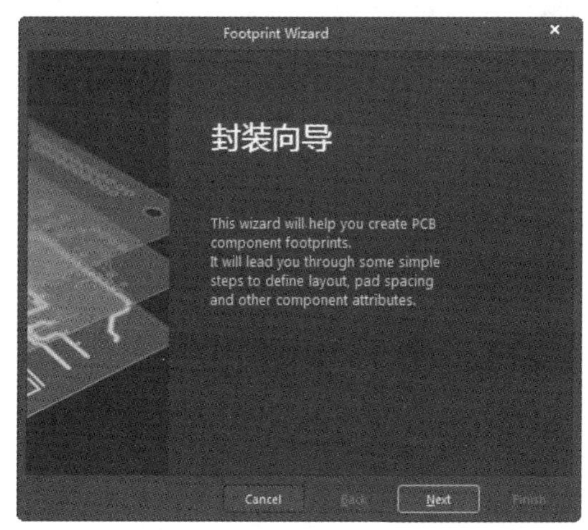

图 11-85 “Footprint Wizard（封装向导）”对话框

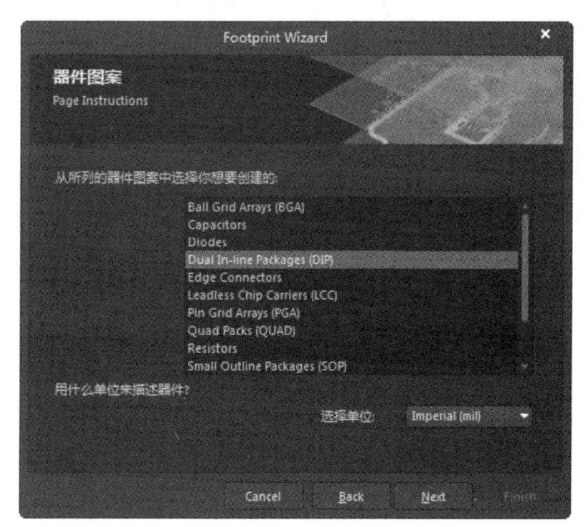

图 11-86 元件封装模式选择界面

③ 单击“Next（下一步）”按钮，进入焊盘尺寸设置界面，在这里焊盘尺寸设置为默认，如图 11-87 所示。

④ 单击“Next（下一步）”按钮，进入焊盘位置设置界面，如图 11-88 所示。在这里使用默认设置，水平间距为 15.2mm，垂直间距为 2.5mm。

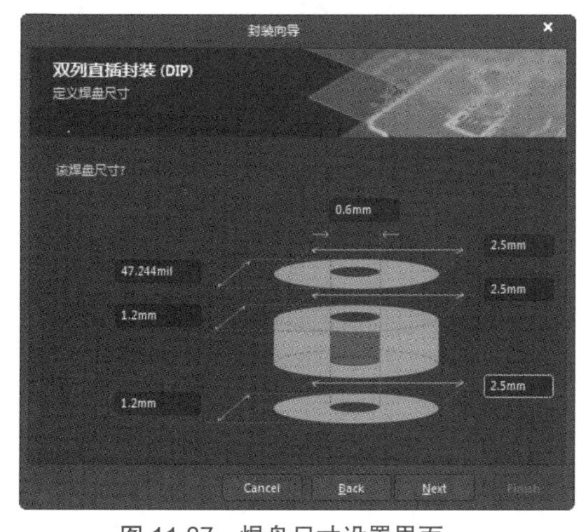

图 11-87 焊盘尺寸设置界面

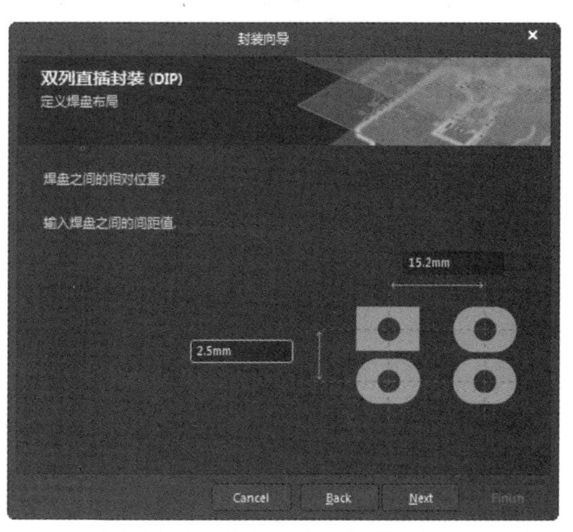

图 11-88 焊盘位置设置界面

⑤ 单击“Next（下一步）”按钮，进入外框宽度设置界面，如图 11-89 所示。这里使用默认设置“0.2mm”。

⑥ 单击“Next（下一步）”按钮，进入焊盘数目设置界面。将焊盘总数设置为18，如图11-90所示。

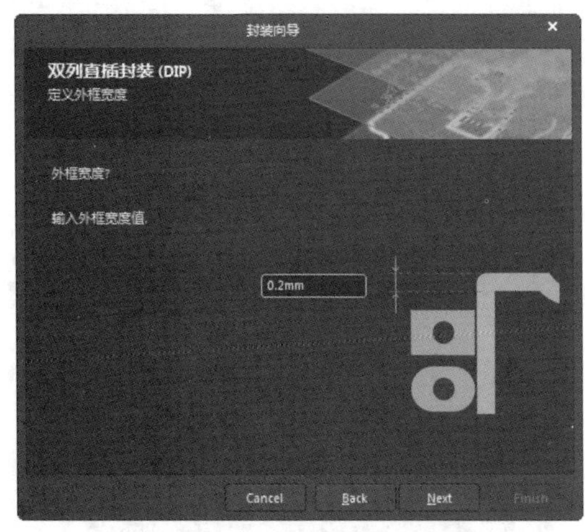

图11-89　外框宽度设置界面

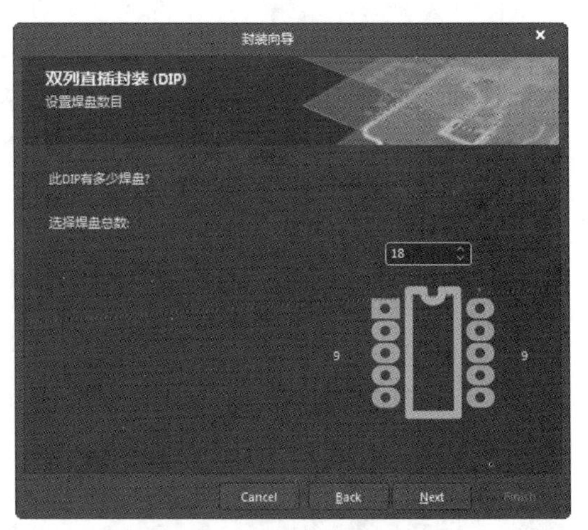

图11-90　焊盘数目设置界面

⑦ 单击“Next（下一步）”按钮，进入封装命名界面。选择默认封装名称“DIP18”，如图11-91所示。

⑧ 单击“Next（下一步）”按钮，进入封装制作完成界面，如图11-92所示。单击 Finish 按钮，退出封装向导。至此，DIP18的封装就制作完成了，工作区内显示的封装图形如图11-93所示。

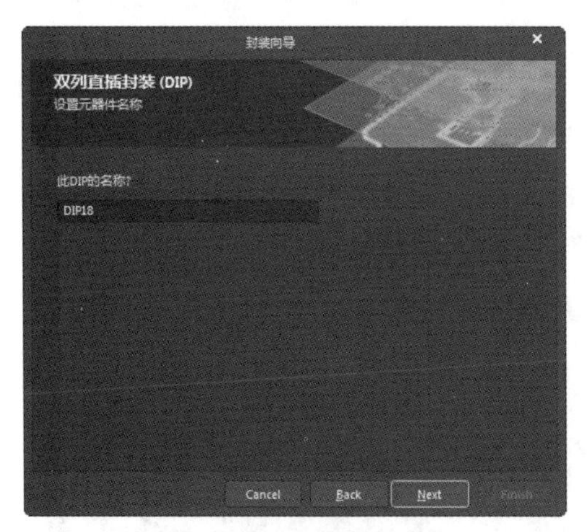

图11-91　封装命名界面

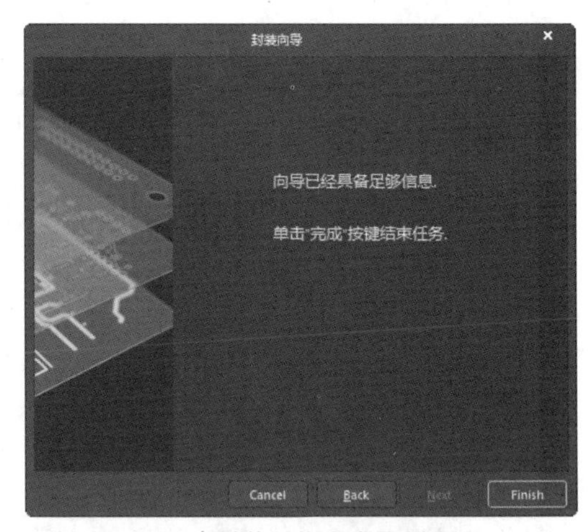

图11-92　封装制作完成界面

⑨ 双击放置的焊盘1，弹出“Properties（属性）”面板，在“Pad Template（焊盘模板）”选项组下选择“Template（模板）”为“r250_120h114”，则“Hole information（孔信息）”选项组下选择孔形状为“Round（圆形）”，“Hole Size（孔尺寸）”为“45mil”，在“Size and Shape（形状和大小）”选项组下选择“Simple（简单的）”单选按钮，设置“Shape（外形）”为“Rectangular（矩形）”，如图11-94所示。

⑩ 完成设置后采用同样的方法设置其余焊盘，设置结果如图11-95所示。

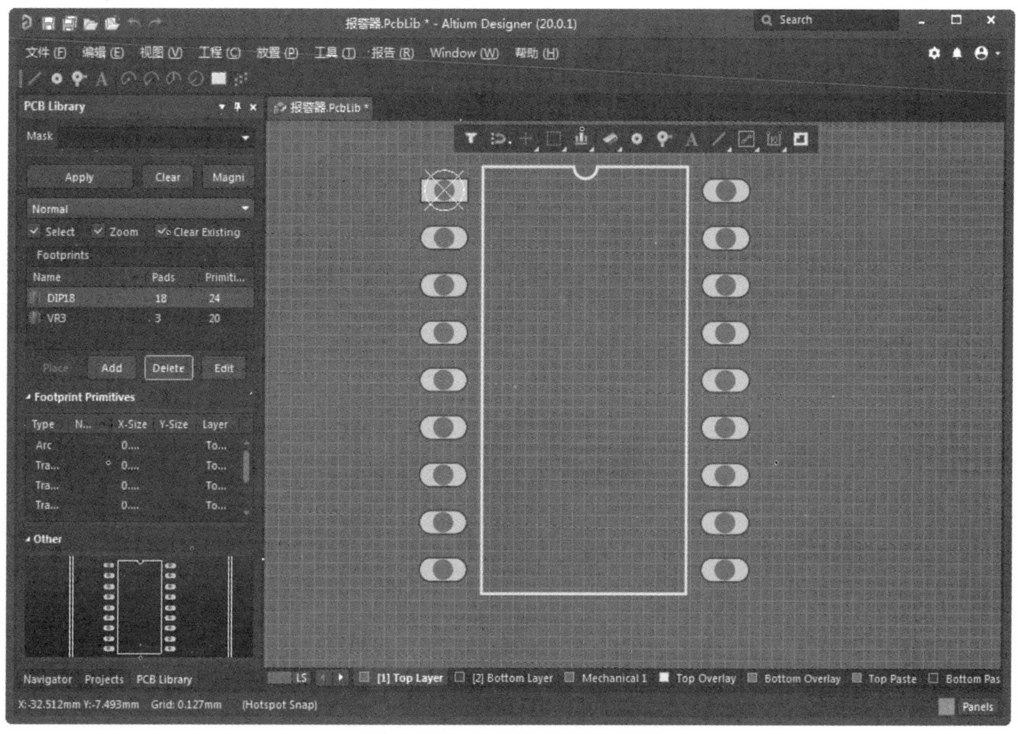

图 11-93 DIP18 的封装图形

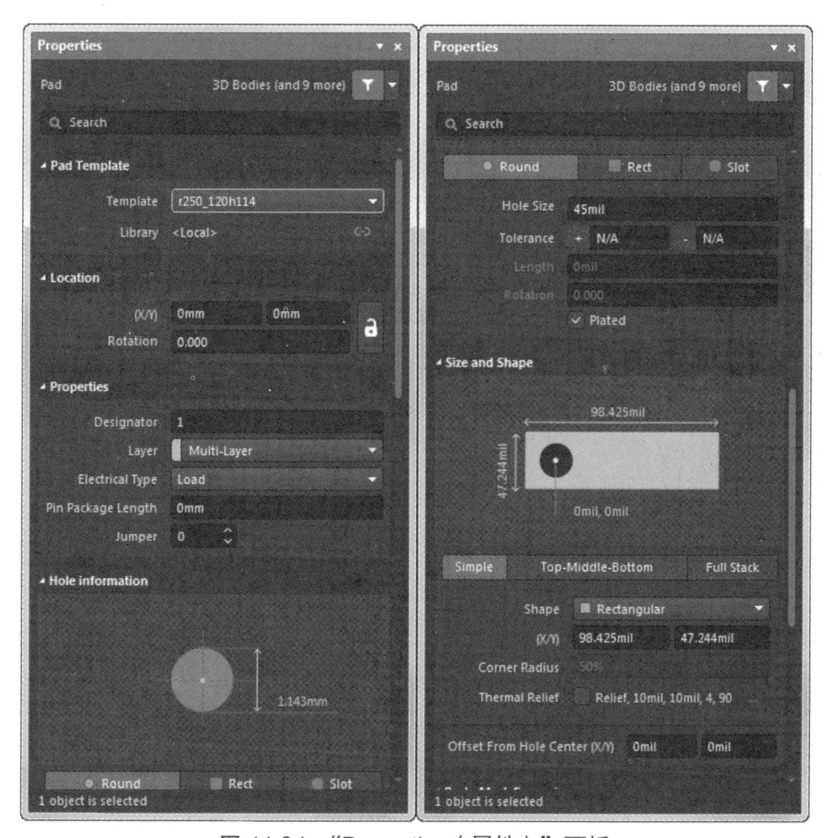

图 11-94 “Properties（属性）”面板

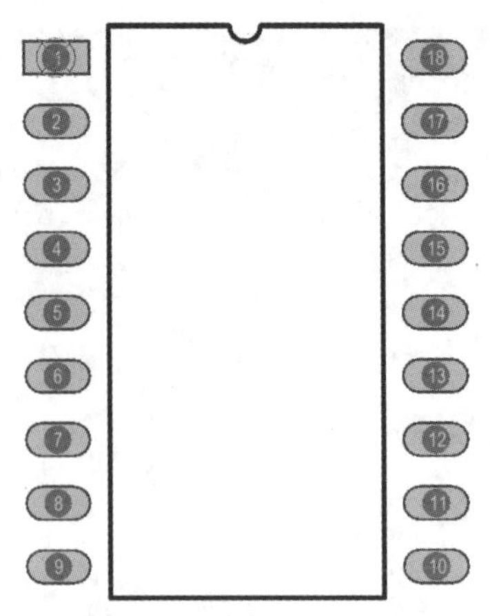

图 11-95　封装设置结果

扫一扫　看视频

11.4.3 集成库设计

① 选择“文件”→“新的”→“库”→“集成库”命令，创建一个默认名为“Integrated_Library1”的新的集成库文件包，并保存为“New_IntLib.LibPkg”。

② 在“Projects（工程）”面板中的“New_IntLib.LibPkg”上右击，在弹出的快捷菜单中单击“添加已有文档到工程”命令，系统弹出“Choose Documents Add to Project”对话框。选择文件保存路径，打开“报警器.SchLib”及“报警器.PcbLib”，将其加入项目中。

③ 打开原理图库文件“报警器.SchLib”，进入原理图库编辑环境，打开“SCH Library”面板，选中解码器芯片元件PT2272，单击“编辑”按钮，弹出“Component（元件）”属性面板。

④ 单击“Component（元件）”属性面板“Footprint（封装）”选项栏中的“Add（添加）”按钮，系统将弹出如图 11-96 所示的“PCB 模型”对话框，单击 浏览(B)... 按钮，在弹出的“浏览库”对话框中选择封装 DIP18，如图 11-97 所示，单击“确定”按钮，添加完成后的“PCB 模型”对话框如图 11-98 所示。这样，解码器芯片就创建完成了，如图 11-99 所示。

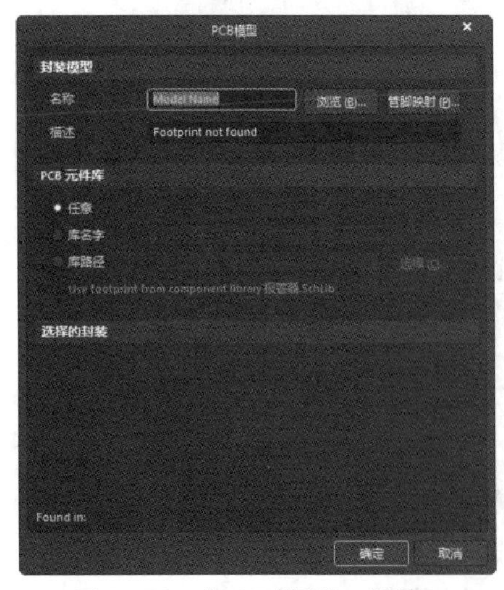

图 11-96　“PCB 模型”对话框

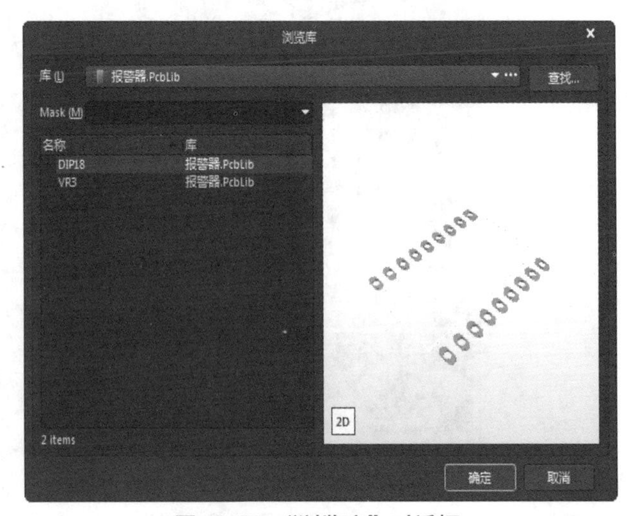

图 11-97　“浏览库”对话框

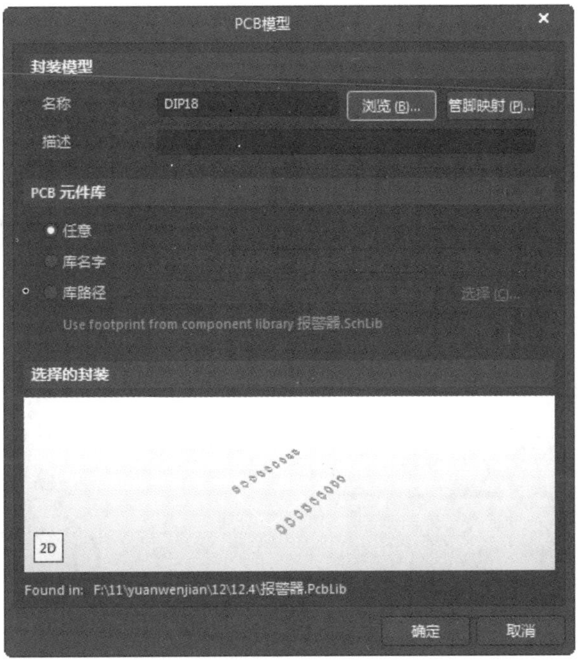

图 11-98 添加完成后的“PCB 模型”对话框

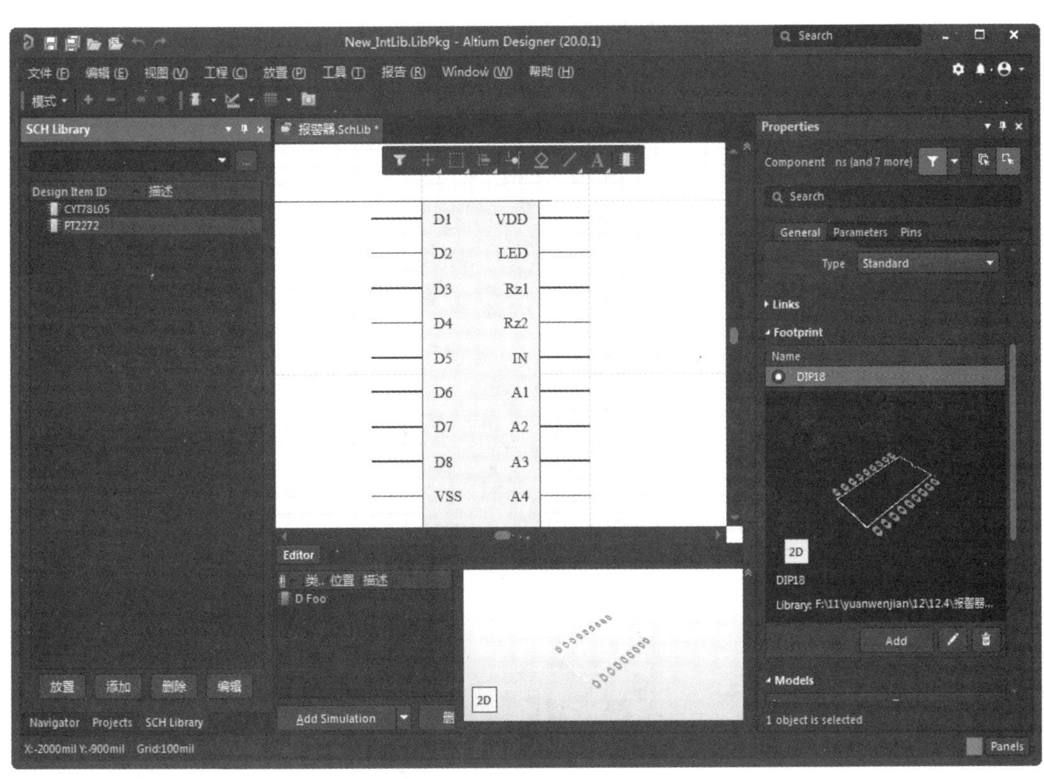

图 11-99 解码器芯片绘制完成

⑤ 采用同样的方法为“SCH Library（原理图库）”面板元件列表中的三端稳压电源调整器元件“CYT78L05”加载封装模型 VR3，结果如图 11-100 所示。

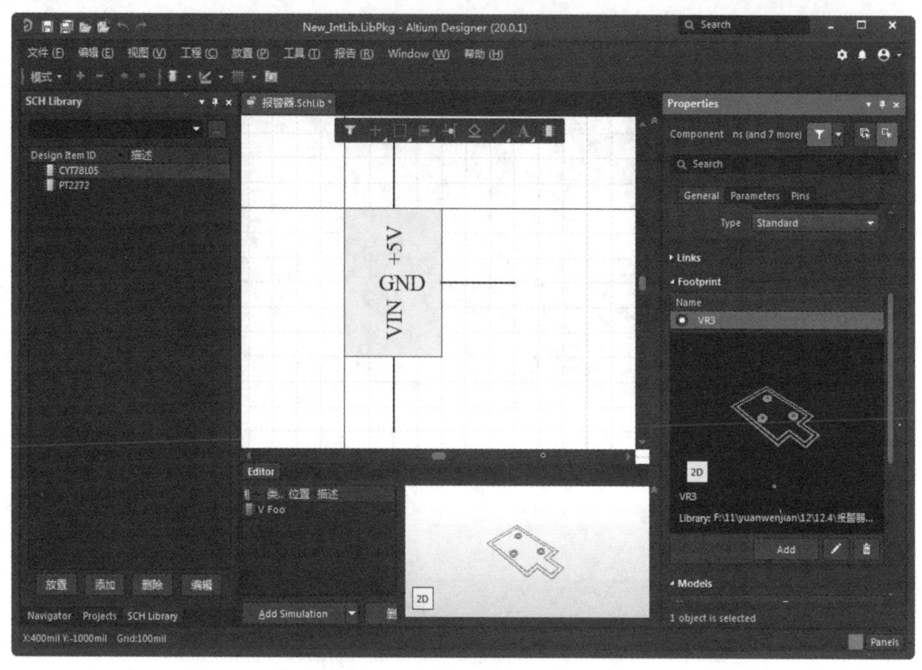

图 11-100　三端稳压电源调整器元件

⑥ 选择“工程”→“Compile Integrated Library New_IntLib.LibPkg（编译集成库文件）”命令，编译该集成库文件。编译后生成集成库文件“New_IntLib. IntLib”将自动加载到当前库文件中，在“Components（元件）”面板中可以看到，如图 11-101 所示。

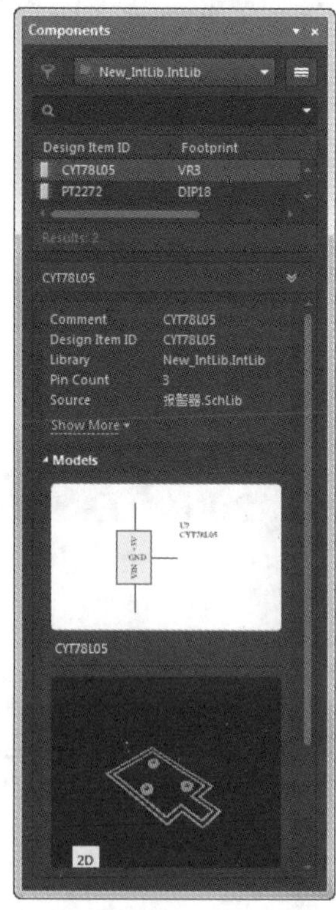

图 11-101　“Components（元件）”面板

第12章 大功率开关电源电路设计综合实例

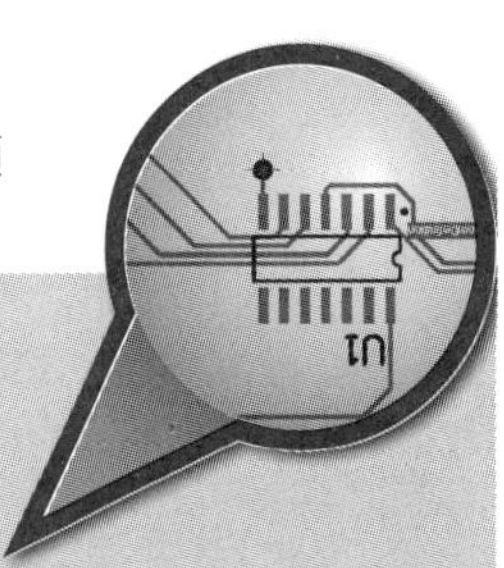

本章导读

随着电子、计算机、自动化技术的飞速发展，电子电路设计师所要绘制的电路原理图越来越复杂。本章主要介绍大功率开关电路的原理图与 PCB 的设计。

通过本章的学习，读者能够了解如何创建元件封装库，如何直接修改元件库中的封装以及如何设计 PCB。

12.1 电路分析

这里介绍一个 1200W 的大功率开关电源电路，电路的原理图如图 12-1 所示。电源是采用 PM4020A 开关电源驱动模块设计的，设计时应该考虑 PM4020A 驱动模块应和 4 个分离式半导体 IRFP460 尽量靠近。

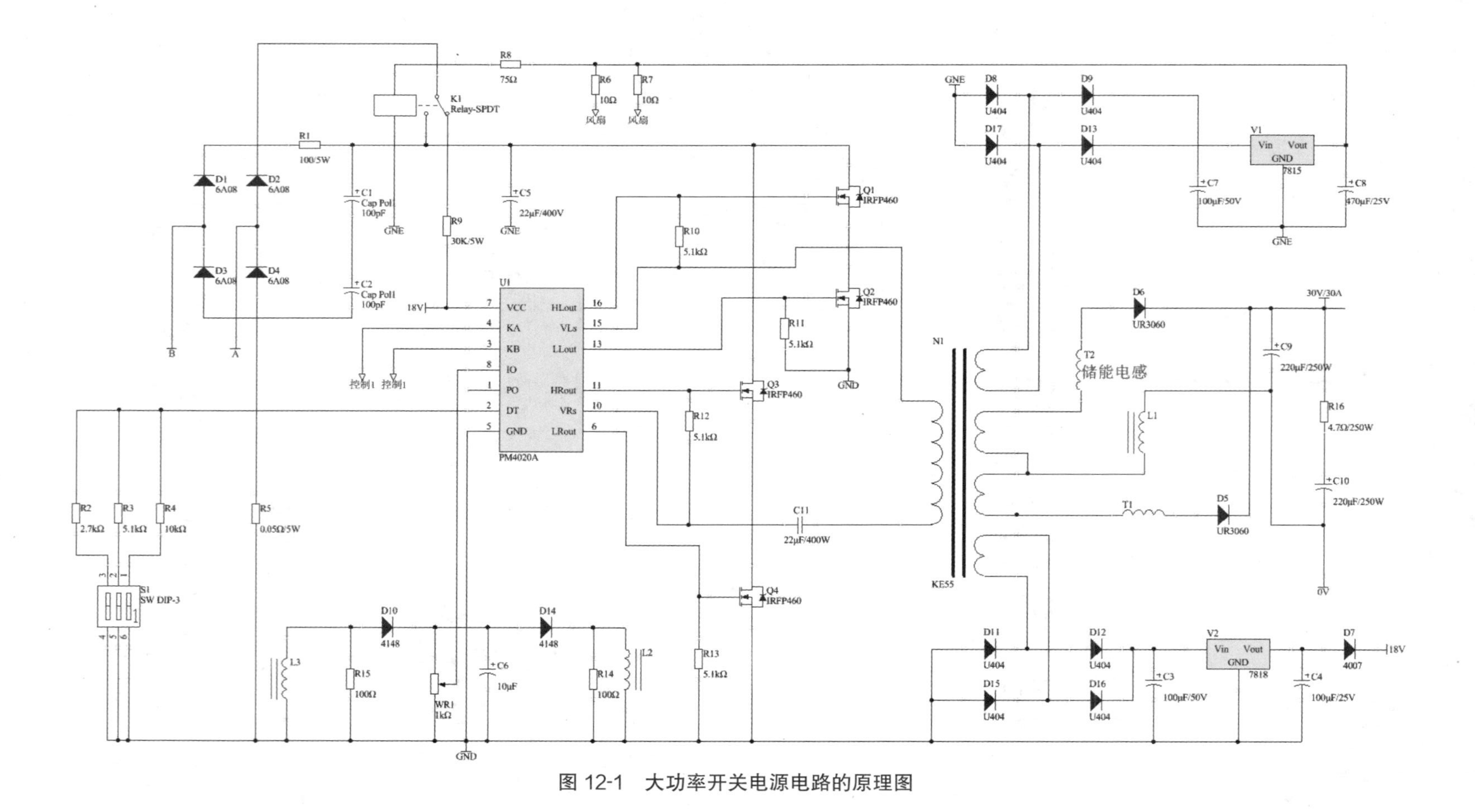

图 12-1 大功率开关电源电路的原理图

12.2 创建工程文件

① 选择"文件"→"新的"→"项目"命令，新建一个工程文件。然后右击并在弹出的快捷菜单中选择"保存为"命令，将新建的工程文件保存为"大功率开关电源电路.PrjPcb"。

② 选择"文件"→"新的"→"原理图"命令，新建一个原理图文件。然后选择"文件"→"另存为"命令，或者右击并在弹出的快捷菜单中选择"另存为"命令，将新建的原理图文件保存为"大功率开关电源电路.SchDoc"。

12.3 创建元件库

下面制作开关电源驱动模块 PM4020A 及可变电阻 RP。

12.3.1 创建 PM4020A 元件

① 选择"文件"→"新的"→"库"→"原理图库"命令，新建元件库文件，名称为"Schlib1.SchLib"。然后右击并在弹出的快捷菜单中选择"另存为"命令，将新建的原理图库文件保存为"Switch.SchLib"，如图 12-2 所示。

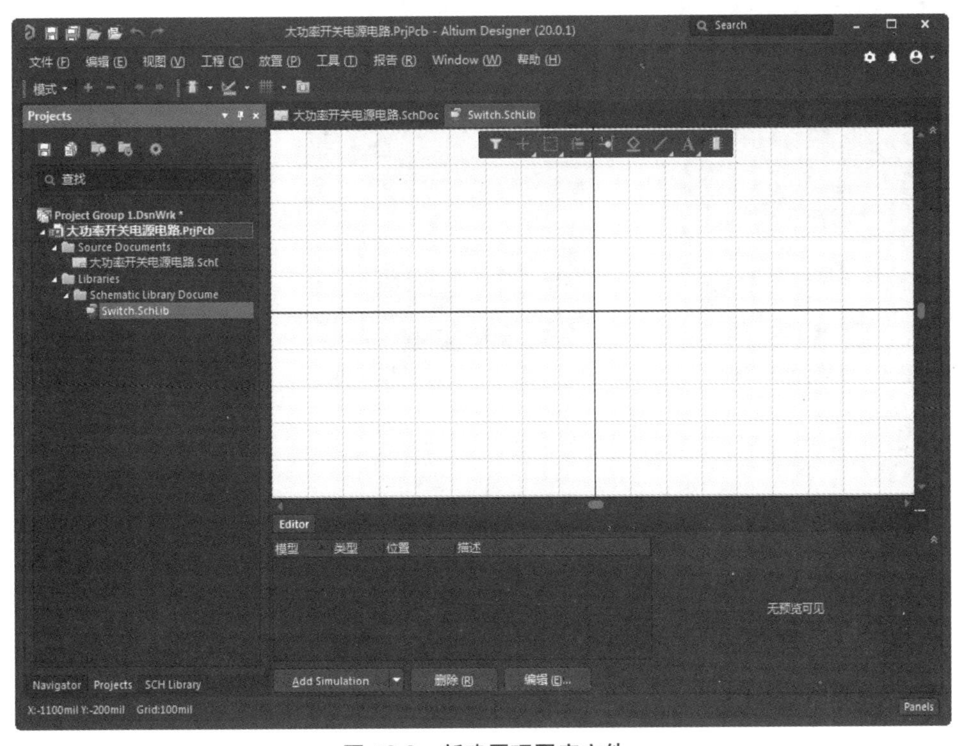

图 12-2 新建原理图库文件

② 编辑元件属性。从"SCH Library（SCH 元件库）"面板里元件列表中选择默认元件

Component_1，单击“编辑”按钮，弹出“Component（元件）”属性面板，在“Design Item ID（设计项目 ID）”栏输入新元件名称“PM4020A”，在“Designer（标识符）”栏输入预置的元件序号前缀（在此为“U？”），在“Comment（注释）”栏输入元件注释“PM4020A”，如图 12-3 所示。元件库浏览器中多出了一个元件“PM4020A”，进入库元件编辑器界面。

③ 选择“放置”→“矩形”命令，放置适当大小的矩形，随后会出现一个新的矩形虚框，可以连续放置。本例只需放置一个矩形，放置后右击或者按〈Esc〉键退出该操作。

④ 选择“放置”→“引脚”命令放置引脚。PM4020A 一共有 13 个显示引脚，在放置引脚的过程中，按〈Tab〉键会弹出如图 12-4 所示的“Pin（引脚）”属性面板。在该面板中可以设置引脚标识符的起始编号及显示文字等。放置的引脚如图 12-5 所示。

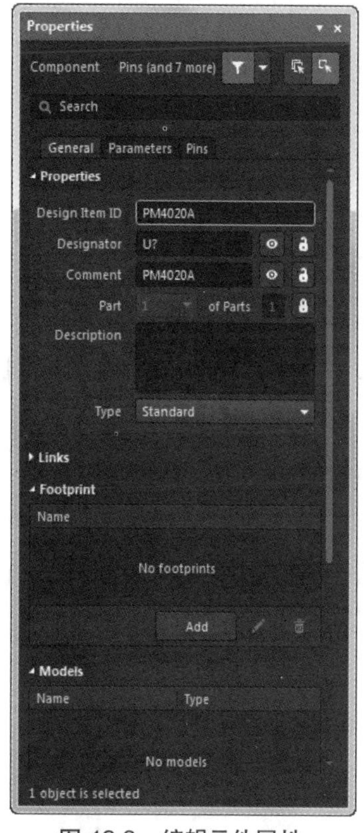

图 12-3　编辑元件属性

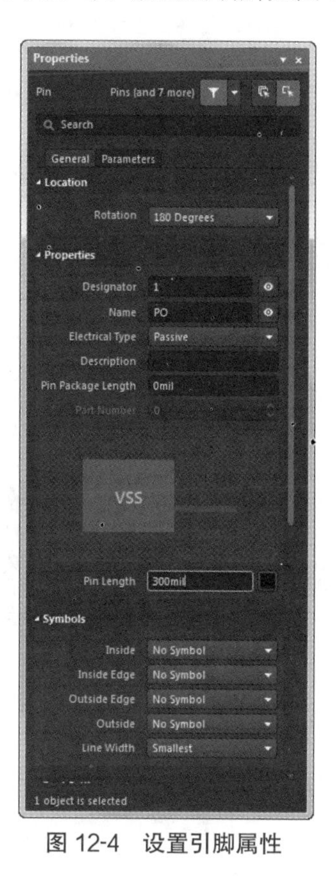

图 12-4　设置引脚属性

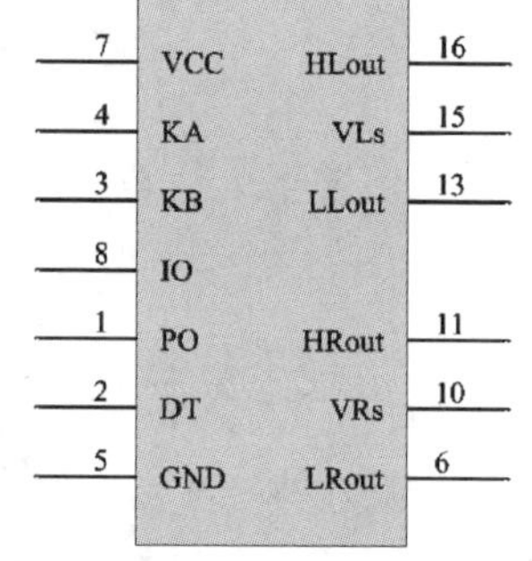

图 12-5　放置引脚

提示

由于元件引脚较多，分别修改很麻烦，因此可以在引脚编辑器中修改引脚的属性，这样比较方便直观。

⑤ 在“SCH Library（SCH 元件库）”面板中选择元件，单击“编辑”按钮，弹出“Component（元件）”属性面板。在该面板中，打开“Pin（引脚）”选项卡，单击“编辑”按钮，弹出“元件引脚编辑器”对话框，如图 12-6 所示，在该对话框中可以同时修改元件引脚的各种属性，包括“Designator（标志）”“Name（名称）”“Electrical Type（电气类型）”等，结果如图 12-7 所示。

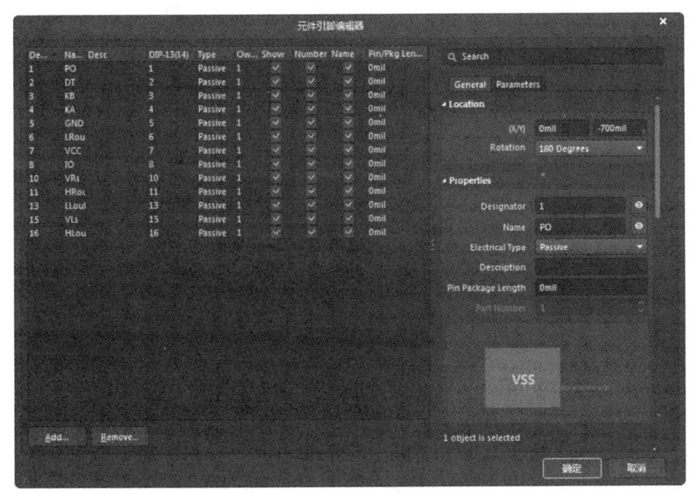

图 12-6 “元件引脚编辑器”对话框

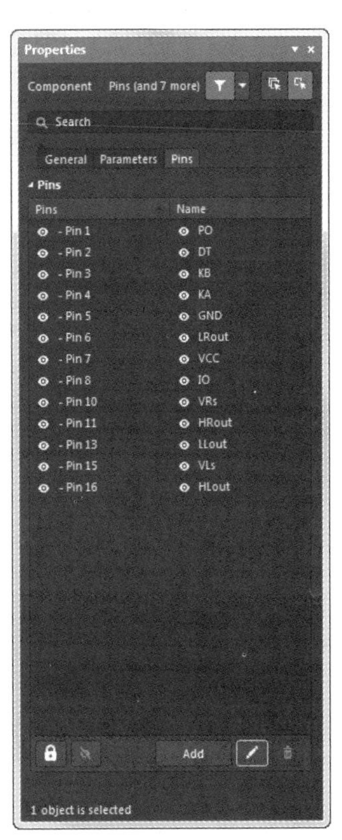

图 12-7 “Component（元件）”属性面板

⑥ 单击“Component（元件）”属性面板中的“Footprint（封装）”选项栏中的“Add（添加）”按钮，系统将弹出“PCB 模型”对话框，如图 12-8 所示，为 PM4020A 添加封装。

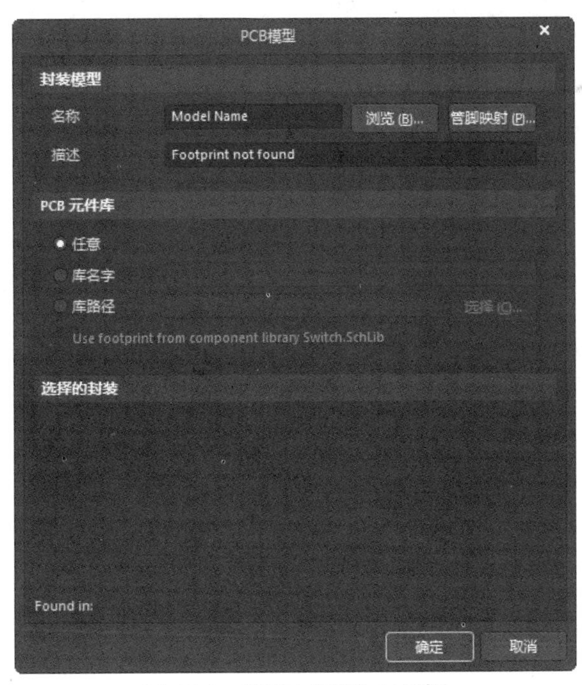

图 12-8 “PCB 模型”对话框

⑦ 单击 浏览(B)... 按钮，系统将弹出如图 12-9 所示的“浏览库”对话框。

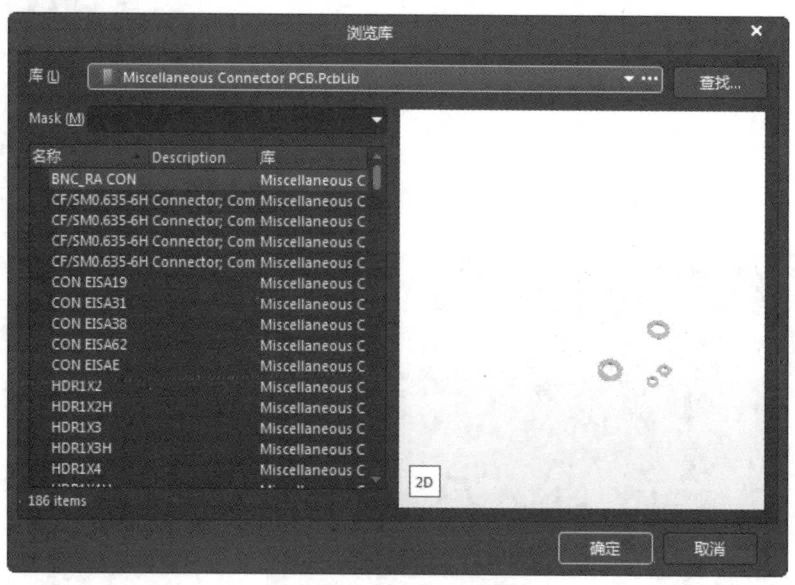

图 12-9 “浏览库”对话框

⑧ 单击“查找”按钮，在弹出的“File-based Libraries Search（库文件搜索）”对话框中输入查询字符串“DIP-13”，然后单击左下角的“查找”按钮开始查找，如图 12-10 所示。等待一段时间之后，会跳出搜寻结果页面，如果感觉已经搜索得差不多了，单击“Stop（停止）”按钮停止搜索。在搜索出来的封装类型中选择 DIP-13，如图 12-11 所示。

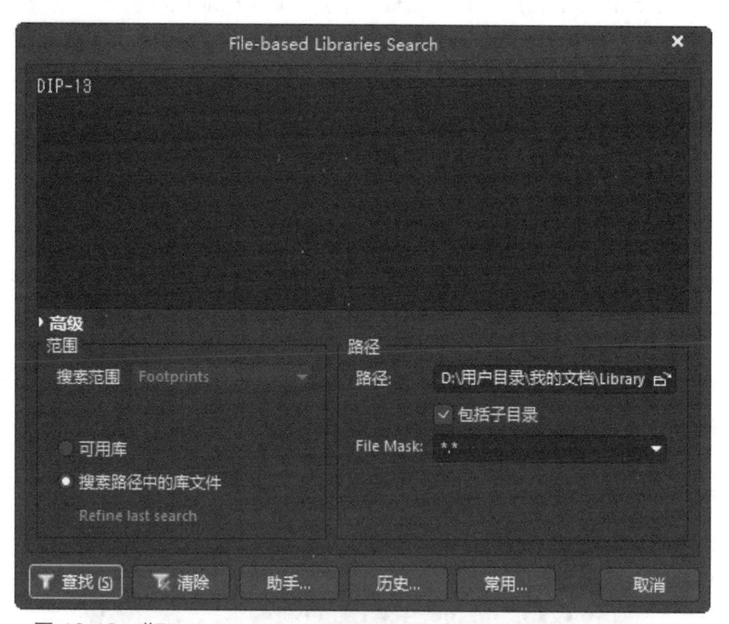

图 12-10 “File-based Libraries Search（库文件搜索）”对话框

⑨ 单击“确定”按钮，关闭该对话框，把选定的封装库装入以后，会在“PCB 模型”对话框中看到选定的封装的模型图，如图 12-12 所示。

⑩ 单击“确定”按钮，关闭该对话框，库文件绘制结果如图 12-13 所示。在“SCH

Library（SCH 元件库）”面板中，单击列表框下的放置按钮，将其放置到原理图中，如图 12-14 所示。

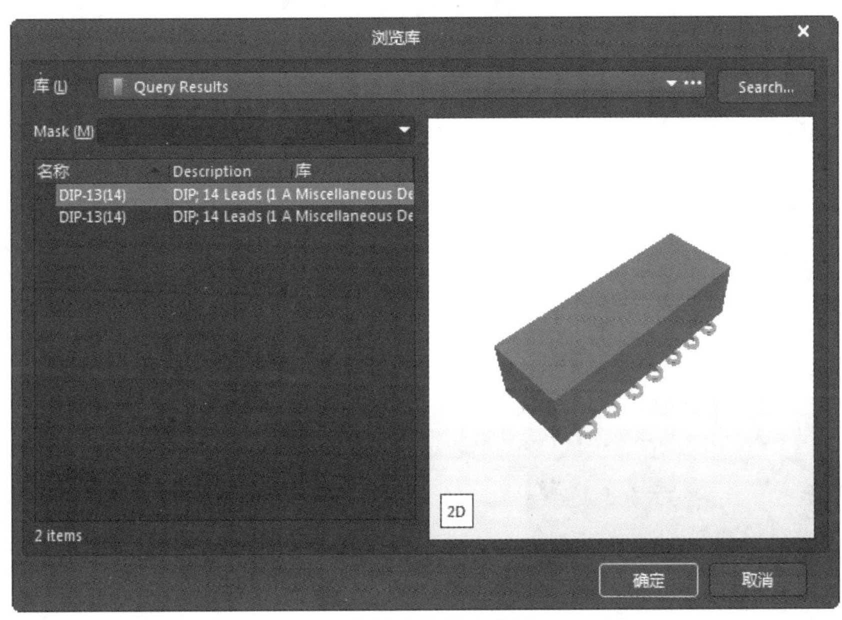

图 12-11　在搜索结果中选择 DIP-13

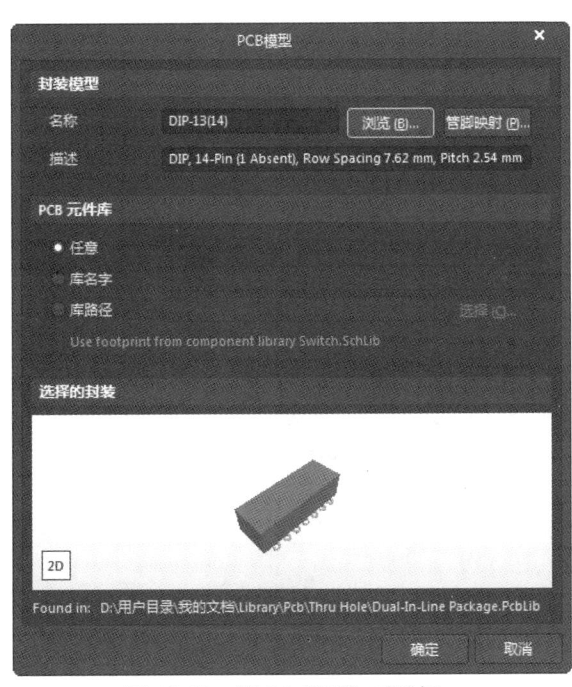

图 12-12　“PCB 模型”对话框

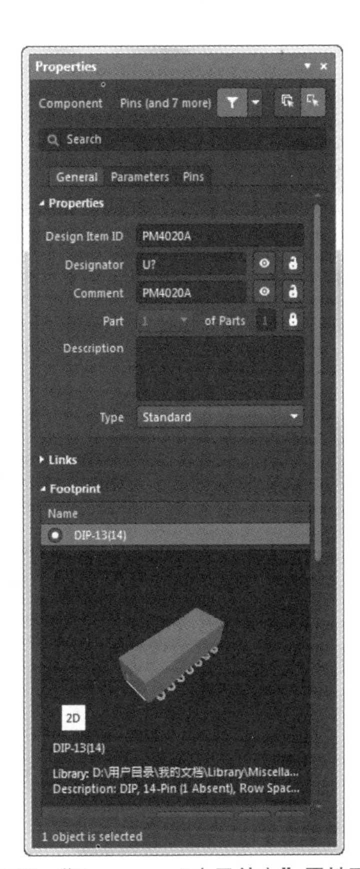

图 12-13　“Component（元件）”属性面板

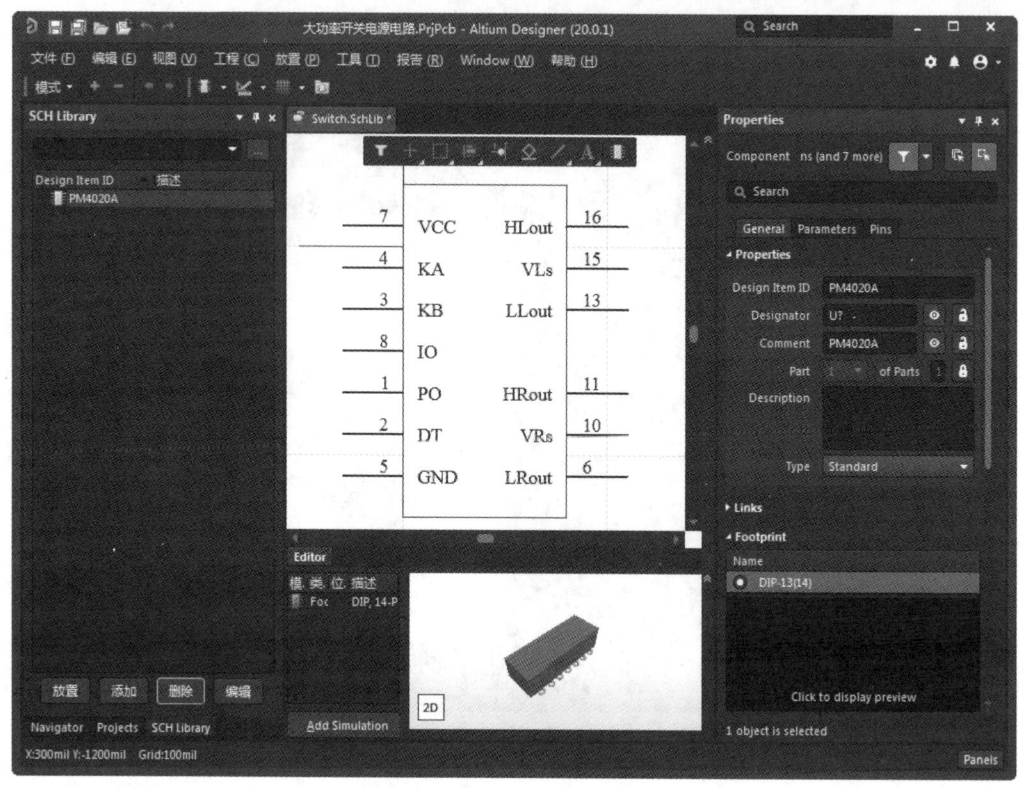

图 12-14　库文件绘制结果

12.3.2 创建可调电阻

（1）管理元件库

在左侧“SCH Library（SCH 元件库）”面板中的列表框下单击“添加”按钮，打开“New Component（新元件）”对话框，在该对话框中将元件重命名为“RP”，如图 12-15 所示。然后单击“确定”按钮退出对话框，结果显示在图 12-16 所示的“SCH Library（SCH 元件库）”面板中。

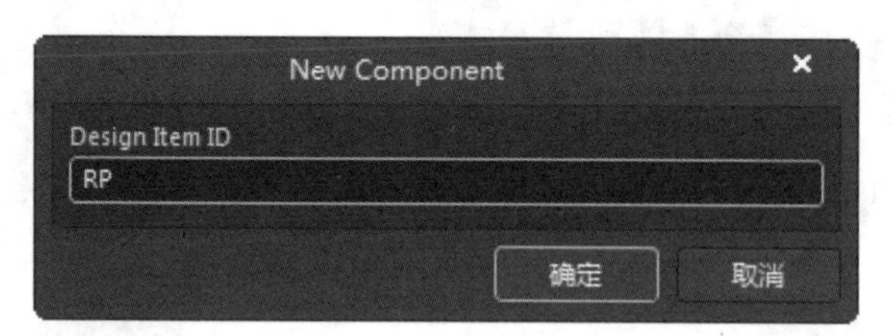

图 12-15　“New Component（新元件）”对话框

（2）绘制原理图符号

① 选择“放置”→“矩形”命令，或者单击“应用工具”工具栏中的“实用工具”按钮下拉菜单中的“矩形”按钮，这时鼠标变成十字形状。在图纸上绘制一个如图 12-17 所示的矩形。

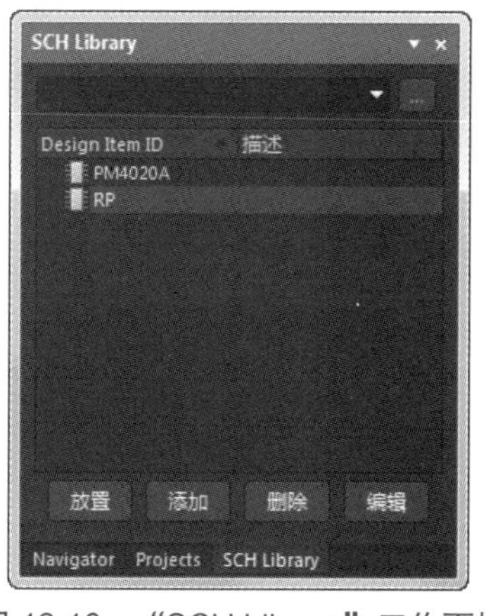

图 12-16 “SCH Library”工作面板

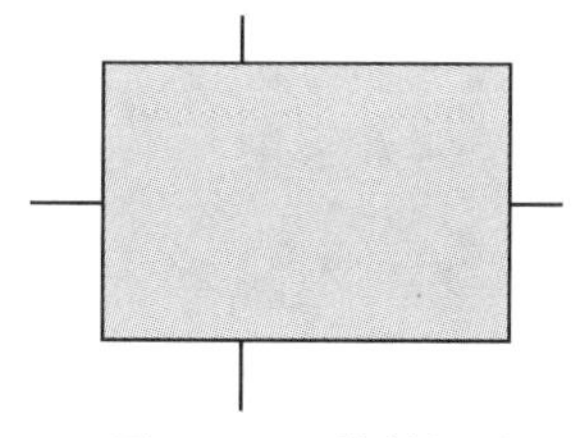

图 12-17 绘制矩形

② 双击所绘制的矩形，打开“Properties（属性）”面板，在该面板中，设置所画矩形的参数，包括矩形的左下角点坐标［（-100mil，-40mil）］、矩形的宽（200mil）、矩形的高（80mil）、Border（边界线宽）（Small）、Fill Color（填充色）和板的颜色，如图 12-18 所示。矩形修改结果如图 12-19 所示。

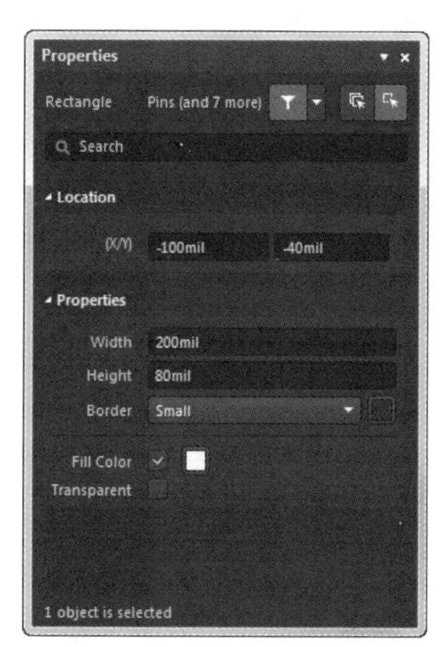

图 12-18 “Properties（属性）”面板

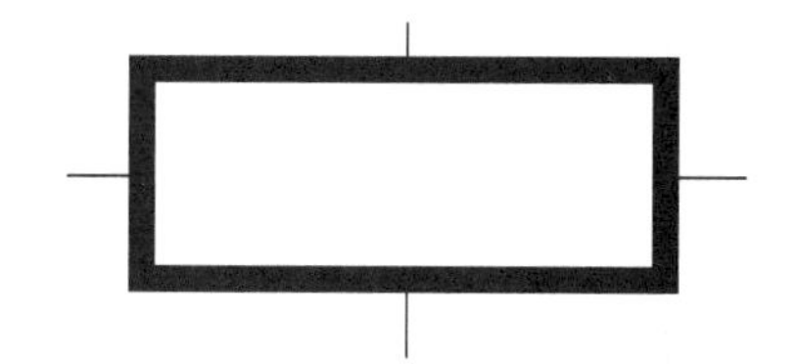

图 12-19 修改后的矩形

③ 选择“放置”→“线”命令，或者单击“应用工具”工具栏中的“实用工具”按钮下拉菜单中的“线”按钮，这时鼠标变成十字形状。单击〈Tab〉键，弹出“Polyline（多段线）”属性面板，如图 12-20 所示。在图纸上绘制一个如图 12-21 所示的带箭头竖直线。

（3）绘制引线

选择“放置”→“引脚”命令，或单击“应用工具”工具栏中“原理图符号绘制”下的“放置引脚”按钮，绘制 2 个引脚，如图 12-22 所示。双击所放置的引脚，打开“Pin（引脚）”属性面板，如图 12-23 所示。在该面板中，取消选中“Name（名字）”“Designator（标识）”文本框后面的“可见”按钮，表示隐藏引脚编号。在“Pin Length（引脚长度）”文本框中输入“150mil”，修改引脚长度。采用同样的方法，修改另一侧水平引脚长度为“150mil”，竖直引脚长度为“100mil”。

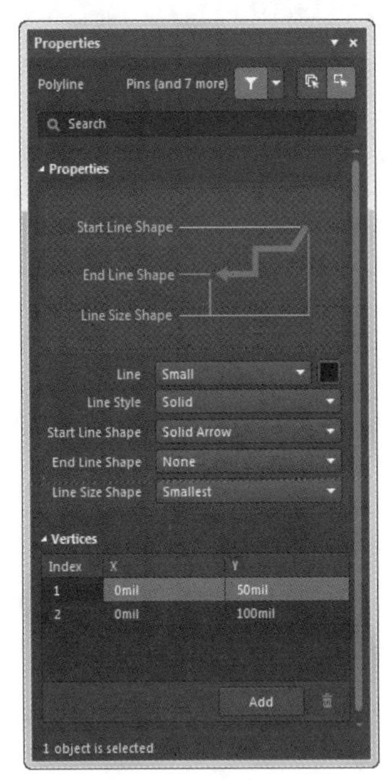

图 12-20　设置线属性

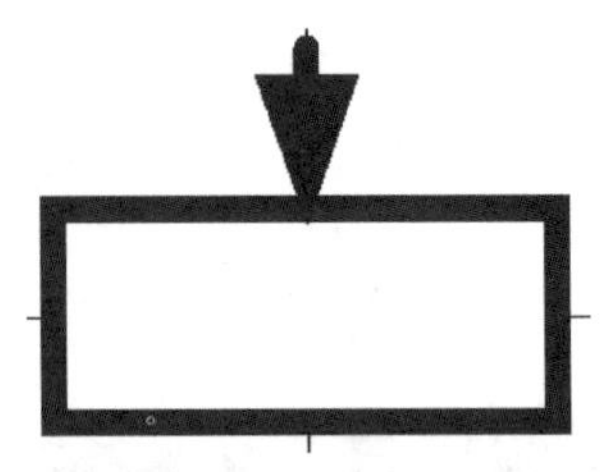

图 12-21　绘制直线

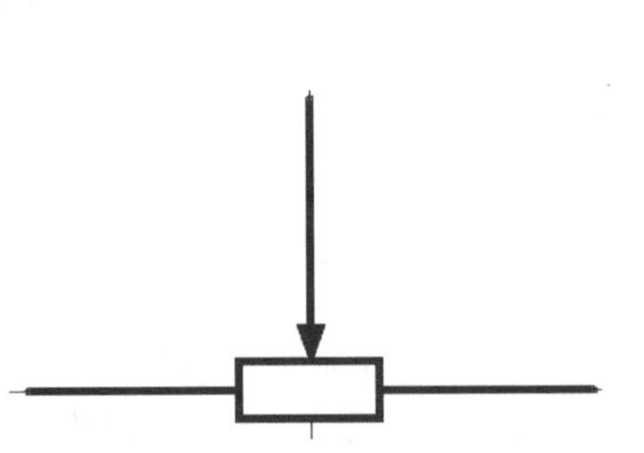

图 12-22　绘制直线和引脚

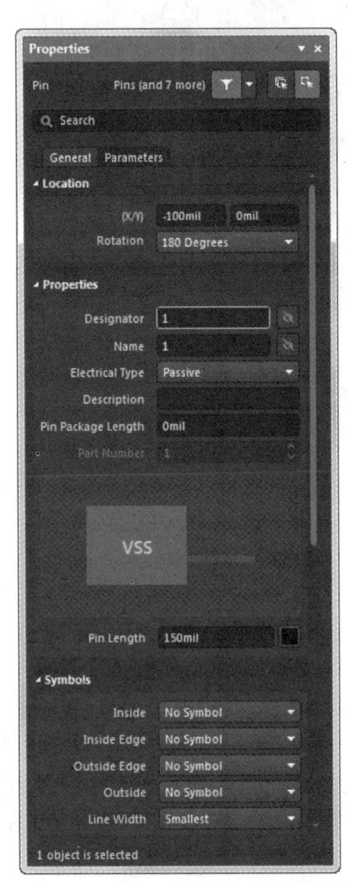

图 12-23　“Pin（引脚）”属性面板

（4）添加封装

单击“Component（元件）”属性面板“Footprint（封装）”选项栏中的“Add（添加）”按钮，系统将弹出如图12-24所示的“PCB模型”对话框，单击 浏览(B)... 按钮，在弹出的“浏览库”对话框中选择封装VR4，如图12-25所示，单击“确定”按钮，添加完成后的“PCB模型”对话框如图12-26所示。

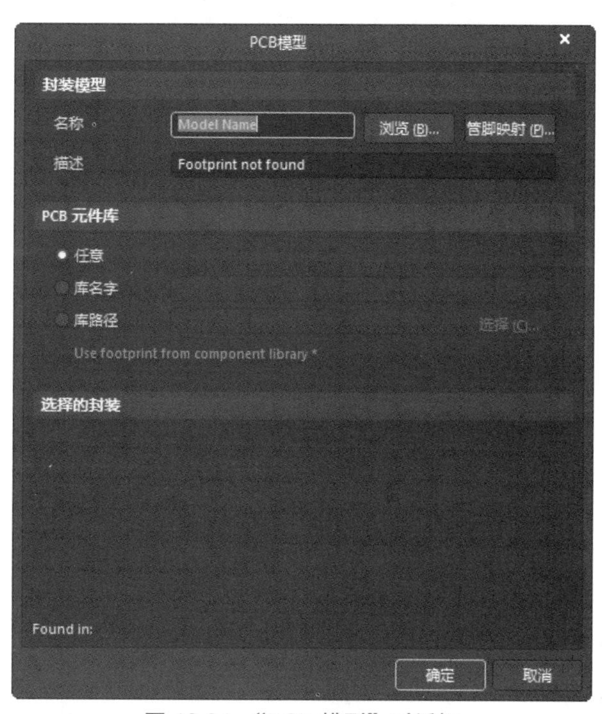

图12-24 “PCB模型”对话框

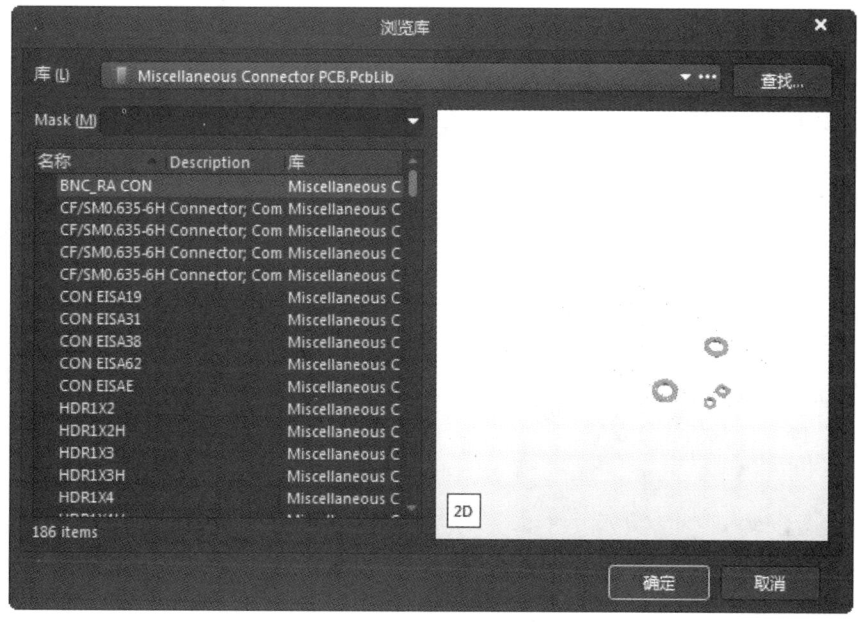

图12-25 “浏览库”对话框

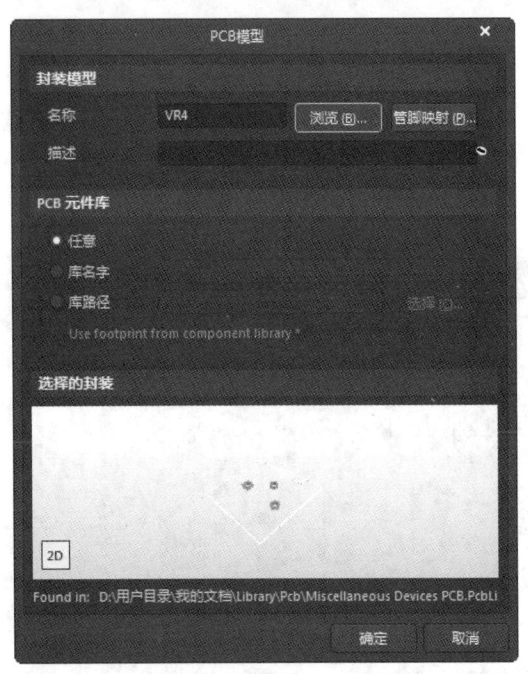

图 12-26　添加完成后的“PCB 模型”对话框

这样，可调电阻元件就创建完成了，如图 12-27 所示。

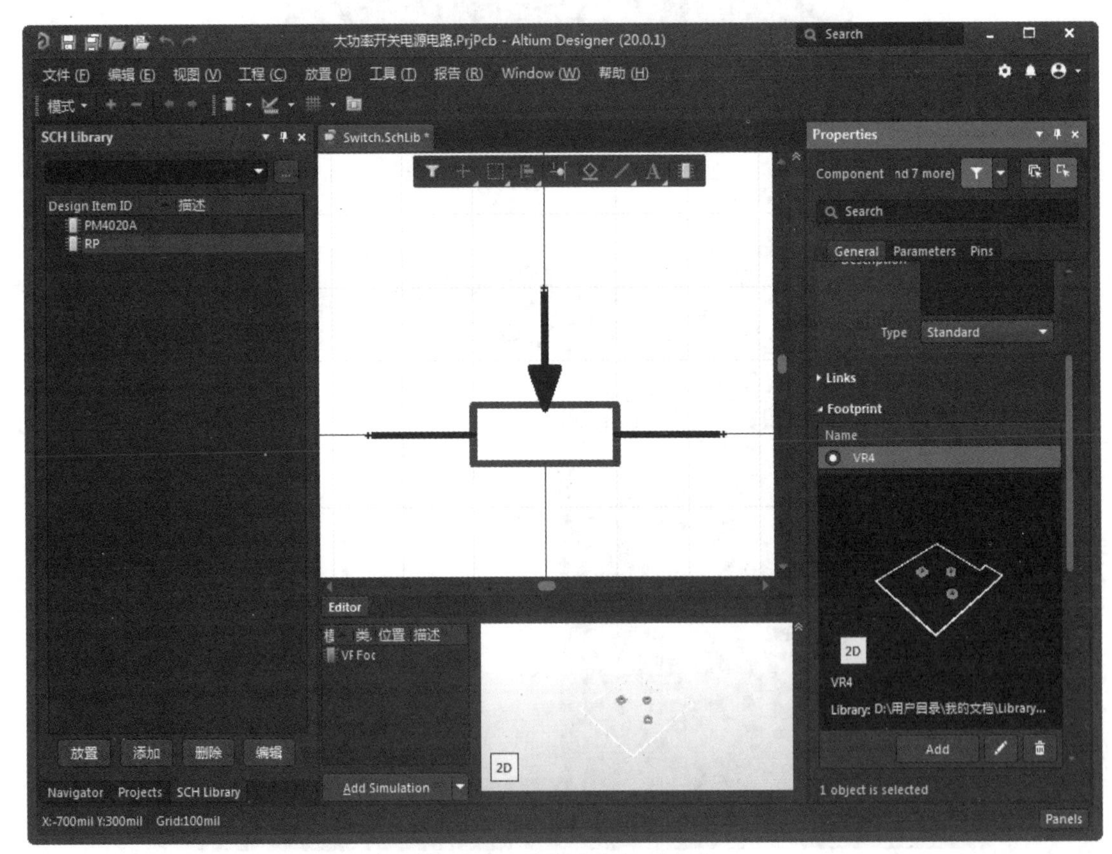

图 12-27　可调电阻绘制完成

12.3.3 制作变压器元件

（1）管理元件库

在左侧“SCH Library（SCH 元件库）”面板中列表框下单击“添加”按钮，打开“New Component（新元件）”对话框，在该对话框中将元件命名为“NE55”，如图 12-28 所示。然后单击“确定”按钮退出对话框。

图 12-28　命名新元件

（2）绘制原理图符号

① 在图纸上绘制变压器元件的线圈部分。选择“放置”→“弧”命令，这时鼠标变成十字形状。在图纸上绘制一个如图 12-29 所示的弧线。

② 双击所绘制的弧线打开“Arc（弧）”属性面板，如图 12-30 所示。在该面板中，设置所画圆弧的参数，包括弧线的圆心坐标、弧线的宽度、圆弧的起始角度和终止角度等属性。

③ 因为变压器的左右线圈由 14 条圆弧组成，所以还需要另外 13 条类似的弧线。可以用复制、粘贴的方法放置其他的弧线，再将它们一一排列好，对于右侧的弧线，只需要在选中后按住鼠标左键，然后按〈X〉键左右翻转并进行排列即可，结果如图 12-31 所示。

图 12-29　绘制弧线

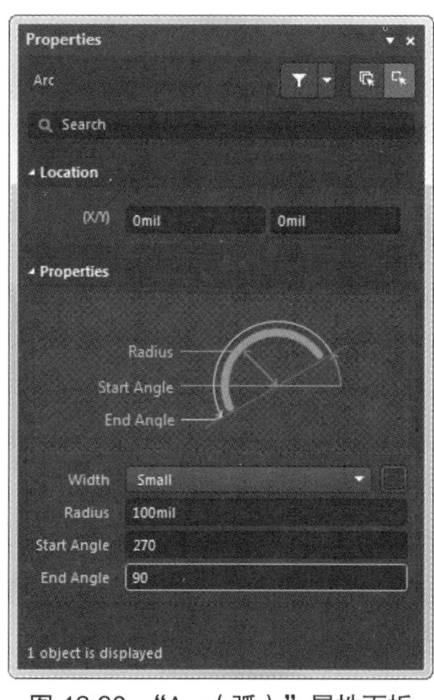

图 12-30　“Arc（弧）”属性面板

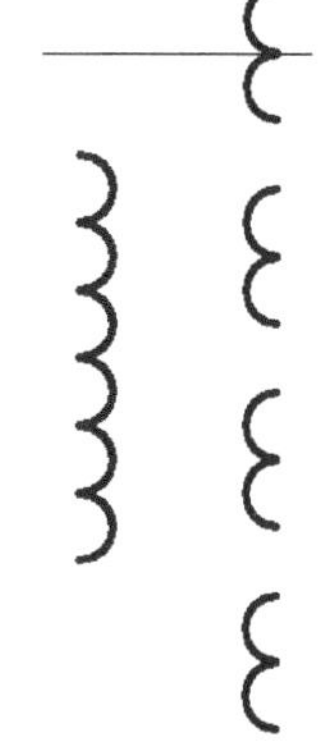

图 12-31　放置其他的圆弧

④ 绘制变压器中间的直线。选择菜单栏中的“放置”→“线”命令，或者单击“应用工具”工具栏中的“实用工具”按钮下拉菜单中的“线”按钮，这时鼠标变成十字形状。在线圈中间绘制两条直线，如图 12-32 所示。然后双击绘制的直线打开“Polyline（折线）”属性面板，如图 12-33 所示，再在该面板中将直线的宽度设置为 Medium。

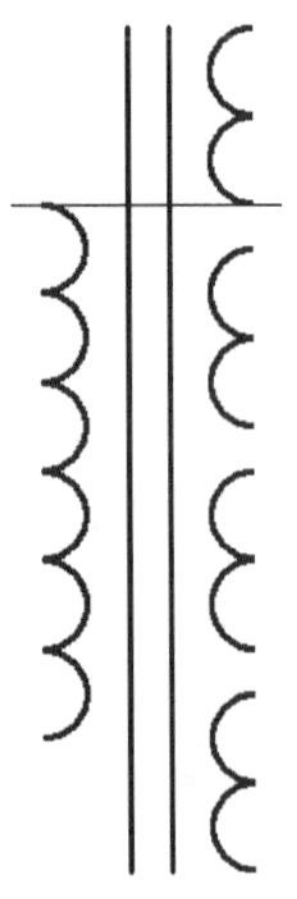

图 12-32 绘制变压器中间的直线

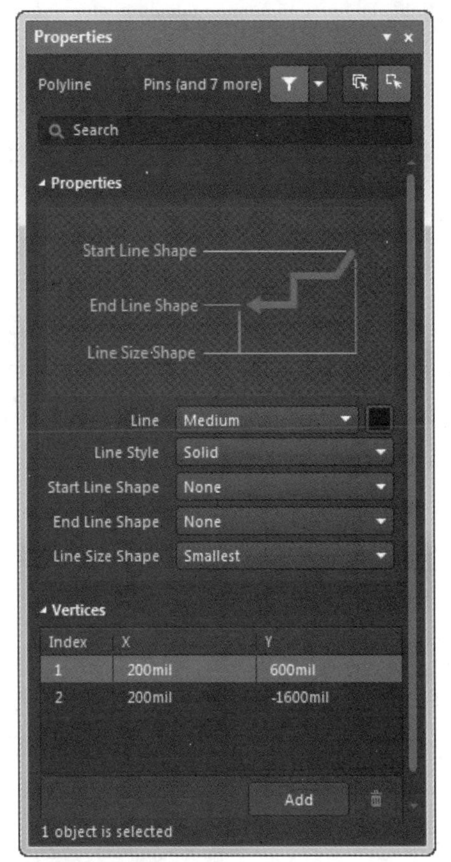

图 12-33 “PolyLine（折线）”属性面板

⑤ 绘制线圈上的引脚。选择“放置”→“引脚”命令，单击“应用工具”工具栏中的“实用工具”按钮下拉菜单中的“引脚”按钮，绘制 10 个引脚，如图 12-34 所示。双击所放置的引脚，打开“Pin（引脚）”属性面板，如图 12-35 所示。在该面板中，取消选中“Designator（标识）”“Name（名称）”文本框后面的“可见的”按钮，表示隐藏引脚信息。

这样，变压器元件符号就创建完成了，如图 12-36 所示。

（3）添加封装

① 单击“Component（元件）”属性面板“Footprint（封装）”选项栏中的“Add（添加）”按钮，系统弹出“PCB 模型”对话框。

② 单击 浏览(B)... 按钮，弹出“浏览库”对话框中，单击“查找”按钮，在弹出的“File-based Libraries Search（库文件搜索）”对话框中选择封装元件关键字“DIP-10”，如图 12-37 所示。

③ 单击“查找”按钮，在“浏览库”中显示搜索结果。完成搜索后，选择要添加的封装，如图 12-38 所示。单击“确定”按钮，添加完成后的“PCB 模型”对话框如图 12-39 所示。

（4）属性编辑

单击左侧“SCH Library（SCH元件库）”面板列表框下的“编辑”按钮，弹出“Component（元件）”属性面板，设置库元件“Designator（标识符）”为“N?”，“Comment

（注释）”为“NE55”，“Design Item ID（设计项目ID）”栏输入新元件名称“KE55”，如图12-40所示。

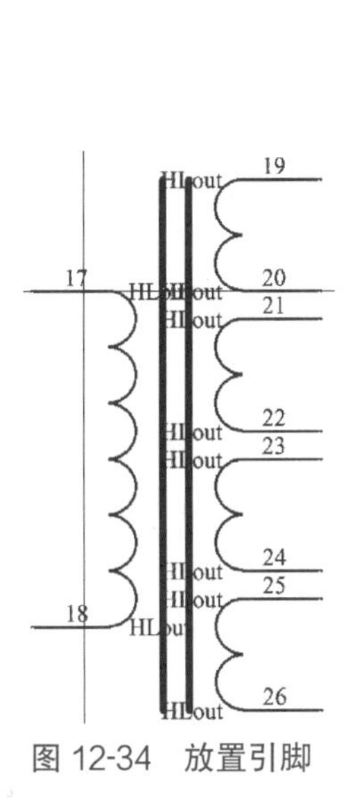

图 12-34　放置引脚

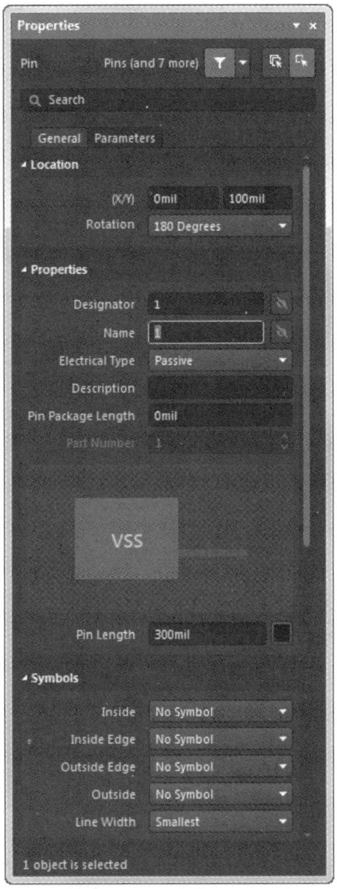

图 12-35　设置引脚属性

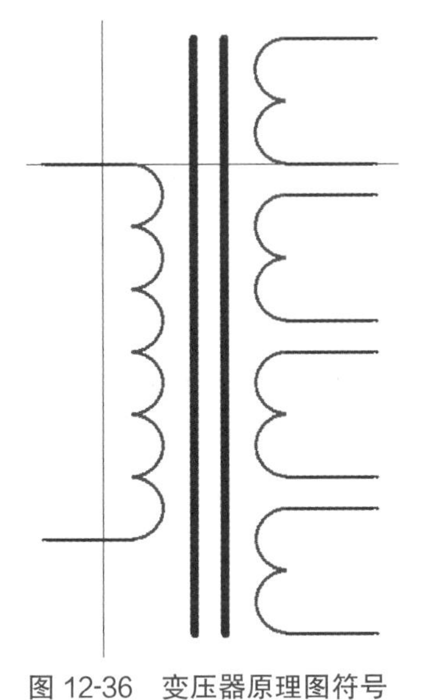

图 12-36　变压器原理图符号

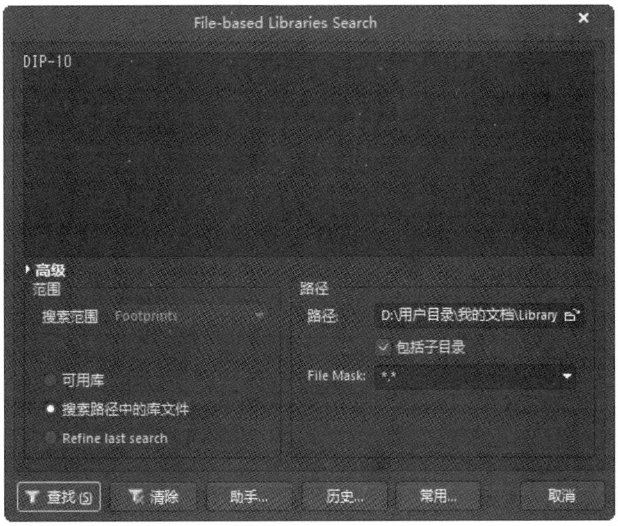

图 12-37　“File-based Libraries Search（库文件搜索）”对话框

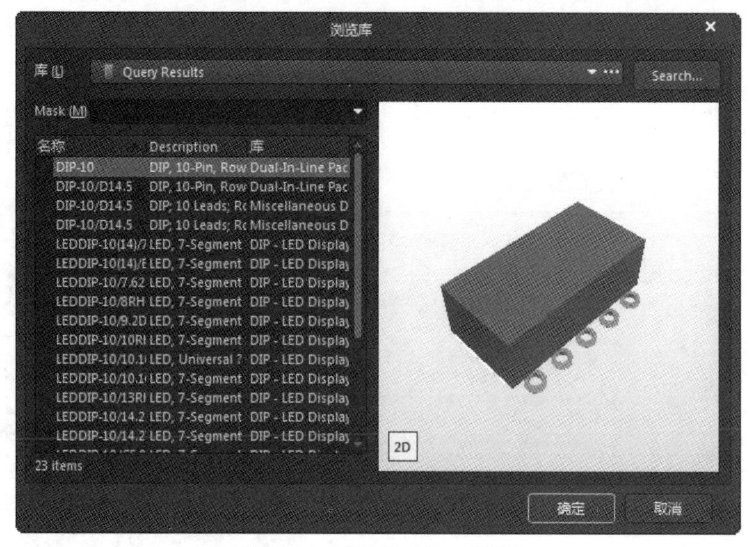

图 12-38 “浏览库”对话框

图 12-39 添加完成后的“PCB 模型”对话框

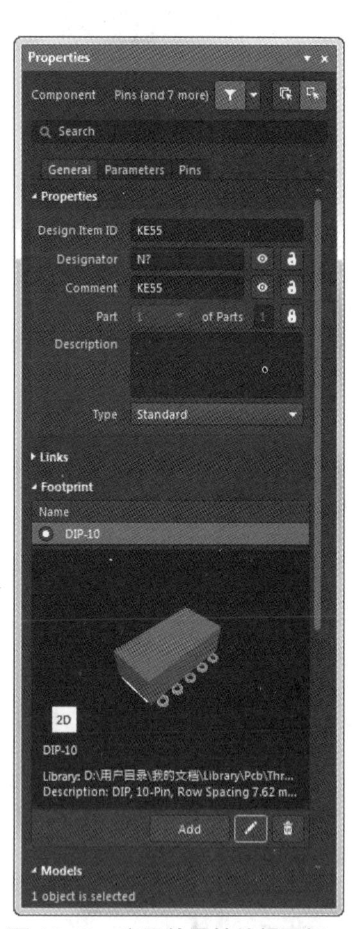

图 12-40 库元件属性编辑面板

按〈Enter〉键，完成属性编辑，单击 放置 按钮，将图 12-41 所示的库元件放置到原理图中。

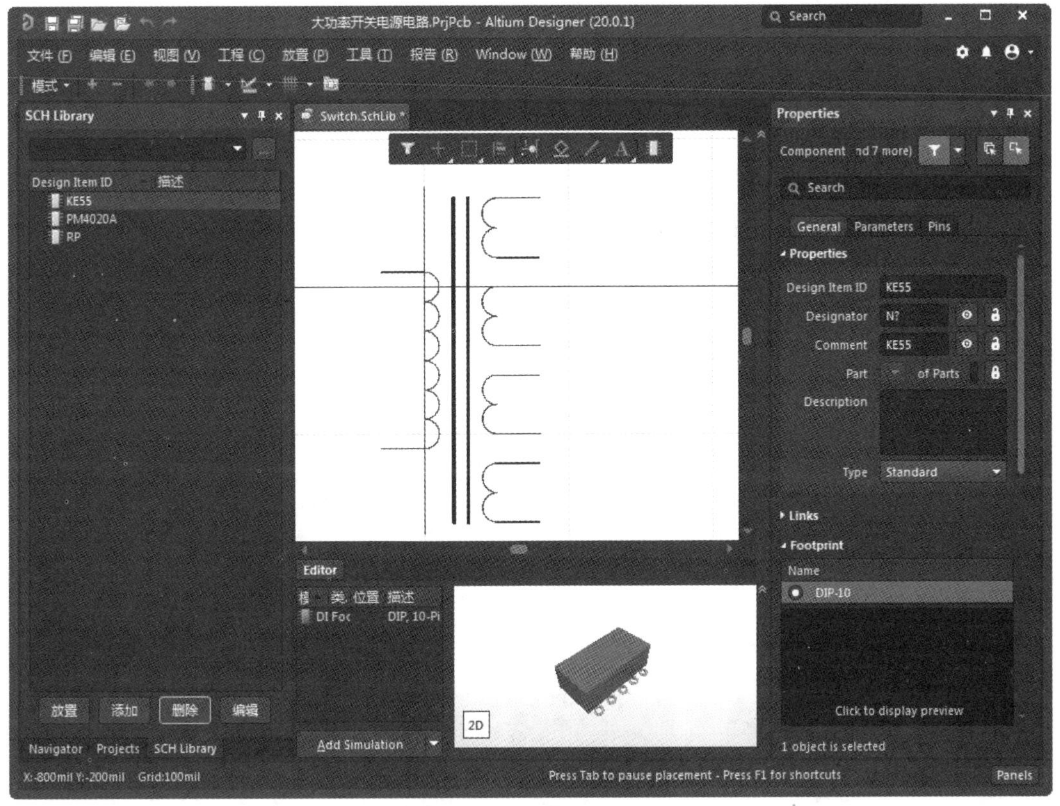

图 12-41 变压器绘制完成

12.4 绘制原理图文件

（1）设置图纸参数

单击 Panels 按钮，弹出快捷菜单，选择“Properties（属性）”命令，打开“Properties（属性）”面板，然后在其中设置原理图绘制时的工作环境，设置“Sheet Size（图纸尺寸）”为“A3”，如图 12-42 所示。

（2）加载元件库

在“Components（元件）”面板右上角单击 ≡ 按钮，在弹出的快捷菜单中选择“File-based Libraries Preferences（库文件参数）”命令，则系统弹出“Available File-based Libraries（可用库文件）”对话框，然后在其中加载需要的元件库，如图 12-43 所示。

（3）查找元件

对于不知道所属元件库的元件，无法使用上一步加载元件库的方法加载。可采用查找命令，在系统元件库目录下搜索所需元件所在元件库。

在“Components（元件）”面板右上角单击 ≡ 按钮，在弹出的快捷菜单中选择“File-based Libraries Search（库文件搜索）”命令，则系统弹出“File-based Libraries Search（库文件搜索）”对话框，输入要查找元件的关键字“IRFP460”，如图 12-44 所示。单击 查找(S) 按钮，在“Components（元件）”面板中显示搜索结果，如图 12-45 所示。

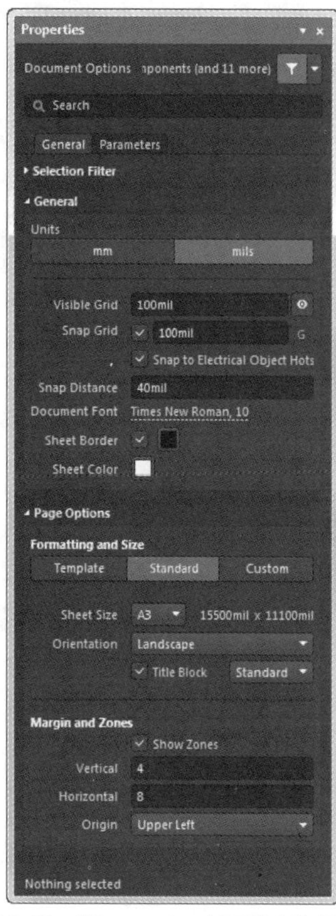

图 12-42 “Properties（属性）”面板

图 12-43 “Available File-based Libraries（可用库文件）”对话框

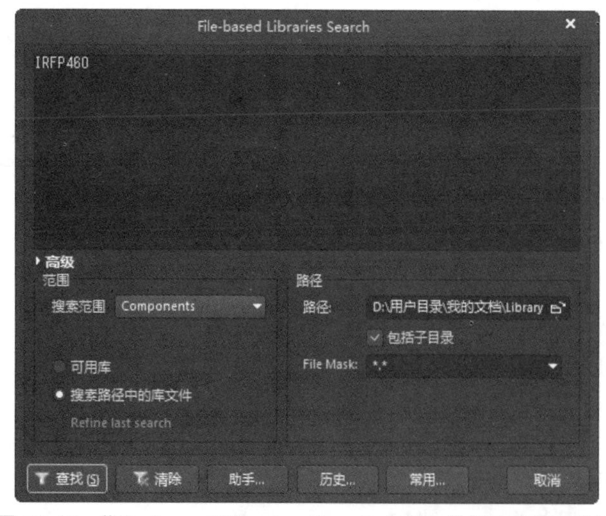

图 12-44 “File-based Libraries Search（库文件搜索）”对话框

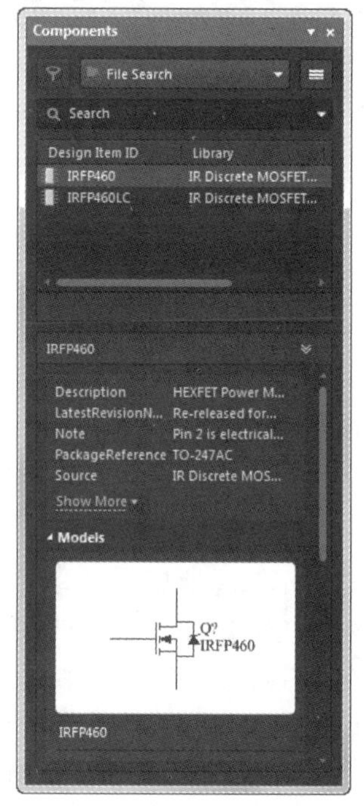

图 12-45 “Components（元件）”面板

完成搜索后，在面板中选中“IRFP460”，双击“IRFP460”，将元件放置到原理图对应位置。

（4）放置元件

打开“Components（元件）”面板，在其中浏览电路需要的元件，然后将其放置在图纸上，如图 12-46 所示。

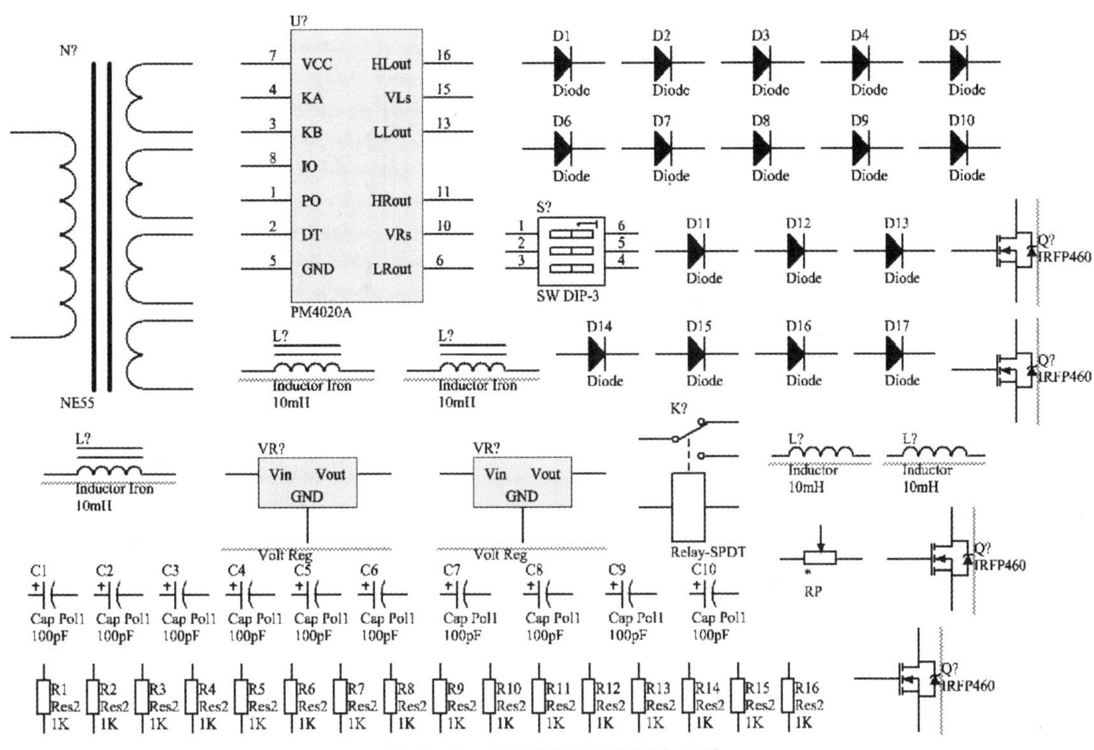

图 12-46　原理图需要的所有元件

提示

在放置多个连续编号的元件时，可在放置之前按〈Tab〉键，在弹出的元件属性对话框中设置默认标识符，如图 12-46 中第一个电阻元件设置标识符为“R1”，完成第一个元件放置后，鼠标上继续显示浮动的电阻符号，标识符递增为“R2”，在适当的位置单击放置，采用同样的方法设置其余元件。

（5）元件布局

按照电路中元件的大概位置摆放元件。用拖动的方法来改变元件的位置，如果需要改变元件的方向，则可以按〈Space〉键或〈X〉〈Y〉键。布局的结果如图 12-47 所示。

（6）元件布线

选择“放置”→“线”命令，或单击“布线”工具栏中的“放置线”按钮，鼠标光标变成十字形。移动光标到图样中，靠近元件引脚时，会出现一个“米”字形的电气捕捉标记，单击确定导线的起点，移动鼠标到导线的终点处，单击可以确定导线的终点。

在绘制完一条导线之后，系统仍然会处于绘制导线的工作状态，可以继续绘制其他的导线。完成整个原理图布线后的效果如图 12-48 所示。

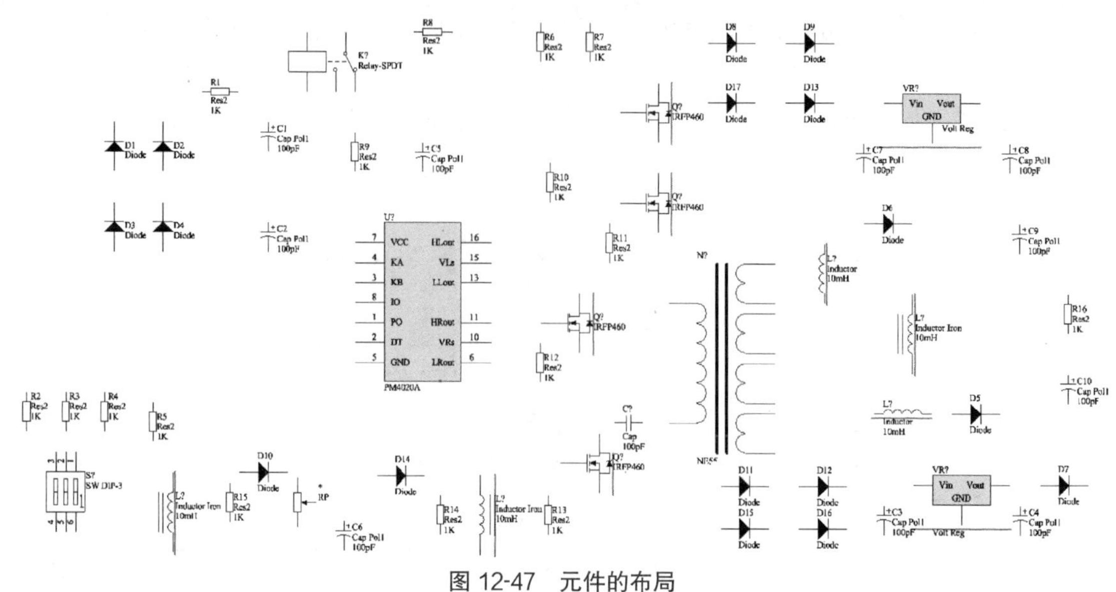

图 12-47　元件的布局

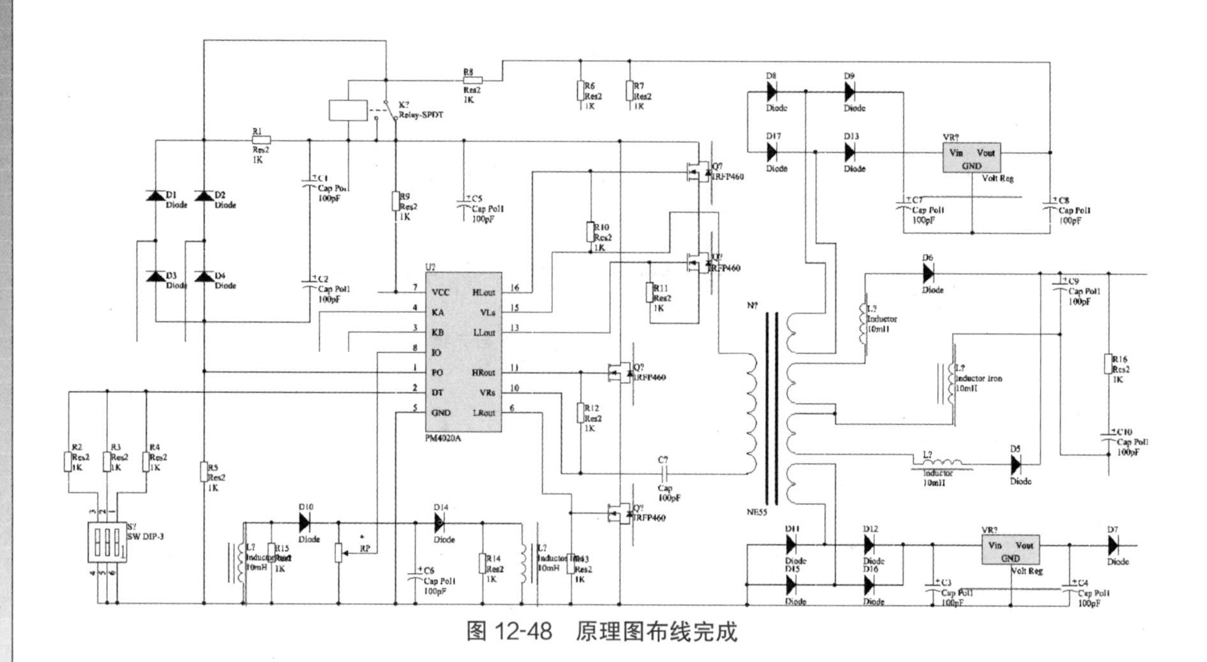

图 12-48　原理图布线完成

（7）放置电源符号和接地符号

选择“放置”→“GND 端口”命令或单击“布线”工具栏中的“GND 端口”按钮 ，移动光标到需要的位置并单击放置接地符号。电源符号操作相似。结果如图 12-49 所示。

提示

在放置过程中，按〈Tab〉键，在弹出的对话框中根据电路设计需要设置对应网络名。

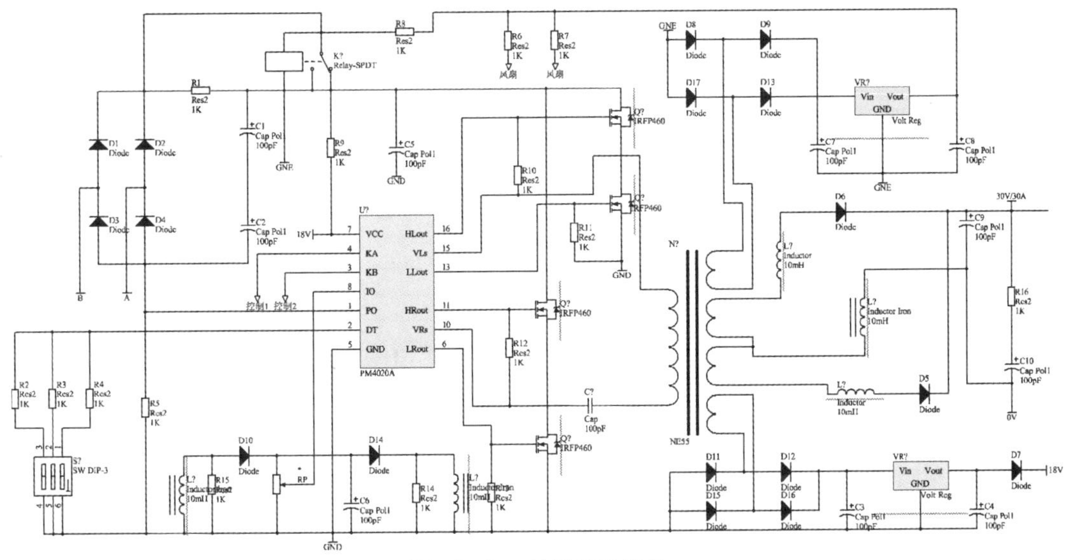

图 12-49　放置接地符号

（8）编辑元件属性

① 双击一个二极管元件，打开“Component（元件）”属性面板，在“Designator”（标识符）文本框中输入元件的编号，并选中其后的“可见的”按钮，在“Comment（注释）”组合框中输入“6A08”，如图 12-50 所示。

图 12-50　设置二极管元件的属性

② 重复上面的操作，编辑所有元件的编号、参数值等，完成这一步的原理图如图 12-51 所示。

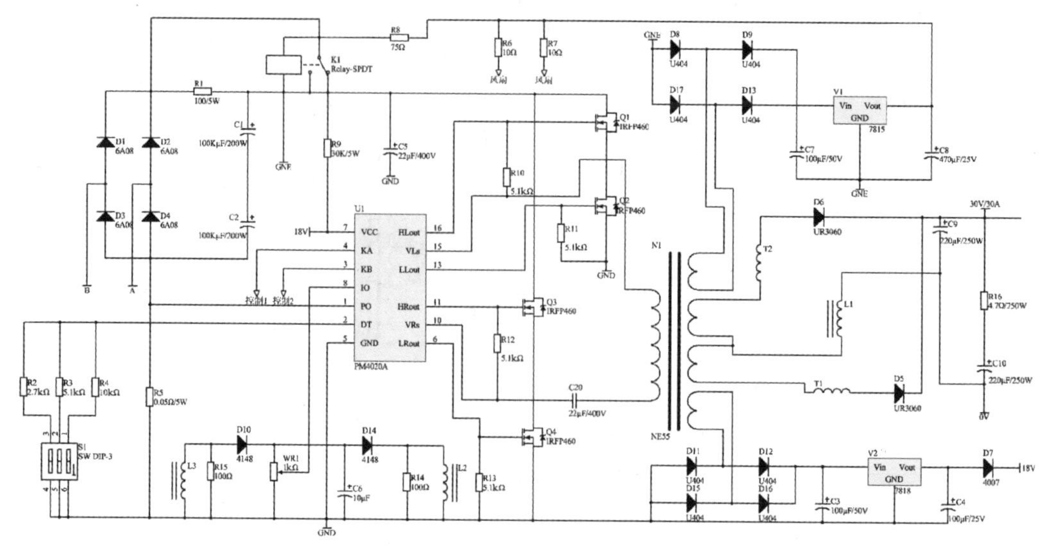

图 12-51　设置元件的属性

提示

元件属性还可在放置元件过程中进行设置，或利用“注释”命令，快速简洁地设置元件标识符。具体方法读者可自行进行练习，这里不再赘述。

（9）放置网络标签

选择“放置”→“文本字符串”命令，或单击“应用工具”工具栏中的“实用工具”按钮下拉菜单中的“文本字符串”按钮，显示浮动的文本图标，按〈Tab〉按钮，弹出“Properties（属性）”面板，在“Properties（属性）”选项组下的“Text（文本）”组合框中输入“储能电感”，如图 12-52 所示。最终得到如图 12-53 所示的原理图。

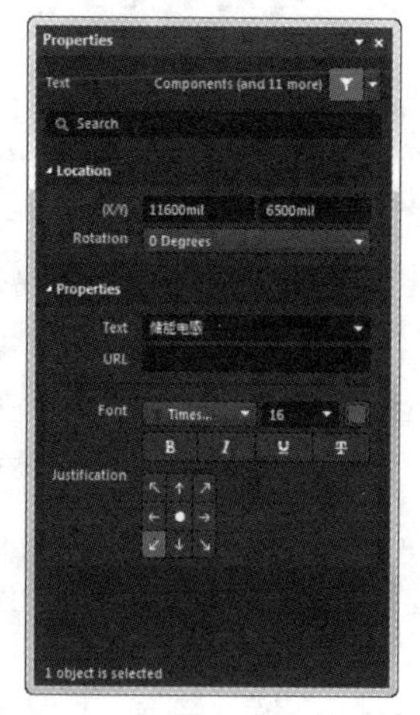

图 12-52　设置文本字符串名称

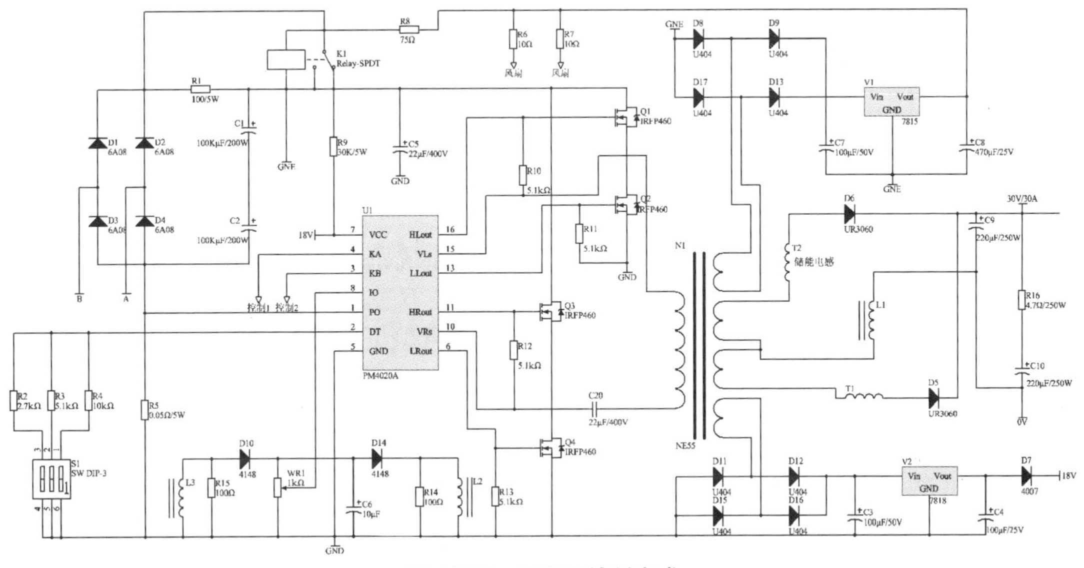

图 12-53　原理图绘制完成

> **提示**
>
> 绘制完原理图后，要对原理图进行编译、查错、修改。

12.5 原理图高级编辑

（1）编译工程

① 选择“工程”→“Compile PCB Project 大功率开关电源电路 .PrjPcb”（编译的 PCB 工程大功率开关电源电路 .PrjPcb）命令，对工程进行编译，弹出如图 12-54 所示的“Messages（信息）”面板，显示工程编译信息。

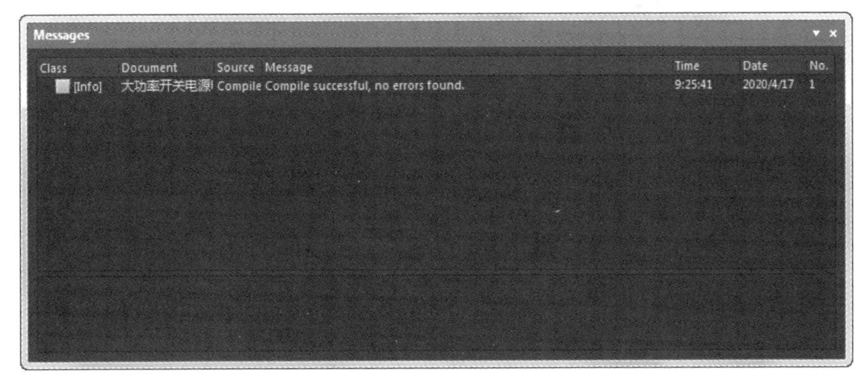

图 12-54　“Messages（信息）”面板

② 查看错误报告，检查无误后，可直接进行后期操作。

提示

如检查有错误，根据错误报告信息进行原理图的修改，然后重新编译，直到正确为止。

（2）编译工程

① 选择“设计”→“工程的网络表”→“Protel（生成原理图网络表）”命令。

② 系统自动生成了当前工程的网络表文件“大功率开关电源电路 .NET”，并存放在当前工程下的“Generated \Netlist Files”文件夹中。双击打开该工程网络表文件，结果如图 12-55 所示。

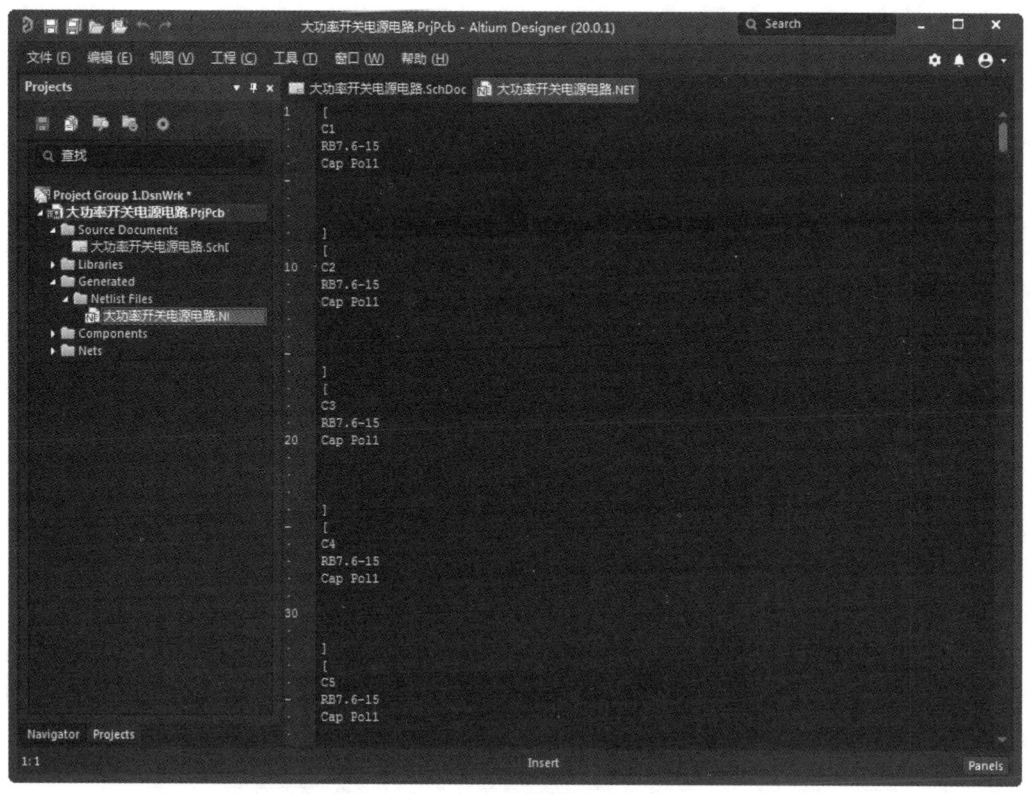

图 12-55　生成工程的网络表文件

12.6　设计 PCB

12.6.1　创建 PCB 文件

（1）创建 PCB 文件

① 选择“文件”→“新的”→“PCB（印制电路板文件）”命令，创建一个 PCB 文件，

选择“文件”→“保存为”命令，将新建 PCB 文件保存为“大功率开关电源电路 .PcbDoc”。

② 单击 Panels 按钮，弹出快捷菜单，选择“Properties(属性)”命令，打开“Properties(属性)”面板，如图 12-56 所示。设置 PCB 层参数，这里设计的是双面板，采用系统默认参数即可。

（2）绘制PCB的物理边界和电气边界

① 单击编辑区左下方的板层标签的“Mechanical 1”（机械层 1）标签，将其设置为当前层。选择“放置”→“线条”命令，光标变成十字形，沿 PCB 边绘制一个矩形闭合区域，即可设置 PCB 的物理边界。

② 单击编辑区下方工作层标签栏的“Keepout Layer（禁止布线层）”标签，单击切换到禁止布线层，将其设置为当前层。选择“放置”→“Keepout（禁止布线）”→“线径”命令，光标变成十字形，在 PCB 图上物理边界内部绘制一个封闭的矩形，设置电气边界。

③ 选择“设计”→“板子形状”→“按照选择对象定义”命令，以最外侧的物理边界重新设置 PCB 形状，设置完成的 PCB 图如图 12-57 所示。

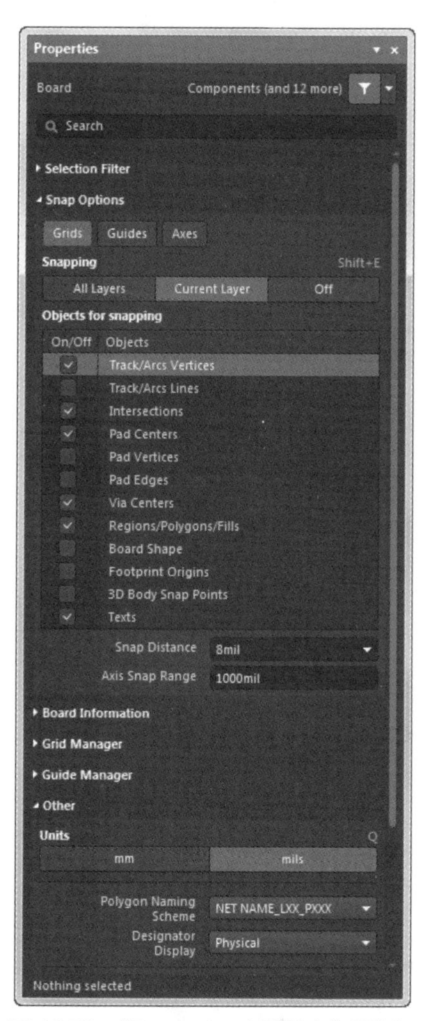

图 12-56 “Properties（属性）”面板

图 12-57 完成边界设置的 PCB 图

（3）更新封装

① 打开原理图文件，选择“设计”→“Update PCB Document 大功率开关电源电路 .PcbDoc”

命令，系统弹出“工程变更指令”对话框，如图 12-58 所示。

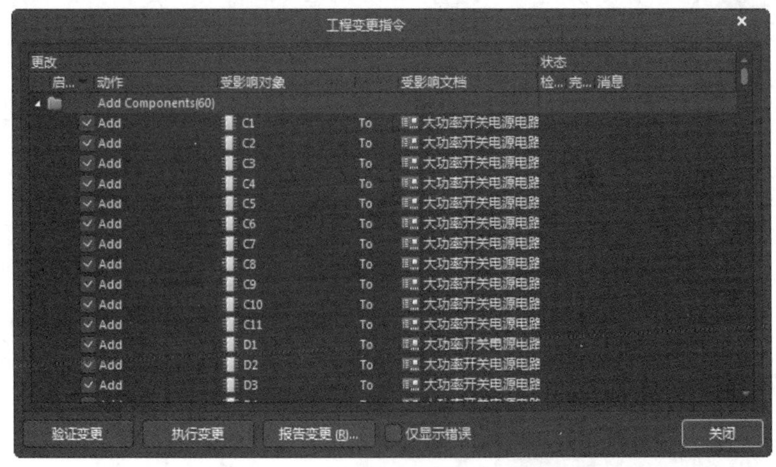

图 12-58 “工程变更指令”对话框

② 单击对话框中的“验证变更”按钮，显示元件封装更新信息，如图 12-59 所示。

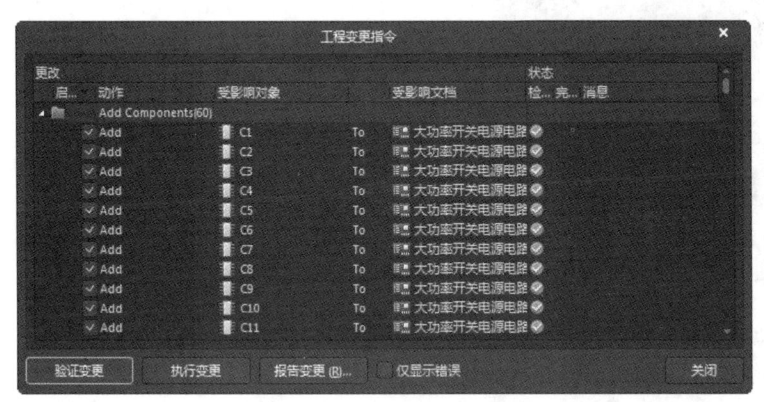

图 12-59 检查封装转换

③ 单击“执行变更”按钮，检查所有改变是否正确，若所有的项目后面都出现两个✔标志，则项目转换成功，将元件封装添加到 PCB 文件中，如图 12-60 所示。

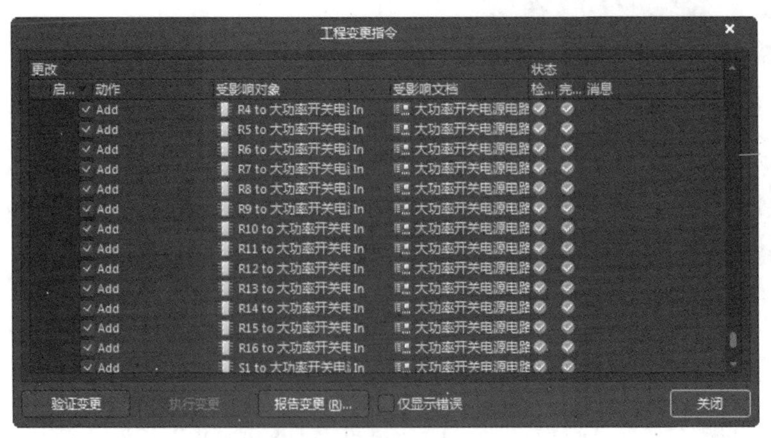

图 12-60 添加元件封装

④ 完成添加后，单击“关闭”按钮，关闭对话框。此时，在PCB图样上已经有了元件的封装，如图12-61所示。

图12-61　添加元件封装的PCB图

12.6.2 元件布局

将边界外部封装模型拖到电气边界内部，并对其进行布局操作，进行手工调整。调整后的PCB图如图12-62所示。

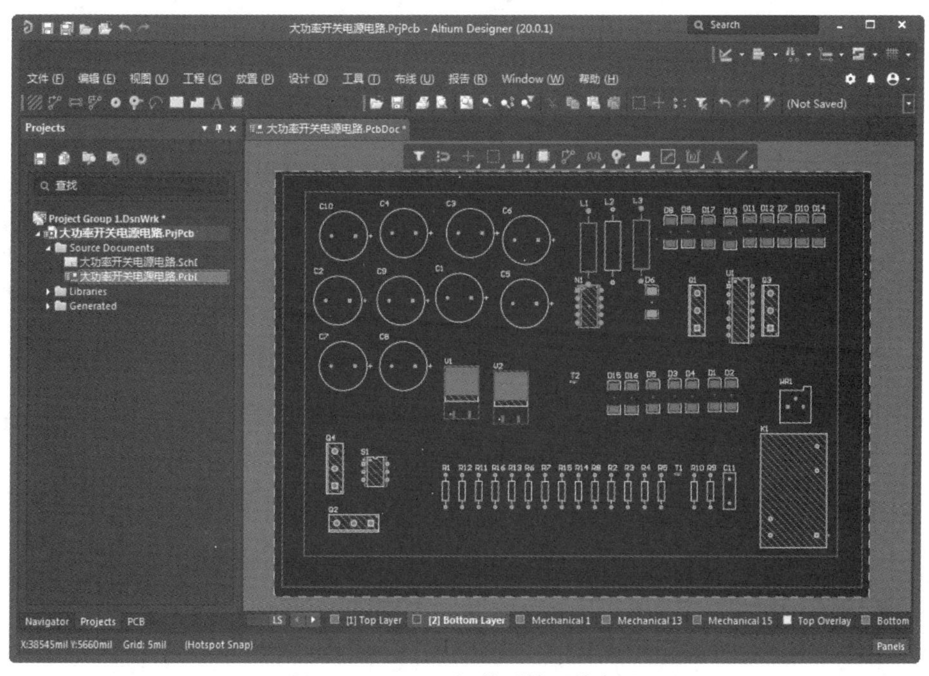

图12-62　手工调整后的元件布局

12.6.3 3D效果图

布局完毕后，可以通过查看3D效果图观察视觉效果，以检查手工布局是否合理。

① 执行“视图”→“切换到3维模式”命令，系统自动切换到3D显示图，按住〈Shift〉键显示旋转图标，在方向箭头上按住鼠标右键，即可旋转电路板，如图12-63所示。

② 执行“视图”→“板子规划模式”命令，系统显示板模式图，如图12-64所示。

③ 执行“视图”→“切换到2维模式”命令，系统自动返回2D显示图。

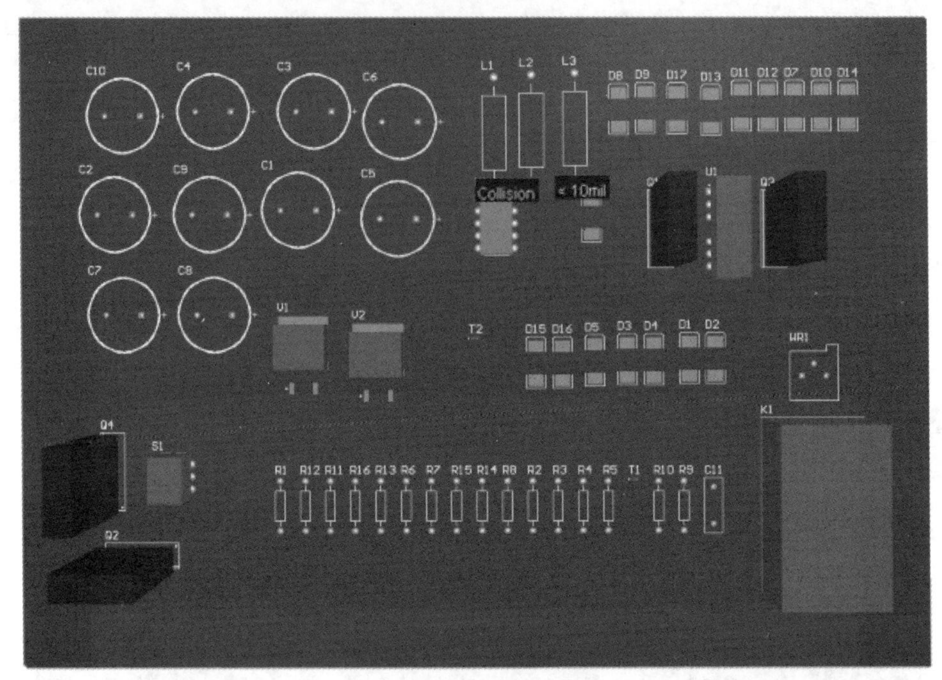

图 12-63　三维显示图

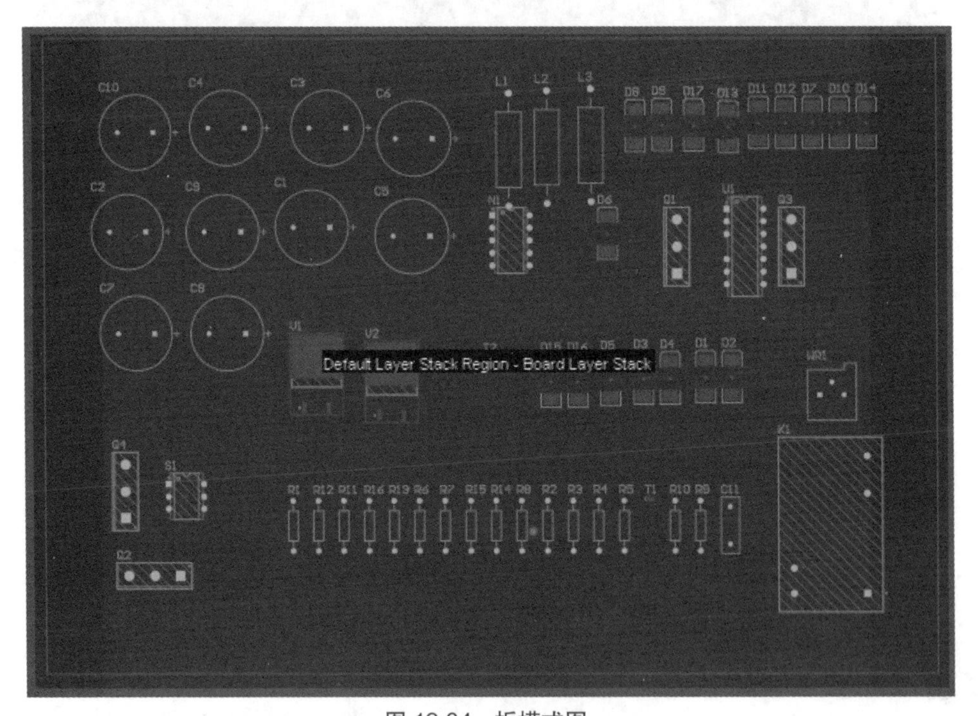

图 12-64　板模式图

12.6.4 布线

选择“布线”→“自动布线”→“全部”命令，弹出“Situs 布线策略”对话框，在“布线策略”选项组中选择“Default 2 Layer With Edge Connectors（带边界连接器的双面板默认布线策略）”，如图 12-65 所示，单击“Route All”按钮，系统开始自动布线，同时出现一个“Message（信息）”面板，如图 12-66 所示。

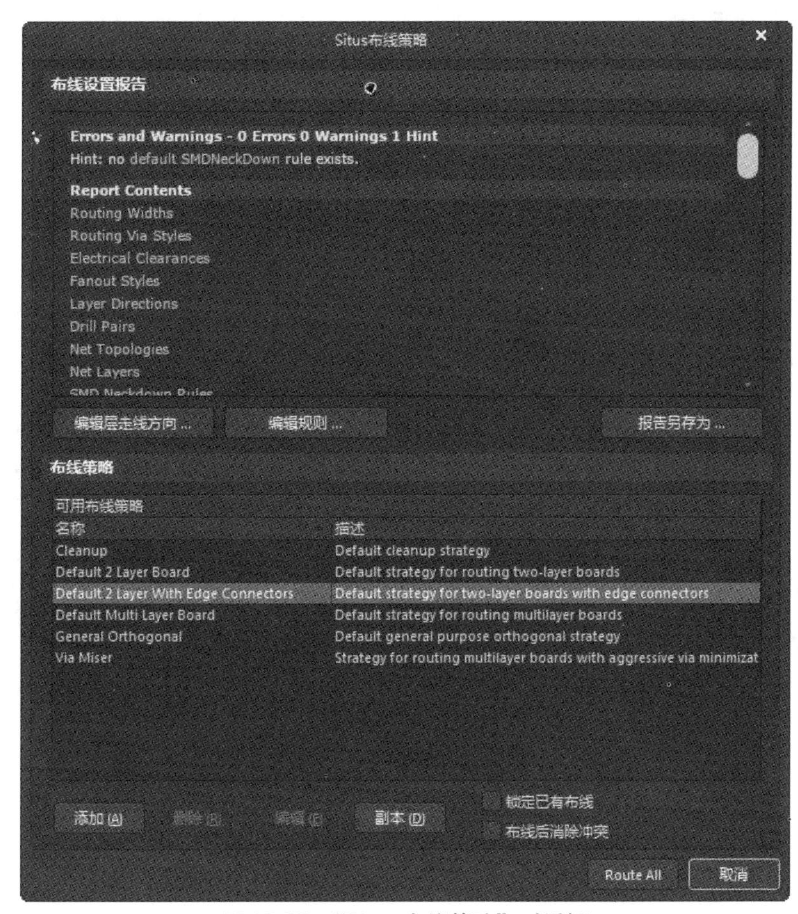

图 12-65 “Situs 布线策略”对话框

Messages

Class	Document	Source	Message	Time	Date	No.
Situs Ev	大功率开关电源	Situs	Starting Main	9:36:55	2020/4/17	11
Routing	大功率开关电源	Situs	Calculating Board Density	9:36:55	2020/4/17	12
Situs Ev	大功率开关电源	Situs	Completed Main in 0 Seconds	9:36:55	2020/4/17	13
Situs Ev	大功率开关电源	Situs	Starting Completion	9:36:55	2020/4/17	14
Situs Ev	大功率开关电源	Situs	Completed Completion in 0 Seconds	9:36:55	2020/4/17	15
Situs Ev	大功率开关电源	Situs	Starting Straighten	9:36:55	2020/4/17	16
Routing	大功率开关电源	Situs	97 of 97 connections routed (100.00%) in 3 Seconds	9:36:57	2020/4/17	17
Situs Ev	大功率开关电源	Situs	Completed Straighten in 1 Second	9:36:57	2020/4/17	18
Routing	大功率开关电源	Situs	97 of 97 connections routed (100.00%) in 4 Seconds	9:36:58	2020/4/17	19
Situs Ev	大功率开关电源	Situs	Routing finished with 0 contentions(s). Failed to complete 0 connection(	9:36:58	2020/4/17	20

图 12-66 “Messages（信息）”面板

布线完成后，结果如图 12-67 所示。

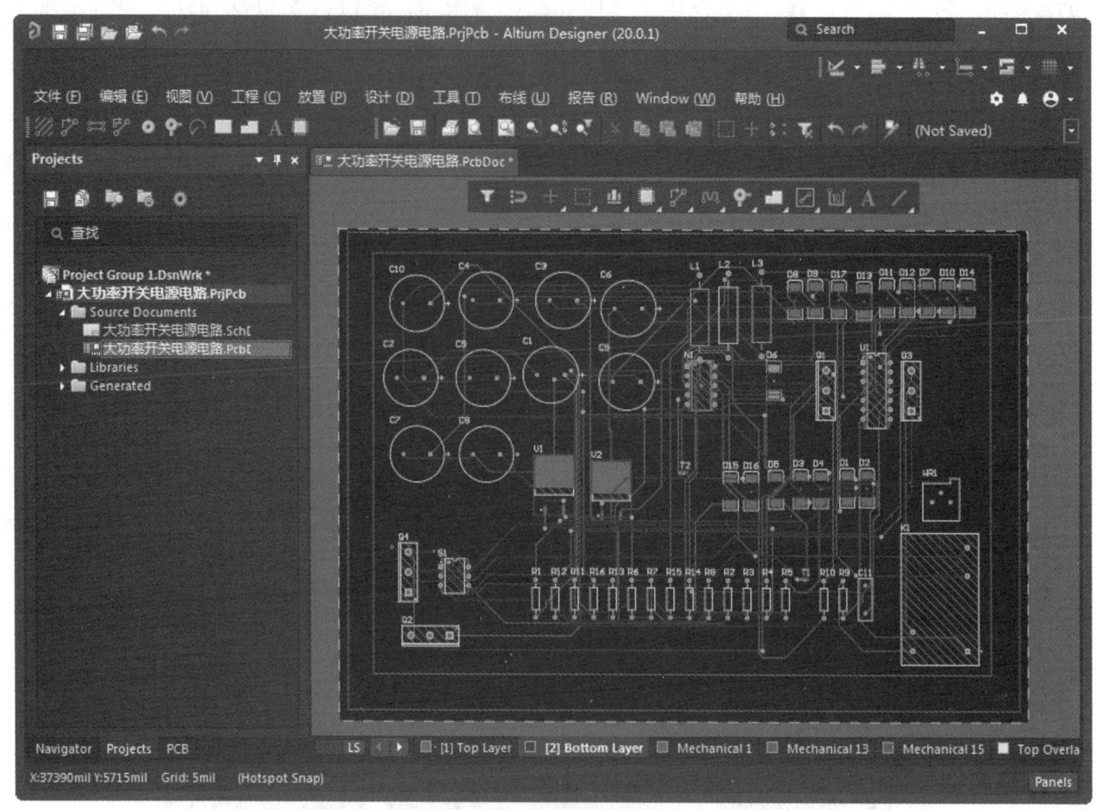

图 12-67 自动布线结果

12.6.5 建立铺铜

① 选择“放置”→“铺铜”命令，对完成布线的电路建立铺铜，在“Properties（属性）”面板中，选择“Hatched（Tracks/Arcs）［填充（轨迹 / 圆弧）］”选项，45Degree，选择“Top Layer（顶层）”，选中“Remove Dead Copper（死铜移除）”复选框，如图 12-68 所示。

② 设置完成后，光标变成十字形。用光标沿 PCB 的电气边界线绘制一个封闭的矩形，系统将在矩形框中自动建立铺铜，采用同样的方法，为 PCB 的底层建立铺铜。底层铺铜后的 PCB 如图 12-69 所示。

12.6.6 泪滴设置

① 执行“工具”→“泪滴”命令，系统弹出“泪滴”对话框，如图 12-70 所示。

② 单击 确定 按钮，即可完成设置对象的泪滴添加操作。补泪滴前后焊盘与导线连接的变化如图 12-71 所示。

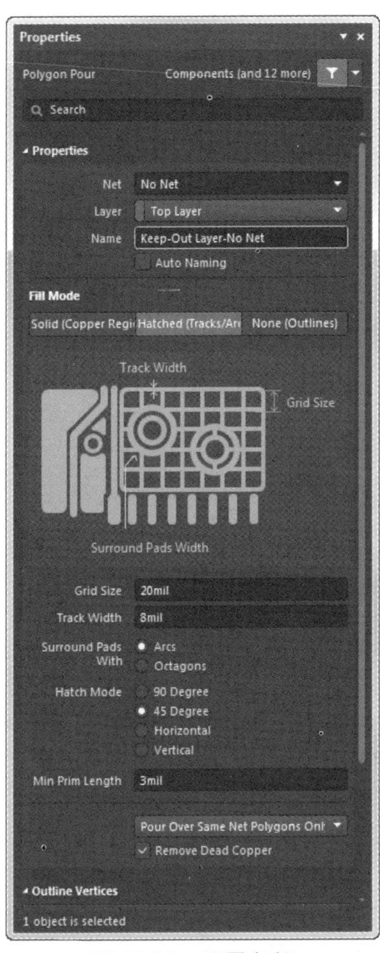

图 12-68　设置参数

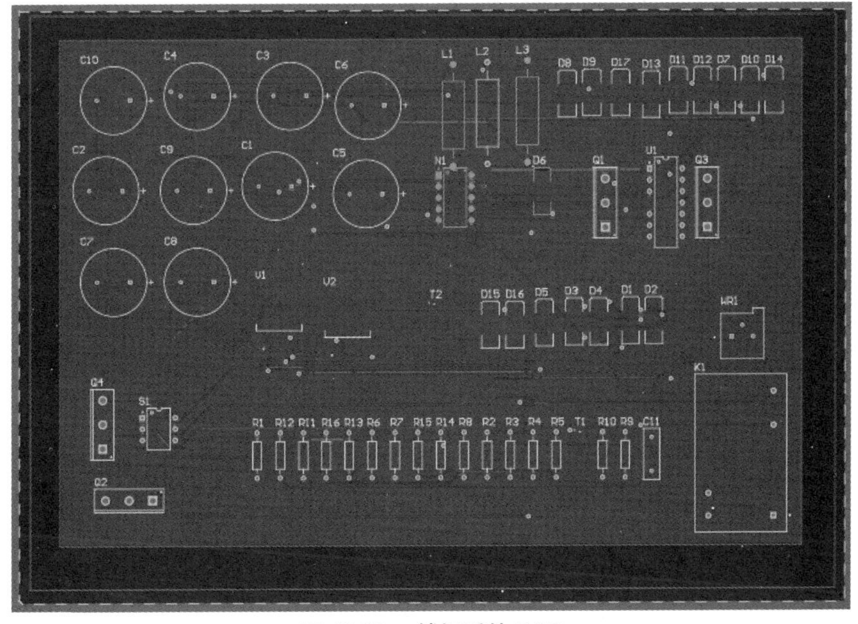

图 12-69　铺铜后的 PCB

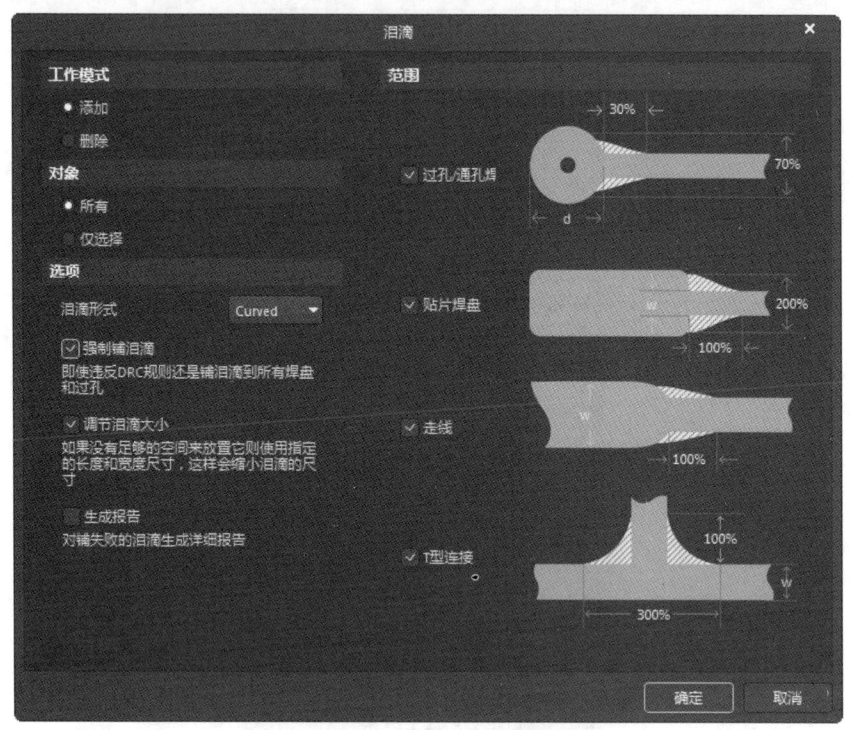

图 12-70 “泪滴”对话框

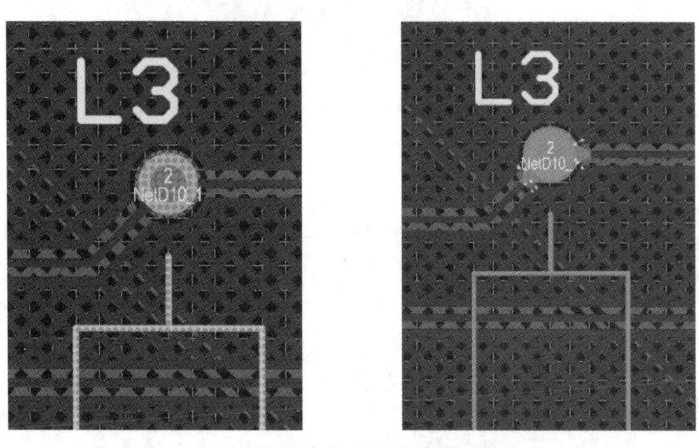

图 12-71 补泪滴前后的焊盘导线

③ 按照此种方法，用户还可以对某一个元件的所有焊盘和过孔或者某一个特定网络的焊盘和过孔进行添加泪滴操作。

④ 单击“PCB 标准”工具栏中的（保存）按钮保存文件。

12.6.7 三维动画

① 打开“PCB 3D Movie Editor（电路板三维动画编辑器）”面板，在“3D Moviess（三维动画）”按钮下选择“New（新建）”命令，创建 PCB 文件的三维模型动画“PCB 3D Video”，创建关键帧，电路板如图 12-72 所示。

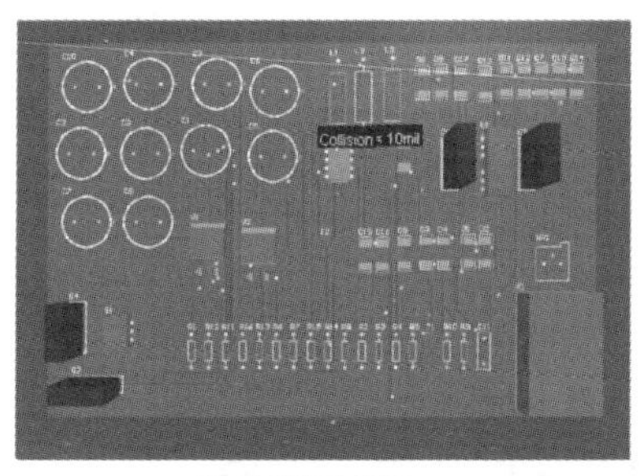

(a) 关键帧1位置

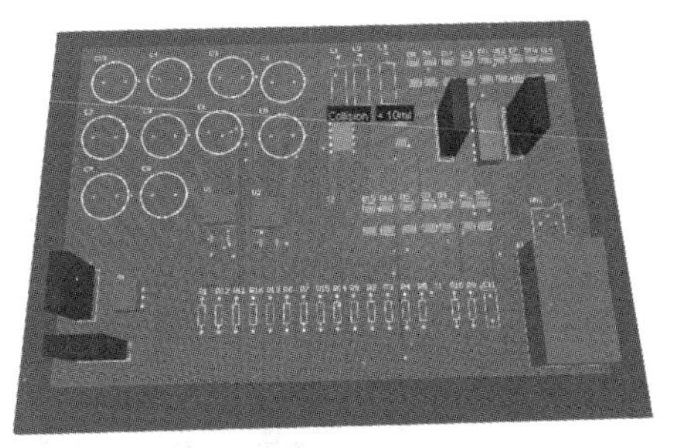

(b) 关键帧2位置

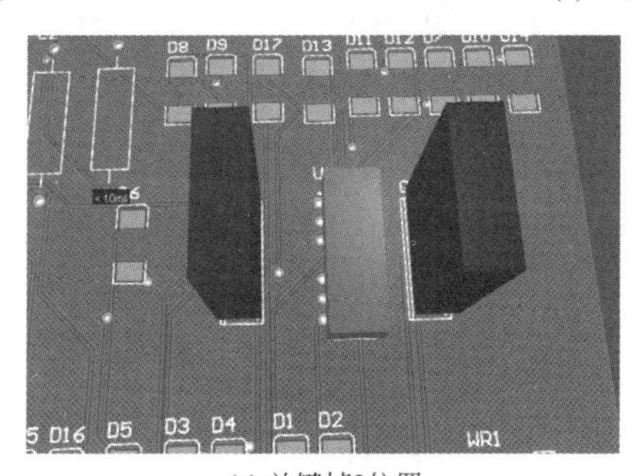

(c) 关键帧3位置

图 12-72　电路板位置

② 动画设置面板如图 12-73 所示，单击工具栏上的▷按钮演示动画。

③ 选择菜单栏中的“文件”→“新的”→“Output Job File”命令，在“Projectss（工程）”面板中“Settings（设置）”文件夹下保存输出文件“大功率开关电源电路 .OutJob”，如图 12-74 所示。

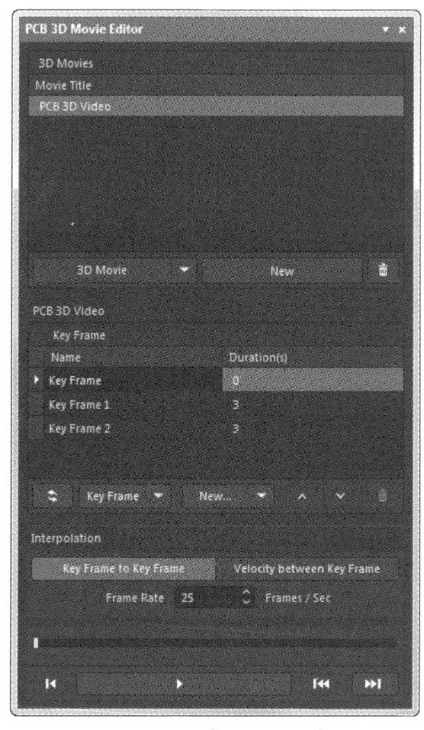

图 12-73　动画设置面板

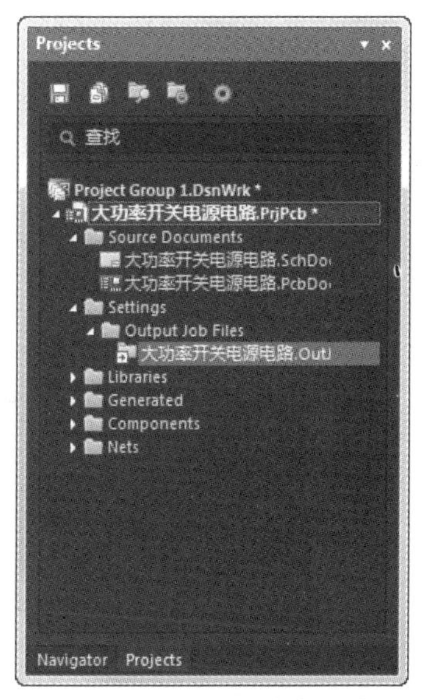

图 12-74　新建输出文件

④ 在“输出容器”下加载 PDF 文件与视频文件，并创建位置连接，如图 12-75 所示。

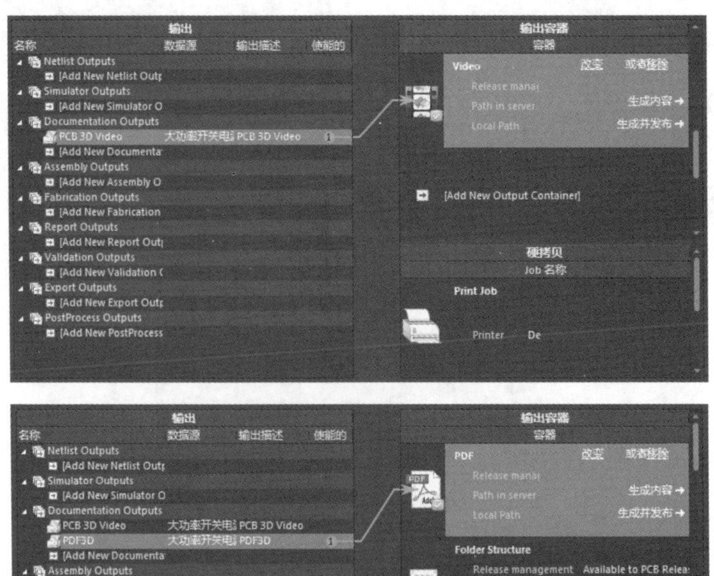

图 12-75　加载动画与 PDF 文件

⑤ 分别单击“Video”“PDF”选项下的“生成内容”按钮，在文件设置的路径下生成视频与 PDF 文件，打开的视频和 PDF 文件，如图 12-76、图 12-77 所示。

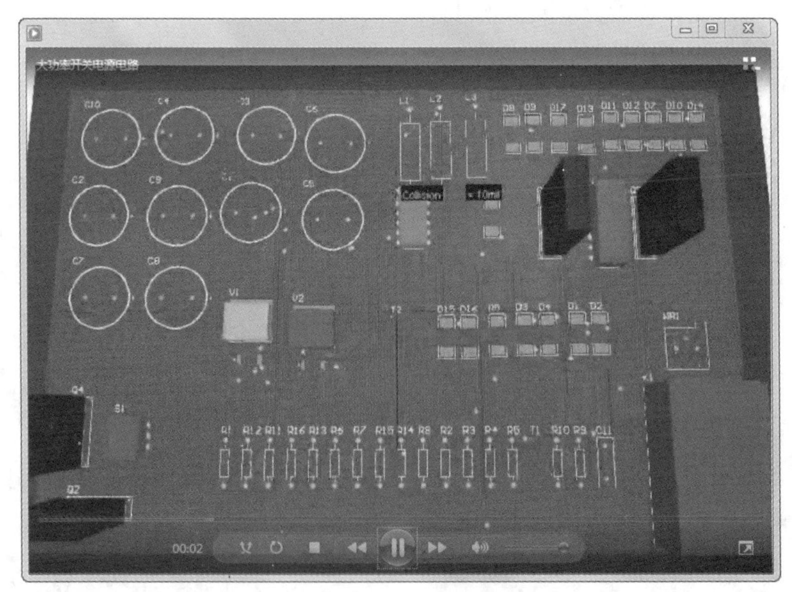

图 12-76　视频文件

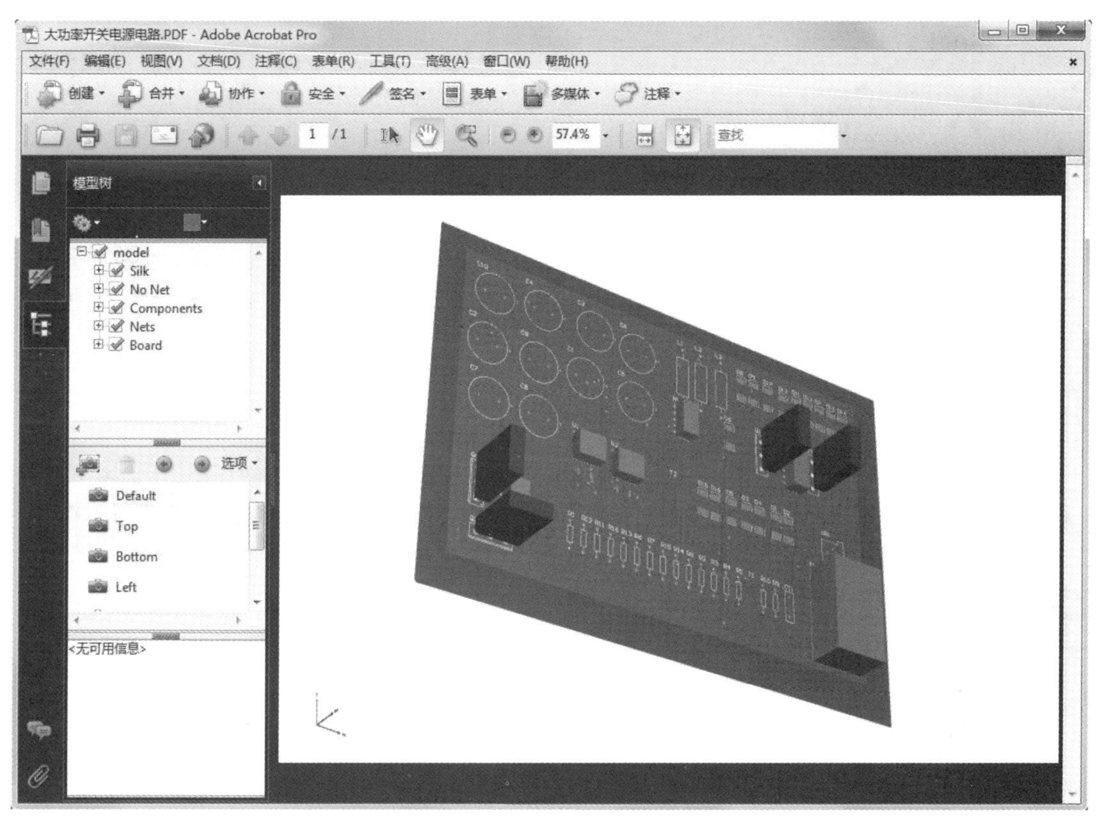
大功率开关电源电路.PDF - Adobe Acrobat Pro
文件(F) 编辑(E) 视图(V) 文档(D) 注释(C) 表单(R) 工具(T) 高级(A) 窗口(W) 帮助(H)
创建 合并 协作 安全 签名 表单 多媒体 注释
1 /1
57.4%
查找
模型树
model
Silk
No Net
Components
Nets
Board
选项
Default
Top
Bottom
Left
<无可用信息>

图 12-77　PDF 文件

附录 Altium Designer 20 软件的安装和卸载

（1）Altium Designer 20的安装

Altium Designer 20 虽然对运行系统的要求有点高，但安装起来却是很简单的。安装步骤如下。

① 将安装光盘装入光驱后，打开该光盘，从中找到并双击 AltiumInstaller.exe 文件，弹出 Altium Designer 20 的安装界面，如附图 1 所示。

附图 1　安装界面

② 单击“Next（下一步）”按钮，弹出 Altium Designer 20 的安装协议对话框。无须选择语言，选择同意安装“I accept the agreement”按钮，如附图 2 所示。

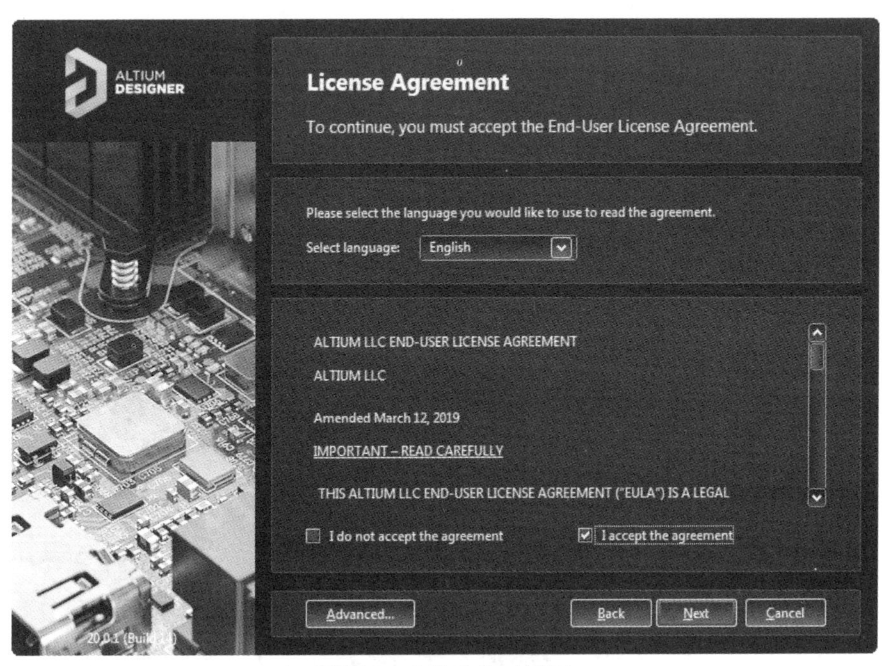

附图 2 安装协议对话框

③ 单击“Next（下一步）”按钮进入下一个对话框，出现安装类型信息对话框，有五种类型，如果只做 PCB 设计，只选第一个；同样，需要做什么设计选择相应选项，系统默认全选，设置完毕后如附图 3 所示。

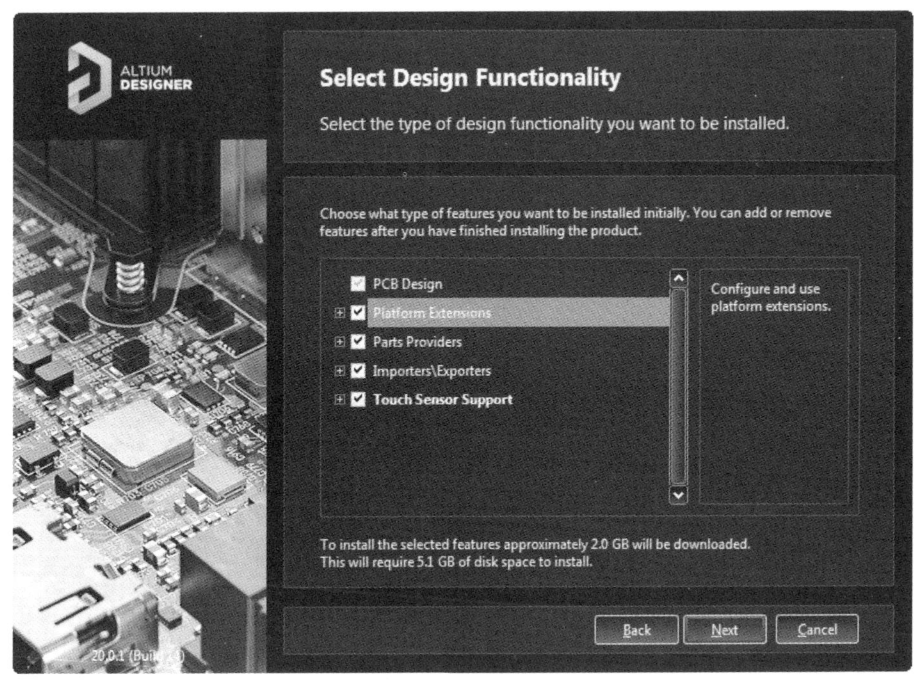

附图 3 选择安装类型

④ 单击“Next（下一步）”按钮，进入下一个对话框。在该对话框中，用户需要选择Altium Designer 20 的安装路径。系统默认的安装路径为 C：\Program Files\ Altium\AD20，用户可以通过单击 Default 按钮来自定义其安装路径，如附图 4 所示。

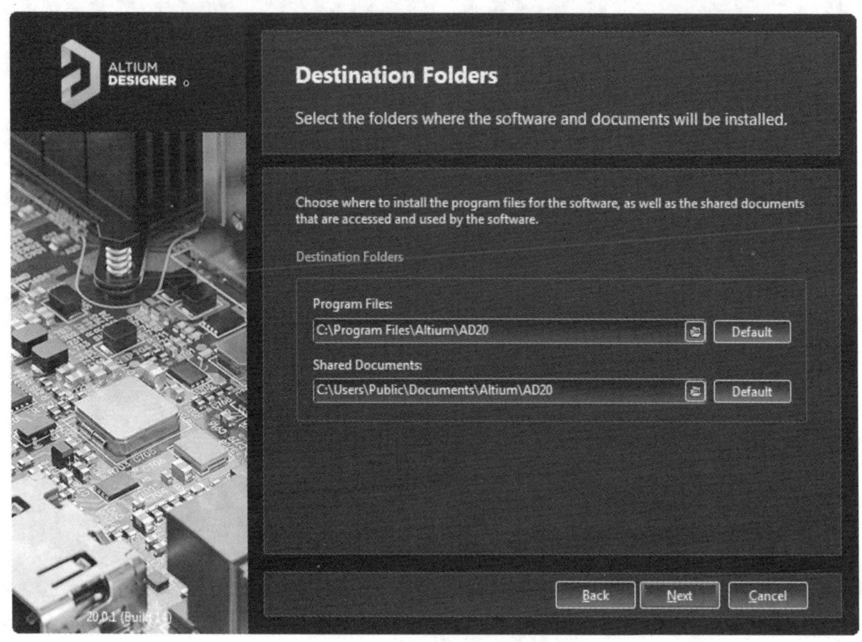

附图 4　安装路径对话框

⑤ 确定好安装路径后，单击“Next（下一步）”按钮弹出确定安装对话框，如附图 5 所示。继续单击“Next（下一步）”按钮此时对话框内会显示安装进度，如附图 6 所示。由于系统需要复制大量文件，所以需要等待一段时间。

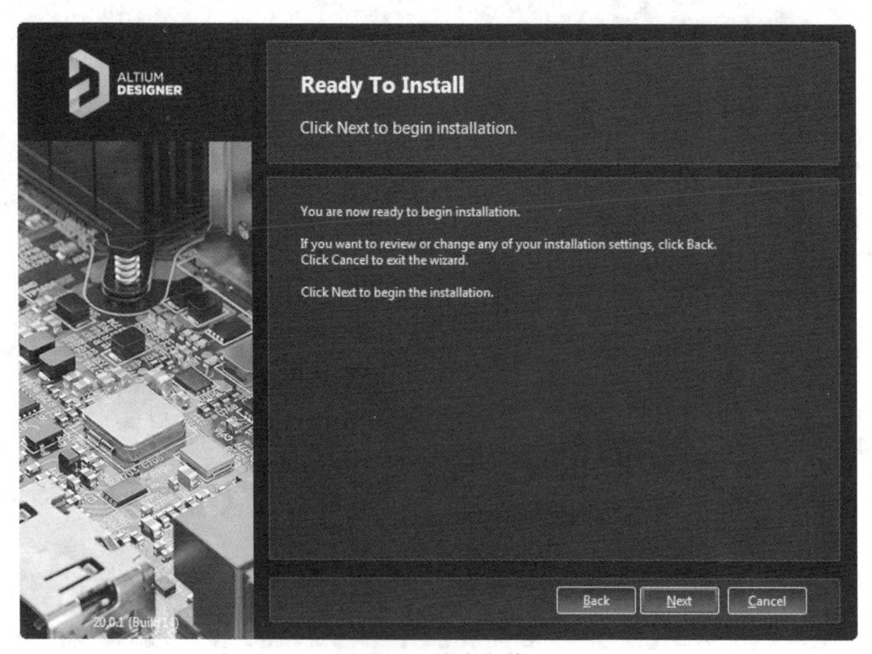

附图 5　确定安装

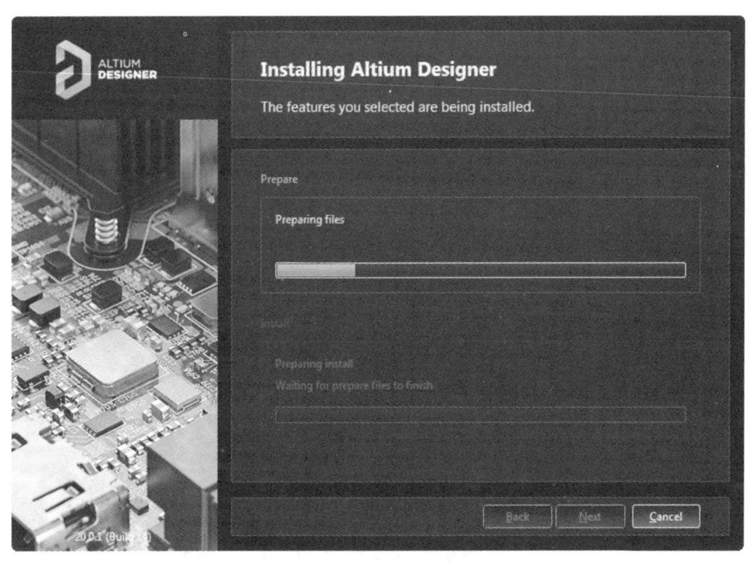

附图 6 安装进度对话框

⑥ 安装结束后会出现一个“Finish（完成）”对话框，如附图 7 所示。单击“Finish”按钮即可完成 Altium Designer 20 的安装工作。安装完成后先不要运行软件，取消“Run Altium Designer”复选框，完成安装。

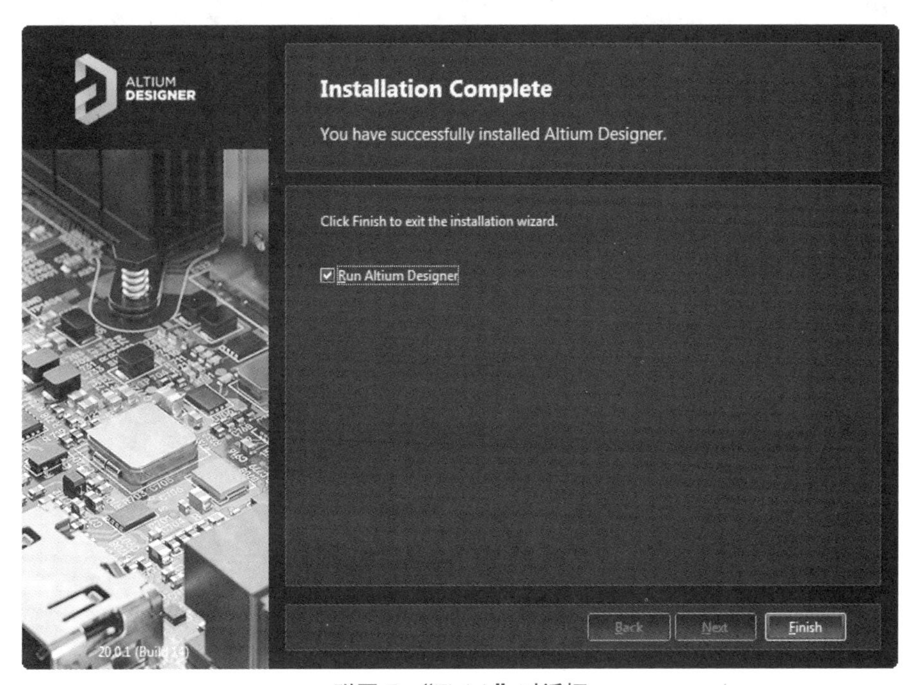

附图 7 “Finish”对话框

在安装过程中，可以随时单击“Cancel”按钮来终止安装过程。安装完成以后，在 Windows 的“开始”→“所有程序”子菜单中创建了 Altium 级联子菜单和快捷键。

（2）Altium Designer 20的卸载

① 选择“开始”→“控制面板”命令，显示“控制面板”窗口。

② 双击“添加 / 删除程序”图标后选择“Altium Designer 20”选项。

③ 单击“卸载”按钮，弹出卸载对话框，如附图 8 所示，单击“Uninstall（卸载）”按钮开始卸载程序，直至卸载完成。

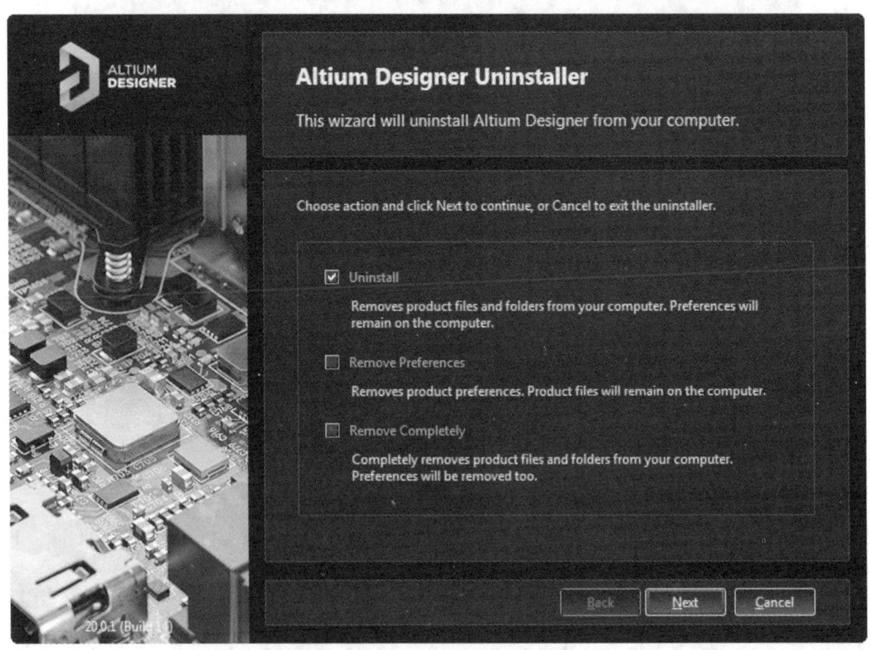

附图 8　卸载对话框